中国国家标准汇编

399

GB 22521～22576

（2008 年制定）

中国标准出版社 编

中国标准出版社

北京

图书在版编目（CIP）数据

中国国家标准汇编：2008年制定．399：GB 22521～22576/中国标准出版社编．—北京：中国标准出版社，2009

ISBN 978-7-5066-5384-8

Ⅰ．中…　Ⅱ．中…　Ⅲ．国家标准-汇编-中国-2008
Ⅳ．T-652.1

中国版本图书馆CIP数据核字（2009）第105244号

中国标准出版社出版发行
北京复兴门外三里河北街16号
邮政编码：100045

网址 www.spc.net.cn
电话：68523946　68517548
中国标准出版社秦皇岛印刷厂印刷
各地新华书店经销

*

开本 880×1230　1/16　印张 38.75　字数 1 134 千字
2009年8月第一版　2009年8月第一次印刷

*

定价 200.00 元

ISBN 978-7-5066-5384-8

9 787506 653848 >

出 版 说 明

1.《中国国家标准汇编》是一部大型综合性国家标准全集。自1983年起，按国家标准顺序号以精装本、平装本两种装帧形式陆续分册汇编出版。它在一定程度上反映了我国建国以来标准化事业发展的基本情况和主要成就，是各级标准化管理机构，工矿企事业单位，农林牧副渔系统，科研、设计、教学等部门必不可少的工具书。

2.《中国国家标准汇编》收入我国每年正式发布的全部国家标准，分为“制定”卷和“修订”卷两种编辑版本。

“制定”卷收入上一年度我国发布的、新制定的国家标准，顺延前年度标准编号分成若干分册，封面和书脊上注明“20××年制定”字样及分册号，分册号一直连续。各分册中的标准是按照标准编号顺序连续排列的，如有标准顺序号缺号的，除特殊情况注明外，暂为空号。

“修订”卷收入上一年度我国发布的、被修订的国家标准，视篇幅分设若干分册，但与“制定”卷分册号无关联，仅在封面和书脊上注明“20××年修订-1，-2，-3，……”字样。“修订”卷各分册中的标准，仍按标准编号顺序排列（但不连续）；如有遗漏的，均在当年最后一分册中补齐。需提请读者注意的是，个别非顺延前年度标准编号的新制定的国家标准没有收入在“制定”卷中，而是收入在“修订”卷中。

读者配套购买《中国国家标准汇编》“制定”卷和“修订”卷则可收齐上一年度我国制定和修订的全部国家标准。

3. 由于读者需求的变化，自1996年起，《中国国家标准汇编》仅出版精装本。

4. 2008年我国制修订国家标准共5946项。本分册为“2008年制定”卷第399分册，收入国家标准GB 22521～22576的最新版本，其中GB/T 22532—2008因故延迟出版，未收入。

中国标准出版社

2009年5月

目　　录

ICS 17.040.30
J 42

中华人民共和国国家标准

GB/T 22521—2008

角度量块

Angle block gauge

2008-11-12 发布 2009-05-01 实施

中华人民共和国国家质量监督检验检疫总局
中国国家标准化管理委员会 发布

前　言

本标准的附录 A、附录 B 为资料性附录。

本标准由中国机械工业联合会提出。

本标准由全国量具量仪标准化技术委员会(SAC/TC 132)归口。

本标准负责起草单位:成都成量工具集团有限公司。

本标准参加起草单位:成都工具研究所、哈尔滨量具刃具集团有限责任公司。

本标准主要起草人:卞宙、丁华、姜志刚、王琦、宋长滨。

角 度 量 块

1 范围

本标准规定了角度量块的术语和定义、型式与基本参数、要求、检验方法、标志与包装等。

本标准适用于测量面间具有一定角度的块形角度量块。

2 规范性引用文件

下列文件中的条款通过本标准的引用而成为本标准的条款。凡是注日期的引用文件，其随后所有的修改单(不包括勘误的内容)或修订版均不适用于本标准，然而，鼓励根据本标准达成协议的各方研究是否可使用这些文件的最新版本。凡是不注日期的引用文件，其最新版本适用于本标准。

GB/T 17163　几何量测量器具术语　基本术语

GB/T 17164　几何量测量器具术语　产品术语

3 术语和定义

GB/T 17163、GB/T 17164 中确立的以及下列术语和定义适用于本标准。

3.1

角度量块　angle block gauge

其形状为三角形或四角形，以相邻理想测量面的夹角为工作角，并具有准确角度值的角度测量工具。

3.2

工作角　working angle

通过角度量块两测量面交线上的一点，且垂直于该交线并分别平行于各测量面基准平面的两条射线所形成的夹角。

3.3

基准面　base level

角度量块测量中作为定位基准的表面。

4 型式与基本参数

4.1　角度量块的型式见图 1、图 2 所示。图示仅供图解说明，不表示详细结构。

单位为毫米

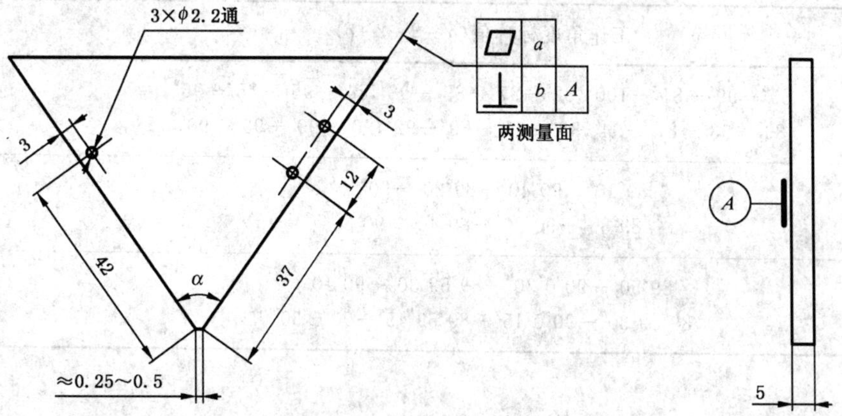

注 1：不组合使用的角度量块，可不带 ϕ2.2 通孔。

注 2：非刻字面为基准面。

图 1　Ⅰ型角度量块的型式示意图

单位为毫米

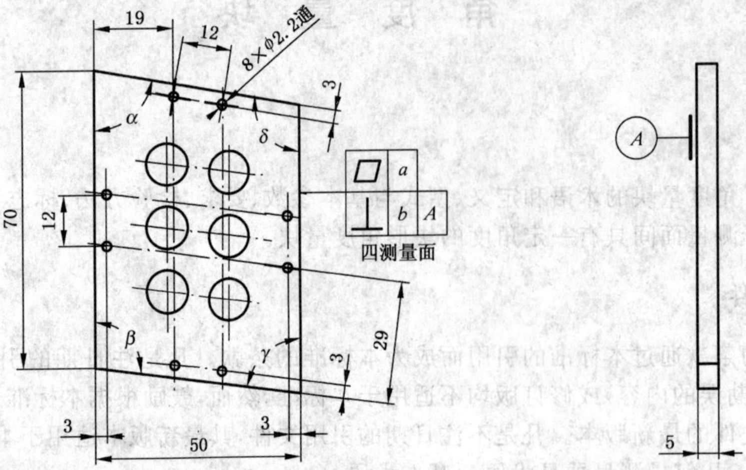

注 1：Ⅱ型角度量块可带有减重孔。不组合使用的角度量块，可不带 ϕ2.2 通孔。

注 2：非刻字面为基准面。

图 2　Ⅱ型角度量块的型式示意图

4.2　Ⅰ型角度量块的基本参数见表 1；Ⅱ型角度量块的基本参数见表 2。

表 1

工作角度递增值	工作角度标称值(α)	块　数
1°	10°,11°,……,78°,79°	70
—	10°0′30″	1
15″	15°0′15″,15°0′30″,15°0′45″	3
1′	15°1′,15°2′,……,15°8′,15°9′	9
10′	15°10′,15°20′,15°30′,15°40′,15°50′	5
15°10′	30°20′,45°30′,60°40′,75°50′	4

表 2

工作角度标称值(α—β—γ—δ)	块　数
80°—99°—81°—100°,82°—97°—83°—98°,84°—95°—85°—96° 86°—93°—87°—94°,88°—91°—89°—92°,90°—90°—90°—90°	6
89°10′—90°40′—89°20′—90°50′, 89°30′—90°20′—89°40′—90°30′	2
89°50′—90°0′30″—89°59′30″—90°10′, 89°59′30″—90°0′15″—89°59′45″—90°0′30″	2

5　要求

5.1　外观

角度量块的测量面不应有明显影响外观和使用质量的缺陷。

5.2 材料和硬度

角度量块应采用滚动轴承钢：GCr15，合金工具钢：CrWMn 或 Cr 制造，其硬度不应低于 795HV（或 63HRC）。

5.3 测量面的表面粗糙度

角度量块测量面的表面粗糙度 Ra 的最大值不应超过 0.02 μm。

5.4 准确度级别

角度量块分为 0、1、2 三种准确度级别，其工作角度的偏差、测量面的平面度公差、测量面对基准面的垂直度公差见表 3 的规定。

表 3

准确度级别	工作角度的偏差	测量面的平面度公差 a[a]/μm	测量面对基准面 A 的垂直度公差 b
0	±3″	0.1	30″
1	±10″	0.2	90″
2	±30″	0.3	

[a] 距测量面边缘 3 mm 范围内的平面度公差允许放大到 0.6 μm。

5.5 研合性

角度量块的测量面应具有研合性。

5.6 倒棱

角度量块测量面的顶端应倒钝或倒圆，钝面宽度 0.25 mm～0.5 mm 或倒圆半径不应大于 0.25 mm。根据用户需要亦可切去尖部。

5.7 稳定性

角度量块应进行稳定性处理，消除内应力。

5.8 角度量块的分组与配套

角度量块的分组与配套见表 4。

表 4

组别	角度量块型式	工作角度递增值	工作角度标称值	块数	准确度级别
第 1 组（7 块）	Ⅰ型	15°10′	15°10′，30°20′，45°30′，60°40′，75°50′	5	1，2
		—	50°	1	
	Ⅱ型	—	90°—90°—90°—90°	1	
第 2 组（36 块）	Ⅰ型	1°	10°，11°……，19°，20°	11	0，1
		1′	15°1′，15°2′，……，15°8′，15°9′	9	
		10′	15°10′，15°20′，15°30′，15°40′，15°50′	5	
		10°	30°，40°，50°，60°，70°	5	
		—	45°	1	
		—	75°50′	1	
	Ⅱ型	—	80°—99°—81°—100°， 90°—90°—90°—90°， 89°10′—90°40′—89°20′—90°50′， 89°30′—90°20′—89°40′—90°30′	4	

表 4（续）

组 别	角度量块型式	工作角度递增值	工作角度标称值	块 数	准确度级别
第 3 组（94 块）	Ⅰ型	1°	10°,11°,……,78°,79°	70	0,1
		—	10°0′30″	1	
		1′	15°1′,15°2′,……,15°8′,15°9′	9	
		10′	15°10′,15°20′,15°30′,15°40′,15°50′	5	
	Ⅱ型	—	80°—99°—81°—100°，　82°—97°—83°—98°， 84°—95°—85°—96°，　86°—93°—87°—94°， 88°—91°—89°—92°，　90°—90°—90°—90° 89°10′—90°40′—89°20′—90°50′， 89°30′—90°20′—89°40′—90°30′， 89°50′—90°0′30″—89°59′30″—90°10′	9	
第 4 组（7 块）	Ⅰ型	15″	15°,15°0′15″,15°0′30″,15°0′45″,15°1′	5	0
	Ⅱ型	—	89°59′30″—90°0′15″—89°59′45″—90°0′30″， 90°—90°—90°—90°	2	

5.9 角度量块附件

角度量块在组合时应使用角度量块附件，角度量块附件参见附录 A。

角度量块在组合时，使用夹持具示例见附录 B。

6 检验方法

根据角度量块不同的准确度级别，可在多齿分度台上检定或在高精度测角仪上考虑度盘修正或以全组合比较法检定角度量块工作角的偏差，亦允许选用其他检定方法。检定时，均以基准面为定位面。

不论采用上述哪一种检定方法，其检定不确定度不应大于表 5 的规定。

表 5

准确度级别	检定不确定度
0	1″
1	2.5″
2	6″

7 标志与包装

7.1 角度量块上应标有：

a） 制造厂厂名或注册商标；

b） 工作角度标称值；

c） 角度量块流水号。

7.2 角度量块的包装盒上应标有：

a） 制造厂厂名或注册商标；

b） 产品名称；

c） 准确度级别。

7.3 角度量块在包装前应经防锈处理，并妥善包装。不得因包装不善而在运输过程中损坏产品。

7.4 经检验符合本标准要求的成组角度量块，应附有产品合格证。产品合格证上应标有本标准的标准号、准确度级别、产品序号和出厂日期。

附 录 A
（资料性附录）
角度量块附件

A.1 角度量块附件应包括：

a) 夹持具，见图 A.1、图 A.2、图 A.3；

b) 直尺，见图 A.4；

c) 插销，见图 A.5。

单位为毫米

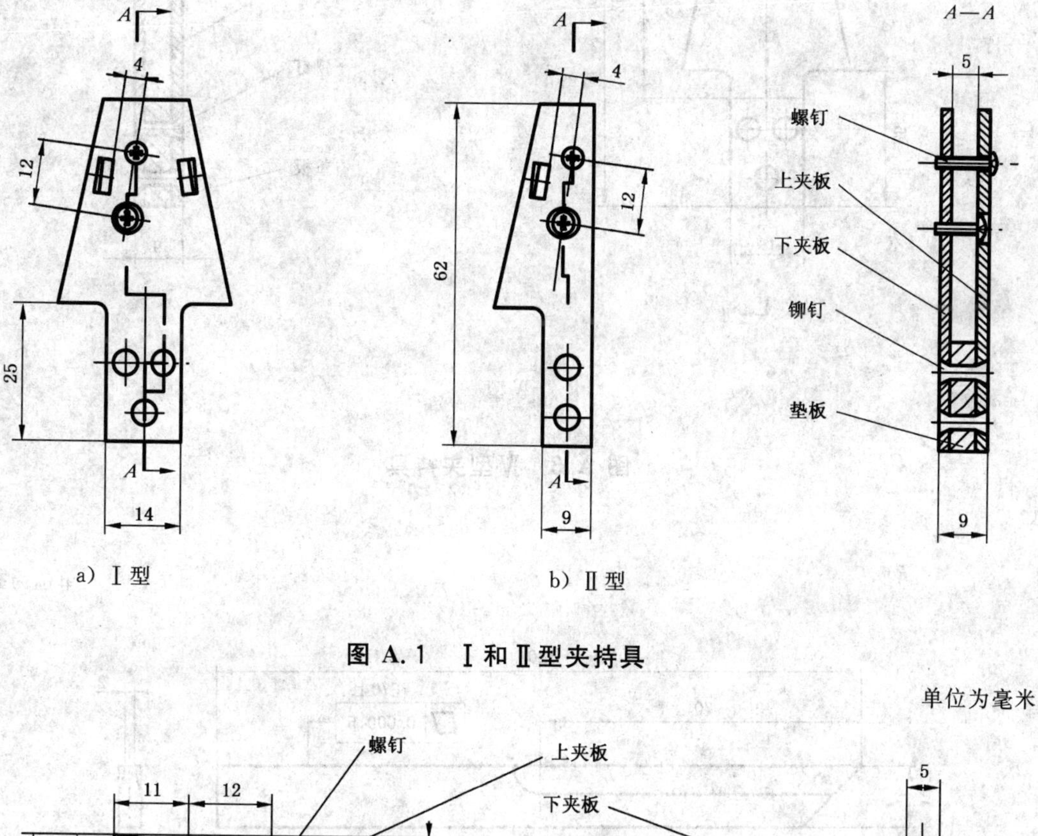

a) Ⅰ型

b) Ⅱ型

图 A.1 Ⅰ和Ⅱ型夹持具

单位为毫米

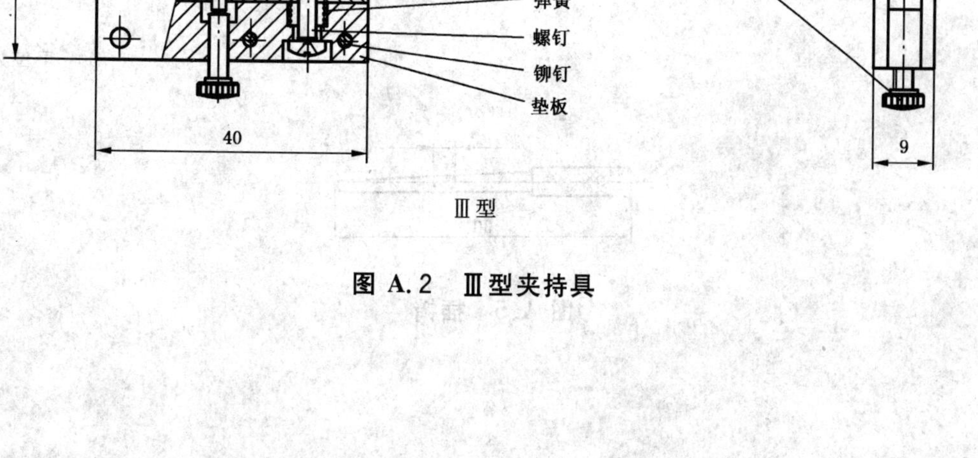

Ⅲ型

图 A.2 Ⅲ型夹持具

单位为毫米

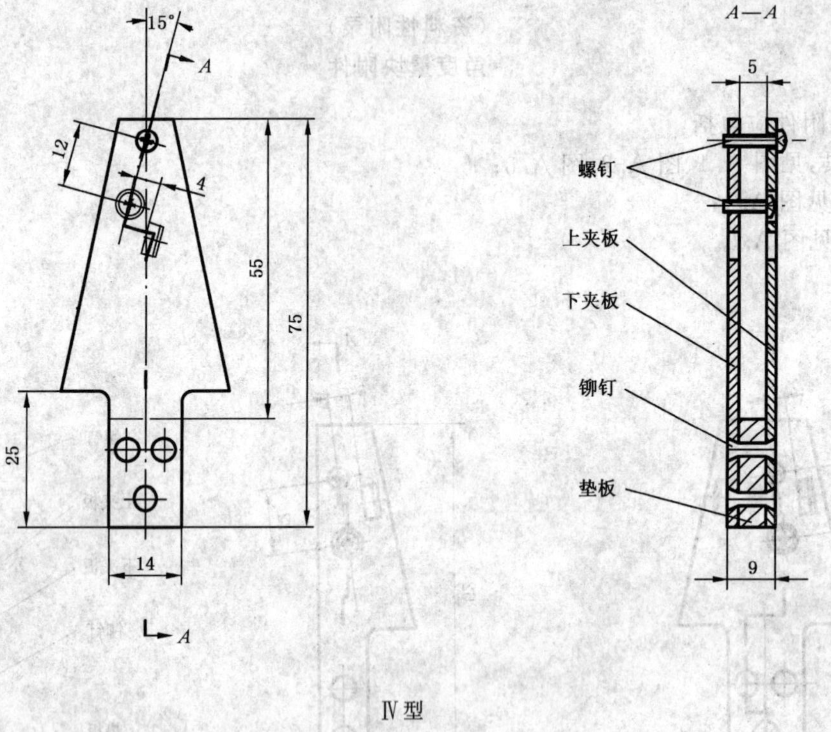

图 A.3 Ⅳ型夹持具

单位为毫米

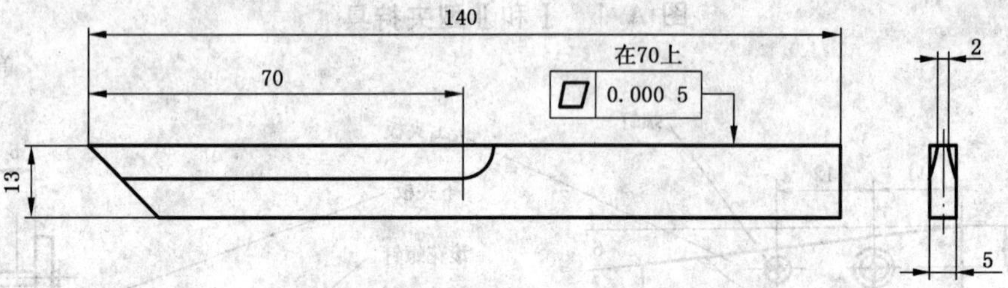

图 A.4 直尺

单位为毫米

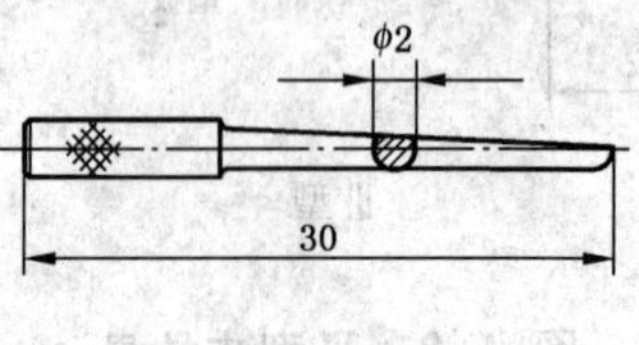

图 A.5 插销

附　录　B
（资料性附录）
夹持具使用示例

B.1　夹持具使用示例如下：

a）　Ⅰ和Ⅱ型夹持具使用示例见图 B.1；

b）　Ⅲ夹持具使用示例见图 B.2；

c）　Ⅳ型夹持具使用示例见图 B.3。

a）Ⅰ型　　　　b）Ⅱ型

图 B.1　Ⅰ和Ⅱ型夹持具使用示例

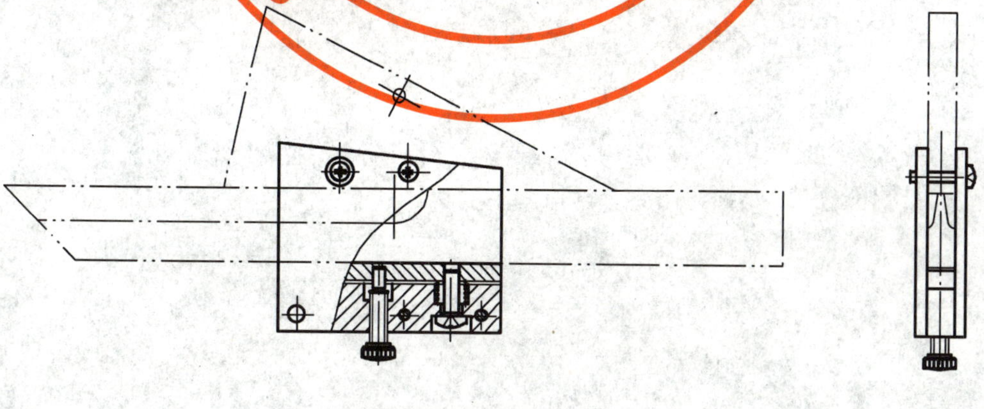

Ⅲ型

图 B.2　Ⅲ型夹持具使用示例

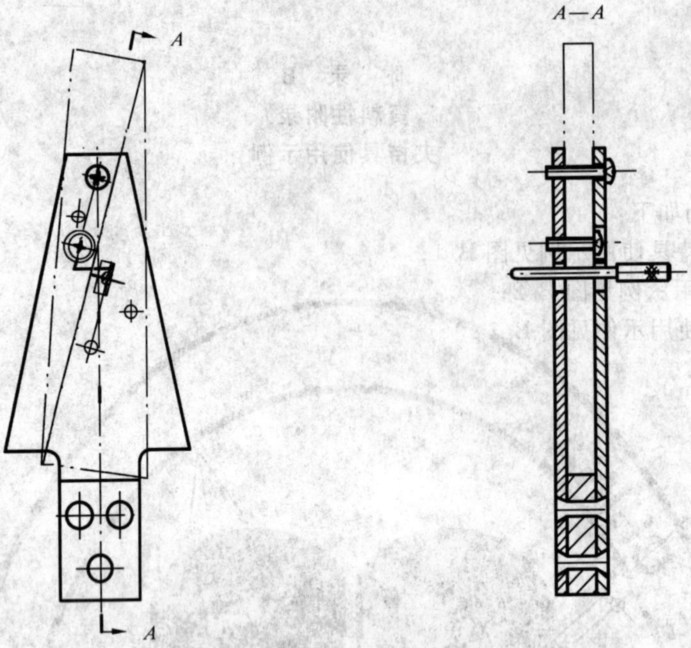

Ⅳ型

图 B.3 Ⅳ型夹持具使用示例

ICS 17.040.30
J 42

中华人民共和国国家标准

GB/T 22522—2008

螺纹测量用三针

Three wires for screw thread measuing

2008-11-12 发布 2009-05-01 实施

中华人民共和国国家质量监督检验检疫总局
中国国家标准化管理委员会 发布

前言

本标准的附录A为资料性附录。

本标准由中国机械工业联合会提出。

本标准由全国量具量仪标准化技术委员会(SAC/TC 132)归口。

本标准负责起草单位:成都成量工具有限公司。

本标准参加起草单位:成都工具研究所、哈尔滨量具刃具集团有限责任公司。

本标准主要起草人:汤钟、郑永波、丁华、姜志刚、姚绪里、武英。

螺纹测量用三针

1 范围

本标准规定了螺纹测量用三针的术语和定义、型式与基本参数、要求、检验方法、标志与包装等。

本标准适用于检验螺纹中径用的，公称直径 D 为 0.118 mm～6.212 mm 的三针。

2 规范性引用文件

下列文件中的条款通过本标准的引用而成为本标准的条款。凡是注日期的引用文件，其随后所有的修改单(不包括勘误的内容)或修订版均不适用于本标准，然而，鼓励根据本标准达成协议的各方研究是否可使用这些文件的最新版本。凡是不注日期的引用文件，其最新版本适用于本标准。

GB/T 17163 几何量测量器具术语 基本术语

GB/T 17164 几何量测量器具术语 产品术语

3 术语和定义

GB/T 17163、GB/T 17164 中确立的以及下列术语和定义适用于本标准。

3.1

螺纹测量用三针 three wires for screw thread measuring

每组具有确定的相同公称直径的三个量针，以间接法测量螺纹中径的针形测量器具。

4 型式与基本参数

4.1 量针的型式见图 1、图 2 和图 3 所示。图示仅供图解说明，不表示详细结构。

单位为毫米

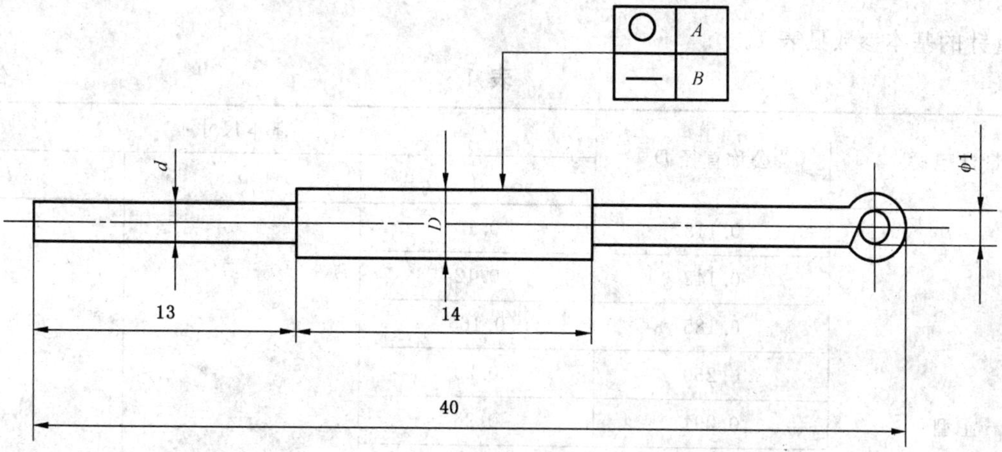

图 1 Ⅰ型量针的型式示意图(公称直径 D 为 0.118 mm～0.572 mm)

单位为毫米

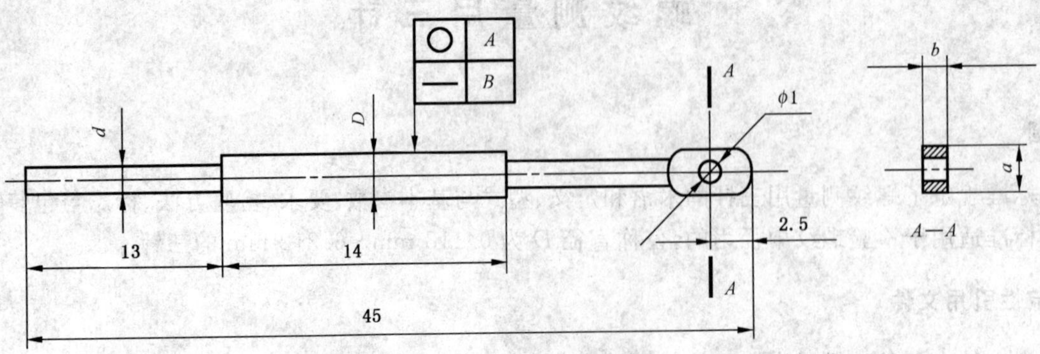

图 2　Ⅱ型量针的型式示意图(公称直径 *D* 为 0.724 mm～1.553 mm)

单位为毫米

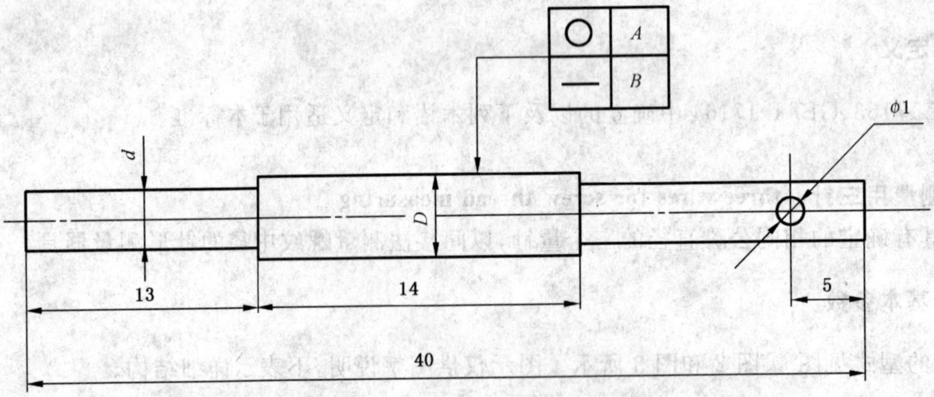

图 3　Ⅲ型量针的型式示意图(公称直径 *D* 为 1.732 mm～6.212 mm)

4.2　量针的基本参数见表 1。

表 1

单位为毫米

量针型式	公称直径 *D*	基本尺寸		
		d	*a*	*b*
Ⅰ型	0.118	0.10	—	—
	0.142	0.12		
	0.185	0.165		
	0.250	0.23		
	0.291	0.26		
	0.343	0.31		
	0.433	0.38		
	0.511	0.46		
	0.572	0.51		

表 1（续）

单位为毫米

量针型式	公称直径 D	基本尺寸		
		d	*a*	*b*
Ⅱ型	0.724	0.65	2.0	0.2
	0.796	0.72		
	0.866	0.79		0.25
	1.008	0.93	2.5	
	1.157	1.08		0.30
	1.302	1.22		0.40
	1.441	1.36		0.50
	1.553	1.47		0.60
Ⅲ型	1.732	1.66	—	—
	1.833	1.76		
	2.050	1.98		
	2.311	2.24		
	2.595	2.52		
	2.886	2.81		
	3.106	3.03		
	3.177	3.10		
	3.550	3.47		
	4.120	4.04		
	4.400	4.32		
	4.773	4.69		
	5.150	5.07		
	6.212	6.12		

4.3 每组量针应带有悬挂量针的号牌，其上应有不小于 ϕ3 mm 的孔，自孔中心到量针工作部分中间的距离约为 70 mm。

5 要求

5.1 材料和测量面硬度

量针应采用碳素工具钢 T12A、滚动轴承钢 GCr15、合金工具钢 CrMn 或 Cr 制造，其测量面硬度不应低于 60HRC。

5.2 测量面的表面粗糙度

量针测量面的表面粗糙度 *Ra* 的最大值不应超过 0.05 μm。

5.3 准确度等级

量针分为 0、1 二种准确度等级，其公称直径 *D* 的尺寸偏差、圆度公差 *A*、锥度公差和母线直线度公差 *B* 见表 2 的规定。

表 2

准确度等级	公称直径 D 的尺寸偏差[a]	圆度公差 A[b]	锥度公差	母线直线度公差 B[b]
	μm			
0	±0.25	0.25	在公称直径 D 的尺寸偏差范围内	在 8 mm 长度上不应大于 1 μm
1	±0.50	0.50		

[a] 公称直径 D 的尺寸偏差还需满足尺寸最大值与最小值之差不大于 0.25 μm(0 级)和 0.5 μm(1 级)的要求。

[b] 距测量面边缘 1 mm 范围内，圆度公差、母线直线度公差不计。

5.4 量针的选用

测量螺纹中径时，量针的选用参见附录 A。

6 标志与包装

6.1 在悬挂量针的号牌上应标有：

a) 制造厂厂名或注册商标；

b) 公称直径 D；

c) 准确度等级。

注：悬挂量针的号牌应采用钢或铝等材料制造。

6.2 三针(成组量针)的包装盒上应标有：

a) 制造厂厂名或注册商标；

b) 公称直径 D；

c) 准确度等级。

6.3 量针在包装前应经防锈处理，并妥善包装。不得因包装不善而在运输过程中损坏产品。

6.4 经检验符合本标准要求的三针(成组量针)，应附有产品合格证。产品合格证上应标有本标准的标准号、准确度等级和出厂日期。

附 录 A
（资料性附录）
量针的选用

A.1 测量螺纹中径时，建议根据被测螺纹的螺距选用相应公称直径的量针，参见表 A.1。

表 A.1

被测螺纹的螺距				量针公称直径 D/mm	量针型式
公制螺纹（螺距）/mm	英制螺纹（每英吋上的牙数）		梯形螺纹（导程）/mm		
	55°	60°			
0.2	—	—	—	0.118	Ⅰ型量针
(0.225)					
0.25				0.142	
0.3				0.185	
—		80			
0.35		72			
0.4		64		0.250	
0.45		56			
0.5		48		0.291	
0.6		—		0.343	
—		44			
	40	40			
0.7	—	—		0.433	
0.75		36			
0.8	32	32			
—	28	28		0.511	
1.0	—	27		0.572	
—	26	26			
	24	24			
1.25	22,20,19	20		0.724	Ⅱ型量针
—	18	18		0.796	
1.5	16	16		0.866	
1.75	14	14		1.008	
—	—	—	2		
2.0	12	13	—	1.157	
—	—	12			
	11	11½	2※	1.302	
	—	11	—		

表 A.1（续）

被测螺纹的螺距				量针公称直径 D/mm	量针型式
公制螺纹（螺距）/mm	英制螺纹（每英吋上的牙数）		梯形螺纹（导程）/mm		
	55°	60°			
2.5	10	10	—	1.441	Ⅱ型量针
—	9	9	3	1.553	
3.0	—	—	3※	1.732	Ⅲ型量针
—	8	8	—	1.833	
3.5	7	7½	4	2.050	
—	—	7	—		
4.0	6	6	4※	2.311	
4.5	—	5½	5	2.595	
5.0	5	5	5※	2.886	
—	—	—	6	3.106	
5.5	4½	4½	6※	3.177	
6.0	4	4	—	3.550	
—	3½	—	8	4.120	
	3¼		8※	4.400	
	3		—	4.773	
	2⅞、2¾		10	5.150	
	2⅝、2½		12	6.212	

注1：选择量针的公称直径测量单头螺纹中径时，除标有“※”符号的螺距外，由于螺纹牙形半角偏差而产生的测量误差甚小可忽略不计。

注2：当用量针测量梯形螺纹中径出现量针表面低于螺纹外径和测量通端梯形螺纹塞规中径时，按带“※”号的相应螺距来选择量针；此时应计入牙形半角偏差对测量结果的影响。

ICS 17.040.30
J 42

中华人民共和国国家标准

GB/T 22523—2008

STANDARDS PRESS OF CHINA

塞尺

Feeler gauge

2008-11-12 发布 2009-05-01 实施

中华人民共和国国家质量监督检验检疫总局
中国国家标准化管理委员会 发布

前　言

本标准由中国机械工业联合会提出。

本标准由全国量具量仪标准化技术委员会(SAC/TC 132)归口。

本标准起草单位:成都工具研究所、锦州量具厂。

本标准主要起草人:姜志刚、张树林、陈瑜。

塞　　尺

1　范围

本标准规定了塞尺的术语和定义、型式与基本参数、要求、检验方法、标志与包装等。

本标准适用于厚度为 0.02 mm～1.00 mm，长度为 100 mm～300 mm 的塞尺。

2　规范性引用文件

下列文件中的条款通过本标准的引用而成为本标准的条款。凡是注日期的引用文件，其随后所有的修改单(不包括勘误的内容)或修订版均不适用于本标准，然而，鼓励根据本标准达成协议的各方研究是否可使用这些文件的最新版本。凡是不注日期的引用文件，其最新版本适用于本标准。

GB/T 17163　几何量测量器具术语　基本术语

GB/T 17164　几何量测量器具术语　产品术语

3　术语和定义

GB/T 17163、GB/T 17164 中确立的以及下列术语和定义适用于本标准。

3.1

弯曲度　bending percentage

在塞尺相同位置正、反工作面测得的最大示值差。

4　型式与基本参数

4.1　单片塞尺的型式见图 1 所示。图示仅供图解说明，不表示详细结构。

单位为毫米

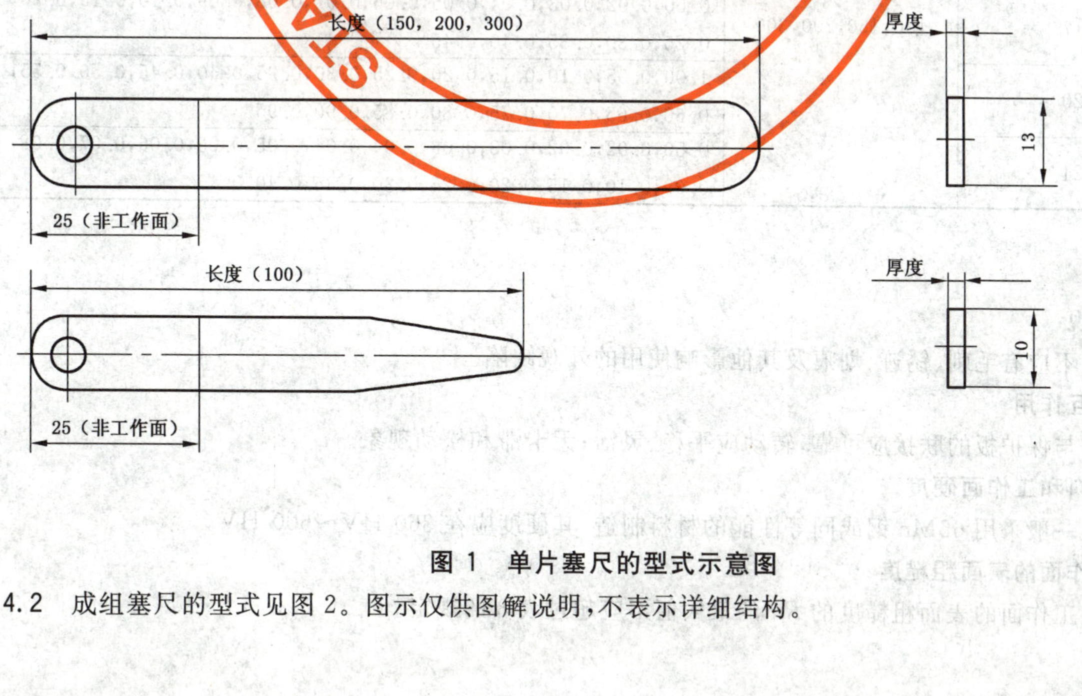

图 1　单片塞尺的型式示意图

4.2　成组塞尺的型式见图 2。图示仅供图解说明，不表示详细结构。

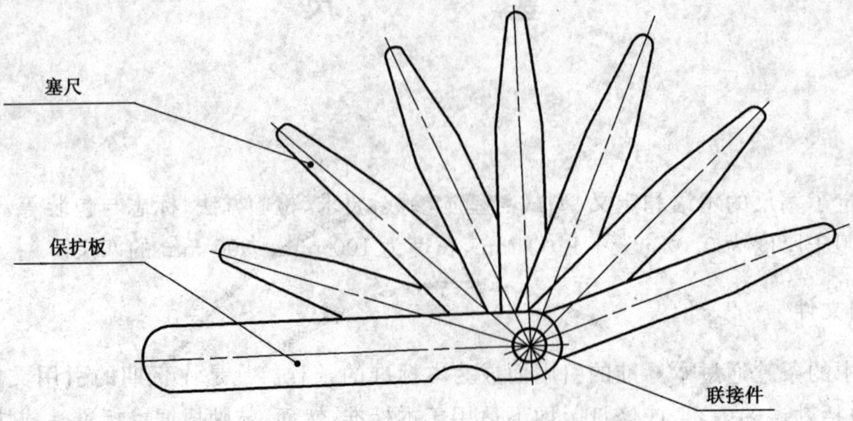

图 2 成组塞尺的型式示意图

4.3 塞尺的厚度尺寸系列见表 1。

表 1

厚度尺寸系列/mm	间隔/mm	数 量
0.02,0.03,0.04,……,0.10	0.01	9
0.15,0.20,0.25,……,1.00	0.05	18

4.4 成组塞尺的片数、塞尺长度及组装顺序见表 2。

表 2

成组塞尺的片数	塞尺的长度/mm	塞尺厚度尺寸及组装顺序/mm
13	100,150,200,300	0.10,0.02,0.02,0.03,0.03,0.04,0.04,0.05,0.05,0.06,0.07,0.08,0.09
14		1.00,0.05,0.06,0.07,0.08,0.09,0.10,0.15,0.20,0.25,0.30,0.40,0.50,0.75
17		0.50,0.02,0.03,0.04,0.05,0.06,0.07,0.08,0.09,0.10,0.15,0.20,0.25,0.30,0.35,0.40,0.45
20		1.00,0.05,0.10,0.15,0.20,0.25,0.30,0.35,0.40,0.45,0.50,0.55,0.60,0.65,0.70,0.75,0.80,0.85,0.90,0.95
21		0.50,0.02,0.02,0.03,0.03,0.04,0.04,0.05,0.05,0.06,0.07,0.08,0.09,0.10,0.15,0.20,0.25,0.30,0.35,0.40,0.45

5 要求

5.1 外观

塞尺不应有毛刺、锈迹、划痕及其他影响使用的外观缺陷。

5.2 相互作用

塞尺与保护板的联接应可靠,转动应平稳、灵活;无卡滞和松动现象。

5.3 材料和工作面硬度

塞尺一般采用 65Mn 钢或同等性能的材料制造,其硬度应在 360 HV～600 HV。

5.4 工作面的表面粗糙度

塞尺工作面的表面粗糙度的 *Ra* 的最大值不应超过表 3 的规定。

表 3

塞尺厚度尺寸/mm	塞尺工作面表面粗糙度 $Ra/\mu m$
0.02～0.50	0.4
>0.05～1.00	0.8

5.5 厚度尺寸极限偏差和弯曲度公差

塞尺的厚度尺寸极限偏差和弯曲度公差见表 4 的规定。

表 4

单位为毫米

塞尺厚度尺寸	厚度尺寸极限偏差[a]		弯曲度公差
	上偏差	下偏差	
0.02～0.10	+0.005	−0.003	—
>0.10～0.30	+0.008	−0.005	0.006
>0.30～0.60	+0.012	−0.007	0.009
>0.60～1.00	+0.016	−0.009	0.012
[a] 距工作面边缘 1 mm 范围内的厚度尺寸极限偏差不计。			

6 检验方法

6.1 外观

目力观察。

6.2 相互作用

手感检查。

6.3 工作面硬度

厚度尺寸为 0.02 mm～0.15 mm 的塞尺用维氏显微硬度计检验，载荷为 0.10 kg。

厚度尺寸为 0.20 mm～1.00 mm 的塞尺用维氏显微硬度计检验，载荷为 0.20 kg。

6.4 工作面的表面粗糙度

用表面粗糙度比较样块目测比较。如有异议，用表面粗糙度检查仪检查。

6.5 厚度尺寸极限偏差和弯曲度公差

6.5.1 厚度尺寸为 0.02 mm～0.10 mm 的塞尺

使用分度值为 0.001 mm、示值范围为±0.10 mm、不确定度为 0.002 mm 的测微仪，在工作台上放置一块 5 mm～10 mm 的 3 级量块，并调整测微仪对零，将被测塞尺的工作面放置在量块与测微仪测头之间，测微仪的示值即为该点的实际厚度尺寸，塞尺工作面的厚度尺寸均应符合表 4 的规定。检定示意图见图 3 所示。

6.5.2 厚度尺寸为 0.15 mm～1.00 mm 的塞尺

使用外径千分尺进行检测。

当发生争议时，使用分度值为 0.001 mm、测力不应大于 2 N、示值范围为±0.10 mm、不确定度为 0.002 mm的测微仪，选择量块尺寸差为塞尺厚度尺寸的量块组，调整测微仪，并用尺寸较大的量块对零，然后用量块组的另一块量块与被检塞尺的正、反两个工作面分别叠合，放置在工作台与测微仪测头之间，记录正、反两组测微仪的示值，较小的一组示值即为塞尺工作面的实际厚度尺寸，正、反两组相对应点的示值差即为塞尺工作面该点的弯曲度。塞尺工作面的厚度尺寸极限偏差和弯曲度公差均应符合表 4 的规定。检定示意图见图 3 所示。

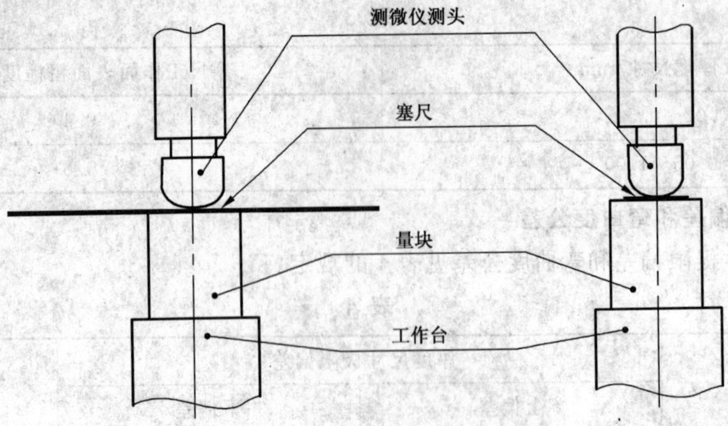

图 3　检定示意图

7　标志与包装

7.1　塞尺保护板上应标有：

a)　制造厂厂名或注册商标；

b)　成组塞尺的片数。

7.2　单片塞尺上应清晰地标志塞尺的厚度尺寸(单位 mm 可省略)。

7.3　塞尺在包装前应经防锈处理，并妥善包装。不得因包装不善而在运输过程中损坏产品。

7.4　塞尺经检验符合本标准要求的，应附有产品合格证。产品合格证上应标有本标准的标准号和出厂日期。

ICS 17.040.30
J 42

中华人民共和国国家标准

GB/T 22524—2008

小扭簧比较仪

Small-sized micro indicators

2008-11-12 发布　　　　2009-05-01 实施

中华人民共和国国家质量监督检验检疫总局
中国国家标准化管理委员会　发布

前　言

本标准由中国机械工业联合会提出。

本标准由全国量具量仪标准化技术委员会(SAC/TC 132)归口。

本标准负责起草单位:哈尔滨量具刃具集团有限责任公司。

本标准参加起草单位:成都工具研究所。

本标准主要起草人:李建伊、张伟、武英、姜志刚。

小 扭 簧 比 较 仪

1 范围

本标准规定了小扭簧比较仪的术语和定义、型式与基本参数、要求、检验方法和标志与包装等。

本标准适用于夹持套筒直径为8 mm的小扭簧比较仪(以下简称“比较仪”)。

2 规范性引用文件

下列文件中的条款通过本标准的引用而成为本标准的条款。凡是注日期的引用文件，其随后所有的修改单(不包括勘误的内容)或修订版均不适用于本标准，然而，鼓励根据本标准达成协议的各方研究是否可使用这些文件的最新版本。凡是不注日期的引用文件，其最新版本适用于本标准。

GB/T 17163　几何量测量器具术语　基本术语

3 术语和定义

GB/T 17163中确立的以及下列术语和定义适用于本标准。

3.1

扭簧比较仪　micro indicators

利用扭簧元件作为尺寸的转换和放大机构，将测量杆的直线位移转变为指针在弧形刻度盘上的角位移，并由刻度盘进行读数的测量器具。

4 型式、基本参数

4.1　比较仪的分度值和示值范围见表1。

表1　比较仪的分度值和示值范围

单位为微米

分度值	示值范围
0.2	±10
0.5	±25
1	±50
2	±100

4.2　比较仪的型式见图1,图示仅供图解说明。

单位为毫米

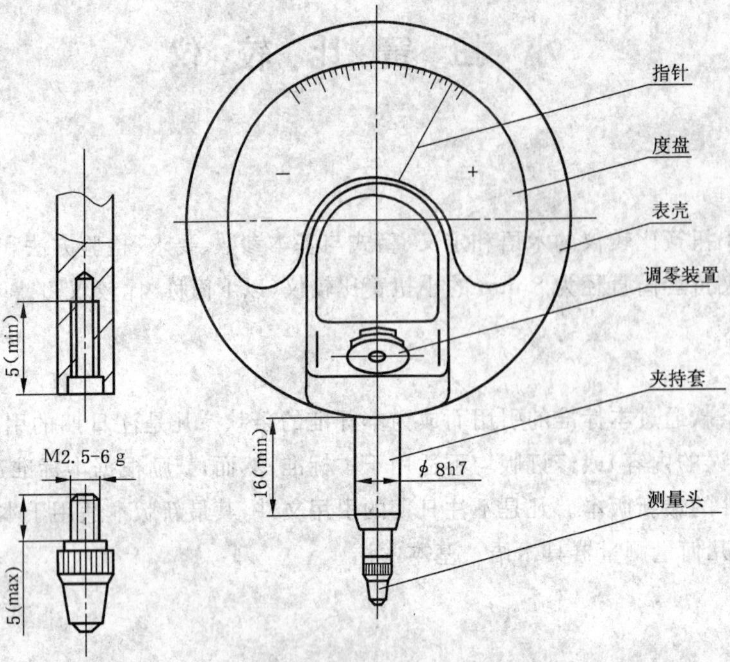

图 1　扭簧比较仪示意图

5　要求

5.1　比较仪测量头的测量表面和夹持套筒的表面上不应有影响使用性能的锈蚀、碰伤、划伤等缺陷。

5.2　比较仪测量机构的移动应平稳、灵活，无卡滞现象，在自由状态下指针能返回左侧刻线以外。

5.3　比较仪应具有调整范围不小于 5 个分度的调零装置及限制测量杆行程的限程装置。

5.4　刻线之间的距离应不小于 0.9 mm。指针尖端宽度和刻度盘上的刻线宽度为(0.1～0.2)mm，指针尖端宽度与刻度盘上刻线宽度之差应不超过 0.05 mm。

5.5　比较仪的指针尖端应盖过刻度盘上短刻线长度的 30%～80%。在距指针尖端(3～5)mm 处应有不小于 ϕ1 mm 的圆标记，其标记和指针尖端应涂红、黑或其他醒目颜色。

5.6　比较仪的指针尖端到刻度盘之间的距离应不大于 1 mm。

5.7　测量头应采用玛瑙或硬质合金等耐磨材料，对于钢制测量头，其测量面硬度不低于 760 HV(或 62HRC)。

5.8　测量头的表面粗糙度 *Ra* 最大允许值为 0.1 μm。

5.9　比较仪的测量力及测量力变化见表 2 的规定。

表 2　测量力及测量力变化

分度值/μm	测量力/N	测量力变化/N	
		0 级	1 级
0.2	0.6～1.5	0.25	0.35
0.5	0.6～2	0.35	0.60
1		0.60	0.80
2		0.60	1.00

5.10 比较仪的径向受力示值变化见表 3 规定。

表 3 径向受力示值变化

分度值/μm	径向受力/N	示值变化（分度）	
		0 级	1 级
0.2	0.5	1	1
0.5		1/2	2/3
1	1.0	2/3	1
2		1/3	1/2

5.11 比较仪的允许误差和重复性见表 4 规定。

表 4 允许误差和重复性

分度值/μm	允许误差/μm		重复性（分度值）
	±30 分度	±50 分度	
0.2	±0.15	±0.3	1/2
0.5	±0.30	±0.5	1/3
1	±0.50	±1.0	
2	±1.00	±2.0	

5.12 测量时指针摆动时间应不超过 1 s。

5.13 指针的平衡性应不超过 1/3 分度，其中分度值为 0.000 2 mm 的比较仪指针的平衡性应不超过 2/3 分度。

5.14 在示值范围内任一点对正、反行程同一点测力差的最大值为测力落差，测力落差 0 级比较仪不大于 0.03 N；1 级比较仪不大于 0.05 N。

6 检验方法

6.1 检验温度

本标准规定检验测量温度为：20 ℃±2 ℃。

6.2 测量力、测量力变化及测量力落差

将比较仪可靠地装在专用的 0.05 N 分度值的测量力装置上。

6.2.1 测量力

将量杆从起点上升到使指针回转到最大示值范围时，测量力应不超过规定的数值。

6.2.2 测量力变化

在全部示值范围内，正、反行程的测量力最大值与最小值之差为测量力变化。

6.3 径向受力示值变化

将比较仪可靠地装在刚性较好的支架上，使其测量头与工作台上的量块垂直接触后，将指针调至表盘零位。用专业测力表作用在测量头，并垂直于量杆方向。测量时，前、后、左、右方向拉测，四个方向示值变化的最大值为径向受力示值变化。

6.4 示值误差

将比较仪可靠地装在刚性比较仪座上，使测量头与量块接触，并将指针调整到零位，在零位两侧以+30、+50、−30、−50 分度处作为受检点，用量块进行检验。示值误差的检验及评定结果举例见表 5

(以三块比较仪的检定为例)。

表 5 示值误差的检定及评定结果

示值范围（分度）	分度值/μm	各受检点的指示值与真值之差/μm					示值误差/μm		评定结果
		标尺分度							
		−50	−30	0	+30	+50	±30	±50	
±50 标尺分度	1	−0.5	−0.2	0	+0.3	+0.4	+0.3	−0.5	合格
		+0.4	+0.2	0	−0.4	−0.6	−0.4	−0.6	合格
		+0.8	+0.4	0	−0.2	−1.2	+0.4	−1.2	不合格

6.5 重复性

将比较仪可靠地装在刚性较好的比较仪座上，使测量头与量块接触，当指针分别对调零刻线及两边刻线最大位置时，拨动量杆 5～7 次，其最大与最小示值之差，即为重复性。

6.6 在检验重复性的同时，用秒表检测指针停止摆动的时间。如有争议时，可用录像机判定。

7 标志与包装

7.1 比较仪上应标志：

a) 制造厂厂名或注册商标；

b) 分度值；

c) 产品序号。

7.2 比较仪的包装盒上应标志：

a) 制造公司厂名或商标；

b) 产品名称；

c) 示值范围；

d) 分度值。

7.3 比较仪在包装前应经防锈处理，并妥善包装。

7.4 比较仪经检定符合本标准规定的，应附有产品合格证。产品合格证上应标有本标准的标准号、产品序号和出厂日期。

ICS 17.040.30
J 42

中华人民共和国国家标准

GB/T 22525—2008

正多面棱体

Regular polygon mirror

2008-11-12 发布　　　　2009-05-01 实施

中华人民共和国国家质量监督检验检疫总局
中国国家标准化管理委员会　发布

前　言

本标准由中国机械工业联合会提出。

本标准由全国量具量仪标准化技术委员会(SAC/TC 132)归口。

本标准负责起草单位:哈尔滨量具刃具集团有限责任公司。

本标准参加起草单位:成都工具研究所。

本标准主要起草人:于亚静、王琦、宋长滨、武英、姜志刚。

正 多 面 棱 体

1 范围

本标准规定了正多面棱体的术语和定义、型式、基本参数与尺寸、要求、检验方法、标志与包装等。

本标准适用于准确度等级为 0、1、2、3 的正多面棱体(以下简称"棱体")。

2 规范性引用文件

下列文件中的条款通过本标准的引用而成为本标准的条款。凡是注日期的引用文件，其随后所有的修改单(不包括勘误的内容)或修订版均不适用于本标准，然而，鼓励根据本标准达成协议的各方研究是否可使用这些文件的最新版本。凡是不注日期的引用文件，其最新版本适用于本标准。

GB/T 17163　几何量测量器具术语　基本术语

3 术语和定义

GB/T 17163 中确立的以及下列术语和定义适用于本标准。

3.1

正多面棱体　regular polygon mirror

各相邻平面法线间的夹角为等值测量角，并具有准确角度值的正多边形的实物量具，见图 1 所示，图示仅供图解说明。

3.2

测量平面　measuring level

垂直于棱体中心线并通过棱体工作面的中截面的平面，见图 1。

3.3

工作角　working angle

任意两工作面的法线在测量平面上形成的夹角，见图 1。

3.4

基准面　base level

测量中作为定位基准的表面，见图 1。

3.5

上表面　up level

与基准面相对的有标志的表面，见图 1。

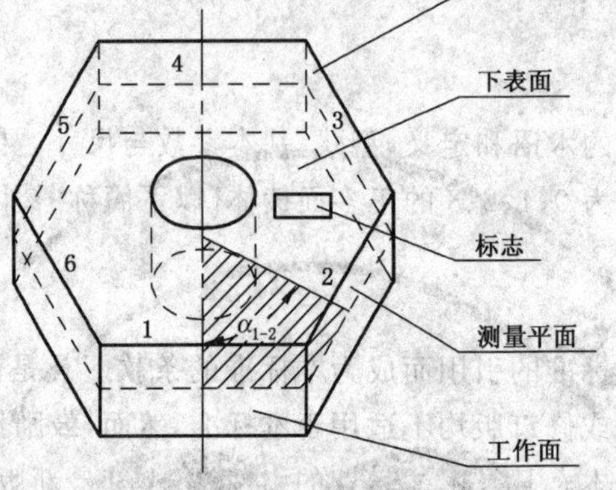

α_{1-2}——工作角。

图 1　棱体示意图

4　型式、基本参数与尺寸

棱体的型式、基本参数与尺寸见图 2 和表 1,图示仅供图解说明。

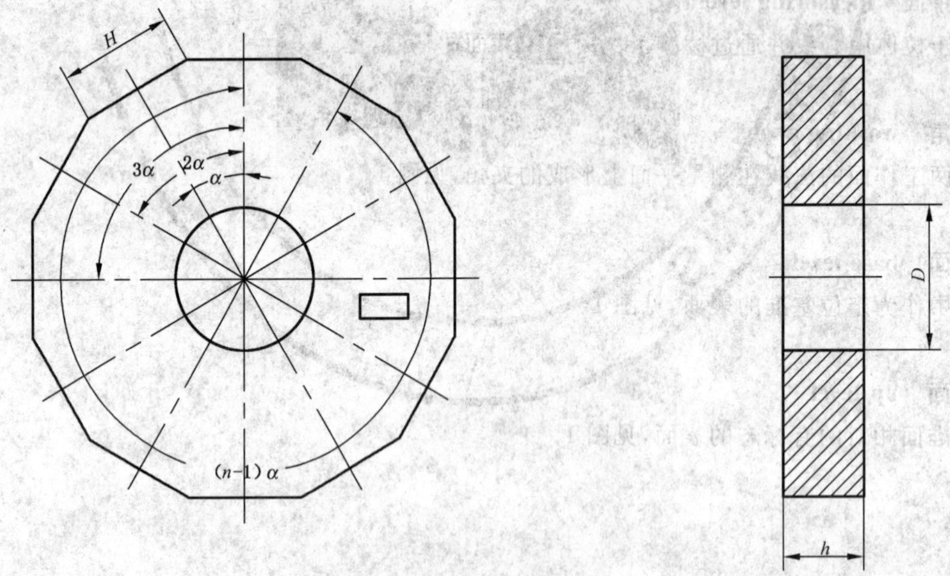

图 2　棱体型式示意图

表 1 工作面的面数、标称工作角、工作面尺寸及孔径

序　号	工作面的面数	标称工作角	工作面尺寸($H\times h$)/mm	孔径 D/mm
1	4	90°	15×15	ϕ25H8
2	6	60°		
3	8	45°		
4	9	40°		
5	10	36°		
6	12	30°		
7	15	24°		
8	16	22°30′		
9	17	21°10′35.3″		
10	18	20°		
11	19	18°56′50.5″		
12	20	18°		
13	23	15°39′7.8″		
14	24	15°		
15	28	12°51′25.7″		
16	32	11°15′		
17	36	10°	* 12×15	
18	40	9°		
19	45	8°		* ϕ40H8
20	72	5°	* 10×20	

注：表中带有“*”的工作面尺寸仅供参考。

5 要求

5.1 棱体的工作面不得有明显影响外观和使用质量的缺陷。

5.2 棱体有 0、1、2、3 四种准确度等级，其工作角的偏差、工作面的平面度公差、工作面对基准面的垂直度公差、上表面与基准面的平行度公差以及基准面与上表面的平面度公差见表 2。

表 2 工作角偏差及工作面形位公差

准确度等级	工作面的面数 ≤24	工作面的面数 >24	工作面对基准面的垂直度公差(″)	工作面的平面度公差[b]	上表面与基准面的平面度公差[a]	上表面与基准面的平行度公差(每 100 mm 长度上)
	工作角偏差(″)			μm		
0	±1	±2	5	0.03	1.0	1.5
1	±2	±3	10	0.05	1.5	
2	±5		15			
3	±10		20	0.1		

[a] 基准面的平面度误差只允许中间向材料内凹下。

[b] 工作面的平面度误差在其边缘 0.5 mm 范围内不计。

5.3 棱体应采用轴承钢 GCr15、CrMn 或 Cr 高性能合金钢制造，亦可用氮化钢、石英玻璃或光学玻璃等制造。

5.4 钢制棱体应去磁。

5.5 钢制棱体的硬度不低于766 HV。

5.6 钢制棱体各面表面粗糙度见表3的规定。

表3 各面表面粗糙度

各表面名称	表面粗糙度/μm
工作面	Ra0.025或Rz0.125
基准面、上表面	Ra0.05
基准面、上表面与工作面之间的倒棱边	Ra0.20

5.7 用石英玻璃或光学玻璃制造的棱体，其工作面应镀全反射膜。

5.8 棱体的尺寸应稳定。

6 检验方法

6.1 棱体工作角的偏差

根据棱体准确度等级的不同，可在多齿分度台上检定或在高精度测角仪上考虑度盘修正或以全组合比较法检定，亦允许选用其他检定方法。检定时，均以棱体孔为定位中心并以基准面为定位面。

6.2 不论采用上述哪一种检定方法，其检定不确定度应不大于表4的规定。

表4 棱体工作角的检定不确定度

准确度等级	检定不确定度
0	$1/3\Delta\alpha$
1	$1/4\Delta\alpha$
2、3	$1/5\Delta\alpha$

7 标志与包装

7.1 棱体上表面应标志：

a) 制造厂厂名或注册商标；

b) 产品序号；

c) 工作面的面数；

d) 工作角顺序号。

7.2 棱体的包装盒上应标志：

a) 制造厂厂名或注册商标；

b) 产品名称；

c) 工作面的面数；

d) 准确度等级。

7.3 钢制棱体在包装前应经防锈处理并妥善包装。

7.4 棱体经过检定符合本标准要求的，应附有产品合格证。产品合格证上应标有本标准的标准号、准确度等级、产品序号和出厂日期。

ICS 17.040.30
J 42

中华人民共和国国家标准

GB/T 22526—2008

正　　弦　　规

Sine bar

2008-11-12 发布　　2009-05-01 实施

中华人民共和国国家质量监督检验检疫总局
中国国家标准化管理委员会　发布

前　言

本标准的附录 A 为资料性附录。

本标准由中国机械工业联合会提出。

本标准由全国量具量仪标准化技术委员会(SAC/TC 132)归口。

本标准负责起草单位:成都成量工具集团有限公司。

本标准参加起草单位:成都工具研究所。

本标准主要起草人:王静、丁华、姜志刚。

正　弦　规

1　范围

本标准规定了正弦规的术语和定义、型式与基本参数、要求、检验方法、标志与包装等。

本标准适用于两圆柱中心距小于或等于200 mm、准确度等级为0级和1级的正弦规。

2　规范性引用文件

下列文件中的条款通过本标准的引用而成为本标准的条款。凡是注日期的引用文件，其随后所有的修改单(不包括勘误的内容)或修订版均不适用于本标准，然而，鼓励根据本标准达成协议的各方研究是否可使用这些文件的最新版本。凡是不注日期的引用文件，其最新版本适用于本标准。

GB/T 17163　几何量测量器具术语　基本术语

GB/T 17164　几何量测量器具术语　产品术语

3　术语和定义

GB/T 17163、GB/T 17164中确立的术语和定义适用于本标准。

4　型式与基本参数

4.1　正弦规的型式见图1和图2所示。图示仅供图解说明，不表示详细结构。

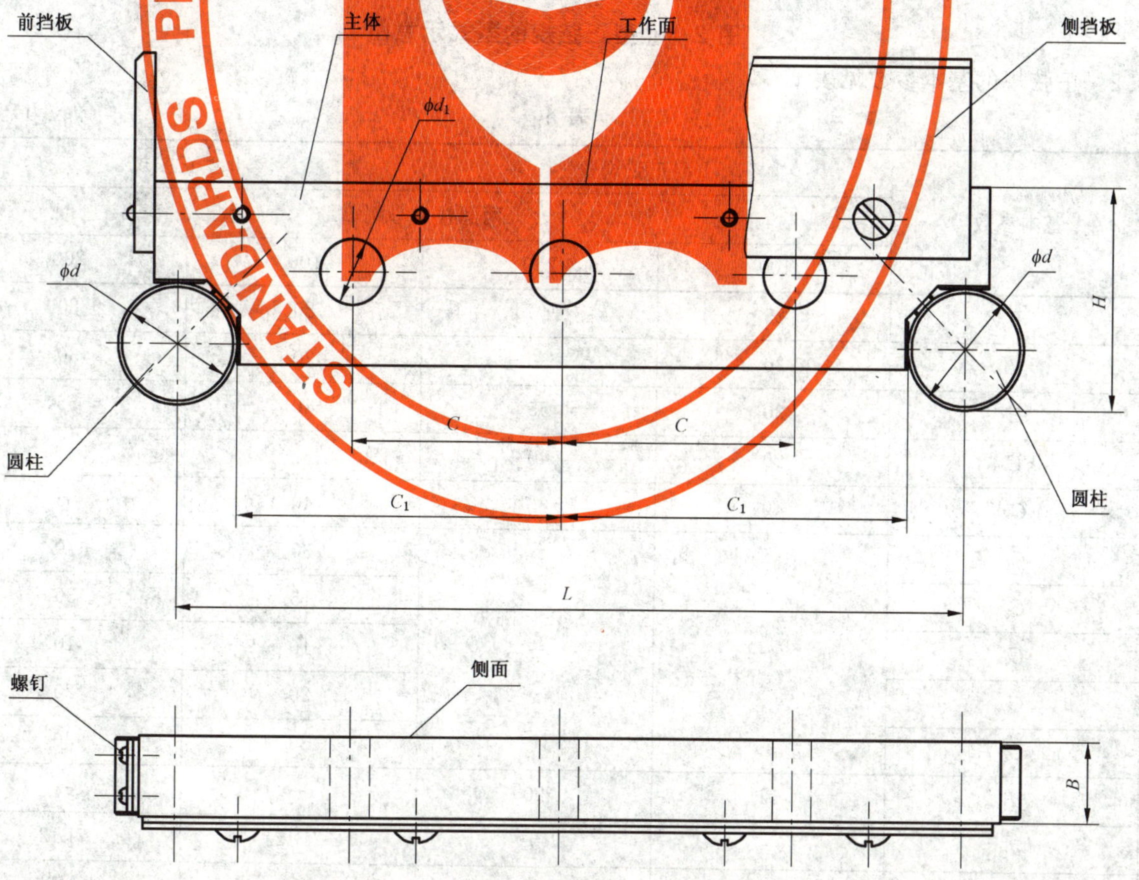

图1　Ⅰ型正弦规的型式示意图

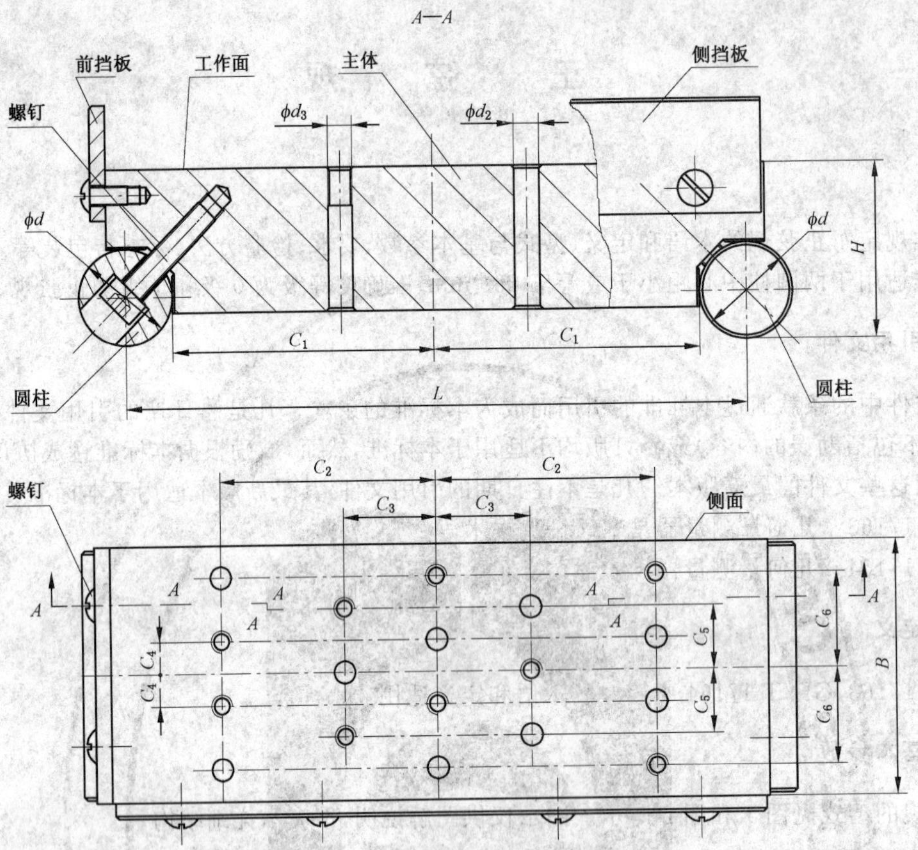

图 2 Ⅱ型正弦规的型式示意图

4.2 正弦规的基本参数见表 1。

表 1

单位为毫米

基本参数	Ⅰ型正弦规		Ⅱ型正弦规	
	两圆柱中心距 L			
	100	200	100	200
B	25	40	80	80
d	20	30	20	30
H	30	55	40	55
C	20	40	—	—
C_1	40	85	40	85
C_2			30	70
C_3			15	30
C_4	—	—	10	10
C_5			20	20
C_6			30	30
d_1	12	20	—	—
d_2	—	—	7B12	7B12
d_3			M6	M6

5 要求

5.1 外观

正弦规各表面不应有裂纹和锈迹，工作面上不应有刻痕、划伤、毛刺等影响外观和使用的缺陷。各零件非工作面应有保护性防锈层。

5.2 结构要求

正弦规的结构应满足下列要求：

——应能装置成 0°～80°范围内的任何角度；

——结构的刚性和零件的强度应适应磨削工作条件；

——零件更换和修理应方便。

5.3 紧固螺钉和螺孔

正弦规的圆柱应采用螺钉可靠地紧固在主体件上，并不得引起圆柱和主体件变形。紧固后的螺钉头不得露出圆柱的表面。

主体上固定圆柱用的螺孔不得露出工作面。

5.4 工作面的硬度及表面粗糙度

正弦规各工作面的硬度及表面粗糙度 Ra 的最大值见表 2 的规定。

表 2

正弦规各工作面	硬度 (≥)	表面粗糙度 Ra 的最大值/μm
主体的工作面	58HRC	0.08
圆柱的工作面	60HRC	0.04
前挡板和侧挡板的工作面	48HRC	1.25

5.5 准确度等级

正弦规分为 0 级和 1 级两种准确度等级，其两圆柱中心距的偏差、两圆柱轴线的平行度、主体工作面上各孔中心线间距离的偏差、同一正弦规的两圆柱直径差、圆柱工作面的圆柱度、正弦规主体工作面平面度、正弦规主体工作面与两圆柱下部母线公切面的平行度、侧挡板工作面与圆柱轴线的垂直度、前挡板工作面与圆柱轴线的平行度及正弦规装置成 30°时的综合误差见表 3 的规定。

5.6 稳定性

正弦规的主体和圆柱应进行稳定性处理；正弦规各零件均应去磁。

5.7 附件

若客户需要，制造商可与客户商议，提供配合使用正弦规的有关附件，附件参见附录 A。

表 3

项目[a]		Ⅰ型正弦规				Ⅱ型正弦规			
		两圆柱中心距 L/mm							
		100		200		100		200	
		准确度等级							
		0	1	0	1	0	1	0	1
两圆柱中心距的偏差	μm	±1	±2	±1.5	±3	±2	±3	±2	±4
两圆柱轴线的平行度[b]	μm	1	1	1.5	2	2	3	2	4
主体工作面上各孔中心线间距离的偏差	μm	—	—	—	—	±150	±200	±150	±200

表 3（续）

项目[a]		Ⅰ型正弦规				Ⅱ型正弦规			
		两圆柱中心距 L/mm							
		100		200		100		200	
		准确度等级							
		0	1	0	1	0	1	0	1
同一正弦规的两圆柱直径差	μm	1	1.5	1.5	2	1.5	3	2	3
圆柱工作面的圆柱度	μm	1	1.5	1.5	2	1.5	2	1.5	2
正弦规主体工作面平面度[c]	μm	1	2	1.5	2	1	2	1.5	2
正弦规主体工作面与两圆柱下部母线公切面的平行度	μm	1	2	1.5	3	1	2	1.5	3
侧挡板工作面与圆柱轴线的垂直度[b]	μm	22	35	30	45	22	35	30	45
前挡板工作面与圆柱轴线的平行度[b]	μm	5	10	10	20	20	40	30	60
正弦规装置成 30°时的综合误差		±5″	±8″	±5″	±8″	±8″	±16″	±8″	±16″

a 表中所有值均按标准温度 20 ℃的条件给定的，且距工作面边缘 1 mm 范围内的均不计。

b 两圆柱轴线的平行度、侧挡板工作面与圆柱轴线的垂直度和前挡板工作面与圆柱轴线的平行度均为在全长上。

c 工作面应为中凹，不允许凸。

6 检验方法

6.1 圆柱工作面的圆柱度

按图 3 a)所示，以“0”级 V 形架支承圆柱，用分度值为 0.001 mm 的测微仪在圆柱全长的中间及两端 A、B、C 三个截面上分别测量出转动一周时的最大值和最小值之差。

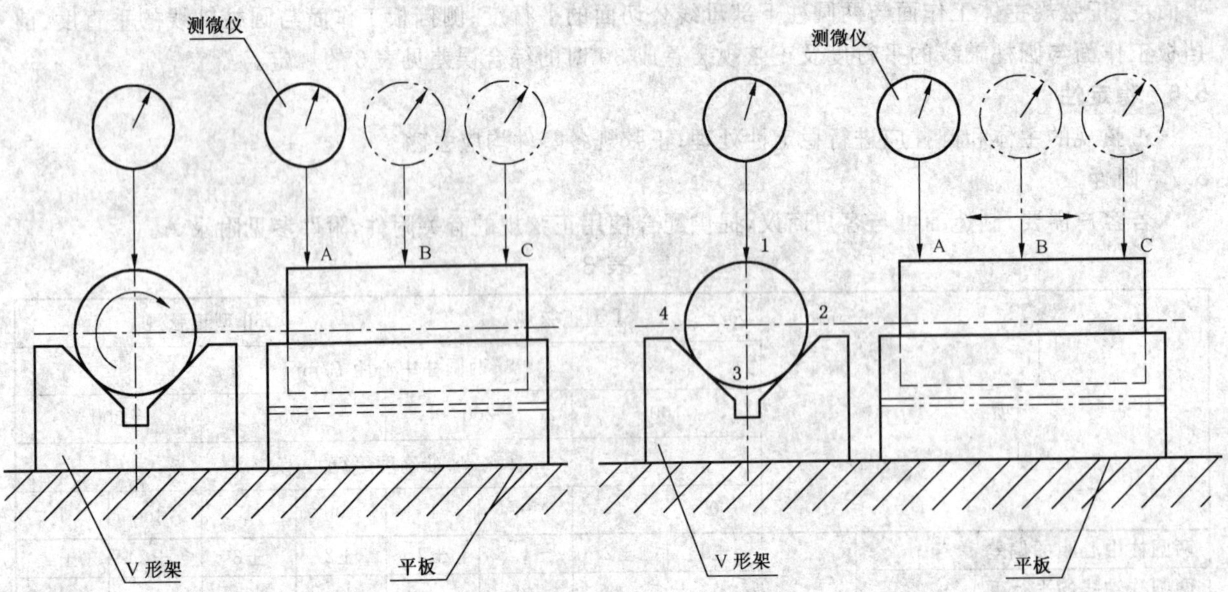

a）转动一周测量　　b）沿母线移动测量

图 3　圆柱工作面的圆柱度检测示意图

按图 3 b)仍以“0”级 V 形架支承圆柱，用分度值为 0.001 mm 的测微仪在圆柱相隔 90°的四条母线(1、2、3、4)上，分别测出 A、B、C 三个位置上的最大值和最小值之差。

两种测量差值中取最大值，即为圆柱的圆柱度误差。

6.2 同一正弦规的两圆柱直径差

按图 4 所示，用分度值为 0.001 mm 的测微仪在圆柱全长的中间及两端 A、B、C 三个截面上分别测量出相互垂直的两个位置 a—a、b—b 上的实际尺寸，以这些实际尺寸的平均值作为该圆柱的直径。用同样方法测得另一圆柱的直径。由两圆柱的直径求两圆柱的直径差。

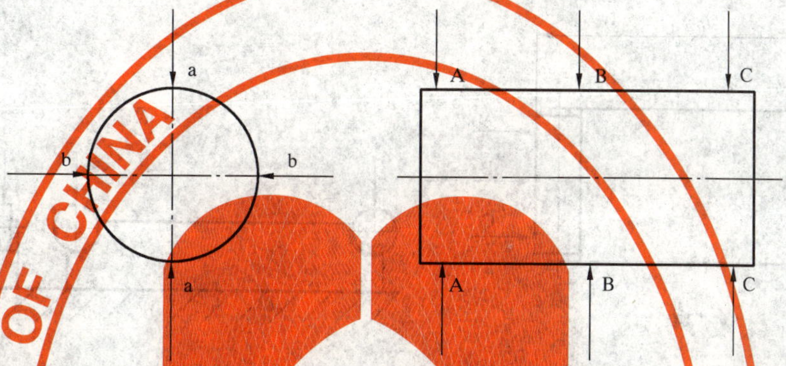

图 4 同一正弦规的两圆柱直径差检测示意图

6.3 两圆柱中心距的偏差

按图 5 所示，通过两个圆柱轴线的平面，在圆柱全长的中间位置上用比较测量法测量两圆柱的外侧距离 A。圆柱中心距的实际距离 L_i 按公式(1)进行计算：

$$L_i = A - \frac{d_a + d_b}{2} \qquad \cdots\cdots(1)$$

两圆柱中心距的偏差 ΔL 按公式(2)进行计算：

$$\Delta L = L_i - L_b \qquad \cdots\cdots(2)$$

式中：

L_i——两圆柱中心距的实际距离，单位为毫米(mm)；

A——两圆柱外侧的实际尺寸，单位为毫米(mm)；

d_a、d_b——两圆柱的实际直径，单位为毫米(mm)；

L_b——两圆柱中心的标称值。

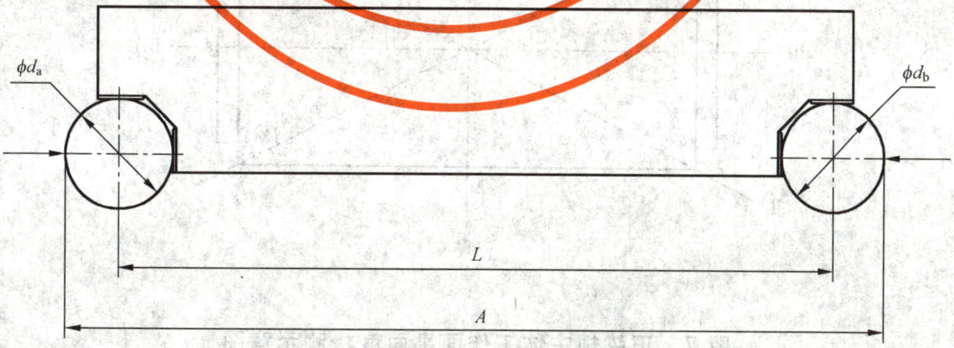

图 5 两圆柱中心距的偏差检测示意图

6.4 两圆柱轴线的平行度

按图 6 a)所示，通过两个圆柱轴线的平面，在圆柱全长的 A—A、B—B、C—C 三个位置上(对Ⅰ型正弦规，只在 A—A、C—C 两个位置上)分别测量 L 的实际尺寸，其最大值与最小值之差，即为该测量方向上的圆柱轴线平行度误差。

将正弦规主体工作面向下置于平板上，按图 6 b)所示，沿上母线方向在圆柱全长的 A′、B′、C′三个位置上(对Ⅰ型正弦规，只在 A′、C′两个位置上)分别测量两圆柱 H 值的变动量，其最大值与最小值之差，即为该测量方向上的圆柱轴线平行度误差。

将上述两种测量中得到的平行度误差的较大值作为两圆柱轴线的平行度误差。

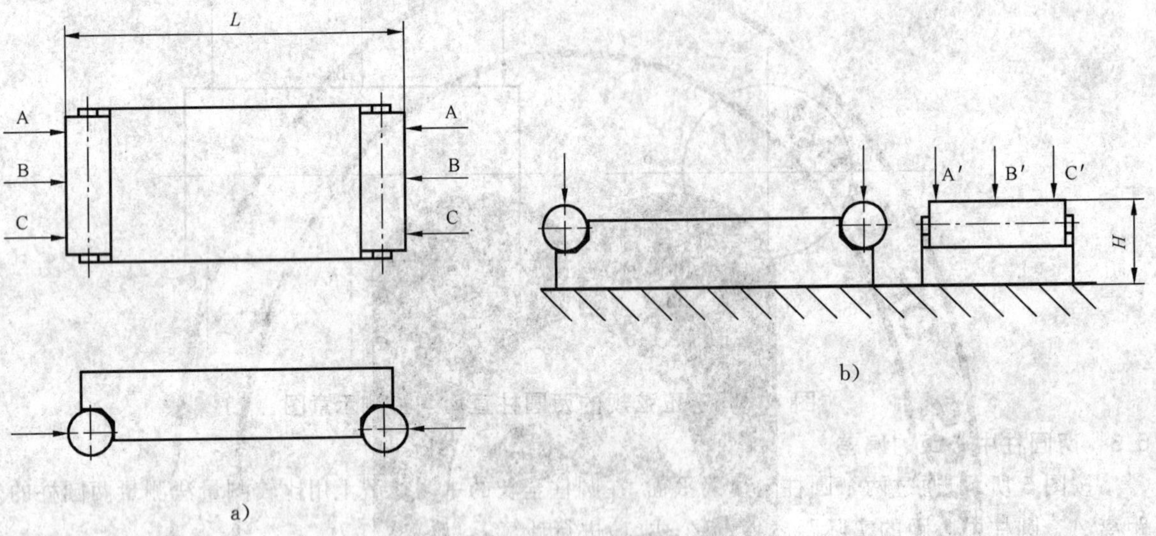

图 6 两圆柱轴线的平行度检测示意图

6.5 正弦规主体工作面平面度

在主体工作面上，按图 7 所示的四个位置用“0”级刀口尺以光隙法检定工作面的平面度。

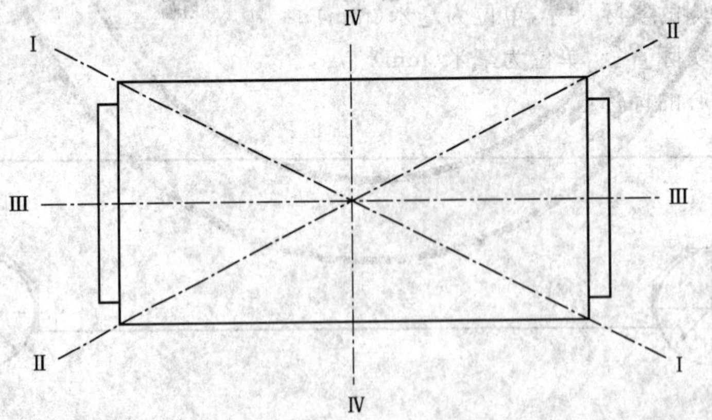

图 7 正弦规主体工作面平面度检测示意图

6.6 正弦规主体工作面与两圆柱下部母线公切面的平行度

按图 8 所示，将正弦规放置在平板上，在主体工作面的 A、B、C、D 四个位置，用分度值为 0.001 mm 的测微仪测得的最大值与最小值之差。

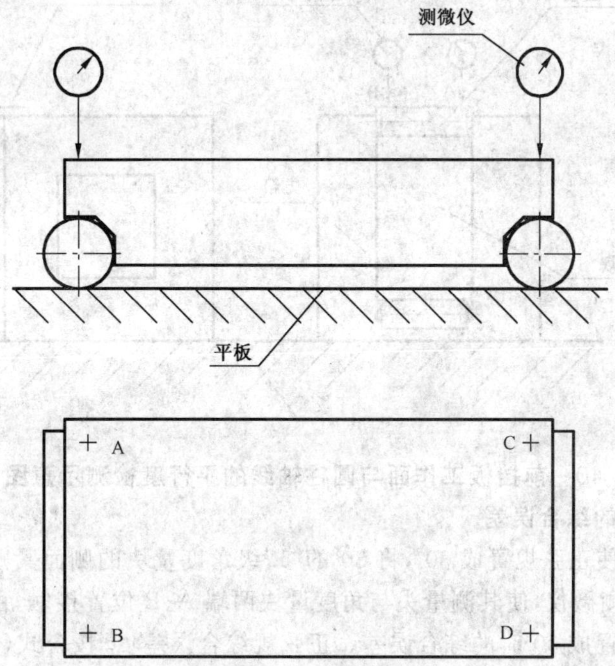

图 8　正弦规主体工作面与两圆柱下部母线公切面的平行度检测示意图

6.7　侧挡板工作面与圆柱轴线的垂直度

按图 9 所示，将固定有正弦规的方箱置于平板上，调整正弦规，使圆柱的母线与 90°角尺紧密贴合并紧固，然后用分度值为 0.01 mm 的指示表的测量头接触在正弦规主体侧面两端的 A、B 位置上，读出指示表两次读数之差。

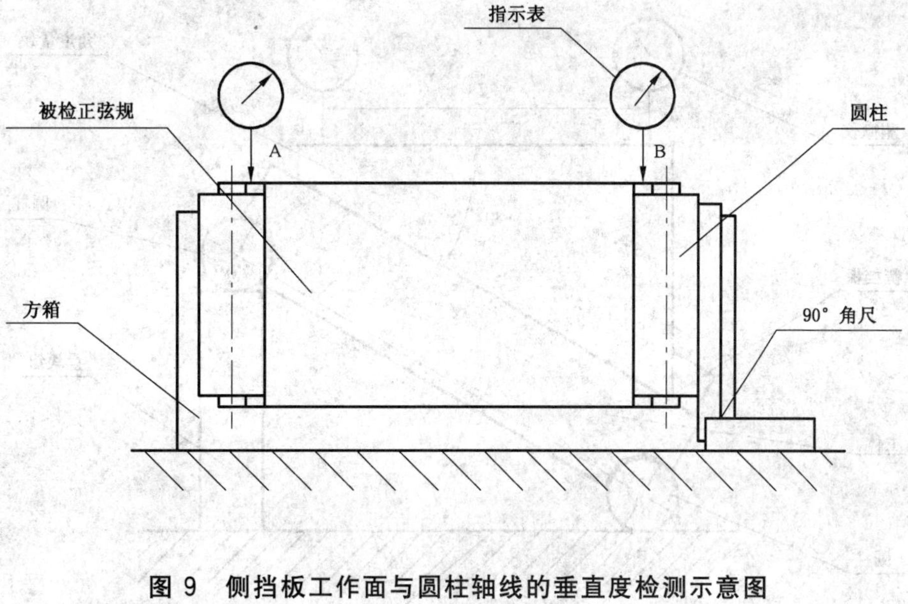

图 9　侧挡板工作面与圆柱轴线的垂直度检测示意图

6.8　前挡板工作面与圆柱轴线的平行度

按图 10 所示，将固定有正弦规的方箱置于平板上，用分度值为 0.01 mm 的指示表的测量头接触在圆柱两端的 A、B 位置上，读出指示表两次读数之差。

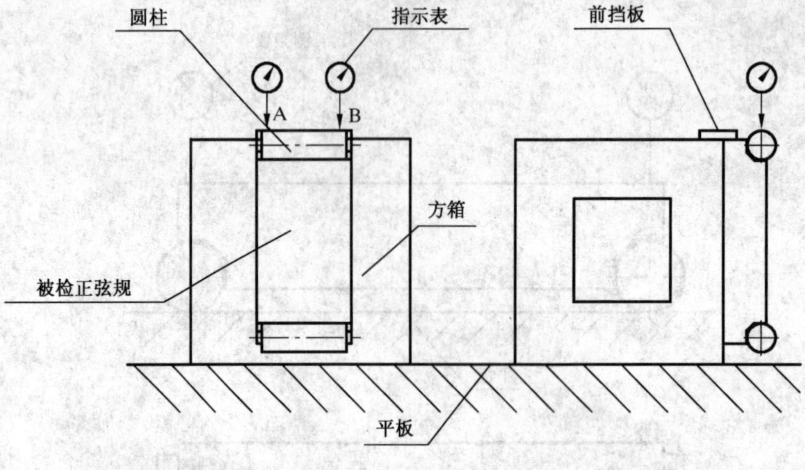

图 10 前挡板工作面与圆柱轴线的平行度检测示意图

6.9 正弦规装置成 30°时的综合误差

按图 11 所示，用量块使正弦规置成 30°，将 30°的"1"级角度量块的侧面紧贴侧挡板的工作面，然后用分度值为 0.001 mm 的测微仪，使其测量头与角度量块两端 A、B 位置接触，由测微仪两次读数之差，通过计算求出正弦规在装置成 30°时的综合误差。正弦规综合误差 $\Delta\alpha$ 按公式(3)进行计算。

$$\Delta\alpha = \arcsin\frac{a-b}{l} \quad \cdots\cdots(3)$$

式中：

$\Delta\alpha$——正弦规装置成 30°时的综合误差，单位为秒(″)；

a、b——测微仪分别在 A、B 两点的读数值，单位为毫米(mm)；

l——测微仪两次读数的 A、B 点间的距离，单位为毫米(mm)。

注：计算时应将角度量块的实际值代入。

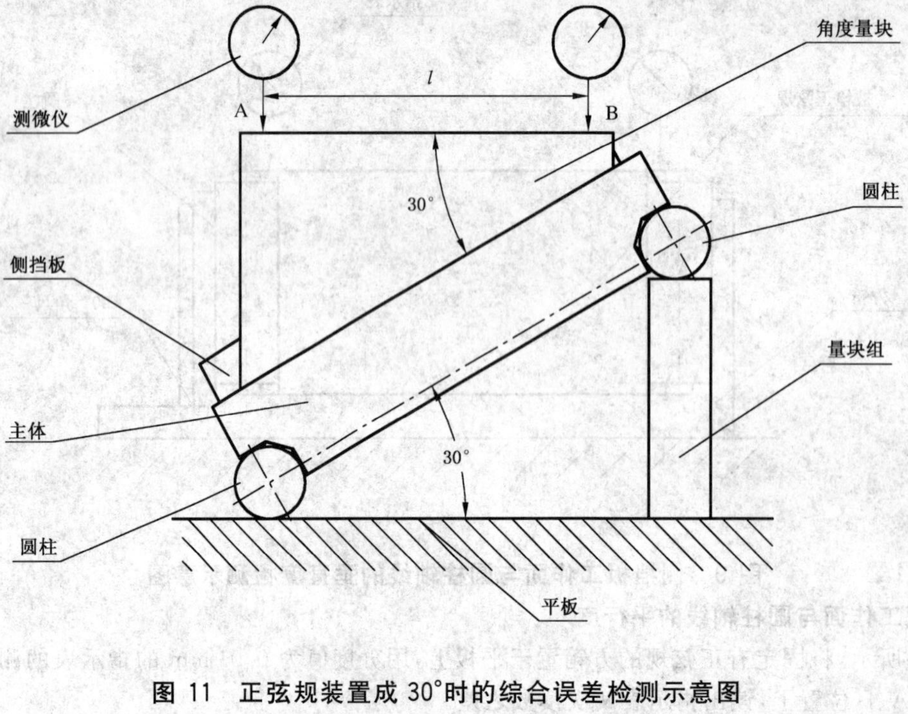

图 11 正弦规装置成 30°时的综合误差检测示意图

7 标志与包装

7.1 正弦规上应标有：

a) 制造厂厂名或注册商标；

b) 两圆柱的公称中心距（单位 mm 可以省略）；

c) 产品序号；

d) 制造年号。

7.2 正弦规的包装盒上应标有：

a) 制造厂厂名或注册商标；

b) 产品名称；

c) 中心距及型式；

d) 准确度等级。

7.3 正弦规在包装前应经防锈处理，并妥善包装。不得因包装不善而在运输过程中损坏产品。

7.4 正弦规经检验符合本标准要求的，应附有产品合格证。产品合格证上应标有本标准的标准号、准确度等级、中心距及型式、产品序号和出厂日期。

附　录　A
（资料性附录）
配合使用正弦规的有关附件

A.1　按用户和制造厂双方商议，正弦规可供下列附件：

a)　正弦规工作面上为固定工件的虎钳、V 形架等夹具。

b)　在机床台面上为固定Ⅰ型正弦规用的角铁。

c)　具有圆棱工作面的前挡板（见图 A.1），圆棱工作面表面粗糙度 Ra 的最大值不应大于 0.16 μm，与圆柱轴线的平行度见表 3 中“前挡板工作面与圆柱轴线的平行度”。

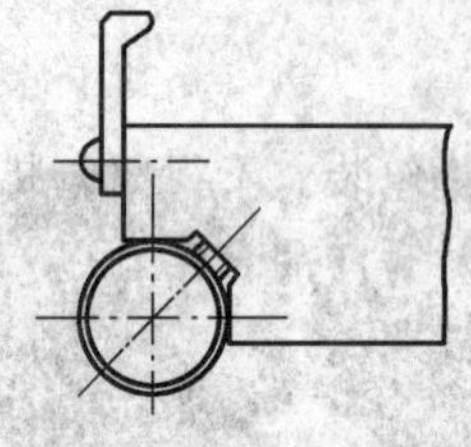

图 A.1

d)　在机床上固定Ⅱ型正弦规用的支承板，其结构见图 A.2 所示，要求如下：

——支承板上工作面表面粗糙度 Ra 的最大值不应大于 0.04 μm；

——支承板下工作面表面粗糙度 Ra 的最大值不应大于 1.25 μm；

——支承板工作面的硬度不应低于 58HRC；

——支承板工作面的平面度公差：L＝100 mm 为 2 μm；L＝200 mm 为 3 μm。

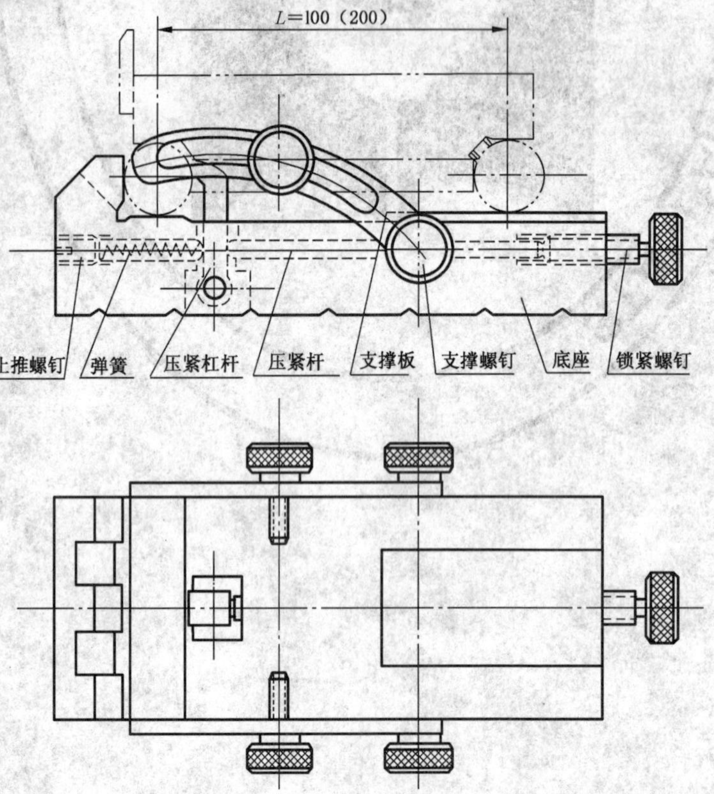

图 A.2

ICS 01.140
A 16

中华人民共和国国家标准

GB/T 22527—2008

文物保护单位标志

Standards for the nameplates of officially protected sites

2008-11-03 发布　　　　2009-02-01 实施

中华人民共和国国家质量监督检验检疫总局
中国国家标准化管理委员会　发布

前　言

本标准的附录 A 为资料性附录。

本标准由中华人民共和国国家文物局提出。

本标准由全国文物保护标准化技术委员会归口。

本标准起草单位:敦煌研究院。

本标准主要起草人:王旭东、樊锦诗、陈港泉、王进玉、苏伯民、王小伟、徐淑青。

引　言

本标准是根据文化部1963年8月12日颁布的《全国重点文物保护单位保护标志制作说明和标志式样》[(63)文物平字第1160号]、国家文物局1991年3月25日发布的《全国重点文物保护单位保护范围、标志说明、记录档案和保管机构工作规范(试行)》以及《中华人民共和国文物保护法实施条例》等相关文件、法规的要求编写的，增加了对文物保护单位说明牌的部分要求。

为适应我国文化遗产保护、管理领域标准化的战略要求，制定本标准。

文物保护单位标志

1 范围

本标准规定了文物保护单位标志的形式、内容和使用规范。

本标准适用于我国各级文物保护单位。

2 规范性引用文件

下列文件中的条款通过本标准的引用而成为本标准的条款。凡是注日期的引用文件，其随后所有的修改单(不包括勘误的内容)或修订版均不适用于本标准，然而，鼓励根据本标准达成协议的各方研究是否可使用这些文件的最新版本。凡是不注日期的引用文件，其最新版本适用于本标准。

《中国文化遗产标志管理办法》，国家文物局文物政发[2006]5号，2006年2月6日发布

3 术语和定义

下列术语和定义适用于本标准。

3.1

文物保护单位 officially protected site

具有历史、艺术、科学价值的古文化遗址、古墓葬、古建筑、石窟寺、石刻、壁画、近代现代重要史迹和代表性建筑等不可移动文物，经各级人民政府核定公布成为文物保护单位。

3.2

文物保护单位级别 the grade of officially protected site

文物保护单位根据其所保护的不可移动文物的历史、艺术、科学价值，分为全国重点文物保护单位，省级文物保护单位，市、县级文物保护单位三个级别。

4 文物保护单位标志的形式

4.1 规格

标志形式采用横匾式，标志牌大小规格为3种格式，分别是60 cm×40 cm、105 cm×70 cm、150 cm×100 cm，可根据文物保护单位的具体情况选择适宜的格式。

4.2 材质

标志的材质应使用石材等坚固耐久材料。

4.3 颜色

标志牌的颜色应与字的颜色有明显区别。

4.4 式样

标志牌可以加边框装饰，但其式样应与标志牌、文物保护单位周围环境相协调。

5 文物保护单位标志的内容

5.1 标志牌正面内容

5.1.1 文字内容

标志牌正面应标示该文物保护单位的级别、名称、公布机关与公布日期、树立标志机关与树立日期。树立标志机关为省、自治区、直辖市或市级、县级人民政府。参见附录A的图A.1。各级文物保护单位的公布机关和树立标志机关如下：

a) 全国重点文物保护单位由国务院公布，树立标志机关为省、自治区、直辖市人民政府；

b) 省级文物保护单位由省、自治区、直辖市人民政府公布，树立标志机关为市、县人民政府；

c) 市、县级文物保护单位由市、县级人民政府公布，树立标志机关为市、县人民政府。

5.1.2 中国文化遗产标志图案的使用

标志牌正面应使用中国文化遗产标志。文化遗产标志置于标志牌正面的左上角，其大小要根据文物保护单位标志牌文字的内容和编排做适当选择。文化遗产标志的使用规定按照《中国文化遗产标志管理办法》执行。参见附录A的图A.1。

5.1.3 归入已公布的全国重点文物保护单位的文物保护单位名称书写格式

若某文物保护单位归入已公布的全国重点文物保护单位，标志牌的文物保护单位名称应书写已公布的全国重点文物保护单位的名称，被归入的文物保护单位名称加括号表示。

5.2 标志牌背面内容

标志牌的背面应书写文物保护单位的说明，内容为简要介绍文物保护单位名称、时代、性质、内容、价值和保护范围、建设控制地带等。其内容应根据文物保护单位的级别，全国重点文物保护单位、省级文物保护单位由省级文物行政管理部门审定，市、县级文物保护单位由市、县级文物行政管理部门审定。若不便于在标志牌的背面书写文物保护单位的说明，应另立说明牌。参见附录A的图A.2。

6 文物保护单位标志字体的格式

6.1 标志牌字体及要求

除文物保护单位名称的字体可用仿宋字体或楷书(含魏碑)、隶书外，其余一律采用仿宋字体。标志牌(含需要另外设立的说明牌)上的文字应当符合国家通用语言文字的规范。

6.2 民族自治地方标志牌

民族自治地方的文物保护单位，还宜另外树立用当地少数民族文字书写(镌刻)的标志牌和需要设立的说明牌。

少数民族语言文字的使用依据宪法、民族区域自治法及其他法律的有关规定。汉字与少数民族文字的内容应一致。

6.3 标志牌文字的编排

文物保护单位按名称字数多少的不同，应有适当的安排，书写(镌刻)均为自左至右(少数民族文字按照其书写要求可以自右向左)。参见附录A的图A.1、图A.2。

7 文物保护单位标志的树立

7.1 标志牌树立数量和地点

标志牌可根据文物保护单位的范围或文物分布情况设立数处，不分主次标志牌。标志牌应设立在文物保护单位出入口，设置多处的应树立在其他显明易见的地点。标志牌的树立应兼顾到游客参观和拍照的方便。

7.2 标志牌树立方式

标志牌采用基座树立的方式。基座式样应与标志牌、文物保护单位周围环境相协调。也可以根据场地状况，采用悬挂、镶嵌的方式。悬挂、镶嵌的标志牌和说明牌不应设置在文物的本体上，也不能影响文物的展示。

7.3 说明牌的要求

需要另外设立的说明牌宜和标志牌的式样、大小、颜色、质地保持一致。树立方式参照7.2。文物保护单位也可以根据场地、对外开放等情况设置外文说明牌，其内容应与汉字说明牌的内容保持一致。

附 录 A
（资料性附录）
文物保护单位标志示例

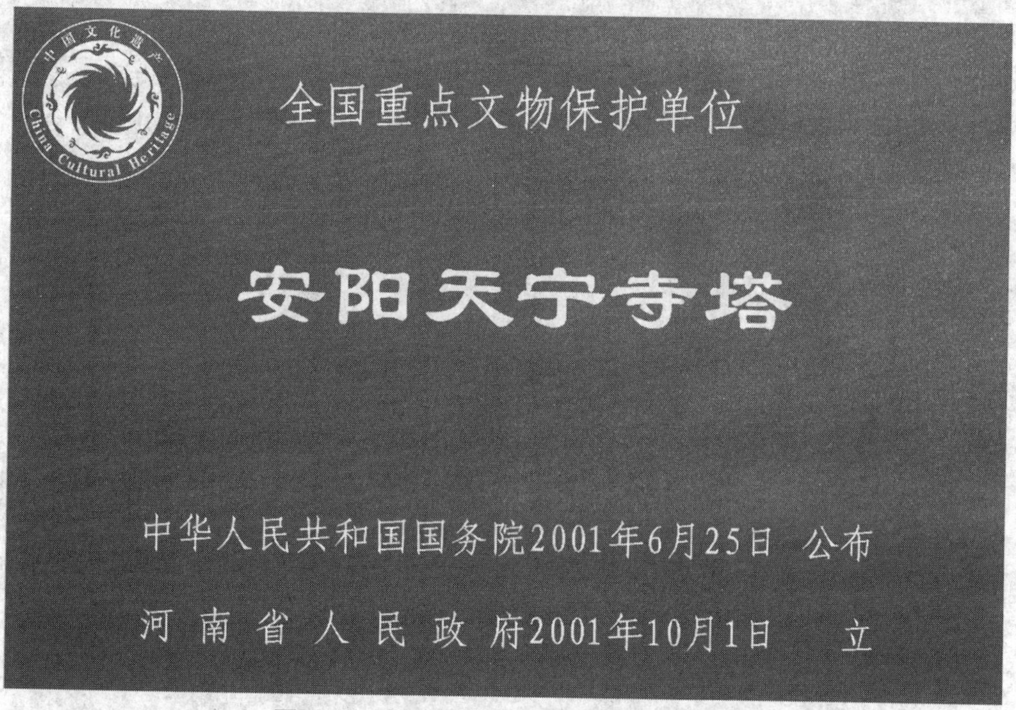

图 A.1 文物保护单位标志示例（正面）

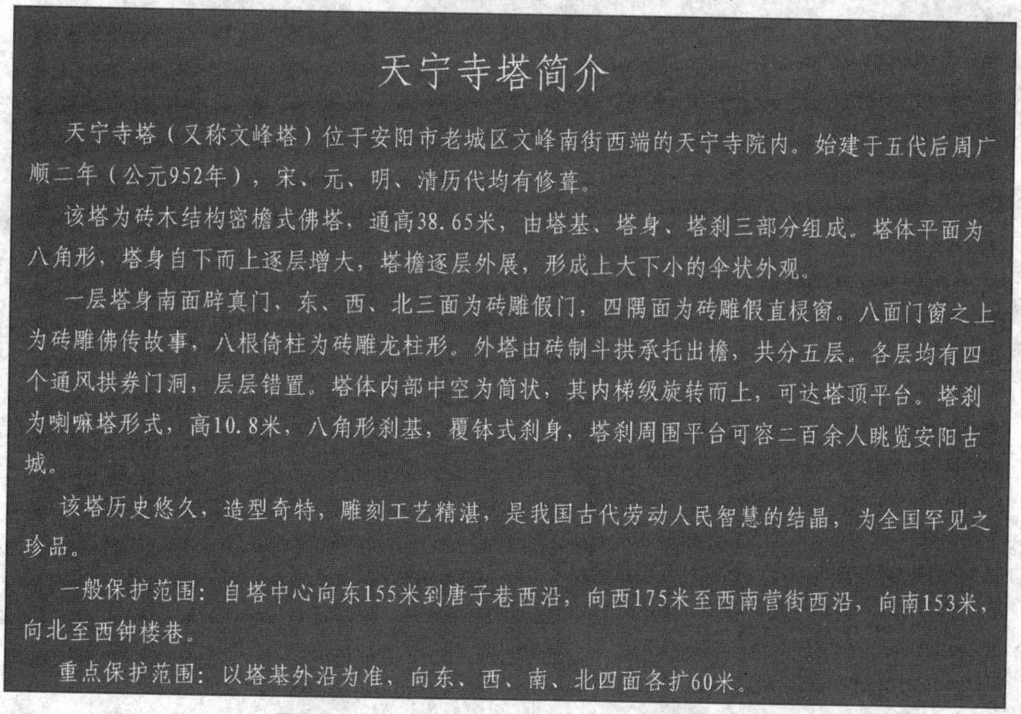

图 A.2 文物保护单位标志示例（背面）

参 考 文 献

[1] 中华人民共和国国家通用语言文字法(2000 年 10 月 31 日第九届全国人民代表大会常务委员会第十八次会议通过)

ICS 03.080.99
A 16

中华人民共和国国家标准

GB/T 22528—2008

文物保护单位开放服务规范

Criterion of open services of officially protected sites

2008-11-03 发布　　2009-02-01 实施

中华人民共和国国家质量监督检验检疫总局
中国国家标准化管理委员会　发布

前　言

本标准由中华人民共和国国家文物局提出。

本标准由全国文物保护标准化技术委员会(SAC/TC 289)归口。

本标准起草单位:敦煌研究院。

本标准主要起草人:王旭东、樊锦诗、王进玉、陈港泉、李萍、马学礼、宋子贞、罗瑶。

引　言

为贯彻《中华人民共和国文物保护法》,适应当前我国旅游产业突飞猛进的发展状况,在有效保护、加强管理的前提下,充分发挥文物保护单位的社会教育作用、历史借鉴作用和科学研究作用,弘扬我国的优秀文化传统和文物价值,传播有益于社会进步的思想道德、历史和先进文化科技知识,解决文物保护与开放的矛盾,特制定本规范。

文物保护单位开放服务规范

1 范围

本标准规定了文物保护单位开放服务中所涉及的术语和定义、总则、开放管理机构应具备的基本条件、开放、开放服务、安全等内容。

本标准适用于全国各级开放文物保护单位的服务。

2 规范性引用文件

下列文件中的条款通过本标准的引用而成为本标准的条款。凡是注日期的引用文件，其随后所有的修改单(不包括勘误的内容)或修订版均不适用于本标准，然而，鼓励根据本标准达成协议的各方研究是否可使用这些文件的最新版本。凡是不注日期的引用文件，其最新版本适用于本标准。

GB 2894—1996 安全标志(neq ISO 3864:1984)

GB 3095—1996 环境空气质量标准

GB 9669—1996 图书馆、博物馆、美术馆、展览馆卫生标准

GB 13495—1992 消防安全标志(neq ISO 6309:1987)

GB/T 15624.1—2003 服务标准化工作指南 第1部分:总则

GB/T 16571—1996 文物系统博物馆安全防范工程设计规范

GB/T 18883—2002 室内空气质量标准

GB/T 19004.2—1994 质量管理和质量体系要素 第2部分:服务指南(idt ISO 9004-2:1991, IDT)

GB 50016—2006 建筑设计防火规范

GB 50348—2004 安全防范工程技术规范

GA 27—2002 文博系统博物馆风险等级和安全防护级别的规定

GA/T 75—1994 安全防范工程程序与要求

3 术语和定义

下列术语和定义适用于本标准。

3.1

文物保护单位 officially protected site

具有历史、艺术、科学价值的古文化遗址、古墓葬、古建筑、石窟寺、石刻、壁画、近代现代重要史迹和代表性建筑等不可移动文物，经各级人民政府确定成为文物保护单位。

3.2

文物保护单位级别 the grade of officially protected site

文物保护单位根据其所保护的不可移动文物的历史、艺术、科学价值，分为全国重点文物保护单位，省级文物保护单位，市、县级文物保护单位三个级别。

3.3

保护范围 protected area

文物保护单位的保护范围，是指对文物保护单位本体及周围一定范围实施重点保护的区域。应当根据文物保护单位的类别、规模、内容以及周围环境的历史和现实情况合理划定，并在文物保护单位本体之外保持一定的安全距离，确保文物保护单位的真实性和完整性。

3.4

建设控制地带 buffer zone

文物保护单位的建设控制地带，是指在文物保护单位的保护范围外，为保护文物保护单位的安全、环境、历史风貌，对建设项目加以限制的区域。应当根据文物保护单位的类别、规模、内容，以及周围环境的历史和现实情况合理划定。经省、自治区、直辖市人民政府批准，不同级别的单位由相应文物行政主管部门会同城乡规划行政主管部门划定并公布。

3.5

文物单体 individual heritage

文物保护单位的一类组成部分，以独立形式存在的文物个体。

3.6

展陈 exhibition

开放的文物保护单位，为真实地展示其自身的历史形象，恰当地使用多种艺术与技术手段和导游方案，准确地向公众阐释其价值。

3.7

参观点 visiting sight

文物保护单位开放区内的文物单体或规定向公众开放的区域。

3.8

游客服务中心 visitor center

开放的文物保护单位设立的为游客提供票务、信息、咨询、讲解、邮政、休息等游览设施和服务功能的专门场所。

3.9

游客承载量 visitor carrying capacity

是指在文物本体及其背景环境文物不受威胁与破坏的前提下，文物保护单位开放区在某一时段内，其所能承受的游客数量。

3.10

讲解员 interpreter

文物保护单位管理机构内专门从事引导参观、讲解本单位开放内容的服务人员。

3.11

管理人员 administration staff

文物保护单位管理机构内从事组织、协调游客管理事务，承担文物安全的工作人员。

3.12

突发事件 emergency events

本标准所界定的突发事件，一是指文物保护单位损毁、破坏、被盗的事件。二是指因自然灾害、事故灾难、公共卫生和社会安全等引发的突发公共事件。

4 总则

4.1 文物保护单位开放服务应坚持“保护为主、抢救第一、合理利用、加强管理”的工作方针。

4.2 所有的开放服务活动必须在保护好文物的前提下进行。

4.3 开放服务应以展示文物价值为主要内容，给公众留下难忘的参观经历。

5 开放管理机构应具备的基本条件

5.1 开放管理机构应设有专门的服务接待部门，配备专职人员。

5.2 应设有专门的文物保护专门机构，配备专职保卫人员。

5.3 应配备与开放服务相适应的文物保护设施和设备。

5.4 应具有适宜于对游客开放的内容和与之相适应的展示手段。

5.5 对因人为或自然因素而构成文物损害的潜在威胁已采用了相应的防护措施。

5.6 文物保护单位由多个机构管理的，应明确各机构之间的职责和协调方式。

5.7 文物保护单位管理机构应在符合本单位文物保护的前提下，制定开放服务的质量方针和目标，并组织实施。

6 开放

6.1 开放区域

6.1.1 应根据文物保护单位的级别、性质、特点、游客承载量确定开放区域。

6.1.2 开放活动对文物保护单位保护范围及其环境景观造成潜在威胁的区域不应开放。

6.2 开放内容

应展示文物保护单位的历史、艺术、科学价值。除特殊情况外，不得在文物保护单位展示与文物性质无关的内容。

6.3 开放方式

6.3.1 应根据文物保护单位的性质、特点和条件，采用人工讲解、语音导览和自由参观的方式进行。讲解内容应按照文物的价值编写，科学、准确、通俗，兼具知识性和趣味性。

6.3.2 应根据文物本体及景观的特点，精心设计合理的开放路线供游客参观。

6.3.3 应有整个文物保护单位的综合性介绍，文物保护单位整体与单体的解释宜设置中、英文简介。

6.3.4 需要通过遗址博物馆展陈的文物保护单位，应不断探索最有效的展陈形式，恰当地使用多种展示手段，准确、生动地向公众阐释文物价值。

7 开放服务

7.1 开放服务人员

7.1.1 应配备讲解员和管理人员，讲解员和管理人员应遵守职业道德和职业规范。

7.1.2 讲解员应具备以下工作能力：应熟练掌握本岗位的服务规范，熟悉文物保护单位的价值和文物保护基础知识；具有一定的文化素养和业务技能；具备较好的语言表达能力，普通话应达到规定的要求，少数民族地区讲解员还应具备使用当地少数民族语言讲解的能力。

7.1.3 根据游客需求，宜配备受过专业训练的外语讲解员。

7.1.4 讲解员、管理人员应穿着工作服或指定的服装，佩戴统一制作的工作牌。

7.1.5 文物保护单位的参观、讲解应由本单位的讲解员承担。非本单位人员引导参观、讲解的，应遵守文物保护单位开放参观及其讲解内容的规定和要求。

7.1.6 管理人员应熟练掌握本岗位的服务规范，具备较好的语言表达能力，普通话应达到规定的要求。

7.2 接待服务

7.2.1 文物保护单位对外开放时为满足公众的需要提供的接待服务，其服务质量应符合GB/T 15624.1—2003的有关要求。

7.2.2 开放区应设入出口，其设置位置应合理，方便公众购票和咨询。售、收票处应有遮阳避雨措施和一米线等设施。其形式、规模应与文物环境风貌协调。

7.2.3 开放区域应公开服务项目和服务价格。设置分参观点售票的单位，应分别设置单一门票或套票，由游客自主选择购买。

7.2.4 游客服务中心位置合理，规模适度，设施齐全，功能完善。

7.2.5 宜建立游客预约制以控制游客承载量。

7.2.6 入出口、售票处、主要参观点等场所，宜设置宣传文物本体的导游全景图、导览图、参观须知、参观点介绍牌、游览范围等。

7.2.7 应设置小件物品寄存处。

7.2.8 门票的背面可印有参观须知、游览路线,或专门提供相关印刷品。

7.2.9 开放区内游览(参观)路线布局合理、顺畅。应为残疾人提供特殊服务。

7.2.10 应向符合国家规定享受免费或优惠待遇的公众提供相应的优惠开放服务。

7.2.11 宜向游客提供与文物保护单位相关的出版物和音像制品供其选购。

7.2.12 不准拍摄或限制拍摄的文物保护单位开放参观点及馆藏文物,应设立中英文说明和相应的警示标志。

7.2.13 应建立开放服务投诉机制,及时、妥善地处理投诉,投诉档案记录完整。

7.3 开放服务人员的培训

7.3.1 应建立开放服务人员的培训机制。

7.3.2 特殊工作人员上岗前应进行必要的素质和技能检查、培训,国家规定应持证上岗的工作人员应取得相应的证书。

7.4 参观环境

7.4.1 文物开放区内为公众服务的各项设施,应符合国家关于文物保护、环境保护的规定,不能造成环境污染和其他公害,不能对文物保护单位的景观造成不良影响。

7.4.2 文物开放区内的各项营业性服务场所及从业人员应实施统一、规范管理,定点经营。

7.4.3 文物开放区内的环境空气质量应符合 GB 3095—1996 一类区、二类区标准。室内空气质量应符合 GB/T 18883—2002 中的“化学性”、“生物性”、“放射性”的规定。噪声值不应高于 60 dB。卫生标准应符合 GB 9669—1996 的规定。

7.4.4 应科学监测、控制文物保护单位的游客承载量。

7.5 开放服务质量的保证与评估、监督

7.5.1 文物保护单位管理机构应按 GB/T 19004.2—1994 建立服务质量保证体系。

7.5.2 应开展游客调查项目,向游客发放并回收具有一定调查目的的“游客调查表”,并使其制度化。

8 安全

8.1 安全防范

8.1.1 符合 GB 50348—2004、GB/T 16571—1996、GA 27—2002、GA/T 75—1994 的有关规定。

8.1.2 安全标志符合 GB 2894—1996 的规定,标识应齐全、醒目、规范。

8.2 消防安全

8.2.1 应按照《中华人民共和国消防法》、公安部《机关团体企业事业单位消防安全管理规定》等法规及标准,制定本部门消防管理规范,定期对所有工作人员进行消防安全教育、培训和演练。

8.2.2 在文物保护单位其开放区和其他高火险重点要害场所,应设置禁止烟火的明显标志。

8.2.3 消防安全标志应符合 GB 13495—1992 的规定,标识应齐全、醒目、规范。

8.2.4 文物保护单位依法修建的所有建筑物、构筑物及有关设施,都应符合 GB 50016—2006 的防火规范。

8.2.5 各类消防器具、设备等设施的摆放,既方便使用又不影响文物的展陈。

8.3 游客安全

8.3.1 文物保护单位管理机构必须制定与游客有关的安全制度,建立责任追究制。

8.3.2 在文物保护单位开放区及其建设控制地带,要严格禁止可能造成重大安全事故的活动。

8.3.3 对可能危及游客人身、财物安全的场所,应向游客做出真实说明和明确的警示,设置安全标志和方便游客参观的设施。险峻地段应有专人负责安全提示,引导游客活动。

8.3.4 在游客集中和有安全隐患、偏僻、分散的参观点,应设有流动的安全保卫人员,其数量应与参观

区域规模及性质相适应。

8.3.5 对文物开放区游客不能进入的地段、场所，应设置警示、禁止进入标志和防护设施。进行文物维修等施工的地段和场所，应设有明显的施工标志，并有有效的防护隔离措施。

8.3.6 有条件的单位应当设有救护站，配备救护人员。

8.4 突发事件的应急预案

应建立游客安全、文物安全以及自然灾害、事故灾难、公共卫生、社会安全等突发事件的应急预案，当突发事件发生时，立即启动相应的应急预案。

参 考 文 献

1 标准类:

[1] GB 3096—93 城市区域环境噪声标准

[2] GB 3838 地表水环境质量标准

[3] GB 5749—1985 生活饮用水卫生标准

[4] GB 5768—1999 道路交通标志和标线(旅游区标志)

[5] GB/T 6583—1994 质量管理和质量保证 术语(ISO 8402:1994 IDT)

[6] GB 8978—1996 污水综合排放标准

[7] GB 10001.1—2000 标志用公共信息图形符号 第1部分:通用符号(ISO 7001:1990 NEQ)

[8] GB 10001.2—2000 标志用公共信息图形符号 第2部分:旅游设施与服务符号

[9] GB/T 15565 图形符号 术语

[10] GB/T 16766—1997 旅游服务基础术语

[11] GB/T 19000—2000 质量管理体系 基础和术语(ISO 9000:2000 IDT)

[12] LB/T 004—1997 旅行社国内旅游服务质量要求

2 文件类:

[1] 《中华人民共和国文物保护法》(2002年版),2002年10月28日,第76号主席令公布。

[2] 中华人民共和国文物保护法实施条例》,中华人民共和国国务院令第377号,2003年5月13日公布,自2003年7月1日起施行。

[3] 《长城保护条例》,[中华人民共和国国务院令(第476号)],2006年12月1日起施行。

[4] 《中国文物古迹保护准则》,国际古迹遗址理事会中国国家委员会2000年10月发布。

[5] 《世界文化遗产保护管理办法》公布实施,文化部令(第41号),2006年11月14日公布施行。

[6] 《国际文化旅游宪章》,古迹遗址国际理事会(ICOMOS)、国际文化旅游委员会,2002年12月发布。

[7] 《中国公民国内旅游文明行为公约》,中央文明办、国家旅游局,2006年10月2日。

[8] 《中华人民共和国残疾人保障法》,1990年12月28日第七届全国人民代表大会常务委员会第十七次会议通过。

[9] 《文物拍摄管理暂行办法》,国家文物局,2001年6月7日公布。

[10] 《文化部、国家文物局关于公共文化设施向未成年人等社会群体免费开放的通知》,2004年3月19日发布,自2004年5月1日起施行。

[11] 《中国文物、博物馆工作者职业道德准则》,国家文物局2001年12月10日修订。

[12] 《中华人民共和国环境保护法》,第七届全国人民代表大会常务委员会第十一次会议于1989年12月26日通过,自公布之日施行。

[13] 《博物馆安全保卫工作规定》,公安部、文化部联合制定,1985年1月25日,国家文物局文物字[85]第59号通知。

[14] 《风景名胜区安全管理标准》,建设部建城(1995)159号。

[15] 《中华人民共和国消防法》,1998年4月29日发布

[16] 《古建筑消防管理规则》,文化部、公安部联合制定,1984年3月12日施行。

[17] 《突发公共卫生事件应急条例》,中华人民共和国国务院令(第376号),2003年5月9日公布。

[18] 《国家文物局关于发布《国家文物局突发事件应急工作管理办法》的通知》,文物办发[2003]87号,2003年11月21日。

[19] 《中华人民共和国突发事件应对法》,第十届全国人大第二十九次会议通过,自2007年11月1日起施行。

ICS 65.020
B 04

中华人民共和国国家标准

GB/T 22529—2008

废弃木质材料回收利用管理规范

Management code for discarded wooden recycling and utilization

2008-11-20 发布　　2008-12-01 实施

中华人民共和国国家质量监督检验检疫总局
中国国家标准化管理委员会　发布

前　言

本标准由中华人民共和国商务部提出并归口。

本标准负责起草单位：木材节约发展中心。

本标准参加起草单位：佛山市顺德区沃德人造板制造有限公司、丹阳市广胜木业有限公司。

本标准主要起草人：马守华、喻迺秋、吉发、许国川、陶以明、宋常明、张少芳。

废弃木质材料回收利用管理规范

1 范围

本标准规定了废弃木质材料回收利用的总则,以及废弃木质材料的相关术语和定义、分类、回收和预分选,储存与运输,利用途径,产品的标识、销售要求以及回收利用效果评价等。

本标准适用于废弃木质材料回收利用的管理。

2 规范性引用文件

下列文件中的条款通过本标准的引用而成为本标准的条款。凡是注日期的引用文件,其随后所有的修改单(不包括勘误的内容)或修订版均不适用于本标准,然而,鼓励根据本标准达成协议的各方研究是否可使用这些文件的最新版本。凡是不注日期的引用文件,其最新版本适用于本标准。

GB 16297　大气污染物综合排放标准

SB/T 10383　商用木材及其制品标志

3 术语和定义

下列术语和定义适用于本标准。

3.1

废弃木质材料　discarded wooden materials

在林业采伐、木质材料和木制品生产的全过程中产生的剩余物以及人们生产和生活过程中使用过后被作为废旧物品或垃圾而抛弃的木质材料、木制品、木质人造板与木质材料纤维制品。

3.2

杂质　impurity

废弃木质材料中含有的非木质类物质。

注:杂质分为物理类和化学类,物理类包括:铁钉、连接件等磁性金属杂物;铜、铝等非磁性金属杂物;塑料、漆膜、胶块、玻璃、混凝土块、砂石、泥土等非金属杂物。化学类包括:防虫剂、防腐剂、胶、油漆等。

3.3

加工木质废料　processing wooden waste

在木质品加工过程中产生的板皮、板条、木竹截头、锯末、碎单板、木芯、刨花、木块、边角余料、砂光粉尘等。

3.4

建筑木质废料　buliding wooden waste

在建筑过程中产生的废旧木模板、木人造板模板和木脚手架等。

3.5

拆迁木质废料　wooden waste in housebreaking

在房屋本体拆迁过程中产生的门窗、梁、柱、椽、木板等木质材料。

3.6

装修木质废料　wooden decoration wastes

在建筑装饰装修过程中产生的木质材料。

3.7

废弃木质家具　wooden furniture wastes

废弃的木质家具或家具部件。

3.8

废弃木质包装材料　discarded wooden packing materials

废弃的木质包装物及拆解下的木质材料。

3.9

复用　reusage

对回收的废弃木质材料(多指模板、包装物、家具等)只进行简单的修补、修复、翻新后直接重复使用,不改变其原来的使用功能。

3.10

循环利用　recycle recycling

对回收的废弃木质材料进行分类、分离和加工,进行再次或多次加工利用。

3.11

再生利用　renewable usage

利用废弃木质材料重新生产或制造成与原有废弃木质材料性质不同的产品。如将废弃木质材料液化。

3.12

能源利用　energy usage

将废弃木质材料作为燃料使用。

3.13

特殊利用　special usage

将废弃木质材料回填回垦、养殖填栏、生物种植和副业利用等。

3.14

预分选 pre-sort

将回收的废弃木质材料按品质或用途等进行初分的过程。

4　总则

4.1　应鼓励对废弃木质材料实行充分回收、复用、循环利用、再生利用和能源利用,鼓励对废弃木质材料回收和合理利用的科学研究、技术开发和推广。

4.2　废弃木质材料产生者应负责对其产生的废弃木质材料进行回收、利用、处理,或负责交由有资质的专业回收公司和再生循环利用企业。

4.3　列入强制回收目录[1)]的木质材料产品和木质包装物,应在产品报废和包装物使用后对该产品和包装物进行回收。

4.4　废弃木质材料应优先考虑资源再利用,如作为木制品加工和能源用原料。其次作为废弃物处置。

4.5　废弃木质材料作为资源再利用时,应采取节约材料和综合利用的方式,优先选择对环境更有利的途径和方法。

5　废弃木质材料的分类

5.1　废弃木质材料按产生渠道不同分为八类。分类方法见表 1。

---

1)　参见《中华人民共和国清洁生产促进法》第二十七条。

表 1 废弃木质材料按来源分类

分类	来 源	主 要 包 括
1	森林采伐和城市行道树修剪	采伐剩余物、城市行道树修剪所产生的枝桠材等。
2	木材加工	胶合板生产过程中产生的碎单板、木芯和其他剩余物；胶合板、中高密度纤维板、细木工板和刨花板生产过程中产生的废板条、锯末、砂光粉；制材和木制品生产过程中产生的板皮、板条、端头、边条、刨花、锯末、木粉等。
3	建筑和装修	a) 建筑木质废料，例如：未贴膜的素面模板、表面覆膜的三聚氰胺水泥模板、各种实木模板以及木脚手架； b) 拆迁木质废料，例如：废旧门窗、梁、柱、地板、天花板、门窗以及线条等； c) 装修木质废料，例如：端头、碎板、刨花等。
4	家居和日常生活	a) 废弃木质家具和家具部件，例如：橱柜、木沙发、桌椅、用人造板制造的各类板式家具； b) 木质游乐设施和玩具的更换产生的可再生资源； c) 餐饮废弃木质材料，例如：木筷、牙签、冰棒芯材、食品木质包装。
5	交通工具	a) 报废的小汽车和卡车的木质车厢板、车厢顶棚板、车门板等； b) 列车客车小修、大修所产生的废旧车厢侧板、底板以及座位用板等； c) 木船制造和修缮过程中产生的木质材料废弃物等。
6	军事和体育	a) 军事产品的包装以及废旧木质军事设施用品； b) 报废的各类木质体育设施。
7	物业流通	废弃木质包装材料、木托盘等。
8	公益事业	公园及各类公共场合报废的木质景观、木质广告牌和公告牌等。

5.2 废弃木质材料按照含有化学物质的种类分为五类。分类方法及代码见表 2。

表 2 废弃木质材料按含有化学物质种类的分类方法及代码

分类代码	化学物质种类	使用或处理的限制
A	不含胶、油漆、镀层以及其他化学物质	
B	含有胶、油漆、镀层，不含有机卤化金属、木材防腐剂	不应直接用作燃料使用
C	含有机卤化金属，不含木材防腐剂	
D	含有木材防腐剂以及其他化学类杂质，不含国家危险废物名录所列物质	不应进行水解、热解和液化加工
E	含有国家危险废物名录所列物质	须按国家相关固体废物处理规定进行处置

6 废弃木质材料的回收和预分选

6.1 回收

6.1.1 对废弃木质材料应就近、合理地设置回收站，集中收集废弃木质废料。

6.1.2 对木质包装物、木托盘、建筑木模板、木脚手架等应回收复用。

6.1.3 对采伐剩余物、造材剩余物、加工剩余物和道路规划修剪的林木及枝桠材、果园淘汰的果木和果树修剪剩余物等应及时分类回收。

6.1.4 对人造板、家具、橱柜、门窗业、地板等生产过程中产生的木质材料加工剩余物应进行分类、收集。

6.1.5 对建设、装饰装修过程中产生的建筑木质废料、装修木质废料应进行分类、回收。

6.1.6 对废弃的木质地板、木质家具、木质装修拆卸物、拆迁木质废料，以及报废的木质景观、木质广告牌和公告牌等应进行分类、回收。

6.1.7 对废弃的一次性木筷、牙签等应进行收集。

6.1.8 对废弃汽车、火车、木船等用木质材料以及报废的各类木质体育设施等应分类、收集。

6.2 预分选

废弃木质材料回收站及再生循环利用企业应对回收的废弃木质材料，按照5.2的分类方法和下游企业的要求进行拆解，并按照将不同材料基本分离的原则进行初步分选。

7 废弃木质材料的储存与运输

7.1 储存

7.1.1 废弃木质材料应分类存放，并注意安全，防火、防水、防霉烂。

7.1.2 经防腐或阻燃处理的废弃木质材料的堆放应适当苫盖，防止风吹雨淋造成化学物质降解、流失。

7.1.3 含有国家危险废物名录所列物质的废弃木质材料，应设置危险废物存放的设施并设置废物识别标志，并应及时送到有资质的危险固体废弃物处理单位处理。

7.2 运输

7.2.1 废弃木质材料在运输过程中，应适当苫盖、加固，不得沿途丢弃、遗撒。

7.2.2 废弃木质材料的包装物、捆绑物和遮盖物应多次重复使用，废弃时应按回收原则分类交由相关回收公司和企事业进行环保处置。

7.2.3 转移具有危险性废弃木质材料时，应填写危险废物转移联单，并向危险废物移出地和接受地的县级以上地方人民政府环境保护行政主管部门报告。

8 废弃木质材料的利用途径

8.1 复用

8.1.1 使用过的木质包装物、建筑木模板、木脚手架应回收复用。

8.1.2 较大规格的废弃木质材料如梁柱、门框等，应根据具体情况，尽量利用其最大尺寸，加工成实木地板、实木家具或其他实木制品。

8.1.3 对废旧实木地板，应根据具体情况，再加工成地板或门板、台面板等。

8.1.4 对木质托盘，应根据具体情况，用作生产木质家具、木质门板等，也可拆解后再次制造木质托盘。部分品质较好的包装箱材料也可作家具材料使用。

8.1.5 对废旧实木家具材料应优先再加工用作家具材料。

8.2 循环利用

8.2.1 制造人造板

8.2.1.1 A类和B类废弃木质材料可作为人造板（细木工板、定向刨花板、普通刨花板、高密度纤维板、中密度纤维板）的原料，应按“大材大用、优材优用、综合利用”的原则进行。

8.2.1.2 对于废弃木质材料中尺寸较大的原木、方材、板材及矿柱等，回收后可作为生产细木工板的原料。

8.2.1.3 利用废弃木质材料生产人造板的生产过程应按清洁生产相关标准进行控制和执行。

8.2.1.4 利用废弃木质材料作为原料生产的人造板产品应符合相关国家人造板产品检测标准要求。

8.2.2 **制造可生物降解模压制品**

A类和B类废弃木质材料可在热压模具中压制成各类可生物降解的工艺制品和实用制品。

8.2.3 **制造木材-无机质复合材料**

A类和B类废弃木质材料可加工成菱镁制品、水泥人造板(刨花板、纤维板)、石膏人造板的原料。

利用废弃木质材料作为原料生产的菱镁制品应符合相关的产品质量检测标准要求。

8.2.4 **制造木塑复合材料**

A类和B类废弃木材加工剩余物可与树脂、废旧塑料、废旧化纤以及增强材料复合,制造木塑复合材料。

8.3 **再生利用**

8.3.1 **木质化学加工品**

A类废弃木质材料可进行水解、热解和液化加工,生产饲料、酒精、糖醛及其衍生物、木糖与木糖醇、乙酸、甲醛、木焦油抗聚剂、木馏油、木炭、木陶瓷、活性炭胶黏剂、聚氨酯泡沫塑料、纤维和碳纤维等以及其他工业和民用的各种产品。

8.3.2 **造纸原料**

A类废弃木质材料可以作为造纸原料。

8.4 **能源利用**

A类和B类废弃木质材料不应直接用作燃料使用。乡村和部分城市用户可利用小规格废弃木质材料作生活燃料,生物质能源工厂及发电厂应利用不能制作8.2.1至8.2.4中所列产品的废弃木质材料作为燃料;各种碎小及腐变废弃木质材料可加工成木质压缩物用作燃料。

C类和D类废弃木质材料只能与其他材料混合后,制成工业燃料用于锅炉或火力发电燃料。

废旧木材燃烧产生的大气污染物排放应符合GB 16297有关规定。

8.5 **特殊利用**

A类废弃木质材料中,可利用小规格材料回填旱田和山林地以改良土壤,可将废弃木粉用作牛羊围栏和鸡舍的填栏料,可作为蘑菇等食用菌的生长基,可制作蚊香、燃香等。

8.6 **特殊处理**

E类废弃木质材料在作燃料使用不能降解的情况下应做废弃物处理,或在一定的条件下可以填埋处理,但需防止造成地下水、土壤等环境污染。

9 废弃木质材料产品的标识及销售要求

废弃木质材料在储存、运输和销售时,应有明显标志。标志应包括废弃木质材料所属企业或回收站(收集站)名称;废弃木质材料规格、品名、分类代号、计量单位、注意事项等。

废弃木质材料产品销售应有明显标志,标志内容应符合SB/T 10383有关规定。

10 废弃木质材料回收利用的效果评价

废弃木质材料回收利用的效果,包括经济效益和环境保护效果,其效果评价内容应包括:

——废弃木质材料回收、分类、利用;

——废弃木质材料的体积减少率;

——废弃木质材料清洗、干燥和再利用时的适应性;

——废弃木质材料进行再处理时,对能源、资源及化学物质的消耗减少率;

——废弃木质材料回收利用时对人体造成的危害程度;

——废弃木质材料再利用时造成的二次污染程度；
——废弃木质材料的可降解性；
——D 和 E 类废弃木质材料处理方法的可行性；
——D 和 E 类废弃木质材料处理后产生的副作用。

参 考 文 献

[1] GB 9078 工业炉窑大气污染物排放标准
[2] GB 16297—1996 大气污染物综合排放标准
[3] GB 16716—1996 包装废弃物的处理与利用 通则
[4] GB 18599 一般工业固体废物贮存、处置场污染控制标准
[5]《中华人民共和国固体废物污染环境防治法》
[6]《中华人民共和国清洁生产促进法》
[7]《包装资源回收利用暂行管理办法》
[8]《国家危险废物名录》 国家环境保护局 1998 年 7 月 1 日发布

ICS 71.120;83.200
G 95

中华人民共和国国家标准

GB 22530—2008

橡胶塑料注射成型机安全要求

Safety requirements of injection moulding machines for rubber and plastics

2008-11-20 发布　　2009-11-01 实施

中华人民共和国国家质量监督检验检疫总局
中国国家标准化管理委员会　发布

前言

本标准第5章、第6章、第7章为强制性的，其余为推荐性的。

本标准对应于欧洲标准 EN 201:1997（融合 A1:2000 和 A2:2005 修订条文）《橡胶塑料机械——注射成型机——安全要求》（英文版），与 EN 201:1997(2005)的一致性程度为非等效。

本标准与 EN 201:1997(2005)相比主要差异如下：

——编写格式不同，本标准按我国 GB/T 1.1—2000 进行编制；

——欧洲标准 EN 201:1997(2005)中的引用标准，部分已经转化为我国国家标准，本标准尽量引用了我国国家标准；

——欧洲标准 EN 201:1997(2005)中术语及术语解释与我国橡胶塑料机械行业有一定的差异。为与我国标准统一协调，本标准中部分术语采用了我国橡胶塑料机械及相关行业名词术语标准；

——本标准在欧洲标准 EN 201:1997(2005)基础上取消原文 3.1、3.3、3.4、5.2.1.1.4、附录 A.2、附录 B、附录 D、附录 E、附录 F 等条款及附录；

——本标准在欧洲标准 EN 201:1997(2005)基础上替换原图 2——滑板往复机下模板移动（未安装防护装置）的示意图、原图 5——带卧式合模及注射装置的注射成型机的示意图（未安装防护装置），以符合国内产品的要求。

本标准的附录 A、附录 B、附录 C 为规范性附录。

本标准由中国石油和化学工业协会提出。

本标准由全国橡胶塑料机械标准化技术委员会(SAC/TC 71)归口。

本标准负责起草单位：无锡格兰机械集团有限公司、余姚华泰橡塑机械有限公司。

本标准参加起草单位：东华机械有限公司、宁波海达塑料机械有限公司、力劲集团深圳领威科技有限公司、宁波海天塑机集团有限公司、北京橡胶工业研究设计院、大连塑料机械研究所。

本标准主要起草人：吴依贫、朱大韶、杨雅凤。

本标准参加起草人：李青、励建岳、蔡恒志、高世权、夏向秀、李香兰。

本标准为首次发布。

橡胶塑料注射成型机安全要求

1 范围

本标准规定了橡胶塑料注射成型机(以下简称注射成型机)及注射成型机与辅助设备间相互作用的安全要求,其中包含术语和定义、危险列举、安全要求及措施、安全要求及措施的确认及使用信息。

本标准不包含对注射成型机辅助设备本身及注射成型机排气系统设计的安全要求。

本标准适用于加工橡胶和塑料的注射成型机。

本标准不适用于以下注射成型机:

——锁模机构只能依靠操作者手工操作完成的注射成型机;

——反应注射成型机;

——压铸及转边成型机;

——鞋底成型机及整靴成型机。

2 规范性引用文件

下列文件中的条款通过本标准的引用而成为本标准的条款。凡是注日期的引用文件,其随后所有的修改单(不包括勘误的内容)或修订版均不适用于本标准,然而,鼓励根据本标准达成协议的各方研究是否可使用这些文件的最新版本。凡是不注日期的引用文件,其最新版本适用于本标准。

GB 5083—1999 生产设备安全卫生设计总则

GB 5226.1—2002 机械安全 机械电气设备 第1部分:通用技术条件(IEC 60204-1:2000,IDT)

GB 12265.1—1997 机械安全 防止上肢触及危险区的安全距离(eqv EN294:1992)

GB/T 15706.1—2007 机械安全 基本概念与设计通则 第1部分:基本术语和方法(ISO 12100-1:2003,IDT)

GB/T 15706.2—2007 机械安全 基本概念与设计通则 第2部分:技术原则(ISO 12100-2:2003,IDT)

GB 16754—1997 机械安全 急停 设计原则(eqv ISO/IEC 13850:1995)

GB/T 16855.1—2005 机械安全 控制系统有关安全部件 第1部分:设计通则(ISO 13849-1:1999,MOD)

GB/T 17454.1—2008 机械安全 压敏防护装置 第1部分:压敏垫和压敏地板的设计和试验通则

GB/T 18153 机械安全 可接触表面温度 确定热表面温度限值的工效学数据(eqv EN 563:1994)

GB/T 19876—2005 机械安全 与人体部位接近速度相关防护设施的定位(ISO 13855:2002,MOD)

HG/T 3223 橡胶机械术语

JB/T 5438 塑料机械术语

ISO/IEC 17025:2005 检测和校准实验室能力的一般要求

3 术语和定义

HG/T 3223 和 JB/T 5438 中确立的以及下列术语和定义适用于本标准。

3.1

模具区域 mould area

固定模板与移动模板之间的区域。

3.2

有旋转合模装置的多工位注射成型机 carousel machine

含有二个或多个合模装置、水平或垂直安装在转盘上旋转,检索一个或多个注射装置对接的装置(见图 1a 、图 1b)。

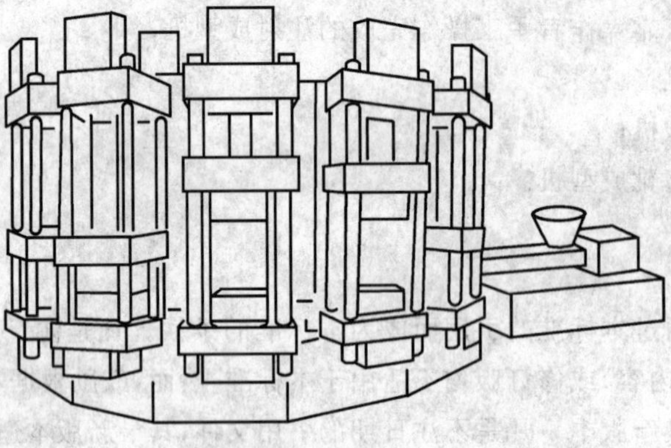

图 1a 有旋转合模装置的多工位注射成型机(未安装防护装置)的示意图

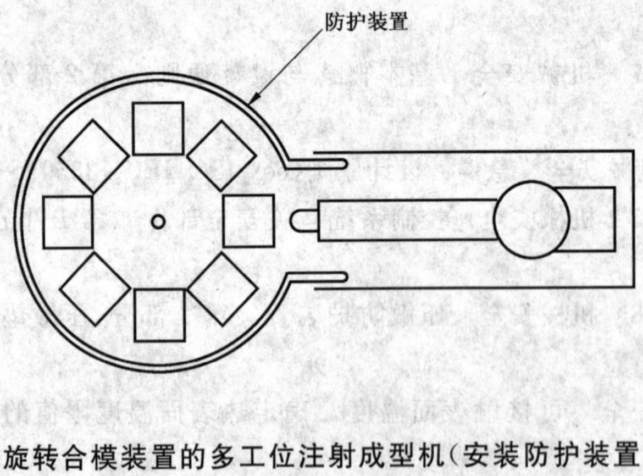

图 1b 有旋转合模装置的多工位注射成型机(安装防护装置)的示意图

3.3

滑板往复机/转盘机 shuttle/turntable machine

下模板面上含有一个或多个模具的注射成型机。该模板通过加载/卸载位置及注射位置的滑动或旋转运动检索下模(见图 2、图 3)。

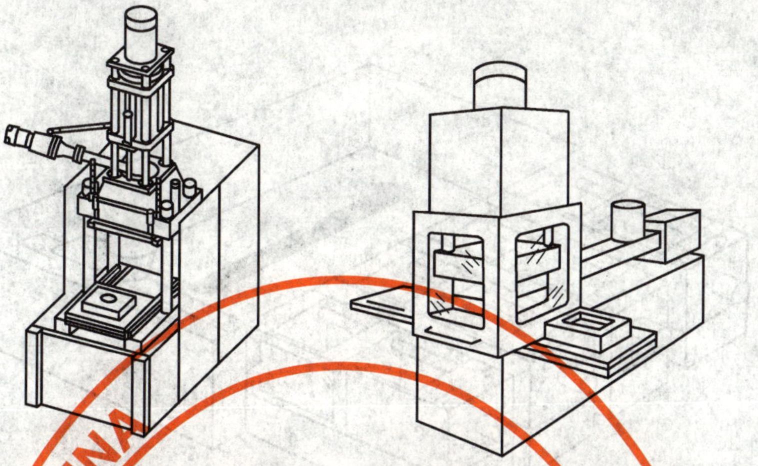

图 2 滑板往复机下模板移动(未安装防护装置)的示意图

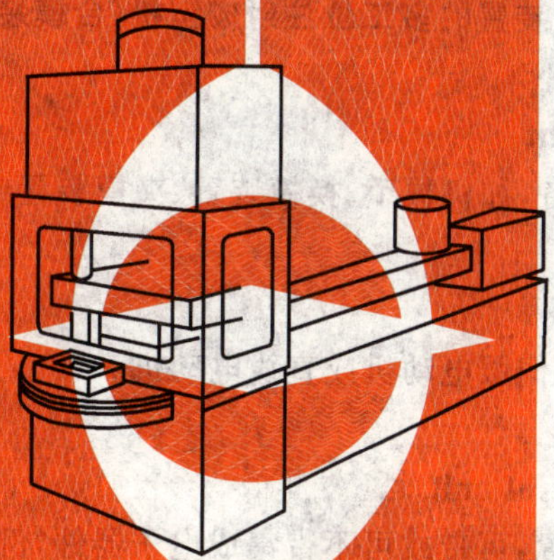

图 3 转盘机下模板移动(未安装防护装置)的示意图

3.4

带活动注射装置的多工位注射成型机 multistation machine with mobile injection unit

由可移动的塑化和/或注射装置组成,在两个或多个静止合模装置间变换位置。(见图 4a、图 4b)

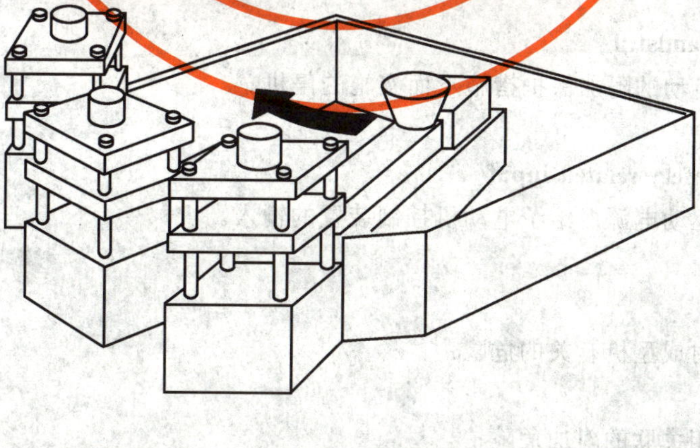

图 4a 带活动注射装置的多工位注射成型机(合模装置无护罩)的示意图

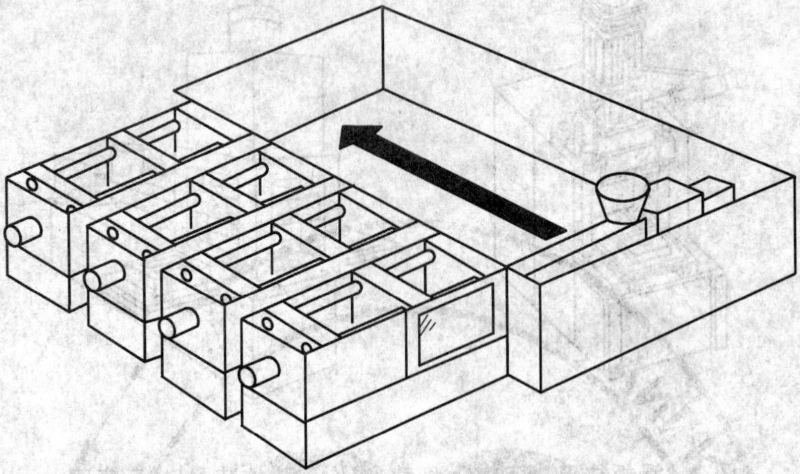

图 4b　带活动注射装置的多工位注射成型机（合模装置带护罩）的示意图

3.5

辅助设备　ancillary equipment

与注射成型机相互影响的设备，如机械手、换模装置、夹模装置或输送装置等。

3.6

电动机　electrical motor

任何使用电能的发动机，例如伺服电动机或直线电动机。

3.7

电动机控制装置　motor control unit

控制电动机运动或停止的装置，可带或可不带集成电子器件，例如变频器、接触器。

3.8

电动轴　electrical axis

由电动机、电动机控制装置和其他附加接触器组成的系统。

3.9

停机　standstill

具有电动轴的机器部件无运动的状态。

3.10

安全停机　safe standstill

在采取预防意外启动的附加保护措施下而实施的停机。

3.11

安全相关输入　safety related input

用于中断电动轴驱动电源而给予电动机控制装置的输入。

4　危险列举

本章列举了与注射成型机有关的危险：

——一般危险；

——与特殊区域相关联的附加危险；

——与特殊设计相关联的附加危险；

——注射成型机与辅助设备的相互作用而造成的附加危险。

4.1 一般危险

4.1.1 机械危险

4.1.1.1 由以下原因造成的冲击、挤压或剪切危险：

——由动力驱动防护装置的运动；

——压力超过 5 MPa 时软管突然扭动。

4.1.1.2 压力流体释放所造成的危险

在液压、气动或热传递系统中，由于意外的高压流体释放而对眼睛、皮肤造成的伤害，特别是压力超过 5 MPa 时软管的猛烈扭动造成的危险。

4.1.2 电气危险

直接或间接与带电部件接触所造成的电击或灼伤。

4.1.3 热危险

下列原因造成的烧伤或烫伤：

——加热系统的软管及其接头；

——热传递系统中溢出的流体。

4.1.4 噪声产生的危险

由噪声造成的听觉损伤。主要噪声源有：

——液压系统尤其在注射时；

——气动系统尤其在排气时。

4.1.5 有害气体、烟雾及粉尘造成的危险

接触或吸入对身体有害的气体、烟雾及粉尘造成的损伤：

——原料在塑化过程中产生的以及随后注入模腔或清料时产生的；

——模具内成型件在固化或是硫化过程中产生的；

——开模后产生的。

4.1.6 滑倒，绊倒和跌落可造成的危险

在进入指定位置由于滑倒、绊倒和跌落而造成的危险。

4.2 与特殊区域相关联的附加危险

主要的危险区域见图 5 和图 6 所示。

4.2.1 模具区域

4.2.1.1 机械危险

下列原因造成的挤压、剪切或冲击危险：

——模板的合模动作；

——机筒通过固定模板定位孔时的运动；

——抽芯、顶出及其驱动机构的运动。

4.2.1.2 热危险

下列工作温度造成的灼伤或烫伤：

——模具和热板；

——模具和机筒的加热元件；

——模具和机筒溢出的熔料。

4.2.2 合模机构区域

下列原因造成的挤压和/或剪切等机械危险：

——模板驱动装置的运动；

——当模具区域的防护装置打开，人体可以进入开模时移动模板的后面区域；

——抽芯和顶出驱动机构的运动。

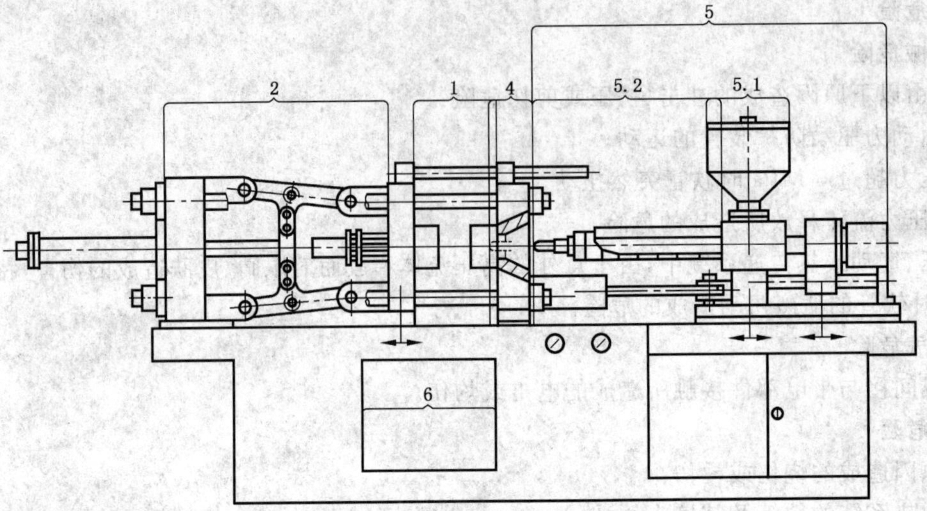

1——模具区域；

2——合模机构区域；

4——喷嘴区域；

5——塑化区域及注射成型机构区域；

5.1——机筒加料区域；

5.2——加热圈区域；

6——制品下落区域。

图5 带卧式合模及注射装置的注射成型机(未安装防护装置)的示意图

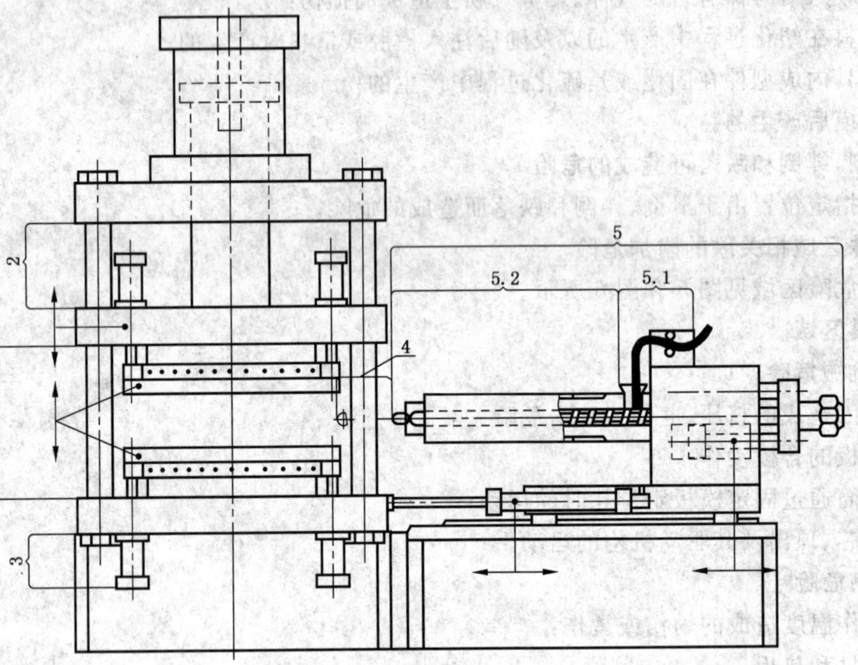

1——模具区域；

2——合模机构区域；

3——超出1和2区域以外的抽芯及顶出驱动机构的运动区域；

4——喷嘴区域；

5——塑化区域及注射成型机构区域；

5.1——机筒加料区域；

5.2——加热圈区域。

图6 带立式合模及卧式注射装置的注射成型机(未安装防护装置)的示意图

4.2.3 **模具和合模机构区域外的抽芯顶出驱动装置的运动区域**(见图6序号3)

抽芯和顶出驱动机构的运动造成的挤压和剪切等机械危险。

4.2.4 **喷嘴区域**

4.2.4.1 **机械危险**

下列原因造成的挤压和剪切危险:

——塑化和/或注射装置包括喷嘴的向前移动;

——油压或气压封嘴装置的运动。

4.2.4.2 **注射运动**

注射运动造成的危险:

——喷嘴安装不正确;

——使用的喷嘴类型不当。

4.2.4.3 **热危险**

下列物料的工作温度引起的灼伤或烫伤:

——喷嘴;

——喷嘴溢出的熔料。

4.2.5 **塑化和/或注射装置区域**

4.2.5.1 **机械危险**

下列原因造成的挤压、剪切或拖拽危险:

——意外的重力下降,如塑化和/或注射装置安装在模具区域上方的注射成型机;

——通过加料口触及在机筒内运动的螺杆和/或柱塞。

4.2.5.2 **热危险**

下列物料的工作温度引起的灼伤或烫伤:

——塑化和/或注射装置;

——加热元件,例如加热圈、热交换器等;

——熔融胶料从排风口溢出。

4.2.5.3 **机械和/或热危险**

过热导致塑化组件和/或机筒机械强度下降产生的危险。

4.2.6 **制品下落区域**

模具区域制品下落造成的挤压、剪切及冲击等机械危险。

4.3 **与特殊设计相关联的附加危险**

4.3.1 **在活动防护装置和模具区域之间可能整个身体进入的地方**

操作者可能进入活动防护装置与模具区域之间,造成挤压和剪切等机械危险。

4.3.2 **人体进入注射成型机的模具区域**

操作者可能进入模具区域的挤压和剪切等机械危险。

4.3.3 **带有下行模板的注射成型机**

模板重力所导致的合模动作造成挤压和剪切等机械危险。

4.3.4 **有旋转合模装置的多工位注射成型机**

转盘和固定件之间由于旋转造成的冲击、剪切、挤压或拖拽的机械危险。

4.3.5 **滑板往复机/转盘机**

滑板往复机/转盘机附加危险:

——工作台面的运动造成的拖拽、冲击、剪切和挤压等机械危险;

——滑板台面垂直运动,重力导致的意外下降而造成的冲击、剪切和挤压等机械危险。

4.3.6 带活动注射装置的多工位注射成型机

注射装置在合模装置之间运动造成的冲击、剪切和挤压等机械危险。

4.3.7 具有一个或多个电动轴的机器

具有电动轴机器的附加危险：

——电动轴机器部件运动相关联的机械危险；

——电动机控制装置产生的电气、电磁干扰，可能引发控制系统故障的危险。

4.4 注射成型机与辅助设备的相互作用而造成的附加危险

4.4.1 动力驱动的换模装置

动力驱动换模装置的附加危险：

——模具移动和/或传送装置与注射成型机固定件之间的剪切和挤压造成的机械危险；

——模具移动和/或传送装置紧邻模具区域的冲击造成的机械危险。

4.4.2 动力驱动的夹模装置

4.4.2.1 机械危险

下列原因造成的冲击、剪切和挤压的危险：

——夹模装置的运动；

——停电、磁力下降、夹模装置失灵或夹模失败造成的模具或模具零件脱落。

4.4.2.2 磁场引起的危险

对心脏起搏器，助听器等使用者引起的危险。

4.4.3 其他辅助设备

危险取决于不同类型的辅助设备。

5 安全要求及措施

5.1 通则

5.1.1 安全距离

安全距离应符合 GB 12265.1—1997 表 1 的要求，依照参考平面 5.2.6 确定。

5.1.2 急停装置

急停装置应符合 GB 16754—1997 的要求。除特殊指定外，可以选择停止类型 0 或急停类型 1。

5.1.3 注射成型机保护装置

5.1.3.1 Ⅰ型保护装置（见图 7）

互锁活动防护装置上的位置开关通过控制电路作用于动力回路的主切断装置上（例如阀、接触器等）。

当关闭活动防护装置时，位置开关应：

——对动力回路的主切断装置不起作用；

——闭合接触或有相同功能的模式；

——发出启动危险动作的控制信号。

当活动防护装置打开时，位置开关应直接准确地被活动防护装置激活。准确地中断启动危险动作的控制信号。一般情况下，单一故障应保证安全性。例如，如果位置开关控制的继电器被用于多点接触，应对继电器进行监控。监控通过可编程序控制系统实现。

注：单一故障安全要求不适用于位置开关或主切断设备，这是因为假设这些元件非常可靠。

5.1.3.2 Ⅱ型保护装置（见图 7）

互锁活动防护装置上的两个位置开关通过控制电路作用于动力回路的主切断装置上，第一个位置开关与Ⅰ型保护装置作用相同。

当关闭活动防护装置时，第二个位置开关应：

——被活动防护装置激活；

——闭合接触或有相同功能的模式；

——发出启动危险动作的控制信号。

当打开活动防护装置时，第二个位置开关应对动力回路的主切断装置不起作用，中断启动危险运动的控制信号。活动防护装置每次动作过程中，两个位置开关的作用是否正确应该至少被监控一次。所以两个位置开关中任何一个发生故障时都会被自动识别，防止进一步发生危险动作。

5.1.3.3 Ⅲ型保护装置(见图 7)

互锁活动防护装置上的两个彼此独立的互锁装置，其中一个装置与Ⅱ型保护装置一样，经由控制电路发生作用，另外一个互锁装置通过位置检测器直接或间接作用于动力回路。

当关闭活动防护装置时，位置检测器应：

——对动力回路不起作用；

——闭合接触或有相同功能的模式；

——启动动力回路。

当打开活动防护装置时，位置检测器应准确直接地被活动防护装置激活，同时由第二个切断装置中断动力回路。活动防护装置的每次动作，两个互锁装置的作用是否准确至少被监控一次。因此两个互锁装置中任何一个故障都将被自动识别，防止进一步发生危险动作。

5.1.3.4 Ⅲ型保护装置的附加要求见附录 A。

5.1.4 除上述的保护装置外，固定式防护装置应符合 GB/T 15706.1—2007 中 3.25.1 的规定。

5.1.5 安全装置应符合 GB/T 15706.1—2007 中 3.26 的规定。

5.2 一般危险的安全要求及措施

5.2.1 机械危险

5.2.1.1 冲击、挤压或剪切危险

如果自动防护装置的运动会导致人体伤害，那么应该安装敏感保护设备或有源光电保护装置(见 GB/T 15706.1—2007 中 3.26.5、3.26.6)。它可以立即阻止防护装置运动或使其向相反方向运动，而反方向的运动不应再对人体造成伤害。

为了防止 5 MPa 以上的高压软管连接处发生脱落而引起被抽打的危险，软管总成应采取防止松脱的措施。卡套式软管不能使用。制造商应提供软管总成使用安全说明。

5.2.1.2 压力流体释放所造成的危险

为了防止压力流体的突然释放，液压和气动装置的设计应符合 GB/T 15706.2—2007 中 4.10 和 GB 5083—1999 中 6.5 的要求。

为了防止软管总成压力流体的释放，高压软管及其接头应符合 5.2.1.1 的要求。

5.2.2 电气危险

5.2.2.1 在控制面板上应安装紧急停机按钮，并且标志明显，易于操作。

5.2.2.2 为了避免直接或间接与带电部位接触所引起的电击或灼伤，电控设备应可靠接地。保护接地电路的连续性应按 GB 5226.1—2002 中 19.2 的规定。

5.2.2.3 按 GB 5226.1—2002 中 19.3 的要求检测绝缘电阻，并符合其规定。

5.2.2.4 电气设备的所有电路导线和保护接地电路之间应按 GB 5226.1—2002 中 19.4 的要求进行耐压试验，并符合其规定。

5.2.3 热危险

为防止不慎接触高温软管及其接头而造成的灼伤或烫伤，在高温区域易接近发热件的地方应安装固定防护装置或隔热装置。

防护区域的最高工作温度可能超过限定值的，按 GB/T 18153 规定的方法确定，并在高温处粘贴警告标志(见 7.2)。

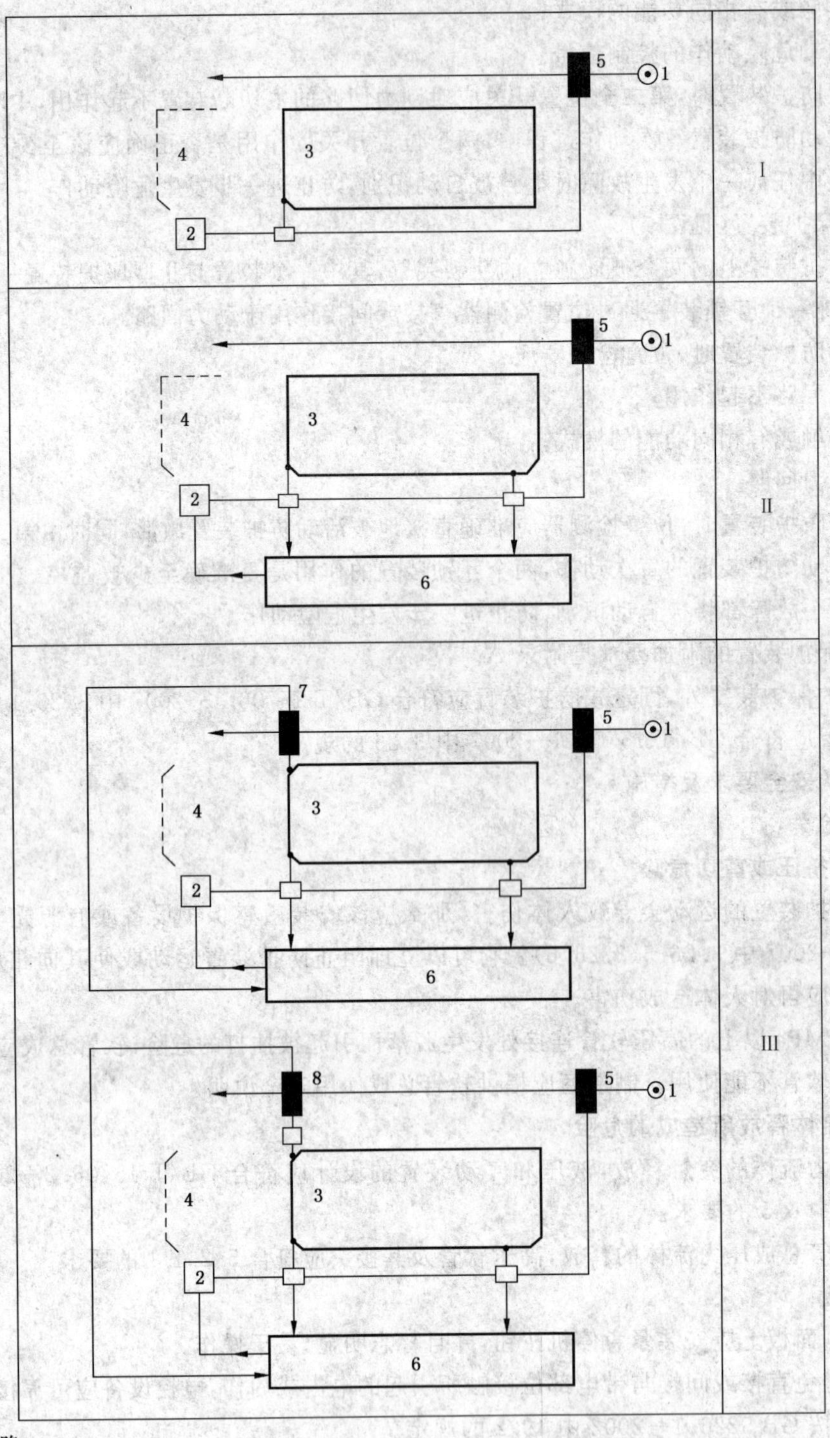

1——动力回路；
2——控制电路；
3——活动防护装置关闭；
4——活动防护装置打开；
5——主切断设备；
6——监控回路；
7——二级切断装置(直接切断,见附录 A.1.1 中 a)；
8——二级切断装置(间接切断,见附录 A.1.1 中 b、c、d)。

图7　Ⅰ、Ⅱ、Ⅲ 型保护装置

5.2.4 噪声产生的危险

为了降低液压和气动系统的噪声，应选用低噪声元件或在排气口安装消音器或运用现有工艺水平进行隔音。注射成型机噪声应符合表1的规定。

表 1

合模力/kN	≤4 500	>4 500～16 000	>16 000～25 000	>25 000
噪声值/dB(A)	≤82	≤83	≤84	≤85

5.2.5 有害气体、烟雾或粉尘造成的危险

注射成型机应设计有排气系统接口，以排出有害物质。本标准未涵盖排气系统的设计要求。

5.2.6 滑倒、绊倒和跌落的危险

注射成型机指定进入位置应有永久标识，标识位置可以是：

——防止滑倒和绊倒处；

——防止跌落处（离地高度不小于1 000 mm）；

——提供其他安全进入途径（见7.1.7和7.2或参见GB/T 15706.2—2007中5.5.6的要求）。

5.3 与特殊区域相关联的附加危险的安全要求及措施

5.3.1 模具区域

5.3.1.1 机械危险

5.3.1.1.1 合模造成的危险

合模造成的危险包括：

——操作侧用Ⅲ型保护装置防止人体进入模具区域时合模产生的危险。如有必要，可采用固定防护装置进行预防并且固定防护装置不需要与Ⅲ型保护装置互锁。反操作侧安全要求应符合5.3.1.1.2规定。

——若增加活动防护装置且所用的连接件十分可靠，则活动防护装置与Ⅲ型保护装置的机械连接不必互锁。

——注射成型机的模板是在水平方向运动的，为防止从顶部进入，应使用Ⅰ型保护装置。如设计中已考虑或使用固定防护罩并且指定进入位置达到安全距离的要求，则无需使用活动顶罩。

——防护装置可以设计成移动式的，使人不能停留在防护装置和模具区域之间。如果已经保证图8中尺寸不大于150 mm，则是符合安全要求的。

——如果人可以在防护装置和模具区域之间停留，或整个身体可以进入模具区域，那么该区域的安全要求应符合5.4.1或5.4.2的规定。

单位为毫米

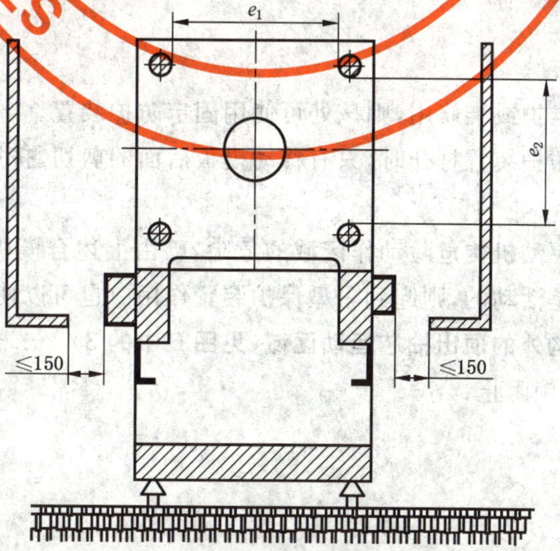

图8 活动防护装置位置和拉杆间距示意图

5.3.1.1.2　**无法启动机器循环的防护装置**

无法启动机器循环的防护装置，用于保证人体不能进入模具区域或模具区域与防护装置之间，可以使用有两个位置开关的互锁防护装置，替代Ⅲ型保护装置。

当活动防护装置打开时，两个位置开关应：

——切断合模动作的主驱动；和

——关闭合模动作的储能器。

为达到上述要求，应使用电气-机械构成的硬件电路。当活动防护装置回到关闭位置时，应在操作侧对无法启动的循环动，进行手动复位。

5.3.1.1.3　**模具区域机械运动造成的危险(见4.2.1.1)**

5.3.1.1.1或5.3.1.1.2中指定的防护装置也用来防止其他运动可能造成的危险。对于这些运动，防护装置应起到Ⅱ型保护装置的作用。

当防护装置打开时：

——循环中断，如果能防止熔料溢出并且喷嘴的接触力不会引起危险时，塑化可以继续进行；

——停止螺杆及柱塞向前的动作；

——停止注射座向前的动作；

——橡胶注射成型机必须停止顶出或抽芯及其驱动机构的危险动作。

当模具区域的防护装置打开时，注射成型机可以安装锁定开关，以便能够手动控制顶出和抽芯运动。使用手动操纵装置(见GB/T 15706.1—2007中3.26.2)或利用双手操纵装置(GB/T 15706.1—2007中3.26.4)或者使用有限运动控制装置(GB/T 15706.1—2007中3.26.9)，并符合相应要求(见7.1.5)。

5.3.1.2　**热危险**

在高温模具和/或加热元件处张贴警告标识(见7.2)，活动防护装置和固定防护装置应设计成能封住任何喷出的熔料。

当活动防护装置打开时，螺杆或柱塞向前的运动应停止。

此外注射成型机制造商应提出必要的人身安全防护装备的建议(见7.1.1)。

5.3.2　**合模机构区域**

5.3.2.1　为防止接近合模机构区域的危险运动，应使用Ⅱ型保护装置。

5.3.2.2　当活动防护装置打开时，两个位置开关应：

——中断循环动作；

——中断模板的所有运动。

5.3.2.3　如果进入处只是维护或维修用，则该处可使用固定防护装置。

5.3.2.4　模具区域的活动防护装置打开时，只有移动模板后面的剪切、挤压点都被护罩保护，才能进行开模动作。

5.3.2.5　接触顶出抽芯或驱动机构危险动作区域的危险，已由上述合模机构区域的防护装置保证，对于这些动作，如果防护装置是活动的，则起到Ⅰ型保护装置作用。也可以使用附加的固定防护装置。

5.3.3　**模具区域和合模机构外的顶出抽芯运动区域(见图6中的3)**

进入该区域应由下列措施阻止：

——Ⅰ型保护装置；或

——固定防护装置。

5.3.4　**喷嘴区域**

5.3.4.1　机械危险

5.3.4.1.1 喷嘴区域应提供Ⅰ型保护装置。

5.3.4.1.2 当防护装置打开时，除了维修处，注射装置所有位置的下列动作都应中止：

——注射座包括喷嘴的向前运动；

——动力驱动的喷嘴及其驱动动力。

5.3.4.1.3 在水平注射装置中，喷嘴以下的防护装置允许开口。

5.3.4.2 熔料射出造成的危险见7.1.1。

5.3.4.3 热危险

5.3.4.3.1 应贴与高温喷嘴危险有关的警告牌(见7.2)。

5.3.4.3.2 5.3.4.1中所述的防护装置可防止喷嘴溢出熔料产生的危险。此外，当该防护装置打开时作Ⅰ型保护装置使用以停止螺杆或柱塞前移。该防护装置的设计应考虑高温熔料的飞溅危险及喷嘴的极端位置，不包括维修位置。

5.3.4.3.3 在注射装置的所有保养位置(防护装置外的喷嘴区域)都可以手动控制清料，该防护装置控制应符合GB/T 15706.2—2007中4.11.8和4.11.10的规定。

5.3.5 塑化和注射装置区域

5.3.5.1 机械危险

为防止自重引起的意外下降，液压驱动模具区域上方的注射装置应安装平衡阀。例如垂直液压运动，平衡阀最好直接安装在缸体上，或尽可能靠近油缸法兰或接口。

加料口的设计，应保证无法进入挤压和剪切位置(安全距离见GB/T 12265.1—1997表4)。

5.3.5.2 热危险

热危险防护应符合5.3.4.3的要求，并提供机筒防护装置。

当机筒温度不小于240 ℃时，应提供机筒隔热装置。机筒隔热层外表面温度不能超过GB/T 18153规定的限定值。

可使用喷嘴防护装置消除由于熔料从喷嘴孔溢出造成的危险。

5.3.5.3 机械和/或热危险

机筒的温度应被自动监测以保证不超过最高允许值。限定值由制造商设定(见7.1.1)。当出现下列情况时，所有加热元件的能量供应应立即中断：

——温度超过了最高允许值；或

——温度失控。

注：5.3.5.3中的要求只适用于塑料注射成型机，不适用于橡胶注射成型机。

5.3.6 制品下落区域

下落口的设计或提供防护装置应避免人体通过下落口触及危险区域，即使安装输送带也应达到图10要求。

5.3.6.1 可用下列保护装置：

——Ⅰ型保护装置；和/或

——符合规定的电感保护装置。保护装置不能用来控制机器。

5.3.6.2 使用输送带时，安全要求及措施见5.5.3。

5.4 与特殊设计相关联的附加危险的安全要求及措施

5.4.1 人体可以进入活动防护装置与模具区域之间

对于此类注射成型机，应有5.3.1.1.1中规定的附加保护装置用以检测人体是否处于活动防护装置与模具区域之间或处于模具区域内。

注射成型机启动，人体进入该区域时，这些保护装置应具有：

——中断合模动作的控制电路。如果使用自动防护装置，应中断防护装置动作的控制电路；和

——阻止向模内注射动作；和

——阻止下一个循环动作；

——可使用单一确认系统(见附录B)或符合5.4.2中规定的机械锁作为现场检测；

——在活动防护装置和模具区域之间，至少安装一个急停开关，符合0类要求。

5.4.2 人体可以进入模具区域

5.4.2.1 对下列注射成型机应具备5.3.1.1.1中指定的保护装置及5.4.1中指定的相应保护装置：

a) 有拉杆的卧式合模机构(见图8)：模具区域有直立面，且 e_1 或 $e_2>1\ 200$ mm；

b) 无拉杆的卧式合模机构(见图9)：$a<850$ mm，$e_1>400$ mm，$e_2>400$ mm；或 $e_1>1\ 200$ mm 或 $e_2>1\ 200$ mm；

c) 有拉杆的立式合模机构：e_1 或 $e_2>1\ 200$ mm，且移动模板最大开距大于1 200 mm；

d) 无拉杆的立式合模机构：移动模板尺寸大于1 200 mm，且移动模板最大开距大于1 200 mm。

5.4.2.2 这些附加的保护装置应具有下列特点：

a) 机械锁装置可防止活动防护装置意外关闭，活动防护装置每次打开时，机械锁均有效，下一循环启动前应单独对其进行设定。从安全装置设定位置能清楚看到模具区域，如果有必要可使用辅助工具查看。活动防护装置的每一次动作循环，安全装置的准确功能应至少被位置开关监测一次。任何安全装置或位置开关出现故障时，自动停止合模动作。对于所有安装了此类安全装置的自动防护装置，活动防护装置的关闭动作由手柄启动运行控制装置，控制装置启动处能清楚看到模具区域。

b) 至少有一个符合0类要求的急停装置。

在注射成型机所有安装Ⅲ型保护装置的侧面，应至少提供一个容易从模具区内部触及到的且符合0类要求的急停装置。

c) 对于卧式合模机构的注射成型机，用以检测模具区域是否有人的电感保护装置(安全踏板)应按GB/T 17454.1—2008中附录C及附录D的要求设计和安装，其操作应与5.3.1中规定的相一致；对于立式合模机构，用5.4.1中所述的单一确认系统(见附录B)作为现场检测装置。

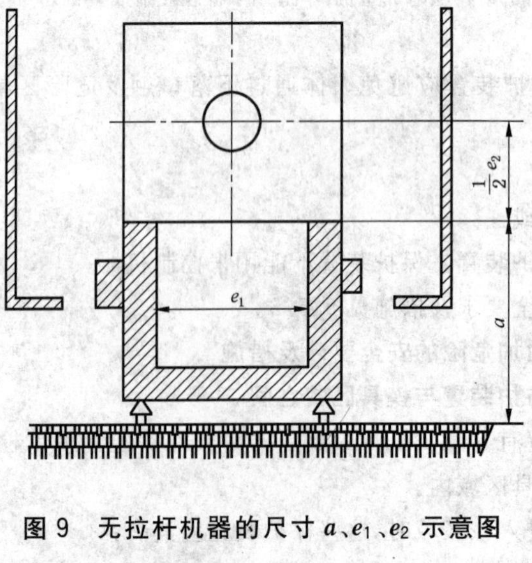

图9 无拉杆机器的尺寸 a、e_1、e_2 示意图

单位为毫米

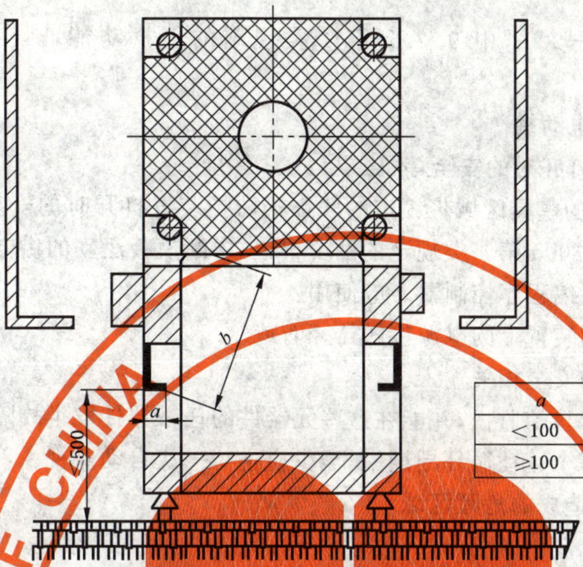

a	b
<100	≥550
≥100	≥550-a

图 10　制品下落区域尺寸示意图

5.4.3　具有下行模板的注射成型机

5.4.3.1　气动或液动式下行动作的注射成型机应配备两个安全限制装置，它是用平衡阀防止模板的意外重力下降，平衡阀最好安装在缸体上并尽可能接近缸筒法兰或管件。

5.4.3.2　模板其中的一个方向尺寸大于 800 mm，同时开模行程超过 500 mm，至少其中一个安全限制装置是机械式的，当活动防护装置打开或模具区域的其他安全装置被激活时，机械限制装置应在整个模板行程上自动起作用。

5.4.3.3　只有模板达到最大开模行程时，模具区域的活动防护装置才可以打开，机械限制装置只有在允许位置起作用。

5.4.3.4　一旦其中一个限制装置失效，其他装置应阻止模板的重力下降。应自动监控限制装置以保证其中任何一个出现故障时：

——故障被自动识别；和

——防止模板进一步下降。

5.4.4　有旋转合模装置的多工位注射成型机

固定防护装置或Ⅱ型保护装置应防止接近旋转合模装置的多工位注射成型机的危险区域。如果需要通过Ⅱ型保护装置进入模具区域，那么应符合 5.3.1.1、5.4.1 和 5.4.2 中的要求。

5.4.5　滑板往复机/转盘机

5.4.5.1　安装固定防护装置或Ⅱ型保护装置可以防止进入滑板往复机/转盘机的危险区域。

5.4.5.2　通过下列措施可以防止接近台面的危险区域：

——固定防护装置；

——Ⅱ型保护装置；

——电感保护装置；

——2 个手控装置。

5.4.5.3　如果通过Ⅱ型保护装置能够进入模具区域，应满足 5.3.1.1 中规定的要求。模板上下运动时，用 5.4.3 中所述的液压限制装置防止模板的重力下降。

5.4.6　有活动注射装置的多工位注射成型机

固定防护装置或Ⅱ型保护装置可以防止由于注射装置在合模机构间运动而造成的危险。如果通过Ⅱ型保护装置能够进入模具区域，那么应符合 5.3.1.1、5.4.1 和 5.4.2 中的要求。

5.4.7 具有一个或多个电动轴的机器

5.4.7.1 紧急停机

紧急停机应具 GB 5226.1—2002 中 9.2.2 第 1 类规定的停机功能。紧急停机装置应符合 GB 5226.1—2002 中 10.7 规定。

5.4.7.2 驱动模板水平运动的电动轴

5.4.7.2.1 模具区域防护装置打开时的安全停机

当 5.4.7.2.2 中 a) 所规定的模具区域带锁定的联锁式防护装置打开时的安全停机，应按照 C.1、C.2 或 C.3 或 GB/T 16855.1—2005 第 4 类规定的两个渠道，中断模板运动的供电源。

这两个渠道断电应独立于可编程序控制器。应使用：

——用于电动机或电源控制装置上的电源接触器；和/或

——用于电动机控制装置的安全相关输入。

要使用安全相关元器件进行自动监视，并能在这些元器件的任一器件发生故障时，不可能启动下一步运动。在活动防护装置的每一个运动循环周期中，至少应进行一次自动监视。

5.4.7.2.2 防止进入模板运动造成的危险区域

a) 模具区域要求：

——为防止进入模具区域，应采用带锁定的联锁防护装置；

——防护装置的锁定应在检测到停机之前持续有效(见附件 C)；

——至于防护装置的锁定装置，应使用符合 GB/T 16855.1—2005 第 1 类规定的试用效果良好的元器件；

——防护装置保持锁定时，开启其中任一防护装置，而这些元器件应设计成至少承受 1 000 N 的作用力。

停机检测应能安全应对单个故障。要实现此点，应通过：

1) 监视两个独立停机信号；或

2) 或采用 GB/T 16855.1—2005 第 3 类规定的停机检测系统；或

3) 或采用电动机编码器，对模板的位置变动进行持续监视。

b) 合模机构区域要求：

——凡采用活动防护装置防止进入模板及其驱动机构的(见 5.2.2)，这些联锁防护装置均应符合 C.6 或 C.7 或 GB/T 16855.1—2005 第 3 类规定的；

——针对具有危险的停机，即 t (进入时间)$<T$ (GB/T 19876—2005 中 3.2 定义的整个系统停机性能)，则合模机构区域的防护装置应采用带锁定的联锁防护装置；

——防护装置的锁定应在检测到停机之前持续有效。停机检测能安全应对单个故障，如 5.4.7.2.2 中 a) 第 4 段规定；

——如合模机构区域联锁防护装置为不带锁定功能的联锁防护装置，则进入时间(t)应按下面公式计算。

$$t=\frac{d}{v}+\Delta t \qquad \cdots\cdots(1)$$

式中：

t——进入时间，单位为秒(s)；

d——防护装置与危险点的距离，单位为米(m)；

v——接近速度，单位为米每秒(m/s)，取值 1.6 m/s，见 GB/T 19876—2005；

Δt——打开防护装置，足够进入保护区域所需要的时间，单位为毫秒(ms)，取值 100 ms。

在计算或测量模板及其驱动机构运动所需的整个系统停止性能时，应考虑速度、质量、温度等最不利的情况(见 7.1.9)。

5.4.7.3 驱动塑化和/或注射装置运动的电动轴

驱动塑化和/或注射装置运动电动轴机器的安全要求及措施：

——针对此项运动，喷嘴区域防护装置的联锁应按C.4或C.5或GB/T 16855.1—2005第1类规定执行，而模具区域防护装置的联锁应按C.6或C.7或GB/T 16855.1—2005第3类规定执行；

——针对具有危险的停机，即t（进入时间）$<T$（GB/T 19876—2005中3.2定义的整个系统停机性能），则喷嘴区域的防护装置应采用可锁定的联锁防护装置；

——防护装置的锁定应在检测到停机之前持续保持作用。停机的检测应按GB/T 16855.1—2005的B类规定执行；

——如喷嘴区域为不带锁定功能的联锁防护装置，则进入时间应按5.4.7.2.2中b)所列公式计算；

——在计算或测量塑化和/或注射装置运动所需的整个系统停止性能时，应考虑速度、质量、温度等最不利的情况（见7.1.9）。

5.4.7.4 驱动塑化螺杆旋转运动的电动轴

驱动塑化螺杆旋转运动电动轴机器的安全要求及措施：

——针对此项运动，喷嘴区域防护装置的联锁应按C.4或C.5或GB/T 16855.1—2005第1类规定执行，而模具区域防护装置的联锁应按C.6或C.7或GB/T 16855.1—2005第3类规定执行；

——如果停机没有危险，则无需防护装置锁定；

——如果是橡胶注射成型机，按GB/T 16855.1—2005标准的B类规定执行，不必使用接触器。

5.4.7.5 驱动注射螺杆或柱塞直线运动的电动轴

驱动注射螺杆或柱塞直线运动电动轴机器的安全要求及措施：

——针对此项运动，喷嘴区域防护装置的联锁应按C.4或C.5或GB/T 16855.1—2005第1类规定执行，而模具区域防护装置的联锁应按C.6或C.7或GB/T 16855.1—2005第3类规定执行；

——如果停机没有危险，则无需防护装置锁定。

5.4.7.6 抽芯顶针运动的电动轴

抽芯顶针运动电动轴机器的安全要求及措施：

——针对抽芯顶针以和/或它们的驱动机构的运动，模具区域外的防护装置的联锁应按C.4或C.5或GB/T 16855.1—2005第1类规定执行，而模具区域的联锁应按C.6或C.7或GB/T 16855.1—2005第3类规定执行；

——针对具有危险的停机，即t（进入时间）$<T$（GB/T 19876—2005中3.2定义的整个系统停止性能），该防护装置应采用可锁定的联锁防护装置；

——防护装置的锁定应在检测到停机之前持续有效。停机的检测应按GB/T 16855.1—2005标准的B类规定执行；

——如联锁防护装置不带锁定功能，则进入时间应按5.4.7.2.2中b)所列公式计算；

——在计算或测量抽芯顶针运动所需的整个系统停止性能时，应考虑速度、质量、温度等最不利的情况（见7.1.9）。

5.4.7.7 对自动监视回路的要求

5.4.7.7.1 适用于附录C的自动监视回路的要求

在活动防护装置每一运动循环周期中，应按下列情况至少自动监视一次：

——防护装置位置检测器状态改变时（如S1为试用良好的元器件，则图C.4和图C.5不适用）；

——接触器位置或电动机控制装置给出信号信息；

——如果使用防护装置的锁定装置位置；

——如果使用停机检测系统信息。

如果出现单个故障，自动监视应能防止发生任何进一步的运动。

监视回路不应向断路装置,例如接触器、电动机控制装置等产生直接控制信号。

监视应通过可编程序控制器实施,此时为了防止电气干扰,监视程序应储存在固化存储器内,同时监视系统应配备启动测试设备。

另外,采用位置检测器、接触器和/或电动机控制装置,控制同样的安全功能:

——以上任意元器件应与其自己的输入模块相连接;或

——如果共用输入模块,则任一元器件的相反信号均应能输入,或自动识别输入回路中的任何故障;或

——如果输入设备(输入卡)由若干个输入模块组成,元件发出的信号都需进行异或监控,并且输入模块的数字量的位距应被单独分离(例如:4 位、8 位或 16 位)。另外,每一元件发出的信号,没有进行异或监控,且和相同的输入模块连接,那么这些信号同时不可使用相邻位数字量进行监控。

机器控制回路的允许信号应由监视回路产生。

5.4.7.7.2 不适用附录 C 的自动监视回路的要求

附录 C 不适用之处,监视系统的设计应达到 GB/T 16855.1—2005 所规定的相应类的要求。

5.4.7.8 由重力导致的运动

由重力导致的运动,应采用弹簧加载停机制动器予以设防(见 7.1.10)。

5.4.7.9 电气或电磁干扰

电动机控制装置的安装和使用应按电动机控制装置制造厂商的技术规格明细要求执行。

5.5 使用辅助设备时附加危险的安全要求及措施

5.5.1 动力驱动的换模装置

5.5.1.1 用Ⅰ型保护装置防止进入换模区域,必要时安装固定防护装置。

5.5.1.2 如果整个人体都可进入换模区域,进入处应加装电子感应装置,当电子感应装置被激活,应立即中断换模装置的控制电路。

5.5.1.3 当没有防护装置或防护装置打开或加装安全装置失效时,模具或换模装置可用手动启动,在所有位置都用切换开关锁定,通过激活下列机能的装置:

——最高速度不超过 75 mm/s 的手动控制装置;或

——限定动作控制装置。

手动控制装置处应能清楚看到危险区域。

5.5.2 动力驱动的夹模装置

5.5.2.1 机械危险:

——在 5.3.1.1.1 或 5.3.1.1.2 中所述的活动防护装置,同样也应保护动力驱动的夹模装置的运动,对于这类运动,活动防护装置起到Ⅱ型保护装置的作用;

——为防止模具及其连接零部件的下落,可安装机械限制装置或自保持夹模元件;

——磁力夹模时,半模的正确位置应被自动监测,防止另外一半模具移位时模板进一步继续运动。

5.5.2.2 由磁场引起的危险见 7.1.8。

5.5.3 其他辅助设备

辅助设备的连接不能降低注射成型机的安全等级,即:

——辅助设备的连接导致注射成型机保护装置改变;

——如果打开辅助设备的活动防护装置能进入注射成型机的危险区域,那么防护装置应执行注射成型机该危险区域的标准。一旦出现 4.3.1 和/或 4.3.2 中所述的整个人体进入的情况,应有 5.4.1 和/或 5.4.2 中所述的附加安全装置;

——辅助设备可以防止进入注射成型机危险区域,若不使用工具就可将其移走,那么辅助设备应该像危险区域有关活动防护装置一样与注射成型机控制系统互锁;

——如果打开活动防护装置可以进入辅助设备的危险区域,防护装置应符合本标准中适用于辅助

设备的安全要求；

——停止装置或急停装置应具有 GB/T 15706.2—2007 中 5.5.2 的要求；

——如果注射成型机同辅助设备一起使用，只有辅助设备按上述要求连接时，才能运行注射成型机。

6 安全要求及措施的确认

6.1 检验条款及确认方法应按表 2 规定。

表 2

条款	确认方法			
	直观检查	功能检测	测量	计算
5.2.1.1	×	×		
5.2.1.2	×			
5.2.2	×	×		
5.2.3	×			
5.2.4	×		×	×
5.2.5	×			
5.2.6	×		×	
5.3.1.1	×	×	×	
5.3.1.2	×	×		
5.3.2	×	×		
5.3.3	×	×		
5.3.4.1	×	×		
5.3.4.2	×	×		
5.3.5.1	×	×	×	
5.3.5.2	×		×	
5.3.5.3	×	×		
5.3.6	×	×	×	
5.4.1	×	×	×	
5.4.2	×	×	×	
5.4.3	×	×	×	×
5.4.4	×	×	×	
5.4.5	×	×	×	
5.4.6	×	×	×	
5.4.7	×	×	×	×
5.5.1	×	×	×	
5.5.2.1	×	×		×
5.5.3	×	×	×	

6.2 表 2 的功能检测包括根据下列要求检验防护和安全装置的功能和有效性：

——使用说明中特性描述；

——有关设计文件的安全叙述和电路图表；

——本标准第 5 章要求及其他引用标准中给定的要求。

7 使用信息

7.1 随机文件说明

7.1.1 塑化和/或注射装置

7.1.1.1 制造商应提供选择、组装、拆卸喷嘴的方法。

7.1.1.2　制造商应声明只有制造商指定的喷嘴、塑化组件、加热圈及紧固件才可以使用。

7.1.1.3　制造商应声明由于预干燥不充分或某些物料降解，使熔料从喷嘴意外射出，在这种情况下，操作人员应穿戴适宜的防护用具。

7.1.1.4　制造商应声明塑化和/或注射装置最高加热温度值。

7.1.2　**噪声**

若注射成型机噪声值超过 70 dB(A)，说明书应指出声压值及建议用户增加必要的防护措施。

7.1.3　**排气系统**

制造商应说明要加工的物料可能散发有害气体、烟雾或粉尘，此时，需要排气系统。制造商应指明用户有责任安装排气系统，还应给出与排气系统安装有关的信息。

7.1.4　**辅助设备**

应声明制造商仅对自己设计的注射成型机和辅助设备的界面相互作用负责，应声明如果移走辅助设备，应重新安装符合本标准要求的防护或安全装置。

7.1.5　**锁定开关**(见 5.3.1.1.3)

制造商应声明，如果模具、抽芯、顶出及其驱动机构设计成不能进入挤压或剪切区域，那么操作人员只允许使用这种开关。

7.1.6　**软管总成**

制造商应给出软管总成的常规检查和更换信息。

7.1.7　**进入位置**

制造商应指明，所有没有按 5.2.6 标明的位置，不能用作进入位置。

7.1.8　**磁性夹模装置**

制造商应给出磁性夹模装置安全使用信息，包括准备阶段说明和模具与模板接触面保养的说明，制造商应指明心脏起博器、助听器等器械可能被磁场影响。

7.1.9　**停止性能**

如使用的是不带锁定功能的联锁防护装置，制造厂商应规定电动轴驱动部件的最大停止距离或时间。

7.1.10　**停止制动器**(见 5.4.7.8)

制造厂商应规定停机制动系统检查测试的频次和步骤。

制造厂商应针对可能因重力导致运动的部件，规定在其上面应附加的最大质量。

制造厂商还应规定需要用的备用传动带。

7.2　**标志**

至少包括下列标志：

——制造商和供应商的名称和地址；

——设计系列或型号及执行标准号；

——系列号码或者注射成型机编号；

——生产日期；

——进入位置；

——对发热件、热传导的软管、接头、模具、喷嘴等加热元件的警示；

——热表面指示标记。

附 录 A
（规范性附录）
对液压回路Ⅲ型保护装置的附加要求

A.1 对二级断路装置的要求(见图7中序号7和8)

A.1.1 二级断路装置中断流向油缸的液压油以防止危险运动,该附加阀应：

a) 在打开活动防护装置时被活动防护装置直接激活；或

b) 被附加位置开关控制,在打开活动防护装置时,位置开关被活动防护装置直接激活；或

c) 被先导阀控制,在打开活动防护装置时,可以被活动防护装置直接激活；或

d) 由位置开关控制的先导阀,打开活动防护装置时,先导阀可以被活动防护装置直接激活。

A.1.2 附加阀由位置开关控制的,要符合A.1.1中b)或d)的要求,并且：

——位置开关有明确的打开触点；

——位置开关与附加阀之间的联接由一个硬件回路(可以是继电器)控制,独立于可编程序控制器。

A.2 对监测系统的要求

A.2.1 活动防护装置的每次循环动作,下列内容应被自动监测：

——活动防护装置位置开关的切换作用于控制电路；

——附加阀的位置切换依据A.1；

——附加位置开关(依据A.1.1中b)或d))和先导阀(依据A.1.1中c)或d))位置切换。

A.2.2 附加阀位置切换处的自动监测,不需要对附加位置开关和先导阀进行监测。

A.2.3 出现故障时,自动监测将起作用,以阻止危险动作进一步发生。监测回路不应对附加阀产生直接控制信号。可通过可编程序控制器监测。监测程序应置于固化存储器内保护以防电气干扰,同时应配备启动测试程序。

A.2.4 如果监测被可编程序控制器作用,那么：

——每个位置开关都应被直接接到其本身的输入模块中；

——如果用普通输入模块,来自两个位置开关的相反信号应同时被输入,输入回路的故障应被自动识别。

A.2.5 注射成型机控制回路的启动信号应由监测回路产生。

附 录 B
（规范性附录）
单一确认系统

B.1 单一确认系统应固定在危险区域外的确认开关组成。当安全防护装置关闭时，不能从危险区域内部激活确认开关。

B.2 确认开关应安装在能清楚看到危险区域的地方。

B.3 只在关闭相应活动防护装置后，危险动作才有可能再启动，接着激活确认开关。激活确认开关后不应启动危险动作。

B.4 确认开关的正确功能应被自动监测，活动防护装置的每一次循环过程至少监测一次，从而在确认开关发生故障时能自动识别，防止启动进一步的危险动作。

附 录 C
（规范性附录）
具有一个或多个电动轴的注射成型机的防护装置联锁

C.1 使用机电元器件的Ⅲ型联锁的原则见图C.1。

K1、K2——带联接或镜像触点的接触器；
S1、S2、S3——位置检测器；
L——防护装置锁定装置；
1——电动机；
2——执行GB/T 16855.1—2005中B类规定的电动机控制装置；
3.1——防护装置关；
3.2——防护装置开；
4——机器控制回路；
5——机器监视回路；
6——停机检测器。

图C.1 使用机电元器件的Ⅲ型联锁的原则

可使用其中一个位置检测器来实现防护装置锁定功能。

如果电动机控制装置中尚存能量可能导致危险运动，则K1和K2应位于电动机和电动机控制装置之间。在其他情况下，K1和K2应位于电动机控制装置的两侧，以防止同样模式的故障。

如果S1位置检测器的状态改变由接触器K2自动监视，则无需S1位置检测器进行监视。

C.2　使用机电元器件和电动机控制装置的Ⅲ型联锁的原则见图C.2。

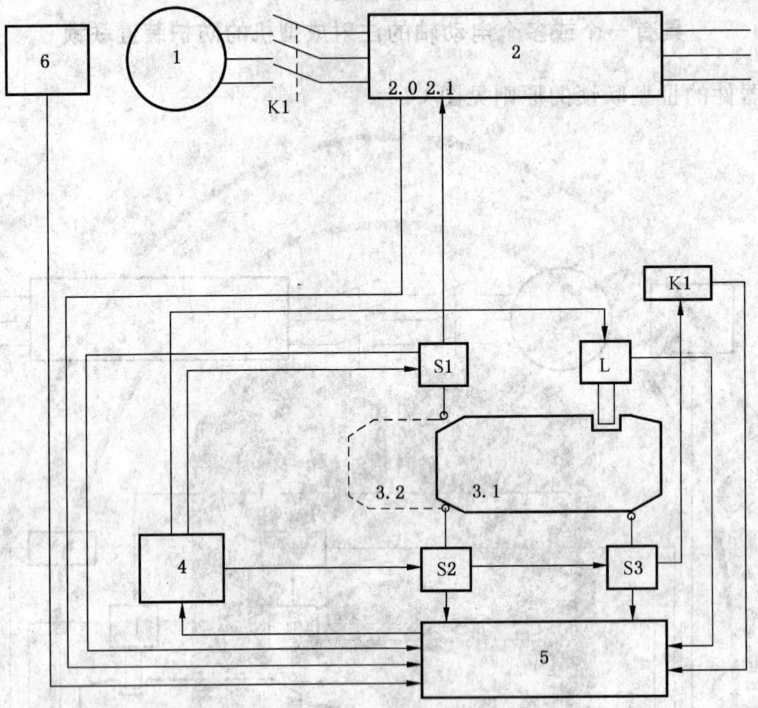

K1——带联接或镜像触点的接触器；

S1、S2、S3——位置检测器；

L——防护装置锁定装置；

1——电动机；

2——执行GB/T 16855.1—2005的电动机控制装置，B类以外安全停机，则执行ISO/IEC 17025:2005规定，由独立的第三方认证；

2.0——从2.1确认关状态；

2.1——安全相关输入；

3.1——防护装置关；

3.2——防护装置开；

4——机器控制回路；

5——机器监视回路；

6——停机检测器。

图C.2　使用机电元器件和电动机控制装置的Ⅲ型联锁的原则

可使用其中一个位置检测器来获得防护装置锁定功能。

如果电动机控制装置中尚存能量可能导致危险运动，则K1应位于电动机和电动机控制装置之间。在其他情况下，K1可位于电动机控制装置的另一侧。

C.3 使用电动机控制装置的Ⅲ型联锁的原则见图 C.3。

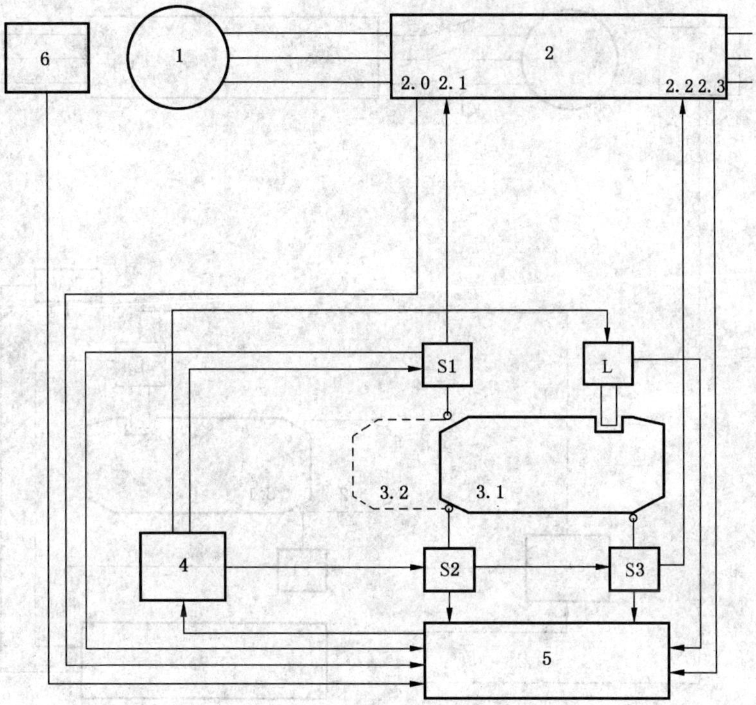

S1、S2、S3——位置检测器；
L——防护装置锁定装置；
1——电动机；
2——执行 GB/T 16855.1—2005 的电动机控制装置，B 类以外安全停机，则执行 ISO/IEC 17025:2005 规定，由独立的第三方认证；
2.0——从 2.1 确认关状态；
2.1、2.2——安全相关输入；
2.3——从 2.2 确认关状态；
3.1——防护装置关；
3.2——防护装置开；
4——机器控制回路；
5——机器监视回路；
6——停机检测器。

图 C.3　使用电动机控制装置的Ⅲ型联锁的原则

可使用其中一个位置检测器来获得防护装置锁定功能。

如果对安全相关输入的监视是在电动机控制装置之内实现的，则机器的监视回路只需一条返回线路就完全足够。

C.4 使用一机电元器件的Ⅰ型联锁的原则见图C.4。

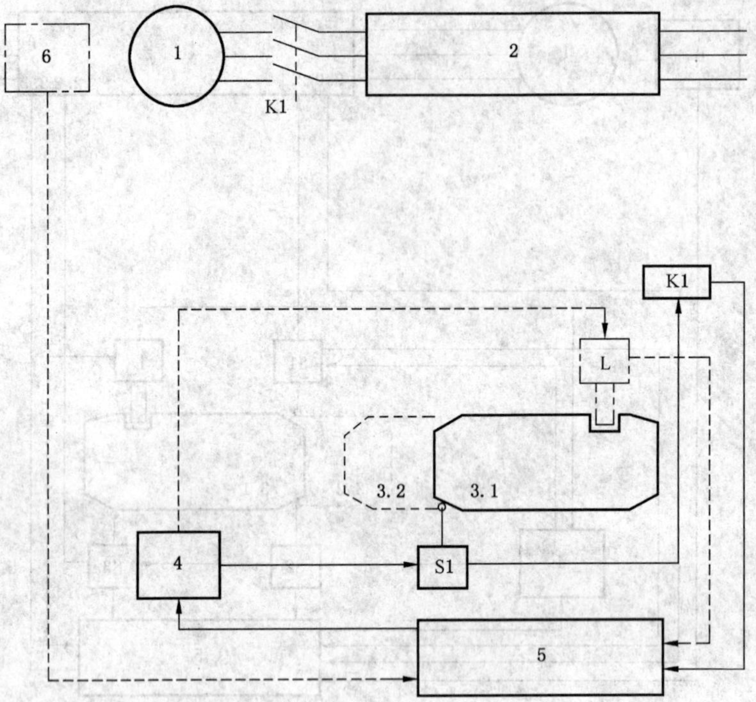

K1——带联接或镜像触点的接触器；

S1——位置检测器；

L——防护装置锁定装置；

1——电动机；

2——执行GB/T 16855.1—2005中B类的电动机控制装置；

3.1——防护装置关；

3.2——防护装置开；

4——机器控制回路；

5——机器监视回路；

6——停机检测器。

图C.4 使用一个机电元器件的Ⅰ型联锁的原则

可使用其中一个位置检测器来获得防护装置锁定功能。

如果电动机控制装置中尚存能量可能导致危险运动，则K1应位于电动机和电动机控制装置之间。在其他情况下，K1可位于电动机控制装置的另一侧。

如果没有防护装置锁定功能，点划线所示的线路删除。

C.5 使用电动机控制装置的Ⅰ型联锁的原则见图C.5。

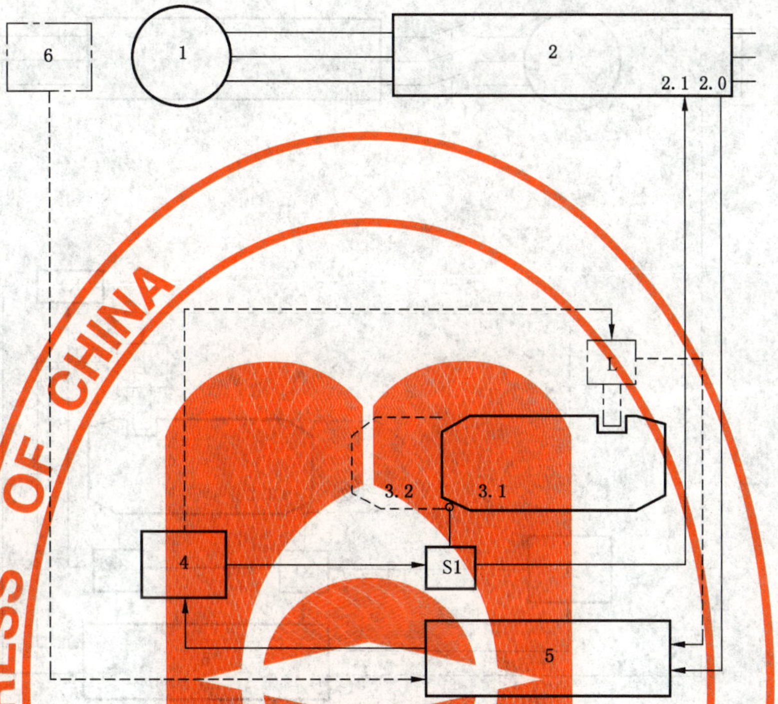

S1——位置检测器；

L——防护装置锁定装置(如果可能出现具有危险的停机的话)；

1——电动机；

2——执行GB/T 16855.1—2005的电动机控制装置，B类以外安全停机，则执行ISO/IEC 17025:2005规定，由独立的第三方认证；

2.0——从2.1确认关状态；

2.1——安全相关输入；

3.1——防护装置关；

3.2——防护装置开；

4——机器控制回路；

5——机器监视回路；

6——停机检测器。

图C.5 使用电动机控制装置的Ⅰ型联锁的原则

可使用其中一个位置检测器来获得防护装置锁定功能。

如果没有防护装置锁定功能，点划线所示的线路删除。

C.6 使用一个机电元器件的Ⅱ型联锁的原则见图 C.6。

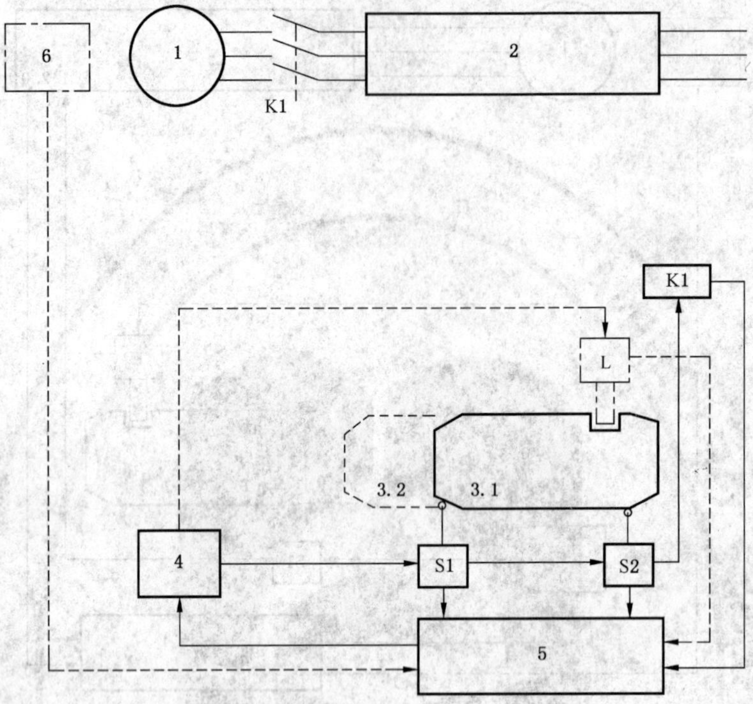

K1——带联接或镜像触点的接触器；

S1、S2——位置检测器；

L——防护装置锁定装置；

1——电动机；

2——执行 GB/T 16855.1—2005 标准 B 类规定的电动机控制装置；

3.1——防护装置关；

3.2——防护装置开；

4——机器控制回路；

5——机器监视回路；

6——停机检测器。

图 C.6 使用一个机电元器件的Ⅱ型联锁的原则

可使用其中一个位置检测器来获得防护装置锁定功能。

如果电动机控制装置中尚存能量可能导致危险运动，则 K1 应位于电动机和电动机控制装置之间。在其他情况下，K1 可以位于电动机控制装置的另一侧。

如果没有防护装置锁定功能，点划线所示的线路删除。

C.7 使用电动机控制装置的Ⅱ型联锁的原则见图C.7。

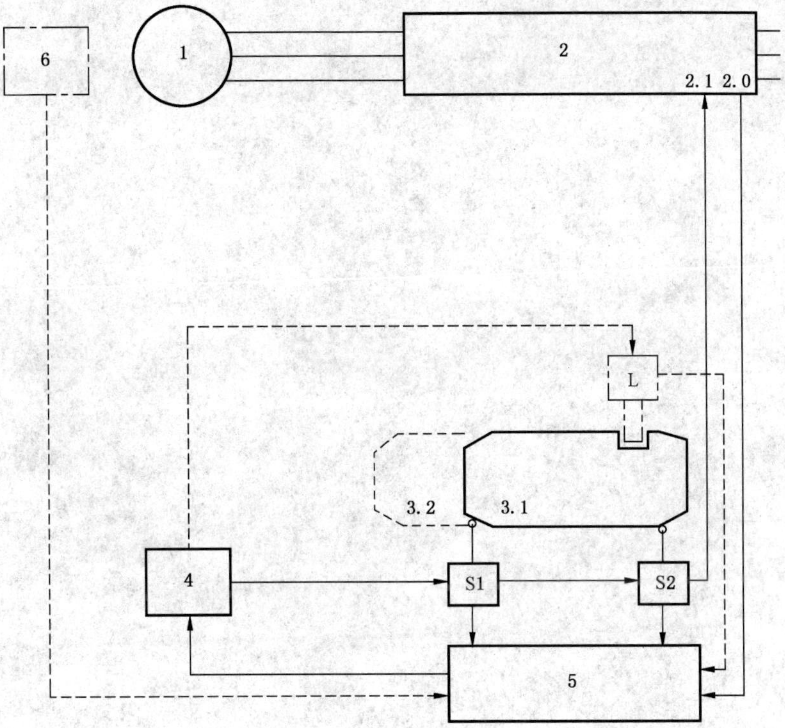

S1、S2——位置检测器；

L——防护装置锁定装置(如果可能出现具有危险的停机)；

1——电动机；

2——执行GB/T 16855.1—2005的电动机控制装置,B类以外安全停机,则执行ISO/IEC 17025:2005规定,由独立的第三方认证；

2.0——从2.1确认关状态；

2.1——安全相关输入；

3.1——防护装置关；

3.2——防护装置开；

4——机器控制回路；

5——机器监视回路；

6——停机检测器。

图C.7 使用电动机控制装置的Ⅱ型联锁的原则

可使用其中一个位置检测器来获得防护装置锁定功能。

如果没有防护装置锁定功能,点划线所示的线路删除。

ICS 65.020.01
B 30

中华人民共和国国家标准

GB/T 22531—2008

野山参人工繁衍护育操作规程

Operation rules of comprehensive protection and cultivation of wild ginseng

2008-11-20 发布　　　　2009-05-01 实施

中华人民共和国国家质量监督检验检疫总局
中国国家标准化管理委员会　发布

前 言

本标准由国家标准化管理委员会提出并归口。

本标准负责起草单位：国家参茸产品质量监督检验中心、吉林人参研究院、吉林省参茸办公室。

本标准参加起草单位：北京同仁堂药材有限公司、吉林省延边山参研究所、吉林省延边长白山特产公司、吉林省集安嘉禾国家野山参标准化基地、黑龙江省运加参茸研究所、辽宁祥云药业有限公司、吉林省靖宇县农业技术推广中心、吉林省通化师范学院。

本标准主要起草人：仲伟同、曹志强、冯家。

本标准参加起草人：王志举、金鑫、金精日、于振江、郝志华、娄子恒、曹会磊、曾祥云、黄瑞贤、于俊林。

野山参人工繁衍护育操作规程

1 范围

本标准规定了野山参人工繁衍护育的术语和定义、环境选择、选种标准、种子催芽、播种、野山参护育、鼠害防治及质量检验。

本标准适用于野山参人工繁衍护育操作的全过程。

人参作为药用时应遵循《中华人民共和国药典》(最新版本)。

2 规范性引用文件

下列文件中的条款通过本标准的引用而成为本标准的条款。凡是注日期的引用文件,其随后所有的修改单(不包括勘误的内容)或修订版均不适用于本标准,然而,鼓励根据本标准达成协议的各方研究是否可使用这些文件的最新版本。凡是不注日期的引用文件,其最新版本适用于本标准。

GB 3095 环境空气质量标准

GB 5084 农田灌溉水质标准

GB/T 18765 野山参鉴定及分等质量

3 术语和定义

下列术语和定义适用于本标准。

3.1

野生人参 original ecological ginseng

自然传播,生长于深山密林的原生态人参。

3.2

野山参 wild ginseng

自然生长于深山密林中的人参(不包括野生人参)。

3.3

繁衍 multiply

物种按照自身的特征,自然生长并增多、增大或增广的过程。

3.4

护育 ecological preserved propagation

对森林生态环境、自然条件以及对野山参物种本身的生长特征进行保护的过程。通过护育,使其种子得到发育繁衍,进而达到野山参量和质的增加,完成自然生长的目的。

3.5

郁闭度 canopy density

林地间树冠相互衔接的程度,树冠在林地投影所占面积与林地总面积之比。

3.6

森林生态系统 forest ecosystem

以乔木树种为主体的生物群落(包括植物、动物、微生物等)及其所在的生长环境(包括土壤、气候等),具有随时间、空间不断进行能量转换、物质循环、信息传递的有生命及再生能力的功能单位。

3.7

自然屏障 vegetation level in forest

乔木、灌木在森林内垂直分布所形成的层次。

3.8

扎眼点播 bunch planting

不破坏原土层结构，不损伤周边伴生植物，扎眼后播种的方法。

4 环境选择

4.1 地理条件

长白山山脉的森林地带，森林覆盖率70%以上，海拔400 m～1 100 m。

4.2 气候条件

中温带湿润气候区、中寒带气候区，大陆性季风气候，大于10 ℃有效积温1 300 ℃～2 400 ℃，年平均气温1 ℃～7.5 ℃，1月平均气温－11 ℃～－18 ℃，7月～8月平均气温20 ℃～23.5 ℃，年降雨量500 mm～1 300 mm（7月～8月降水量400 mm），无霜期90 d～150 d。全年日照时数2 300 h。

4.3 生态条件

4.3.1 坡度与植被：选择20年内相对稳定，远离村落，群山环绕，不受干扰、破坏，避免污染的深山密林中的山坡地。坡度在5°～40°的针阔混交林和阔叶林，有蒙古栎、槭、柞、紫椴、糠椴、红松等10余种乔木，间生胡枝子、榛柴等小灌木，形成高、中、低三层自然屏障，郁闭度0.75～0.85的林地。

4.3.2 空气质量：应符合GB 3095的规定。

4.3.3 水源质量：应符合GB 5084的规定。

4.3.4 土壤：野山参的繁衍应具有原始的自然土壤层。其土质肥沃，腐殖质层达到10 cm以上的腐殖土或砂壤土，底土层为黄泥底的棕色森林土或山地灰化棕色森林土。具有较好的理化性状，有机质含量达到4%以上，容重小于0.8，pH值为5.5～6.5之间，土壤未被耕作和未遭受过污染。

5 选种标准

选择“野山参”种子和人参品种“圆膀圆芦”、“竹节芦”、“草芦”、“线芦”作为野山参繁衍种子。

6 种子催芽

6.1 催芽时间

当年采收的种子，采收后至10月上旬前进行催芽。种子90%裂口，胚率达80%以上时，可当年秋播或进行冷藏，翌年春天播种。

上年采收的干籽，于4月中旬前催芽，10月中旬90%裂口后，可当年秋播或进行冷藏，翌年春天播种。

6.2 催芽方法

选择地势较高、排水良好的地方，架设透光不透雨的棚，横向挖种子处理槽，槽周围挖好排水沟，防止雨水浸入催芽槽。

催芽前先将种子用室温水浸泡，达到种皮湿润即可，不可过湿水。新采收的水籽不可浸泡，控干水分即可处理。捞出晾晒至表皮无附着水，也可用山核桃皮粉末拌种杀菌消毒。

催芽基质可用粒径小于参籽的河砂。箱底先铺5 cm厚基质，然后装基质与种子(3∶1)的混合物，上层再覆盖10 cm厚基质，调好湿度。

裂口前每隔10 d～15 d倒种子一次，裂口后期每隔7 d倒一次.倒种时挑出发霉变质种子。

每两次倒种间要注意调节基质的湿度，基质湿度7.5%～14%，手攥成团，一触即散，裂口后基质湿度应保持低限水平。裂口前保持基质温度在15 ℃～20 ℃，后期保持在13 ℃～15 ℃。

7 播种

7.1 播种时间

春播：4月中旬至下旬，土壤解冻后。秋播：10月上旬至中旬至封冻前。

7.2 **播种方法**

扎眼点播。按株行距 6 cm×6 cm 或随机扎眼，每孔播种 1 粒～2 粒种子，覆土深度 3 cm，播后盖落叶。

8 野山参护育

8.1 基地区域要实行封闭式管理，设置围栏，围栏内 1 000 m 内严禁播种各种农作物和进行采伐、放山、放牧、狩猎等行为。禁止游人及家畜、禽进入繁衍区域。

8.2 加强区域森林生态系统的护育，严禁随意砍伐、采摘、割草等作业。

8.3 加强区域山体、水土保护，严禁采石、采砂、采土及占用溪水、河道等作业。

8.4 要防止区域内各种危害生物的自然繁殖，避免造成各种危害。

8.5 要建立生长期档案，做好生产记录。

9 鼠害防治

9.1 防治的原则：以人工防治及生物防治为主。

9.2 防治时间：长年防治。

9.3 防治办法：采用埋设地箭、夹、笼、压板等器械捕捉。

10 质量检验

质量检验按 GB/T 18765 执行。

ICS 65.020.01
B 30

中华人民共和国国家标准

GB/T 22533—2008

鲜园参分等质量

Grade quality of fresh ginseng

2008-11-20 发布　　　　2009-05-01 实施

中华人民共和国国家质量监督检验检疫总局
中国国家标准化管理委员会　发布

前　言

本标准的附录A为规范性附录。

本标准由国家标准化管理委员会提出并归口。

本标准负责起草单位：吉林人参研究院、吉林省参茸办公室、国家参茸产品质量监督检验中心。

本标准参加起草单位：吉林省中医中药研究院、吉林农业大学、中国农科院特产研究所、江苏省原子医学研究所、吉林省集安人参研究所、黑龙江省运加参茸研究所、黑龙江省中医药大学、吉林省集安市新开河有限责任公司、吉林省靖宇县农业技术推广中心。

本标准主要起草人：曹志强、冯家、仲伟同。

本标准参加起草人：严仲铠、尹春梅、王英平、王秋红、包建东、郑殿家、李学军、高景恩、曹会磊、杨雪。

鲜园参分等质量

1 范围

本标准规定了鲜园参产品的术语和定义、技术要求、试验方法、检验规则、标志、标签和包装以及运输和贮存。

本标准适用于鲜园参的鉴定。

人参作为药用时应遵循《中华人民共和国药典》(最新版本)。

2 规范性引用文件

下列文件中的条款通过本标准的引用而成为本标准的条款。凡是注日期的引用文件,其随后所有的修改单(不包括勘误的内容)或修订版均不适用于本标准,然而,鼓励根据本标准达成协议的各方研究是否可使用这些文件的最新版本。凡是不注日期的引用文件,其最新版本适用于本标准。

GB/T 191 包装储运图示标志
GB/T 5009.11 食品中总砷及无机砷的测定
GB/T 5009.12 食品中铅的测定
GB/T 5009.13 食品中铜的测定
GB/T 5009.15 食品中镉的测定
GB/T 5009.17 食品中总汞及有机汞的测定
GB/T 5009.19 食品中六六六、滴滴涕残留量的测定
GB/T 5009.20 食品中有机磷农药残留量的测定
GB/T 5009.22 食品中黄曲霉毒素 B_1 的测定
GB/T 5009.36 粮食卫生标准的分析方法
GB/T 5009.103 植物性食品中甲胺磷和乙酰甲胺磷农药残留量的测定
GB/T 5009.104 植物性食品中氨基甲酸酯类农药残留量的测定
GB/T 5009.110 植物性食品中氯氰菊酯、氰戊菊酯和溴氰菊酯残留量的测定
GB/T 5009.136 植物性食品中五氯硝基苯残留量的测定
GB/T 5009.145 植物性食品中有机磷和氨基甲酸酯类农药多种残留的测定
GB 7718 预包装食品标签通则
《中华人民共和国药典》(2005 年版一部)

3 术语和定义

下列术语和定义适用于本标准。

3.1

园参 planted ginseng

人工栽培的人参。

3.1.1

成品鲜园参 matured fresh planted ginseng

采收期从土壤中采挖出来未经加工的 4 年生以上园参。

3.2

边条人参 biantiao ginseng

园参中具有三长(芦长、主根长、支根长)的人参,俗称"边条参"。

3.3

普通人参　ordinary ginseng

园参中主根较短，具有三多(支根多、须根多、不定根多)的人参，俗称“普通参”。

3.4

人参芽苞　dormant bud of ginseng

人参芦头上的越冬芽。

3.5

人参芦　rhizome of ginseng

人参主根上部的根茎，上面留有地上茎留下的生长痕迹和次年人参生长的生长芽。

3.6

人参艼　adventitious roots of ginseng

生长于根茎上的不定根。

3.7

人参主根　main root of ginseng

人参根茎的基部到参根分支处的部分。

3.8

人参支根　lateral roots of ginseng

生长于人参主根下端较粗的支根。

3.9

人参须根　fibrous roots of ginseng

生长在人参主根、支根和参艼上的须根。

3.10

疤痕　scar

人参根因病、虫、鼠害及机械损伤和人为损伤等原因留下的痕迹。

3.11

破肚　body cracking

生长过程中主根开裂的现象。

3.12

红皮　rusty substance in the cuticle

水锈

人参表皮呈现铁锈颜色的现象。

3.13

浆气　vigorous expression in full of sap

新鲜人参特有的体态光滑、圆润，质地饱满，汁液充盈的状态。

3.14

跑浆　loss of sap

人参存放时间过长，致使鲜人参主体变软的现象，俗称“跑浆”。

3.15

边条人参主根长　length of main root of biantiao ginseng

从人参根茎基部到支根下端之间的距离。

3.16

腿粗　thickness of legs

人参直根的直径。特等到二等腿粗为 0.7 cm，三等到四等腿粗为 0.5 cm，五等到六等腿粗为

0.4 cm，特等到六等腿长不短于体长的1/3。

3.17

原料鲜园参　fresh planted ginseng as raw materials

用于投料的鲜园参。

4　技术要求

4.1　规格、等级

4.1.1　边条人参(鲜参)的规格、等级

4.1.1.1　边条人参(鲜参)的规格要求应满足表1的要求。

表1　边条鲜人参规格

等　级	支数/(支/500 g)	单支重/g	体长/cm
特等	＜3	≥167	≥10
一等	≤4	≥125	≥10
二等	≤6	≥83	≥10
三等	≤9	≥55	≥9
四等	≤11	≥45	≥8
五等	≤14	≥35	≥7
六等	≤20	≥25	≥6
七等	≤40	≥12.5	≥5
八等	41～100	≥5	≥5
混等	—	—	—

4.1.1.2　边条鲜人参的等级

4.1.1.2.1　鲜货：根呈长圆柱形，芦长，主根长，支根长，有2～3个分支，芦须齐全，浆足饱满。无疤痕、红皮、杂质、泥土，不腐烂。

4.1.1.2.2　艼不得超过20%，超过者降为下一等。

4.1.1.2.3　少芦、断支、疤痕严重、浆不足者均为八等。

4.1.2　普通鲜人参的规格、等级

4.1.2.1　普通鲜人参的规格应满足表2的要求。

表2　普通鲜人参规格

等　级	支数/(支/500 g)	单支重/g
特等	≤5	100～150
一等	≤8	≥62.5
二等	≤12	≥41.5
三等	≤166	≥31.3
四等	≤20	≥25
五等	≤40	≥12.5
六等	≤100	≥5
混等	—	—

4.1.2.2　普通鲜人参的等级

4.1.2.2.1　鲜货：根呈圆柱形，有分支，芦须齐全，浆足丰满，无疤痕、红锈、杂质、泥土。

4.1.2.2.2　特等、一等、二等艼不得超过20%，超过者降一级。

4.1.2.2.3　少芦、断支、疤痕严重、浆不足者均为六等。

4.2　理化指标

成品鲜园参的理化指标应满足表3的规定。

表3　成品鲜园参理化指标

序号	项目		指标
1	Rb_1、Re、Rg_1 薄层鉴别		符合《中华人民共和国药典》(2005年版一部)的规定
2	人参单体皂苷/%	Rb_1	≥0.20
		$Re+Rg_1$	≥0.30
3	人参总皂苷/%		≥2.50
注：上述指标均以干燥品计算。			

4.3　卫生指标

成品鲜园参的卫生指标应满足表4的规定。

表4　成品鲜园参的卫生指标

序号	项目		指标
1	黄曲霉毒素 B_1/(mg/kg)		≤0.005[a]
2	有机氯农药残留/(mg/kg)	六六六(4种异构体总量)	≤0.10
		滴滴涕(4种异构体总量)	≤0.10
		五氯硝基苯	≤0.10
		七氯	≤0.02
		艾氏剂＋狄氏剂	≤0.02
		氯氰菊酯	≤0.2
3	有机磷农药残留/(mg/kg)	马拉硫磷	≤0.5
		对硫磷	≤0.05
		久效磷	≤0.02
		乐果	≤0.05
		甲胺磷	≤0.05[a]
		克百威	≤0.1
		毒死蜱	≤0.5
4	有害元素/(mg/kg)	砷(As)	≤2.0
		铅(Pb)	≤0.5
		镉(Cd)	≤0.5
		汞(Hg)	≤0.1
		铜(Cu)	≤20.0
注：上述指标均以干燥品计算。			
[a] 该数值为检验方法的最低检出限。			

5 试验方法

5.1 抽样和数量

成品鲜园参抽样方法按《中华人民共和国药典》(2005年版一部)附录规定方法执行。抽样后,取1/3量样品用于外观鉴定。2/3量样品置于80 ℃干燥箱烘干后置于硅胶干燥器中保存,其中一半供各项指标测定用,另一半量保存3个月作副样。感官抽样数量为10支,理化和卫生检验抽样数量为200 g。

原料鲜园参每次按规格进行抽样,抽样采用随机的办法,超过200 kg的先随机抽取5%,合并后再进行随机抽样。

5.2 规格等级

5.2.1 外观

按各种产品规格等级要求采样,取样后放在白瓷盘中。外观特征在自然光线下目测,质量用天平(0.1 g)检验,应符合4.1的要求。标示量:质量不得低于标示量。

5.2.2 外观质量检查

随机取鲜园参10支,用标准米尺分别测量主根长度,求其平均值。检查疤痕数量、水锈数量、芋大小,按本标准规定确定等级。

5.3 理化指标检查

5.3.1 人参皂苷 Rb_1、Re、Rg_1 的鉴别

按《中华人民共和国药典》(2005年版一部)"人参鉴别"项下(2)方法鉴别。

5.3.2 人参皂苷 Rb_1、Re+Rg_1 含量测定

按《中华人民共和国药典》(2005年版一部)"人参"项下含量测定方法附录(Ⅵ D)测定。

5.3.3 人参总皂苷含量测定

人参总皂苷含量测定方法见附录A。

5.4 卫生指标检查

5.4.1 黄曲霉毒素 B_1 的检测

按GB/T 5009.22中第一法规定执行。

5.4.2 六六六、滴滴涕的检测

按GB/T 5009.19规定执行。

5.4.3 五氯硝基苯的检测

按GB/T 5009.136规定执行。

5.4.4 七氯、艾氏剂和狄氏剂的检测

按GB/T 5009.36规定执行。

5.4.5 氯氰菊酯的检测

按GB/T 5009.110规定执行。

5.4.6 马拉硫磷、对硫磷、久效磷、乐果的检测

按GB/T 5009.20规定执行。

5.4.7 甲胺磷的检测

按GB/T 5009.103规定执行。

5.4.8 克百威的检测

按GB/T 5009.104规定执行。

5.4.9 毒死蜱的检测

按GB/T 5009.145规定执行。

5.4.10 砷、铅、铜、镉、汞的检测

砷的检测按 GB/T 5009.11 规定执行。

铅的检测按 GB/T 5009.12 规定执行。

铜的检测按 GB/T 5009.13 规定执行。

镉的检测按 GB/T 5009.15 规定执行。

汞的检测按 GB/T 5009.17 规定执行。

6 检验规则

6.1 判定规则

6.1.1 规格等级检验，不符合本标准规定的某一规格等级规定时，可按下一规格等级要求进行检验。

6.1.2 理化指标、卫生指标中有一项不合格的应加倍取样进行复检。仍有一项不合格，则判定该批产品不合格（黄曲霉毒素 B_1 检测指标不能复检）。

6.2 在样品中凡有下列情况之一者即为该批产品不合格：

a) 理化指标任一项不符合规定的（理化指标可复检）；

b) 卫生指标不符合表 4 中任一项指标规定的。

对检验不合格批次，应对留样进行复检或在同批产品中加倍抽取样品，对不合格项目进行复检，以复检结果为准（黄曲霉毒素 B_1 检测指标不能复检）。

7 标志、标签和包装

7.1 标志

包装贮运图示标志按 GB/T 191 规定执行。

7.2 标签

除按 GB 7718 规定执行外，还应标注原料产地。如是地理标志产品，应粘贴地理标志产品保护专用标志。

7.3 包装

包装应用防潮、无毒、无异味的材料包装，包装材料应符合卫生要求。

8 运输和贮存

8.1 运输

运输的交通工具应清洁、卫生、干燥、无异味；运输时应防雨、防潮、防曝晒，小心轻放；严禁与有毒、易污染物品混装、混运。

8.2 贮存

鲜人参应贮存堆放在清洁卫生、通风、无异味的库房中。库房内温度应保持在 0 ℃～5 ℃，相对湿度 60％以上。定期检查鲜人参的贮存情况，及时倒垛。

附　录　A
（规范性附录）
鲜人参总皂苷含量的测定方法

A.1　原理

因人参皂苷在正丁醇中分配系数较大，故用乙醚脱脂后，用水饱和正丁醇超声萃取纯化皂苷，人参皂苷可以与硫酸-香草醛显色，在544 nm波长处有最大吸收峰，在一定浓度下符合朗伯-比尔定律。

A.2　仪器

A.2.1　紫外-可见分光光度计。
A.2.2　索氏提取器。

A.3　试剂

A.3.1　乙醚、甲醇、硫酸、正丁醇、无水乙醇、香草醛均为分析纯。
A.3.2　人参皂苷Re对照品：应购于中国药品生物制品检定所。
A.3.3　8%香草醛乙醇试液：取香草醛0.8 g，加无水乙醇使其溶解成10 mL，摇匀，即得（配制溶液一周内可以使用）。
A.3.4　72%硫酸溶液：取硫酸72 mL，缓缓注入适量水中，冷却至室温，加水稀释至100 mL，摇匀，即得。
A.3.5　对照品溶液的制备：精密称取人参皂苷Re对照品10 mg，置于10 mL量瓶中，加甲醇适量使溶解并稀释至刻度，摇匀，即得。

A.4　分析步骤

A.4.1　供试品溶液的制备

取供试品约1 g，精密称定，用中性滤纸包好，置于索式提取器中，加入乙醚，微沸回流提取1 h，弃去乙醚液，供试品药包挥干乙醚溶剂，再置于另一索式提取器中加入甲醇浸泡过夜，次日再加入适量甲醇开始微沸回流提取，回流6次，以人参皂苷提尽为准（定性鉴别阴性）。合并甲醇提取液，回收甲醇，少量甲醇提取液置于蒸发皿中，水浴蒸干。用蒸馏水溶解提取物，加水30 mL～40 mL置分液漏斗中用水饱和的正丁醇30 mL进行萃取，共4次。取上层液蒸干，加甲醇溶解后，转移至10 mL量瓶中，用甲醇稀释至刻度，摇匀，即得。

A.4.2　人参皂苷提取定性鉴别

供试品回流提取6次以后，取少量点于硅胶G薄层板（105 ℃活化10 min）上，用10%硫酸乙醇溶液显色，即将薄层板置于通风橱内，喷10%硫酸乙醇溶液，105 ℃加热10 min，总皂苷阳性应为紫红色斑点。也可将薄层板置于碘气缸中数秒钟即取出，以没有紫黄色斑点为阴性。判断人参皂苷是否提取完全，应以索式提取器中载供试品瓶中的溶液定性鉴别为阴性为准。

A.4.3　标准曲线的制作

精密吸取人参皂苷Re对照品10、20、30、40、60 μL，置于磨口带塞试管中，水浴蒸干甲醇后，加入8%香草醛乙醇试液0.5 mL、72%硫酸试液5 mL，充分振摇混匀后置于60 ℃恒温水浴上加热10 min，立即用冰水冷却10 min，摇匀。以试剂作空白，按照分光光度法于544 nm波长处分别测定吸收度，绘制浓度吸收曲线，如图A.1。做回归方程：[CONC]＝a×abs＋b[回归方程参考《中华人民共和国药典》（2005版二部）方法]。

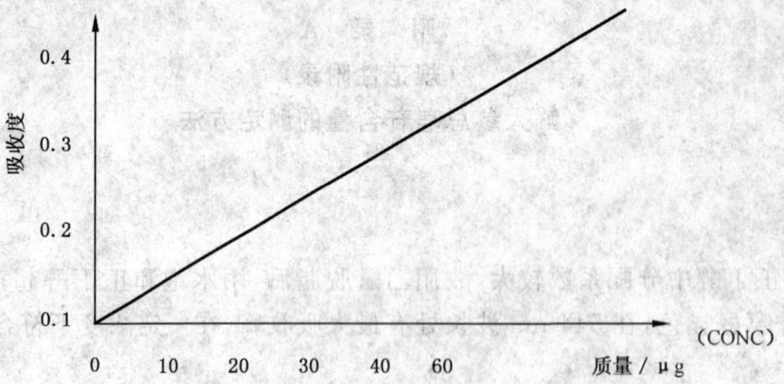

图 A.1

A.4.4 测定

精密吸取供试品溶液 20 μL,置于具塞刻度试管中,蒸干甲醇后,加入 8%香草醛乙醇试液 0.5 mL、72%硫酸试液 5 mL,充分振摇混匀后置于 60 ℃恒温水浴上加热 10 min,立即用冰水冷却 10 min,摇匀。以试剂作空白,按照分光光度法于 544 nm 波长处分别测定吸收度。

A.4.5 分析结果计算

以质量分数(%)表示的红参中人参总皂苷含量(X)按式(A.1)计算:

$$X = ([CONC]/V_2 \times V_1)/m \times 100 \qquad \text{(A.1)}$$

式中:

[CONC]——a×abs+b,a 为回归系数,abs 为实测光密度值,b 为截距;

V_1——定容体积,单位为毫升(mL);

V_2——取样体积,单位为微升(μL);

m——供试品称样量,单位为毫克(mg)。

ICS 65.020.01
B 30

中华人民共和国国家标准

GB/T 22534—2008

保鲜人参分等质量

Grade quality of fresh keeping ginseng

2008-11-20 发布　　2009-05-01 实施

中华人民共和国国家质量监督检验检疫总局
中国国家标准化管理委员会　发布

前　言

本标准的附录 A 为规范性附录。

本标准由国家标准化管理委员会提出并归口。

本标准负责起草单位：吉林人参研究院、国家参茸产品质量监督检验中心、吉林省参茸办公室。

本标准参加起草单位：黑龙江省运加参茸研究所、辽宁省祥云药业、吉林省长春市绿色食品办公室、吉林省通化市第二中学。

本标准主要起草人：曹志强、仲伟同、冯家。

本标准参加起草人：金慧、池善女、曾祥云、宿艳萍、韩柏、张艳超、殷晓萍、曹会磊、宋心东、武伦鹏。

保鲜人参分等质量

1 范围

本标准规定了保鲜人参产品的术语和定义、技术要求、试验方法、检验规则、标志、标签和包装以及运输和贮存。

本标准适用于保鲜人参的加工和鉴定。

人参作为药用时应遵循《中华人民共和国药典》(最新版本)。

2 规范性引用文件

下列文件中的条款通过本标准的引用而成为本标准的条款。凡是注日期的引用文件,其随后所有的修改单(不包括勘误的内容)或修订版均不适用于本标准,然而,鼓励根据本标准达成协议的各方研究是否可使用这些文件的最新版本。凡是不注日期的引用文件,其最新版本适用于本标准。

GB/T 191 包装储运图示标志

GB/T 2828.1 计数抽样检验程序 第1部分 按接收质量限(AQL)检索的逐批检验抽样计划

GB/T 5009.11 食品中总砷及无机砷的测定

GB/T 5009.12 食品中铅的测定

GB/T 5009.13 食品中铜的测定

GB/T 5009.15 食品中镉的测定

GB/T 5009.17 食品中总汞及有机汞的测定

GB/T 5009.19 食品中六六六、滴滴涕残留量的测定

GB/T 5009.20 食品中有机磷农药残留量的测定

GB/T 5009.29 食品中山梨酸、苯甲酸的测定

GB/T 5009.31 食品中对羟基苯甲酸酯类的测定

GB/T 5009.34 食品中亚硫酸盐的测定

GB/T 5009.36 粮食卫生标准的分析方法

GB/T 5009.103 植物性食品中甲胺磷和乙酰甲胺磷农药残留量的测定

GB/T 5009.104 植物性食品中氨基甲酸酯类农药残留量的测定

GB/T 5009.110 植物性食品中氯氰菊酯、氰戊菊酯和溴氰菊酯残留量的测定

GB/T 5009.136 植物性食品中五氯硝基苯残留量的测定

GB/T 5009.145 植物性食品中有机磷和氨基甲酸酯类农药多种残留的测定

GB 7718 预包装食品标签通则

GB/T 18765 野山参鉴定及分等质量

GB/T 22532 移山参鉴定及分等质量

GB/T 22533 鲜园参分等质量

《中华人民共和国药典》(2005年版一部)

3 术语和定义

下列术语和定义适用于本标准。

3.1

保鲜人参 fresh-keeping ginseng

以鲜人参为原料,洗刷后经过保鲜处理,能够较长时间贮藏的人参制品。

3.1.1

保鲜边条人参　fresh-keeping biantiao ginseng

以鲜边条园参为原料，洗刷后经过保鲜处理，能够在一定时间内贮藏的人参制品。

3.1.2

保鲜普通人参　fresh-keeping ordinary ginseng

以鲜普通园参为原料，洗刷后经过保鲜处理，能够在一定时间内贮藏的人参制品。

3.2

生物保鲜人参　fresh-keeping ginseng of living body

以鲜园参为原料，洗刷后经过保鲜处理，在规定贮藏时间和条件内，再次栽培能够生长的制品。

3.2.1

生物保鲜边条人参　fresh-keeping biantiao ginseng of living body

以鲜边条园参为原料，洗刷后经过保鲜处理，在规定贮藏时间和条件内，再次栽培能够生长的制品。

3.2.2

生物保鲜普通人参　fresh-keeping ordinary ginseng of living body

以鲜普通园参为原料，洗刷后经过保鲜处理，在规定贮藏时间和条件内，再次栽培能够生长的制品。

3.2.3

生物保鲜野山参　fresh-keeping wild ginseng of living body

以鲜野山参为原料，洗刷后经过保鲜处理，在规定贮藏时间和条件内，再次栽培能够生长的制品。

3.2.4

生物保鲜移山参　fresh-keeping transplanted wild ginseng of living body

以鲜移山参为原料，洗刷后经过保鲜处理，在规定贮藏时间和条件内，再次栽培能够生长的制品。

3.3

疤痕　scar

人参根因病、虫、鼠害及机械损伤和人为损伤等原因留下的痕迹。

3.4

芦头　complete rhizome

保鲜人参应具有完整的芦，鲜人参根茎上不得有残存的茎。

3.5

人参芽苞　dormant bud of ginseng

人参芦头上的越冬芽。

3.6

芽苞完好　dormant bud in complete

生物保鲜人参的加工原料要求鲜人参应具有完好的休眠芽（生长点完好），没有病害、机械损伤、人为损坏。

3.7

保鲜剂　fresh-keeping agent

用于防止人参腐烂变质的制剂。

4　技术要求

4.1　规格、等级

4.1.1　生物保鲜人参的规格、等级

4.1.1.1　生物保鲜人参的规格

4.1.1.1.1　生物保鲜边条人参的规格

生物保鲜边条人参的规格应满足表1的要求。

表 1 生物保鲜边条人参规格

规　　格	支数/(支/500 g)	单支重/g	体长/cm
特级	<3	>167	≥18
一级	≤4	≥125	≥17
二级	≤6	≥83	≥17
三级	≤9	≥55	≥16
四级	≤11	≥45	≥14

4.1.1.1.2　生物保鲜普通人参的规格

生物保鲜普通人参的规格应满足表 2 的要求。

表 2 生物保鲜普通人参规格

规　　格	单支重 X/g	主根长/cm
特级	140<X	≥7
一级	120<X≤140	≥7
二级	100<X≤120	≥7
三级	80<X≤100	≥7
四级	60<X≤80	≥7
五级	40<X≤60	≥7

4.1.1.1.3　生物保鲜野山参的规格

生物保鲜野山参的规格应满足表 3 的要求。

表 3 生物保鲜野山参规格

级　　别	重量 X/g
特一级	X≥100
特二级	100>X≥80
特三级	80>X≥600
一级	60>X≥45
二级	45>X≥35
三级	35>X≥25
四级	25>X≥18
五级	18>X≥12
六级	12>X≥5
七级	5>X

4.1.1.1.4　生物保鲜移山参的规格

生物保鲜移山参的规格应满足表 4 的要求。

表 4 生物保鲜移山参规格

级　　别	单支重量 X/g
一级	X≥100
二级	100>X≥80
三级	80>X≥60
四级	60>X≥40
五级	40>X≥20
六级	20>X≥10
七级	10>X

4.1.1.2 生物保鲜人参的等级

生物保鲜人参的等级除应满足 GB/T 22533、GB/T 18765、GB/T 22532 中对人参的等级规定外还应满足表 5 的规定。

表 5 生物保鲜人参等级

项目	一等品	二等品
芦头	有完整的芦头，鲜人参芦头上不得有残茎	
潜伏芽	潜伏芽完好	
表皮	没有损伤	
主根	呈长圆柱形，没有损伤	
支根	呈长圆柱形，没有损伤	
须根	齐全	较齐全
表面	黄白色，无熏硫	
疤痕、水锈	无	轻度有
杂质	无	

4.1.2 保鲜人参的规格、等级

4.1.2.1 保鲜人参的规格

4.1.2.1.1 保鲜边条人参的规格

保鲜边条人参的规格应满足表 6 的要求。

表 6 保鲜边条人参规格

规格	单支重/g	体长/cm
特级	≥167	≥18
一级	≥125	≥17
二级	≥83	≥17
三级	≥55	≥16

4.1.2.1.2 保鲜普通人参的规格

保鲜普通人参的规格应满足表 7 的要求。

表 7 保鲜普通人参规格

规格	单支重 X/g	主根长/cm
特级	$X \geqslant 160$	≥7
一级	$160 > X \geqslant 140$	≥7
二级	$140 > X \geqslant 120$	≥7
三级	$120 > X \geqslant 100$	≥7
四级	$100 > X \geqslant 80$	≥7
五级	$80 > X \geqslant 60$	≥7
六级	$60 > X \geqslant 40$	≥7

4.1.2.2 保鲜人参的等级

保鲜人参的等级除应满足 GB/T 22533 中对人参的等级规定外还应满足表 8 的规定。

表 8 保鲜人参等级

项目	一等品	二等品
产品状态	保鲜品	
芦头	有完整的芦头，鲜人参芦头上不得有残茎	
主根	呈圆柱形	
支根	齐全	较齐全
表面	黄白色，无熏硫	
病疤、水锈	无	轻度有
杂质	无	

4.2 理化指标

保鲜人参的理化指标应满足表 9 的规定。

表 9 保鲜人参的理化指标

序号	项目		一等品	二等品
1	灰分/%	总灰分	≤5.00	
		酸性不溶灰分	≤0.50	
2	Rb_1、Re、Rg_1 薄层鉴别		应符合《中华人民共和国药典》(2005 年版一部)的规定	
3	人参皂苷/%	Rb_1	≥0.20	
		Re+Rg_1	≥0.25	
4	人参总皂苷/%		≥2.50	
注：上述指标均以干燥品计算。				

4.3 卫生指标

保鲜人参的卫生指标应满足表 10 的规定。

表 10 保鲜人参的卫生指标

序号	项目		一、二等品
1	卫生检验/(个/g)(生物保鲜不做此项)		菌落总数<10 000； 霉菌总数<100； 致病性大肠杆菌不得检出
2	有机氯农药残留/(mg/kg)	六六六(4 种异构体总量)	≤0.10
		滴滴涕(4 种异构体总量)	≤0.10
		五氯硝基苯	≤0.10
		七氯	≤0.02
		艾氏剂+狄氏剂	≤0.02
		氯氰菊酯	≤0.2
3	有机磷农药残留/(mg/kg)	马拉硫磷	≤0.5
		对硫磷	≤0.05
		久效磷	≤0.02
		乐果	≤0.05
		甲胺磷	≤0.05[a]
		克百威	≤0.1
		毒死蜱	≤0.5

表 10（续）

序号	项目		一、二等品
4	二氧化硫/(g/kg)	二氧化硫(SO_2)	≤0.05
5	有害元素/(mg/kg)	砷(As)	≤2.0
		铅(Pb)	≤0.5
		镉(Cd)	≤0.5
		汞(Hg)	≤0.1
		铜(Cu)	≤20.0
6	防腐剂残留/(g/kg)	苯甲酸钠	≤0.5
		山梨酸钾	≤0.5
		尼伯金乙酯	≤0.1
注：上述指标均以干燥品计算。			
[a] 该数值为检验方法的最低检出限。			

5 试验方法

5.1 抽样和数量

保鲜人参抽样方法按《中华人民共和国药典》(2005 年版一部)附录规定方法执行。抽样后，取 1/3 量样品用于外观鉴定，2/3 量样品置于 80 ℃干燥箱烘干后，置于硅胶干燥器中保存，其中，1/3 供各项指标测定用，另 1/3 量和用于感官鉴定的 1/3 量样品保存 3 个月作副样。感官抽样数量为 10 袋，理化和卫生检验抽样量为 200 g。

5.1.1 成品保鲜参每一个批次，每一个规格进行一次抽样检验，抽样采用随机的办法，超过 200 kg 的先按 5%抽样，再合并进行随机抽样。

5.1.2 大包装原料参，每次按规格进行抽样，抽样采用随机的办法，超过 200 kg 的先随机抽取 5%，合并后再进行随机抽样。

5.2 规格等级

5.2.1 外观

按各种产品规格等级要求采样，取样后放在白瓷盘中。外观特征在自然光线下目测，规格长度、厚度用计量检定米尺测量；质量用天平(0.1 g)检验，应符合 4.1 的要求。标示量：打开包装后立即称量，质量不得低于标示量。

5.2.2 外观质量检查

5.2.2.1 长度

随机取保鲜人参 10 支，用标准米尺分别测量人参主根，求其平均值。

5.2.2.2 疤痕

随机取保鲜人参 10 支，检查疤痕数量。

5.2.2.3 芦头

随机抽取保鲜人参，每支都应有完整的芦头，鲜人参芦头上不得有残茎。

5.2.2.4 芽苞完好(生长点完好)

随机抽取生物保鲜人参，每支都应有完好的芽苞。

5.2.2.5 完好表皮、支和须根

随机抽取生物保鲜人参，每支都应有完好的表皮和支、须根，不得有任何损伤。

5.2.2.6 固定

生物保鲜人参应采用棉线将鲜人参固定在衬板上，保鲜人参应以负压将鲜人参固定在塑料袋内。

5.3 理化指标检查

5.3.1 总灰分及酸不溶性灰分的测定

取样约 3 g，其他按《中华人民共和国药典》(2005 年版一部)附录(Ⅸ K)灰分测定方法执行。

5.3.2 人参皂苷 Rb_1、Re、Rg_1 的鉴别

按《中华人民共和国药典》(2005 年版一部)"人参鉴别"项下(2)方法鉴别。

5.3.3 人参皂苷 Rb_1、Re+Rg_1 含量测定

按《中华人民共和国药典》(2005 年版一部)"人参"项下含量测定方法附录(Ⅵ D)测定。

5.3.4 人参总皂苷含量测定

人参总皂苷含量测定方法见附录 A。

5.4 卫生指标检查

5.4.1 微生物检测

按《中华人民共和国药典》(2005 年版一部)附录(XⅢ C)微生物限度检查方法执行。

5.4.2 六六六、滴滴涕的检测

按 GB/T 5009.19 规定执行。

5.4.3 五氯硝基苯的检测

按 GB/T 5009.136 规定执行。

5.4.4 七氯、艾氏剂和狄氏剂的检测

按 GB/T 5009.36 规定执行。

5.4.5 氯氰菊酯的检测

按 GB/T 5009.110 规定执行。

5.4.6 马拉硫磷、对硫磷、久效磷、乐果的检测

按 GB/T 5009.20 规定执行。

5.4.7 甲胺磷的检测

按 GB/T 5009.103 规定执行。

5.4.8 克百威的检测

按 GB/T 5009.104 规定执行。

5.4.9 毒死蜱的检测

按 GB/T 5009.145 规定执行。

5.4.10 二氧化硫的检测

按 GB/T 5009.34 规定执行。

5.5 砷、铅、铜、镉、汞的检测

砷的检测按 GB/T 5009.11 规定执行。

铅的检测按 GB/T 5009.12 规定执行。

铜的检测按 GB/T 5009.13 规定执行。

镉的检测按 GB/T 5009.15 规定执行。

汞的检测按 GB/T 5009.17 规定执行。

5.6 残留防腐剂的测定

5.6.1 苯甲酸(盐)的测定

按 GB/T 5009.29 执行。

5.6.2 山梨酸(盐)的测定

按 GB/T 5009.29 执行。

5.6.3　尼伯金乙酯的测定

按 GB/T 5009.31 执行。

6　检验规则

6.1　产品应由生产厂技术检验部门进行检验，合格后方可提交验收。

6.2　产品应成批提交检验，检验分为出厂检验和型式检验。

6.3　出厂检验

6.3.1　出厂检验应按 GB/T 2828.1 的规定进行，合格后方可出厂。

6.3.2　出厂检验采用一次抽样方案。

6.4　型式检验

有下列情况之一时应进行型式检验：

a）产品定型鉴定时；

b）原材料或更改工艺设计影响产品质量时；

c）正常生产一年时；

d）停产一年后，恢复生产时。

6.5　判定规则

6.5.1　规格等级检验，不符合本标准规定的某一规格等级规定时，可按下一规格等级要求进行检验，如不符合本标准规定等级为不合格品。

6.5.2　理化指标、卫生指标中有一项不合格的可加倍取样进行复检。仍有一项不合格，则判定该批产品不合格（细菌和霉菌检测指标不能复检）。

6.5.3　在样品中凡有下列情况之一者即为该批产品不合格：

a）理化指标任一项不符合规定的（理化指标可复检）；

b）卫生指标不符合表 10 中任一项指标规定的；

c）标签不符合 GB 7718 规定的。

对检验不合格批次，应对留样进行复检或在同批产品中加倍抽取样品，对不合格项目进行复检，以复检结果为准（细菌和霉菌检测指标不能复检）。

7　标志、标签和包装

7.1　标志

包装贮运图示标志按 GB/T 191 规定执行。

7.2　标签

除按 GB 7718 执定外，还应标注原料产地。如是地理标志产品，应粘贴地理标志产品保护专用标志。

7.3　包装

包装应用防潮、无毒、无异味的材料密闭包装，包装材料应符合卫生要求。保鲜人参应用抽空包装，生物保鲜人参应根据生产厂家技术要求执行。

7.3.1　内包装

保鲜人参用尼龙聚乙烯复合膜袋抽空密封，或用聚乙烯复合膜袋内加 30 mL～60 mL 保鲜剂密封，生物保鲜人参内盒采用无毒 PVC 夹层盒，不加防腐剂。

7.3.2　外包装

用聚乙烯尼龙复合膜彩袋或纸套盒包装，每袋或每盒装 1 支～2 支保鲜人参，盒内附说明书。袋外或盒外印有注册商标、品名，规格、标准编号、厂名、厂址、邮编、电话、生产日期、保质期和简要说明。

7.3.3 装箱

用瓦楞纸箱，密封。箱外印有品名、规格、数量、贮存条件、运输条件、厂名、厂址、邮编、电话、出厂日期、产品条码、防雨标志、防潮标志、轻放标志。

8 运输和贮存

8.1 运输

运输的交通工具应清洁、卫生、干燥、无异味；运输时应防雨、防潮、防曝晒，小心轻放；严禁与有毒、易污染物品混装、混运，生物保鲜人参应采用冷藏车运输。

8.2 贮存

成品保鲜人参应贮存在清洁卫生、干燥、通风、防潮、无异味的库房中。生物保鲜人参要在保鲜库房内贮存，库房内温度 0 ℃～4 ℃，相对湿度 70%以上，定期检查保鲜参的贮存情况。

附 录 A
（规范性附录）
保鲜人参总皂苷含量的测定方法

A.1 原理

因人参皂苷在正丁醇中分配系数较大，故用乙醚脱脂后，用水饱和正丁醇超声萃取纯化皂苷，人参皂苷可以与硫酸-香草醛显色，在 544 nm 波长处有最大吸收峰，在一定浓度下符合朗伯-比尔定律。

A.2 仪器

A.2.1 紫外-可见分光光度计。

A.2.2 索氏提取器。

A.3 试剂

A.3.1 乙醚、甲醇、硫酸、正丁醇、无水乙醇、香草醛均为分析纯。

A.3.2 人参皂苷 Re 对照品：应购于中国药品生物制品检定所。

A.3.3 8%香草醛乙醇试液：取香草醛 0.8 g，加无水乙醇使其溶解成 10 mL，摇匀，即得（配制溶液一周内可以使用）。

A.3.4 72%硫酸溶液：取硫酸 72 mL，缓缓注入适量水中，冷却至室温，加水稀释至 100 mL，摇匀，即得。

A.3.5 对照品溶液的制备：精密称取人参皂苷 Re 对照品 10 mg，置于 10 mL 量瓶中，加甲醇适量使溶解并稀释至刻度，摇匀，即得。

A.4 分析步骤

A.4.1 供试品溶液的制备

取供试品约 1 g，精密称定，用中性滤纸包好，置于索式提取器中，加入乙醚，微沸回流提取 1 h，弃去乙醚液，供试品药包挥干乙醚溶剂，再置于另一索式提取器中加入甲醇浸泡过夜，次日再加入适量甲醇开始微沸回流提取，回流 6 次，以人参皂苷提尽为准（定性鉴别阴性）。合并甲醇提取液，回收甲醇，少量甲醇提取液置于蒸发皿中，水浴蒸干。用蒸馏水溶解提取物，加水 30 mL～40 mL 至分液漏斗中用水饱和的正丁醇 30 mL 进行萃取，共 4 次。取上层液蒸干，加甲醇溶解后，转移至 10 mL 量瓶中，用甲醇稀释至刻度，摇匀，即得。

A.4.2 人参皂苷提取定性鉴别

供试品回流提取 6 次以后，取少量点于硅胶 G 薄层板（105 ℃活化 10 min）上，用 10%硫酸乙醇液显色，即将薄层板置通风橱内，喷 10%硫酸乙醇溶液，105 ℃加热 10 min，总皂苷阳性应为紫红色斑点。也可将薄层板置于碘气缸中数秒钟即取出，以没有紫黄色斑点为阴性。判断人参皂苷是否提取完全，应以索式提取器中载供试品瓶中的溶液定性鉴别为阴性为准。

A.4.3 标准曲线的制作

精密吸取人参皂苷 Re 对照品 10、20、30、40、60 μL，置于磨口带塞试管中，水浴蒸干甲醇后，加入 8%香草醛乙醇试液 0.5 mL、72%硫酸试液 5 mL，充分振摇混匀后置于 60 ℃恒温水浴上加热 10 min，立即用冰水冷却 10 min，摇匀。以试剂作空白，按照分光光度法于 544 nm 波长处分别测定吸收度，绘制浓度吸收曲线，如图 A.1。做回归方程：[CONC]＝a×abs＋b[回归方程参考《中华人民共和国药典》(2005 版二部)方法]。

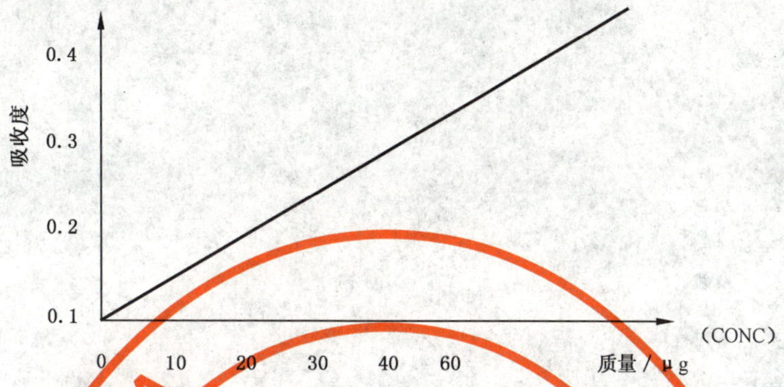

图 A.1

A.4.4 测定

精密吸取供试品溶液 20 μL,置于具塞刻度试管中,蒸干甲醇后,加入 8%香草醛乙醇试液 0.5 mL、72%硫酸试液 5 mL,充分振摇混匀后置于 60 ℃恒温水浴上加热 10 min,立即用冰水冷却 10 min,摇匀。以试剂作空白,按照分光光度法于 544 nm 波长处分别测定吸收度。

A.4.5 分析结果计算

以质量分数(%)表示的红参中人参总皂苷含量(X)按(A.1)计算:

$$X = ([CONC]/V_2 \times V_1)/m \times 100 \quad \cdots\cdots(A.1)$$

式中:

[CONC]——a×abs+b,a 为回归系数,abs 为实测光密度值,b 为截距;

V_1——定容体积,单位为毫升(mL);

V_2——取样体积,单位为微升(μL);

m——供试品称样量,单位为毫克(mg)。

ICS 65.020.01
B 30

中华人民共和国国家标准

GB/T 22535—2008

活性参分等质量

Grade quality of activated ginseng

2008-11-20 发布　　　　2009-05-01 实施

中华人民共和国国家质量监督检验检疫总局
中国国家标准化管理委员会　发布

前 言

本标准的附录A为规范性附录。

本标准由国家标准化管理委员会提出并归口。

本标准负责起草单位：吉林省参茸办公室、吉林人参研究院、国家参茸产品质量监督检验中心。

本标准参加起草单位：中国农科院特产研究所、吉林省延边州质量技术监督局、黑龙江省运佳参茸研究所、吉林农业大学、辽宁省参茸产品质量监督检验中心、厦门金日集团、吉林省通化师范学院。

本标准主要起草人：冯家、曹志强、仲伟同。

本标准参加起草人：王英平、李昌俊、曹会磊、王秀全、杨凤媚、王少杰、王宇、里宏伟、张剀新、宫爱雪。

活性参分等质量

1 范围

本标准规定了活性参产品的术语和定义、技术要求、试验方法、检验规则、标志、标签和包装以及运输和贮存。

本标准适用于活性参的加工和鉴定。

人参作为药用时应遵循《中华人民共和国药典》(最新版本)。

2 规范性引用文件

下列文件中的条款通过本标准的引用而成为本标准的条款。凡是注日期的引用文件,其随后所有的修改单(不包括勘误的内容)或修订版均不适用于本标准,然而,鼓励根据本标准达成协议的各方研究是否可使用这些文件的最新版本。凡是不注日期的引用文件,其最新版本适用于本标准。

GB/T 191 包装储运图示标志

GB/T 2828.1 计数抽样检验程序 第1部分:按接收质量限(AQL)检索的逐批检验抽样计划

GB/T 5009.11 食品中总砷及无机砷的测定

GB/T 5009.12 食品中铅的测定

GB/T 5009.13 食品中铜的测定

GB/T 5009.15 食品中镉的测定

GB/T 5009.17 食品中总汞及有机汞的测定

GB/T 5009.19 食品中六六六、滴滴涕残留量的测定

GB/T 5009.20 食品中有机磷农药残留量的测定

GB/T 5009.22 食品中黄曲霉毒素 B_1 的测定

GB/T 5009.34 食品中亚硫酸盐的测定

GB/T 5009.36 粮食卫生标准的分析方法

GB/T 5009.103 植物性食品中甲胺磷和乙酰甲胺磷农药残留量的测定

GB/T 5009.104 植物性食品中氨基甲酸酯类农药残留量的测定

GB/T 5009.110 植物性食品中氯氰菊酯、氰戊菊酯和溴氰菊酯残留量的测定

GB/T 5009.136 植物性食品中五氯硝基苯残留量的测定

GB/T 5009.145 植物性食品中有机磷和氨基甲酸酯类农药多种残留的测定

GB 7718 预包装食品标签通则

《中华人民共和国药典》(2005年版一部)

3 术语和定义

下列术语和定义适用于本标准。

3.1

活性参(冻干参) freezing and dried ginseng

以鲜人参为原料,刮去表皮,采用真空低温冷冻(—25 ℃)干燥技术加工的制品。

3.2

活性参片 freezing and dried ginseng slices

以鲜人参为原料,切片后冷冻干燥的一类制品。

3.3

抽沟 groove shrinking

人参因跑浆导致干货表面不平整。

3.4

断边 loss of edging

边缘不完整的参片。

3.5

人参芦 rhizome of ginseng

人参主根上部的根茎。

3.6

人参主根 main root of ginseng

人参根的主体,根茎(芦头)以下到支根以上的主体部分。

3.7

人参主根长 length of main root of ginseng

人参肩部到支根上部的长度。

3.8

人参支根 lateral roots of ginseng

生长于人参主根下端较粗的根。

4 技术要求

4.1 规格、等级

4.1.1 活性参的规格、等级

4.1.1.1 活性参的规格

活性参的规格应满足表1的要求。

表1 活性参规格

规　格	单支重/g	主根长/cm
一级	≥40.0	≥10
二级	≥35.00	≥10
三级	≥30.00	≥8
四级	≥25.00	≥8
五级	≥20.00	≥7.5
六级	≥15.00	≥7.5

4.1.1.2 活性参的等级

活性参的等级应满足表2的要求。

表2 活性参等级

项目	一等品	二等品
芦头	完整	完整
主根	呈长圆柱形	
支根	有分支,大的支根无断裂	大的支根有轻度断裂
表面	白色或淡黄白色,无抽沟	白色或黄白色,有抽沟

表 2（续）

项目	一等品	二等品
须条	完整	
断面	白色，粉性，细腻，蜂窝状	
质地	质轻，酥脆	
气味	气香，甘、微苦	
虫蛀、霉变	无	
破损、疤痕	无	有
杂质	无	

4.1.2 **活性参片的规格、等级**

4.1.2.1 **活性参片的规格**

活性参片的规格应满足表 3 的要求。

表 3 活性参片规格

规　格	单片重/g	直径/cm
一级	≥0.5	≥2.5
二级	≥0.3	≥2.0
三级	≥0.1	≥1.5

4.1.2.2 **活性参片的等级**

活性参片的等级应满足表 4 的要求。

表 4 活性参片等级

项目	一等品	二等品
表面	白色或淡黄白色，无抽沟	白色或黄白色，有抽沟
断面	白色，粉性，细腻，蜂窝状	
质地	质轻，酥脆	
气味	气香，甘、微苦	
虫蛀、霉变	无	
破损、疤痕	无	有断边
杂质	无	

4.2 **理化指标**

活性参的理化指标应满足表 5 的规定。

表 5 活性参理化指标

序号	项目		一、二等品
1	水分/%		≤12.00
2	灰分/%	总灰分	≤5.00
		酸性不溶灰分	≤0.50
3	Rb_1、Re、Rg_1 薄层鉴别		应符合《中华人民共和国药典》(2005 年版一部)的规定

表 5（续）

序号	项目		一、二等品
4	人参皂苷/%	Rb_1	≥0.20
		$Re+Rg_1$	≥0.25
5	人参总皂苷/%		≥2.50

4.3 卫生指标

活性参的卫生指标应满足表 6 的规定。

表 6 活性参的卫生指标

序号	项目		一、二等品
1	卫生检验/(个/g)(只满足于密封类产品)		菌落总数＜10 000； 霉菌总数＜100； 致病性大肠杆菌不得检出
	黄曲霉毒素 B_1/(mg/kg)		≤0.005[a]
2	有机氯农药残留/(mg/kg)	六六六(4 种异构体总量)	≤0.10
		滴滴涕(4 种异构体总量)	≤0.10
		五氯硝基苯	≤0.10
		七氯	≤0.02
		艾氏剂＋狄氏剂	≤0.02
		氯氰菊酯	≤0.2
3	有机磷农药残留/(mg/kg)	马拉硫磷	≤0.5
		对硫磷	≤0.05
		久效磷	≤0.02
		乐果	≤0.05
		甲胺磷	≤0.05[a]
		克百威	≤0.1
		毒死蜱	≤0.5
4	二氧化硫/(g/kg)	二氧化硫(SO_2)	≤0.05
5	有害元素/(mg/kg)	砷(As)	≤2.0
		铅(Pb)	≤0.5
		镉(Cd)	≤0.5
		汞(Hg)	≤0.1
		铜(Cu)	≤20.0

[a] 该数值为检验方法的最低检出限。

5 试验方法

5.1 抽样和数量

成品活性参抽样方法按《中华人民共和国药典》(2005 年版一部)附录规定方法执行。抽样后，取

1/3量样品用于外观鉴定，1/3 量样品粉碎过 80 目筛(180 μm±7.6 μm)，先称取测定水分的样品后，其余置 80 ℃烘干后置于硅胶干燥器中保存供各项指标测定用，另 1/3 量保存 3 个月作副样。感官抽样数量为 10 支，理化和卫生检验抽样量为 200 g。

5.1.1 成品参每一个批次，每一个规格进行一次抽样检验，抽样采用随机的办法，超过 200 kg 的先按 5%抽样，再合并进行随机抽样。

5.1.2 大包装原料参，每次按规格进行抽样，抽样采用随机的办法，超过 200 kg 的先随机抽取 5%，合并后再进行随机抽样。

5.2 规格等级

5.2.1 外观

按各种产品规格等级要求采样，取样后放在白瓷盘中。外观特征在自然光线下目测，规格长度和厚度用计量检定米尺测量；质量用天平(0.1 g)检验，应符合 4.1 的要求。标示量：打开包装后立即称量，质量不得低于标示量。

5.2.2 外观质量检查(随机取活性参 10 支)

5.2.2.1 长度

用标准米尺分别测量主根长度或直径，求其平均值。

5.2.2.2 质量

用感量为 0.1 g 的天平称量，求其平均值。

5.2.2.3 芦头、主根、支根、表面、断面、质地、气味

按规格等级检验，应符合本标准规定。

5.2.2.4 虫蛀、霉变、破损、病疤、杂质

按规格等级检验，应符合本标准规定。

5.3 理化指标检查

5.3.1 水分含量测定

按《中华人民共和国药典》(2005 年版一部)附录水分测定法中"烘干法"执行。

5.3.2 总灰分及酸不溶性灰分的测定

取样约 3 g，其他按《中华人民共和国药典》(2005 年版一部)附录(Ⅸ K)灰分测定方法执行。

5.3.3 人参皂苷 Rb_1、Re、Rg_1 的鉴别

按《中华人民共和国药典》(2005 年版一部)"人参鉴别"项下(2)方法鉴别。

5.3.4 人参皂苷 Rb_1、Re+Rg_1 含量测定

按《中华人民共和国药典》(2005 年版一部)"人参"项下含量测定方法附录(Ⅵ D)测定。

5.3.5 人参总皂苷含量测定

人参总皂苷含量测定方法见附录 A。

5.4 卫生指标检查

5.4.1 微生物检验

5.4.1.1 常规卫生检验：按《中华人民共和国药典》(2005 年版一部)附录(XⅢ C)微生物限度检查方法执行。

5.4.1.2 黄曲霉毒素 B_1 的检验：按 GB/T 5009.22 中第一法规定执行。

5.4.2 六六六、滴滴涕的检测

按 GB/T 5009.19 规定执行。

5.4.3 五氯硝基苯的检测

按 GB/T 5009.136 规定执行。

5.4.4 七氯、艾氏剂和狄氏剂的检测

按 GB/T 5009.36 规定执行。

5.4.5 氯氰菊酯的检测

按 GB/T 5009.110 规定执行。

5.4.6 马拉硫磷、对硫磷、久效磷、乐果的检测

按 GB/T 5009.20 规定执行。

5.4.7 甲胺磷的检测

按 GB/T 5009.103 规定执行。

5.4.8 克百威的检测

按 GB/T 5009.104 规定执行。

5.4.9 毒死蜱的检测

按 GB/T 5009.145 规定执行。

5.4.10 二氧化硫的检测

按 GB/T 5009.34 规定执行。

5.5 砷、铅、铜、镉、汞的检测

砷的检测按 GB/T 5009.11 规定执行。

铅的检测按 GB/T 5009.12 规定执行。

铜的检测按 GB/T 5009.13 规定执行。

镉的检测按 GB/T 5009.15 规定执行。

汞的检测按 GB/T 5009.17 规定执行。

6 检验规则

6.1 产品应由生产厂技术检验部门进行检验，合格后方可提交验收。

6.2 产品应成批提交检验，检验分为出厂检验和型式检验。

6.3 出厂检验

6.3.1 出厂检验应按 GB/T 2828.1 规定进行，合格后方可出厂。

6.3.2 出厂检验采用一次抽样方案。

6.4 型式检验

有下列情况之一时应进行型式检验：

a) 产品定型鉴定时；

b) 原材料或更改工艺设计影响产品质量时；

c) 正常生产一年时；

d) 停产一年后，恢复生产时。

6.5 判定规则

6.5.1 规格等级检验，不符合本标准规定的某一规格等级规定时，可按下一规格等级要求进行检验，如不符合本标准规定等级为不合格品。

6.5.2 理化指标、卫生指标中有一项不合格的可加倍取样进行复检。仍有一项不合格，则判定该批产品不合格(细菌和霉菌检测指标不能复检)。

6.5.3 在样品中凡有下列情况之一者即为该批产品不合格：

a) 理化指标任一项不符合规定的(理化指标可复检)；

b) 卫生指标不符合表 6 中任一项指标规定的；

c) 标签不符合 GB 7718 规定的。

对检验不合格批次，应对留样进行复检或在同批产品中加倍抽取样品，对不合格项目进行复检，以复检结果为准(细菌和霉菌检测指标不能复检)。

7 标志、标签和包装

7.1 标志

包装贮运图示标志按 GB/T 191 规定执行。

7.2 标签

除按 GB 7718 规定执行外，还应标注原料产地。如是地理标志产品，应粘贴地理标志产品保护专用标志。

7.3 包装

包装应用防潮、无毒、无异味的材料密闭包装，包装材料应符合卫生要求。

8 运输和贮存

8.1 运输

运输的交通工具应清洁、卫生、干燥、无异味；运输时应防雨、防潮、防曝晒，小心轻放；严禁与有毒、易污染物品混装、混运。

8.2 贮存

成品活性参应贮存在清洁卫生、阴凉干燥（温度不超过 20 ℃、相对湿度不高于 65%）、通风、防潮、防虫蛀、无异味的库房中，定期检查活性参的贮存情况。

附 录 A
(规范性附录)
活性参总皂苷含量的测定方法

A.1 原理

因人参皂苷在正丁醇中分配系数较大,故用乙醚脱脂后,用水饱和正丁醇超声萃取纯化皂苷,人参皂苷可以与硫酸-香草醛显色,在544 nm波长处有最大吸收峰,在一定浓度下符合朗伯-比尔定律。

A.2 仪器

A.2.1 紫外-可见分光光度计。

A.2.2 索氏提取器。

A.3 试剂

A.3.1 乙醚、甲醇、硫酸、正丁醇、无水乙醇、香草醛均为分析纯。

A.3.2 人参皂苷Re对照品:应购于中国药品生物制品检定所。

A.3.3 8%香草醛乙醇试液:取香草醛0.8 g,加无水乙醇使其溶解成10 mL,摇匀,即得(配制溶液一周内可以使用)。

A.3.4 72%硫酸溶液:取硫酸72 mL,缓缓注入适量水中,冷却至室温,加水稀释至100 mL,摇匀,即得。

A.3.5 对照品溶液的制备:精密称取人参皂苷Re对照品10 mg,置于10 mL量瓶中,加甲醇适量使溶解并稀释至刻度,摇匀,即得。

A.4 分析步骤

A.4.1 供试品溶液的制备

取供试品约1 g,精密称定,用中性滤纸包好,置于索式提取器中,加入乙醚,微沸回流提取1 h,弃去乙醚液,供试品药包挥干乙醚溶剂,再置于另一索式提取器中加入甲醇浸泡过夜,次日再加入适量甲醇开始微沸回流提取,回流6次,以人参皂苷提尽为准(定性鉴别阴性)。合并甲醇提取液,回收甲醇,少量甲醇提取液置于蒸发皿中,水浴蒸干。用蒸馏水溶解提取物,加水30 mL～40 mL至分液漏斗中用水饱和的正丁醇30 mL进行萃取,共4次。取上层液蒸干,加甲醇溶解后,转移至10 mL量瓶中,用甲醇稀释至刻度,摇匀,即得。

A.4.2 人参皂苷提取定性鉴别

供试品回流提取6次以后,取少量点于硅胶G薄层板(105 ℃活化10 min)上,用10%硫酸乙醇溶液显色,即将薄层板置通风橱内,喷10%硫酸乙醇溶液,105 ℃加热10 min,总皂苷阳性应为紫红色斑点。也可将薄层板置于碘气缸中数秒钟即取出,以没有紫黄色斑点为阴性。判断人参皂苷是否提取完全,应以索式提取器中载供试品瓶中的溶液定性鉴别为阴性为准。

A.4.3 标准曲线的制作

精密吸取人参皂苷Re对照品10、20、30、40、60 μL,置于磨口带塞试管中,水浴蒸干甲醇后,加入8%香草醛乙醇试液0.5 mL、72%硫酸试液5 mL,充分振摇混匀后置于60 ℃恒温水浴上加热10 min,立即用冰水冷却10 min,摇匀。以试剂作空白,按照分光光度法于544 nm波长处分别测定吸收度,绘制浓度吸收曲线,如图A.1。做回归方程:[CONC]=a×abs+b[回归方程参考《中华人民共和国药典》(2005版二部)方法]。

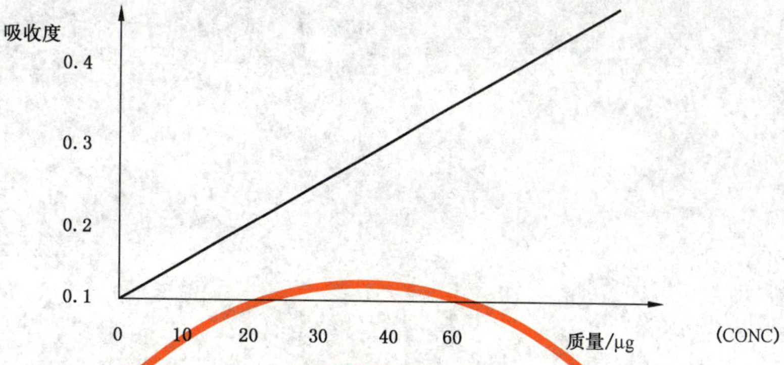

图 A.1

A.4.4 测定

精密吸取供试品溶液 20 μL，置具塞刻度试管中，蒸干甲醇后，加入 8% 香草醛乙醇试液 0.5 mL，72% 硫酸试液 5 mL，充分振摇混匀后置 60 ℃恒温水浴上加热 10 min，立即用冰水冷却 10 min，摇匀。以试剂作空白，照分光光度法于 544 nm 波长处分别测定吸收度。

A.4.5 分析结果计算

以质量分数(%)表示的红参中人参总皂苷含量(X)按式(A.1)计算：

$$X = ([CONC]/V_2 \times V_1)/m \times 100 \qquad (A.1)$$

式中：

[CONC]——a×abs+b，a 为回归系数，abs 为实测光密度值，b 为截距；

V_1——定容体积，单位为毫升(mL)；

V_2——取样体积，单位为微升(μL)；

m——供试品称样量，单位为毫克(mg)。

ICS 65.020.01
B 30

中华人民共和国国家标准

GB/T 22536—2008

生晒参分等质量

Grade quality of dried raw ginseng

2008-11-20 发布　　2009-05-01 实施

中华人民共和国国家质量监督检验检疫总局
中国国家标准化管理委员会　发布

前言

本标准的附录A为规范性附录。

本标准由国家标准化管理委员会提出并归口。

本标准负责起草单位：国家参茸产品质量监督检验中心、吉林人参研究院、吉林省参茸办公室。

本标准参加起草单位：农业部参茸测试中心、吉林省中医中药研究院、广州中医药大学、吉林省通化市技术质量监督管理局、黑龙江省运加参茸研究所。

本标准主要起草人：仲伟同、曹志强、冯家。

本标准参加起草人：李校堃、严仲铠、刘波、杨文志、张引、李海燕、迟美丽、王雅君、曹会磊、殷晓萍。

生晒参分等质量

1 范围

本标准规定了生晒参产品的术语和定义、技术要求、试验方法、检验规则、标志、标签和包装以及运输和贮存。

本标准适用于生晒参的加工和鉴定。

人参作为药用时应遵循《中华人民共和国药典》(最新版本)。

2 规范性引用文件

下列文件中的条款通过本标准的引用而成为本标准的条款。凡是注日期的引用文件，其随后所有的修改单(不包括勘误的内容)或修订版均不适用于本标准，然而鼓励根据本标准达成协议的各方研究是否可使用这些文件的最新版本。凡是不注日期的引用文件，其最新版本适用于本标准。

GB/T 191 包装储运图示标志

GB/T 2828.1 计数抽样检验程序 第1部分：按接收质量限(AQL)检索的逐批检验抽样计划

GB/T 5009.11 食品中总砷及无机砷的测定

GB/T 5009.12 食品中铅的测定

GB/T 5009.13 食品中铜的测定

GB/T 5009.15 食品中镉的测定

GB/T 5009.17 食品中总汞及有机汞的测定

GB/T 5009.19 食品中六六六、滴滴涕残留量的测定

GB/T 5009.20 食品中有机磷农药残留量的测定

GB/T 5009.22 食品中黄曲霉毒素 B_1 的测定

GB/T 5009.34 食品中亚硫酸盐的测定

GB/T 5009.36 粮食卫生标准的分析方法

GB/T 5009.103 植物性食品中甲胺磷和乙酰甲胺磷农药残留量的测定

GB/T 5009.104 植物性食品中氨基甲酸酯类农药残留量的测定

GB/T 5009.110 植物性食品中氯氰菊酯、氰戊菊酯和溴氰菊酯残留量的测定

GB/T 5009.136 植物性食品中五氯硝基苯残留量的测定

GB/T 5009.145 植物性食品中有机磷和氨基甲酸酯类农药多种残留的测定

GB 7718 预包装食品标签通则

《中华人民共和国药典》(2005年版一部)

3 术语和定义

下列术语和定义适用于本标准。

3.1

生晒参 dried ginseng

以鲜人参为原料刷洗下须后，晒干或烘干而成的人参。

3.1.1

边条生晒参 dried biantiao ginseng

以鲜边条参为原料刷洗下须后，晒干烘干而成的人参。

3.1.2

普通生晒参　ordinary dried ginseng

以普通鲜园参为原料刷洗下须后，晒干或烘干而成的人参。

3.2

全须生晒参　dried ginseng with tassels

芦、体、须完整的生晒参。

3.2.1

全须边条生晒参　dried biantiao ginseng with tassels

以鲜边条参为原料刷洗后，晒干或烘干而成的人参。

3.2.2

全须普通生晒参　dried ginseng with tassels

以普通鲜园参为原料刷洗后，晒干或烘干而成的人参。

3.3

白干参　dried ginseng without epidermis

以鲜人参为原料刷洗下须去表皮后，晒干或烘干而成的人参。

3.4

白曲参　white bending ginseng

以鲜人参为原料，刷洗后下去毛须，晒干或烘干至半干时，用棉线将人参绑成曲状，继续干燥而成。

3.5

皮尾参　dried greyish-brown ginseng

以鲜人参为原料，刷洗后下去分支，晒干或烘干而成的人参制品，表面灰棕色，断面黄白色。

3.6

白混须　mixed rootlet of ginseng

用鲜人参支根和须根干燥而成的参须，根须呈长条形或弯曲状，长短不齐，未经过捋顺整理不进行打捆。

3.7

白直须　longer straight rootlets of ginseng

用鲜人参支根和须根干燥而成的参须，根须呈条状，有光泽，一般经过捋顺整理捆成小把。

3.8

人参主根　main root of ginseng

人参根的主体，根茎(芦头)以下到支根以上的主体部分。

3.9

表面颜色　surfacial colour

人参干燥后表皮固有的颜色。

3.10

人参支根　lateral roots of ginseng

生长于人参主根下端较粗的支根。

3.11

人参须根　fibrous roots of ginseng

生长在人参主根、支根和不定根上的须根。

3.12

不定根　adventitious roots

从根茎上长出的根，俗称“艼”。

3.13

树脂道分泌物　resin ducts excretion

生晒参横向切面的韧皮部可见到的黄棕色点状或块状物。

3.14

绑尾　wrappings of lateral root and tassels

用白线将人参侧根和须缠绕固定。

3.15

疤痕　scar

人参根因病、虫、鼠害及机械损伤和人为损伤等原因留下的痕迹。

3.16

红皮　rusty substance in the cuticle

人参表皮呈现铁锈颜色的现象。

3.17

杂夹　impurity

除人参以外的杂物。

3.18

虫蛀　damage from pest

生晒参遭虫蛀的现象。

3.19

霉变　mould generation

人参根发霉变质。

3.20

生晒参片　dried ginseng slices

生晒参经过软化切成的薄片，重新干燥而成的制品。

3.21

原料生晒参　dried ginseng as raw materials

用于投料的生晒参。

4　技术要求

4.1　规格、等级

4.1.1　全须边条生晒参的规格、等级

4.1.1.1　全须边条生晒参的规格

全须边条生晒参的规格应满足表1的要求。

表1　全须边条生晒参规格

规　　格	支数/(支/500 g)	单支重/g	主根长/cm
10支	≤10	≥50.0	≥10
14支	≤14	≥35.8	≥9
20支	≤20	≥25.0	≥8
40支	≤40	≥12.5	≥7
60支	≤60	≥8.3	≥7
80支	≤80	≥6.2	≥7
原料参	—	—	—

4.1.1.2 全须边条生晒参的等级

全须边条生晒参的等级应满足表2的要求。

表2 全须边条生晒参等级

项　目	一等品	二等品	三等品
主根	呈圆柱形		
支根	有明显支根2个～3个，且粗细较均匀		分支1个～4个，粗细不均
芦须	芦须齐全	芦须较齐全	芦须残缺
表面	白色或黄白色，无水锈，无熏硫，无抽沟，无黄皮	白色或较深，无熏硫，轻度水锈、抽沟，轻度黄皮	黄白色或较深，无熏硫，有水锈，有抽沟，有黄皮
断面	断面白色或淡黄白色，呈粉性，树脂道明显		
质地	坚实、有粉性、无空心		
气味	气香，味甘、微苦		
虫蛀、霉变	无		
破损、疤痕	无	轻度	有
杂质	无		

4.1.2 边条生晒参的规格、等级

4.1.2.1 边条生晒参的规格

边条生晒参的规格应满足表3的要求。

表3 边条生晒参规格

规　格	支数/(支/500 g)	单支重/g	主根长/cm
20支	≤20	≥25.0	≥8
40支	≤40	≥12.5	≥7
60支	≤60	≥8.3	≥7
80支	≤80	≥6.2	≥7
100支	≤100	≥5.0	—
120支	≤120	≥4.2	—
原料参	—	—	—

4.1.2.2 边条生晒参的等级

边条生晒参的等级应满足表4的要求。

表4 边条生晒参等级

项　目	一等品	二等品	三等品
主根	呈圆柱形		
表面	白色或黄白色，无水锈，无抽沟，无黄皮	白色或较深，轻度水锈、抽沟，轻度黄皮	黄白色或较深，有水锈，有抽沟，有黄皮
断面	断面白色或淡黄白色，呈粉性，树脂道明显		
质地	坚实、有粉性、无空心		
气味	气香，味甘、微苦		
虫蛀、霉变	无		
破损、疤痕	无	轻度	有
杂质	无		

4.1.3 全须生晒参的规格、等级

4.1.3.1 全须生晒参的规格

全须生晒参的规格应满足表 5 的要求。

表 5 全须生晒参规格

规　　格	支数/(支/500 g)	单支重/g
33 支	≤33	≥15
50 支	≤50	≥10
66 支	≤66	≥7.5
100 支	≤100	≥5
混等	—	—

4.1.3.2 全须生晒参的等级

全须生晒参的等级应满足表 6 的要求。

表 6 全须生晒参等级

项　　目	一等品	二等品	三等品
主根	呈圆柱形		
支根	芦须齐全	芦须较齐全	芦须严重残缺
	不绑尾或轻绑尾、绑尾者不准夹小参或参须。		
表面	白色或黄白色，无水锈，无抽沟，无黄皮	白色或较深，轻度水锈、抽沟，轻度黄皮	黄白色或较深，有水锈，有抽沟，有黄皮
质地	坚实，有粉性，无空心		
气味	气香，味甘、微苦		
虫蛀、霉变	无		
破损、疤痕	无	轻度	有
杂质	无		

4.1.4 生晒参的规格、等级

4.1.4.1 生晒参的规格

生晒参的规格应满足表 7 的要求。

表 7 生晒参规格

规　　格	支数/(支/500 g)	单支重/g
60 支	≤60	≥8.3
80 支	≤80	≥6.2
100 支	≤100	≥5.0
130 支	≤130	≥3.8
小货	>130	<3.8

4.1.4.2 生晒参的等级

生晒参的等级应满足表 8 的要求。

表 8 生晒参等级

项　目	一等品	二等品	三等品
主根	呈圆柱形		
表面	白色或黄白色，无抽沟	黄白色或较深，有轻度抽沟	黄白色或较深，有抽沟
质地	有粉性		
气味	气香，味甘、微苦		
虫蛀、霉变	无		
破损、疤痕	无	轻度	有
杂质	无		

4.1.5 生晒参片的规格、等级

4.1.5.1 生晒参片的规格

生晒参片的规格应满足表 9 的要求。

表 9 生晒参片规格

规　格	片厚/cm	直径/cm
一级	0.1～0.2	＞1.5
二级	0.1～0.2	＞1.2
三级	0.1～0.2	＞1.0

4.1.5.2 生晒参片的等级

生晒参片的等级应满足表 10 的要求。

表 10 生晒参片等级

项　目	一等品	二等品	三等品
形状	圆形或椭圆形		
	整齐，薄厚均匀，无裂片，无碎片	较整齐，薄厚略均匀，无裂片，无碎片	不整齐，薄厚不均匀，有轻度碎片
颜色	黄白色		
虫蛀、霉变	无		
杂质	无		

4.1.6 白干参产品的规格、等级

4.1.6.1 白干参产品的规格

白干参产品的规格应满足表 11 的要求。

表 11 白干参规格

规　格	支数/(支/500 g)	单支重/g
60 支	≤60	≥8.3
80 支	≤80	≥6.2
100 支	≤100	≥5
小货	＞100	＜5

4.1.6.2 白干参产品的等级

白干参产品的等级应满足表12的要求。

表12 白参等级

项目	一等	二等	三等
主根	呈圆柱形		
表面	色白,光滑,无抽沟,表皮残留小于5%	色白,较光滑,有轻度抽沟,表皮残留小于5%	白色或淡黄白色,不光滑,有抽沟,表皮残留小于5%
质地	坚实,有粉性、无空心		较坚实
气味	气香,味甘、微苦		
疤痕、水锈	无	轻度	有
虫蛀、霉变	无		
杂质	无		

4.1.7 白曲参产品的规格、等级

4.1.7.1 白曲参产品的规格

白曲参产品的规格应满足表13的要求。

表13 白曲参规格

规格	支数/(支/500 g)	单支重/g
60支	≤60	≥8.3
80支	≤80	≥6.2
100支	≤100	≥5

4.1.7.2 白曲参产品的等级

白曲参产品的等级应满足表14的要求。

表14 白曲参等级

项目	一等	二等	三等
主根	呈绑制的弯曲形,带棉线		
表面	色白,光滑,无抽沟	色白,较光滑,有轻度抽沟	白色或淡黄白色,不光滑,有抽沟
质地	坚实,有粉性,无空心		较坚实
气、味	气香,味甘、微苦		
疤痕、水锈	无	轻度	有
虫蛀、霉变	无		
杂质	无		

4.1.8 皮尾参产品的规格、等级

该品种为混等,干货,根呈圆柱形,条状,不分规格,去毛须。表面灰棕色,断面黄白色。气香味苦。无杂质、虫蛀、霉变。

4.1.9 白混须产品的规格、等级

该品种为混等,干货,根须呈长条型或弯曲状。表面断面均为黄白色。气香味苦。须条长短不分,其中直须占50%以上。无碎末、杂质、虫蛀、霉变。

4.1.10 白直须产品的规格、等级

白直须产品的规格、等级应满足表15的要求。

表15 白直须产品规格等级

项目	一等	二等
长度 X/cm	≥13.3	13.3＞X≥8.3
外观、颜色、味	干货，根须呈条状，有光泽；表面、断面均为黄白色；气香味苦	
整齐度	参条大小均匀	参条大小不均匀
水锈、表皮	无水锈、破皮	
杂质、虫蛀、霉变	无杂质、虫蛀、霉变	

4.2 理化指标

生晒参的理化指标应满足表16的规定。

表16 生晒参理化指标

序号	项目		指标
1	水分/%		≤12.00
2	灰分/%	总灰分	≤5.00
		酸性不溶灰分	≤0.50
3	Rb_1、Re、Rg_1 薄层鉴别		应符合《中华人民共和国药典》(2005年版一部)的规定
4	人参单体皂苷/%	Rb_1	≥0.20
		Re+Rg_1	≥0.30
5	人参总皂苷/%		≥2.50

4.3 卫生指标

生晒参的卫生指标应满足表17的规定。

表17 卫生指标

序号	项目		指标
1	卫生检验/(个/g)(只满足于密封类产品)		菌落总数＜10 000； 霉菌总数＜100； 致病性大肠杆菌不得检出
2	黄曲霉毒素 B_1/(mg/kg)		≤0.005[a]
3	有机氯农药残留/(mg/kg)	六六六(4种异构体总量)	≤0.10
		滴滴涕(4种异构体总量)	≤0.10
		五氯硝基苯	≤0.10
		七氯	≤0.02
		艾氏剂+狄氏剂	≤0.02
		氯氰菊酯	≤0.2

表 17（续）

序号	项目		指标
4	有机磷农药残留/(mg/kg)	马拉硫磷	≤0.5
		对硫磷	≤0.05
		久效磷	≤0.02
		乐果	≤0.05
		甲胺磷	≤0.05[a]
		克百威	≤0.1
		毒死蜱	≤0.5
5	二氧化硫/(g/kg)	二氧化硫(SO_2)	≤0.05
6	有害元素/(mg/kg)	砷(As)	≤2.0
		铅(Pb)	≤0.5
		镉(Cd)	≤0.5
		汞(Hg)	≤0.1
		铜(Cu)	≤20.0

[a] 该数值为检验方法的最低检出限。

5 试验方法

5.1 抽样和数量

成品生晒参抽样方法按《中华人民共和国药典》(2005 年版一部)附录规定方法执行。抽样后，取 1/3 量样品用于外观鉴定，1/3 量样品粉碎过 80 目筛(180 μm±7.6 μm)，先称取测定水分的样品后，其余置 80 ℃烘干后置于硅胶干燥器中保存供指标检测，另 1/3 量保存 3 个月作副样。感官抽样数量为 10 支，理化和卫生检验抽样量为 200 g。

5.1.1 成品参每一个批次，每一个规格进行一次抽样检验，抽样采用随机的办法，超过 200 kg 的先按 5%抽样，再合并进行随机抽样。

5.1.2 大包装原料参，每次按规格进行抽样，抽样也采用随机的办法，超过 200 kg 的先随机抽取 5%，合并后再进行随机抽样。

5.2 规格等级

5.2.1 外观

按各种产品规格等级要求采样，取样后放在白瓷盘中。外观特征在自然光线下目测，规格长度和厚度用计量检定米尺测量；质量用天平(0.1 g)检验，应符合 4.1 的要求。标示量：打开包装后立即称量，质量不得低于标示量。

5.2.2 外观质量检查(随机取生晒参 10 支)

5.2.2.1 长度

用标准米尺分别测量，求其平均值。

5.2.2.2 重量

随机取生晒参或其他品种生晒参，用感量为 0.1 g 的天平称量，求其平均值。

5.2.2.3 红皮

随机取生晒参或其他品种生晒参，检查红皮数量。

5.2.2.4 芦全

随机取生晒参或其他品种生晒参,不得缺芦。

5.2.2.5 疤痕

随机取生晒参或其他品种生晒参,检查疤痕数量。

5.3 理化指标检查

5.3.1 水分含量测定

按《中华人民共和国药典》(2005年版一部)附录水分测定法中“烘干法”执行。

5.3.2 总灰分及酸不溶性灰分的测定

取样约3 g,其他按《中华人民共和国药典》(2005年版一部)附录(Ⅸ K)灰分测定方法执行。

5.3.3 人参皂苷 Rb_1、Re、Rg_1 的鉴别

按《中华人民共和国药典》(2005年版一部)“人参鉴别”项下(2)方法鉴别。

5.3.4 人参皂苷 Rb_1、Re+Rg_1 含量测定

按《中华人民共和国药典》(2005年版一部)“人参”项下含量测定方法附录(Ⅵ D)测定。

5.3.5 人参总皂苷含量测定

人参总皂苷含量测定方法见附录A。

5.4 卫生指标检查

5.4.1 微生物检验

5.4.1.1 常规卫生检验:按《中华人民共和国药典》(2005年版一部)附录(XⅢ C)微生物限度检查方法执行。

5.4.1.2 黄曲霉毒素 B_1 的检验:按GB/T 5009.22中第一法规定执行。

5.4.2 六六六、滴滴涕的检测

按GB/T 5009.19规定执行。

5.4.3 五氯硝基苯的检测

按GB/T 5009.136规定执行。

5.4.4 七氯、艾氏剂和狄氏剂的检测

按GB/T 5009.36规定执行。

5.4.5 氯氰菊酯的检测

按GB/T 5009.110规定执行。

5.4.6 马拉硫磷、对硫磷、久效磷、乐果的检测

按GB/T 5009.20规定执行。

5.4.7 甲胺磷的检测

按GB/T 5009.103规定执行。

5.4.8 克百威的检测

按GB/T 5009.104规定执行。

5.4.9 毒死蜱的检测

按GB/T 5009.145规定执行。

5.4.10 二氧化硫的检测

按GB/T 5009.34规定执行。

5.5 砷、铅、铜、镉、汞的检测

砷的检测按GB/T 5009.11规定执行。

铅的检测按GB/T 5009.12规定执行。

铜的检测按 GB/T 5009.13 规定执行。

镉的检测按 GB/T 5009.15 规定执行。

汞的检测按 GB/T 5009.17 规定执行。

6 检验规则

6.1 产品应由生产厂技术检验部门进行检验,合格后方可提交验收。

6.2 产品应成批提交检验,检验分为出厂检验和型式检验

6.3 出厂检验

6.3.1 出厂检验应按 GB/T 2828.1 的规定进行,合格后方可出厂。

6.3.2 出厂检验采用一次抽样方案。

6.4 型式检验

有下列情况之一时应进行型式检验:

a) 产品定型鉴定时;

b) 原材料或更改工艺设计影响产品质量时;

c) 正常生产一年时;

d) 停产一年后,恢复生产时。

6.5 判定规则

6.5.1 规格等级检验,不符合本标准规定的某一规格等级规定时,可按下一规格等级要求进行检验,如不符合本标准规定等级为不合格品。

6.5.2 理化指标、卫生指标中有一项不合格的可加倍取样进行复检。仍有一项不合格,则判定该批产品不合格(细菌和霉菌检测指标不能复检)。

6.5.3 在样品中凡有下列情况之一者即为该批产品不合格:

a) 理化指标任一项不符合规定的(理化指标可复检);

b) 卫生指标不符合表 17 中任一项指标规定的;

c) 标签不符合 GB 7718 规定的。

对检验不合格批次,应对留样进行复检或在同批产品中加倍抽取样品,对不合格项目进行复检,以复检结果为准(细菌和霉菌检测指标不能复检)。

7 标志、标签和包装

7.1 标志

包装贮运图示标志按 GB/T 191 规定执行。

7.2 标签

除按 GB 7718 执定外,还应标注原料产地。如是地理标志产品,应粘贴地理标志产品保护专用标志。

7.3 包装

包装应用防潮、无毒、无异味的材料密闭包装,包装材料应符合卫生要求。外包装用瓦楞纸箱。箱外印有品名、规格、数量、贮存条件、运输条件、厂名、厂址、邮编、电话、出厂日期、产品条码、防雨、防潮、轻放等标志。

8 运输和贮存

8.1 运输

运输的交通工具应清洁、卫生、干燥、无异味;运输时应防雨、防潮、防曝晒,小心轻放;严禁与有毒、

易污染物品混装、混运。

8.2 贮存

成品生晒参应贮存在清洁卫生、阴凉干燥(温度不超过 20 ℃、相对湿度不高于 65%)、通风、防潮、防虫蛀、无异味的库房中,定期检查生晒参的贮存情况。

附 录 A
(规范性附录)
生晒参总皂苷含量的测定方法

A.1 原理

因人参皂苷在正丁醇中分配系数较大,故用乙醚脱脂后,用水饱和正丁醇超声萃取纯化皂苷,人参皂苷可以与硫酸-香草醛显色,在544 nm波长处有最大吸收峰,在一定浓度下符合朗伯-比尔定律。

A.2 仪器

A.2.1 紫外-可见分光光度计。

A.2.2 索氏提取器。

A.3 试剂

A.3.1 乙醚、甲醇、硫酸、正丁醇、无水乙醇、香草醛均为分析纯。

A.3.2 人参皂苷Re对照品:应购于中国药品生物制品检定所。

A.3.3 8%香草醛乙醇试液:取香草醛0.8 g,加无水乙醇使其溶解成10 mL,摇匀,即得(配制溶液一周内可以使用)。

A.3.4 72%硫酸溶液:取硫酸72 mL,缓缓注入适量水中,冷却至室温,加水稀释至100 mL,摇匀,即得。

A.3.5 对照品溶液的制备:精密称取人参皂苷Re对照品10 mg,置于10 mL量瓶中,加甲醇适量使其溶解并稀释至刻度,摇匀,即得。

A.4 分析步骤

A.4.1 供试品溶液的制备

取供试品约1 g,精密称定,用中性滤纸包好,置于索式提取器中,加入乙醚,微沸回流提取1 h,弃去乙醚液,供试品药包挥干乙醚溶剂,再置于另一索式提取器中加入甲醇浸泡过夜,次日再加入适量甲醇开始微沸回流提取,回流6次,以人参皂苷提尽为准(定性鉴别阴性)。合并甲醇提取液,回收甲醇,少量甲醇提取液置于蒸发皿中,水浴蒸干。用蒸馏水溶解提取物,加水30 mL~40 mL至分液漏斗中用水饱和的正丁醇30 mL进行萃取,共4次。取上层液蒸干,加甲醇溶解后,转移至10 mL量瓶中,用甲醇稀释至刻度,摇匀,即得。

A.4.2 人参皂苷提取定性鉴别

供试品回流提取6次以后,取少量点于硅胶G薄层板(105 ℃活化10 min)上,用10%硫酸乙醇溶液显色,即将薄层板置于通风橱内,喷10%硫酸乙醇溶液,105 ℃加热10 min,总皂苷阳性应为紫红色斑点。也可将薄层板置于碘气缸中数秒钟即取出,以没有紫黄色斑点为阴性。判断人参皂苷是否提取完全,应以索式提取器中载供试品瓶中的溶液定性鉴别为阴性为准。

A.4.3 标准曲线的制作

精密吸取人参皂苷Re对照品10、20、30、40、60 μL,置于磨口带塞试管中,水浴蒸干甲醇后,加入8%香草醛乙醇试液0.5 mL、72%硫酸试液5 mL,充分振摇混匀后置于60 ℃恒温水浴上加热10 min,立即用冰水冷却10 min,摇匀。以试剂作空白,按照分光光度法于544 nm波长处分别测定吸收度,绘制浓度吸收曲线，如图 A.1。做回归方程：[CONC]＝ a×abs ＋b[回归方程参考《中华人民共和国药典》(2005 版二部)方法]。

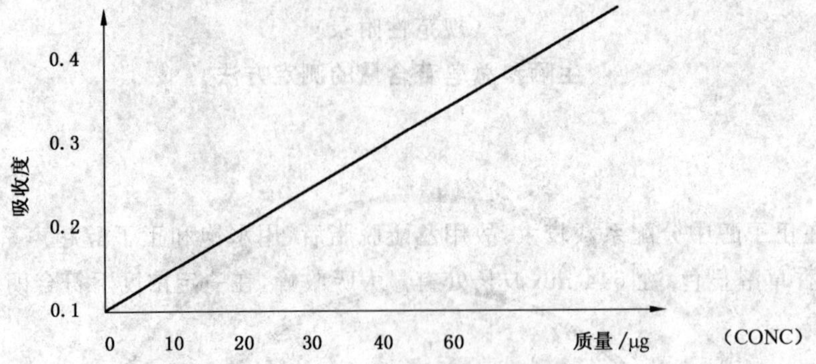

图 A.1

A.4.4 测定

精密吸取供试品溶液 20 μL，置于具塞刻度试管中，蒸干甲醇后，加入 8%香草醛乙醇试液 0.5 mL、72%硫酸试液 5 mL，充分振摇混匀后置于 60 ℃恒温水浴上加热 10 min，立即用冰水冷却 10 min，摇匀。以试剂作空白，按照分光光度法于 544 nm 波长处分别测定吸收度。

A.4.5 分析结果计算

以质量分数(%)表示的红参中人参总皂苷含量(X)按式(A.1)计算：

$$X = ([CONC]/V_2 \times V_1)/m \times 100 \qquad (A.1)$$

式中：

[CONC]——a×abs＋b，a 为回归系数，abs 为实测光密度值，b 为截距；

V_1——定容体积，单位为毫升(mL)；

V_2——取样体积，单位为微升(μL)；

m——供试品称样量，单位为毫克(mg)。

ICS 65.020.01
B 30

中华人民共和国国家标准

GB/T 22537—2008

大力参分等质量

Grade quality of boiled ginseng

2008-11-20 发布 2009-05-01 实施

中华人民共和国国家质量监督检验检疫总局
中国国家标准化管理委员会 发布

前言

本标准的附录A为规范性附录。

本标准由国家标准化管理委员会提出并归口。

本标准负责起草单位：吉林人参研究院、吉林省参茸办公室、国家参茸产品质量监督检验中心。

本标准参加起草单位：吉林农业大学、吉林省通化市质量技术监督局、黑龙江省运加参茸研究所、成都中医药大学、吉林省抚松县人参研究所。

本标准主要起草人：曹志强、冯家、仲伟同。

本标准参加起草人：王秀全、娄子恒、李敏、刘波、王明芝、李刚、吴丽花、陈书华、曹会磊、王宇。

大力参分等质量

1 范围

本标准规定了大力参产品的术语和定义、技术要求、试验方法、检验规则、标志、标签和包装以及运输和贮存。

本标准适用于大力参的加工和鉴定。

人参作为药用时应遵循《中华人民共和国药典》(最新版本)。

2 规范性引用文件

下列文件中的条款通过本标准的引用而成为本标准的条款。凡是注日期的引用文件,其随后所有的修改单(不包括勘误的内容)或修订版均不适用于本标准,然而,鼓励根据本标准达成协议的各方研究是否可使用这些文件的最新版本。凡是不注日期的引用文件,其最新版本适用于本标准。

GB/T 191 包装储运图示标志

GB/T 2828.1 计数抽样检验程序 第1部分:按接收质量限(AQL)检索的逐批检验抽样计划

GB/T 5009.11 食品中总砷及无机砷的测定

GB/T 5009.12 食品中铅的测定

GB/T 5009.13 食品中铜的测定

GB/T 5009.15 食品中镉的测定

GB/T 5009.17 食品中总汞及有机汞的测定

GB/T 5009.19 食品中六六六、滴滴涕残留量的测定

GB/T 5009.20 食品中有机磷农药残留量的测定

GB/T 5009.22 食品中黄曲霉毒素 B_1 的测定

GB/T 5009.34 食品中亚硫酸盐的测定

GB/T 5009.36 粮食卫生标准的分析方法

GB/T 5009.103 植物性食品中甲胺磷和乙酰甲胺磷农药残留量的测定

GB/T 5009.104 植物性食品中氨基甲酸酯类农药残留量的测定

GB/T 5009.110 植物性食品中氯氰菊酯、氰戊菊酯和溴氰菊酯残留量的测定

GB/T 5009.136 植物性食品中五氯硝基苯残留量的测定

GB/T 5009.145 植物性食品中有机磷和氨基甲酸酯类农药多种残留的测定

GB 7718 预包装食品标签通则

《中华人民共和国药典》(2005年版一部)

3 术语和定义

下列术语和定义适用于本标准。

3.1

大力参 boiled ginseng

烫通参

以普通鲜人参为原料,水洗后下须、烫制、凉水漂凉、干燥的人参制品。

3.2

人参主根 main root of ginseng

人参根的主体,根茎(芦头)以下到支根以上的主体部分。

3.3

人参支根 lateral roots of ginseng

生长于人参主根下端较粗的支根。

3.4

人参芦 rhizome of ginseng

人参主根上部的根茎。

3.5

芦全 complete rhizome

大力参应具有完整的根茎,并且根茎上不得有残茎。

3.6

疤痕 scar

人参根因病、虫、鼠害及机械损伤和人为损伤等原因留下的伤疤。

3.7

断面 section

参体横断面角质,外白内红。

3.8

大力参片 boiled ginseng slices

烫通参片

大力参经软化切成薄片后干燥而成的制品。

4 技术要求

4.1 规格等级

4.1.1 大力参(烫通参)的规格等级

4.1.1.1 大力参(烫通参)的规格

大力参(烫通参)的规格应满足表1的要求。

表1 大力参(烫通参)规格

规格	支数/(支/500 g)	单支重/g
25支	≤25	≥20.0
35支	≤35	≥14.2
45支	≤45	≥11.1
55支	≤55	≥9.0

4.1.1.2 大力参(烫通参)的等级

大力参(烫通参)的等级应满足表2的要求。

表2 大力参(烫通参)等级

项目	一等品	二等品	三等品
主根	呈圆柱形		
表面	白色,无抽沟	白色,淡黄白色,略有抽沟	淡黄白色,有抽沟
断面	光滑,角质状,棕红色或淡棕色,无生心		

表 2（续）

项目	一等品	二等品	三等品
气味	气香，味甘、微苦		
虫蛀、霉变	无		
破损、病疤	无	轻度	有
杂质	无		

4.1.2 大力参片（烫通参片）的规格等级

4.1.2.1 大力参片（烫通参片）的规格

大力参片（烫通参片）的规格应满足表 3 的要求。

表 3 大力参片（烫通参片）规格

规格	片厚/cm	直径（最窄部分）/cm
一级	0.12～0.15	>1.2
二级	0.12～0.17	>1.2
三级	0.12～0.20	>1.2

4.1.2.2 大力参片（烫通参片）的等级

大力参片（烫通参片）的等级见表 4。

表 4 大力参片（烫通参片）等级

项目	一等品	二等品	三等品
形状	椭圆形或长椭圆形		
	整齐，薄厚均匀，无裂片、无碎片	较整齐，薄厚略均匀，无裂片、无碎片	不整齐，薄厚不均匀，有轻度碎片
颜色	片边缘白色或淡黄白色，心部棕红色或淡棕色		
虫蛀、霉变	无		
杂质	无		

4.2 理化指标

大力参的理化指标应满足表 5 的规定。

表 5 理化指标

序号	项 目		一、二、三等品
1	水分/%		≤12.00
2	灰分/%	总灰分	≤5.00
		酸性不溶灰分	≤0.50
3	Rb_1、Re、Rg_1 薄层鉴别		应符合《中华人民共和国药典》（2005 年版一部）的规定
4	人参皂苷/%	Rb_1	≥0.20
		Re+Rg_1	≥0.25
5	人参总皂苷/%		≥2.50

4.3 卫生指标

大力参的卫生指标应符合表 6 的规定。

表 6 卫生指标

序号	项 目		一、二、三等品
1	卫生检验/(个/g)(只满足于密封类产品)		菌落总数＜10 000； 霉菌总数＜100； 致病性大肠杆菌不得检出
	黄曲霉毒素 B_1/(mg/kg)		≤0.005[a]
2	有机氯农药残留/(mg/kg)	六六六(4 种异构体总量)	≤0.10
		滴滴涕(4 种异构体总量)	≤0.10
		五氯硝基苯	≤0.10
		七氯	≤0.02
		艾氏剂＋狄氏剂	≤0.02
		氯氰菊酯	≤0.2
3	有机磷农药残留/(mg/kg)	马拉硫磷	≤0.5
		对硫磷	≤0.05
		久效磷	≤0.02
		乐果	≤0.05
		甲胺磷	≤0.05[a]
		克百威	≤0.1
		毒死蜱	≤0.5
4	二氧化硫/(g/kg)	二氧化硫(SO_2)	≤0.05
5	有害元素/(mg/kg)	砷(As)	≤2.0
		铅(Pb)	≤0.5
		镉(Cd)	≤0.5
		汞(Hg)	≤0.1
		铜(Cu)	≤20.0

[a] 该数值为检验方法的最低检出限。

5 试验方法

5.1 抽样和数量

成品大力参抽样方法按《中华人民共和国药典》(2005 年版一部)附录规定方法执行。抽样后，取 1/3 量样品用于外观鉴定，1/3 量样品粉碎过 80 目筛(180 μm±7.6 μm)，先称取测定水分的样品后，其余置 80 ℃烘干，置于硅胶干燥器中保存供各项指标测定用，另 1/3 量保存 3 个月作副样。感官抽样数量为 10 支，理化和卫生检验抽样数量为 200 g。

5.1.1 成品参每一个批次，每一个规格进行一次抽样检验，抽样采用随机的办法，超过 200 kg 的先按 5%抽样，再合并进行随机抽样。

5.1.2 大包装原料参，每次按规格进行抽样，抽样采用随机的办法，超过 200 kg 的先随机抽取 5%，合并后再在进行随机抽样。

5.2 规格等级

5.2.1 外观

按各种产品规格等级要求采样，取样后放在白瓷盘中。外观特征在自然光线下目测，规格长度和厚度用计量检定米尺测量；质量用天平(0.1 g)检验，应符合4.1的要求。标示量：打开包装后立即称量，质量不得低于标示量。

5.2.2 外观质量检查(随机取活性参10支)

5.2.2.1 长度

用标准米尺分别测量长度或直径，求其平均值。

5.2.2.2 疤痕

检查疤痕数量。

5.2.2.3 芦头全

随机抽取大力参，每支都应有完整的芦头，鲜人参芦头上不得有残茎。

5.3 理化指标检查

5.3.1 水分含量测定

按《中华人民共和国药典》(2005年版一部)附录水分测定法中"烘干法"执行。

5.3.2 总灰分及酸不溶性灰分的测定

取样约3 g，其他按《中华人民共和国药典》(2005年版一部)附录(Ⅸ K)灰分测定方法执行。

5.3.3 人参皂苷 Rb_1、Re、Rg_1 的鉴别

按《中华人民共和国药典》(2005年版一部)"人参鉴别"项下(2)方法鉴别。

5.3.4 人参皂苷 Rb_1、Re+Rg_1 含量测定

按《中华人民共和国药典》(2005年版一部)"人参"项下含量测定方法附录(Ⅵ D)测定。

5.3.5 人参总皂苷含量测定

人参总皂苷含量测定方法见附录A。

5.4 卫生指标检查

5.4.1 微生物检验

5.4.1.1 常规卫生检验：按《中华人民共和国药典》(2005年版一部)附录(ⅩⅢ C)微生物限度检查方法执行。

5.4.1.2 黄曲霉毒素 B_1 的检验：按GB/T 5009.22中第一法规定执行。

5.4.2 六六六、滴滴涕的检测

按GB/T 5009.19规定执行。

5.4.3 五氯硝基苯的检测

按GB/T 5009.136规定执行。

5.4.4 七氯、艾氏剂和狄氏剂的检测

按GB/T 5009.36规定执行。

5.4.5 氯氰菊酯的检测

按GB/T 5009.110规定执行。

5.4.6 马拉硫磷、对硫磷、久效磷、乐果的检测

按GB/T 5009.20规定执行。

5.4.7 甲胺磷的检测

按GB/T 5009.103规定执行。

5.4.8 克百威的检测

按GB/T 5009.104规定执行。

5.4.9 **毒死蜱的检测**

按 GB/T 5009.145 规定执行。

5.4.10 **二氧化硫的检测**

按 GB/T 5009.34 规定执行。

5.5 **砷、铅、铜、镉、汞的检测**

砷的检测按 GB/T 5009.11 规定执行。

铅的检测按 GB/T 5009.12 规定执行。

铜的检测按 GB/T 5009.13 规定执行。

镉的检测按 GB/T 5009.15 规定执行。

汞的检测按 GB/T 5009.17 规定执行。

6 检验规则

6.1 产品应由生产厂技术检验部门进行检验，合格后方可提交验收。

6.2 产品应成批提交检验，检验分为出厂检验和型式检验。

6.3 出厂检验

6.3.1 出厂检验应按 GB/T 2828.1 的规定进行，合格后方可出厂。

6.3.2 出厂检验采用一次抽样方案。

6.4 型式检验

有下列情况之一时应进行型式检验：

a） 产品定型鉴定时；

b） 原材料或更改工艺设计影响产品质量时；

c） 正常生产一年时；

d） 停产一年后，恢复生产时。

6.5 判定规则

6.5.1 规格等级检验，不符合本标准规定的某一规格等级规定时，可按下一规格等级要求进行检验，如不符合本标准规定等级为不合格品。

6.5.2 理化指标、卫生指标中有一项不合格的可加倍取样进行复检。仍有一项不合格，则判定该批产品不合格(细菌和霉菌检测指标不能复检)。

6.5.3 在样品中凡有下列情况之一者即为该批产品不合格：

a） 理化指标任一项不符合规定的(理化指标可复检)；

b） 卫生指标不符合表 6 中任一项指标规定的；

c） 标签不符合 GB 7718 规定的。

对检验不合格批次，应对留样进行复检或在同批产品中加倍抽取样品，对不合格项目进行复检，以复检结果为准。

7 标志、标签和包装

7.1 **标志**

包装贮运图示标志按 GB/T 191 规定执行。

7.2 **标签**

除按 GB 7718 执定外，还应标注原料产地。如是地理标志产品，应粘贴地理标志产品保护专用标志。

7.3 **包装**

包装应用防潮、无毒、无异味的材料密闭包装，包装材料应符合卫生要求。外包装用瓦楞纸箱，密封。箱外印有品名、规格、数量、贮存条件、运输条件、厂名、厂址、邮编、电话、出厂日期、产品条码、防雨标志、防潮标志、轻放标志。

8 运输和贮存

8.1 运输

运输的交通工具应清洁、卫生、干燥、无异味；运输时应防雨、防潮、防曝晒，小心轻放；严禁与有毒、易污染物品混装、混运。

8.2 贮存

成品大力参应贮存在清洁卫生、阴凉干燥（温度不超过 20 ℃、相对湿度不高于 65%）、通风、防潮、防虫蛀、无异味的库房中，定期检查大力参的贮存情况。

附　录　A
（规范性附录）
大力参总皂苷含量的测定方法

A.1　原理

因人参皂苷在正丁醇中分配系数较大，故用乙醚脱脂后，用水饱和正丁醇超声萃取纯化皂苷，人参皂苷可以与硫酸-香草醛显色，在544 nm波长处有最大吸收峰，在一定浓度下符合朗伯-比尔定律。

A.2　仪器

A.2.1　紫外-可见分光光度计。

A.2.2　索氏提取器。

A.3　试剂

A.3.1　乙醚、甲醇、硫酸、正丁醇、无水乙醇、香草醛均为分析纯。

A.3.2　人参皂苷Re对照品：应购于中国药品生物制品检定所。

A.3.3　8%香草醛乙醇试液：取香草醛0.8 g，加无水乙醇使其溶解成10 mL，摇匀，即得（配制溶液一周内可以使用）。

A.3.4　72%硫酸溶液：取硫酸72 mL，缓缓注入适量水中，冷却至室温，加水稀释至100 mL，摇匀，即得。

A.3.5　对照品溶液的制备：精密称取人参皂苷Re对照品10 mg，置于10 mL量瓶中，加甲醇适量使其溶解并稀释至刻度，摇匀，即得。

A.4　分析步骤

A.4.1　供试品溶液的制备

取供试品约1 g，精密称定，用中性滤纸包好，置于索式提取器中，加入乙醚，微沸回流提取1 h，弃去乙醚液，供试品药包挥干乙醚溶剂，再置于另一索式提取器中加入甲醇浸泡过夜，次日再加入适量甲醇开始微沸回流提取，回流6次，以人参皂苷提尽为准（定性鉴别阴性）。合并甲醇提取液，回收甲醇，少量甲醇提取液置于蒸发皿中，水浴蒸干。用蒸馏水溶解提取物，加水30 mL～40 mL至分液漏斗中用水饱和的正丁醇30mL进行萃取，共4次。取上层液蒸干，加甲醇溶解后，转移至10mL量瓶中，用甲醇稀释至刻度，摇匀，即得。

A.4.2　人参皂苷提取定性鉴别

供试品回流提取6次以后，取少量点于硅胶G薄层板（105 ℃活化10 min）上，用10%硫酸乙醇溶液显色，即将薄层板置于通风橱内，喷10%硫酸乙醇溶液，105 ℃加热10 min，总皂苷阳性应为紫红色斑点。也可将薄层板置于碘气缸中数秒钟即取出，以没有紫黄色斑点为阴性。判断人参皂苷是否提取完全，应以索式提取器中载供试品瓶中的溶液定性鉴别为阴性为准。

A.4.3　标准曲线的制作

精密吸取人参皂苷Re对照品10、20、30、40、60 μL，置于磨口带塞试管中，水浴蒸干甲醇后，加入8%香草醛乙醇试液0.5 mL，72%硫酸试液5 mL，充分振摇混匀后置于60 ℃恒温水浴上加热10 min，立即用冰水冷却10 min，摇匀。以试剂作空白，按照分光光度法于544 nm波长处分别测定吸收度，绘制浓度吸收曲线，如图A.1。做回归方程：[CONC]＝a×abs＋b[回归方程参考《中华人民共和国药典》(2005版二部)方法]。

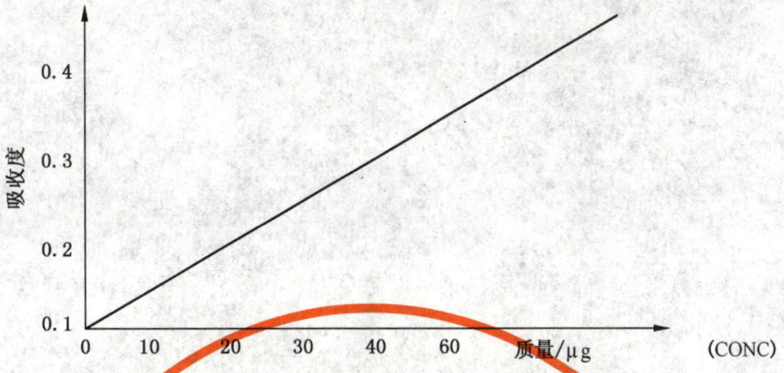

图 A.1

A.4.4 测定

精密吸取供试品溶液 20 μL,置于具塞刻度试管中,蒸干甲醇后,加入 8%香草醛乙醇试液 0.5 mL,72%硫酸试液 5 mL、充分振摇混匀后置于 60 ℃恒温水浴上加热 10 min,立即用冰水冷却 10 min,摇匀。以试剂作空白,按照分光光度法于 544 nm 波长处分别测定吸收度。

A.4.5 分析结果计算

以质量分数(%)表示的红参中人参总皂苷含量(X)按式(A.1)计算:

$$X = ([CONC]/V_2 \times V_1)/m \times 100 \quad \cdots\cdots(A.1)$$

式中:

[CONC]——a×abs+b,a 为回归系数,abs 为实测光密度值,b 为截距;

V_1——定容体积,单位为毫升(mL);

V_2——取样体积,单位为微升(μL);

m——供试品称样量,单位为毫克(mg)。

ICS 65.020.01
B 30

中华人民共和国国家标准

GB/T 22538—2008

红参分等质量

Grade quality of red ginseng

2008-11-20 发布

2009-05-01 实施

中华人民共和国国家质量监督检验检疫总局
中国国家标准化管理委员会 发布

前　言

本标准的附录 A 为规范性附录。

本标准由国家标准化管理委员会提出并归口。

本标准负责起草单位：吉林省参茸办公室、吉林人参研究院、国家参茸产品质量监督检验中心。

本标准参加起草单位：农业部参茸质检中心、吉林省卫生监测检验中心、吉林省药检所、吉林省商检局、香港李熊记有限公司、吉林省集安市新开河有限责任公司、辽宁省祥云药业、黑龙江省运加参茸研究所。

本标准主要起草人：冯家、曹志强、仲伟同。

本标准参加起草人：李月茹、李震熊、李青、秦桂莲、王明泰、李学军、曾祥云、曹会磊、杨文志、王雅君。

红参分等质量

1 范围

本标准规定了红参产品的术语和定义、技术要求、试验方法、检验规则、标志、标签和包装以及运输和贮存。

本标准适用于红参的加工和鉴定。

人参作为药用时应遵循《中华人民共和国药典》(最新版本)。

2 规范性引用文件

下列文件中的条款通过本标准的引用而成为本标准的条款。凡是注日期的引用文件，其随后所有的修改单(不包括勘误的内容)或修订版均不适用于本标准，然而，鼓励根据本标准达成协议的各方研究是否可使用这些文件的最新版本。凡是不注日期的引用文件，其最新版本适用于本标准。

GB/T 191 包装储运图示标志

GB/T 2828.1 计数抽样检验程序 第1部分：按接收质量限(AQL)检索的逐批检验抽样计划

GB/T 5009.11 食品中总砷及无机砷的测定

GB/T 5009.12 食品中铅的测定

GB/T 5009.13 食品中铜的测定

GB/T 5009.15 食品中镉的测定

GB/T 5009.17 食品中总汞及有机汞的测定

GB/T 5009.19 食品中六六六、滴滴涕残留量的测定

GB/T 5009.20 食品中有机磷农药残留量的测定

GB/T 5009.22 食品中黄曲霉毒素 B_1 的测定

GB/T 5009.34 食品中亚硫酸盐的测定

GB/T 5009.36 粮食卫生标准的分析方法

GB/T 5009.103 植物性食品中甲胺磷和乙酰甲胺磷农药残留量的测定

GB/T 5009.104 植物性食品中氨基甲酸酯类农药残留量的测定

GB/T 5009.110 植物性食品中氯氰菊酯、氰戊菊酯和溴氰菊酯残留量的测定

GB/T 5009.136 植物性食品中五氯硝基苯残留量的测定

GB/T 5009.145 植物性食品中有机磷和氨基甲酸酯类农药多种残留的测定

GB 7718 预包装食品标签通则

《中华人民共和国药典》(2005年版一部)

3 术语和定义

下列术语和定义适用于本标准。

3.1

红参 red ginseng

以鲜人参(*Panax ginseng* C. A. Mey.)为原料，经过刷洗、蒸制、干燥的人参产品。

3.2

普通红参 ordinary red ginseng

红参中主根相对较短的一类产品。

3.3

边条红参　biantiao red ginseng

红参中具有三长(芦长、主根长、腿长)的一类产品。

3.4

全须红参　red ginseng with tassels

芦、体、须完整的红参。

3.5

模压红参　moulding red ginseng

以红参为原料,经过软化、压制成形的单支或多支的产品。

3.5.1

切参　red ginseng cutting

红参切除芦头、支根,仅留部分主根,经过模压的产品。

3.6

人参芦　rhizome of ginseng

人参主根上部的根茎。

3.7

人参主根　main root of ginseng

人参根的主体。

3.8

人参支根　lateral roots of ginseng

生长于人参主根下端较粗的分支根。

3.9

人参艼　adventitious roots of ginseng

生长于根茎上的不定根。

3.10

人参须根　fibrous roots of ginseng

生长在人参主根、支根和参艼上的须根。

3.11

红中尾　thick rootlets of red ginseng

较粗的红参支根及不定根。

3.12

红参艼　adventitious roots of red ginseng

按照红参工艺加工的人参艼。

3.13

红直须　longer straight rootlets of red ginseng

直径低于 2 mm 的红参支根,商品多捆成小把。

3.14

红混须　mixed rootlets of red ginseng

直径低于 2 mm 的红参支根,商品未经过捋顺整理不进行打捆。

3.15

红弯须　shorter bending rootlets of red ginseng

直径低于 2 mm,长度不超过 30 mm,呈条形弯曲状的红参须根。

3.16

红参片 slices of red ginseng

红参主根经过软化切成的薄片。

3.17

干浆参 light and groove shrinking red ginseng

体质轻泡、瘪瘦，或多抽沟的红参干货。

3.18

主根长 length of main root

人参肩部到支根上部的长度。

3.19

疤痕 scar

人参根因病、虫、鼠害及机械损伤和人为损伤等原因留下的痕迹。

3.20

破肚 body cracking

红参加工时表面产生开裂的现象。

3.21

粘连 adhesion

模压红参加工时参与参之间粘连在一起的现象。

3.22

生心 raw hard part inside red ginseng

红参内部的白色或黄色硬心。

3.23

夹杂 inclusion besides main roots

模压红参配重时因重量不足而人为加入的支根、不定根、小红参或根茎。

3.24

芦头全 moulding red ginseng without damage to rhizome

模压红参压块后每支红参应具有完整的根茎。

3.25

空心 hollow in the centre

红参内部的空隙。

3.26

黄皮 yellow cuticle

红参表面出现的黄色表皮。

3.27

质地 texture

红参坚实，断面角质样。

3.28

气味 odour

红参特有的香气。

3.29

虫蛀 damage from pest

红参遭虫蛀的现象。

3.30

霉变 mould generation

红参变软发霉的现象。

3.31

混货 ungraded ginseng

没有分等级的人参。

3.32

光泽度 lustre degree

红参表面上具有的柔润光泽。

3.33

原料红参 red ginseng as raw materials

用于投料的红参。

4 技术要求

4.1 规格、等级

4.1.1 边条红参的规格、等级

4.1.1.1 边条红参的规格

边条红参的规格应满足表1的要求。

表1 边条红参规格

规　格	支数/(支/500 g)	单支重/g	主根长/cm
8支	≤8	≥62.5	≥9
10支	≤10	≥50.0	≥9
12支	≤12	≥41.7	≥9
16支	≤16	≥31.2	≥8
25支	≤25	≥20.0	≥8
35支	≤35	≥14.2	≥7
45支	≤45	≥11.1	≥6
55支	≤55	≥9.1	≥5.5
80支	≤80	≥6.2	≥5
小货	>80	<6.2	≥5
原料红参	—	—	—

4.1.1.2 边条红参的等级

边条红参的等级应满足表2的要求。

表2 边条红参等级

<table>
<tr><th>项　目</th><th>一等品</th><th>二等品</th><th>三等品</th></tr>
<tr><td>主根</td><td colspan="3">芦长,体长,腿长,呈长圆柱形</td></tr>
<tr><td rowspan="2">支根</td><td colspan="3">2个～3个分支</td></tr>
<tr><td>粗细均匀</td><td colspan="2">粗细较均匀</td></tr>
<tr><td rowspan="2">表面</td><td colspan="2">棕红色或淡棕色,有光泽</td><td>色泽不明快</td></tr>
<tr><td>无抽沟、无黄皮</td><td>轻度抽沟、稍有黄皮
(不超过1/3)</td><td>有抽沟、有黄皮</td></tr>
</table>

表 2（续）

项 目	一等品	二等品	三等品
质地	坚实，角质样，无生心，无空心		不坚实，有生心，有空心
气味	气香，味甘、微苦		
虫蛀、霉变	无		
破损、病疤	无	≤15%	>15%
杂质	无		

4.1.2 普通红参的规格、等级

4.1.2.1 普通红参的规格

普通红参的规格应满足表 3 的要求。

表 3 普通红参规格

规格	支数/(支/500g)	单支重/g	主根长/cm
8 支	≤8	≥62.5	>7
12 支	≤12	≥41.7	>7
15 支	≤15	≥33.3	>7
20 支	≤20	≥25.0	>7
32 支	≤32	≥15.6	>7
48 支	≤48	≥10.4	>7
64 支	≤64	≥7.8	>7
80 支	≤80	≥6.2	>7
小货	>80	<6.2	>7
原料红参	—	—	—

4.1.2.2 普通红参的等级

普通红参的等级应满足表 4 的要求。

表 4 普通红参等级

项 目	一等品	二等品	三等品
主根	呈圆柱形		
支根	无		
表面	棕红色或淡棕色，有光泽		棕红色、色泽不明快
	无抽沟、无黄皮	略有抽沟、稍有黄皮（不超过主根的 1/3）	有抽沟、有黄皮
质地	坚实、角质样、无生心、无空心		
气味	气香，味甘、微苦		
虫蛀、霉变	无		
破损、病疤	无	≤15%	>15%
杂质	无		

4.1.3 模压红参的规格、等级

4.1.3.1 模压红参的规格

模压红参的规格应满足表5的要求。

表5 模压红参规格

规　格	支数/(支/600 g)	单支重/g	主根长/cm
10条	≤14	≥37	>9
15条	≤19	27～37	>9
20条	≤28	19～27	>7
30条	≤38	14～19	>7
40条	≤48	11～14	>7
50条	≤58	10～11	>7
60条	≤68	8～10	>7
70条	≤78	7～8	>7
80条	≤88	6～7	>7
小货	89～108	≤6	>7
大尾	240～260	≥2.3	3.5～7
中尾	260～280	2～2.3	2.0～3.5
切一	≤47	≥11	3.5～7
切二	48～66	7～10	3.5～7

模压红参规格除600 g外，尚有500 g、400 g、200 g、150 g、100 g、75 g、50 g、37.5 g、双支、单支等小包装，每一规格支数按600 g规格相应减少，大尾30 g包装。

4.1.3.2 模压红参的等级

模压红参的等级应满足表6的要求。

表6 模压红参等级

项　目	一等品	二等品	三等品
疤痕	≤10%(主根)	≤20%	≤30%
破肚	无	≤10%	≤20%
粘连	无	无	≤30%
生心	无	无	无
夹杂	无	无	无
芦头	完整	完整	完整
空心	无	无	≤10%

4.1.4 全须红参的规格、等级

4.1.4.1 全须红参的规格

全须红参的规格应满足表7的要求。

表 7　全须红参规格

规　　格		支数/(支/500 g)	单支重/g	主根长/cm	支根
边条参	8 支	≤8	≥62.5	9	2 分支～3 分支
	10 支	≤10	≥50.0	9	
	12 支	≤12	≥41.7	9	
	16 支	≤16	≥31.2	8	
	25 支	≤25	≥20.0	8	
	35 支	≤35	≥14.2	7	
	45 支	≤45	≥11.1	6	
	55 支	≤55	≥9.1	5.5	
	80 支	≤80	≥6.2	5	
普通参	20 支	≤20	≥25	—	—
	32 支	≤32	≥15.6	—	—
	48 支	≤48	≥10.4	—	—
	64 支	≤64	≥7.8	—	—
	80 支	≤80	≥6.2	—	—

4.1.4.2　全须红参的等级

全须红参的等级应满足表 8 的要求。

表 8　全须红参等级

项　　目	一等品	二等品	三等品
主根	呈圆柱形		
支根	芦须齐全	芦须较齐全	芦须残缺
表面	棕红色或淡棕色,有光泽		色泽较差
	无抽沟、无黄皮或有皮有肉	略有抽沟、轻度黄皮或有皮有肉	有抽沟、有黄皮
质地	断面角质样、坚实、无生心		坚实、有生心
气味	气香,味甘、微苦		
虫蛀、霉变	无		
破损、病疤	无	轻度	有
杂质	无		

4.1.5　红参片的规格、等级

4.1.5.1　红参片的规格

红参片的规格应满足表 9 的要求。

表 9　红参片规格

规　　格	片厚/mm	直径/mm
一级	0.5～1.2	>15
二级	0.5～1.2	>12
三级	0.5～1.2	>10

4.1.5.2 红参片的等级

红参片的等级应满足表10的要求。

表10 红参片等级

项目	一等品	二等品	三等品
形状	圆形或椭圆形、无生心、碎片		
	整齐,薄厚均匀	较整齐,薄厚略均匀	不整齐,薄厚不均匀
颜色	红棕色或淡棕色		红棕色或淡棕色、色泽较差
	无黄皮	轻度黄皮	有黄皮
虫蛀、霉变	无		
杂质	无		

4.1.6 其他红参加工产品的规格、等级

其他红参加工产品的规格、等级应满足表11。

表11 其他红参加工产品的规格、等级

规格	长度/cm	等级要求
红中尾(包括红参芋)	—	干货,根须呈长条形,棕红色,有光泽,呈半透明,角质状,气香,味甘、微苦,无虫蛀、霉变、碎参腿、杂质等,按外观是否有黄皮、病疤等可分一等、二等
红直须一级	≥13.3	干货,根须呈长条形,粗细均匀,绑把、无夹杂,棕红色或橙红色,有光泽,呈半透明角质状,气香,味甘、微苦,个别有极轻微水锈,无干浆、毛须、虫蛀、霉变、杂质
红直须二级	8.3~13.3	干货,根须呈长条形,粗细略均匀,绑把、无夹杂,棕红色或棕黄色,有光泽,呈半透明角质状,气香,味甘、微苦,个别有轻微水锈,无干浆、毛须、虫蛀、霉变、杂质
红混须	混货	干货,根须呈长条形或弯曲状,棕红色或橙红色,有光泽,半透明状,气香,味甘、微苦,参须长短不分,无碎末、虫蛀、霉变、杂质
红弯须	混货	干货,根须呈条形弯曲状,粗细不均,橙红色或棕黄色,有光泽,呈半透明状,不碎,气香,味甘、微苦,无碎末、杂质、虫蛀、霉变
干浆参	混货	干货,根呈圆柱形,体质轻泡、瘪瘦或多抽沟,表面棕黄色或黄白色,味甘、微苦,无杂质、虫蛀、霉变

4.2 理化指标

红参的理化指标应满足表12的要求。

表12 红参的理化指标

序号	项目		一等品	二等品	三等品
1	水分/%		≤12.00		
2	灰分/%	总灰分	≤5.00		
		酸不溶性灰分	≤0.50		
3	Rb_1、Re、Rg_1 薄层鉴别		符合《中华人民共和国药典》(2005年版一部)的规定		
4	人参单体皂苷/%	Rb_1	≥0.20		
		Re+Rg_1	≥0.25		
5	人参总皂苷/%		≥2.50		

4.3 卫生指标

红参的卫生指标应满足表 13 的要求。

表 13 红参的卫生指标

序号	项目		一、二、三等品
1	卫生检验/(个/g)(只满足于密封类产品)		菌落总数＜10 000； 霉菌总数＜100； 致病性大肠杆菌不得检出
	黄曲霉毒素 B_1/(mg/kg)		≤0.005[a]
2	有机氯农药残留/(mg/kg)	六六六(4 种异构体总量)	≤0.10
		滴滴涕(4 种异构体总量)	≤0.10
		五氯硝基苯	≤0.10
		七氯	≤0.02
		艾氏剂＋狄氏剂	≤0.02
		氯氰菊酯	≤0.2
3	有机磷农药残留/(mg/kg)	马拉硫磷	≤0.5
		对硫磷	≤0.05
		久效磷	≤0.02
		乐果	≤0.05
		甲胺磷	≤0.05[a]
		克百威	≤0.1
		毒死蜱	≤0.5
4	二氧化硫/(g/kg)	二氧化硫(SO_2)	≤0.05
5	有害元素/(mg/kg)	砷(As)	≤2.0
		铅(Pb)	≤0.5
		镉(Cd)	≤0.5
		汞(Hg)	≤0.1
		铜(Cu)	≤20.0

[a] 该数值为检验方法的最低检出限。

5 试验方法

5.1 抽样和数量

成品红参抽样方法按《中华人民共和国药典》(2005 年版一部)附录规定方法执行。抽样后，取 1/3 量样品用于外观鉴定；1/3 量样品粉碎过 80 目筛(180 μm±7.6 μm)，先称取测定水分的样品后，其余置 80 ℃烘干后置于硅胶干燥器中保存供指标检测；另 1/3 量保存 3 个月作副样。外观抽样数量为 10 支，理化和卫生检验抽样量为 200 g。

5.1.1 成品参每一个批次，每一个规格进行一次抽样检验，抽样采用随机的办法，超过 200 kg 的先按 5%抽样，再合并进行随机抽样。

5.1.2 大包装原料参，每次按规格进行抽样，抽样采用随机的办法，超过 200 kg 的先随机抽取 5%，合并后再进行随机抽样。

5.2 规格等级

5.2.1 外观

按各种产品规格等级要求采样，取样后放在白瓷盘中。外观特征在自然光线下目测，规格、长度和厚度用计量检定米尺测量；质量用天平(0.1g)检验，应符合 4.1 的要求。标示量：打开包装后立即称量，质量不得低于标示量。

5.2.2 外观质量检查(随机取红参 10 支)

5.2.2.1 长度

用标准米尺分别测量主根长度，求其平均值。

5.2.2.2 疤痕

检查疤痕数量。

5.2.2.3 破肚

检查破肚数量。

5.2.2.4 生心

将参块掰开，折断检查不得有生心。

5.2.2.5 芦头全

将(压块参)参块掰开检查，不得缺芦。

5.2.2.6 空心

将参块掰开，检查空心。

5.2.2.7 黄皮

检查黄皮数量。

5.2.2.8 干浆

检查干浆数量。

5.3 理化指标检查

5.3.1 水分含量测定

按《中华人民共和国药典》(2005 年版一部)附录水分测定法中“烘干法”执行。

5.3.2 总灰分及酸不溶性灰分的测定

取样约 3 g，其他按《中华人民共和国药典》(2005 年版一部)附录(Ⅸ K)灰分测定方法执行。

5.3.3 人参皂苷 Rb_1、Re、Rg_1 的鉴别

按《中华人民共和国药典》(2005 年版一部)“人参鉴别”项下(2)方法鉴别。

5.3.4 人参皂苷 Rb_1、Re＋Rg_1 含量测定

按《中华人民共和国药典》(2005 年版一部)“人参”项下含量测定方法附录(Ⅵ D)测定。

5.3.5 人参总皂苷含量测定

人参总皂苷含量测定方法见附录 A。

5.4 卫生指标检查

5.4.1 微生物检验

5.4.1.1 常规卫生检验：按《中华人民共和国药典》(2005 年版一部)附录(XⅢ C)微生物限度检查方法执行。

5.4.1.2 黄曲霉毒素 B_1 的检验：按 GB/T 5009.22 中第一法规定执行。

5.4.2 六六六、滴滴涕的检测

按 GB/T 5009.19 规定执行。

5.4.3 五氯硝基苯的检测

按 GB/T 5009.136 规定执行。

5.4.4 七氯、艾氏剂和狄氏剂的检测

按 GB/T 5009.36 规定执行。

5.4.5 氯氰菊酯的检测

按 GB/T 5009.110 规定执行。

5.4.6 马拉硫磷、对硫磷、久效磷、乐果的检测

按 GB/T 5009.20 规定执行。

5.4.7 甲胺磷的检测

按 GB/T 5009.103 规定执行。

5.4.8 克百威的检测

按 GB/T 5009.104 规定执行。

5.4.9 毒死蜱的检测

按 GB/T 5009.145 规定执行。

5.4.10 二氧化硫的检测：

按 GB/T 5009.34 规定执行。

5.5 砷、铅、铜、镉、汞、铜的检测

砷的检测按 GB/T 5009.11 规定执行。

铅的检测按 GB/T 5009.12 规定执行。

铜的检测按 GB/T 5009.13 规定执行。

镉的检测按 GB/T 5009.15 规定执行。

汞的检测按 GB/T 5009.17 规定执行。

6 检验规则

6.1 产品应由生产厂技术检验部门进行检验，合格后方可提交验收。

6.2 产品应成批提交检验，检验分为出厂检验和型式检验。

6.3 出厂检验

6.3.1 出厂检验应按 GB/T 2828.1 的规定进行，合格后方可出厂。

6.3.2 出厂检验采用一次抽样方案。

6.4 型式检验

有下列情况之一时应进行型式检验：

a) 产品定型鉴定时；

b) 原材料或更改工艺设计影响产品质量时；

c) 正常生产一年时；

d) 停产一年后，恢复生产时。

6.5 判定规则

6.5.1 规格等级检验，不符合本标准规定的某一规格等级规定时，可按下一规格等级要求进行检验。如不符合本标准规定等级为不合格品。

6.5.2 理化指标、卫生指标中有一项不合格的可加倍取样进行复检。仍有一项不合格，则判定该批产品不合格(细菌和霉菌检测指标不能复检)。

6.5.3 在样品中凡有下列情况之一者即为该批产品不合格：

a) 理化指标任一项不符合规定的(理化指标可复检)；

b) 卫生指标不符合表 13 中任一项指标规定的；

c) 标签不符合 GB 7718 规定的。

对检验不合格批次，应对留样进行复检或在同批产品中加倍抽取样品，对不合格项目进行复检，以

复检结果为准(细菌和霉菌检测指标不能复检)。

7 标志、标签和包装

7.1 标志

包装贮运图示标志按 GB/T 191 规定执行。

7.2 标签

除按 GB 7718 执定外,还应标注原料产地;如是地理标志产品,应粘贴地理标志产品保护专用标志。

7.3 包装

包装应用防潮、无毒、无异味的材料密闭包装,包装材料应符合卫生要求。

8 运输和贮存

8.1 运输

运输的交通工具应清洁、卫生、干燥、无异味;运输时应防雨、防潮、防曝晒,小心轻放;严禁与有毒、易污染物品混装、混运。

8.2 贮存

成品红参应贮存在清洁卫生、阴凉干燥(温度不超过 20 ℃、相对湿度不高于 65%)、通风、防潮、防虫蛀、无异味的库房中,定期检查红参的贮存情况。

附 录 A
（规范性附录）
红参总皂苷含量的测定方法

A.1 原理

因人参皂苷在正丁醇中分配系数较大，故用乙醚脱脂后，用水饱和正丁醇超声萃取纯化皂苷，人参皂苷可以与硫酸-香草醛显色，在 544 nm 波长处有最大吸收峰，在一定浓度下符合朗伯-比尔定律。

A.2 仪器

A.2.1 紫外-可见分光光度计。

A.2.2 索氏提取器。

A.3 试剂

A.3.1 乙醚、甲醇、硫酸、正丁醇、无水乙醇、香草醛均为分析纯。

A.3.2 人参皂苷 Re 对照品：应购于中国药品生物制品检定所。

A.3.3 8%香草醛乙醇试液：取香草醛 0.8 g，加无水乙醇使其溶解成 10 mL，摇匀，即得（配制溶液一周内可以使用）。

A.3.4 72%硫酸溶液：取硫酸 72 mL，缓缓注入适量水中，冷却至室温，加水稀释至 100 mL，摇匀，即得。

A.3.5 对照品溶液的制备：精密称取人参皂苷 Re 对照品 10 mg，置于 10 mL 量瓶中，加甲醇适量使其溶解并稀释至刻度，摇匀，即得。

A.4 分析步骤

A.4.1 供试品溶液的制备

取供试品约 1 g，精密称定，用中性滤纸包好，置于索式提取器中，加入乙醚，微沸回流提取 1 h，弃去乙醚液，供试品药包挥干乙醚溶剂，再置于另一索式提取器中加入甲醇浸泡过夜，次日再加入适量甲醇开始微沸回流提取，回流 6 次，以人参皂苷提尽为准（定性鉴别阴性）。合并甲醇提取液，回收甲醇，少量甲醇提取液置于蒸发皿中，水浴蒸干。用蒸馏水溶解提取物，加水 30 mL～40 mL 至分液漏斗中用水饱和的正丁醇 30 mL 进行萃取，共 4 次。取上层液蒸干，加甲醇溶解后，转移至 10 mL 量瓶中，用甲醇稀释至刻度，摇匀，即得。

A.4.2 人参皂苷提取定性鉴别

供试品回流提取 6 次以后，取少量点于硅胶 G 薄层板（105 ℃活化 10 min）上，用 10%硫酸乙醇溶液显色，即将薄层板置于通风橱内，喷 10%硫酸乙醇溶液，105 ℃加热 10 min，总皂苷阳性应为紫红色斑点。也可将薄层板置于碘气缸中数秒钟即取出，以没有紫黄色斑点为阴性。判断人参皂苷是否提取完全，应以索式提取器中载供试品瓶中的溶液定性鉴别为阴性为准。

A.4.3 标准曲线的制作

精密吸取人参皂苷 Re 对照品 10、20、30、40、60μL，置于磨口带塞试管中，水浴蒸干甲醇后，加入 8%香草醛乙醇试液 0.5 mL、72%硫酸试液 5 mL，充分振摇混匀后置于 60 ℃恒温水浴上加热 10 min，立即用冰水冷却 10 min，摇匀。以试剂作空白，按照分光光度法于 544 nm 波长处分别测定吸收度，绘制浓度吸收曲线，如图 A.1。做回归方程：[CONC]＝a×abs＋b[回归方程参考《中华人民共和国药典》（2005 版二部）方法]。

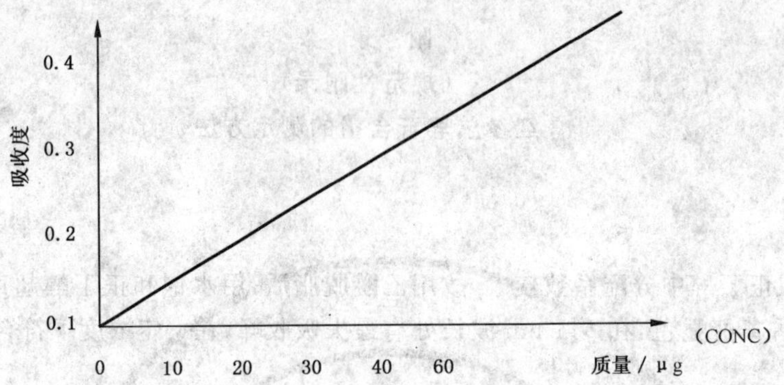

图 A.1

A.4.4 测定

精密吸取供试品溶液 20 μL，置于具塞刻度试管中，水浴蒸干甲醇后，加入 8% 香草醛乙醇试液 0.5 mL、72% 硫酸试液 5 mL，充分振摇混匀后置于 60 ℃ 恒温水浴上加热 10 min，立即用冰水冷却 10 min，摇匀。以试剂作空白，按照分光光度法于 544 nm 波长处分别测定吸收度。

A.4.5 分析结果计算

以质量分数(%)表示的红参中人参总皂苷含量(X)按式(A.1)计算：

$$X = ([CONC]/V_2 \times V_1)/m \times 100 \quad \text{(A.1)}$$

式中：

[CONC]——a×abs+b，a 为回归系数，abs 为实测光密度值，b 为截距；

V_1——定容体积，单位为毫升(mL)；

V_2——取样体积，单位为微升(μL)；

m——供试品称样量，单位为毫克(mg)。

ICS 65.020.01
B 30

中华人民共和国国家标准

GB/T 22539—2008

糖参分等质量

Grade quality of sugar ginseng

2008-11-20 发布　　2009-05-01 实施

中华人民共和国国家质量监督检验检疫总局
中国国家标准化管理委员会　发布

前言

本标准的附录A为规范性附录。

本标准由国家标准化管理委员会提出并归口。

本标准负责起草单位：吉林省参茸办公室、吉林人参研究院、国家参茸产品质量监督检验中心。

本标准参加起草单位：农业部参茸检验测试中心、黑龙江省运加参茸研究所、吉林省通化中心医院、吉林省通化师范学院。

本标准主要起草人：冯家、曹志强、仲伟同。

本标准参加起草人：金慧、李月茹、金鑫、张达正、庞晓梅、庞佳莹、曹会磊、李秀梅、仲崇霞、田海峰。

糖 参 分 等 质 量

1 范围

本标准规定了糖参产品的术语和定义、技术要求、试验方法、检验规则、标志、标签和包装以及运输和贮存。

本标准适用于糖参的加工和鉴定。

人参作为药用时应遵循《中华人民共和国药典》(最新版本)。

2 规范性引用文件

下列文件中的条款通过本标准的引用而成为本标准的条款。凡是注日期的引用文件，其随后所有的修改单(不包括勘误的内容)或修订版均不适用于本标准，然而，鼓励根据本标准达成协议的各方研究是否可使用这些文件的最新版本。凡是不注日期的引用文件，其最新版本适用于本标准。

GB/T 191 包装储运图示标志

GB 317 白砂糖

GB/T 2828.1 计数抽样检验程序 第1部分:按接收质量限(AQL)检索的逐批检验抽样计划

GB/T 5009.7 食品中还原糖的测定

GB/T 5009.8 食品中蔗糖的测定

GB/T 5009.11 食品中总砷及无机砷的测定

GB/T 5009.12 食品中铅的测定

GB/T 5009.13 食品中铜的测定

GB/T 5009.15 食品中镉的测定

GB/T 5009.17 食品中总汞及有机汞的测定

GB/T 5009.19 食品中六六六、滴滴涕残留量的测定

GB/T 5009.20 食品中有机磷农药残留量的测定

GB/T 5009.34 食品中亚硫酸盐的测定

GB/T 5009.36 粮食卫生标准的分析方法

GB/T 5009.103 植物性食品中甲胺磷和乙酰甲胺磷农药残留量的测定

GB/T 5009.104 植物性食品中氨基甲酸酯类农药残留量的测定

GB/T 5009.110 植物性食品中氯氰菊酯、氰戊菊酯和溴氰菊酯残留量的测定

GB/T 5009.136 植物性食品中五氯硝基苯残留量的测定

GB/T 5009.145 植物性食品中有机磷和氨基甲酸酯类农药多种残留的测定

GB 7718 预包装食品标签通则

《中华人民共和国药典》(2005年版一部)

3 术语和定义

下列术语和定义适用于本标准。

3.1

糖参 sugared ginseng

鲜人参通过排针、顺针、浸糖、干燥等工艺加工制成的人参制品。

3.2

轻糖直须　sugared rootlets

鲜人参须浸糖、干燥制成的制品。

3.3

人参芦　rhizome of ginseng

人参的根茎。

3.4

人参整体长　total length of ginseng

人参产品的总体长度。

3.5

红皮　rusty substance in the cuticle

人参表皮呈现铁锈颜色的现象。

3.6

返糖　separating sugar out

糖参产品表面析糖的现象。

3.7

浮糖　sugar remains

糖参表面残留糖浆的现象。

3.8

皱纹　wrinkles

糖参表面出现的凹凸状现象。

4 技术要求

4.1 规格、等级

4.1.1 糖参的规格、等级

糖参的规格、等级应满足表1的要求。

表1　糖参制品规格等级

项　目	一　等	二　等
主体长度/cm	≥8	≥5
外观	根呈长圆柱形，芦齐全	根呈长圆柱形，芦不全
颜色	表面白色	表面黄白色
主体、支根、断面	体充实、支根均匀、断面白色	粗细不匀，断面白色
表面	不返糖、无浮糖、无损芦	
气味、杂质、虫蛀、霉变	味甜、微苦，无杂质、虫蛀、霉变	

4.1.2 轻糖直须的规格、等级

轻糖直须的规格、等级应满足表2的要求。

表2　轻糖直须制品规格等级

项　目	一　等	二　等
主体长度/cm	≥13.0	<13.0
外观	干货，根须呈长条形	

表 2（续）

项　目	一　等	二　等
颜色	黄白色半透明	
主体、质地	粗细均匀、质充实	条不均匀，质充实
表面	不返糖、无皱纹、无干浆	不返糖、有皱纹、有干浆
气味、杂质、虫蛀、霉变	味甜，回味微苦，无杂质、虫蛀、霉变	

4.2　加工糖参用糖的要求

加工糖参所用蔗糖应符合 GB/T 5009.8 规定，所用白砂糖应符合 GB 317 规定。

4.3　理化指标

糖参的理化指标应满足表 3 的规定。

表 3　理化指标

序号	项　目		一、二等品
1	水分/%		≤12.00
2	灰分/%	总灰分	≤5.00
		酸性不溶灰分	≤0.50
3	Rb_1、Re、Rg_1 薄层鉴别		应符合《中华人民共和国药典》(2005 年版一部)的规定
4	人参总皂苷/%		≥0.50
5	还原糖/%		≥8.00

4.4　卫生指标

糖参的卫生指标应满足表 4 的规定。

表 4　卫生指标

序号	项　目		一、二等品
1	卫生检验/(个/g)(只满足于密封类产品)		菌落总数<10 000；霉菌总数<100； 致病性大肠杆菌不得检出
2	有机氯农药残留/(mg/kg)	六六六(4 种异构体总量)	≤0.10
		滴滴涕(4 种异构体总量)	≤0.10
		五氯硝基苯	≤0.10
		七氯	≤0.02
		艾氏剂＋狄氏剂	≤0.02
		氯氰菊酯	≤0.2
3	有机磷农药残留/(mg/kg)	马拉硫磷	≤0.5
		对硫磷	≤0.05
		久效磷	≤0.02
		乐果	≤0.05
		甲胺磷	≤0.05[a]
		克百威	≤0.1
		毒死蜱	≤0.5

表 4（续）

序号	项目		一、二等品
4	二氧化硫/(g/kg)	二氧化硫(SO_2)	≤0.05
5	有害元素/(mg/kg)	砷(As)	≤2.0
		铅(Pb)	≤0.5
		镉(Cd)	≤0.5
		汞(Hg)	≤0.1
		铜(Cu)	≤20.0
[a] 该数值为检验方法的最低检出限。			

5 试验方法

5.1 抽样和数量

成品糖参抽样方法按《中华人民共和国药典》(2005 年版一部)附录规定方法执行。抽样后，取 1/3 量样品用于外观鉴定，1/3 量样品粉碎过 80 目筛(180 μm±7.6 μm)，先称取测定水分的样品后，其余置 80 ℃烘干后置于硅胶干燥器中保存供各项指标测定用，另 1/3 量保存 3 个月作副样。感官抽样数量为 10 支，理化和卫生检验抽样量为 200 g。

5.1.1 成品参每一个批次，每一个规格进行一次抽样检验，抽样采用随机的办法，超过 200 kg 的先按 5%抽样，再合并进行随机抽样。

5.1.2 大包装原料参，每次按规格进行抽样，抽样采用随机的办法，超过 200 kg 的先随机抽取 5%，合并后再进行随机抽样。

5.2 规格等级

5.2.1 外观

按各种产品规格等级要求采样，取样后放在白瓷盘中。外观特征在自然光线下目测，规格长度用计量检定米尺测量；质量用天平(0.1 g)检验，应符合 4.1 的要求。标示量：打开包装后立即称量，质量不得低于标示量。

5.2.2 外观质量检查

5.2.2.1 长度

随机取糖参 10 支，用标准米尺分别测量，求其平均值。

5.2.2.2 芦头

随机取糖参 10 支，不得缺芦。

5.3 加工糖参用糖的检验

按 GB/T 5009.8 规定执行或按 GB 317 规定执行。

5.4 理化指标检查

5.4.1 水分含量测定

按《中华人民共和国药典》(2005 年版一部)附录水分测定法中“烘干法”执行。

5.4.2 总灰分及酸不溶性灰分的测定

取样约 3 g，其他按《中华人民共和国药典》(2005 年版一部)附录(Ⅸ K)灰分测定方法执行。

5.4.3 人参皂苷 Rb_1、Re、Rg_1 的鉴别

按《中华人民共和国药典》(2005 年版一部)“人参鉴别”项下(2)方法鉴别。

5.4.4 人参总皂苷含量测定

人参总皂苷含量测定方法见附录 A。

5.4.5 还原糖含量测定

按 GB/T 5009.7 规定执行。

5.5 卫生指标检查

5.5.1 微生物检测

按《中华人民共和国药典》(2005 年版一部)附录(XⅢ C)微生物限度检查方法执行。

5.5.2 六六六、滴滴涕的检测

按 GB/T 5009.19 规定执行。

5.5.3 五氯硝基苯的检测

按 GB/T 5009.136 规定执行。

5.5.4 七氯、艾氏剂和狄氏剂的检测

按 GB/T 5009.36 规定执行。

5.5.5 氯氰菊酯的检测

按 GB/T 5009.110 规定执行。

5.5.6 马拉硫磷、对硫磷、久效磷、乐果的检测

按 GB/T 5009.20 规定执行。

5.5.7 甲胺磷的检测

按 GB/T 5009.103 规定执行。

5.5.8 克百威的检测

按 GB/T 5009.104 规定执行。

5.5.9 毒死蜱的检测

按 GB/T 5009.145 规定执行。

5.5.10 二氧化硫的检测

按 GB/T 5009.34 规定执行。

5.6 砷、铅、铜、镉、汞的检测

砷的检测按 GB/T 5009.11 规定执行。

铅的检测按 GB/T 5009.12 规定执行。

铜的检测按 GB/T 5009.13 规定执行。

镉的检测按 GB/T 5009.15 规定执行。

汞的检测按 GB/T 5009.17 规定执行。

6 检验规则

6.1 产品应由生产厂技术检验部门进行检验,合格后方可提交验收。

6.2 产品应成批提交检验,检验分为出厂检验和型式检验。

6.3 出厂检验

6.3.1 出厂检验应按 GB/T 2828.1 的规定进行,合格后方可出厂。

6.3.2 出厂检验采用一次抽样方案。

6.4 型式检验

有下列情况之一时应进行型式检验:

a) 产品定型鉴定时;

b) 原材料或更改工艺设计影响产品质量时;

c) 正常生产一年时;

d) 停产一年后,恢复生产时。

6.5 判定规则

6.5.1 规格等级检验,不符合本标准规定的某一规格等级规定时,可按下一规格等级要求进行检验,如不符合本标准规定等级为不合格品。

6.5.2 理化指标、卫生指标中有一项不合格的可加倍取样进行复检。仍有一项不合格,则判定该批产品不合格(细菌和霉菌检测指标不能复检)。

6.5.3 在样品中凡有下列情况之一者即为该批产品不合格:

a) 理化指标任一项不符合规定的(理化指标可复检);

b) 卫生指标不符合表 4 中任一项指标规定的;

c) 标签不符合 GB 7718 规定的。

6.5.4 对检验不合格批次,应对留样进行复检或在同批产品中加倍抽取样品,对不合格项目进行复检,以复检结果为准(细菌和霉菌检测指标不能复检)。

7 标志、标签和包装

7.1 标志

包装贮运图示标志按 GB/T 191 规定执行。

7.2 标签

除按 GB 7718 规定执行外,还应标注原料产地。如是地理标志产品,应粘贴地理标志产品保护专用标志。

7.3 包装

包装应用防潮、无毒、无异味的材料密闭包装,包装材料应符合卫生要求。外包装用瓦楞纸箱,密封。箱外印有品名、规格、数量、贮存条件、运输条件、厂名、厂址、邮编、电话、出厂日期、产品条码、防雨标志、防潮标志、轻放标志。

8 运输和贮存

8.1 运输

运输的交通工具应清洁、卫生、干燥、无异味;运输时应防雨、防潮、防曝晒,小心轻放;严禁与有毒、易污染物品混装、混运。

8.2 贮存

成品糖参应贮存在清洁卫生、阴凉干燥(温度不超过 20 ℃、相对湿度不高于 65%)、通风、防潮、防虫蛀、无异味的库房中,定期检查糖参的贮存情况。

附 录 A
（规范性附录）
糖参总皂苷含量的测定方法

A.1 原理

因人参皂苷在正丁醇中分配系数较大，故用乙醚脱脂后，用水饱和正丁醇超声萃取纯化皂苷，人参皂苷可以与硫酸-香草醛显色，在544 nm波长处有最大吸收峰，在一定浓度下符合朗伯-比尔定律。

A.2 仪器

A.2.1 紫外-可见分光光度计。

A.2.2 索氏提取器。

A.3 试剂

A.3.1 乙醚、甲醇、硫酸、正丁醇、无水乙醇、香草醛均为分析纯。

A.3.2 人参皂苷Re对照品：应购于中国药品生物制品检定所。

A.3.3 8%香草醛乙醇试液：取香草醛0.8 g，加无水乙醇使其溶解成10 mL，摇匀，即得（配制溶液一周内可以使用）。

A.3.4 72%硫酸溶液：取硫酸72 mL，缓缓注入适量水中，冷却至室温，加水稀释至100 mL，摇匀，即得。

A.3.5 对照品溶液的制备：精密称取人参皂苷Re对照品10 mg，置于10 mL量瓶中，加甲醇适量使溶解并稀释至刻度，摇匀，即得。

A.4 分析步骤

A.4.1 供试品溶液的制备

取供试品约1 g，精密称定，用中性滤纸包好，置于索式提取器中，加入乙醚，微沸回流提取1 h，弃去乙醚液，供试品药包挥干乙醚溶剂，再置于另一索式提取器中加入甲醇浸泡过夜，次日再加入适量甲醇开始微沸回流提取，回流6次，以人参皂苷提尽为准（定性鉴别阴性）。合并甲醇提取液，回收甲醇，少量甲醇提取液置于蒸发皿中，水浴蒸干。用蒸馏水溶解提取物，加水30 mL～40 mL至分液漏斗中用水饱和的正丁醇30 mL进行萃取，共4次。取上层液蒸干，加甲醇溶解后，转移至10 mL量瓶中，用甲醇稀释至刻度，摇匀，即得。

A.4.2 人参皂苷提取定性鉴别

供试品回流提取6次以后，取少量点于硅胶G薄层板（105 ℃活化10 min）上，用10%硫酸乙醇溶液显色，即将薄层板置于通风橱内，喷10%硫酸乙醇溶液，105 ℃加热10 min，总皂苷阳性应为紫红色斑点。也可将薄层板置于碘气缸中数秒钟即取出，以没有紫黄色斑点为阴性。判断人参皂苷是否提取完全，应以索式提取器中载供试品瓶中的溶液定性鉴别为阴性为准。

A.4.3 标准曲线的制作

精密吸取人参皂苷Re对照品10、20、30、40、60 μL，置于磨口带塞试管中，水浴蒸干甲醇后，加入8%香草醛乙醇试液0.5 mL、72%硫酸试液5 mL，充分振摇混匀后置于60 ℃恒温水浴上加热10 min，立即用冰水冷却10 min，摇匀。以试剂作空白，按照分光光度法于544nm波长处分别测定吸收度，绘制浓度吸收曲线，如图A.1。做回归方程：[CONC]＝a×abs＋b[回归方程参考《中华人民共和国药典》（2005版二部）方法]。

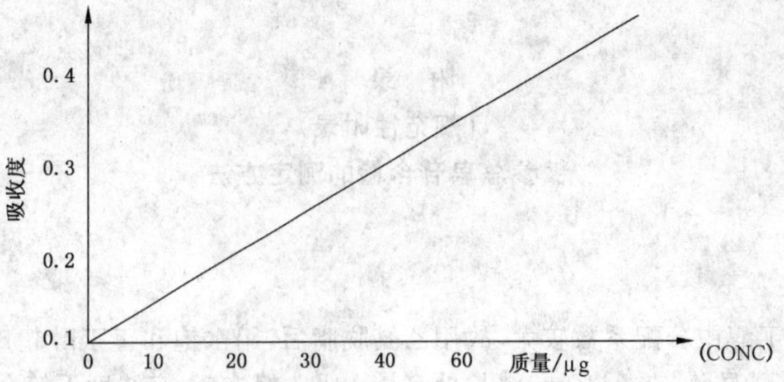

图 A.1

A.4.4 测定

精密吸取供试品溶液 20 μL，置于具塞刻度试管中，蒸干甲醇后，加入 8%香草醛乙醇试液 0.5 mL、72%硫酸试液 5 mL，充分振摇混匀后置于 60 ℃恒温水浴上加热 10 min，立即用冰水冷却 10 min，摇匀。以试剂作空白，按照分光光度法于 544 nm 波长处分别测定吸收度。

A.4.5 分析结果计算

以质量分数(%)表示的红参中人参总皂苷含量(X)按式(A.1)计算：

$$X = ([\mathrm{CONC}]/V_2 \times V_1)/m \times 100 \qquad \cdots\cdots\cdots\cdots(\mathrm{A}.1)$$

式中：

[CONC]——a×abs+b，a 为回归系数，abs 为实测光密度值，b 为截距；

V_1——定容体积，单位为毫升(mL)；

V_2——取样体积，单位为微升(μL)；

m——供试品称样量，单位为毫克(mg)。

ICS 65.020.01
B 30

中华人民共和国国家标准

GB/T 22540—2008

蜜制人参分等质量

Grade quality of honeyed ginseng

2008-11-20 发布　　　　2009-05-01 实施

中华人民共和国国家质量监督检验检疫总局
中国国家标准化管理委员会　发布

前言

本标准的附录 A 为规范性附录。

本标准由国家标准化管理委员会提出并归口。

本标准负责起草单位：吉林人参研究院、国家参茸产品质量监督检验中心、吉林省参茸办公室。

本标准参加起草单位：黑龙江省运加参茸研究所、吉林省长春市农科院、吉林大学通化医药学院、吉林省通化东宝永健制药有限公司、吉林省通化师范学院。

本标准主要起草人：曹志强、仲伟同、冯家。

本标准参加起草人：曹会磊、钟秀娟、刘强、张百放、郭影、蔡雪梅、李秀梅、武伦鹏、赵花、程柄香。

蜜制人参分等质量

1 范围

本标准规定了蜜制人参产品的术语和定义、技术要求、试验方法、检验规则、标志、标签和包装以及运输和贮存。

本标准适用于蜜制人参的加工和鉴定。

人参作为药用时应遵循《中华人民共和国药典》(最新版本)。

2 规范性引用文件

下列文件中的条款通过本标准的引用而成为本标准的条款。凡是注日期的引用文件，其随后所有的修改单(不包括勘误的内容)或修订版均不适用于本标准，然而，鼓励根据本标准达成协议的各方研究是否可使用这些文件的最新版本。凡是不注日期的引用文件，其最新版本适用于本标准。

GB/T 191 包装储运图示标志

GB/T 2828.1 计数抽样检验程序 第1部分：按接收质量限(AQL)检索的逐批检验抽样计划

GB/T 5009.7 食品中还原糖的测定

GB/T 5009.11 食品中总砷及无机砷的测定

GB/T 5009.12 食品中铅的测定

GB/T 5009.13 食品中铜的测定

GB/T 5009.15 食品中镉的测定

GB/T 5009.17 食品中总汞及有机汞的测定

GB/T 5009.19 食品中六六六、滴滴涕残留量的测定

GB/T 5009.20 食品中有机磷农药残留量的测定

GB/T 5009.29 食品中山梨酸、苯甲酸的测定

GB/T 5009.31 食品中对羟基苯甲酸酯类的测定

GB/T 5009.34 食品中亚硫酸盐的测定

GB/T 5009.36 粮食卫生标准的分析方法

GB/T 5009.103 植物性食品中甲胺磷和乙酰甲胺磷农药残留量的测定

GB/T 5009.104 植物性食品中氨基甲酸酯类农药残留量的测定

GB/T 5009.110 植物性食品中氯氰菊酯、氰戊菊酯和溴氰菊酯残留量的测定

GB/T 5009.136 植物性食品中五氯硝基苯残留量的测定

GB/T 5009.145 植物性食品中有机磷和氨基甲酸酯类农药多种残留的测定

GB 7718 预包装食品标签通则

《中华人民共和国药典》(2005年版一部)

3 术语和定义

下列术语和定义适用于本标准。

3.1

蜜制人参 honeyed ginseng

用蜂蜜作为辅料，经蜜制工艺加工而成的人参制品。

3.2

鲜人参蜜片　slices of honeyed fresh ginseng

鲜人参洗刷后，将主根切成薄片，用热水轻烫或短时蒸制，浸蜜，干燥，加工制成的人参制品。

3.3

人参芦　rhizome of ginseng

人参主根上部的根茎。

3.4

人参主根　main root of ginseng

人参根的主体，根茎(芦头)以下到支根以上的主体部分。

3.5

人参整体长　total length of ginseng

人参产品的总长。

3.6

人参支根　lateral roots of ginseng

生长于人参主根下端较粗的支根。

3.7

人参须根　fibrous roots of ginseng

生长在人参主根、支根和不定根上的须根。

3.8

人参须、芦齐全　ginseng with complete tassels and rhizome

蜜制软糖参加工过程中，要求人参须、根茎齐全。

3.9

皱纹　wrinkles

蜜制人参加工过程中，由于排、顺针以及浸蜜时间和浓度的关系导致糖参表面抽沟，出现皱纹。

3.10

边缘不齐　uneven margin

鲜人参蜜片加工过程中，人参片外圈开裂的现象。

3.11

白心　partial raw inside

鲜人参蜜片加工过程中，人参片内部出现生心的现象。

4　技术要求

4.1　规格、等级

4.1.1　蜜制人参产品的规格、等级

4.1.1.1　蜜制人参产品的规格

蜜制人参产品的规格应满足表1的要求。

表1　蜜制人参规格

规格	支数	重量/(g/盒)
单支	1支	30;40;50;60;80;100
双支	2支	60;80;100;160;200
四支	4支	400

4.1.1.2 **蜜制人参产品的等级**

蜜制人参产品的等级应满足表2的要求。

表2 蜜制人参等级

项目	一等	二等
主体长度 X/cm	≥15	15>X≥10
外观	根呈长圆柱形,体软,芦、须齐全	根呈长圆柱形,体软,芦、须不全
颜色	红棕色	
主根、支根	体充实,支条均匀	少有干瘪,支条均匀
表面	不返糖,无浮糖,无破损	
气味、杂质、虫蛀、霉变	味甜,微苦,无杂质、虫蛀、霉变	

4.1.2 **鲜人参蜜片的规格、等级**

4.1.2.1 **鲜人参蜜片的规格**

鲜人参蜜片的规格应满足表3的要求。

表3 鲜人参蜜片规格

规格	重量/(g/袋)	直径 X/cm	片厚/cm
特级	5或10	≥2.0	1.0~1.2
一级	5或10	2.0>X>1.0	1.0~1.5

4.1.2.2 **鲜人参蜜片的等级**

鲜人参蜜片的等级应满足表4的要求。

表4 鲜人参蜜片等级

项目	一等	二等
外观	圆片或椭圆片,外观光亮,边缘整齐	圆片或椭圆片,外观光亮,边缘不整齐
颜色	黄白色或红棕色片半透明片	
片厚、生心	参片薄厚均匀,没有生心	参片薄厚不均匀,有生心
表面	表面没有积蜜,不粘手	
气味、杂质、虫蛀、霉变	味甘微苦,无杂质、虫蛀、霉变	

4.2 **加工蜜制人参、人参蜜片用蜂蜜的要求**

加工蜜制人参、人参蜜片所用蜂蜜应符合《中华人民共和国药典》(2005年版一部)规定的要求。

4.3 **理化指标**

蜜制人参、鲜人参蜜片的理化指标应满足表5的要求。

表5 蜜制人参、鲜人参蜜片的理化指标

序号	项目		一等品	二等品
1	水分/%		20.00~35.00	
2	灰分/%	总灰分	≤5.00	
		酸灰分	≤0.50	
3	Rb_1、Re、Rg_1 薄层鉴别		应符合《中华人民共和国药典》(2005年版一部)的规定	
4	人参总皂苷/%		≥0.80	
5	还原糖/%		≥8.00	
注:上述指标均以干燥品计算。				

4.4 卫生指标

蜜制人参、鲜人参蜜片的卫生指标应符合表6的规定 。

表6 蜜制人参、鲜人参蜜片的卫生指标

序号	项目		一、二等品
1	卫生检验/(个/g)(只满足于密封类产品)		菌落总数＜10 000； 霉菌总数＜100； 致病性大肠杆菌不得检出
2	有机氯农药残留/(mg/kg)	六六六(4种异构体总量)	≤0.10
		滴滴涕(4种异构体总量)	≤0.10
		五氯硝基苯	≤0.10
		七氯	≤0.02
		艾氏剂＋狄氏剂	≤0.02
		氯氰菊酯	≤0.2
3	有机磷农药残留/(mg/kg)	马拉硫磷	≤0.5
		对硫磷	≤0.05
		久效磷	≤0.02
		乐果	≤0.05
		甲胺磷	≤0.05[a]
		克百威	≤0.1
		毒死蜱	≤0.5
4	二氧化硫/(g/kg)	二氧化硫(SO_2)	≤0.05
5	有害元素/(mg/kg)	砷(As)	≤2.0
		铅(Pb)	≤0.5
		镉(Cd)	≤0.5
		汞(Hg)	≤0.1
		铜(Cu)	≤20.0
6	防腐剂残留/(mg/kg)	苯甲酸(盐)	≤0.5
		山梨酸(盐)	≤0.5
		尼伯金乙酯	≤0.1

注：上述指标均以干燥品计算。

[a] 该数值为检验方法的最低检出限。

5 试验方法

5.1 抽样和数量

成品蜜制人参抽样方法按《中华人民共和国药典》(2005年版一部)附录规定方法执行。抽样后，取1/3量样品用于外观鉴定，1/3量样品粉碎过80目筛(180 μm±7.6 μm)，先称取测定水分的样品后，其余置80 ℃烘干后置于硅胶干燥器中保存供各项指标测定用，另1/3量保存3个月作副样。感官抽样数量为10支，理化和卫生检验抽样量为200 g。

5.1.1 成品参每一个批次，每一个规格进行一次抽样检验，抽样采用随机的办法，超过200 kg的先按

5%抽样，再合并进行随机抽样。

5.1.2 大包装原料参，每次按规格进行抽样，抽样采用随机的办法，超过 200 kg 的先随机抽取 5%，合并后再进行随机抽样。

5.2 规格等级

5.2.1 外观

按各种产品规格等级要求采样，取样后放在白瓷盘中。外观特征在自然光线下目测，规格长度、厚度用计量检定米尺测量；质量用天平(0.1 g)检验，应符合 4.1 的要求。标示量：打开包装后立即称量，质量不得低于标示量。

5.2.2 外观质量检查

5.2.2.1 长度

随机取蜜制人参 10 支或人参蜜片 20 g，用标准米尺分别测量长度或直径，求其平均值。

5.2.2.2 重量

随机取蜜制人参 10 支或人参蜜片 20 g，用感量为 0.1 g 的天平称量，求其平均值。

5.2.2.3 芦头全

随机取蜜制人参 10 支，不得缺芦。

5.3 加工蜜制人参、人参蜜片所用蜂蜜的检验

应符合《中华人民共和国药典》(2005 年版一部)规定的要求。

5.4 理化指标检查

5.4.1 水分含量测定

按《中华人民共和国药典》(2005 年版一部)附录水分测定法中“烘干法”执行。

5.4.2 总灰分及酸不溶性灰分的测定

取样约 3 g，其他按《中华人民共和国药典》(2005 年版一部)附录(Ⅸ K)灰分测定方法执行。

5.4.3 人参皂苷 Rb_1、Re、Rg_1 的鉴别

按《中华人民共和国药典》(2005 年版一部)“人参鉴别”项下(2)方法鉴别。

5.4.4 人参总皂苷含量测定

人参总皂苷含量测定方法见附录 A。

5.4.5 还原糖含量测定

按 GB/T 5009.7 规定执行。

5.5 卫生指标检查

5.5.1 微生物检测

按《中华人民共和国药典》(2005 年版一部)附录(XⅢ C)微生物限度检查方法执行。

5.5.2 六六六、滴滴涕的检测

按 GB/T 5009.19 规定执行。

5.5.3 五氯硝基苯的检测

按 GB/T 5009.136 规定执行。

5.5.4 七氯、艾氏剂和狄氏剂的检测

按 GB/T 5009.36 规定执行。

5.5.5 氯氰菊酯的检测

按 GB/T 5009.110 规定执行。

5.5.6 马拉硫磷、对硫磷、久效磷、乐果的检测

按 GB/T 5009.20 规定执行。

5.5.7 甲胺磷的检测

按 GB/T 5009.103 规定执行。

5.5.8 克百威的检测

按 GB/T 5009.104 规定执行。

5.5.9 **毒死蜱的检测**

按 GB/T 5009.145 规定执行。

5.5.10 **二氧化硫的检测：**

按 GB/T 5009.34 规定执行。

5.6 **砷、铅、铜、镉、汞的检测**

砷的检测按 GB/T 5009.11 规定执行。

铅的检测按 GB/T 5009.12 规定执行。

铜的检测按 GB/T 5009.13 规定执行。

镉的检测按 GB/T 5009.15 规定执行。

汞的检测按 GB/T 5009.17 规定执行。

5.7 **残留防腐剂的测定**

5.7.1 **苯甲酸(盐)的测定**

按 GB/T 5009.29 执行。

5.7.2 **山梨酸(盐)的测定**

按 GB/T 5009.29 执行。

5.7.3 **尼伯金乙酯的测定**

按 GB/T 5009.31 执行。

6 检验规则

6.1 产品应由生产厂技术检验部门进行检验，合格后方可提交验收。

6.2 产品应成批提交检验，检验分为出厂检验和型式检验。

6.3 出厂检验

6.3.1 出厂检验应按 GB/T 2828.1 的规定进行，合格后方可出厂。

6.3.2 出厂检验采用一次抽样方案。

6.4 型式检验

有下列情况之一时应进行型式检验：

a) 产品定型鉴定时；

b) 原材料或更改工艺设计影响产品质量时；

c) 正常生产一年时；

d) 停产一年后，恢复生产时；

e) 国家质量监督部门提出要求时。

6.5 判定规则

6.5.1 规格等级检验，不符合本标准规定的某一规格等级规定时，可按下一规格等级要求进行检验，如不符合本标准规定等级为不合格品。

6.5.2 理化指标、卫生指标中有一项不合格的可加倍取样进行复检。仍有一项不合格，则判定该批产品不合格(细菌和霉菌检测指标不能复检)。

6.5.3 在样品中凡有下列情况之一者即为该批产品不合格：

a) 理化指标任一项不符合规定的(理化指标可复检)；

b) 卫生指标不符合表 6 中任一项指标规定的；

c) 标签不符合 GB 7718 规定的。

对检验不合格批次，应对留样进行复检或在同批产品中加倍抽取样品，对不合格项目进行复检，以复检结果为准(细菌和霉菌检测指标不能复检)。

7 标志、标签和包装

7.1 标志

包装贮运图示标志按 GB/T 191 规定执行。

7.2 标签

除按 GB 7718 规定执行外，还应标注原料产地。如是地理标志产品，应粘贴地理标志产品保护专用标志。

7.3 包装

包装应用防潮、无毒、无异味的材料密闭包装，包装材料应符合卫生要求。外包装用瓦楞纸箱，密封。箱外印有品名、规格、数量、贮存条件、运输条件、厂名、厂址、邮编、电话、出厂日期、产品条码、防雨标志、防潮标志、轻放标志。

8 运输和贮存

8.1 运输

运输的交通工具应清洁、卫生、干燥、无异味；运输时应防雨、防潮、防曝晒，小心轻放；严禁与有毒、易污染物品混装、混运。

8.2 贮存

成品蜜制人参应贮存在清洁卫生、阴凉干燥（温度不超过 20 ℃、相对湿度不高于 65%）、通风、防潮、防虫蛀、无异味的库房中，定期检查蜜制人参的贮存情况。

附 录 A
（规范性附录）
蜜制人参总皂苷含量的测定方法

A.1 原理

因人参皂苷在正丁醇中分配系数较大，故用乙醚脱脂后，用水饱和正丁醇超声萃取纯化皂苷，人参皂苷可以与硫酸-香草醛显色，在544 nm波长处有最大吸收峰，在一定浓度下符合朗伯-比尔定律。

A.2 仪器

A.2.1 紫外-可见分光光度计。

A.2.2 索氏提取器。

A.3 试剂

A.3.1 乙醚、甲醇、硫酸、正丁醇、无水乙醇、香草醛为分析纯。

A.3.2 人参皂苷 Re 对照品：应购于中国药品生物制品检定所。

A.3.3 8%香草醛乙醇试液：取香草醛0.8 g，加无水乙醇使其溶解成10 mL，摇匀，即得（配制溶液一周内可以使用）。

A.3.4 72%硫酸溶液：取硫酸72 mL，缓缓注入适量水中，冷却至室温，加水稀释至100 mL，摇匀，即得。

A.3.5 对照品溶液的制备：精密称取人参皂苷 Re 对照品10 mg，置于10 mL量瓶中，加甲醇适量使其溶解并稀释至刻度，摇匀，即得。

A.4 分析步骤

A.4.1 供试品溶液的制备

取供试品约1 g，精密称定，用中性滤纸包好，置于索式提取器中，加入乙醚，微沸回流提取1 h，弃去乙醚液，供试品药包挥干乙醚溶剂，再置于另一索式提取器中加入甲醇浸泡过夜，次日再加入适量甲醇开始微沸回流提取，回流6次，以人参皂苷提尽为准（定性鉴别阴性）。合并甲醇提取液，回收甲醇，少量甲醇提取液置于蒸发皿中，水浴蒸干。用蒸馏水溶解提取物，加水30 mL～40 mL至分液漏斗中用水饱和的正丁醇30 mL进行萃取，共4次。取上层液蒸干，加甲醇溶解后，转移至10 mL量瓶中，用甲醇稀释至刻度，摇匀，即得。

A.4.2 人参皂苷提取定性鉴别

供试品回流提取6次以后，取少量点于硅胶G薄层板（105 ℃活化10 min）上，用10%硫酸乙醇溶液显色，即将薄层板置于通风橱内，喷10%硫酸乙醇溶液，105 ℃加热10 min，总皂苷阳性应为紫红色斑点。也可将薄层板置于碘气缸中数秒钟即取出，以没有紫黄色斑点为阴性。判断人参皂苷是否提取完全，应以索式提取器中载供试品瓶中的溶液定性鉴别为阴性为准。

A.4.3 标准曲线的制作

精密吸取人参皂苷 Re 对照品10、20、30、40、60 μL，置于磨口带塞试管中，水浴蒸干甲醇后，加入8%香草醛乙醇试液0.5 mL、72%硫酸试液5 mL，充分振摇混匀后置于60 ℃恒温水浴上加热10 min，立即用冰水冷却10 min，摇匀。以试剂作空白，按照分光光度法于544 nm波长处分别测定吸收度，绘制浓度吸收曲线，如图A.1。做回归方程：[CONC]＝ a × abs ＋b[回归方程参考《中华人民共和国药典》(2005 版二部)方法]。

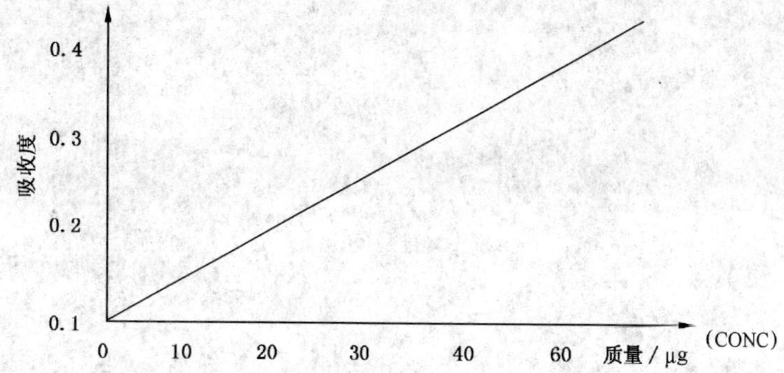

图 A.1

A.4.4 测定

精密吸取供试品溶液 20 μL,置于具塞刻度试管中,蒸干甲醇后,加入 8%香草醛乙醇试液 0.5 mL、72%硫酸试液 5 mL,充分振摇混匀后置于 60 ℃恒温水浴上加热 10 min,立即用冰水冷却 10 min,摇匀。以试剂作空白,按照分光光度法于 544 nm 波长处分别测定吸收度。

A.4.5 分析结果计算

以质量分数(%)表示的红参中人参总皂苷含量(X)按式(A.1)计算:

$$X = ([CONC]/V_2 \times V_1)/m \times 100 \quad \cdots\cdots (A.1)$$

式中:

[CONC]——a × abs + b ,a 为回归系数,abs 为实测光密度值,b 为截距;

V_1——定容体积,单位为毫升(mL);

V_2——取样体积,单位为微升(μL);

m——供试品称样量,单位为毫克(mg)。

ICS 07.060
N 93

GB

中华人民共和国国家标准

GB/T 22541—2008

土工试验仪器 击实仪

Instrument for soil test—Compaction apparatus

2008-11-21 发布 2009-02-01 实施

中华人民共和国国家质量监督检验检疫总局
中国国家标准化管理委员会 发布

前言

本标准由中华人民共和国水利部提出并归口。

本标准主要起草单位：水利部水文仪器及岩土工程仪器质量监督检验测试中心、国家电力公司南京电力自动化设备总厂、南京土壤仪器厂有限公司。

本标准参加起草单位：全国工业产品生产许可证办公室水文仪器及岩土工程仪器审查部、水利部南京水利水文自动化研究所。

本标准主要起草人：章一新、夏康、茅加峰、徐晓乐。

本部分参加起草人：袁普生、鲍良钝。

土工试验仪器　击实仪

1　范围

本标准规定了击实仪的产品分类、结构组成及规格、技术要求、试验方法、检验规则、标志、使用说明书、包装、运输和贮存的要求。

本标准适用于测定粘性土的最大干密度与最优含水率的击实仪。

2　规范性引用文件

下列文件中的条款通过本标准的引用而成为本标准的条款。凡是注日期的引用文件，其随后所有的修改单(不包括勘误的内容)或修订版均不适用于本标准，然而，鼓励根据本标准达成协议的各方研究是否可使用这些文件的最新版本。凡是不注日期的引用文件，其最新版本适用于本标准。

GB 9969.1　工业产品使用说明书　总则

GB/T 15464　仪器仪表包装通用技术条件

GB/T 50279　岩土工程基本术语标准

3　术语和定义

GB/T 50279 确立的以及下列术语和定义适用于本标准。

3.1

击实仪　compaction apparatus

一种利用标准击实方法在给定击实功能下来测定粘性土的最大干密度与最优含水率的土工试验仪器。

3.2

最大干密度　maximum dry density

击实试验所得的干密度与含水率关系曲线上峰值点所对应的干密度。

3.3

最优含水率　optimum moisture content

击实试验所得的干密度与含水率关系曲线上最大干密度所对应的含水率。

4　产品分类、结构组成及规格

4.1　产品分类

击实仪按击锤提升动力的不同，分为手动式和电动式两种。

4.2　结构组成

击实仪主要由击实筒、护筒、底板、导筒、击锤、落高跟踪机构、击数计数机构等零部件组成。其中手动击实仪结构示意图如图 1 所示，电动击实仪结构示意图如图 2 所示。

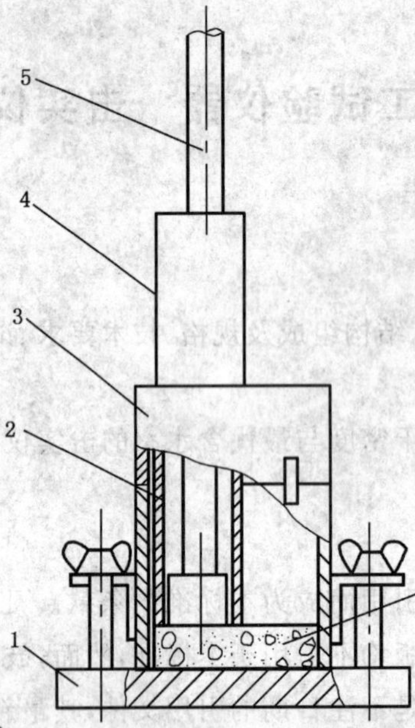

1——底板；　　　　4——导筒；
2——击实筒；　　　5——击锤；
3——护筒；　　　　6——土样。

图 1　手动击实仪

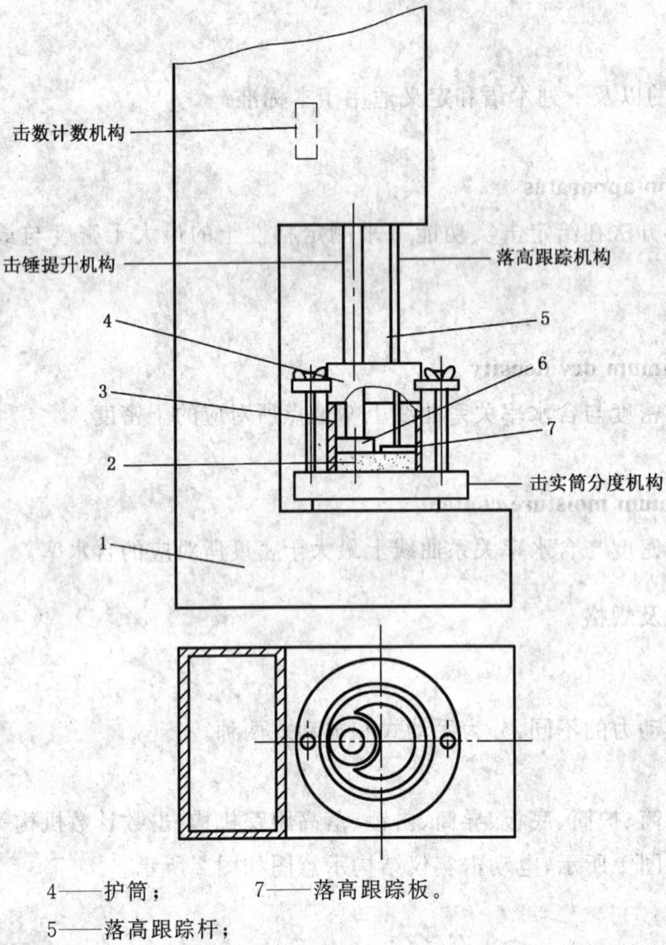

1——机架；　　　　4——护筒；　　　　7——落高跟踪板。
2——土样；　　　　5——落高跟踪杆；
3——击实筒；　　　6——击锤；

图 2　电动击实仪

4.3 产品规格

击实仪主要规格应符合表1的规定。

表1 击实仪的主要规格

击实筒		护筒		底板		导筒		击锤			
内径/mm	高度/mm	内径/mm	高度/mm	直径/mm	厚度/mm	内径/mm	外径/mm	底面直径/mm	质量/kg	落高/mm	锤击速率/(N/min)
102	116	102	70～80	180～190	14～18	53～54	57～59	51	2.5	305	10～30
152		152		230～240							
102		102		180～190					4.5	457	
152		152		230～240							

5 技术要求

5.1 工作环境

击实仪应能在下列环境下正常工作：

a) 温度：5 ℃～35 ℃；

b) 相对湿度：不大于85%（30 ℃时）。

5.2 外观

5.2.1 仪器的铸件表面应无气泡和砂眼。

5.2.2 仪器的表面漆层或镀层应平整、光滑、均匀；不得有斑点、气泡、脱皮、皱纹、碰痕、划伤及锈蚀等。

5.3 击实筒

5.3.1 材料要求

击实筒应用耐腐蚀、耐磨损、布氏硬度HB80～100的金属材料制造。

5.3.2 内壁表面粗糙度

击实筒内壁的表面粗糙度 Ra 应为6.3 μm。

5.3.3 内径

击实筒的内径相对误差应不超过±0.2%。

5.4 护筒

5.4.1 材料要求

护筒应用耐腐蚀、耐摩擦、布氏硬度HB80～100的金属材料制造。

5.4.2 内壁表面粗糙度

内壁的表面粗糙度 Ra 应为6.3 μm。

5.4.3 内径相对误差

内径相对误差应不超过±0.3%。

5.5 底板

5.5.1 材料要求

底板应用机械性能不低于A3的普通碳素钢制造。

5.5.2 机械尺寸

底板的尺寸规格应符合表1的规定。

5.6 击锤

5.6.1 材料要求

应用机械性能不低于A3的普通碳素钢制造。

5.6.2 底面直径

底面直径的相对误差应不超过+0.25%。

5.6.3 质量相对误差

质量的相对误差应不超过±0.2%。

5.6.4 落高相对误差

落高的相对误差应不超过±1%。

5.7 导筒

手动击实仪的导筒应用耐腐蚀的金属制造，壁厚为 2 mm～3 mm，两端应设有孔径 6 mm 的均匀分布的排气孔，筒高应根据落高尺寸要求设计。

5.8 间隙距离

5.8.1 手动击实仪的击锤与导筒之间的间隙应为 1 mm～1.5 mm。

5.8.2 电动击实仪的击锤与击实筒之间的间隙应为 2 mm～3 mm。

5.9 电动击实仪的功能性要求

5.9.1 计数机构应能自动测记击数；工作至预设击数时应能自动停机。

5.9.2 击锤至设定高度时应能自动脱钩，自由落下，无卡滞现象。

5.9.3 每一锤击间的平面角分度应均匀，锤击面应套叠。

5.10 噪声

电动击实仪运转时的噪声(击锤下落引起的瞬时噪声除外)应小于 75 dB(A)。

5.11 绝缘电阻

电动击实仪的电器设备不接地处的绝缘电阻应不低于 1 MΩ。

5.12 耐电强度

电动击实仪的电源输入端与外壳间应能承受交流 1 500 V/50 Hz，历时 1 min 无闪络或击穿。

5.13 机械环境适应性

包装好的仪器经运输颠振后，应满足如下要求：

a) 仪器表面无损伤，零件无松动、损坏；

b) 仪器的各项性能应符合 5.1～5.12 的规定。

6 试验方法

6.1 主要测试设备

主要测试设备包括：

a) 电子秤或天平；感量 1 g；

b) 游标卡尺：分度值为 0.05 mm，量程 0～200 mm；

c) 钢直尺：分度值为 0.5 mm；

d) 声级计：0～120 dB(A)，最小读数 0.5 dB(A)；

e) 耐压测试仪；

f) 500 V 绝缘电阻表；

g) 布氏硬度计；

h) 专用弧度尺；

i) 粗糙度样块；

j) 专用塞环规。

6.2 试验方法

6.2.1 外观

目测检查仪器外观，结果应符合 5.2 的要求。

6.2.2 击实筒

6.2.2.1 材料要求

应用布氏硬度计进行检测,结果应符合5.3.1的要求。

6.2.2.2 内壁表面粗糙度

用粗糙度样块比测内壁粗糙度,结果应符合5.3.2的要求。

6.2.2.3 内径相对误差

应用游标卡尺测量击实筒内径,结果应符合5.3.3的要求。

6.2.3 护筒

6.2.3.1 材料要求

应用布氏硬度计进行检测,结果应符合5.4.1的要求。

6.2.3.2 内壁表面粗糙度

用粗糙度样块比测内壁粗糙度,结果应符合5.4.2的要求。

6.2.3.3 内径相对误差

应用游标卡尺测量击实筒内径,结果应符合5.4.3的要求。

6.2.4 底板

6.2.4.1 材料要求

应用布氏硬度计进行检测,结果应符合5.5.1的要求。

6.2.4.2 机械尺寸

应用游标卡尺进行检测,结果应符合5.5.2的要求。

6.2.5 击锤

6.2.5.1 材料要求

应用布氏硬度计进行检测,结果应符合5.6.1的要求。

6.2.5.2 底面直径

应用游标卡尺进行检测,结果应符合5.6.2的要求。

6.2.5.3 质量相对误差

应用电子秤进行检测,结果应符合5.6.3的要求。

6.2.5.4 落高相对误差

应用钢直尺进行检测,结果应符合5.6.4的要求。

6.2.6 导筒

目测应符合5.7的要求。

6.2.7 间隙距离

应用钢尺或专用塞环规进行检测,结果应符合5.8.1和5.8.2的要求。

6.2.8 电动击实仪的功能性要求

应用专用弧度尺对相邻击锤之间底座转过的弧度进行检测,结果应符合5.9.3的要求。

6.2.9 噪声

将声级计置于距击实仪正面1 m处进行检测,结果应符合5.10的要求。

6.2.10 绝缘电阻

用500 V绝缘电阻表检测击实仪的电源端子和外壳间的绝缘电阻,结果应符合5.11的要求。

6.2.11 耐电强度

用耐压测试仪检测击实仪的电源端子和外壳间的耐电强度,结果应符合5.12的要求。

6.2.12 机械环境适应性

仪器在包装状态下经受三级公路50 km运输的颠振试验后,结果应符合5.13的要求。

7 检验规则

7.1 出厂检验

7.1.1 仪器出厂前必须进行出厂检验；出厂检验项目分全检和抽检两种。其中，对5.2、5.3.2、5.3.3、5.4.2、5.4.3、5.6.2、5.6.3、5.6.4、5.11、5.12应进行全检，对5.3.1、5.4.1、5.5.1、5.6.1、5.7、5.8、5.9、5.10应进行抽检。

7.1.2 全检系对产品进行特定项目检验，抽检系对特定项目进行抽样检验；产品检验中发现不合格品时，应进行返工直至合格。

7.1.3 抽检按每批产品数量的5%～10%随机抽样进行检验，每批不得少于3台，若产品数量少于3台，则应全检；当抽检项目出现不合格项时，应根据问题性质决定加倍复检或逐台试验，并应将该台产品进行返工直至合格。

7.1.4 每台仪器应经制造厂家质量检验部门检验合格并附有质量合格证方可出厂。

7.2 型式检验

7.2.1 产品在下列情况下应作型式检验：

a) 新产品试制、定型鉴定或老产品转厂生产时；

b) 正式生产后，在结构、材料、工艺有较大改变、可能影响产品性能时；

c) 正式生产后，产品已连续生产三年以上时；

d) 产品停产一年以上又恢复生产时；

e) 产品出厂检验结果与上次型式检验结果有较大差异时；

f) 国家质量监督机构提出进行型式检验要求时。

7.2.2 型式检验应按本标准规定的全部试验项目进行全性能检验。

7.2.3 型式检验的样品，应从经出厂检验合格的产品中随机抽取3台。若产品总数少于3台，则应全部检验。

7.2.4 检验结果评定：在型式检验中有两台以上(包括两台)不合格时，则应判该批产品不合格。有一台不合格时，则应加倍抽取该产品进行扩大抽样检验。仍有不合格时，则应判该批产品为不合格；若加倍抽样产品全部合格，则该批产品应判为合格。

7.2.5 经过型式检验的仪器样机，需要更换易损件，并经出厂检验合格后方能出厂。

8 标志、使用说明书

8.1 标志

8.1.1 产品标志

在产品的显著位置应具有完整的铭牌标志，内容包括：

a) 产品型号及名称；

b) 生产单位名称、地址及商标；

c) 生产日期及出厂编号等。

8.1.2 包装标志

在产品的包装箱的适当位置，应标有显著、牢固的包装标志，内容包括：

a) 仪器型号及名称；

b) 仪器数量；

c) 箱体尺寸(mm)；

d) 净重或毛重(kg)；

e) 运输作业安全标志；

f) 到站(港)及收货单位；

g) 发站(港)及发货单位；

h) 国家工业产品生产许可证编号及标志。

8.1.3 随机文件

仪器出厂应提供下列文件：

a) 装箱单；

b) 产品出厂合格证明书；

c) 产品使用说明书。

8.2 使用说明书

产品的使用说明书的内容应符合 GB 9969.1 的有关规定。

9 包装、运输、贮存

9.1 包装

9.1.1 仪器主机、零件与附件、备件应分箱包装。

9.1.2 包装箱选用的材料和结构应能防止风沙和雨水侵入。

9.1.3 未涂漆的零件应用油封包装。

9.1.4 产品包装后，其包装件重心应尽量靠下且居中，产品装在箱内必须予以支撑、垫平、卡紧。

9.1.5 附件箱、备件箱应尽量固定在主机箱内适当位置，装在箱内的附件、备件等也应采取相应的固定措施。

9.1.6 产品的防震、防潮、防尘等防护包装按 GB/T 15464 的有关规定进行。

9.2 运输

包装好的产品应能适应陆运、水运和空运等各种运输方式。

9.3 贮存

9.3.1 仪器应贮存在干燥、通风、防晒和无化学物质侵蚀的环境中。

9.3.2 仪器应能在以下规定的范围内贮存：

a) 温度：－40 ℃～60 ℃；

b) 相对湿度：不大于 85%。

ICS 07.060
N 93

中华人民共和国国家标准

GB/T 22542.1—2008

大坝监测仪器　垂线坐标仪
第1部分:步进电机式垂线坐标仪

Instrument for dam monitoring—Pendulum coordinometer—
Part 1:Step motor type pendulum coordinometer

2008-11-21 发布　　　　2009-02-01 实施

中华人民共和国国家质量监督检验检疫总局
中国国家标准化管理委员会　发布

前 言

GB/T 22542《大坝监测仪器 垂线坐标仪》分为六个部分：

——第 1 部分：步进电机式垂线坐标仪；

——第 2 部分：电容式垂线坐标仪；

——第 3 部分：电磁式垂线坐标仪；

——第 4 部分：电感式垂线坐标仪；

——第 5 部分：光电式垂线坐标仪；

——第 6 部分：光学垂线坐标仪。

本部分为 GB/T 22542 的第 1 部分。

本部分由中华人民共和国水利部提出并归口。

本部分主要起草单位：水利部水文仪器及岩土工程仪器质量监督检验测试中心、南京水利水文自动化研究所。

本部分参加起草单位：全国工业产品生产许可证办公室水文仪器及岩土工程仪器审查部。

本部分主要起草人：张玉成、徐国龙。

本部分参加起草人：石明华。

大坝监测仪器　垂线坐标仪
第1部分：步进电机式垂线坐标仪

1　范围

GB/T 22542 的本部分规定了步进电机式垂线坐标仪的术语和定义、产品组成和规格、技术要求、试验方法、检验规则以及标志、使用说明书、包装、运输、贮存等。

本部分适用于水利水电工程等外部变形监测的步进电机式垂线坐标仪。

2　规范性引用文件

下列文件中的条款通过 GB/T 22542 的本部分的引用而成为本部分的条款。凡是注日期的引用文件，其随后所有的修改单(不包括勘误的内容)或修订版均不适用于本部分，然而，鼓励根据本部分达成协议的各方研究是否可使用这些文件的最新版本。凡是不注日期的引用文件，其最新版本适用于本部分。

GB/T 5080.7　设备可靠性试验　恒定失效率假设下的失效率与平均无故障时间的验证试验方案

GB 9969.1　工业产品使用说明书　总则

GB/T 50279　岩土工程基本术语标准

3　术语和定义

GB/T 50279 确立的以及下列术语和定义适用于 GB/T 22542 的本部分。

3.1

垂线坐标仪　pendulum coordinometer

测量垂线线体在 X、Y 轴方向的坐标位置变化，将其转换为垂线线体位移并以电量输出的仪器。

3.2

步进电机式垂线坐标仪　step motor type pendulum coordinometer

利用步进电机驱动光电探头作直线运动，通过传动机构和探头扫描垂线线体，测量垂线线体在 X、Y 轴方向的位置变化，将其转换为垂线线体位移并以数字量输出的仪器。

4　产品组成和规格

4.1　产品组成

步进电机式垂线坐标仪(以下简称步进式垂线仪)主要由传动机构和测量机构两部分组成，其结构示意图见图 1。

其中：

a)　传动机构：主要包括基座、丝杆、导杆和步进电机；

b)　测量机构：主要包括底座、探头、基准杆和电缆插座等；探头内主要为光电管。

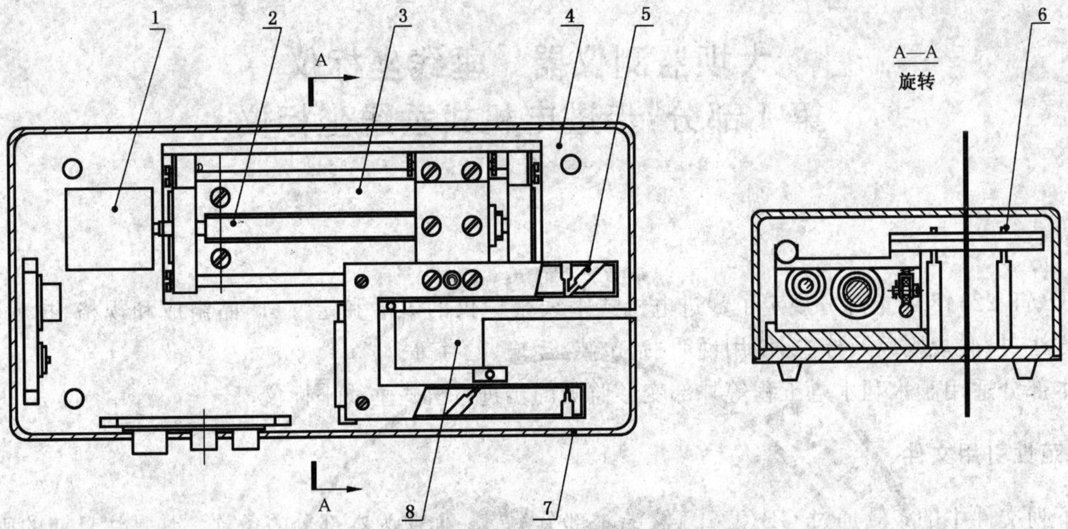

1——步进电机；

2——丝杆；

3——基座；

4——底座；

5——探头；

6——基准杆；

7——外壳；

8——垂线。

图 1 步进式垂线仪结构示意图

4.2 规格

根据测量范围，步进式垂线仪的常见规格见表 1 。

表 1 垂线仪的规格

单位为毫米

测量范围	
X 轴方向	Y 轴方向
0～30	0～20
0～50	0～30
0～100	0～50

5 技术要求

5.1 外观

步进式垂线仪外观表面应无裂痕、划痕、气泡、缺损等明显缺陷，表面漆层均匀，各部分连接应牢固，紧固件应无松动、缺损等现象。

5.2 工作环境

步进式垂线仪应能在以下环境条件下正常工作：

a) 温度：－20 ℃～50 ℃；

b) 相对湿度：不大于 95％(40 ℃)；

c) 电源：电机额定工作电压 12 V～36 V 方波。

5.3 主要部件

5.3.1 步进电机

步进电机应为步距角小、定位精度高的反应式步进电机，步进角宜为1.5°。

5.3.2 探头

探头应采用双照准配置。

5.4 性能

5.4.1 测量范围

应满足表1的规定。

5.4.2 分辨力

分辨力应不大于0.01 mm。

5.4.3 测值偏差

测值偏差 X 轴方向应不大于0.10 mm；Y 轴方向应不大于0.20 mm。

5.4.4 重复性偏差

重复性偏差应不大于0.05 mm。

5.4.5 绝缘电阻

每个接线端与壳体的绝缘电阻应不小于50 MΩ。

5.4.6 稳定性

步进式垂线仪在正常工作环境条件下，正常工作7 d，保持模拟垂线位置不变，其测值间的最大重复性偏差应满足本标准5.4.4的规定。

5.4.7 机械环境适应性

在运输包装状态下，步进式垂线仪应能适应运输、装卸、搬运过程中可能出现的振动、自由跌落等情况。

5.4.8 可靠性

步进式垂线仪的平均无故障工作时间(MTBF)应不小于10 000 h。

6 试验方法

6.1 试验设备

应使用以下试验设备或功能相近试验设备：

a) 模拟垂线及专用率定装置；

b) 步进式仪器检测仪；

c) 100 V绝缘电阻表；

d) 高低温湿热试验箱；

e) 电子振动系统；

f) 跌落试验台。

6.2 试验环境条件

步进式垂线仪的试验环境条件要求如下：

a) 温度：15 ℃～35 ℃；

b) 相对湿度：不大于85%；

c) 大气压力：86 kPa～106 kPa。

6.3 试验要求

除试验开始前允许进行常规性能检查调试外，试验测试过程中一般不允许再作人工调整。

6.4 外观

目测，结果应符合5.1的要求。

6.5 分辨力

将步进式垂线仪固定在专用率定装置上，调准坐标轴方向；将垂线仪与步进式仪器检测仪连接，将模拟垂线设置在垂线仪测量范围内，使垂线分别沿坐标轴方向移动.在量程起点、中点、终点三点附近，分别使模拟垂线移动 0.01 mm，步进式仪器检测仪所测的垂线在坐标轴方向的位移值应满足 5.4.2 的要求。

6.6 测值偏差

将步进式垂线仪固定在专用率定装置上，调准坐标轴方向；将步进式垂线仪与步进式仪器检测仪连接；将模拟垂线设置在垂线仪测量范围内，使垂线分别沿坐标轴方向移动，以 5 mm 为一档，进行从零点到全量程再到零点的逐点测量，比较率定装置显示值与步进式仪器检测仪所测得的位移值，两者之间的最大偏差应满足 5.4.3 的要求。

6.7 重复性偏差

在满量程范围内，均匀选取六个测点，每个测点重复测量 3 次，计算每个测点中的最大值与最小值之差，所有差值中的最大者即为重复性偏差，应满足 5.4.4 的要求。

6.8 绝缘电阻

用 100 V 绝缘电阻表，分别在步进式垂线仪的每个接线端与仪器壳体之间进行绝缘电阻检测，其测值均应满足 5.4.5 的要求。

6.9 稳定性

在正常工作环境条件下，将模拟垂线设置在垂线仪测量范围内，保持模拟垂线位置不变，正常工作 7 d，每间隔 1 h 进行 1 次测量，每天不少于 8 次。每天所测的测值中的最大值与最小值之差即为当日的重复性偏差，取 7 d 中所有重复性偏差中的最大者即为最大重复性偏差，该最大重复性偏差应满足 5.4.4的要求。7 d 后，步进式垂线仪的各项功能均应正常。

6.10 气候环境适应性

6.10.1 温度适应性

将工作状态下的步进式垂线仪放置在高低温湿热试验箱中，保持模拟垂线位置不变，选取－20 ℃、50 ℃两个测点进行试验，每个测点各保持 4 h，同时在每个测点重复测量 3 次，记录所测值，计算每个测点的测量值中的最大值与最小值之差，应满足 5.4.4 的要求。试验后步进式垂线仪各项功能均应正常，并应满足 5.4.3 和 5.4.5 的要求。

6.10.2 湿度适应性

将工作状态下的步进式垂线仪放置在高低温交变湿热箱中，保持模拟垂线位置不变，选取相对湿度 95％(40 ℃)的测点进行试验，保持 4 h，同时在测点重复测量 3 次，记录所测值，计算测值中的最大值与最小值之差，应满足 5.4.4 的要求，试验后垂线仪各项功能均应正常，并应满足 5.4.3 和 5.4.5 的要求。

6.11 机械环境适应性

6.11.1 振动

在运输包装状态下，设置振动系统的扫频振动频率为 10 Hz～150 Hz～10 Hz、扫频速度为 1 倍频程/min、加速度为 2 g，对步进式垂线仪进行 3 个周期/单轴的振动试验。试验后垂线仪的各项功能均应正常。

6.11.2 自由跌落

在运输包装状态下，设置跌落台的跌落高度为 300 mm，将步进式垂线仪自由跌落在平滑、坚硬的混凝土面或钢质面上，共进行 3 次跌落试验。试验后步进式垂线仪的各项功能均应正常。

6.12 可靠性

可靠性试验可按 GB/T 5080.7 的规定执行。

7 检验规则

7.1 出厂检验

7.1.1 产品应逐台进行出厂检验，出厂检验的项目为6.4、6.5、6.6、6.7和6.8。

7.1.2 检验项目如有一项不合格，则判定该台为不合格。

7.1.3 检验合格后，应签发产品检验合格证后方可出厂。

7.2 型式检验

7.2.1 产品有下列情况之一时，应进行型式检验：

a) 新产品试制、定型鉴定或老产品转厂生产时；

b) 正式生产后，在结构、材料、工艺有较大改变、可能影响产品性能时；

c) 正式生产后，产品已连续生产三年以上时；

d) 产品停产一年以上又恢复生产时；

e) 产品出厂检验结果与上次型式检验结果有较大差异时；

f) 国家质量监督机构提出进行型式检验要求时。

7.2.2 型式检验应按本标准规定的全部试验项目(可靠性试验除外)进行全性能检验。

7.2.3 型式检验的样品，应从经出厂检验合格的产品中随机抽取3台。若产品总数少于3台，则应全部检验。

7.2.4 型式检验中有一台及以上单机产品不合格时，应加倍抽取该产品进行不合格项目复检，若仍有不合格时，则判该批产品为不合格；若全部检验合格，则除去第一批抽样不合格的产品，该批产品应判为合格。

7.2.5 经过型式检验的仪器，需要更换易损件，并经出厂检验合格后方能出厂。

8 标志、使用说明书

8.1 标志

8.1.1 产品标志

在产品的显著部位应设有铭牌，并清晰标明以下内容：

——产品名称、型号；

——生产厂家及商标；

——出厂编号及日期；

——主要参数。

8.1.2 包装标志

产品的外包装箱的表面应标明以下内容：

——产品名称、型号、件数；

——箱体尺寸(mm)：长×高×宽；

——箱体净重或毛重(kg)；

——到站(港)及收货单位；

——发站(港)及发货单位；

——运输作业安全标志；

——生产许可证获证产品标识和生产许可证编号。

8.2 使用说明书

产品的使用说明书应满足GB 9969.1的规定。

9 包装、运输、贮存

9.1 包装

9.1.1 包装箱应经济、美观、坚实可靠。

9.1.2 对易锈蚀的外部零部件应涂防锈油防护。

9.1.3 包装时,周围环境及包装箱内应清洁、干燥。

9.1.4 随同产品装箱的技术文件应有装箱单、产品合格证、使用说明书等。

9.2 运输

包装好的产品应能适应各种运输方式。

9.3 贮存

9.3.1 产品应贮存在通风、防晒和无化学物质侵蚀的环境中。

9.3.2 包装好的产品应能在下述环境条件下贮存:

a) 温度:−40 ℃～60 ℃;

b) 相对湿度:不大于85%。

ICS 07.060
N 93

中华人民共和国国家标准

GB/T 22543.1—2008

大坝监测仪器　引张线仪
第1部分:步进电机式引张线仪

Instrument for dam monitoring—Extension line gauge—
Part 1:Step motor type extension line gauge

2008-11-21 发布　　2009-02-01 实施

中华人民共和国国家质量监督检验检疫总局
中国国家标准化管理委员会　发布

前　言

GB/T 22543《大坝监测仪器　引张线仪》共分为六个部分：

——第1部分：步进电机式引张线仪；

——第2部分：电容式引张线仪；

——第3部分：电磁式引张线仪；

——第4部分：电感式引张线仪；

——第5部分：光电式引张线仪；

——第6部分：光学引张线仪。

本部分是GB/T 22543的第1部分。

本部分由中华人民共和国水利部提出并归口。

本部分主要起草单位：水利部水文仪器及岩土工程仪器质量监督检验测试中心、南京水利水文自动化研究所、水利部水利信息中心。

本部分参加起草单位：全国工业产品生产许可证办公室水文仪器及岩土工程仪器审查部。

本部分主要起草人：徐国龙、陈宇、姜永富。

本部分参加起草人：石明华。

大坝监测仪器　引张线仪
第1部分:步进电机式引张线仪

1　范围

GB/T 22543 的本部分规定了步进电机式引张线仪的术语和定义、产品组成、技术要求、试验方法、检验规则、标志、使用说明书以及包装、运输、贮存等。

本部分适用于水利水电工程等外部变形监测的步进电机式引张线仪。

2　规范性引用文件

下列文件中的条款通过 GB/T 22543 的本部分的引用而成为本部分的条款。凡是注日期的引用文件,其随后所有的修改单(不包括勘误的内容)或修订版均不适用于本部分,然而,鼓励根据本部分达成协议的各方研究是否可使用这些文件的最新版本。凡是不注日期的引用文件,其最新版本适用于本部分。

GB/T 5080.7　设备可靠性试验　恒定失效率假设下的失效率与平均无故障时间的验证试验方案

GB 9969.1　工业产品使用说明书　总则

GB/T 50279　岩土工程基本术语标准

3　术语和定义

GB/T 50279 确立的以及下列术语和定义适用于 GB/T 22543 的本部分。

3.1

引张线仪　extension line gauge

将被测物的位移通过引张线转换为电量输出的仪器。

3.2

步进电机式引张线仪　step motor type extension line gauge

利用步进电机驱动光电探头作直线运动,通过传动机构和探头扫描引张线线体,测得引张线在坐标轴方向的位置,并将坐标位置转换为数字量输出的仪器。

4　产品组成

步进电机式引张线仪(以下简称步进式引张线仪)主要由传动机构和测量机构两部分组成。其结构如图1所示。

其中:

a)　传动机构:主要包括基座、丝杆、导杆和步进电机;

b)　测量机构:主要包括底板、探头、基准杆和电缆插座等;探头内主要为光电管。

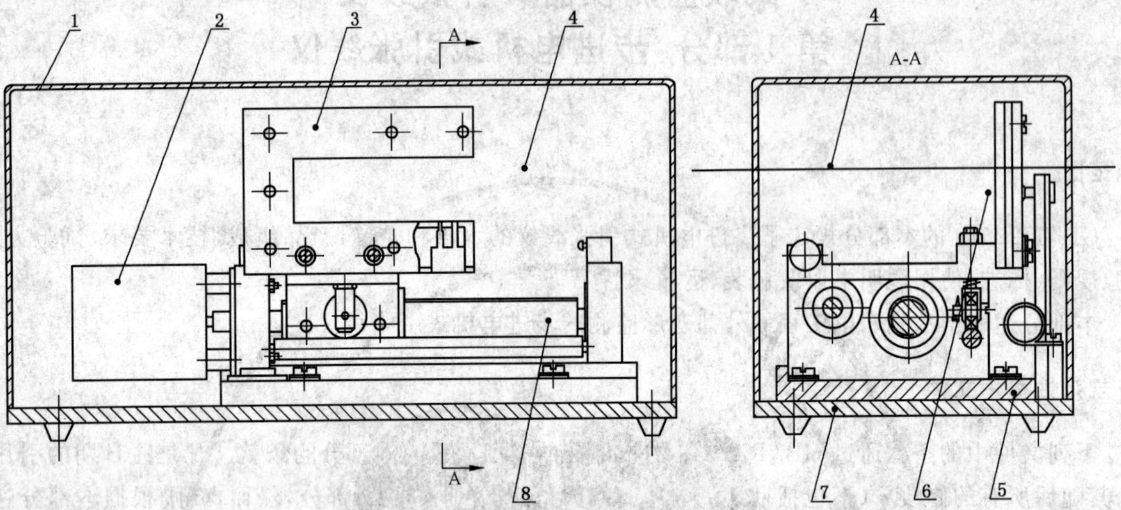

1——外壳；
2——步进电机；
3——探头；
4——引张线；
5——基座；
6——基准杆；
7——底板；
8——丝杆。

图 1 步进式引张线仪结构示意图

5 技术要求

5.1 外观

仪器外观表面应无裂痕、划痕、气泡、缺损等明显缺陷，表面漆层均匀，各部分连接应牢固，紧固件应无松动、缺损等现象。

5.2 工作环境

仪器应能在下列环境范围内正常工作：

a) 温度：−20 ℃～50 ℃；

b) 相对湿度：不大于 95%(40 ℃时)；

c) 电源：电机输入电压为 12 V～36 V 方波。

5.3 结构材料

5.3.1 步进电机

步进电机应为步距角小、定位精度高的反应式步进电机，步进角宜为 1.5°。

5.3.2 探头

探头应采用双照准配置。

5.4 性能

5.4.1 量程

具体见表 1。

表 1 量程

量程/mm		备 注
X 轴方向	Z 轴方向	
30	20	1.单向步进式引张线仪仅有 X 轴。 2.双向步进式引张线仪增加 Z 轴。
50	30	
100	50	

5.4.2 **分辨力**

分辨力应不大于 0.01 mm。

5.4.3 **测值偏差**

测值偏差 X 轴方向应不大于 0.10 mm，Z 轴方向应不大于 0.20 mm。

5.4.4 **重复性偏差**

重复性偏差应不大于 0.05 mm。

5.4.5 **绝缘电阻**

每个接线端与壳体的绝缘电阻应不小于 50 MΩ。

5.4.6 **稳定性**

步进式引张线仪在正常工作环境条件下，正常工作 7 d，保持模拟线体位置不变，其测值间的最大重复性偏差应满足 5.4.4 的要求。

5.4.7 **机械环境适应性**

在运输包装状态下，步进式引张线仪应能适应运输、装卸、搬运过程中可能出现的振动、自由跌落等情况。

5.5 **可靠性**

步进式引张线仪的平均无故障工作时间(MTBF)应不小于 10 000 h。

6 试验方法

6.1 **试验设备**

试验设备包括：

a) 模拟引张线及专用率定装置；

b) 步进式仪器检测仪；

c) 100 V 绝缘电阻表；

d) 高低温湿热试验箱；

e) 电动振动系统；

f) 跌落试验台。

6.2 **试验环境条件**

试验环境条件如下：

a) 温度：15 ℃～35 ℃；

b) 相对湿度：不大于 85%；

c) 大气压力：86 kPa～106 kPa。

6.3 **试验要求**

除试验开始前允许进行常规性能检查调试外，试验测试过程中一般不允许再作人工调整。

6.4 **外观**

目测，结果应符合 5.1 的要求。

6.5 分辨力

将步进式引张线仪固定在专用率定装置上，并调准坐标轴方向，再将信号输出线接入步进式仪器检测仪，使模拟引张线分别沿坐标轴方向移动，在量程起点、中点、终点三处附近，分别使模拟引张线移动0.01 mm，步进式仪器检测仪所测的引张线在坐标轴方向的位移值同时变化 0.01 mm，分辨力应满足5.4.2 的要求。

6.6 测值偏差

将步进式引张线仪固定在专用率定装置上，并调准坐标轴方向，再将信号输出线接入步进式仪器检测仪，将模拟引张线设置在引张线仪测量范围内，使引张线分别沿坐标轴方向移动，以 5 mm 为一档，进行从零点到全量程再到零点的逐点测量，比较率定装置显示值与步进式仪器检测仪所测的引张线在坐标轴方向的位移值，两者之间的最大偏差应满足 5.4.3 的要求。

6.7 重复性偏差

在满量程范围内，均匀选取六个测点，每一测点重复测量三次，计算同一个测点测值中最大值与最小值之差，所有测点差值中最大者即为重复性偏差，应满足 5.4.4 的要求。

6.8 绝缘电阻

用 100 V 的兆欧表，分别在步进式引张线仪的每个接线端与仪器壳体之间进行绝缘电阻检测，其测值均应满足 5.4.5 的要求。

注：对于双向步进式引张线仪，其在竖直方向上 5.4.2～5.4.4 的性能参数试验，也应分别按 6.5～6.7 的方法进行。

6.9 稳定性

在正常工作条件下，按 5.4.6 的要求，每天按不少于 8 次，每次间隔不小于 1 h 进行 1 次测量，历时7 天反复测量，每天所测的测值中的最大值与最小值之差即为当日的重复性偏差，取 7 天中所有重复性偏差中的最大者即为最大重复性偏差，测值之间的最大重复性偏差应满足本部分 5.4.4 的要求，7 天后，仪器的各项功能均应正常。

6.10 气候环境适应性

6.10.1 温度适应性

将工作状态下的步进式引张线仪放置在高低温湿热试验箱中，保持在同一个引张线位置下，选取－20 ℃、50 ℃两个测点进行试验，每个测点保持 4 h，同时在每个测点重复测量 3 次，记录所测值，按6.6和 6.7 的计算方法，试验后仪器各项功能均应正常，并应满足 5.4.3 和 5.4.4 的要求。

6.10.2 湿度适应性

将工作状态下的步进式引张线仪放置在高低温湿热试验箱中，保持在同一个引张线位置下，选取相对湿度 95%(40 ℃)的点进行试验，保持 4 h，同时在测点重复测量 3 次，记录所测值，应满足 5.4.3 和5.4.4 的要求，试验后仪器各项功能均应正常。

6.11 机械环境适应性

6.11.1 振动

在运输包装状态下，设置电动振动系统的扫频振动频率为 10 Hz～150 Hz～10 Hz、扫频速度为1 倍频程/min、加速度为 $2g$，对步进式引张线仪进行 3 个周期/单轴的振动试验。试验后步进式引张线仪的各项功能均应正常。

6.11.2 自由跌落

在运输包装状态下，设置跌落试验台的跌落高度为 300 mm，将步进式引张线仪自由跌落在平滑、坚硬的混凝土面或钢质面上，共进行 3 次跌落试验。试验后步进式引张线仪的各项功能均应正常。

6.12 可靠性

当有试验要求时，按照 GB/T 5080.7 的试验方法进行试验。

7 检验规则

7.1 出厂检验

7.1.1 步进式引张线仪应逐台进行出厂检验，出厂检验项目为 5.1、5.4.3、5.4.4、5.4.5。

7.1.2 检验项目如有一项不合格，则判定该台仪器不合格。

7.1.3 每台仪器检验合格后，应签发产品检验合格证后方可出厂。

7.2 **型式检验**

7.2.1 步进式引张线仪有下列情况之一时，应进行型式检验：

a) 新产品试制、定型鉴定或老产品转厂生产时；

b) 正式生产后，在结构、材料、工艺有较大改变、可能影响产品性能时；

c) 正式生产后，产品已连续生产三年以上时；

d) 产品停产一年以上又恢复生产时；

e) 产品出厂检验结果与上次型式检验结果有较大差异时；

f) 国家质量监督机构提出进行型式检验要求时。

7.2.2 型式检验应按本标准规定的全部试验项目(可靠性试验除外)进行全性能检验。

7.2.3 型式检验的样品，应从经出厂检验合格的产品中随机抽取3台。若产品总数少于3台，则应全部检验。

7.2.4 型式检验中有一台及以上单机产品不合格时，应加倍抽取该产品进行不合格项目复检，若仍有不合格时，则判该批产品为不合格；若全部检验合格，则除去第一批抽样不合格的产品，该批产品应判为合格。

7.2.5 经过型式检验的仪器，需要更换易损件，并经出厂检验合格后方能出厂。

8 标志、使用说明书

8.1 标志

8.1.1 产品标志

步进式引张线仪应在其显著部位设有铭牌，并清晰标明以下内容：

——产品名称、型号；

——生产厂家及商标；

——出厂编号及日期；

——主要参数。

8.1.2 包装标志

步进式引张线仪的外包装箱的表面应标明以下内容：

——产品名称、型号、件数；

——箱体尺寸(mm)：长×高×宽；

——箱体净重或毛重(kg)；

——到站(港)及收货单位；

——发站(港)及发货单位；

——运输作业安全标志；

——生产许可证获证产品标识和生产许可证编号。

8.2 使用说明书

步进式引张线仪的使用说明书应满足GB 9969.1的规定。

9 包装、运输、贮存

9.1 包装

9.1.1 包装箱应经济、美观、坚实可靠。

9.1.2 对易锈蚀的外部零部件应涂防锈油防护。

9.1.3 包装时，周围环境及包装箱内应清洁、干燥。

9.1.4 随同步进式引张线仪装箱的技术文件应有装箱单、产品合格证、使用说明书等。

9.2 **运输**

包装好的步进式引张线仪应能适应各种运输方式。

9.3 **贮存**

9.3.1 步进式引张线仪应贮存在通风、防晒和无化学物质侵蚀的环境中。

9.3.2 步进式引张线仪应能在下述环境条件下贮存：

a) 温度：−40 ℃～60 ℃；

b) 相对湿度：不大于85％。

ICS 65.120
B 46

中华人民共和国国家标准

GB/T 22544—2008

蛋鸡复合预混合饲料

Complex premix for layer

2008-11-21 发布　　2009-02-01 实施

中华人民共和国国家质量监督检验检疫总局
中国国家标准化管理委员会　发布

前　言

本标准由全国饲料工业标准化技术委员会提出并归口。

本标准起草单位:中国饲料工业协会、天津正大饲料科技有限公司。

本标准主要起草人:马启华、粟胜兰、阮静、刘晓玥。

蛋鸡复合预混合饲料

1 范围

本标准规定了1%蛋鸡复合预混合饲料的相关术语和定义、技术要求、试验方法、检验规则以及标签、包装、贮存和运输的要求。

本标准适用于蛋鸡养殖场和饲料工业化生产的蛋鸡育雏期、蛋鸡育成期、蛋鸡产蛋期使用的以维生素和微量元素等为原料的蛋鸡复合预混合饲料。

2 规范性引用文件

下列文件中的条款通过本标准的引用而成为本标准的条款。凡是注日期的引用文件，其随后所有的修改单(不包括勘误的内容)或修订版均不适用于本标准，然而，鼓励根据本标准达成协议的各方研究是否可使用这些文件的最新版本。凡是不注日期的引用文件，其最新版本适用于本标准。

GB/T 5917.1 饲料粉碎粒度测定 两层筛筛分法

GB/T 6435 饲料中水分和其他挥发性物质含量的测定(GB/T 6435—2006,ISO 6496:1999,IDT)

GB 10648 饲料标签

GB/T 10649 微量元素预混合饲料混合均匀度的测定

GB 13078 饲料卫生标准

GB/T 13079 饲料中总砷的测定

GB/T 13080 饲料中铅的测定 原子吸收光谱法

GB/T 13082 饲料中镉的测定方法

GB/T 13083 饲料中氟的测定 离子选择性电极法

GB/T 13882 饲料中碘的测定(硫氰酸铁-亚硝酸催化动力学法)

GB/T 13883 饲料中硒的测定

GB/T 13885 动物饲料中钙、铜、铁、镁、锰、钾、钠和锌含量的测定 原子吸收光谱法(GB/T 13885—2003,ISO 6869:2000,IDT)

GB/T 14699.1 饲料 采样(GB/T 14699.1—2005,ISO 6497:2002,IDT)

GB/T 14700 饲料中维生素 B$_1$ 的测定

GB/T 14701 饲料中维生素 B$_2$ 的测定

GB/T 14702 饲料中维生素 B$_6$ 的测定 高效液相色谱法

GB/T 16764 配合饲料企业卫生规范

GB/T 17812 饲料中维生素 E 的测定 高效液相色谱法

GB/T 17813 复合预混料中烟酸、叶酸的测定 高效液相色谱法

GB/T 17778 预混合饲料中 d-生物素的测定

GB/T 17817 饲料中维生素 A 的测定 高效液相色谱法

GB/T 17818 饲料中维生素 D$_3$ 的测定 高效液相色谱法

GB/T 17819 维生素预混料中维生素 B$_{12}$ 的测定 高效液相色谱法

GB/T 18397 复合预混合饲料中泛酸的测定 高效液相色谱法

GB/T 18823 饲料检测结果判定的允许误差

GB/T 18872 饲料中维生素 K$_3$ 的测定 高效液相色谱法

NY 929 饲料中锌的允许量

AOAC Official Method 961.14 饲料、食品、药品中烟酸和烟酰胺的检测方法（Niacin and Niacinamide in Drugs，Foods，and Feeds）

3 术语和定义

下列术语和定义适用于本标准。

3.1

育雏期 brooding period

蛋鸡：0周龄～6周龄。

3.2

育成期 rearing period

蛋鸡：7周龄～18周龄（蛋鸡育成前期：7周龄～12周龄；蛋鸡育成后期：13周龄～18周龄）。

3.3

产蛋期 laying period

蛋鸡：19周龄～72周龄。

4 要求

4.1 感官要求

色泽一致，无发霉变质、结块及异味、异嗅。

4.2 水分

水分含量不大于10%。

4.3 加工质量指标

4.3.1 粉碎粒度

全部通过孔径为1.19 mm分析筛；孔径为0.59 mm分析筛的筛上物≤10%。

4.3.2 混合均匀度

混合应均匀，变异系数（*CV*）≤5%。

4.4 卫生指标

应符合GB 13078的有关要求和表1的规定。

表1 蛋鸡复合预混合饲料镉的判定指标

项目	产品名称	指标	试验方法	备注
镉（以Cd计）的允许量/（mg/kg）	蛋鸡复合预混合饲料	≤15	GB/T 13082	以在配合饲料中1%的添加量计。

4.5 1%预混合饲料中维生素及微量元素营养成分含量

见表2。

表2 维生素及微量元素营养成分含量

项目		蛋鸡育雏期（0～6周龄）	蛋鸡育成前期（7周龄～12周龄）	蛋鸡育成后期（13周龄～18周龄）	蛋鸡产蛋期（19周龄～72周龄）
维生素A/（IU/kg）	≥	800 000	730 000		780 000
维生素D_3/（IU/kg）	≥	220 000	180 000		170 000
维生素E/（mg/kg）	≥	1 300	1 200		1 200
维生素K_3/（mg/kg）	≥	140	130		120
维生素B_1/（mg/kg）	≥	180	130		110

表 2(续)

项　　目		蛋鸡育雏期 (0~6 周龄)	蛋鸡育成前期 (7 周龄~12 周龄)	蛋鸡育成后期 (13 周龄~18 周龄)	蛋鸡产蛋期 (19 周龄~72 周龄)
维生素 B_2/(mg/kg)	≥	200	150		200
维生素 B_6/(mg/kg)	≥	200	200		200
维生素 B_{12}/(mg/kg)	≥	1.0	0.5		0.5
烟酸(烟酰胺)/(mg/kg)	≥	2 000	2 000		2 000
泛酸/(mg/kg)	≥	1 000	1 000		600
叶酸/(mg/kg)	≥	55	25		25
生物素/(mg/kg)	≥	15	10		10
锰/(g/kg)	≥	6	4		6
铁/(g/kg)	≥	8	6		6
锌/(g/kg)		6~25	6~25		6~25
铜/(g/kg)		0.8~3.5	0.6~3.5		0.8~3.5
硒/(mg/kg)		10~50	10~50		10~50
碘/(mg/kg)	≥	35	35		35

注 1:其他比例蛋鸡复合预混合饲料中维生素、微量元素含量可参考本标准按照相应比例折算生产。

注 2:使用有机微量元素时,可适当降低微量元素含量。

注 3:锌的最高允许使用量按 NY 929 规定执行。

5 试验方法

5.1 饲料采样

按 GB/T 14699.1 执行。

5.2 感官性状检验

采用目测及嗅觉检查。

5.3 水分的测定

按 GB/T 6435 执行。

5.4 加工质量指标

5.4.1 粉碎粒度

按 GB/T 5917 执行。

5.4.2 混合均匀度的测定

按 GB/T 10649 执行。

5.5 卫生指标

5.5.1 总砷的测定

按 GB/T 13079 执行。

5.5.2 铅的测定

按 GB/T 13080 执行。

5.5.3 镉的测定

按 GB/T 13082 执行。

5.5.4 氟的测定

按 GB/T 13083 执行。

5.6 维生素及微量元素营养成分

5.6.1 维生素 A 的测定

按 GB/T 17817 执行。

5.6.2 维生素 D_3 的测定

按 GB/T 17818 执行。

5.6.3 维生素 E 的测定

按 GB/T 17812 执行。

5.6.4 维生素 K_3 的测定

按 GB/T 18872 执行。

5.6.5 维生素 B_1 的测定

按 GB/T 14700 执行。

5.6.6 维生素 B_2 的测定

按 GB/T 14701 执行。

5.6.7 维生素 B_6 的测定

按 GB/T 14702 执行。

5.6.8 维生素 B_{12} 的测定

按 GB/T 17819 执行。

5.6.9 烟酸、叶酸的测定

按 GB/T 17813 执行。

5.6.10 泛酸的测定

按 GB/T 18397 执行。

5.6.11 生物素的测定

按 GB/T 17778 执行。

5.6.12 烟酰胺的测定

按 AOAC Official Method 961.14 执行。

5.6.13 铜、铁、锰、锌的测定

按 GB/T 13885 执行。

5.6.14 硒的测定

按 GB/T 13883 执行。

5.6.15 碘的测定

按 GB/T 13882 执行。

6 检验规则

6.1 检验分类

6.1.1 出厂检验

感官要求、水分为出厂检验项目。在保证产品质量的前提下,生产厂可根据工艺、设备、配方、原料等变化情况,自行规定出厂检验的批量。

6.1.2 型式检验

本标准要求中全部项目为型式检验项目,有下列情况之一时,应进行型式检验:

a) 原料变化及设备改造后;

b) 停产后再恢复生产;

c) 工艺、配方有较大改变，可能影响产品性能时；

d) 出厂检验结果与上次型式检验结果有较大差异时；

e) 国家质量技术监督部门要求时。

6.2 判定规则

6.2.1 检测与仲裁判定各项指标合格与否时，允许误差应按 GB/T 18823 执行。

6.2.2 检验结果如果有一项指标不符合本标准要求时，应从两倍量的包装中重新采样复验。复验结果即使只有一项指标不符合本标准的要求，则整批产品为不合格。

7 标签、包装、贮存和运输

7.1 标签

产品应在包装上附有饲料标签，标签应符合 GB 10648 中的有关规定，并明确产品保质期。

7.2 包装

7.2.1 产品包装应完整，无污染，无异味。

7.2.2 包装材料应符合 GB/T 16764 的要求。

7.2.3 包装印刷油墨无毒，不应向内容物渗透。

7.2.4 包装物不应重复使用。生产方和使用方另有约定的除外。

7.3 贮存

7.3.1 产品贮存应符合 GB/T 16764 的要求。

7.3.2 不合格和变质饲料应做无害化处理，不应放在饲料贮存场所内。

7.4 运输

7.4.1 运输工具应符合 GB/T 16764 的要求。

7.4.2 运输作业应防止污染、防雨防潮，保持包装的完整。

7.4.3 不应使用运输畜禽等动物的车辆运输饲料产品。

7.4.4 产品运输工具和装卸场地应定期清洗和消毒。

ICS 65.120
B 46

中华人民共和国国家标准

GB/T 22545—2008

宠物干粮食品辐照杀菌技术规范

Good irradiation practice for the control of microorganisms in dried pet foods

2008-11-21 发布

2009-02-01 实施

中华人民共和国国家质量监督检验检疫总局
中国国家标准化管理委员会 发布

前　言

本标准参考CAC/RCP 19—1979,Rev.1—2003《食品辐照加工工艺国际推荐准则》(Recommended International Code of Practice for Radiation Processing of food)和国际食品辐照咨询组(ICGFI)第19号文件《控制禽饲料病原微生物辐照工艺规范准则》[Code of Good Irradiation Practice for the Control of Pathogenic Microorganisms in Poultry Feed(ICGFI Document NO:19)]中的有关技术内容,并结合我国宠物干粮食品的生产和宠物干粮食品的辐照加工现状制定。

本标准由全国饲料工业标准化技术委员会提出并归口。

本标准起草单位:江苏省农业科学院原子能所、江苏瑞迪生科技有限公司、农业部辐照产品质量监督检验测试中心。

本标准主要起草人:朱佳廷、哈益明、刘春泉、王锋、冯敏、周洪杰、赵永富、高美须、金宇东、李淑荣、季萍。

宠物干粮食品辐照杀菌技术规范

1 范围

本标准规定了辐照宠物干粮食品的辐照前要求、辐照、辐照后技术指标、试验方法、标识和运输、贮存的技术规范。

本标准适用于宠物干粮食品的辐照杀菌。本标准不适用于湿状宠物食品的辐照杀菌。

2 规范性引用文件

下列文件中的条款通过本标准的引用而成为本标准的条款。凡是注日期的引用文件，其随后所有的修改单(不包括勘误的内容)或修订版均不适用于本标准，然而，鼓励根据本标准达成协议的各方研究是否可使用这些文件的最新版本。凡是不注日期的引用文件，其最新版本适用于本标准。

GB/T 6435 饲料中水分和其他挥发性物质含量的测定(GB/T 6435—2006,ISO 6496:1999,IDT)

GB 7718 预包装食品标签通则

GB/T 13091 饲料中沙门氏菌的检测方法(GB/T 13091—2002,ISO 6579:1993,MOD)

GB/T 13092 饲料中霉菌总数的测定

GB/T 13093 饲料中细菌总数的测定

GB/T 15446 辐射加工剂量学术语

GB 16334 γ辐照装置食品加工实用剂量学导则

GB/T 16841 能量为 300 keV～25 MeV 电子束辐射加工装置剂量学导则

GB 17568 γ辐照装置设计建造和使用规范

GB/T 18524 食品辐照通用技术要求

GB/T 18869 饲料中大肠菌群的测定

JJG 591 γ射线辐射源(辐射加工用)检定规程

JJG 772 电子束辐射源(辐射加工用)检定规程

3 术语和定义

GB/T 15446 和 GB/T 18524 确立的以及下列术语和定义适用于本标准。

3.1

宠物干粮食品 dried pet foods

供家养宠物(如猫、狗、鱼、鸟等)锻炼牙齿、玩耍和食用的干粮食品。

3.2

辐照杀菌 irradiation sterilization

利用电离辐射杀灭宠物干粮食品中微生物的过程。

3.3

最低有效剂量 minimum effective dose

达到宠物干粮食品辐照杀菌目的的最低吸收剂量。

3.4

最高耐受剂量 maximum tolerance dose

不影响宠物干粮食品食用品质和功能特性的最高吸收剂量。本标准中指宠物干粮食品辐照杀菌的吸收剂量上限值。

4 辐照前要求

4.1 感官

宠物干粮食品应色泽一致,形状大小均匀,无虫蛀,气味正常、无发霉变质、无异味。

4.2 水分含量

应不大于15.0%。

4.3 微生物指标

辐照前各类宠物干粮食品的微生物指标应符合表1的规定。

表1 辐照前宠物干粮食品微生物指标

项　目		指　标
细菌总数/(CFU/g)	≤	5×10^6
大肠菌群/(MPN/100 g)	≤	5×10^4
霉菌总数/(CFU/g)	≤	4.5×10^4
沙门氏菌/(CFU/25 g)	≤	1×10^3

4.4 包装

4.4.1 内包装应选用耐辐照、不污染环境的材料。宠物干粮食品的内包装材料应符合GB 7718和GB/T 18524的规定,并采用密封包装。

4.4.2 外包装采用瓦楞纸箱。

5 辐照

5.1 辐照源

适用于宠物干粮食品辐照的电离辐射有:

——^{60}Co、^{137}Cs等放射性核素产生的γ射线;

——加速器产生的不大于5 MeV的X射线;

——加速器产生的不大于10 MeV的电子束。

5.2 辐照装置和辐照管理

辐照装置及辐照管理按照GB/T 18524及GB 17568的规定执行。

5.3 吸收剂量

宠物干粮食品辐照杀菌的最低有效剂量为4.0 kGy,最高耐受剂量为15.0 kGy。辐照产品箱中最小吸收剂量应不小于最低有效剂量,最大吸收剂量应不大于产品的最高耐受剂量。如果需要,通过小试确定产品的最高耐受剂量。

5.4 重复辐照

按GB/T 18524的规定,宠物干粮食品允许重复辐照,但总的累积吸收剂量不应超过15.0 kGy。如果产品重复辐照,需提供产品前一次辐照剂量的依据。

6 辐照后技术指标

6.1 感官

应符合4.1的规定,保持产品的原有色泽。

6.2 水分含量

应符合4.2的规定。

6.3 微生物指标

辐照后应进行微生物检测并留样备查。辐照后宠物干粮食品微生物指标应符合表2的规定。

表 2 辐照后宠物干粮食品微生物指标

项目		指标
细菌总数/(CFU/g)	≤	1 000
大肠菌群/(MPN/100 g)	≤	30
霉菌总数/(CFU/g)	≤	25
沙门氏菌/(CFU/25 g)		不得检出

7 试验方法

7.1 感官

取适量试样置于清洁、干燥的白色瓷盘中，在自然光线条件下，通过目测、鼻嗅检查其色泽、形状、规格、气味。

7.2 水分含量

按 GB/T 6435 的规定执行。

7.3 细菌总数

按 GB/T 13093 的规定执行。

7.4 大肠菌群

按 GB/T 18869 的规定执行。

7.5 霉菌总数

按 GB/T 13092 的规定执行。

7.6 沙门氏菌

按 GB/T 13091 的规定执行。

7.7 吸收剂量

7.7.1 γ 辐照场剂量学性能及辐照产品箱中吸收剂量的测量应按照 GB 16334 和 JJG 591 的规定执行。

7.7.2 电子束辐照场剂量学性能及辐照产品箱中吸收剂量的测量应按照 GB/T 16841 和 JJG 772 的规定执行。

8 标识

宠物干粮食品定型包装的标识应符合 GB/T 18524 的规定。

9 运输和贮存

9.1 运输

辐照后的宠物干粮食品在装卸和运输过程中，应防潮、防高温，不应与有毒有害或影响产品质量的物品混装运输，内外包装不得破损。

9.2 贮存

辐照后的宠物干粮食品应分类贮存在干燥、通风、清洁、卫生的仓库中，应防潮、防高温，不应与有毒有害或影响产品质量的物品混存。

ICS 65.120
B 46

中华人民共和国国家标准

GB/T 22546—2008

饲料添加剂　碱式氯化锌

Feed additive—Basic zinc chloride

2008-11-21 发布　　2009-02-01 实施

中华人民共和国国家质量监督检验检疫总局
中国国家标准化管理委员会　发布

前　言

本标准的附录 A 和附录 B 是资料性附录。

本标准由全国饲料工业标准化技术委员会提出并归口。

本标准起草单位：国家饲料质量监督检验中心（武汉）、长沙兴嘉生物工程有限公司、华中科技大学同济医学院。

本标准主要起草人：何一帆、徐锦萍、周长虹、姚亚军、廖阳华、黄逸强、朱年华。

饲料添加剂　碱式氯化锌

1　范围

本标准规定了饲料添加剂碱式氯化锌的质量要求、试验方法、检验规则及标签、包装、运输和贮存。

本标准适用于饲料添加剂碱式氯化锌。

2　规范性引用文件

下列文件中的条款通过本标准的引用而成为本标准的条款。凡是注日期的引用文件，其随后所有的修改单（不包括勘误的内容）或修订版均不适用于本标准，然而，鼓励根据本标准达成协议的各方研究是否可使用这些文件的最新版本。凡是不注日期的引用文件，其最新版本适用于本标准。

GB/T 601　化学试剂　标准滴定溶液的制备

GB/T 6682　分析实验室用水规格和试验方法（GB/T 6682—2008，ISO 3696:1987，MOD）

GB 10648　饲料标签

GB/T 13079　饲料中总砷的测定

GB/T 13080　饲料中铅的测定　原子吸收光谱法

GB/T 13082　饲料中镉的测定方法

GB/T 14699.1　饲料　采样（GB/T 14699.1—2005，ISO 6497:2002，IDT）

《中华人民共和国药典》2005 年版二部

3　分子式、分子质量

3.1　分子式：$Zn_5Cl_2(OH)_8 \cdot H_2O$。

3.2　分子质量：551.89（按 2007 年国际相对原子质量）。

4　要求

4.1　外观

白色细小晶状粉末，无成团结块现象。

4.2　理化指标

饲料添加剂碱式氯化锌的理化指标应符合表 1。

表 1　理化指标

项　目		指　标
碱式氯化锌[$Zn_5Cl_2(OH)_8 \cdot H_2O$]（质量分数）/%	≥	98.0
锌（Zn）（质量分数）/%	≥	58.06
氯（Cl）（质量分数）/%		12.00～12.86
水溶性氯化物（以 Cl 计）（质量分数）/%	≤	0.65
砷（As）（质量分数）/%	≤	0.000 5
铅（Pb）（质量分数）/%	≤	0.000 8
镉（Cd）（质量分数）/%	≤	0.000 5
细度（通过孔径为 0.1 mm 试验筛）/%	≥	99.0

5 试验方法

5.1 试剂和溶液

以下试剂除特别注明外，均为分析纯，水应符合 GB/T 6682 中规定的二级水。

5.1.1 盐酸。

5.1.2 三氯甲烷。

5.1.3 碘化钾。

5.1.4 无水碳酸钙。

5.1.5 硝酸：1+1。

5.1.6 盐酸溶液：$c(HCl)=2$ mol/L。量取 160.0 mL 盐酸(5.1.1)，溶于水中，定容至 1 L。

5.1.7 盐酸溶液：$c(HCl)=6$ mol/L。量取 500.0 mL 盐酸(5.1.1)，溶于水中，定容至 1 L。

5.1.8 双硫腙四氯化碳溶液：1 g/L。

5.1.9 硝酸银溶液：10 g/L。

5.1.10 氟化钾溶液：200 g/L。

5.1.11 硫脲饱和溶液。

5.1.12 硫酸钠溶液：250 g/L。

5.1.13 氨水：1+1。

5.1.14 乙酸-乙酸钠缓冲溶液：pH≈6。称取乙酸钠 100.0 g，加冰乙酸 5.7 mL 溶于水中，定容至 1 L。

5.1.15 硝酸银标准滴定溶液：$c(AgNO_3)\approx 0.02$ mol/L，按 GB/T 601 配制。

5.1.16 乙二胺四乙酸二钠标准滴定溶液：$c(EDTA)\approx 0.05$ mol/L，按 GB/T 601 配制。

5.1.17 二甲酚橙指示液：2 g/L。

5.1.18 铬酸钾指示液：100 g/L。

5.2 鉴别试验

5.2.1 红外光谱鉴别和判定

按照《中华人民共和国药典》2005 年版二部附录Ⅳ“红外分光光度法”，用溴化钾压片法。试样的红外光吸收图谱参见附录 A。

样品经红外光谱分析，其光谱图上 3 400 cm^{-1}～3 500 cm^{-1} 处出现宽大的氢键伸缩振动吸收峰，1 611 cm^{-1} 处左右有 Zn—Cl 键振动吸收峰，466 cm^{-1} 处左右有 Zn—O 键的特征强吸收峰，700 cm^{-1}～1 000 cm^{-1} 范围有结晶水的晶格振动引起的吸收峰，依此可判定被测物的化学成分为碱式氯化锌。

5.2.2 X 衍射光谱鉴别

碱式氯化锌的 X 衍射图谱中有 13 个衍射峰，对应的 2θ 值分别为：11.2°、16.6°、22.1°、22.5°、24.9°、28.1°、30.4°、31.0°、32.8°、33.5°、34.5°、36.3°、37.9°。这些衍射峰的相对强度以及对应的 2θ 值与 $Zn_5(OH)_8Cl_2 \cdot H_2O$ 晶体的标准 X 衍射图谱相吻合，分别对应 $Zn_5(OH)_8Cl_2 \cdot H_2O$ 晶体的(003)、(101)、(104)、(006)、(015)、(110)、(113)、(107)、(021)、(202)、(018)、(116)和(205)晶面。X 衍射光谱图谱参见附录 B。

5.2.3 锌离子的鉴别

称取试样 0.2 g，加 10 mL 盐酸溶液(5.1.6)溶解。加 5 mL 水，用氨水(5.1.13)调节试验溶液的 pH 值至 4～5，加 2 滴硫酸钠溶液(5.1.12)，再加数滴双硫腙四氯化碳溶液(5.1.8)和 1 mL 三氯甲烷(5.1.2)，振摇后，有机相呈紫红色。

5.2.4 氯离子的鉴别

称取试样 0.1 g，置于白色瓷板上，加少许硝酸(5.1.5)溶解，加硝酸银溶液(5.1.9)，即有白色沉淀生成，在硝酸中不溶。

5.3　外观的检验

采用目测及嗅觉检验。

5.4　碱式氯化锌含量的测定

5.4.1　方法提要

试样用少量盐酸溶解，以二甲酚橙为指示剂，用 EDTA 标准溶液滴定锌离子，根据消耗乙二胺四乙酸二钠标准滴定溶液的体积，计算出试样中碱式氯化锌含量。

5.4.2　分析步骤

称取试样 0.1 g（精确至 0.000 1 g），置于 150 mL 锥形瓶中，加入 5.0 mL 盐酸溶液（5.1.7）溶解，加入 5 mL 氟化钾溶液（5.1.10），加 3 滴二甲酚橙指示液（5.1.17）并摇匀。用氨水溶液（5.1.13）调节试验溶液恰呈浅棕红色，加 5 mL 硫脲饱和溶液（5.1.11）和 20 mL 乙酸-乙酸钠缓冲溶液（5.1.14）及 1 g 碘化钾（5.1.3）摇匀后，用乙二胺四乙酸二钠标准滴定溶液（5.1.16）滴定至溶液呈亮黄色即为终点。

5.4.3　分析结果的计算和表述

碱式氯化锌［$Zn_5Cl_2(OH)_8 \cdot H_2O$］含量 w_1 以质量分数表示，数值以%计，按式（1）计算：

$$w_1 = \frac{0.110\ 38 \times V \times c}{m} \times 100 \qquad \cdots\cdots(1)$$

碱式氯化锌（以 Zn 计）含量 w_2 以质量分数表示，数值以%计，按式（2）计算：

$$w_2 = \frac{0.065\ 39 \times V \times c}{m} \times 100 \qquad \cdots\cdots(2)$$

式中：

c——乙二胺四乙酸二钠标准滴定溶液的浓度，单位为摩尔每升（mol/L）；

V——滴定试液时消耗乙二胺四乙酸二钠标准滴定溶液的体积，单位为毫升（mL）；

m——试样的质量，单位为克（g）；

0.110 38——与 1.00 mL 乙二胺四乙酸二钠标准滴定溶液［c(EDTA)＝1.000 mol/L］相当的以克表示的碱式氯化锌的质量；

0.065 39——与 1.00 mL 乙二胺四乙酸二钠标准滴定溶液［c(EDTA)＝1.000 mol/L］相当的以克表示的锌的质量。

计算结果表示至小数点后 2 位。

5.4.4　重复性

取平行测定结果的算术平均值为测定结果。平行测定结果的绝对差值：锌（Zn）不大于 0.30%。

5.5　氯含量的测定

5.5.1　分析步骤

称取在 105 ℃下干燥后的试样 0.20 g（精确至 0.000 1 g），置于 50 mL 烧杯中，加入 5 mL 硝酸（5.1.5），置于电炉上加热溶解，冷却后，移入 50 mL 容量瓶，用水洗至刻度，摇匀。准确量取 15 mL 移入 150 mL 三角烧杯中，加水 15 mL，用 1 mol/L 氢氧化钠调节溶液 pH 至 7～8，滴定前加入 0.1 g 无水碳酸钙（5.1.4），加 1 mL 铬酸钾指示液（5.1.18），用硝酸银标准滴定溶液（5.1.15）滴定，溶液呈砖红色，且 1 min 内不褪色为终点。同时做空白试验。

5.5.2　分析结果的计算和表述

氯含量 w_3 以质量分数表示，数值以%计，按式（3）计算：

$$w_3 = \frac{(V - V_0) \times c \times 50 \times 0.035\ 5}{m \times 15} \times 100 \qquad \cdots\cdots(3)$$

式中：

c——硝酸银标准溶液的浓度，单位为摩尔每升（mol/L）；

V——滴定试液时消耗硝酸银标准滴定溶液的体积，单位为毫升（mL）；

V_0——滴定空白时消耗硝酸银标准滴定溶液的体积，单位为毫升（mL）；

m——试样的质量，单位为克(g)；

0.035 5——与 1.00 mL 硝酸银标准滴定溶液[$c(AgNO_3)$=1.000 mol/L]相当的以克表示的氯的质量。

计算结果表示至小数点后 2 位。

5.5.3 重复性

取平行测定结果的算术平均值为测定结果。平行测定结果的绝对差值：氯(Cl)不大于 0.20%。

5.6 水溶性氯化物含量的测定

5.6.1 分析步骤

称取在 105 ℃下干燥后的试样 2.0 g(精确至 0.001 g)，置于 100 mL 高型烧杯中，准确量取水 50 mL，加入并搅拌 15 min，放置 20 min，量取上清液 10 mL，移入 100 mL 三角烧杯中，加水 15 mL，加 1 mL 铬酸钾指示液(5.1.18)，用硝酸银标准滴定溶液(5.1.15)滴定，溶液呈砖红色，且 1 min 内不褪色为终点。同时做空白试验。

5.6.2 分析结果的计算和表述

水溶性氯化物含量(以 Cl 计)w_4 以质量分数表示，数值以%计，按式(4)计算：

$$w_4=\frac{(V-V_0)\times c\times 50\times 0.0355}{m\times 10}\times 100 \qquad\cdots\cdots(4)$$

式中：

c——硝酸银标准滴定溶液的浓度，单位为摩尔每升(mol/L)；

V——滴定试液时消耗硝酸银标准滴定溶液的体积，单位为毫升(mL)；

V_0——滴定空白时消耗硝酸银标准滴定溶液的体积，单位为毫升(mL)；

m——试样的质量，单位为克(g)；

0.035 5——与 1.00 mL 硝酸银标准滴定溶液[$c(AgNO_3)$=1.000 mol/L]相当的以克表示的氯的质量。

计算结果表示至小数点后 2 位。

5.6.3 重复性

取平行测定结果的算术平均值为测定结果。平行测定结果的绝对差值：氯(Cl)不大于 0.05%。

5.7 砷含量的测定

分析步骤：称取试样 1.0 g (精确至 0.001 g)，加入 10 mL 水和 15 mL 盐酸溶液(5.1.7)，使试样溶解。以下按 GB/T 13079 执行。

5.8 铅含量的测定

分析步骤：称取试样 10.0 g (精确至 0.001 g)，加入 10 mL 水和 15 mL 硝酸溶液(5.1.5)，使试样溶解。移入 50 mL 容量瓶中，用水稀释至刻度，摇匀。以下按 GB/T 13080 执行。

5.9 镉含量的测定

分析步骤：称取试样 10.0 g (精确至 0.001 g)，加入 10 mL 水和 15 mL 硝酸溶液(5.1.5)，使试样溶解。移入 50 mL 容量瓶中，用水稀释至刻度，摇匀。以下按 GB/T 13082 执行。

5.10 细度的测定

5.10.1 分析步骤

称取试样 50 g (精确至 0.1 g)，置于试验筛中进行筛分，称量筛下物(精确至 0.1 g)。

5.10.2 分析结果的计算和表述

细度 w_5 以质量分数表示，数值以%计，按式(5)计算：

$$w_5=\frac{m_1}{m}\times 100 \qquad\cdots\cdots(5)$$

式中：

m_1——筛下物的质量，单位为克(g)；

m——试样的质量，单位为克(g)。

计算结果表示至小数点后一位。

5.10.3 **重复性**

取平行测定结果的算术平均值为测定结果。平行测定结果的绝对差值不大于0.1%。

6 检验规则

6.1 采样方法

按GB/T 14699.1进行。

6.2 出厂检验

6.2.1 **批**

以同班、同原料产品为一批，每批产品进行出厂检验。

6.2.2 **出厂检验项目**

外观、细度、水溶性氯化物、锌含量。

6.2.3 **判定方法**

以本标准的有关试验方法和要求为依据，对抽取样品按出厂检验项目进行检验。检验结果如有一项指标不符合本标准要求时，应重新自两倍量的包装单元中取样进行复检，复检结果如仍有任何一项不符合本标准要求，则判定该批产品为不合格产品，不能出厂。

6.3 型式检验

6.3.1 有下列情况之一，应进行型式检验：

a) 改变配方或生产工艺；

b) 正常生产每半年或停产半年后恢复生产；

c) 国家技术监督部门提出要求时。

6.3.2 型式检验项目：第4章规定的全部项目。

6.3.3 判定方法：以本标准的有关试验方法和要求为依据。检验结果如有一项不符合本标准时，应加倍抽样复检，复检结果如仍有一项不符合本标准要求时，则判型式检验不合格。

7 标签、包装、运输和贮存

7.1 标签

饲料添加剂碱式氯化锌包装袋上应有牢固清晰的标志，内容按GB 10648的规定执行。

7.2 包装

饲料添加剂碱式氯化锌采用多层PVC材料复合纸袋包装。

7.3 运输

饲料添加剂碱式氯化锌在运输过程中应有遮盖物，防止雨淋、受潮，不得与有毒有害物品混运。

7.4 贮存

饲料添加剂碱式氯化锌应贮存在阴凉、干燥处，防止雨淋、受潮。不得与有毒有害物品混存。

饲料添加剂碱式氯化锌在符合本标准包装、运输和贮存的条件下，从生产之日起保质期为12个月。

附 录 A
(资料性附录)
碱式氯化锌的红外光谱图

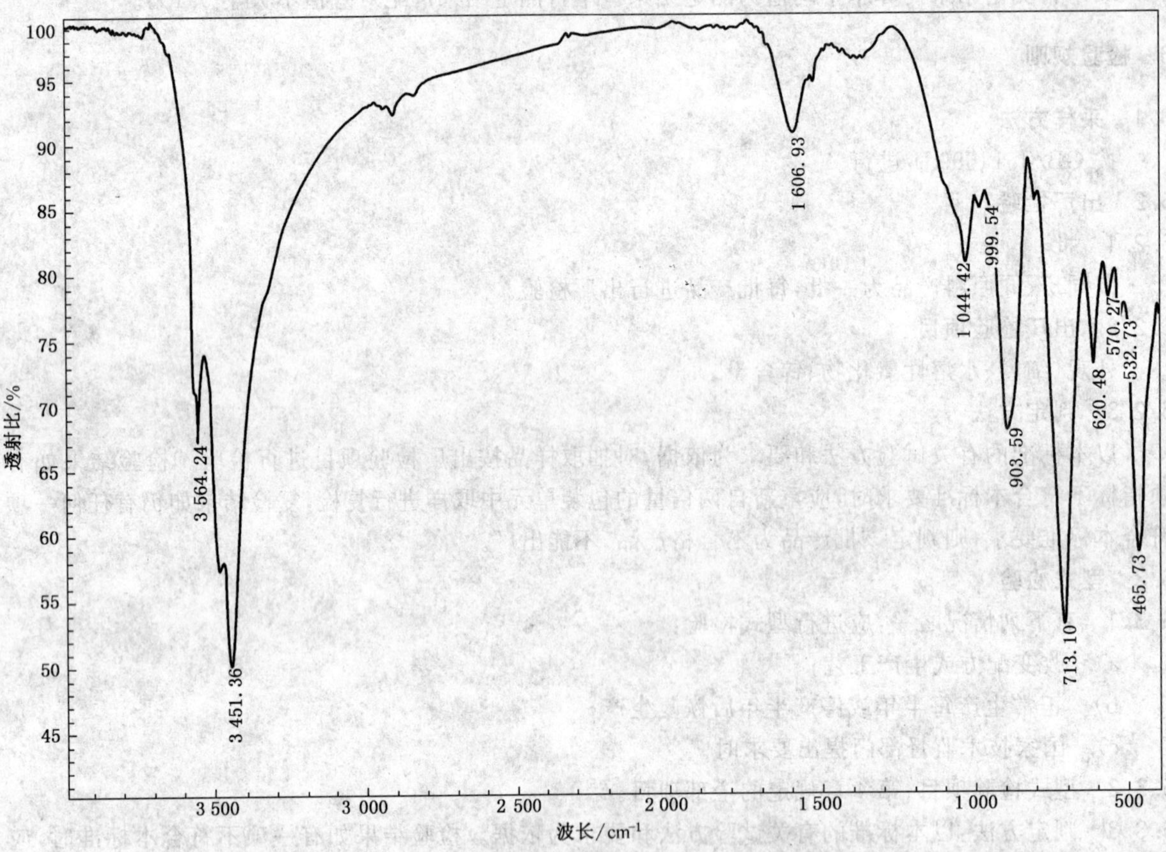

图 A.1 碱式氯化锌的红外光谱图

附 录 B
（资料性附录）
碱式氯化锌的 X 衍射光谱图

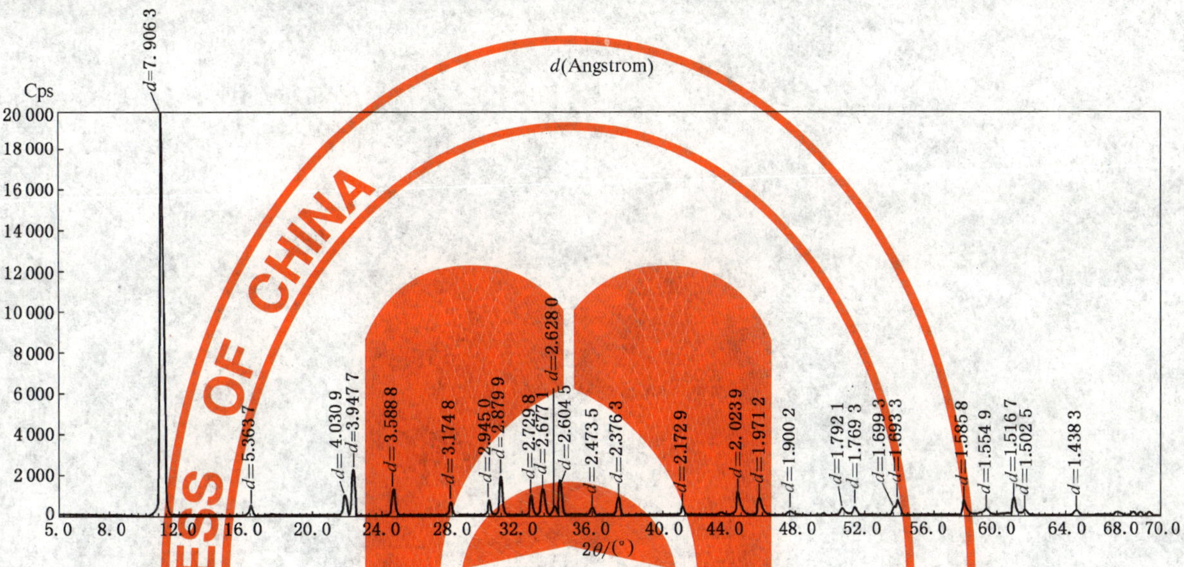

图 B.1 碱式氯化锌的 X 衍射光谱图

ICS 65.120
B 46

中华人民共和国国家标准

GB/T 22547—2008

饲料添加剂 饲用活性干酵母(酿酒酵母)

Feed additive—
Active dry yeast for feed (*Saccharomyces cerevisiae*)

2008-11-21 发布　　　　2009-02-01 实施

中华人民共和国国家质量监督检验检疫总局
中国国家标准化管理委员会　发布

前　言

本标准的附录 A 为规范性附录。

本标准由全国饲料工业标准化技术委员会提出并归口。

本标准起草单位：安琪酵母股份有限公司、中国饲料工业协会。

本标准主要起草人：姚娟、杨清峰、谭斌、李兆文、邓娟娟、潘丽芳。

饲料添加剂
饲用活性干酵母(酿酒酵母)

1 范围

本标准规定了饲料添加剂饲用活性干酵母(酿酒酵母)的术语和定义、要求、试验方法、检验规则以及标志、包装、运输和贮存。

本标准适用于在饲料中添加的以酿酒酵母为菌种,经液态发酵通风培养、脱水干燥而制得的酵母活细胞产品。

2 规范性引用文件

下列文件中的条款通过本标准的引用而成为本标准的条款。凡是注日期的引用文件,其随后所有的修改单(不包括勘误的内容)或修订版均不适用于本标准,然而,鼓励根据本标准达成协议的各方研究是否可使用这些文件的最新版本。凡是不注日期的引用文件,其最新版本适用于本标准。

GB/T 191 包装储运图示标志(GB/T 191—2008,ISO 780:1997,MOD)

GB/T 6435 饲料中水分和其他挥发性物质含量的测定(GB/T 6435—2006,ISO 6496:1999,IDT)

GB/T 6682 分析实验室用水规格和试验方法(GB/T 6682—2008,ISO 3696:1987,MOD)

GB 10648 饲料标签

GB/T 13079 饲料中总砷的测定

GB/T 13080 饲料中铅的测定 原子吸收光谱法

GB/T 13091 饲料中沙门氏菌的检测方法(GB/T 13091—2002,ISO 6579:1993,MOD)

GB/T 13092 饲料中霉菌总数的测定

GB/T 13093 饲料中细菌总数的测定

GB/T 14699.1 饲料 采样(GB/T 14699.1—2005,ISO 6497:2002,IDT)

NY/T 1444—2007 微生物饲料添加剂技术通则

JJF 1070 定量包装商品净含量计量检验规则

3 术语和定义

下列术语和定义适用于本标准。

3.1

饲用活性干酵母(酿酒酵母) active dry yeast for feed (*Saccharomyces cerevisiae*)

以糖蜜、淀粉质为主要原料,经液态发酵通风培养酿酒酵母(*Saccharomyces cerevisiae*),并从其发酵醪中分离酵母活菌体,经脱水干燥后制得的可直接添加于饲料中的活菌产品。

4 要求

4.1 感官要求

应符合表1的要求。

表 1　饲用活性干酵母(酿酒酵母)的感官要求

项　　目	要　　求
色泽	淡黄至淡棕黄色
气味	具有酵母特殊气味,无腐败,无异臭味
杂质	无异物
外观	颗粒状或条状

4.2　理化要求

应符合表 2 的规定。

表 2　饲用活性干酵母(酿酒酵母)的理化要求

项　　目		要　　求
酵母活细胞数/(亿个/g)	≥	150
水分/%	≤	6.0

4.3　卫生要求

应符合表 3 的规定。

表 3　饲用活性干酵母(酿酒酵母)的卫生要求

项　　目		要　　求
细菌总数/(CFU/g)	≤	2.0×10^6
霉菌/(个/g)	≤	2.0×10^4
铅(以 Pb 计)/(mg/kg)	≤	1.5
总砷(以 As 计)/(mg/kg)	≤	2.0
沙门氏菌/(CFU/25 g)		不得检出
其他卫生指标		符合 NY/T 1444—2007 中 4.3.1 的规定

5　试验方法

本标准所用的水,在未注明其他要求时,应符合 GB/T 6682 中三级用水的要求。

本标准所用的试剂,在未注明规格时,均为分析纯(AR)。若有特殊要求另作明确规定。

5.1　采样方法

按 GB/T 14699.1 执行。

5.2　感官指标

取 100 g 样品置于干净白色纸片上,观察其色泽、形态、有无杂质,嗅其气味。

5.3　菌种鉴别

5.3.1　形态鉴别

5.3.1.1　培养基

a)　麦芽汁液体培养基:麦芽汁加水稀释至 10°Bx～15°Bx(巴林糖度计),115 ℃灭菌 15 min。

b)　麦芽汁固体培养基:麦芽汁加水稀释至 10°Bx～15°Bx(巴林糖度计),加 2%琼脂粉,115 ℃灭菌 15 min。

5.3.1.2　在麦芽汁液体培养基中的生长

28 ℃静置培养 3 d 后,菌体在液体培养基中紧密沉淀于底部,培养液清亮,不形成浮膜。取少量菌体于显微镜下观察,细胞呈卵圆形或圆形,单个或成双,偶尔成簇状,多边芽殖。

5.3.1.3 在麦芽汁琼脂上的生长

28 ℃培养 3 d 后，菌落大而湿润，隆起，乳白色，表面光滑无褶皱，边缘清晰。取少量菌体于显微镜下观察，细胞呈卵圆形、椭圆形或圆形。

5.3.2 生理生化特性

酿酒酵母能发酵葡萄糖、麦芽糖、半乳糖、蔗糖及 1/3 棉子糖，不能发酵乳糖和蜜二糖，不能同化硝酸盐。具体操作方法参见《酵母菌的特征与鉴定手册》(Yeasts: Characteristics and Identification)。

5.4 酵母活细胞数

按附录 A 的方法执行。

5.5 水分

按 GB/T 6435 执行。

5.6 细菌总数

按 GB/T 13093 执行。

5.7 霉菌

按 GB/T 13092 执行。

5.8 铅

按 GB/T 13080 执行。

5.9 总砷

按 GB/T 13079 执行。

5.10 沙门氏菌

按 GB/T 13091 执行。

5.11 其他卫生指标

按 NY/T 1444—2007 中 4.3.1 执行。

5.12 净含量

按 JJF 1070 执行。

6 检验规则

6.1 出厂检验

6.1.1 产品出厂前应经生产单位检验部门逐批检验合格，并签发产品质量检验合格证。

6.1.2 出厂检验项目包括：感官要求、酵母活细胞数、水分、细菌总数、净含量、标签。

6.2 型式检验

6.2.1 一般情况下，生产企业半年进行一次型式检验，但有下列情况之一时，亦应进行型式检验：

a) 更改主要原辅料和配料；

b) 更改关键工艺；

c) 停产后恢复生产时；

d) 国家质量监督机构提出进行型式检验要求时。

6.2.2 型式检验项目：第 4 章所规定的全部项目。

6.3 判定规则

6.3.1 在保证产品质量的前提下，生产厂可根据工艺、配方、设备、原料等变化情况，自行确定出厂检验的批量。

6.3.2 当产品中的卫生指标(菌落总数、霉菌、铅、总砷、沙门氏菌及 NY/T 1444—2007 中 4.3.1 中规定的所有指标)有一项不合格时，判整批产品为不合格。

6.3.3 除卫生指标以外的其他指标，如有一项指标不合格，应重新自同批产品中抽取两倍量样品进行复验，以复验结果为准。若仍有一项不合格，则判整批产品为不合格。

7 标志、包装、运输和贮存

7.1 标志

7.1.1 销售产品的标签应符合 GB 10648 的规定。同时应有使用说明和警示事项。

7.1.2 储运图示的标志应符合 GB/T 191 的有关规定。

7.2 包装

7.2.1 包装材料应符合国家有关的安全、卫生规定。

7.2.2 包装应密封、无破损。

7.3 运输

运输过程中要防止雨、雪、日晒、高温、受潮、重压和人为损坏。

7.4 贮存

7.4.1 产品应贮存于阴凉、干燥处。贮存温度不超过 20 ℃。

7.4.2 贮存过程应防止鼠咬、虫蛀，不得与有毒、有害及有异臭味物质一起贮存。

附 录 A
（规范性附录）
酵母活细胞数检测方法

A.1 原理

活酵母能将进入细胞的次甲基蓝染色液立即还原脱色，不被染色，而死酵母被染成蓝色，通过显微镜观察即可计算活细胞数。

A.2 仪器

a) 显微镜：放大倍数400以上；
b) 血球计数板；
c) 血球计数板专用盖玻片；
d) 分析天平：精度0.1 mg；
e) 恒温水浴：控温精度±0.5 ℃。

A.3 试剂和溶液

A.3.1 无菌生理盐水：0.85%的氯化钠溶液。

A.3.2 次甲基蓝染色液：将0.025 g次甲基蓝、0.042 g氯化钾、0.048 g六水氯化钙、0.02 g碳酸氢钠、1.0 g葡萄糖加无菌生理盐水溶解，并定容至100 mL，密封，室温保存。

A.4 操作步骤

A.4.1 称取0.1 g样品，精确至0.000 2 g，准确加入38 ℃～40 ℃无菌生理盐水20 mL，振荡使其充分分散，置于32 ℃恒温水浴中活化1 h。

A.4.2 将活化液振荡均匀，取酵母活化液0.1 mL至一试管中，加入染色液0.9 mL，摇匀，室温下染色10 min。

A.4.3 将盖玻片置于血球计数板计数室上，使之紧紧盖在血球计数板上。取0.02 mL染色后的菌液（A.4.2）于血球计数板和盖玻片结合处，让菌液自动吸入计数室。菌液中不得有气泡，静置1 min后，用显微镜观察计数。

A.4.4 用10×接物镜和16×接目镜找出方格后，换用40×接物镜，调整微调至视野最清晰，开始计数，当细胞处于方格线上时，计数原则为：数上不数下，数左不数右。计出芽时，超过母细胞的二分之一者按细胞计，小于二分之一者忽略不计。染为蓝色的为死细胞，无色的为活细胞，只计活细胞数。

A.5 结果计算

每克样品中活细胞数按式（A.1）计算：

$$X_1 = \frac{A \times 400 \times 10^4 \times 20 \times 10}{m \times N \times 10^8} \qquad \text{(A.1)}$$

式中：

X_1——每克样品中活细胞数，单位为亿个每克（亿个/g）；
A——所数小格内活细胞数，单位为个；
m——称取样品的量，单位为克（g）；
N——所数小格数，单位为个。

A.6 结果的允许差

取平行测定结果的算术平均值为测定结果，平行测定结果的最大差值不得超过其算术平均值的5%。

A.7 注意事项

A.7.1 在显微镜下观察饲用活性干酵母细胞形态如下：细胞卵圆形或椭圆形，大小为(5 μm～7.5 μm)×(7.5 μm～10 μm)，胞内可看到明显的细胞核。

A.7.2 计数板通常有两种规格：一种是1个大格中有16个中格，1个中格又分25个小格，即16×25规格，用这种规格的计数板，取左上、左下、右上、右下四个中格(即100个小格)进行计数。另一种是1个大格分为25个中格，一个中格分为16个小格，即25×16规格，用这种计数板，则除了左上、左下、右上、右下4个中格外，还需加中央的1个中格(即80个小格)进行计数。

A.7.3 对每个样品重复计数三次，取其算术平均值。

A.7.4 盖玻片放置好后不要滑动，否则细胞也会移动，滴注后计数时应处于水平状态。

参 考 文 献

[1] Barnett J A，Payne R W，Yarrow D. Yeasts：Characteristics and Identification [M]. 3rd ed. Cambridge：Cambridge University Press，2000.

参 考 文 献

[1] Barnett J A, Payne R W, Yarrow D. Yeasts: Characteristics and identification [M]. 3rd ed. Cambridge: Cambridge University Press, 2000.

ICS 65.120
B 46

中华人民共和国国家标准

GB/T 22548—2008

饲料级 磷酸二氢钙

Feed grade—Monocalcium phosphate

2008-11-21 发布 2009-02-01 实施

中华人民共和国国家质量监督检验检疫总局
中国国家标准化管理委员会 发布

前言

本标准由全国饲料工业标准化技术委员会(SAC/TC 76)提出并归口。

本标准负责起草单位:中海油天津化工研究设计院、中国饲料工业协会、四川龙蟒磷制品股份有限公司。

本标准参加起草单位:四川川恒化工(集团)有限责任公司、云南新龙矿物质饲料有限公司。

本标准主要起草人:李光明、刘幽若、辛盛鹏、熊天清、杨斌。

饲料级　磷酸二氢钙

1　范围

本标准规定了饲料级磷酸二氢钙的要求、试验方法、检验规则、标志、标签以及包装、运输和贮存。

本标准适用于饲料级磷酸二氢钙。该产品在饲料加工中作为磷、钙的补充剂，主要用于水产饲料。

2　规范性引用文件

下列文件中的条款通过本标准的引用而成为本标准的条款。凡是注日期的引用文件，其随后所有的修改单（不包括勘误的内容）或修订版均不适用于本标准，然而，鼓励根据本标准达成协议的各方研究是否可使用这些文件的最新版本。凡是不注日期的引用文件，其最新版本适用于本标准。

GB/T 610—2008　化学试剂　砷测定通用方法(ISO 6353-1:1982,NEQ)

GB/T 5009.75—2003　食品添加剂中铅的测定

GB/T 6003.1—1997　金属丝编织网试验筛(eqv ISO 3310-1:1990)

GB/T 6436—2002　饲料中钙的测定

GB/T 6678　化工产品采样总则

GB/T 6682—2008　分析实验室用水规格和试验方法(ISO 3696:1987,MOD)

GB 10648　饲料标签

GB/T 13079—2006　饲料中总砷的测定

GB/T 13080—2004　饲料中铅的测定　原子吸收光谱法

GB/T 13083—2002　饲料中氟的测定　离子选择性电极法

HG/T 3696.1　无机化工产品　化学分析用标准滴定溶液的制备

HG/T 3696.2　无机化工产品　化学分析用杂质标准溶液的制备

HG/T 3696.3　无机化工产品　化学分析用制剂及制品的制备

3　分子式、相对分子质量

3.1　分子式：$Ca(H_2PO_4)_2 \cdot H_2O$。

3.2　相对分子质量：252.06（按 2007 年国际相对原子质量）。

4　要求

4.1　外观：白色或略带微黄色粉末或颗粒。

4.2　饲料级磷酸二氢钙应符合表 1 要求。

表 1　要求

项　　目		指　　标
总磷(P)含量/%	≥	22.0
水溶性磷(P)含量/%	≥	20.0
钙(Ca)含量/%	≥	13.0
氟(F)含量/%	≤	0.18
砷(As)含量/%	≤	0.003

表 1（续）

项　　目		指　　标
重金属(以 Pb 计)含量/%	≤	0.003
铅(Pb)含量/%	≤	0.003
游离水分含量/%	≤	4.0
pH 值(2.4 g/L 溶液)	≥	3
细度(通过 0.5 mm 试验筛)/%	≥	95
注：用户对细度有特殊要求时，由供需双方协商。		

5 试验方法

5.1 安全提示

本试验方法中使用的部分试剂具有毒性和腐蚀性，操作时需要小心谨慎！如溅到皮肤上应立即用水冲洗，严重者应立即治疗。

5.2 一般规定

本标准所用试剂和水在没有注明其他要求时，均指分析纯试剂和 GB/T 6682—2008 中规定的三级水。试验中所需标准滴定溶液、杂质标准溶液、制剂及制品，在没有注明其他要求时，均按 HG/T 3696.1、HG/T 3696.2、HG/T 3696.3 的规定制备。

5.3 外观

在充足的自然光下，以目视法判别样品的外观。

5.4 鉴别

5.4.1 试剂

5.4.1.1 冰乙酸。

5.4.1.2 盐酸溶液：1+1。

5.4.1.3 氨水溶液：1+1。

5.4.1.4 草酸铵溶液：100 g/L。

5.4.1.5 硝酸银溶液：17 g/L。

5.4.2 钙离子鉴别

取少量试样约 0.1 g，加 5 mL 冰乙酸溶解，煮沸冷却后过滤，滤液加 5 mL 草酸铵溶液，产生白色沉淀。此沉淀在盐酸溶液中溶解。

5.4.3 磷酸根鉴别

取少量试样约 0.1 g 溶于 10 mL 水中，加 1 mL 硝酸银溶液，生成黄色沉淀。此沉淀溶于过量氨水溶液，不溶于冰乙酸。

5.5 总磷含量的测定

5.5.1 方法提要

在酸性介质中，试验溶液中的磷酸根全部与加入的喹钼柠酮沉淀剂形成沉淀。通过过滤、烘干、称量，计算含量。

5.5.2 试剂

5.5.2.1 盐酸。

5.5.2.2 喹钼柠酮溶液。

5.5.3 仪器

5.5.3.1 玻璃砂坩埚：滤板孔径为 5 μm～15 μm。

5.5.3.2 电热干燥箱:温度能控制在 180 ℃±5 ℃或 250 ℃±10 ℃。

5.5.4 分析步骤

5.5.4.1 试验溶液的制备

称取约 0.8 g 试样,精确至 0.2 mg,置于 100 mL 烧杯中,加 10 mL 盐酸和少量水,盖上表面皿,煮沸 10 min。冷却后移入 250 mL 容量瓶中,用水稀释至刻度,摇匀。此溶液为试验溶液 A,用于总磷含量、钙含量和氟含量的测定。

5.5.4.2 空白试验溶液的制备

除不加试样外,其他加入的试剂量与试验溶液的制备完全相同。并与试样同时进行同样处理。

5.5.4.3 测定

用移液管移取 20 mL 试验溶液 A 和空白试验溶液分别置于 250 mL 烧杯中,加水至总体积约 100 mL,加 50 mL 喹钼柠酮溶液,盖上表面皿,于水浴中加热至杯内物温度达 75 ℃±5 ℃,保持 30 s(加热时不得用明火,加试剂或加热时不能搅拌,以免生成凝块)。冷却至室温,冷却过程中搅拌 3 次~4 次。用预先在 180 ℃±5 ℃或 250 ℃±10 ℃恒重的玻璃砂坩埚抽滤上层清液,用倾析法洗涤沉淀 5 次~6 次,每次用水约 20 mL,将沉淀转移至玻璃砂坩埚中,继续用水洗涤 3 次~4 次。将玻璃砂坩埚置于电热干燥箱中,于 180 ℃±5 ℃烘 45 min 或 250 ℃±10 ℃烘 15 min,取出,置于干燥器中冷却至室温,称量,精确至 0.2 mg。

5.5.5 结果计算

总磷含量以磷(P)的质量分数 w_1 计,数值以%表示,按式(1)计算:

$$w_1=\frac{(m_1-m_2)\times 0.014\,0}{m\times 20/250}\times 100 \qquad \cdots\cdots(1)$$

式中:

m_1——试验溶液生成磷钼酸喹啉沉淀的质量,单位为克(g);

m_2——空白试验溶液生成磷钼酸喹啉沉淀的质量,单位为克(g);

m——试料的质量,单位为克(g);

0.014 0——磷钼酸喹啉换算成磷的系数。

取平行测定结果的算术平均值为测定结果。两次平行测定结果的绝对差值不大于 0.2%。

5.6 水溶性磷含量的测定

称取约 0.5 g 试样,精确至 0.2 mg,置于瓷(玛瑙)研钵中。加水研磨,每次加 25 mL 水,连续研磨 4 次,水溶液全部转移到 250 mL 容量瓶中,摇动 30 min(2 次/s),用水稀释至刻度,摇匀。干过滤,弃去初始 20 mL 滤液,用移液管移取 20 mL 滤液置于 250 mL 烧杯中,按照 5.5.4.3 测定并按 5.5.5 计算。

5.7 钙含量的测定

5.7.1 方法提要

同 GB/T 6436—2002 中第 10 章。

5.7.2 试剂

同 GB/T 6436—2002 中第 11 章。

5.7.2.1 蔗糖溶液:25 g/L。

5.7.2.2 乙二胺四乙酸二钠(EDTA)标准滴定溶液:c(EDTA)约为 0.02 mol/L。

5.7.3 分析步骤

用移液管移取 25 mL 试验溶液 A,置于 250 mL 锥形瓶中,加 50 mL 水,加 5 mL 蔗糖溶液,加2 mL 三乙醇胺,加 1 mL 乙二胺,加 1 滴孔雀石绿指示液,滴加氢氧化钾溶液至无色,再过量滴加 10 mL,加 0.1 g 盐酸羟胺(每加一种试剂都要摇匀),加钙黄绿素少许,在黑色背景下用 EDTA 标准滴定溶液滴定至溶液由绿色荧光消失呈显紫红色为终点。

5.7.4 结果的计算

钙含量以钙(Ca)的质量分数 w_2 计,数值以%表示,按式(2)计算:

$$w_2 = \frac{V \times c \times M}{m \times 25/250} \times 100 \quad \cdots\cdots (2)$$

式中：

V——试验溶液所消耗的硫酸锌标准滴定溶液的体积，单位为毫升(mL)；

c——EDTA 标准滴定溶液的实际浓度，单位为摩尔每升(mol/L)；

M——钙的摩尔质量，单位为克每摩尔(g/mol)(M=40.08)；

m——试样的质量，单位为克(g)。

取平行测定结果的算术平均值为测定结果，两次平行测定结果的绝对差值不大于 0.3%。

5.8 氟含量的测定

5.8.1 方法提要

同 GB/T 13083—2002 第 2 章。

5.8.2 试剂

同 GB/T 13083—2002 第 3 章。

5.8.3 仪器

同 GB/T 13083—2002 第 4 章。

5.8.4 分析步骤

5.8.4.1 试验溶液的制备

称取约 0.5 g～1.00 g 试样，精确至 0.000 2 g，置于 100 mL 容量瓶中，加 16 mL 盐酸溶液(1+4)，加水稀释至刻度，摇匀。

5.8.4.2 测定

用移液管移取 25 mL 试验溶液和 25 mL 总离子缓冲溶液至 50 mL 容量瓶中，按 GB/T 13083—2002 第 5 章进行测定。

5.8.5 结果的计算

氟含量以氟(F)的质量分数 w_3 计，数值以%表示，按式(3)计算：

$$w_3 = \frac{m_1}{m \times 25/100} \times 100 \quad \cdots\cdots (3)$$

式中：

m_1——从工作曲线上查得的氟的质量，单位为克(g)；

m——试料的质量，单位为克(g)。

取平行测定结果的算术平均值为测定结果，两次平行测定结果的绝对差值不大于 0.03%。

5.9 砷含量的测定

5.9.1 分光光度法(仲裁法)

5.9.1.1 方法提要

同 GB/T 13079—2006 中 5.1。

5.9.1.2 试剂

同 GB/T 13079—2006 中 5.2。

5.9.1.3 仪器

同 GB/T 13079—2006 中 5.3。

5.9.1.4 分析步骤

5.9.1.4.1 试验溶液 B 的制备

称取 1.00 g±0.01 g 样品，置于 100 mL 容量瓶中，加 20 mL 盐酸溶液(1+4)，加水稀释至刻度，摇匀。此溶液为试验溶液 B，用于砷含量和铅含量的测定。

5.9.1.4.2 测定

用移液管移取 25 mL 试验溶液 B，置于 100 mL 容量瓶中，按 GB/T 13079—2006 中 5.4.3 进行测定并计算。

5.9.2 砷斑法

用移液管移取 10 mL 试验溶液 B,按 GB/T 610—2008 中 4.1.3 进行测定。

标准溶液是用移液管移取 3 mL 砷标准溶液[1 mL 溶液含有砷(As)1 μg],与试样同时同样处理。

5.10 重金属含量的测定

5.10.1 方法提要

在微酸性介质中,重金属离子与硫化氢反应,溶液呈棕黄色,与同时同样操作的标准溶液进行比较,测定其铅含量。

5.10.2 试剂

5.10.2.1 抗坏血酸。

5.10.2.2 盐酸溶液:1+4。

5.10.2.3 冰乙酸溶液:1+16。

5.10.2.4 饱和硫化氢水溶液:使用时配制。

5.10.2.5 铅标准溶液:1 mL 溶液含铅(Pb)0.01 mg。用移液管移取 10 mL 按 HG/T 3696.2 配制的铅标准溶液,置于 1 000 mL 容量瓶中,用水稀释至刻度,摇匀。

5.10.3 分析步骤

称取 1.00 g±0.01 g 试样,置于 50 mL 容量瓶中,加 5 mL 盐酸溶液,4 mL 冰乙酸溶液及 1 g 抗坏血酸,加水至刻度,摇匀。干过滤,弃去初始滤液,取 25 mL 滤液置于 50 mL 比色管中,加 10 mL 饱和硫化氢水溶液,于暗处放置 10 min,其颜色不得深于标准比色液。

标准比色溶液是移取 1.5 mL 铅标准溶液,置于 50 mL 比色管中,加 2 mL 冰乙酸溶液和 0.5 g 抗坏血酸,加 10 mL 饱和硫化氢水溶液,于暗处放置 10 min。

5.11 铅含量的测定

5.11.1 原子吸收分光光度法(仲裁法)

用移液管移取 20 mL 试验溶液 B,按 GB/T 13080—2004 中第 7 章进行测定(扣除背景值)并计算。

5.11.2 双硫腙分光光度法

称取 2.00 g 试样,精确至 0.01 g,置于 100 mL 烧杯中,加 5 mL 水和 10 mL 盐酸,加热溶解,冷却后用氨水中和至产生少量沉淀,用滤纸过滤,滤液和洗水置于 250 mL 容量瓶中,稀释至刻度,摇匀。用移液管移取 25 mL 试验溶液,按 GB/T 5009.75—2003 中第 6 章进行测定并计算。

5.12 游离水分含量的测定

5.12.1 仪器

5.12.1.1 称量瓶:ϕ30 mm×20 mm。

5.12.1.2 电烘箱:温度能控制在 50 ℃±2 ℃。

5.12.2 分析步骤

称取约 2.0 g 试样,精确至 0.000 2 g,置于已在 50 ℃±2 ℃干燥至恒重的称量瓶中,将称量瓶放入 50 ℃±2 ℃电烘箱中干燥 3 h,于干燥器中冷却 20 min,称量。

5.12.3 结果计算

水分含量以质量分数 w_4 计,数值以%表示,按式(4)计算:

$$w_4 = \frac{m_1 - m_2}{m} \times 100 \quad \cdots\cdots(4)$$

式中:

m_1——干燥前试料和称量瓶的质量,单位为克(g);

m_2——干燥后试料和称量瓶的质量,单位为克(g);

m——试料质量,单位为克(g)。

取平行测定结果的算术平均值为测定结果。两次平行测定结果的绝对差值不大于 0.5%。

5.13　**pH 值测定**

称取 0.24 g±0.01 g 试样，置于 150 mL 烧杯中，加 100 mL 水溶解。用已经校正好的酸度计对试验溶液进行测定。

5.14　**细度的测定**

5.14.1　**仪器、设备**

试验筛(符合 GB/T 6003.1—1997)：R40/3 系列 ϕ200 mm×50 mm×0.5 mm。

5.14.2　**分析步骤**

称取 20.0 g 试样，精确至 0.01 g，置于试验筛上进行筛分，称量筛下物。

5.14.3　**结果计算**

细度以质量分数 w_5 计，数值以%表示，按式(5)计算：

$$w_5 = \frac{m_1}{m} \times 100 \quad \cdots\cdots(5)$$

式中：

m_1——筛下物试料的质量，单位为克(g)；

m——试料质量，单位为克(g)。

取平行测定结果的算术平均值为测定结果。两次平行测定结果的绝对差值不大于 0.3%。

6　检验规则

6.1　本标准规定的所有项目为出厂检验项目，应逐批检验。

6.2　生产企业用相同材料，在基本相同的生产条件下，连续生产或同一班组生产的饲料级磷酸二氢钙为一批，每批产品不得超过 60 t。

6.3　按 GB/T 6678 的规定确定采样单元数。采样时将采样器自包装袋斜上方插入料层深度 3/4 处采样。将所采的样品混匀后，按四分法缩分至不少于 200 g。分装于两个清洁、干燥的塑料袋或具有磨口塞的玻璃瓶中，密封。粘贴标签，注明：生产厂名、产品名称、批号、采样日期和采样者姓名。一份用于检验，另一份保存备查，保存时间由生产企业根据实际需要确定。

6.4　饲料级磷酸二氢钙应由生产厂的质量监督检验部门按照本标准规定进行检验，生产厂应保证所有出厂的产品都符合本标准要求。

6.5　检验结果如有指标不符合本标准要求时，应重新自两倍量的包装袋中采样进行复验，复验的结果即使只有一项指标不符合本标准要求时，则整批产品为不合格。

7　标志、标签

7.1　包装袋上应有牢固、清晰的标志，内容包括：生产厂名、厂址、产品名称、商标、“饲料级”字样、净含量、批号或生产日期、生产许可证号、产品批准文号和本标准编号。

7.2　每批出厂的产品应附有标签。标签的内容符合 GB 10648 的规定。

8　包装、运输和贮存

8.1　饲料级磷酸二氢钙采用双层包装，内包装为塑料薄膜袋，外包装为塑料编织袋。内袋用绳子扎紧或热合封口，外袋用缝包机封口。每袋净含量 25 kg 或 50 kg。用户有特殊要求时，供需双方协商。

8.2　饲料级磷酸二氢钙在运输过程中应有遮盖物，防止雨淋，日晒。不得与有毒有害物品混运。

8.3　饲料级磷酸二氢钙在贮存过程中，防止雨淋，日晒。不得与有毒物品和腐蚀物品混存。

8.4　饲料级磷酸二氢钙在符合本标准包装、运输和贮存的条件下，自生产之日起保质期为 24 个月。逾期应重新检验是否符合本标准要求，经检验合格后重新使用。

ICS 65.120
B 46

中华人民共和国国家标准

GB/T 22549—2008

饲料级 磷酸氢钙

Feed grade—Dicalcium phosphate

2008-11-21 发布　　2009-02-01 实施

中华人民共和国国家质量监督检验检疫总局
中国国家标准化管理委员会　发布

前　言

本标准由全国饲料工业标准化技术委员会（SAC/TC 76）提出并归口。

本标准负责起草单位:中海油天津化工研究设计院、中国饲料工业协会、四川龙蟒磷制品股份有限公司、自贡鸿鹤化工股份有限公司。

本标准参加起草单位:四川川恒化工(集团)有限责任公司、云南新龙矿物质饲料有限公司。

本标准主要起草人:刘幽若、李光明、沙玉圣、粟胜兰、熊天清、杨斌、姜远涛。

饲料级　磷酸氢钙

1　范围

本标准规定了饲料级磷酸氢钙的分类、要求、试验方法、检验规则、标志、标签以及包装、运输和贮存。

本标准适用于饲料级磷酸氢钙。该产品在饲料加工中作为磷、钙的补充剂。

2　规范性引用文件

下列文件中的条款通过本标准的引用而成为本标准的条款。凡是注日期的引用文件，其随后所有的修改单(不包括勘误的内容)或修订版均不适用于本标准，然而，鼓励根据本标准达成协议的各方研究是否可使用这些文件的最新版本。凡是不注日期的引用文件，其最新版本适用于本标准。

GB/T 610—2008　化学试剂　砷测定通用方法(ISO 6353-1:1982,NEQ)

GB/T 5009.75—2003　食品添加剂中铅的测定

GB/T 6003.1—1997　金属丝编织网试验筛(eqv ISO 3310-1:1990)

GB/T 6436—2002　饲料中钙的测定

GB/T 6678　化工产品采样总则

GB/T 6682—2008　分析实验室用水规格和试验方法(ISO 3696:1987,MOD)

GB 10648　饲料标签

GB/T 13079—2006　饲料中总砷的测定

GB/T 13080—2004　饲料中铅的测定　原子吸收光谱法

GB/T 13082—1991　饲料中镉的测定方法

GB/T 13083—2002　饲料中氟的测定　离子选择性电极法

HG/T 3696.1　无机化工产品　化学分析用标准滴定溶液的制备

HG/T 3696.2　无机化工产品　化学分析用杂质标准溶液的制备

HG/T 3696.3　无机化工产品　化学分析用制剂及制品的制备

3　分子式、相对分子质量

3.1　主成分分子式：$CaHPO_4 \cdot 2H_2O$。

3.2　相对分子质量：172.10(按2007年国际相对原子质量)。

4　分类

按生产工艺不同分成Ⅰ型、Ⅱ型、Ⅲ型三种型号。

5　要求

5.1　外观：白色或略带微黄色粉末或颗粒。

5.2　饲料级磷酸氢钙应符合表1要求。

表1 要求

项目		指标		
		Ⅰ型	Ⅱ型	Ⅲ型
总磷(P)含量/%	≥	16.5	19.0	21.0
枸溶性磷(P)含量/%	≥	14.0	16.0	18.0
水溶性磷(P)含量/%	≥	—	8	10
钙(Ca)含量/%	≥	20.0	15.0	14.0
氟(F)含量/%	≤	0.18		
砷(As)含量/%	≤	0.003		
铅(Pb)含量/%	≤	0.003		
镉(Cd)含量/%	≤	0.001		
细度(粉状 通过0.5 mm试验筛)/% (粒状 通过2 mm试验筛)/%	≥	95 90		
注：用户对细度有特殊要求时，由供需双方协商。				

6 试验方法

6.1 安全提示

本试验方法中使用的部分试剂具有毒性和腐蚀性，操作时需要小心谨慎！如溅到皮肤上应立即用水冲洗，严重者应立即治疗。

6.2 一般规定

本标准所用试剂和水在没有注明其他要求时，均指分析纯试剂和GB/T 6682—2008中规定的三级水。试验中所需标准滴定溶液、杂质标准溶液、制剂及制品，在没有注明其他要求时，均按HG/T 3696.1、HG/T 3696.2、HG/T 3696.3的规定制备。

6.3 外观

在充足的自然光下，以目视法判别样品的外观。

6.4 鉴别

6.4.1 试剂

6.4.1.1 冰乙酸。

6.4.1.2 盐酸溶液：1+1。

6.4.1.3 氨水溶液：1+1。

6.4.1.4 草酸铵溶液：100 g/L。

6.4.1.5 硝酸银溶液：17 g/L。

6.4.2 钙离子鉴别

取少量试样约0.1 g，加5 mL冰乙酸溶解，煮沸冷却后过滤，滤液加5 mL草酸铵溶液，产生白色沉淀。此沉淀在盐酸溶液中溶解。

6.4.3 磷酸根鉴别

取少量试样约0.1 g溶于10 mL水中，加1 mL硝酸银溶液，生成黄色沉淀，此沉淀溶于过量氨水溶液，不溶于冰乙酸。

6.5 总磷含量的测定

6.5.1 方法提要

在酸性介质中，试验溶液中的磷酸根全部与加入的喹钼柠酮沉淀剂形成沉淀。通过过滤、烘干、称量，计算含量。

6.5.2 试剂

6.5.2.1 盐酸。

6.5.2.2 喹钼柠酮溶液。

6.5.3 仪器

6.5.3.1 玻璃砂坩埚：滤板孔径为 5 μm～15 μm。

6.5.3.2 电热干燥箱：温度能控制在 180 ℃±5 ℃或 250 ℃±10 ℃。

6.5.4 分析步骤

6.5.4.1 试验溶液的制备

称取约 1 g 试样，精确至 0.2 mg，置于 100 mL 烧杯中，加 10 mL 盐酸和少量水，盖上表面皿，煮沸 10 min。冷却后移入 250 mL 容量瓶中，用水稀释至刻度，摇匀。此溶液为试验溶液 A，用于磷含量、钙含量的测定。

6.5.4.2 空白试验溶液的制备

除不加试样外，其他加入的试剂量与试验溶液的制备完全相同。并与试样同时进行同样处理。

6.5.4.3 测定

用移液管移取 20 mL 试验溶液 A 和空白试验溶液分别置于 250 mL 烧杯中，加水至总体积约 100 mL，加 50 mL 喹钼柠酮溶液，盖上表面皿，于水浴中加热至杯内物温度达 75 ℃±5 ℃，保持 30 s（加热时不得用明火，加试剂或加热时不能搅拌，以免生成凝块）。冷却至室温，冷却过程中搅拌 3 次～4 次。用预先在 180 ℃±5 ℃或 250 ℃±10 ℃恒重的玻璃砂坩埚抽滤上层清液，用倾析法洗涤沉淀 5 次～6 次，每次用水约 20 mL，将沉淀转移至玻璃砂坩埚中，继续用水洗涤 3 次～4 次。将玻璃砂坩埚置于电热干燥箱中，于 180 ℃±5 ℃烘 45 min 或 250 ℃±10 ℃烘 15 min，取出，置于干燥器中冷却至室温，称量，精确至 0.2 mg。

6.5.5 结果计算

总磷含量以磷（P）的质量分数 w_1 计，数值以%表示，按式(1)计算：

$$w_1=\frac{(m_1-m_2)\times 0.014\,0}{m\times 20/250}\times 100 \qquad \cdots\cdots(1)$$

式中：

m_1——试验溶液生成磷钼酸喹啉沉淀的质量，单位为克(g)；

m_2——空白试验溶液生成磷钼酸喹啉沉淀的质量，单位为克(g)；

m——试料的质量，单位为克(g)；

0.014 0——磷钼酸喹啉换算成磷的系数。

取平行测定结果的算术平均值为测定结果。两次平行测定结果的绝对差值不大于 0.2%。

6.6 构溶性磷含量的测定

6.6.1 方法提要

用中性柠檬酸铵溶液溶解和提取试样中的磷酸根，采用磷钼酸喹啉重量法测定磷含量。

6.6.2 试剂

6.6.2.1 柠檬酸。

6.6.2.2 无水乙醇。

6.6.2.3 氨水。

6.6.2.4 中性柠檬酸铵溶液：溶解 74 g 柠檬酸置于 300 mL 水中，加 69 mL 氨水，在酸度计控制下用氨水调节溶液 pH 值至 7.0，用比重计测其相对密度为 1.09(20 ℃)，将溶液贮存于密闭的瓶中备用（如果长期使用，用前需要校正其酸度）。

6.6.3 仪器

6.6.3.1 酸度计：分度值为 0.2，配有玻璃电极和饱和甘汞电极。

6.6.3.2 比重计。

6.6.4 分析步骤

称取 1 g 试样，精确至 0.000 2 g，置于 250 mL 容量瓶中，加 100 mL 柠檬酸铵溶液，将容量瓶置于 65 ℃±2 ℃水浴中保温 1 h，时常打开瓶盖，每间隔 15 min 摇动一次，每次摇动 30 s，取出容量瓶后冷却至室温，用水稀释到刻度，摇匀。干过滤，弃去初始的 20 mL 滤液，以下操作按 6.5.4.3 进行测定并按 6.5.5 进行计算。

6.7 水溶性磷含量的测定

称取约 0.5 g 试样，精确至 0.2 mg，置于瓷(玛瑙)研钵中。加水研磨，每次加 25 mL 水，连续研磨 4 次，水溶液全部转移到 250 mL 容量瓶中，摇动 30 min(2 次/s)，用水稀释至刻度，摇匀。干过滤，弃去初始 20 mL 滤液，用移液管移取 20 mL 滤液置于 250 mL 烧杯中，按照 6.5.4.3 进行测定并按 6.5.5 进行计算。

6.8 钙含量的测定

6.8.1 方法提要

同 GB/T 6436—2002 中第 10 章。

6.8.2 试剂

同 GB/T 6436—2002 中第 11 章。

6.8.2.1 蔗糖溶液：25 g/L。

6.8.2.2 乙二胺四乙酸二钠(EDTA)标准滴定溶液：c(EDTA)约为 0.02 mol/L。

6.8.3 分析步骤

用移液管移取 25 mL 试验溶液 A，置于 250 mL 锥形瓶中，加 50 mL 水，加 5 mL 蔗糖溶液，加2 mL 三乙醇胺，加 1 mL 乙二胺，加 1 滴孔雀石绿指示液，滴加氢氧化钾溶液至无色，再过量滴加 10 mL，加 0.1 g 盐酸羟胺(每加一种试剂都要摇匀)，加钙黄绿素少许，在黑色背景下用 EDTA 标准滴定溶液滴定至溶液由绿色荧光消失呈显紫红色为终点。

6.8.4 结果的计算

钙含量以钙 (Ca) 的质量分数 w_2 计，数值以%表示，按式(2)计算：

$$w_2 = \frac{V \times c \times M}{m \times 25/250} \times 100 \qquad \cdots\cdots(2)$$

式中：

V——试验溶液所消耗的硫酸锌标准滴定溶液的体积，单位为毫升(mL)；

c——EDTA 标准滴定溶液的实际浓度，单位为摩尔每升(mol/L)；

M——钙的摩尔质量，单位为克每摩尔(g/mol)(M=40.08)；

m——试样的质量，单位为克(g)。

取平行测定结果的算术平均值为测定结果，两次平行测定结果的绝对差值不大于 0.3%。

6.9 氟含量的测定

6.9.1 方法提要

同 GB/T 13083—2002 第 2 章。

6.9.2 试剂

同 GB/T 13083—2002 第 3 章。

6.9.3 仪器

同 GB/T 13083—2002 第 4 章。

6.9.4 分析步骤

6.9.4.1 试验溶液的制备

称取约 0.5 g～1.00 g 试样，精确至 0.000 2 g，置于 100 mL 容量瓶中，加 16 mL 盐酸溶液(1+4)，

加水稀释至刻度，摇匀。

6.9.4.2 测定

用移液管移取 25 mL 试验溶液 A 和 25 mL 总离子缓冲溶液至 50 mL 容量瓶中，按 GB/T 13083—2002 第 7 章进行测定。

6.9.5 结果的计算

氟含量以氟(F)的质量分数 w_3 计，数值以%表示，按式(3)计算：

$$w_3 = \frac{m_1}{m \times 25/100} \times 100 \qquad \cdots\cdots(3)$$

式中：

m_1——从工作曲线上查得的氟的质量，单位为克(g)；

m——试料的质量，单位为克(g)。

取平行测定结果的算术平均值为测定结果，两次平行测定结果的绝对差值不大于 0.03%。

6.10 砷含量的测定

6.10.1 分光光度法(仲裁法)

6.10.1.1 方法提要

同 GB/T 13079—2006 中 5.1。

6.10.1.2 试剂

同 GB/T 13079—2006 中 5.2。

6.10.1.3 仪器

同 GB/T 13079—2006 中 5.3。

6.10.1.4 分析步骤

6.10.1.4.1 试验溶液 B 的制备

称取 1.00 g±0.01 g 样品，置于 100 mL 容量瓶中，加 20 mL 盐酸溶液(1+4)，加水稀释至刻度，摇匀。此溶液为试验溶液 B，用于砷含量和铅含量的测定。

6.10.1.4.2 测定

用移液管移取 25 mL 试验溶液 B，置于 100 mL 容量瓶中，按 GB/T 13079—2006 中 5.4.3 进行测定并计算。

6.10.2 砷斑法

用移液管移取 10 mL 试验溶液 B，按 GB/T 610—2008 中 4.1.3 进行测定。

标准溶液是用移液管移取 3 mL 砷标准溶液[1 mL 溶液含有砷(As)1 μg]，与试样同时同样处理。

6.11 铅含量的测定

6.11.1 原子吸收分光光度法(仲裁法)

用移液管移取 20 mL 试验溶液 B，按 GB/T 13080—2004 中第 7 章进行测定(扣除背景值)并计算。

6.11.2 双硫腙分光光度法

称取 2.00 g 试样(精确至 0.01 g)，置于 100 mL 烧杯中，加 5 mL 水和 10 mL 盐酸，加热溶解，冷却后用氨水中和至产生少量沉淀，用滤纸过滤，滤液和洗水置于 250 mL 容量瓶中，稀释到刻度，摇匀。用移液管移取 25 mL 试验溶液，按 GB/T 5009.75—2003 中第 6 章进行测定并计算。

6.12 镉含量的测定

用移液管移取 25 mL 试验溶液 B，置于 100 mL 容量瓶中，按 GB/T 13082—1991 中 6.3 进行测定并计算。

6.13 细度的测定

6.13.1 仪器、设备

试验筛(符合 GB/T 6003.1—1997)：R40/3 系列 ϕ200 mm×50 mm×0.5 mm。

6.13.2 分析步骤

称取 20.0 g 试样，精确至 0.01 g，置于试验筛上进行筛分，称量筛下物。

6.13.3 结果计算

细度以质量分数 w_4 计，数值以%表示，按式(4)计算：

$$w_4 = \frac{m_1}{m} \times 100 \qquad \cdots\cdots(4)$$

式中：

m_1——筛下物试料的质量，单位为克(g)；

m——试料质量，单位为克(g)。

取平行测定结果的算术平均值为测定结果。两次平行测定结果的绝对差值不大于 0.5%。

6.14 游离水分含量的测定

用户对游离水分有要求时，按本标准方法测定，其指标由供需双方协商。

6.14.1 仪器

6.14.1.1 玻璃砂坩埚：滤板孔径为 5 μm～15 μm。

6.14.1.2 电烘箱：温度能控制在 50 ℃±2 ℃。

6.14.2 分析步骤

称取约 2.0 g 试样，精确至 0.000 2 g，置于已在 50 ℃±2 ℃下恒重的玻璃砂坩埚中，加 5 mL 丙酮，用细玻璃棒搅拌均匀后抽滤，再用丙酮洗涤两次，每次使用 5 mL 丙酮，将盛试料的玻璃砂坩埚在通风橱放置 10 min，然后置于 50 ℃±2 ℃电烘箱中干燥 2 h，在干燥器中冷却 20 min，称量。

6.14.3 结果计算

游离水分含量以质量分数 w_5 计，数值以%表示，按式(5)计算：

$$w_5 = \frac{m_1 - m_2}{m} \times 100 \qquad \cdots\cdots(5)$$

式中：

m_1——干燥前试料和玻璃砂坩埚的质量，单位为克(g)；

m_2——干燥后试料和玻璃砂坩埚的质量，单位为克(g)；

m——试料质量，单位为克(g)。

取平行测定结果的算术平均值为测定结果。两次平行测定结果的绝对差值不大于 0.2%。

7 检验规则

7.1 本标准规定的所有项目为出厂检验项目，应逐批检验。

7.2 生产企业用相同材料，在基本相同的生产条件下，连续生产或同一班组生产的饲料级磷酸氢钙为一批，每批产品不得超过 60 t。

7.3 按 GB/T 6678 的规定确定采样单元数。采样时将采样器自包装袋斜上方插入料层深度 3/4 处采样。将所采的样品混匀后，按四分法缩分至不少于 200 g。分装于两个清洁、干燥的塑料袋或具有磨口塞的玻璃瓶中，密封。粘贴标签，注明：生产厂名、产品名称、型号、批号、采样日期和采样者姓名。一份用于检验，另一份保存备查，保存时间由生产企业根据实际需要确定。

7.4 饲料级磷酸氢钙应由生产厂的质量监督检验部门按照本标准规定进行检验，生产厂应保证所有出厂的产品都符合本标准要求。

7.5 检验结果如有指标不符合本标准要求时，应重新自两倍量的包装袋中采样进行复验，复验的结果即使只有一项指标不符合本标准要求时，则整批产品为不合格。

8 标志、标签

8.1 包装袋上应有牢固、清晰的标志，内容包括：生产厂名、厂址、产品名称、商标、“饲料级”字样、净含量、型号、批号或生产日期、生产许可证号、产品批准文号和本标准编号。

8.2 每批出厂的产品应附有标签。标签的内容应符合 GB 10648 的规定。

9 包装、运输和贮存

9.1 饲料级磷酸氢钙采用双层包装，内包装为塑料薄膜袋，外包装为塑料编织袋或其他质量相当的袋。内袋用绳子扎紧或热合封口，外袋用缝包机封口。每袋净含量 25 kg。用户有特殊要求时，供需双方协商。

9.2 饲料级磷酸氢钙在运输过程中应有遮盖物，防止雨淋，日晒。不得与有毒有害物品混运。

9.3 饲料级磷酸氢钙在贮存过程中，防止雨淋，日晒。不得与有毒物品和腐蚀物品混存。

9.4 饲料级磷酸氢钙在符合本标准包装、运输和贮存的条件下，自生产之日起保质期为 24 个月。逾期应重新检验是否符合本标准要求，经检验合格后重新使用。

ICS 43.100
T 47

中华人民共和国国家标准

GB/T 22550—2008/ISO 7418:1989

旅居车辆　术语及其定义

Leisure accommodation vehicles—Vocabulary

(ISO 7418:1989,IDT)

2008-11-28 发布　　2009-06-01 实施

中华人民共和国国家质量监督检验检疫总局
中国国家标准化管理委员会　发布

前　言

本标准等同采用 ISO 7418:1989《旅居车　术语及其定义》(英文版)。

本标准与 ISO 7418:1989 相比,进行了以下编辑性修改:

——“本标准”代替“本国际标准”;

——增加标准的前言;

——部分引用的标准改为国家标准,引用内容等同国际标准;

——删除了 ISO 7418:1989(英文版)标准中范围的“注”、条款 2.07 中的“注”、条款 3.12 中的“注”;

——增加了“参考文献”。

本标准由国家发展和改革委员会提出。

本标准由全国汽车标准化技术委员会(SAC/TC 114)归口。

本标准起草单位:交通部公路科学研究院、中国汽车技术研究中心、吉林大学、中天高科特种车辆有限公司。

本标准主要起草人:张红卫、刘建农、赵侃、董金松、王颖、徐凡、段连城。

本标准属于首次制定。

旅居车辆 术语及其定义

1 范围

本标准定义了旅居车辆作为临时住所的相关术语以及影响旅居车辆作为整车满足道路使用目的的术语。本标准规定的术语及其定义与GB/T 3730.2和GB/T 22552中的定义在技术上是等同的。

2 术语和定义

2.1 整车

2.1.1

旅居车辆 leisure accommodation vehicle

用于短暂或季节性居住并满足建筑要求和道路车辆使用要求的单元。

2.1.2

旅居挂车 caravan

满足建筑要求和道路车辆使用要求的挂车类旅居车辆。

2.1.3

刚性旅居挂车 rigid caravan

结构尺寸不能减小的刚性结构旅居挂车。

2.1.4

可折叠旅居挂车 folding caravan

结构尺寸可以减小的刚性或其他结构的旅居挂车。

2.1.5

刚性可折叠旅居挂车 rigid folding caravan

具有刚性结构的可折叠旅居挂车。

2.1.6

可扩展折叠旅居挂车 extendible folding caravan

侧面可扩展部分由易弯曲材料制成的可折叠旅居挂车。

2.1.7

帐篷挂车 trailer tent

整个外表面采用柔韧材料制成的可折叠旅居挂车。

2.1.8

自行式旅居车 motor caravan

满足建筑要求和道路车辆使用要求且能够自我驱动行驶的旅居车辆。

注：自行式旅居车或者由一系列成品车改装而成，或者在现有底盘上设计、制造而成，带有或不带驾驶室，居住部分为固定的或是可拆卸的。

2.1.9

移动房屋 leisure home

不满足建筑要求和道路车辆使用要求的可运输的旅居车辆。

2.1.10

旅居房车 mobile home

保留运动能力的移动房屋。

2.2 设计和结构

2.2.1

功能 function

物体被赋予的作用。

2.2.2

设计思想 design considerations

确定满足功能和安全要求的技术方案。

2.2.3

卧铺 berth

供一个人睡觉的空间及设施。

2.2.4

定员 occupancy

旅居车辆提供的卧铺数量。

2.2.5

厂定最大总质量 maximum manufacture's total mass

制造厂根据特定的使用条件,考虑到材料强度、轮胎承载能力等因素而核定出的质量。

2.2.6

结构 structure

确保旅居车辆强度的部分,包括底盘。

2.2.7

刚度 rigidity

结构在应力作用下抵抗形变的能力。

2.2.8

抗翻转性 resistance to overturning

抵抗侧向力的能力。

2.2.9

防水 weatherproofing

避免水渗入的工艺。

2.2.10

全季节性 all seasons

设计和装备满足极端温度条件下能够使用。

2.2.11

隔热性 insulation

为达到特定热舒适水平所需的措施。

2.2.12

隔热材料 insulate

阻止热量传递的材料。

2.2.13

表面热阻 surface resistance

环境与表面温差除以表面单位面积的热流量,用 m^2K/W 表示。

2.2.14

热阻 thermal resistance

R

在稳定状态时,部件温差除以通过该部件单位面积的热流量,用 m^2K/W 表示。

2.2.15

传热系数 thermal transmittance

U

在稳定状态下，通过结构中某一元素的单位面积热流量除以两侧环境温差，用 W/m^2K 表示。

注：传热系数是表面热阻与组成结构的所有材料、空间的热阻之和的倒数。

2.2.16

热传导率 thermal conductivity

λ

通过同类的、各项同性材料的单位面积热流量对温度的梯度。用 W/mK 表示。

2.2.17

卫生间 toilet compartment

旅居车辆内具有洗漱设备、物品或储水装置和便器的隔离区。

2.3 装置及配件

2.3.1

装置 fixture

固定在旅居车辆上或内的部件，不包括设施。

2.3.2

配件 fitting

装置自身的部件。

2.3.3

支撑轮 jockey wheel

辅助连接和拆卸旅居挂车的装置，且在人力移动旅居挂车时提供辅助支撑。

2.3.4

把手 grab handle

在拆卸时辅助人力移动旅居挂车的装置。

2.3.5

支腿 corner steady

在静止时使旅居挂车保持稳定和水平的装置。

2.3.6

帐篷 awning

安装在旅居车辆上用以扩大居住面积的篷。

2.3.7

帐篷轨道 awning channel

旅居车辆上用来安装和固定篷布的部件。

2.3.8

台阶 step

建造在旅居车辆内方便进入的装置。

2.3.9

门 door

关闭通道口的活动装置，可以是铰接的、绕枢轴转动的或滑动的。

2.3.10

入口门 entrance door

提供进入旅居车辆通道的门。

2.3.11

侧箱门　stable door

具有上部和下部侧挂可单独活动门扇的门。

2.3.12

天窗　rooflight

屋顶上由透明材料制成的提供自然光和新鲜空气的装置。

2.3.13

窗户　window

关闭墙壁上垂直的或接近垂直的且允许阳光和新鲜空气进入的开口的装置。

2.3.14

系顶窗　top-hung window

沿上部边缘水平铰接的窗户。

2.3.15

系顶板　top-hung panel

沿其上边缘水平铰接的提供开口的结构中的实体部分。

2.3.16

门把手　door-handle

通常以杆或球的型式操纵锁或插销的装置。

2.3.17

锁紧装置　locking device

限制门、窗或板在其框架内的、人工操作的机械装置。

2.3.18

灶台　work surface

用于准备食物并放置烹饪器具的水平台面。

2.3.19

屋顶柜　roof locker

位于居住隔间内上部的橱柜。

2.3.20

床　bed

可固定、折叠和移动并可作为卧铺的一种家具。

2.3.21

上铺　bunk

通常指位于高处的床。

2.4　安全

2.4.1

独立居室　separate living compartment

独立的而非用帘布隔开的居住隔间。

2.4.2

通风　ventilation

提供有益于居住者和设备燃烧用的新鲜空气并带走污浊空气及不需要的气体的措施。

2.4.3

有效通风面积　free area of ventilation

通风设备或格栅中开口的总面积。

2.4.4

通风设备　ventilator

允许隔间通风所需空气通过的设备。

2.4.5

进气设备　air intake

安装在外部墙壁上或地板上为开放烟道设备提供燃烧空气的通风设备。

2.4.6

排气设备　air extractor

安装在较高位置用来带走污浊空气和无烟道设备燃烧废气的通风设备。

2.4.7

逃离措施　means of evacuation

在紧急情况下方便居住者逃离的措施。

2.4.8

屏障　obstacle

由制造厂安装的、刚性可折叠或可延伸的阻挡紧急出口的装置。

2.4.9

紧急出口　emergency exit

具有规定尺寸和功能特性的出口。

2.4.10

应急门　emergency door

用作紧急出口的门。

2.4.11

应急窗　emergency window

用作紧急出口的窗户。

2.4.12

应急板　emergency panel

用作紧急出口的、在结构中能打开的部分。

2.4.13

危险区　hazard zone

产生热量的设备周围的空间。

2.4.14

保护措施　protection

防止居住者在危险区免受伤害的措施。

2.4.15

安全温度　safe temperature

在危险区内的装置、设施、设备或装备的最高允许温度。

2.4.16

易接触部件温度　temperature of accessible parts

可直接接触到的设备的任何部位的最高许可温度。

2.4.17

易燃材料　combustible material

能直接或过热后引起燃烧的材料。

2.5 服务设施、燃料及其存储

2.5.1

能源供给　energy supply

为设备提供动力的措施。

2.5.2

设施　installation

为设备提供能源供给、供水或提供废物处理方法的组合在一起的材料和部件。

2.5.3

设备　appliance

一种家用装备。例如加热器、烹饪器具、照明、冰箱和通风设备。

2.5.4

体系　system

设施及其设备的组合。

2.5.5

石化燃料　oil fuel

闪点在50 ℃以上的液体燃料。

注：由于存储危险，闪点较低(38 ℃)的煤油在旅居车上不能使用。

2.5.6

液化石油气(LPG)　liquefied petroleum gas

常温常压下为气态，增大压力或降低温度后为液态的轻质烃类混合物。其主要成分为丙烷、丙烯、丁烷和丁烯。

注：液化石油气可通过商业丁烷、商业丙烷或两者的混合物获得。

2.5.7

液化石油气设施　liquefied petroleum gas installation

由燃料储存器、调压器、管道系统、软管和阀门组成的、为设备提供液化石油气的设施。

2.5.8

石化燃料罐　oil fuel tank

可与设备分开或结合在一起的石化燃料容器。

注：在自行式旅居车中，该罐存储的燃料既可用于车辆驱动又可用于加热设施。

2.5.9

液化石油气罐　liquefied petroleum gas tank

储存液化石油气的固定容器。

2.5.10

液化石油气瓶　liquefied petroleum gas cylinder

储存液化石油气的便携容器。

2.5.11

燃料储存间　fuel storage compartment

为了存储石化燃料罐和液化石油气瓶而特别设立的内部空间。

2.5.12

燃料储存室　fuel storage housing

为了存储石化燃料罐和液化石油气瓶而特别设立的外部空间。

2.5.13

燃料储存平台　fuel storage platform

为了存储石化燃料罐和液化石油气瓶而特别设立的外部承载物。

2.5.14

净水箱　fresh water tank

用于储存净水的固定容器。

2.5.15

废水箱　waste water tank

用于收集和存储废水的容器。

2.5.16

污物箱　sewage tank

用于收集和存储化学物质或厕所污物的容器。

2.5.17

载水器　water carrier

运送水的便携式容器。

2.6　供给设施

2.6.1

供给压力　supply pressure

液化石油气设施内压力调节器入口处的压力。

2.6.2

工作压力　working pressure

设备入口处的压力。

2.6.3

管道系统　piping

刚性材料的管道。

2.6.4

低压软管　lower-pressure hose

在工作压力下使用的、韧性材料管道。

2.6.5

高压软管　higher-pressure hose

在高压下使用的、强化的韧性材料管道。

2.6.6

气体连接件　gas joint

在气路设施中采用螺纹连接方式的机械元件总成。

2.6.7

平面连接件　flat union joint

通过压紧垫圈实现密封的连接件。

2.6.8

压力连接件　compression joint

通过压紧双锥形密封圈或环实现密封的连接件。

2.6.9

减压阀　pressure-reducing valve

限制气体压力在压力调节器允许范围的装置。

2.6.10

压力调节器　pressure regulator

减小入口压力并保持设备运行所需压力的设备。

2.6.11

阀门　stopcock

有一个入口、一个或多个出口的能中止流动的装置。

2.6.12

多向阀　changeover valve

允许有选择的使用相互连接的液化石油气瓶的装置。

2.6.13

供水管　water service pipe

连接主供水管并向旅居车辆供水的管路。

2.6.14

供水联接器　water supply coupling

旅居车辆内连接供水管和净水系统并配套传递压力的连接件。

2.7　设备和附件

2.7.1

烟道　flue

为排出燃烧废气而设计的管路。

2.7.2

空间密闭型设备　room-sealed appliance

安装在与内部空间相隔离的、具有燃烧系统和空气进气口、废气出口的设备。

2.7.3

无烟道设备　flueless appliance

将燃烧废物排放到其所安装的隔间内的设备。

2.7.4

催化燃烧设备　catalytic appliance

未与开口烟道连接，带有催化板（液态氢与空气中的氧气接触后在催化板前部产生无焰燃烧）的加热设备。

2.7.5

明火设备　open-flame appliance

在其内部可能直接接触火焰的设备。

2.7.6

失火装置　flame failure device

带有探测火焰的敏感元件，用以打开和关闭对燃烧器能源供给的设备。

2.7.7

引火器　pilot

可提供连续燃烧的火焰，用以点燃大火头的小火头。

2.7.8

自动调温器　thermostat

保持选定恒温的自动装置。

2.7.9

节气门　damper

在烟道中调节燃烧废气气流的装置。

2.7.10

额定功率　rated power

由设备制造厂设计、在标准条件下确定的功率。

2.7.11

最大输出功率　maximum output

由设备制造厂设计的、可产生的最大功率。

2.8　电器

2.8.1

低压设施　lower-voltage installation

标称电压不超过 1 000 VAC 的设施。

2.8.2

超低压设施　extra-lower-voltage installation

标称电压不超过 50 VAC 或 120 VDC 的设施。

2.8.3

低压电器设施停放处　park lower-voltage electrical installation

为一辆或多辆旅居车提供低压电源的线束和装备，相当于或包括旅居挂车供电联接装备。

2.8.4

旅居挂车供电联接装备　caravan pitch electrical supply equipment

位于供电导线插口附近，连接或断开旅居车供电电缆与供电电源的装备。

注：旅居挂车供电联接设备通常由 30 mA 残差回路断电器、最大电流回路断电器或保险丝、开关和输出插座组成。

2.8.5

内部低压电器设施　lower-voltage internal electrical installation

旅居车内低压设施的线束和电器装备。

2.8.6

低压连接设备　lower-voltage connecting device

用于低压电器设施插座出口与旅居车低压输入端之间的插头、连接线和端子。

2.8.7

内部超低压电器设施　extra-lower-voltage internal electrical installation

旅居车内超低压电器设施的线束和电器装备。

2.8.8

连接器　connector

低压连接设备的一部分，用于连接线与低压输入端的连接。

2.8.9

额定电压　rated voltage

所有或部分低压设施设计所依据的电压。

2.8.10

双电压　dual voltage

可支持低压设施和超低压设施工作所需的电压。

2.8.11

最终电路　final circuit

直接与电流使用装备、插槽或其他电路节点(连接类似电流使用装备)联接的电路。

2.9 其他

2.9.1

旅居挂车投影 caravan pitch

单一旅居车辆在地面上的投影曲线。

2.9.2

旅居挂车停车场 caravan park

包括两个或多个旅居挂车投影的地面区域。

2.9.3

警示 warning notice

通常与乘员安全相关而印制的建议。

2.9.4

使用说明 directions for use

用以解决设备的使用、示例、操作、保养和维修问题而印制的说明书。

2.9.5

用户手册 users' handbook

提供给旅居车使用者关于其操作、保养和维修等信息的文件。

参 考 文 献

[1] GB/T 3730.2 道路车辆 质量 词汇和代码(GB/T 3730.2—1996,ISO 1176:1999,IDT).
[2] GB/T 22552 旅居挂车 质量和尺寸 术语及其定义(GB/T 22552—2008,ISO 7237:1993,IDT).

ICS 43.100
T 47

中华人民共和国国家标准

GB/T 22551—2008/ISO 7422:1991

旅居车辆 旅居挂车 居住要求

Leisure accommodation vehicles—Caravans—Habitation requirements

(ISO 7422:1991,IDT)

2008-11-28 发布 2009-06-01 实施

中华人民共和国国家质量监督检验检疫总局
中国国家标准化管理委员会 发布

前　言

本标准等同采用 ISO 7422:1991《旅居车辆　旅居挂车　居住要求》(英文版)。

本标准与 ISO 7422:1991 相比,进行了以下编辑性修改:

——“本标准”代替“本国际标准”;

——增加标准的前言。

本标准的附录 A 为规范性附录。

本标准由国家发展和改革委员会提出。

本标准由全国汽车标准化技术委员会(SAC/TC 114)归口。

本标准起草单位:交通部公路科学研究院、中国汽车技术研究中心、吉林大学、中天高科特种车辆有限公司。

本标准主要起草人:刘建农、赵侃、张红卫、董金松、王颖、徐凡、段连城。

本标准属于首次制定。

旅居车辆　旅居挂车　居住要求

1　范围

本标准规定了旅居挂车居住方面的功能要求和安全要求。

本标准不适用于作为永久住所的旅居车辆，不包括旅居挂车有关道路车辆方面的要求；本标准也不适用于商用挂车、帐篷挂车和自行式旅居车。本标准不包含有关有效载荷的要求。

2　规范性引用文件

下列文件中的条款通过本标准的引用而成为本标准的条款。凡是注日期的引用文件，其随后所有的修改单（不包括勘误的内容）或修订版均不适用于本标准，然而，鼓励根据本标准达成协议的各方研究是否可使用这些文件的最新版本。凡是不注日期的引用文件，其最新版本适用于本标准。

GB/T 6031—1998　硫化橡胶或热塑性橡胶硬度的测定（10～100 IRHD）（idt ISO 48:1994）

GB/T 22550—2008　旅居车辆　术语及其定义（ISO 7418:1989,IDT）

GB/T 22552—2008　旅居挂车　质量和尺寸　术语及其定义（ISO 7237:1993,IDT）

HG/T 3091—2000　橡胶密封件　给、排水管及污水管道用接口密封圈　材料规范（ISO 4663:1996,IDT）

ISO 7419:1991　旅居车辆　通风设备要求

ISO 7420:1987　旅居车辆　燃油供热系统

ISO 7421:1991　旅居车辆　液化石油气系统

ISO 8818:1988　旅居车辆　旅居挂车　12 V 直流超低电压的电器装置

IEC 364-7-708:1988　建筑物的电器装置第七部分：对特别装置或位置的特殊要求，708 节：在旅居挂车停车场和旅居挂车上的电器装备。

3　术语和定义

GB/T 22550—2008 和 GB/T 22552—2008 规定的术语和定义适用于本标准。

4　制造和设计

制造旅居挂车所用材料应符合相关标准要求。静止和行驶时旅居挂车的结构都应防水，特别是地板应能防止车辆行驶时道路积水的溅入和静止时防止来自地面的湿气。

4.1　定员

旅居挂车的定员应与所提供卧铺（包括基本卧铺、选择性卧铺和附加卧铺）的数量一致。

4.2　刚度

在静止状态下将其所有支腿支于地面时，在任一支腿上施加 1 500 N 的向上的冲击，旅居挂车的车门、车窗不得产生开启困难的变形。

4.3　支腿

每辆旅居挂车应装备四个支腿，每角一个。这些支腿应可伸缩，高度可调节且每个支腿在伸长后应能承受不低于旅居挂车最大厂定总质量 25％的载荷。应提供调节工具。

注：不应使用一个或全部支腿支起旅居挂车并使其一个或多个车轮离开地面，除非使用手册明确说明支腿具有这样的用途。

4.4　把手

车身外侧应安装4个用以人力移动旅居挂车的把手,每侧前后各一个。把手间隙不应小于30 mm×120 mm。每个安装好的把手应能承受作用在把手上的大小为600 N,方向与安装螺栓或固定点垂直的拉力;并还应能承受作用在把手上的大小为1 000 N,方向与安装螺栓或固定点在同一直线上的拉力。

4.5　帐篷附件

4.5.1　附件的规定

每辆旅居挂车应提供附件,例如帐篷轨道,用以紧固帐篷。

4.5.2　帐篷轨道

帐篷轨道的尺寸如图1所示。开口要光滑无毛刺以避免阻碍帐篷的塞入。轨道的对接应整齐且光滑无毛刺。

单位为毫米

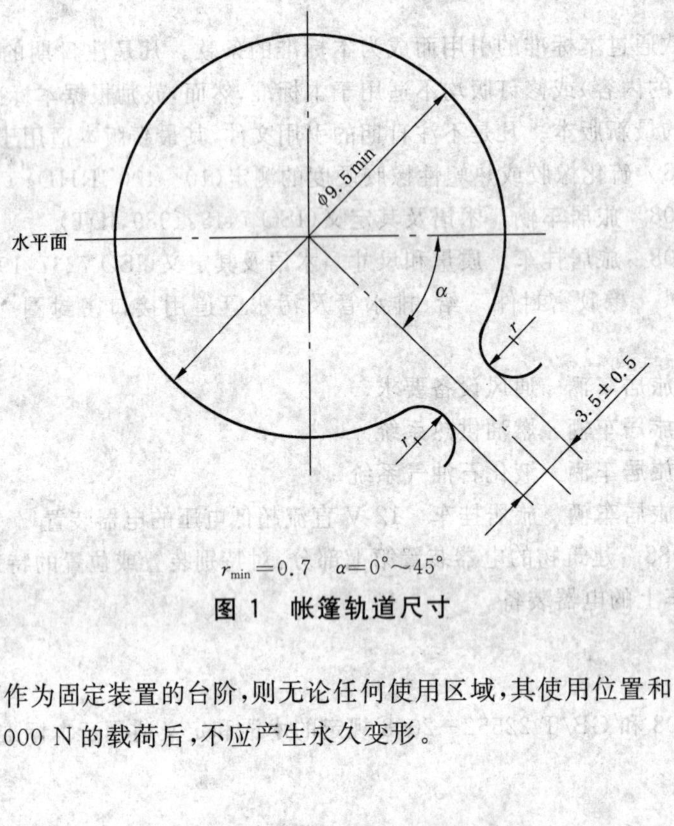

$r_{min}=0.7$　$\alpha=0°\sim45°$

图1　帐篷轨道尺寸

4.6　入口台阶

若旅居挂车安装了作为固定装置的台阶,则无论任何使用区域,其使用位置和安装方式在100 mm×150 mm表面上施加2 000 N的载荷后,不应产生永久变形。

4.7　车门

4.7.1　尺寸

门开启后最小净高为1 650 mm、最小净宽为500 mm。折叠式旅居挂车除外,其最小净高为1 360 mm。

4.7.2　车门关闭

所有车门,包括滑动门,内、外部车门都应装备关闭或锁止的装置。当车门承受由旅居挂车行驶所产生的所有作用力时,用以保持车门关闭状态。侧面单扇门应铰接在旅居挂车前进方向一侧。

4.7.3　双扇车门

当旅居挂车侧面铰接双扇车门时,其前门扇应搭接在后门扇上且后扇门应安装固定销。

4.7.4　入口门位置

若旅居挂车只有一个入口门,则其应安装在旅居挂车的后部或当旅居挂车被牵引时距离道路中间最远的一侧。如果旅居挂车不止一个入口门,那么至少应有一个门安装在上述位置。

4.7.5　儿童锁

当旅居挂车被牵引时,距离道路中间最近一侧的车门应安装儿童锁。

4.8 天窗

当旅居挂车行驶时，天窗及其配件不应出现松动。内侧应带有纱窗。

4.9 地板开口

地板开口(例如通风口)，应能防止地板下积水的溅入。

5 内部设施

5.1 床及上铺

5.1.1 尺寸

所有床和上铺的床垫的长、宽，应在制造厂产品目录中有清晰的表述。尺寸容许偏差为±20 mm。如果上铺没有提供床垫，则应说明上铺的长、宽等所有尺寸。

如果床垫的形状不规则，则应附加插图并说明相关尺寸。

5.1.2 床铺的垂直空间

当地板到天花板的高度小于1 900 mm时，最多只能安装一个上铺。

5.1.3 床铺间隙

床铺的最小宽度应不小于500 mm，下铺床垫上表面到上铺底面最小净高为500 mm。净高检查时应在床垫上放置均匀分布的75 kg的载荷。

5.1.4 上铺

应提供通向上铺的阶梯，且沿床铺外侧头部位置应安装长度(以床头为基准)为600 mm的护栏。

5.2 食物存储

5.2.1 容量

食物的存储采用能与外界通风且容积不小于50 L的橱柜，或者依据生产厂说明安装较小容积的冰箱，或者同时采用橱柜和冰箱(其总容积应不小于50 L)。

5.2.2 冰箱空间

如果没有提供冰箱，但预留了允许安装一个冰箱的空间，则该空间尺寸及冰箱与燃气和(或)电器装置连接的规定，应在用户手册中说明。

5.3 衣柜

5.3.1 设计

应设计衣柜，防止衣物损坏。

5.3.2 容量

除了半刚性折叠旅居挂车以外，与挂衣杆垂直方向的水平尺寸的最小值为500 mm。挂衣杆长度方向尺寸最小为200 mm，其以下静高应为1 100 mm。对于所谓"全季节"旅居挂车挂衣杆长度方向的尺寸最小值为390 mm，三个人以上每增加一人应再增加长度70 mm。

5.4 搁架和隔板

5.4.1 高层橱柜

厨房里的储物搁架以及其他地方的高层橱柜，应有防止物品滑落的措施。

5.4.2 屋顶柜

长度超过1.25 m的屋顶橱柜应装有隔板，使每个隔间长度不超过1.25 m。

5.5 桌子

在提供卧铺的空间应至少安放一个或多个桌子。安放桌子的每个位置允许最小宽度为450 mm。

5.6 烹饪设备

烹饪器具应至少具有两个烹饪吊环或把手。

5.7 洗涤槽

洗涤槽的最小内部尺寸为250 mm×200 mm×120 mm，若洗涤槽截面为圆形，则其直径不小于200 mm。

6 供水、存储及后处理

6.1 净水供给连接器

6.1.1 概述

连接器应位于旅居挂车外侧易接触的地方，且不应突出到设计的离地间隙或离去角内，也不应增加旅居挂车车身规定的长度和宽度。每个联接器上应安装一个密封盖，用以保护、关闭连接器。所有管道系统、配件以及密封件都应采用环保材料。

6.1.2 连接器的设计

连接器应按照图 2、图 3 和表 1 中的尺寸制造。密封材料的硬度为 50 IRHD(国际橡胶硬度标度)，应符合 HG/T 3091—2000 的要求；测试应符合 GB/T 6031—1998 的要求。

单位为毫米

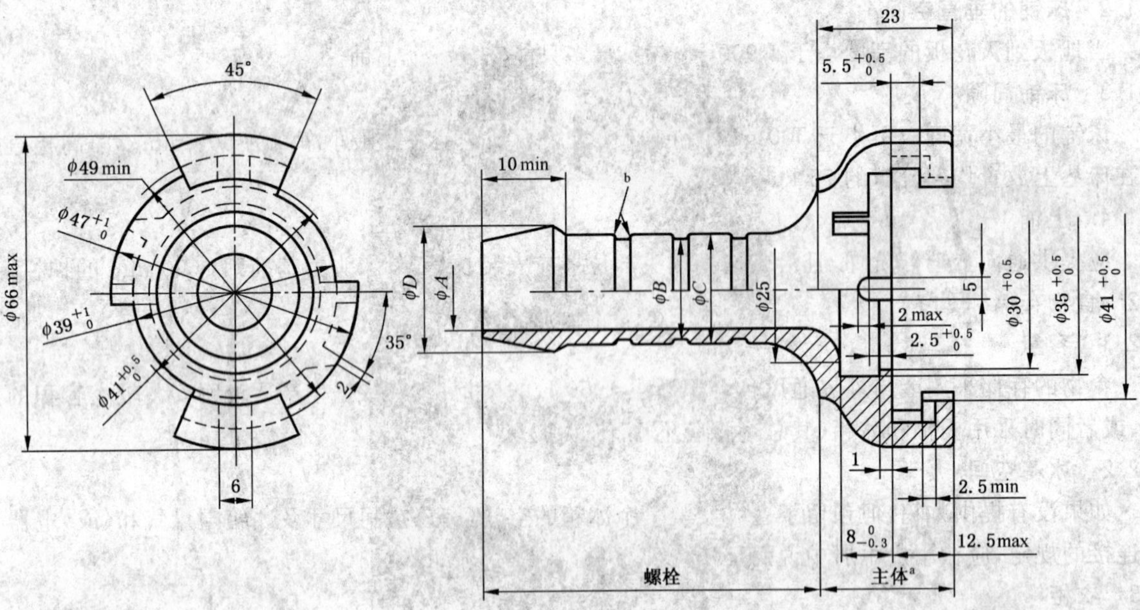

a 连接器的主体尺寸是强制的。然而，为了容易操作，在不影响互换性的条件下，生产商可以用锁止法兰替换在榫接头前部的 2.5 mm 厚的凸台，或者使连接槽沿轴线方向倾斜。

b 沟槽底部最小半径为 0.1 mm。

图 2 连接器尺寸

单位为毫米

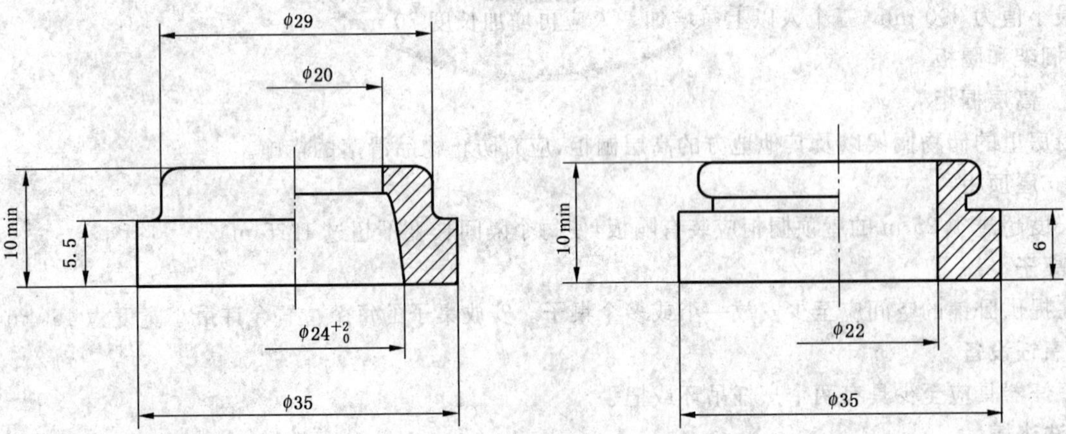

图 3 连接器弹性嵌入密封件示例

表 1 连接器与管道的配合尺寸实例

单位为毫米

管道内径	连接器直径(见图 2)			
	A	B	$C(\pm0.5)$	$D(\pm0.15)$
6.3	4	6.5	7	7.55
7	5	7.5	7.75	8.5
8	6	8.5	8.75	9.5
10	8	10.5	11	12
12.5	10	13	13.5	14.5
16	12	16.5	17	18
20	15	20.5	20	21
22	18	22.5	23	24
25	21	25.5	26	27

6.1.3 连接器的安装

连接器应刚性的安装在旅居挂车上。如果连接器连接总管道,则总管道的压力应通过调节装置调节到适用于所安装的用水设备的压力范围。

6.2 净水

6.2.1 水箱

永久安装的净水箱的最小容积为 10 L,且应采用环保材料制成并便于冲刷和清洗。

6.2.2 便携式容器

如果在旅居挂车中提供了便携式容器,则在其行驶时应为该容器提供稳定放置的措施。若没有提供此容器,则应提供存放和固定该类容器的空间。

6.3 污水箱

污水箱的最小容积为 10 L,且应能冲刷和清洗。

6.4 污水排出装置

6.4.1 出口

淋浴间、水池和洗涤槽的污水出口设置应便于放置合适的、有足够容积的水箱来收集污水(见 6.3)。

6.4.2 连接装置

污水管连接装置的最小直径为 19 mm。

6.5 标记

净水供给管道的连接装置应用蓝色清晰地标明,排水管道的连接装置应用灰色清晰地标明。

7 供热设备

7.1 生产厂安装的设备

如果供热设备由旅居挂车制造厂安装,则应根据供热设备制造厂的说明书、ISO 7420:1987 对燃油设备的要求和 ISO 7421:1991 对液化石油气设备的要求进行安装。每个设备附近应提供 7.2 中所明确要求的信息。

7.2 信息标签

供热设备信息标签应易于查看。否则,在供热设备的附近应放置一个复制的标签。标签应包括下列信息:

供热设备

制造商:

类型：

编号：

工作压力/mbar：

额定功率/kW：

安装日期：

该装置能提供平均气温差/℃：

对于 LPG 设备，也应说明该设备所用气体类型。

7.3 后续安装的设备

如果生产厂最初没有安装供热设备，但提供了安装接口和空间时，下面的信息应在用户手册上明确说明。

“为使平均温差达到××℃，推荐安装额定功率为××kW 的供热设备，并且从安全角度考虑，建议用户使用空间密闭型加热设备。”

8 隔热

8.1 隔热计算

附录 A 提供了用以计算特定气候条件下供热需求量的计算方法。

8.2 传热系数

旅居挂车建造要素（包括车窗、车门和天窗）的平均传热系数 U 不应超过 1.7 W/(m^2·K)。

8.3 冬季条件下使用

根据附录 A 计算，冬季使用的旅居挂车通过安装或推荐任何供热设备均应能达到内外平均温差 35 ℃。旅居挂车建造要素的平均传热系数（不包括窗户和天窗）应不超过 1.2 W/(m^2·K)。

9 服务设施

9.1 电器

9.1.1 低压设施(LV)

低压设施应符合 IEC 364-7-708:1988 的要求。

9.1.2 2 V 直流超低压设施(ELV)

12 V 直流超低压设施应符合 ISO 8818:1988 的要求。

9.2 液化石油气设施

液化石油气系统应符合 ISO 7421:1991 的要求。

9.3 燃油设施

燃油供热系统的安装应符合 ISO 7420:1987 的要求。

10 通风

自然通风设备应符合 ISO 7419:1991 的要求。

11 防火

11.1 逃离措施

11.1.1 紧急出口

每个与旅居挂车其他隔间相隔离的、单独居住的而非用帘布隔开的隔间应提供一个直达外面的、符合 11.1.3 或 11.1.4 要求的紧急出口。

11.1.2 卫生间

如遇紧急情况必须要通过危险区（例如：加热或烹饪装置）时，卫生间应设置紧急出口，但卫生间的门距离旅居挂车入口门小于 1 500 mm 时除外。

11.1.3 应急门

应急门应向外开启并提供畅通无屏障的开启空间，其尺寸符合 4.7.1 的规定。当应急门在门外锁紧时，应能从门内迅速打开。车内应急门的开启机构应从门的内外两侧都能操纵。车内部的门最好采用杆式把手开启，入口门最好通过向下按动把手开启。若车内部的门装有锁闭机构，则应在门的另一侧安装紧急开锁系统。

11.1.4 应急窗和应急板

应急窗和应急板应无障碍向外开启或水平滑动，其所提供的开启面积应不小于 0.25 m^2 且任一方向最小尺寸为 450 mm。应急窗和应急板的较低边缘距地板平面高度应不大于 950 mm。铰接在车顶的这类窗和板应至少能开启 70°且能保持完全开启状态，除非人为关闭。应急窗不应采用绕水平枢轴旋转的窗户(沿顶部边缘旋转的窗户除外)。

11.1.5 灶台

任何开口朝向外部通道的灶台，应不得阻挡通道并留有符合 11.1.3 规定的畅通开口。

11.1.6 供热和烹饪设备

供热和烹饪的设备不应安装在门上，也不应安装在紧急出口的前面。

11.2 供热装置

供热装置必须通过认证机构的鉴定，符合相关安全标准的要求。这些装置应按照制造厂的说明书进行安装。

11.3 灭火器

旅居挂车应至少提供 1 个不低于 1 kg 的干粉灭火器。

12 警告标志

12.1 警告标志的规定

关于提供简单预防火灾的建议和起火后应如何采取措施的永久性警告标志应安装在旅居挂车内部容易且及时看到的地方，其大小应不小于 200 mm×130 mm。标题字体高度应不小于 6 mm，并印刷成红色，且正文字体高度不小于 3 mm。

12.2 警告的内容

警告的文体和版式应按下列要求：

对用户的建议

通风：

不应阻塞所安装的通风装置；您的安全依赖于它们。

在发生火灾时：

1) 应使每个人都能逃离。

2) 关闭外面的燃气阀和/或油阀(如果安装)。

3) 切断主电源。

4) 启动警报，通知消防队。

5) 确保足够安全后实施灭火。

火灾预防措施

儿童不应独自一人。

逃离措施——确信知道紧急出口的位置和操作方法，清楚所有逃离路线。

易燃材料——确保它们不接触供热和烹饪设备。

救火——在主要出口至少应提供一个 1 kg 的干粉灭火器，炊具附近应提供一个灭火毯。熟悉灭火器的使用方法和现场火灾预防措施。

13 用户手册

每辆旅居挂车应提供一本用户手册，其内容至少应包含以下信息：

a) 规格

1) 旅居挂车车身尺寸，包括运输所需长度；

2) 空载质量；

3) 厂定最大总质量；

4) 最大允许载荷；

5) 连接球最大静态载荷。

b) 系统、设备和装备

以下系统、设备和装备的系统图、用户说明、安全预防、适用地点、输出功率：

——低压和超低压电器；

——液化石油气设备；

——淡水和废水设备；

——通风装置，包括开口位置和清洗纱窗的方法；

——供热设备。

如果旅居挂车没有提供永久的供热设备，但提供了其所需连接装置和安装空间时，则应说明该类设备所推荐的空间密闭型式和额定功率(见7.3)。

c) 其他操作说明

更换储气瓶。

当LPG设备排出的废气进入帐篷时，帐篷的空间和使用方法。

支腿的使用限制(见4.3)。

d) 保养(维护/维修)

建议：

定期的对旅居挂车车身、窗户、门、配件、系统和设备进行养护。

声明：

"为了安全，在更换设备零件时应依据设备生产厂的说明书并且由厂家或授权的代理商进行更换。"

e) 警告

注意事项：

——不应阻塞通风装置。

——因腐蚀要定期检查和更换弹性软管，而且应采用批准的类型，不应使用过期的软管。

——在炊具附近提供灭火器和灭火毯。

禁止使用便携式的供热设备(非直接热辐射式的电供热设备除外)，因为这有起火和窒息的危险。

禁止对电器、LPG系统和设备进行改造，但有资格的经销商除外。

另外，在旅行前应采取一系列的安全措施，包括：关闭所有的燃气设施、气瓶和其他任何供热设备。

以旅居挂车作为道路车辆相关的问题。

附 录 A
（规范性附录）
隔 热 计 算

A.1 术语的释义

A.1.1 传热系数 U：结构要素隔热性的度量，表明通过单位时间、单位面积、结构内外单位温差的热流量，单位是 $W/(m^2 \cdot K)$。

A.1.2 热传导率 λ：取决于厚度的、单一材料的特性。材料表面存在温差时，用以度量热量在材料中传递的速度，单位是 $W/(m \cdot K)$。

A.1.3 热阻 R：度量一种材料或复合材料的总热阻抗性，单位是 $m^2 \cdot K/W$。

A.1.4 表面热阻 R_{si} 和 R_{se}：分别表示内表面热阻和外表面热阻。热量在表面通过辐射和对流来传递时，传递热量的多少受表面的类型、热传导方向和外部空气流动等影响，单位是 $m^2 \cdot K/W$。

表 A.1 给出典型表面的热阻值。

表 A.1 典型表面热阻值

表面		数值/($m^2 \cdot K/W$)
内表面 R_{si}：	墙	0.12
	屋顶	0.1
	地板	0.17
外表面 R_{se}：	墙	0.04
	屋顶	0.04
	地板	0.04
合并 $R_{si}+R_{se}$：	墙	0.16
	屋顶	0.14
	地板	0.21

A.2 计算目的

目的如下：

a) 确定旅居挂车的 U 值。

根据 a)，计算特定气候条件下的热需求量。

注：表 A.5 所示为一种推荐的计算方法。

A.3 计算方法

旅居车结构中任意部分的 U 值，可通过将各组分的热阻值和邻近空气的热阻值相加再取倒数得到，单位为 $W/(m^2 \cdot K)$。

$$U = \frac{1}{R_{si} + R_1 + R_2 + R_3 + \cdots + R_{se}}$$

式中 $R_1, R_2, R_3, \cdots$ 为结构各部分成分的热阻值（例如：胶合板、绝缘材料、铝片）。

A.3.1 $R_1, R_2, R_3, \cdots$ 的计算

结构中所使用每种材料（胶合板、铝、绝缘材料等）的热阻值 R 按如下公式计算，单位：$m^2 \cdot K/W$。

$$R = \frac{d}{\lambda}$$

式中：

d——材料的厚度，单位为米(m)；

λ——热传导率。

表 A.2 中给出典型材料的 λ 值。

表 A.2 热传导率

材料	热传导率/[W/(m·K)]
丙烯酸树脂板	0.2
铝	160
地毯	0.055
硬纸板	0.15
玻璃纤维	0.04
玻璃纤维增强塑胶	0.34
硬纸纤维板	0.15
胶合板	0.14
聚丙二醇脂	0.24
聚苯乙烯——膨胀	0.034
聚苯乙烯——压缩	0.033
聚氯乙烯—楼面料	0.04
聚氯乙烯刚化	0.16
聚氯乙烯刚化泡沫	0.035
聚氨酯泡沫	0.026

表 A.3 给出空气间隙的 R 值。

表 A.3 空气间隙热阻值

空气间隙厚度/mm	热阻 R/(m^2·K/W)
5	0.11
10	0.14
20	0.16
50～100	0.17

A.3.2 旅居挂车墙壁 U 的计算，U_w

墙壁 U_w 的计算公式如下，单位：W/(m^2·K)。

$$U_w = \frac{U_{ww}(A_w - A_Z) + U_Z \times A_Z}{A_w}$$

式中：

U_{ww}——墙体的 U 值，不包括窗户；

U_Z——窗户的 U 值；

A_w——墙体总面积，包括窗户；

A_Z——窗户的总面积。

注：这里的“墙壁”在计算时泛指地板、屋顶以及前面、后面、侧面的墙体，且包括窗户。出口门被视为墙壁的一部分。

表 A.4 给出典型窗户的 U 值。

表 A.4 典型窗户的 U 值

材料		U 值/[W/(m²·K)]
玻璃	单层玻璃窗	5.7
	双层玻璃窗	3
丙烯酸树脂	单层玻璃窗	5.3
	双层玻璃窗	2.7

A.3.3 旅居挂车总 U 值的计算，U_0

旅居挂车 U_0 的计算公式如下，单位：W/(m²·K)。

$$U_0 = \frac{(U_{w1} \times A_{w1}) + (U_{w2} \times A_{w2}) + (U_{w3} \times A_{w3}) + \cdots}{A_{w1} + A_{w2} + A_{w3} + \cdots}$$

式中：

U_{w1}——墙壁 1 的值；

U_{w2}——墙壁 2 的值；

A_{wi}——墙 i(包括窗户)的总面积，$i=1,2,3\cdots$。

注：在上式的计算中没考虑热桥的影响。

A.3.4 墙壁的热损失率，k_w

墙壁热损失率 k_w 的计算公式如下，单位：W/K。

$$k_w = U_0 \times A_w$$

式中：

A_w——所有墙壁的总面积，例如：$A_{w1}+A_{w2}+A_{w3}+A_{w4}+\cdots$；

U_0——旅居挂车总的 U 值，如 A.3.3。

A.3.5 换气造成的热损失率

换气造成的热损失率 k_v 的计算公式如下，单位：W/K。

$$k_v = 0.33 \times N \times V$$

式中：

N——每小时空气变化量(取最小值)；

V——空间体积，单位为立方米(m³)。

A.3.6 供热设备的额定功率，P

供热设备的额定功率 P 计算公式如下，单位：kW。

$$P = \frac{(k_w + k_v) \times \Delta T}{1\,000}$$

式中：

ΔT——旅居挂车内需要的温度 θ_i 与外面大气温度 θ_e 之差。

额定功率的计算还需至少增加 10%用以预热。

A.3.7 温度

最低的外界气温 θ_e(低于该温度则供热装置不能在车内产生 20 ℃的室温)的计算公式如下，单位：℃。

$$\theta_e = 20 - \frac{P}{k_w}$$

注：θ_i=20 ℃作为计算的基准温度。

表 A.5 隔热计算的记录

旅居挂车的型式：				类型：			
1	2	3	4	5	6	7	8
旅居挂车	U 值 W/(m² · K)	U 值 W/(m² · K)	总面积 A_w m²	窗户总面积 A_Z m²	(4)−(5) m²	所有部分 U 值 W/(m² · K)	(7)×(4) W/K
墙 1							
窗户 1							
墙 2							
窗户 2							
前墙							
窗户							
后墙							
窗户							
屋顶							
窗户							
地板							

总面积(9)=　　　m²　　　　总热损失率(10)=　　　W/K

总 U 值，$U_0=(10)/(9)=$　　　W/(m² · K)

墙壁的热损失率，$k_w=U_0\times(9)=$　　　W/K

换气热损失率，$k_v=0.33\times N\times V=$　　　W/K

热损失总量=　　　W/K

所需额定功率，$P=(k_w+k_v)\times\Delta T/1\,000=$　　　kW

供热设备的最小额定功率$=1.1\times P=$　　　kW

外界温度/℃	10	5	0	−10	−20	−30	−40
保持室内温度 θ_i 为 20 ℃的最小温差	10	15	20	30	40	50	60

所需温差/K							
所需额定功率/kW							

ICS 43.100
T 47

中华人民共和国国家标准

GB/T 22552—2008/ISO 7237:1993

旅居挂车　质量和尺寸　术语及其定义

Caravans—Masses and dimensions—Vocabulary

(ISO 7237:1993,IDT)

2008-11-28 发布　　　　2009-06-01 实施

中华人民共和国国家质量监督检验检疫总局
中国国家标准化管理委员会　发布

前　言

本标准等同采用 ISO 7237:1993《旅居挂车　质量和尺寸　词汇》(英文版),包括其修改单 ISO 7237-Amd1:2001。

本标准与 ISO 7237:1993 相比,进行了以下编辑性修改:

——“本标准”代替“本国际标准”;

——增加标准的前言;

——引用标准:ISO 612:1978、ISO 3833:1999 改为相对应的国家标准 GB/T 3730.3—1992、GB/T 3730.1—2001,引用内容与国际标准无差异。

本标准由国家发展和改革委员会提出。

本标准由全国汽车标准化技术委员会(SAC/TC 114)归口。

本标准起草单位:交通部公路科学研究院、中国汽车技术研究中心、吉林大学、中天高科特种车辆有限公司。

本标准主要起草人:赵侃、刘建农、张红卫、董金松、王颖、徐凡、段连城。

本标准属于首次制定。

旅居挂车 质量和尺寸 术语及其定义

1 范围

本标准规定了GB/T 3730.1所定义的旅居挂车的质量和尺寸名词术语，并给出定义。本标准不涉及名词术语的测量方法、单位、精度要求以及质量和尺寸的大小等级。

2 规范性引用文件

下列文件中的条款通过本标准的引用而成为本标准的条款。凡是注日期的引用文件，其随后所有的修改单(不包括勘误的内容)或修订版均不适用于本标准，然而，鼓励根据本标准达成协议的各方研究是否可使用这些文件的最新版本。凡是不注日期的引用文件，其最新版本适用于本标准。

GB/T 3730.1 汽车和挂车类型的术语和定义(GB/T 3730.1—2001,ISO/WD 3833:1999,MOD)

GB/T 3730.2—1996 道路车辆 质量 词汇和代码(idt ISO 1176:1990)

GB/T 3730.3—1992 汽车和挂车的术语及其定义 车辆尺寸(neq ISO 612:1978)

ISO 1103:1976 道路车辆 旅居挂车和轻型挂车 连接球 尺寸参数

3 总则

没有特殊说明，本标准中旅居挂车是指出厂的新车。应满足如下条件：

a) 旅居挂车静止置于水平支撑面上；长度和宽度应在水平面上测量，高度在垂直面上测量。

b) 旅居挂车所有车轮(包括支撑轮在内)均在支撑平面上，旅居挂车的车内地板平面应保持水平。

c) 旅居挂车顶部通风口、门、窗都应关闭；能伸展的台阶应收回。

d) 旅居挂车纵向对称平面的定义按GB/T 3730.3—1992中2.4的规定。

e) 旅居挂车总质量是在最大允许轴载质量条件下(高度测量时除外)测得的总质量。

f) 轮胎气压应达到与4.1.4规定的旅居挂车最大允许总质量相对应的压力。

4 质量

4.1

旅居挂车质量 masses relative to caravan alone

4.1.1

整备质量 unladen mass

按制造商规定配置装备的旅居挂车的质量(不包括额外的选装件)。

4.1.2

实际质量 actual mass

为了特定的旅行而装载后的旅居挂车的质量。

4.1.3

最大设计总质量 maximum design total mass

最大设计总质量定义按GB/T 3730.2—1996中4.7的规定。

4.1.4

最大允许总质量 maximum authorized total mass

最大允许总质量的定义按GB/T 3730.2—1996中4.8的规定。

4.1.5

最大设计装载质量　maximum design pay mass

4.1.3定义的最大设计总质量，减去4.1.1定义的旅居挂车整备质量所得到的数值。

4.1.6

最大允许装载质量　maximum authorized pay mass

4.1.4定义的最大允许总质量，减去4.1.1定义的旅居挂车整备质量所得到的数值。

4.1.7

最大允许轴荷　maximum authorized axle load

最大允许轴荷的定义按GB/T 3730.2—1996中4.13的规定。

4.1.8

连接装置静态载荷　static load applied by coupling device

旅居挂车连接装置头部连接球球碗中心处的垂直静载荷，此中心与牵引车连接球中心相一致。

4.1.9

连接装置允许承载的最大静载荷　maximum permissible static load applied by coupling device

车辆制造厂和国家的行政管理部门规定的，作用于旅居挂车连接装置上的最大垂直静载荷。

注：作用于牵引车连接装置的最大允许静载荷见GB/T 3730.2—1996中4.24。

4.2

旅居挂车与牵引车组成列车的质量　masses relative to combination of motor vehicle and caravan

4.2.1

实际列车质量　actual combined mass

旅居挂车的实际质量与牵引车的实际质量之和。

5　尺寸

5.1

纵向尺寸　longitudinal dimensions

5.1.1

轴距　wheelbase

装有两轴或并装双轴的旅居挂车，分别过车轮中心线且垂直于车辆支承平面和车辆纵向对称平面的两平面之间的距离(见图1)。

5.1.2

后悬　rear overhang

分别过旅居挂车后轴两轮中心和旅居挂车最后端点(包括固定在车辆后部的任何刚性部件)且垂直于车辆支承平面和车辆纵向对称平面的两平面之间的距离(见图2)。

注：如果旅居挂车装有两轴或并装双轴，取后轴两轮中心。

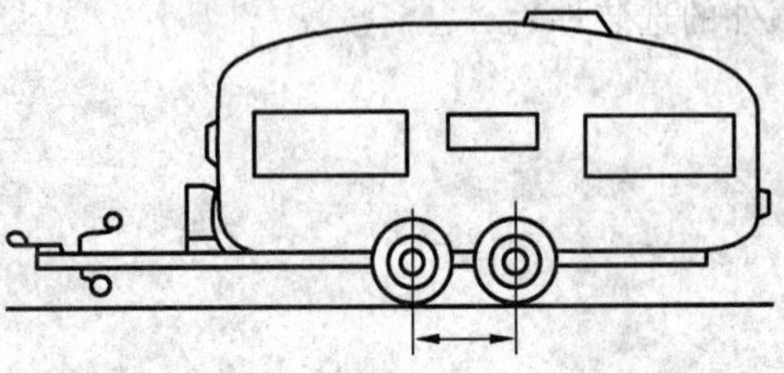

图1

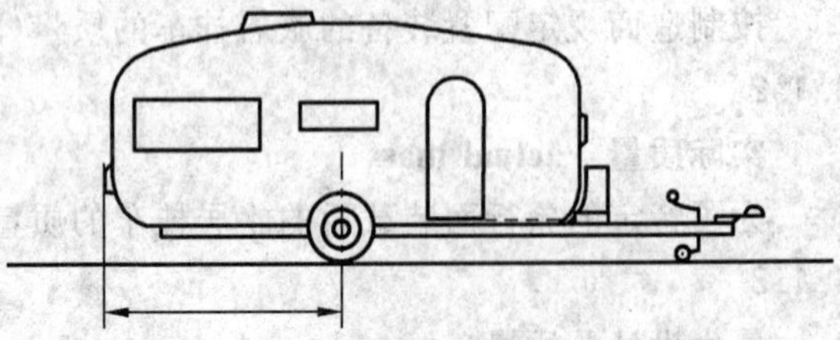

图2

5.1.3

牵引杆长　drawgear length

分别过旅居挂车车轴两轮中心和连接头中心且垂直于车辆支承平面和车辆纵向对称平面的两平面

之间的距离(见图 3)。

注：如果旅居挂车装有两轴或并装双轴，取前轴两轮中心，牵引杆长度等于上述距离与 5.1.1 所述轴距一半之和。

5.2

横向尺寸　transverse dimensions

5.2.1

总宽　overall width

分别过旅居挂车两侧最外侧点且平行于车辆纵向对称平面的两平面之间的距离(见图 4)。

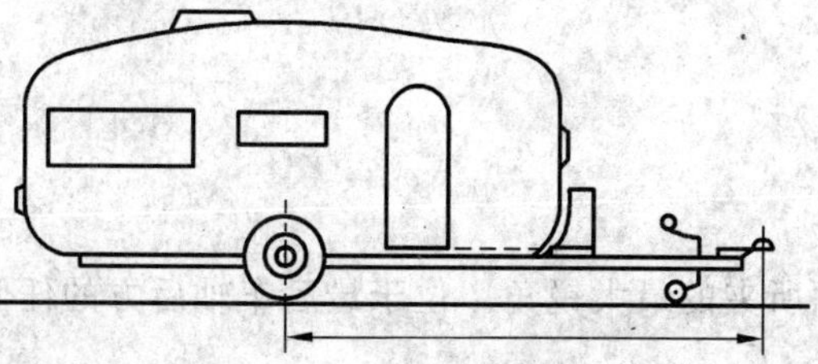

图 3

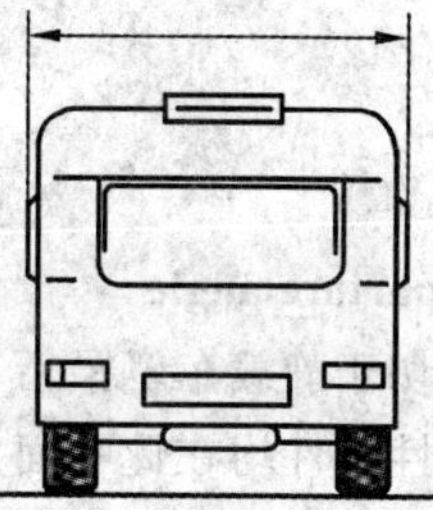

图 4

5.2.2

轮距　track

a) 对于同一车轴每侧装有单胎的旅居挂车，同一车轴上两车轮(真实存在或假想)相同部位在支承平面上留下的轨迹形成的两直线之间的距离。

b) 对于同一车轴每侧装有双胎的旅居挂车，旅居车的每一侧距内轮轨迹的外沿和外轮轨迹内沿距离相等的两直线之间的距离(见图 5)。

5.3

垂直尺寸　vertical dimensions

5.3.1

总高　overall height

旅居挂车支承平面与过旅居车最高点的水平面之间的距离(见图 6)。

注：车辆总高是指在旅居挂车整备质量下测量的高度。

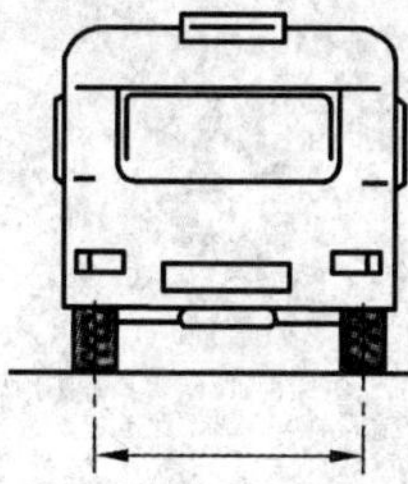

图 5

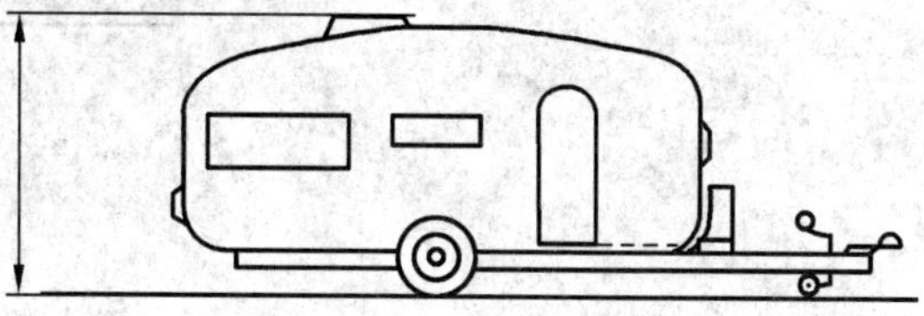

图 6

5.3.2

连接头的高度　height of coupling head

旅居挂车支承面与过连接头中心的水平面之间的距离(见图 7)。

5.3.3

最小离地间隙　ground clearance

旅居挂车中部最低点与支承平面之间的距离(见图 8)。

注：旅居挂车中部指平行于旅居挂车纵向中心平面且与其距离相等的两平面间所包含的部分，两平面之间的距离为同一轴上两端车轮内缘最小距离的 80%。

图 7

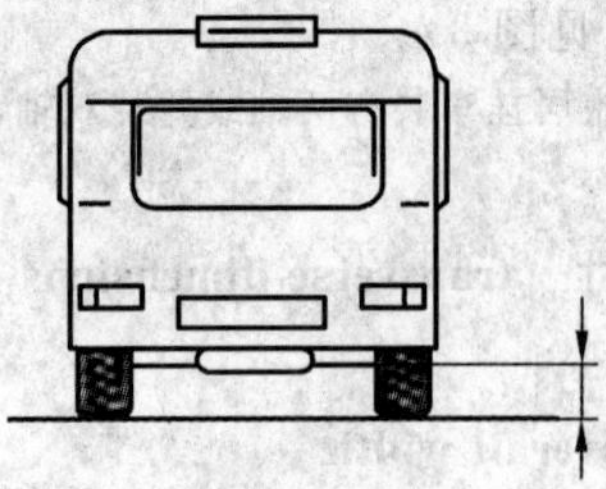

图 8

5.4

角度　angles

5.4.1

离去角　departure angle

支承平面与切于静载车辆最后车轮轮胎外缘的平面所夹的最大锐角。位于最后车轴后方的任何固定在车辆上的刚性部件均在此平面上方(见图 9)。

注：如果旅居挂车装有两轴或并装双轴，后轴指最后车轴。

5.4.2

牵引车与旅居挂车组成列车的纵向通过角 β　ramp angle for combination of motor vehicle and caravan β

连接球距支承平面高度在 ISO 1103 规定范围内且牵引车与旅居挂车组成的列车在不接触地面时，列车能够通过的两平面最小夹角的补角(见图 10)。

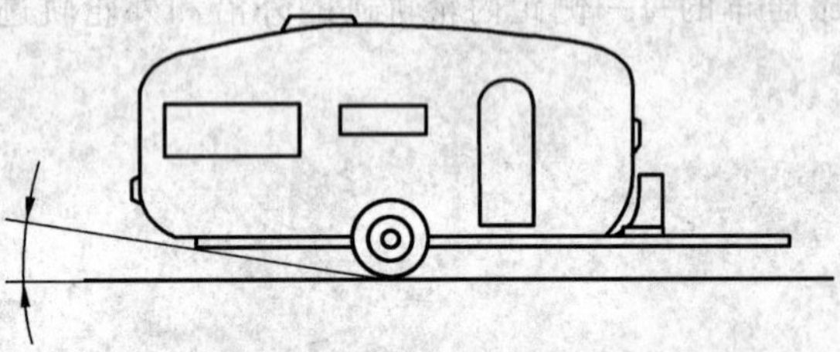

图 9

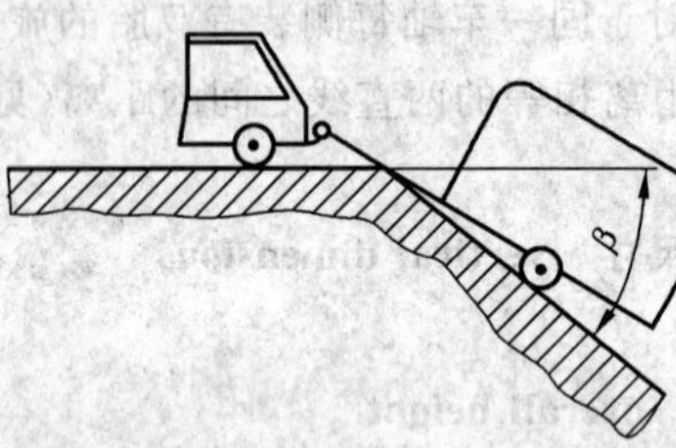

图 10

ICS 67.080
C 53

中华人民共和国国家标准

GB 22556—2008

豆芽卫生标准

Hygienic standard for bean sprouts

2008-12-03 发布

2009-06-01 实施

中华人民共和国卫生部
中国国家标准化管理委员会 发布

前言

本标准的全部技术内容为强制性。

本标准的附录A为资料性附录。

本标准由中华人民共和国卫生部提出并归口。

本标准由中华人民共和国卫生部负责解释。

本标准起草单位：浙江省宁波市卫生监督所、浙江省宁波市疾病预防控制中心、浙江省宁波五龙潭蔬菜食品有限公司、浙江省疾病预防控制中心、中国农业大学、广东省深圳市卫生监督所、四川省成都市卫生执法监督支队、内蒙古自治区呼和浩特市卫生监督所、河南省郑州市卫生监督所。

本标准主要起草人：蒋经伟、李小平、陶礼明、金培刚、康玉凡、黄锦生、屠哲西、范成万、李新庆。

豆芽卫生标准

1 范围

本标准规定了豆芽的指标要求、食品添加剂、生产加工过程的卫生要求、包装、标识、贮存及运输和检验方法。

本标准适用于以大豆或绿豆为原料，经生产加工而成的豆芽。

2 规范性引用文件

下列文件中的条款通过本标准的引用而成为本标准的条款。凡是注日期的引用文件，其随后所有的修改单(不包括勘误的内容)或修订版均不适用于本标准，然而，鼓励根据本标准达成协议的各方研究是否可使用这些文件的最新版本。凡是不注日期的引用文件，其最新版本适用于本标准。

GB 1352　大豆

GB 2760　食品添加剂使用卫生标准

GB/T 4789.4　食品卫生微生物学检验　沙门氏菌检验

GB/T 4789.5　食品卫生微生物学检验　志贺氏菌检验

GB/T 4789.10　食品卫生微生物学检验　金黄色葡萄球菌检验

GB/T 5009.12　食品中铅的测定

GB/T 5009.34　食品中亚硫酸盐的测定

GB 5749　生活饮用水卫生标准

GB/T 10462　绿豆

3 指标要求

3.1 原料要求

大豆和绿豆应分别符合 GB 1352 和 GB/T 10462 的规定。

3.2 用水要求

应符合 GB 5749 的规定。

3.3 感官要求

应具有正常的外形与色泽及固有的豆香味。不得有异味，无打蔫或腐烂，无杂质。

3.4 理化指标

理化指标应符合表 1 的规定。

表 1　理化指标

项　　目		指　　标
铅(以 Pb 计)/(mg/kg)	≤	0.2
亚硫酸盐(以 SO_2 计)/(g/kg)	≤	0.02

3.5 微生物指标

微生物指标应符合表 2 的规定。

表 2　微生物指标

项　　目	指　　标
沙门氏菌、志贺氏菌、金黄色葡萄球菌	不得检出

4 食品添加剂

4.1 食品添加剂质量应符合相应的标准和有关规定。

4.2 食品添加剂的品种和使用量应符合 GB 2760 的规定。

5 生产加工过程的卫生要求

生产加工过程的卫生要求参见附录 A。

6 包装

包装容器和材料应符合相应的卫生标准和有关规定。

7 标识

定型包装的标识要求应符合有关规定。

8 贮存及运输

8.1 贮存

产品应存放在 2 ℃～8 ℃、清洁卫生的保鲜库内。不得与有毒、有害、有异味、易挥发、易腐蚀的物品同处贮存。

8.2 运输

产品应由专用保温厢式车运输。不得与有毒、有害、有异味或影响产品质量的物品混装运输。

9 检验方法

9.1 感官指标

取 100 g 样品置于清洁玻璃烧杯中，在自然光线下用目测、鼻嗅、品味的方法检验。

9.2 理化指标

9.2.1 铅

按 GB/T 5009.12 规定的方法测定。

9.2.2 亚硫酸盐

按 GB/T 5009.34 规定的方法测定。

9.3 微生物指标

按 GB/T 4789.4、GB/T 4789.5、GB/T 4789.10 规定的方法检验。

附 录 A
（资料性附录）
豆芽生产加工卫生导则

A.1 为规范豆芽生产工艺、保证消费者身体健康，根据《中华人民共和国食品卫生法》等有关规定制定本导则。

A.2 提倡和推行工厂化、规模化生产加工方式。

A.3 生产豆芽的豆种应采用合适的方法进行消毒；生产车间在每批次生产前期应作通风换气，可用紫外线灯消毒；培育容器在每批次使用前，可用含氯消毒液消毒。

A.4 生产单位应设置卫生管理机构并配备人员，建立安全生产和卫生管理制度，实施规范化管理。

ICS 67.220.20
X 42

中华人民共和国国家标准

GB 22557—2008

食品添加剂 乙二胺四乙酸铁钠

Food additive—Sodium iron(Ⅲ) ethylenediaminetetraacetate, trihydrate

2008-12-03 发布 2009-06-01 实施

中华人民共和国国家质量监督检验检疫总局
中国国家标准化管理委员会 发布

前　言

本标准的4.2为强制性的,其余为推荐性的。

本标准与食品法典委员会(CODEX)《乙二胺四乙酸铁钠》(英文版)[JECFA 第53届(1999)]的一致性程度为非等效。

本标准的附录A为规范性附录。

本标准由全国食品添加剂标准化技术委员会提出并归口。

本标准起草单位:北京维他营养保健品公司。

本标准主要起草人:霍军生、于波、黄建、孙静。

食品添加剂 乙二胺四乙酸铁钠

1 范围

本标准规定了食品添加剂乙二胺四乙酸铁钠(NaFeEDTA)的技术要求、试验方法、检验规则、标志、包装、运输、贮存和保质期等。

本标准适用于以三价铁无机盐与乙二胺四乙酸钠盐为原料反应生成的食品添加剂乙二胺四乙酸铁钠,该产品作为铁营养强化剂使用。

2 规范性引用文件

下列文件中的条款通过本标准的引用而成为本标准的条款。凡是注日期的引用文件,其随后所有的修改单(不包括勘误的内容)或修订版均不适用于本标准,然而,鼓励根据本标准达成协议的各方研究是否可使用这些文件的最新版本。凡是不注日期的引用文件,其最新版本适用于本标准。

GB/T 601 化学试剂 标准滴定溶液的制备

GB/T 602 化学试剂 杂质测定用标准溶液的制备(GB/T 602—2002,ISO 6353-1:1982,NEQ)

GB/T 603 化学试剂 试验方法中所用制剂及制品的制备(GB/T 603—2002,ISO 6353-1:1982,NEQ)

GB/T 5009.12 食品中铅的测定

GB/T 5009.76 食品添加剂中砷的测定

GB/T 6682 分析实验室用水规格和试验方法(GB/T 6682—2008,ISO 3696:1987,MOD)

国家质量监督检验检疫总局第75号令 定量包装商品计量监督管理办法

3 产品化学名称、分子式、结构式和相对分子质量

3.1 化学名称:乙二胺四乙酸铁钠。

3.2 分子式:$C_{10}H_{12}FeN_2NaO_8 \cdot 3H_2O$。

3.3 结构式:

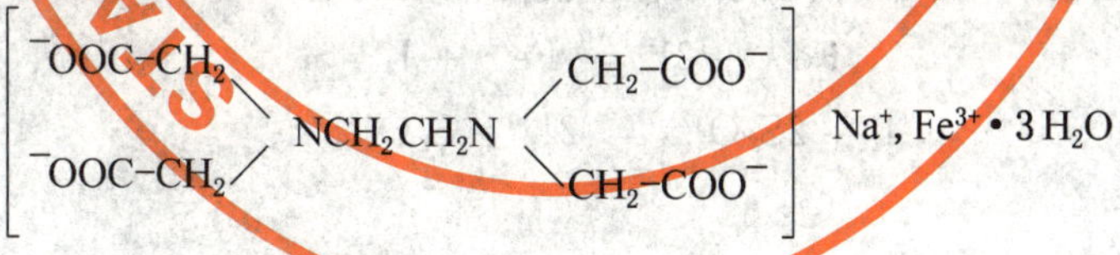

3.4 相对分子质量:421.09(按2005年国际相对原子质量)。

4 技术要求

4.1 外观性状:浅黄色粉末,易溶于水。

4.2 食品添加剂乙二胺四乙酸铁钠应符合表1所示的技术要求。

表1 技术要求

项 目	指 标
铁(Fe)的质量分数/%	12.5~13.5
乙二胺四乙酸的质量分数/%	65.5~70.5
pH值(10 g/L溶液)	3.5~5.5

表 1（续）

项　　目		指　　标
水不溶物的质量分数/%	≤	0.1
氨基三乙酸的质量分数/%	≤	0.1
铅(Pb) 含量/(mg/kg)	≤	1
砷(以 As 计)含量/(mg/kg)	≤	1

5　试验方法

5.1　警示

试验方法规定的一些试验过程可能导致危险情况。操作者应采取适当的安全和防护措施。

5.2　一般规定

除非另有说明，在分析中仅使用确认为分析纯的试剂和 GB/T 6682 中规定的三级水。

试验方法中所用标准滴定溶液、杂质测定用标准溶液、制剂及制品，在没有注明其他要求时，均按 GB/T 601、GB/T 602 和 GB/T 603 之规定制备。

5.3　鉴别试验

5.3.1　试剂

5.3.1.1　硫氰酸铵溶液：8 g/L。

5.3.1.2　盐酸溶液(10%)。

5.3.2　鉴别方法

5.3.2.1　显色反应：称取 50 mg 样品，精确至 0.1 mg，置入 10 mL 玻璃试管中，加入 5 mL 水溶解，加入硫氰酸铵溶液 1.0 mL，溶液颜色不应发生变化。再加入盐酸溶液 0.5 mL，混匀，溶液呈现深红色。

5.3.2.2　紫外吸收：称取样品，精确至 0.1 mg，加水配制成 20 μg/mL 的溶液，使用紫外分光光度计测定，在 256 nm±2 nm 波长处有最大吸收。

5.4　铁含量的测定

5.4.1　原理

氧化还原滴定法中的碘量法。乙二胺四乙酸铁钠在强酸性条件下，游离出的 Fe^{3+} 与过量碘化钾定量反应生成并析出 I_2，析出的 I_2 再用硫代硫酸钠标准滴定溶液滴定。

$$Fe^{3+} + 2I^- = Fe^{2+} + I_2$$

$$I_2 + 2S_2O_3^{2-} = 2I^- + S_4O_6^{2-}$$

5.4.2　试剂

5.4.2.1　碘化钾。

5.4.2.2　盐酸。

5.4.2.3　硫代硫酸钠标准滴定溶液：$c(Na_2S_2O_3)=0.1$ mol/L。

5.4.2.4　淀粉指示液：10 g/L。

5.4.3　分析步骤

称取约 0.5 g 样品，精确至 0.000 2 g，用 40 mL 水将其溶解在碘量瓶中，加入 3 g±0.000 2 g 碘化钾、20 mL 盐酸，摇匀，水封瓶塞，在暗处放置约 5 min，起塞并用少量水冲洗塞盖，用硫代硫酸钠标准滴定溶液滴定至近终点，加入 2.0 mL 淀粉指示液，继续滴定至蓝色消失为终点。

在测定的同时，用硫代硫酸钠标准滴定溶液对不加样品的空白溶液进行滴定。

5.4.4　结果计算

铁的质量分数 w_1，数值以%表示，按式(1)计算：

$$w_1=\frac{\frac{V_1-V_2}{1\,000}\times c_1\times M_1}{m_1}\times 100 \qquad \cdots\cdots(1)$$

式中：

V_1——试样消耗硫代硫酸钠标准滴定溶液(5.4.2.3)体积的数值，单位为毫升(mL)；

V_2——空白试验消耗硫代硫酸钠标准滴定溶液(5.4.2.3)体积的数值，单位为毫升(mL)；

c_1——硫代硫酸钠标准滴定溶液浓度的准确数值，单位为摩尔每升(mol/L)；

M_1——铁的摩尔质量的数值，单位为克每摩尔(g/mol)($M_1=55.85$)；

m_1——试样质量的数值，单位为克(g)。

5.4.5 允许差

在重复性条件下获得的两次独立测定结果的绝对差值应不超过算术平均值的2%，取两次平行测定的算术平均值为测定结果。

5.5 乙二胺四乙酸含量的测定

5.5.1 原理

络合滴定法。在三乙醇胺对 Fe^{3+} 进行掩蔽后，于 pH 12.5～13 碱性溶液中，Ca^{2+} 滴定 NaFeEDTA，与其中 EDTA 形成稳定的络合物，过量的 Ca^{2+} 再与羟基萘酚蓝(hydroxynaphthol blue)指示剂结合成络合物，滴定终点为酒红色。通过 Ca^{2+} 滴定液的消耗量计算 EDTA 含量。

5.5.2 试剂

5.5.2.1 一水合乙酸钙。

5.5.2.2 乙二胺四乙酸：基准试剂。

5.5.2.3 羟基萘酚蓝：指示剂，按羟基萘酚蓝：氯化钠=1：100 进行混合研磨配制。

5.5.2.4 氢氧化钠溶液：500 g/L。氢氧化钠 50 g，加水溶解并定容至 100 mL。

5.5.2.5 三乙醇胺。

5.5.3 测定方法

5.5.3.1 0.25 mol/L 一水合乙酸钙滴定溶液的标定：称取 44.0 g 分析纯一水合乙酸钙，精确至 0.000 2 g，置入 1 L 容量瓶中，用水溶解并定容。称取 2.0 g～2.1 g 乙二胺四乙酸，精确 0.000 2 g，置入 250 mL 的锥形瓶中，加水 150 mL，再用氢氧化钠溶液使其溶解并调 pH 值至 11～12。加入 30 mg 羟基萘酚蓝指示剂，用一水合乙酸钙滴定溶液进行滴定，溶液由蓝色变至红色，即为终点。

一水合乙酸钙滴定溶液的摩尔浓度 c_2，数值以 mol/L 表示，按式(2)计算：

$$c_2=\frac{m_2\times 1\,000}{V_3\times M_2} \qquad \cdots\cdots(2)$$

式中：

m_2——乙二胺四乙酸质量的数值，单位为克(g)；

V_3——标定用消耗一水合乙酸钙滴定溶液体积的数值，单位为毫升(mL)；

M_2——乙二胺四乙酸的摩尔质量的数值，单位为克每摩尔(g/mol)($M_2=292.24$)。

5.5.3.2 滴定操作：称取约 0.8 g～1.0 g 样品两份，精确至 0.000 2 g，置入 250 mL 的锥形瓶中，加 75 mL 的蒸馏水溶解。用三乙醇胺将溶液的 pH 值调至 9.0。再用氢氧化钠溶液将样品溶液调 pH 值至 12.5～13.0，溶液变无色、澄清。加入 30 mg 羟基萘酚蓝指示剂，用标定过的一水合乙酸钙溶液滴定，溶液由蓝色变为红色即为滴定终点。

5.5.4 计算

乙二胺四乙酸的质量分数为 w_2，数值以%表示，按式(3)计算：

$$w_2=\frac{V_4\times c_2\times M_2}{1\,000\times m_3}\times 100 \qquad \cdots\cdots\cdots\cdots(3)$$

式中：

V_4——试样消耗一水合乙酸钙溶液滴定溶液体积的数值，单位为毫升(mL)；

m_3——试样质量的数值，单位为克(g)。

5.5.5 允许差

在重复性条件下获得的两次独立测定结果的绝对差值应不超过算术平均值的2%，取两次平行测定的算术平均值为测定结果。

5.6 pH 值

称取适量样品，配制成质量浓度为1+100的水溶液，在常温下用pH计测定。

5.7 水不溶物的测定

5.7.1 测定方法

称取5 g样品，精确至0.000 2 g，置入250 mL烧杯中，加入100 mL水搅拌使溶解。将定量滤纸放入直径为3.5 cm～4.0 cm的砂芯漏斗中，用去离子水减压抽滤使滤纸紧贴砂芯漏斗。在175 ℃烘箱中干燥15 min后将其取出，放入干燥器内冷却至室温，精确称重记录，与减压过滤装置连接。将样品溶液缓慢倒入砂芯漏斗，全部样品溶液减压过滤后，再用去离子水洗涤3次，每次10 mL以上。砂芯漏斗在110 ℃干燥1 h后，放入干燥器内冷却至室温，称重，记录。计算水不溶物的质量分数。

5.7.2 计算

水不溶物的质量分数 ω_3，数值以%表示，按式(4)计算：

$$\omega_3=\frac{(m_4-m_5)\times 100}{m_6} \qquad \cdots\cdots\cdots\cdots(4)$$

式中：

m_4——试样溶液过滤干燥后砂芯坩埚和滤纸的质量的数值，单位为克(g)；

m_5——试验前过滤干燥后砂芯坩埚和滤纸的质量的数值，单位为克(g)；

m_6——试样质量的数值，单位为克(g)。

5.8 氨基三乙酸含量的测定

氨基三乙酸英文缩写：NTA，分子式：$C_6H_9NO_6$，相对分子质量：191.14。

按附录A规定的方法进行检验。

5.9 铅含量的测定

按GB/T 5009.12规定的方法进行检验。

5.10 砷含量的测定

按GB/T 5009.76规定的方法进行检验。

6 检验规则

6.1 组批

由生产单位的质量检验部门按照其相应的规则确定产品的批号，经最后混合且有均一性质量的产品为一批。

6.2 抽样规则

在每批产品中随机抽取样品，每批按包装件数的3%抽取小样，每批不得少于三个包装，每个包装抽取样品不得少于100 g，将抽取样品迅速混合均匀，分装入两个洁净、干燥的瓶中，瓶上粘贴标签，注明生产厂名称、产品名称、生产日期，批号、数量及取样日期，一瓶作检验，一瓶密封留存备查。

6.3 出厂检验

6.3.1 出厂检验项目

包括感官要求、铁、EDTA、pH值、水不溶物。

6.3.2 出厂要求

每批产品必须经工厂检验部门按本标准规定的方法检验，经检验合格后方可出厂。

6.4 型式检验

第4章中规定的所有项目均为型式检验项目。型式检验每半年进行一次，或当出现下列情况之一时进行检验：

——原料、工艺发生较大变化时；

——长期停产后重新恢复生产时；

——出厂检验结果与平常记录有较大差别时；

——国家卫生或质量监督检验机构或用户提出要求时。

6.5 判定规则

对全部技术要求进行检验，检验结果中若有一项指标不符合本标准时，应加倍抽样，对不合格的项目进行复检，若复检结果仍有任何一项不符合标准要求，则判定该批次产品为不合格品。

在保质期内，供需双方对产品质量发生争议时，由双方协商或委托仲裁单位复检，按本标准规定的检验方法进行仲裁。

7 标志、包装、运输、贮存和保质期

7.1 标志

产品的包装容器上应有牢固明显的标志，内容包括：产品名称、生产厂名称、地址、卫生许可证号、生产许可证号、批号或生产日期、净含量、保质期等，并标有"食品添加剂"或"营养强化剂"字样。

7.2 包装

产品包装材料和容器应采用国家批准的、并符合相应的食品包装用卫生标准的材料，乙二胺四乙酸铁钠应贮存于密封避光容器中。包装净含量偏差应符合国家质量监督检验检疫总局第75号令。

7.3 运输

产品在运输过程中不得与有毒、有害及污染物质混合载运，避免雨淋日晒等。

7.4 贮存

产品应贮存在通风、清洁、干燥的地方，不得与有毒、有害及有腐蚀性等物质混存。

7.5 保质期

产品自生产之日起，在符合上述储运条件、原包装完好的情况下，保质期应不低于24个月。

附 录 A
（规范性附录）
氨基三乙酸的测定方法

A.1 试剂

本方法所用试剂凡未指定者，均为分析纯(AR)，实验用水为超纯水(18.2 MΩ·cm)。

A.1.1 甲醇：色谱纯。

A.1.2 25%(质量浓度)四丁基氢氧化铵甲醇溶液(TBAOH)。

A.1.3 氢氧化铵空白溶液：0.5 mL 氢氧化铵用水稀释至 10 mL。

A.1.4 硝酸铜溶液(10 g/L)：称取 10.0 g 硝酸铜，用水溶解并定容 1 000 mL。

A.1.5 1 mol/L 磷酸溶液：6.25 mL 磷酸用水稀释至 100 mL。

A.1.6 氨基三乙酸标准储备溶液：称取 100 mg 氨基三乙酸，精确至 0.000 2 g，移至 10 mL 容量瓶，加 0.5 mL 氢氧化铵，混合，用水稀释至刻度，摇匀。

A.1.7 氨基三乙酸标准溶液：称取 1.00 g 样品，精确至 0.000 2 g，移至 100 mL 容量瓶。加入 100 μL 标准储备溶液，用硝酸铜溶液稀释至刻度，摇匀。超声波处理，得到标准溶液。

A.2 设备与仪器

A.2.1 实验室常用设备。

A.2.2 高效液相色谱仪：具有紫外检测器。

A.2.3 酸度计。

A.3 分析步骤

A.3.1 试样处理

称取 1 g 样品，精确至 0.000 2 g，移入 100 mL 容量瓶中，加入 100 μL 氢氧化铵空白溶液，用硝酸铜溶液稀释至刻度，摇匀。超声波处理，得到实验溶液。

A.3.2 色谱参考条件

预柱：C_8 5 μm，4.6 mm×10 mm。

流动相：加入 10 mL 的 25%氢氧四丁铵甲醇溶液和 200 mL 水，然后用 1 mol/L 磷酸将 pH 调到 7.5±0.1。将溶液移至 1 000 mL 容量瓶，加 90 mL 甲醇用水稀释至刻度，摇匀，用 0.45 μm 或更小的孔隙度的薄膜过滤器过滤，脱气。

分析柱：C_8 5 μm，4.6 mm×150 mm。

紫外检测器波长：244 nm。

进样量：20 μL。

流速：2.0 mL/min。

A.3.3 试样分析

分别注入相同体积的标准溶液(约 20 μL)和实验溶液，测试相应的最大峰。氨基三乙酸的保留时间在 3.5 min，乙二胺四乙酸铁钠在 11.9 min。实验用的所有溶液在进样分析前均用 0.45 μm 微孔滤膜过滤。在实验条件下，分别注入标准溶液和实验溶液进行测定。每个样品重复测定三次取平均值。

注入三份标准溶液记录峰值作为以后操作的指导，相对标准偏差不超过 2.0%，氨基三乙酸和乙二胺四乙酸铁钠之间的分辨率要大于 4.0。

A.4 计算

氨基三乙酸的质量分数 ω,数值以%表示,按式(A.1)计算:

$$\omega = \frac{A_2 \times 100}{(A_1 - A_2) \times 1\ 000} \qquad \text{(A.1)}$$

式中:

A_2——实验溶液氨基三乙酸铜色谱峰面积,单位为万毫伏秒(万 mV·s);

A_1——标准溶液氨基三乙酸铜色谱峰平均面积,单位为万毫伏秒(万 mV·s)。

检出限:使用本方法测定乙二胺四乙酸铁钠中氨基三乙酸的最低检出限为 20 mg/kg。

ICS 67.220.20
X 42

GB

中华人民共和国国家标准

GB 22558—2008

食品添加剂 D-异抗坏血酸

Food additive—Erythorbic acid

2008-12-03 发布 　　 2009-06-01 实施

中华人民共和国国家质量监督检验检疫总局
中国国家标准化管理委员会 发布

前　言

本标准的第4章为强制性的，其余为推荐性的。

本标准的技术指标修改采用了美国《食品用化学品法典》(FCC，第五版)D-异抗坏血酸的技术规格，同时参照了国际食品法典委员会(CAC)推荐的FAO/WHO联合食品添加剂专家委员会(JECFA：2003年)的技术规格和日本公定书(第七版)对D-异抗坏血酸的要求。

本标准由江西省质量技术监督局提出。

本标准由全国食品添加剂标准化技术委员会归口。

本标准起草单位：德兴市百勤异VC钠有限公司、郑州拓洋生物工程有限公司、上饶市质量技术监督局。

本标准主要起草人：周强、姜浩、秦汝杰、余泗莲、王敬臣、余卫、余彬。

食品添加剂 D-异抗坏血酸

1 范围

本标准规定了食品添加剂D-异抗坏血酸的要求、试验方法、检验规则、标志、包装、运输、贮存和保质期。

本标准适用于以葡萄糖等为原料，经发酵制得2-酮基-D-葡萄糖酸，再经酯化、酸化、精制等步骤生产的食品添加剂D-异抗坏血酸。

2 规范性引用文件

下列文件中的条款通过本标准的引用而成为本标准的条款。凡是注日期的引用文件，其随后所有的修改单（不包括勘误的内容）或修订版均不适用于本标准，然而，鼓励根据本标准达成协议的各方研究是否可使用这些文件的最新版本。凡是不注日期的引用文件，其最新版本适用于本标准。

GB/T 601 化学试剂 标准滴定溶液的制备

GB/T 603 化学试剂 试验方法中所用制剂及制品的制备（GB/T 603—2002，ISO 6353-1:1982，NEQ）

GB/T 617 化学试剂 熔点范围测定通用方法（GB/T 617—2006，ISO 6353-1:1982，NEQ）

GB/T 5009.75 食品添加剂中铅的测定

GB/T 5009.76 食品添加剂中砷的测定

GB/T 6682 分析实验室用水规格和试验方法（GB/T 6682—2008，ISO 3696:1987，MOD）

JJF 1070 定量包装商品净含量检验规则

国家质量监督检验检疫总局第75号令 定量包装商品计量监督管理办法

3 结构式、分子式和相对分子质量

3.1 结构式：

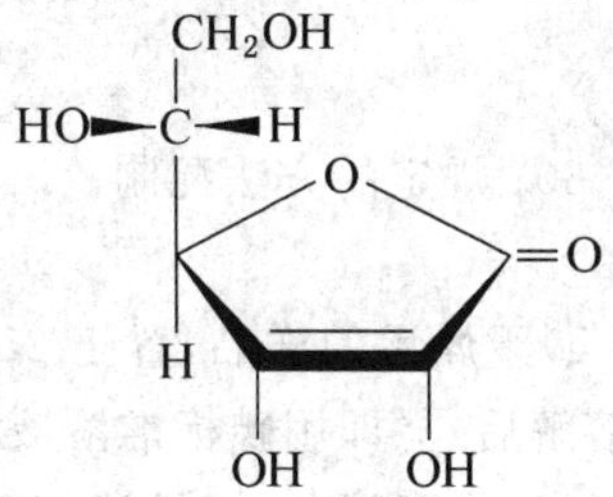

3.2 分子式：$C_6H_8O_6$。

3.3 相对分子质量：176.13。

4 要求

4.1 性状

白色或微黄色的结晶颗粒或粉末。

4.2 理化指标

应符合表1规定。

表 1 理化指标

项 目		指 标
D-异抗坏血酸含量的质量分数(以干基计)/%		99.0~100.5
比旋光度$[\alpha]_D^{25}$		−16.5°~−18.0°
干燥失重的质量分数/%	≤	0.4
灼烧残渣的质量分数/%	≤	0.3
砷(以 As 计)/(mg/kg)	≤	2.0
铅(以 Pb 计)/(mg/kg)	≤	2.0

4.3 净含量及装量允差

净含量以包装标签标示为准,装量允差按《定量包装商品计量监督管理办法》规定。

5 试验方法

除非另有说明,在分析中仅使用确认为分析纯的试剂和 GB/T 6682 中规定的水。

5.1 鉴别试验

5.1.1 取 2 mL 样品的水溶液(1∶50),加几滴亚硝基铁氰化钠指示液(按 GB/T 601 规定),再加 1 mL 氢氧化钠水溶液(0.1 mol/L),溶液立即产生瞬间蓝色。

5.1.2 称取约 15 mg 样品,溶于 15 mL 三氯乙酸溶液(1∶20)中,加入约 200 mg 活性炭,强力摇动混合物 1 min,经带有槽纹的小过滤器过滤,如必要的话,再过滤一下,以获得澄清滤液,取 5 mL 清液,加 1 滴吡咯,摇动混合液,直到吡咯溶解,然后在 50 ℃水浴上加热,产生蓝色。

5.1.3 按 GB/T 617 规定的方法测定,样品熔点范围为 164 ℃~172 ℃(分解)。

5.2 性状

将样品置于清洁、干燥的白瓷盘中,在自然光线下目测。

5.3 理化指标

5.3.1 D-异抗坏血酸含量

5.3.1.1 试剂和材料

a) 碘标准溶液:$c(\frac{1}{2}I_2)=0.1$ mol/L,按 GB/T 601 的规定配制。

b) 硫酸溶液:100 g/L。

c) 淀粉指示剂:10 g/L,按 GB/T 603 规定的方法配制。

5.3.1.2 分析步骤

准确称取约 0.4 g(精确至 0.000 1 g)干燥后的样品,置于 250 mL 碘量瓶中,加入 100 mL 新蒸的冷蒸馏水和 25 mL 硫酸溶液。待样品溶解后,立即用碘标准溶液滴定。接近滴定终点时,加入 1 mL 淀粉指示剂,继续滴定至溶液呈蓝色并在 30 s 内不褪色,记录消耗的碘标准溶液的毫升数。

5.3.1.3 结果计算

D-异抗坏血酸含量 X_1 以质量分数(%)表示,按式(1)计算:

$$X_1=\frac{c\times V\times 8.806}{m\times 1\,000}\times 100 \qquad \cdots\cdots(1)$$

式中:

c——碘标准溶液的浓度,单位为摩尔每升(mol/L);

V——消耗的碘标准溶液的体积,单位为毫升(mL);

8.806——1 mL 的 0.1 mol/L 碘标准溶液相当于 8.806 mg 的异抗坏血酸;

m——样品的质量,单位为克(g)。

5.3.1.4 允许差

取平行测定结果的算术平均值为测定结果，平行测定结果的绝对差值不大于 0.2%。

5.3.2 比旋光度

5.3.2.1 仪器

旋光仪(精度±0.01°)。

5.3.2.2 分析步骤

准确称取 5 g 样品，精确至 0.000 1 g，置于 50 mL 容量瓶中，加蒸馏水溶解并稀释至刻度，在 25 ℃±1 ℃条件下用旋光仪测定其比旋光度。

5.3.2.3 结果计算

比旋光度$[\alpha]_D^{25}$ 按式(2)计算：

$$[\alpha]_D^{25} = \frac{\alpha}{cL} \qquad \cdots\cdots(2)$$

式中：

$[\alpha]_D^{25}$——产品的比旋光度；

α——25 ℃时观察到的旋光度；

c——样品溶液的浓度，单位为克每毫升(g/mL)；

L——旋光管的长度，单位为分米(dm)。

5.3.2.4 允许差

取平行测定结果的算术平均值为测定结果，平行测定结果的绝对差值不大于 0.3°。

5.3.3 干燥失重

5.3.3.1 仪器、设备

a) 通常实验室用仪器；

b) 真空干燥箱；

c) 称量瓶：直径为 50 mm，高为 30 mm。

5.3.3.2 分析步骤

称取约 5 g 样品，精确至 0.000 1 g，置于已干燥至恒重的称量瓶中，于 60 ℃±1 ℃、0.01 MPa 下干燥至恒重，然后置于干燥器中冷却至室温，称重。

5.3.3.3 结果计算

干燥失重 X_2 以质量分数(%)表示，按式(3)计算：

$$X_2 = \frac{m_2 - m_1}{m} \times 100 \qquad \cdots\cdots(3)$$

式中：

m_2——干燥前样品和称量瓶的质量，单位为克(g)；

m_1——干燥后样品和称量瓶的质量，单位为克(g)；

m——干燥前样品的质量，单位为克(g)。

5.3.3.4 允许差

取平行测定结果的算术平均值为测定结果，平行测定结果的绝对差值不大于 0.05%。

5.3.4 灼烧残渣

5.3.4.1 仪器、设备

瓷坩埚、高温炉。

5.3.4.2 分析步骤

称取约 1 g 样品，精确至 0.000 1 g，置于已在 600 ℃～700 ℃下灼烧至恒重的坩埚中，在电炉上缓缓加热至样品完全碳化。将碳化的样品冷却，用 0.5 mL 的硫酸润湿残渣，继续加热至硫酸蒸气逸尽，并在 600 ℃～700 ℃下灼烧至恒重。

5.3.4.3 结果计算

灼烧残渣 X_3 以质量分数(%)表示，按式(4)计算：

$$X_3=\frac{m_2-m_1}{m}\times 100 \qquad \cdots\cdots(4)$$

式中：

m_2——残渣和空坩埚的质量，单位为克(g)；

m_1——空坩埚的质量，单位为克(g)；

m——样品的质量，单位为克(g)。

5.3.4.4 允许差

取平行测定结果的算术平均值为测定结果，平行测定结果的绝对差值不大于 0.05%。

5.3.5 砷

按 GB/T 5009.76 规定的方法测定。

5.3.6 铅

按 GB/T 5009.75 规定的方法测定。

5.4 净含量及装量允差

按 JJF 1070 的规定检测。

6 检验规则

6.1 组批

每一班或多班次产品经混合均匀后的为一批。

6.2 取样方法和取样量

在同批产品堆放的不同部位随机抽取样品，每批按包装件数的 3%抽取，每个包装抽取样品不得少于 100 g，将抽取试样迅速混合均匀，并均等分装于两个洁净、干燥的容器瓶中，并注明生产厂、产品名称、批号、数量及取样日期，一份用作检验，一份密封留存备查。

6.3 出厂检验

6.3.1 出厂检验项目包括 D-异抗坏血酸含量、比旋光度、干燥失重、灼烧残渣、净含量、装量允差。

6.3.2 每批产品须经检验合格，并出具产品合格证后方可出厂。

6.4 型式检验

第 4 章中规定的所有项目均为型式检验项目。型式检验每半年进行一次，当出现下列情况之一时应进行型式检验：

——原料、工艺发生较大变化时；

——停产 1 个月后重新恢复生产时；

——出厂检验结果与上次型式检验有较大差异时。

6.5 判定规则与复检

对全部技术要求进行检验，检验结果中若有一项指标不符合本标准要求时，应从同一批产品中重新加倍取样进行复检。复检结果只要有一项不符合本标准，则整批产品判为不合格。

7 标志、包装、运输、贮存和保质期

7.1 标志

产品的包装上应标识以下内容：品名、生产厂名、厂址、生产许可证号、卫生许可证号、规格、净含量、生产日期、保质期、批号或者代号、产品标准号，使用范围、使用量和使用方法等，并明确标注“食品添加剂”字样，同时还应附产品使用说明书。

7.2 包装

产品的包装材料应符合国家卫生要求和相关标准规定。

7.3 运输

产品在运输过程中不得与有毒、有害及有污染物混运，同时应避免日晒雨淋。

7.4 贮存

产品应贮存在通风、清洁、干燥和阴凉的室内并避光干燥保存，不得与有毒、有害及有腐蚀性等物品混存。

7.5 保质期

在符合上述储运条件、原包装完好的情况下，自生产之日起，产品保质期不少于12个月。超过保质期可重新检验，检测结果符合本标准时产品仍可使用。

ICS 21.200
J 17

中华人民共和国国家标准化指导性技术文件

GB/Z 22559.1—2008/ISO/TR 14179-1:2001

齿轮 热功率
第1部分:油池温度在95 ℃时齿轮装置的热平衡计算

Gears—Thermal capacity—
Part 1: Rating gear drives with thermal equilibrium at 95 ℃ sump temperature

(ISO/TR 14179-1:2001,IDT)

2008-12-04 发布 2009-06-01 实施

中华人民共和国国家质量监督检验检疫总局
中国国家标准化管理委员会 发布

前 言

GB/Z 22559《齿轮　热功率》包括下列2部分：

——第1部分：油池温度在95 ℃时齿轮装置的热平衡计算；

——第2部分：热承载能力计算。

本部分为GB/Z 22559的第1部分。

本部分等同采用ISO/TR 14179-1:2001《齿轮　热功率　第1部分：油池温度在95 ℃时齿轮装置的热平衡计算》(英文版)。

本部分等同翻译ISO/TR 14179-1:2001。

为方便使用，本部分作了下列编辑性修改：

——按照汉语习惯对一些编排格式进行了修改；

——用小数点“.”代替作为小数点的“,”；

——删除了ISO/TR 14179-1:2001的前言和引言。

本部分的附录A和附录B为资料性附录。

本部分由全国齿轮标准化技术委员会(SAC/TC 52)提出并归口。

本部分起草单位：郑州机械研究所。

本部分主要起草人：张元国、王琦、杨星原、王长明、王长路、陈爱闽、牛长根。

本部分为首次发布。

齿轮　热功率
第1部分:油池温度在95 ℃时齿轮装置的热平衡计算

1　范围

GB/Z 22559的本部分利用分析热平衡的模型,为用矿物油润滑的单级或多级齿轮装置提供了一种计算热功率的方法。计算是根据以下标准条件进行的,最高的环境温度不高于25 ℃,在大的房间内,油池的最高温度不高于95 ℃;对于其他条件,要进行修正。

2　符号和单位,术语和定义

GB/Z 22559的本部分所用的符号和单位列于表1中,并使用下列的术语和定义。

表1　符号和单位

符号	意　　义	单位	首次用于	参考内容
A_C	齿轮箱暴露在空气中的表面积	m^2	公式(35)	7.12
A_g	齿轮排列常数	—	公式(24)	7.9
a	载荷修正指数	—	公式(9)	表3
B_A	海拔高度修正因数	—	公式(36)	表10
B_D	工作时间修正因数	—	公式(36)	表12
B_{ref}	环境温度修正因数	—	公式(36)	表8
B_T	油池温度修正因数	—	公式(36)	表11
B_V	周围空气速度修正因数	—	公式(36)	表9
b	直径修正指数	—	公式(9)	表3
b_w	配对齿轮的接触宽度	mm	公式(21)	7.4
C_0	基本静载荷	N	—	表2
C_1	啮合摩擦因数常量	—	公式(20)	7.4
D	齿轮装置中风阻和搅油零件的外径	mm	公式(24)	7.9
D_{OR}	包容滚动体的轴承直径	mm	公式(29)	图3
D_S	轴的直径	mm	—	图2
d_i	轴承内径	mm	公式(10)	7.3.1
d_m	轴承中径	mm	公式(9)	7.3.1
d_o	轴承外径	mm	公式(10)	7.3.1
E_P	消耗的电功率	kW	公式(34)	7.11
e	轴承因数	—	公式(13)	7.3.3
e_m	电动机效率	—	公式(34)	7.11
e_P	油泵效率	—	公式(33)	7.11
F	大齿轮或小齿轮总的齿宽	mm	公式(26)	7.9
F_a	轴承的轴向载荷分量	N	表2	7.3.2

表 1（续）

符号	意　义	单位	首次用于	参考内容
F_r	轴承的径向载荷分量	N	表 2	7.3.3
f_g	齿轮浸油因数	—	公式(24)	7.9
f_m	啮合摩擦因数	—	公式(15)	公式(20)
f_0	轴承浸油因数	—	公式(27)	表 5
f_1	轴承摩擦因数	—	公式(9)	表 2
f_2	圆柱滚子轴承因数	—	公式(12)	表 4
f_3	轴承密封因数	—	公式(30)	表 6
f_4	轴承密封因数	—	公式(30)	表 6
g	载荷强度修正指数	—	公式(20)	7.4
H	轴承滚动体浸在油中的深度	mm	公式(29)	图 3
H_s	啮入处的滑动比	—	公式(16)	公式(17)
H_t	啮出处的滑动比	—	公式(16)	公式(18)
h	节线速度修正指数	—	公式(20)	7.4
j	速度修正指数	—	公式(20)	7.4
K	载荷强度	N/mm^2	公式(20)	公式(21)
K_a	外部的轴向力	N	—	7.3.3
k	传热系数	kW/(m²·℃)	公式(35)	表 7
L	齿轮装置中风阻和搅油零件的长度	mm	公式(24)	7.9
M	啮合的机械效率	—	公式(15)	公式(16)
M_0	轴承的空载转矩	N·m	公式(27)	7.10
M_1	取决于轴承载荷的转矩	N·m	公式(9)	7.3.1
M_2	取决于圆柱滚子轴承轴向载荷的转矩	N·m	公式(11)	7.3.2
M_3	轴承密封的摩擦转矩	N·m	公式(30)	7.10
m_t	端面模数	—	公式(23)	7.9
n	轴的转速	r/min	公式(11)	7.3.1
n_1	小齿轮转速	r/min	公式(15)	7.4
P	轴承载荷	N	公式(13)	7.3.3
P_A	传递的功率	kW	公式(3)	7.1
P_B	总的轴承损耗(所有的轴承)	kW	公式(7)	7.2
P_{Bi}	单个轴承加载功率损耗	kW	公式(11)	7.3.1
P_{GWi}	单个齿轮的风阻和搅油功率损耗	kW	公式(24)	7.9
P_L	加载的损耗	kW	公式(2)	公式(3)
P_M	总的齿轮啮合损耗(所有的啮合副)	kW	公式(7)	7.2
P_{Mi}	单个加载啮合功率损耗	kW	公式(15)	7.4
P_N	空载的损耗	kW	公式(2)	公式(8)
P_P	总的油泵功率(所有的油泵)	kW	公式(8)	7.11
P_{Pm}	马达驱动油泵的功率	kW	公式(32)	公式(34)

表 1（续）

符号	意　　义	单位	首次用于	参考内容
P_{Ps}	减速器轴驱动油泵的功率	kW	公式(32)	公式(33)
P_Q	散热量	kW	公式(1)	7.12
P_S	总的油封损耗(所有的油封)	kW	公式(8)	7.8
P_{Si}	单个油封功率损耗	kW	公式(22)	7.8
P_T	基本的额定热功率	kW	公式(6)	7.1
P_{THm}	修正的额定热功率	kW	公式(36)	8
P_V	产生的热量	kW	公式(1)	公式(2)
P_W	总的风阻和搅油功率损耗(所有的啮合副)	kW	公式(8)	7.9
P_{WB}	轴承的风阻和搅油功率损耗(所有的轴承)	kW	公式(8)	7.10
P_{WBi}	单个轴承的风阻和搅油功率损耗	kW	公式(31)	7.10
P_0	轴承的当量静载荷	N	—	表 2
P_1	轴承的动载荷	N	公式(9)	表 2
p	工作油压	N/mm²	公式(33)	7.11
Q	油的流量	L/min	公式(33)	7.11
R_f	齿面的粗糙度因数	—	公式(23)	7.9
r_{a1}	小齿轮齿顶圆半径	mm	公式(18)	7.4
r_{a2}	大齿轮齿顶圆半径	mm	公式(17)	7.4
r_{w1}	小齿轮节圆半径	mm	公式(18)	7.4
r_{w2}	大齿轮节圆半径	mm	公式(17)	7.4
T_S	油封的摩擦转矩	N·m	公式(22)	图 2
T_1	小齿轮的转矩	N·m	公式(15)	7.4
u	齿数比	—	公式(17)	7.4
v	节线速度	m/s	公式(20)	7.4
v_s	蜗杆分度圆上的滑动速度	m/s	—	7.6
W_t	作用在蜗杆上的切向载荷	N	—	—
Y	轴承因数	—	公式(14)	7.3.3
z_1	小齿轮齿数	—	公式(19)	7.4
z_2	大齿轮齿数	—	公式(19)	7.4
α_w	端面啮合角	(°)	公式(16)	7.4
β	螺旋角	(°)	公式(26)	7.9
β_w	节圆上的螺旋角	(°)	公式(15)	7.4
ΔT	温差	℃	公式(35)	7.12
K	黏度比	—	—	7.3.2
η	效率	%	公式(5)	7.1
μ	蜗杆的摩擦因数	—	—	7.6
ν	工作温度时润滑油的运动黏度	cSt	公式(20)	7.4

2.1

额定热功率

齿轮装置在没有超过规定的油池温度时能连续传递的最大功率，这个最大功率定义为额定热功率。

注1：额定热功率必须等于或大于实际工作传递的功率。

注2：在决定热流量时，不能采用工况系数。

注3：额定热功率的大小与具体的齿轮装置、工作条件、允许的最高油池温度和采用的冷却形式等有关。

3 额定热功率的判据

维持在允许的油池温度下工作，对齿轮装置的寿命是个关键。因此，在选用齿轮装置时，不仅要考虑额定啮合功率，还要考虑额定热功率。

原始的额定热功率判据是允许的最高油池温度。由于油的氧化和黏度的降低，过高的油池温度会影响齿轮装置的运转，降低油的黏度会引起轮齿之间和轴承接触面之间的油膜厚度降低，导致这些零件的寿命降低，为了达到齿轮装置要求的寿命和性能，必须评定和限制运转时的油池温度。

一般用限制最高的油池温度不高于95 ℃的方法，评定齿轮装置的额定热功率；但根据齿轮制造商的经验和应用的要求，也可选择油池温度高于或低于95 ℃（见第8章）。

对于具有给定冷却形式的特殊齿轮装置，需要建立附加的判据。基本的额定热功率 P_T 是用试验（方法A）或用计算（方法B）确定的，其条件如下：

——油池温度95 ℃；

——环境空气温度25 ℃；

——在大的房间内，环境空气流速不大于1.4 m/s；

——海平面的空气密度；

——连续运转。

4 使用条件

4.1 间断使用

间断使用时，输入功率可以超过制造商的额定热功率，只要油池温度不高于95 ℃。

4.2 不利的条件

当不利的条件存在时，齿轮装置的能力（包括额定热功率在内）会降低，一些不利的环境条件的例子是：

——封闭的空间；

——材料覆盖在齿轮装置上，使散热降低；

——高的环境温度，例如锅炉或汽轮机的房间，或与热处理设备相连结；

——海拔高的地方；

——存在太阳能或辐射热的地方。

4.3 有利的条件

在增大空气流动或低的环境温度条件下运转时，额定热功率可以增大。

4.4 附加冷却

当额定热功率不满足使用条件时，应使用一些附加冷却方法，例如：

——风冷，风扇维持风冷时的额定热功率；

——热交换器，当热量不能由对流和辐射消散时，利用热交换器可有效地吸收发生的热量。

5 确定额定热功率的方法

额定热功率可用下述两种方法中的一种确定，这两种方法是：方法A　试验法；方法B　计算法。

方法 A:齿轮装置在整个工作范围内做试验,是确定额定热功率的最准确方法,见第 6 章。

方法 B:齿轮装置的额定热功率是用热平衡方程计算的,即产生的热量等于散热量,见第 7 章(计算产生的热量的方法在 7.2～7.11 中讨论;散热量在 7.12 中讨论)。

6 方法 A 试验法

在设计的工作条件下,对一个具体的齿轮装置进行试验,是确定额定热功率的最可靠方法。额定热功率试验要求测量齿轮装置的油池温度处于平稳状态,在额定转速下空载运转,至少一次或二次加载试验,并要求最好有一次加载试验在油池温度 95 ℃时进行。

虽然空载试验不能得到额定热功率,但只要测得空载运转时的功率,可用于求近似的导热系数。

进行允许的额定热功率试验,要遵守下面一些准则:

——在试验期间进行测量,环境的空气温度和速度必须是稳定的。

——对于齿轮装置达到稳定油池温度所需的时间,根据齿轮装置的尺寸和冷却形式而定。

——当油池温度变化不大于 1 ℃/h 时,可近似地认为为稳定状态。

在油池中不同位置的油温变化可达 15 ℃,测量油温的位置应能代表大部分区域的油温,外表温度能大体上反映油池温度的变化。反向旋转能产生不同的油池温度。

如果要详细分析热传导系数,就要测出机壳表面积,在热功率试验时可测量机壳外表面的温度。此外,用风冷却时,还要测量机壳上风速的分布。

7 方法 B 额定热功率 P_T 的计算

7.1 基础

由于热功率与齿轮的啮合摩擦因数、轴承的功率损耗有关,所以计算额定热功率 P_T 是一个迭代的过程。

额定热功率的基础是齿轮装置传递功率 P_A 时,损耗的功率 P_V 等于散热量 P_Q,即:

$$P_Q = P_V \qquad \cdots\cdots(1)$$

当满足第 3 章的条件时,P_A 定义为 P_T。

齿轮装置中产生的热量 P_V 来自载荷的功率损耗 P_L 和空载的损耗 P_N。

$$P_V = P_L + P_N \qquad \cdots\cdots(2)$$

P_L 是输入功率 P_A 的函数。

$$P_L = f(P_A) \qquad \cdots\cdots(3)$$

把上式代入公式(1)并整理,得到基本的热平衡方程如下:

$$P_Q - P_N - f(P_A) = 0 \qquad \cdots\cdots(4)$$

为了确定额定热功率 P_T,改变 P_A 直到满足公式(4),即用不同的输入功率 P_A 计算载荷的损耗 P_L。如果在空载时 $P_Q \leqslant P_N$,则齿轮装置没有任何热承载能力,为了增大 P_Q 必须改变设计或采用辅助的冷却方法。

当满足公式(4)时,装置的总效率 η 可用下式计算:

$$\eta = (100 - \frac{P_L + P_N}{P_A} \times 100)\% \qquad \cdots\cdots(5)$$

齿轮装置基本的额定热功率为:

$$P_T = \frac{P_Q}{1 - \dfrac{\eta}{100}} \qquad \cdots\cdots(6)$$

下面的热功率模型是根据一些齿轮制造商通过试验获得的经验系数建立的,这个模型通过同轴减速器广泛试验所确认,试验的减速器安装在基础上,轴位于水平位置;为了检查模型的充分(有效)性,对一些平行轴齿轮装置做了一些有限的试验;对于其他封闭传动结构和工作条件,一些变量的值,例如排列常数、传热系数和摩擦因数等没有合适的数据;其他的结构和工作条件时,可对个别的变量作修正,为确保没有违反热平衡方程式,改变任何变量要求小心并做试验。

7.2 产生的热量

齿轮装置中的热量既来自载荷的损耗 P_L,又来自空载的损耗 P_N。

载荷的损耗由各个轴承损耗的总和 P_B 与各个齿轮副啮合损耗的总和 P_M 组成:

$$P_L = \sum P_B + \sum P_M \quad \cdots\cdots(7)$$

空载的损耗 P_N 由各个油封损耗的总和 P_S,各个齿轮和轴承的风阻和搅油功率损耗的总和 P_W、P_{WB} 以及各个油泵消耗功率的总和 P_P 组成:

$$P_N = \sum P_S + \sum P_W + \sum P_{WB} + \sum P_P \quad \cdots\cdots(8)$$

在齿轮装置中每个发生的损耗必须相加在一起。

7.3 轴承功率损耗

7.3.1 径向载荷轴承

参考文献[2](49 页)提供了计算轴承中载荷的功率损耗。公式(9)给出了以每个轴承的转矩为作用载荷的函数。在表 2 中给出轴承摩擦因数 f_1 和计算载荷 P_1 的方程式;修正 P_1 和 d_m 的指数 a 和 b 在表 3 中给出。关于轴承中功率损耗的详细资料在参考文献[3]和参考文献[4]中可以找到。表 2、表 3 和表 4 中的数值是根据 SKR[1)]轴承给出的,并随着制造商的数据变化而变化。

$$M_1 = \frac{f_1 (P_1)^a (d_m)^b}{1\,000} \quad \cdots\cdots(9)$$

式中:

M_1——随轴承载荷而定的转矩,单位为牛米(N·m);

f_1——轴承摩擦因数(见表 2);

P_1——轴承的动载荷,单位为牛(N)(见表 2);

d_m——轴承中径,单位为毫米(mm);

a、b——载荷修正指数、直径修正指数(见表 3)。

表 2 计算 M_1 的系数

轴承型式	f_1	P_1[a]
深沟球轴承	$(0.000\,6 \sim 0.000\,9)(P_0/C_0)^{0.55b}$	$3F_a - 0.1F_r$
调心球轴承	$0.000\,3(P_0/C_0)^{0.4}$	$12Y_2F_a - 0.1F_r$
角接触球轴承:		
单列	$0.001(P_0/C_0)^{0.33}$	$F_a - 0.1F_r$
双列,成对单列	$0.001(P_0/C_0)^{0.33}$	$1.4F_a - 0.1F_r$
四点接触球轴承	$0.001(P_0/C_0)^{0.33}$	$1.5F_a + 3.6F_r$
圆柱滚子轴承,带保持架:		
系列 10	0.000 2	F_r[c]
系列 2	0.000 3	F_r[c]
系列 3	0.000 35	F_r[c]
系列 4,22,23	0.000 4	F_r[c]

1) 这些是商业产品的例子。为了 GB/Z 22559 的本部分用户的方便,给出了这个资料。

表 2（续）

轴承型式	f_1	P_1[a]
圆柱滚子轴承，完全布满	0.000 55	F_r[c]
滚针轴承	0.002	F_r
调心滚子轴承： 系列 213 系列 222 系列 223 系列 230,241 系列 231 系列 232 系列 239 系列 240	 0.000 22 0.000 15 0.000 65 0.001 0.000 35 0.000 45 0.000 25 0.000 8	$F_r/F_a<Y_2$，$1.35Y_2F_a$； $F_r/F_a\leqslant Y_2$，$F_r[1+0.35\ (Y_2F_a/F_r)^3]$ （全系列有效）
圆锥滚子轴承： 单列 成对单列	 0.000 4 0.000 04	 $2\ YF_a$[d] $1.22\ Y_2F_a$[d]
推力球轴承	$0.000\ 8(F_a/C_0)^{0.33}$	F_a
推力圆柱滚子轴承 推力滚针轴承	0.001 5	F_a
推力调心滚子轴承： 系列 292E 系列 292 系列 293E 系列 293+ 系列 294E 系列 294	 0.000 23 0.000 3 0.000 3 0.000 4 0.000 33 0.000 5	F_a（$F_{rmax}\leqslant 0.55F_a$） （全系列有效）

符号：

P_0——轴承的当量静载荷，单位为牛(N)(详见制造商的轴承表)；

C_0——基本的额定静载荷，单位为牛(N)(详见制造商的轴承表)；

F_a——轴承动载荷的轴向分量，单位为牛(N)；

F_r——轴承动载荷的径向分量，单位为牛(N)；

Y_1，Y_2——轴向载荷系数(详见制造商的轴承表)。

[a] 如果 $P_1<F_r$，则取 $P_1=F_r$。

[b] 小的值用于轻系列轴承，大的值用于重系列轴承。

[c] 承受附加轴向力的轴承见 7.3.2。

[d] 见 7.3.3。

$$d_m=\frac{d_i+d_o}{2} \qquad \cdots\cdots(10)$$

式中：

d_i——轴承内径，单位为毫米(mm)；

d_o——轴承外径，单位为毫米(mm)。

$$P_{Bi}=\frac{(M_1+M_2)n}{9\ 549} \qquad \cdots\cdots(11)$$

式中：

P_{Bi}——单个轴承加载功率损耗，单位为千瓦(kW)；

n——轴的转速，单位为转每分(r/min)；

M_2——随圆柱滚子轴承的轴向载荷而定的转矩，单位为牛米(N·m)(见公式12)。

表3 计算 M_1 的指数

轴承型式	指数	
	载荷修正指数 a	直径修正指数 b
所有的轴承(除了调心滚子轴承外)	1	1
调心滚子轴承：		
系列 213	1.35	0.2
系列 222	1.35	0.3
系列 223	1.35	0.1
系列 230	1.5	−0.3
系列 231,232,239	1.5	−0.1
系列 240,241	1.5	−0.2

表4 圆柱滚子轴承因数 f_2

轴承	f_2	
	润滑剂	
	脂	油
有保持架的轴承：		
EC 设计	0.003	0.002
其他的轴承	0.009	0.006
布满滚动体的轴承：		
单列	0.006	0.003
双列	0.015	0.009

7.3.2 承受轴向载荷的圆柱滚子轴承

对于承受附加轴向载荷的圆柱滚子轴承，前面给出的总摩擦转矩方程式必须扩大，把摩擦转矩 M_2 包括进去，M_2 随轴向载荷而定：

$$M_2=\frac{f_2F_ad_m}{1\ 000} \qquad \cdots\cdots(12)$$

式中：

M_2——随轴向载荷而定的转矩，单位为牛米(N·m)；

f_2——圆柱滚子轴承因数(见表4)；

F_a——轴承的轴向载荷分量，单位为牛(N)。

引用表4中的 f_2 值时，假定黏度比 $K \geqslant 1.5$，并且轴承上轴向载荷与同时作用的径向载荷之比(F_a/F_r)，对于EC设计和完全布满滚子的单列轴承必须不超过0.5；对于其他有保持架的轴承不超过0.4；对于完全布满滚子的双列轴承不超过0.25。

7.3.3 圆锥滚子轴承

单列圆锥滚子轴承的当量动载荷为：

当 $F_a/F_r \leqslant e$ 时： $$P = F_a \qquad \cdots\cdots (13)$$

当 $F_a/F_r > e$ 时： $$P = 0.4F_r + YF_a \qquad \cdots\cdots (14)$$

轴承因数 e 和轴承因数 Y 可在各种轴承的轴承表中查得。

因滚道相对轴承的轴线有一个角度，当圆锥滚子轴承承受径向载荷时，在轴承内派生一个轴向载荷，当计算当量动载荷时，必须考虑进去。对于不同的轴承排列和载荷情况所要用的公式在图 1 中给出，这些公式只有把轴承调整在零间隙状态运转而没有预紧时才有效。在轴承的排列中指出，一般轴承 A 承受径向载荷 F_{rA} 和 F_{rB} 认为是正的，甚至两个载荷作用的方向与图中相反也可认为是正的。径向载荷作用在轴承的压力中心（见轴承制造商的表中尺寸 a）。此外，外部的轴向力 K_a 作用在轴（或壳）上；对于图 1 中情况 1c）和 2c），即使 $K_a = 0$ 也是有效的。轴承 A 和轴承 B 的轴向载荷系数 Y 的值可从轴承表中找到，或近似地利用轴承载荷强度 K。

轴承的排列	载荷的情况		轴向载荷
背对背 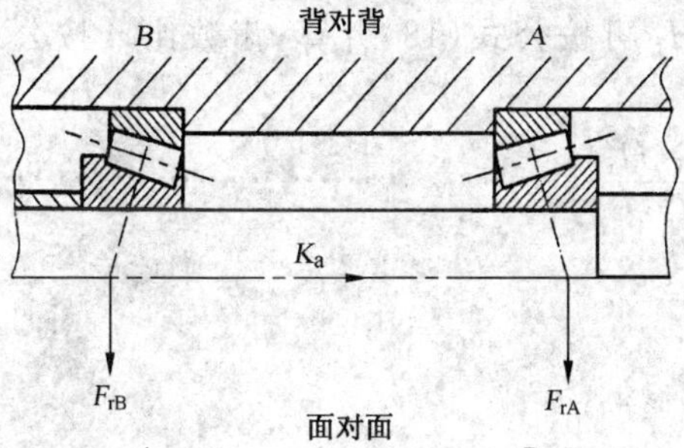 面对面 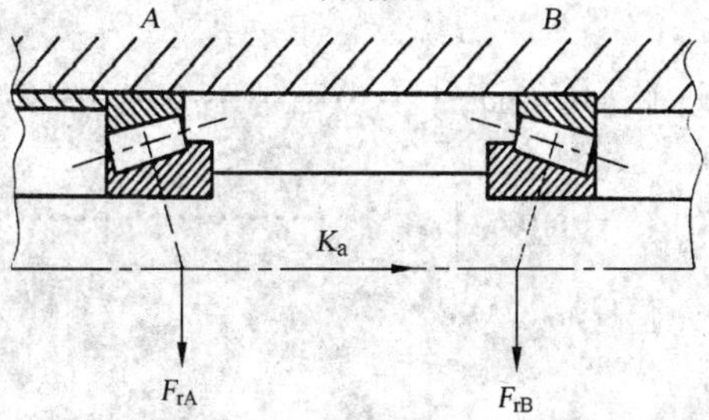	1a)	$\frac{F_{rA}}{Y_A} \geqslant \frac{F_{rB}}{Y_B}$ $K_a \geqslant 0$	$F_{aA} = \frac{0.5F_{rA}}{Y_A}$ $F_{aB} = F_{aA} + K_a$
	1b)	$\frac{F_{rA}}{Y_A} < \frac{F_{rB}}{Y_B}$ $K_a \geqslant 0.5\left[\frac{F_{rA}}{Y_A} - \frac{F_{rB}}{Y_B}\right]$	$F_{aA} = \frac{0.5F_{rA}}{Y_A}$ $F_{aB} = F_{aA} + K_a$
	1c)	$\frac{F_{rA}}{Y_A} < \frac{F_{rB}}{Y_B}$ $K_a < 0.5\left[\frac{F_{rA}}{Y_A} - \frac{F_{rB}}{Y_B}\right]$	$F_{aA} = F_{aB} - K_a$ $F_{aB} = \frac{0.5F_{rB}}{Y_B}$
面对面 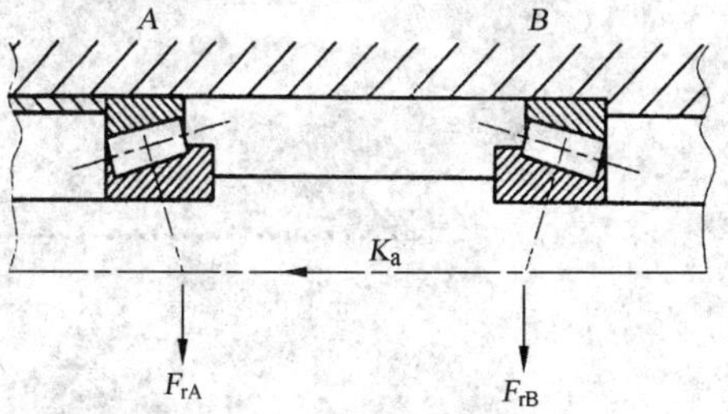 背对背 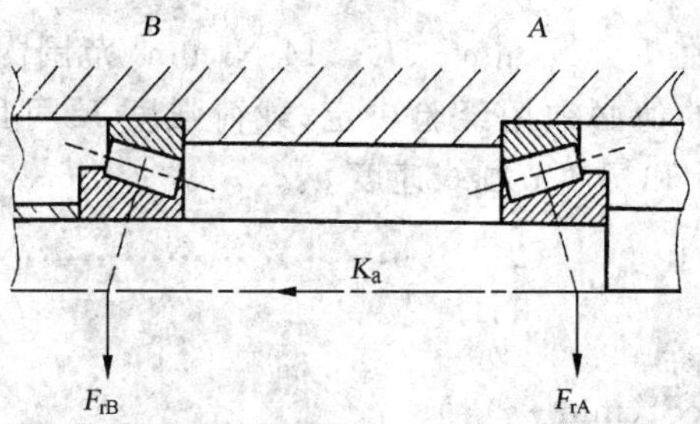	2a)	$\frac{F_{rA}}{Y_A} \leqslant \frac{F_{rB}}{Y_B}$ $K_a \geqslant 0$	$F_{aA} = F_{aB} + K_a$ $F_{aB} = \frac{0.5F_{rB}}{Y_B}$
	2b)	$\frac{F_{rA}}{Y_A} > \frac{F_{rB}}{Y_B}$ $K_a \geqslant 0.5\left[\frac{F_{rA}}{Y_A} - \frac{F_{rB}}{Y_B}\right]$	$F_{aA} = F_{aB} + K_a$ $F_{aB} = \frac{0.5F_{rB}}{Y_B}$
	2c)	$\frac{F_{rA}}{Y_A} > \frac{F_{rB}}{Y_B}$ $K_a < 0.5\left[\frac{F_{rA}}{Y_A} - \frac{F_{rB}}{Y_B}\right]$	$F_{aA} = \frac{0.5F_{rA}}{Y_A}$ $F_{aB} = F_{aA} - K_a$

图 1 圆锥滚子轴承的载荷公式

7.4 直齿圆柱齿轮装置和斜齿圆柱齿轮装置的啮合功率损耗

啮合功率损耗是轮齿啮合作用和摩擦因数的函数；轮齿啮合作用包含用油膜隔离的啮合轮齿的一些滑动。啮合效率是滑动比和啮合摩擦因数[5,6]的函数。

齿轮啮合功率损耗可用公式(15)表示。该公式包含啮合摩擦因数 f_m 和啮合的机械效率 M，f_m 是作用载荷的函数，M 说明轮齿啮合作用的机械性能，在解公式(15)之前必须解这些函数。

$$P_{Mi}=\frac{f_m T_1 n_1 \cos^2\beta_w}{9\ 549M} \quad \cdots\cdots(15)$$

式中：

P_{Mi}——单个加载啮合功率损耗，单位为千瓦(kW)；

f_m——啮合摩擦因数(见公式 20)；

T_1——小齿轮的转矩，单位为牛米(N·m)；

n_1——小齿轮转速，单位为转每分(r/min)；

β_w——节圆上的螺旋角，单位为度(°)；

M——啮合的机械效率(见公式 16)。

啮合的机械效率 M 可按公式(16)计算，这个方程式是滑动比的函数。对于外啮合齿轮副，在啮入处的滑动比 H_s 可按公式(17)计算，在啮出处的滑动比 H_t 可按公式(18)计算，齿数比 u 按公式(19)计算。

$$M=\frac{2\cos\alpha_w(H_s+H_t)}{H_s^2+H_t^2} \quad \cdots\cdots(16)$$

式中：

α_w——端面啮合角，单位为度(°)；

H_s——啮入处的滑动比(见公式 17)；

H_t——啮出处的滑动比(见公式 18)。

$$H_s=(u+1)\left[\left(\frac{r_{a2}^2}{r_{w2}^2}-\cos^2\alpha_w\right)^{0.5}-\sin\alpha_w\right] \quad \cdots\cdots(17)$$

$$H_t=\frac{u+1}{u}\left[\left(\frac{r_{a1}^2}{r_{w1}^2}-\cos^2\alpha_w\right)^{0.5}-\sin\alpha_w\right] \quad \cdots\cdots(18)$$

式中：

u——齿数比(见公式 19)；

r_{a2}——大齿轮齿顶圆半径，单位为毫米(mm)；

r_{w2}——大齿轮节圆半径，单位为毫米(mm)；

r_{a1}——小齿轮齿顶圆半径，单位为毫米(mm)；

r_{w1}——小齿轮节圆半径，单位为毫米(mm)。

$$u=\frac{z_2}{z_1} \quad \cdots\cdots(19)$$

式中：

z_2——大齿轮齿数；

z_1——小齿轮齿数。

如果节线速度 v 在 $2\ \text{m/s}<v\leqslant 25\ \text{m/s}$，载荷强度 K 在 $1.4\ \text{N/mm}^2<K<14\ \text{N/mm}^2$ 范围内，啮合摩擦因数 f_m 可用公式(20)表达。超过这些范围时，f_m 的值必须用经验决定；载荷强度 K 可用公式(21)计算；指数 j、g 和 h 分别用于修正黏度 ν、载荷强度 K 和切向节圆线速度 v。

$$f_m=\frac{\nu^j K^g}{C_1 v^h} \quad \cdots\cdots(20)$$

式中：

ν——运转时油池温度下油的运动黏度，单位为厘斯[cSt(mm²/s)]；

K——载荷强度，单位为牛每平方毫米(N/mm²)；

C_1——啮合摩擦因数常量；

v——切向节圆线速度，单位为米每秒(m/s)。

$$K = \frac{1\ 000 T_1 (z_1 + z_2)}{2 b_w (r_{w1})^2 z_2} \qquad (21)$$

式中：

b_w——配对齿轮的接触宽度，单位为毫米(mm)。

指数 j,g 和 h 以及常数 C_1 如下：

速度修正指数 $j=-0.223$；

载荷强度修正指数 $g=-0.40$；

节线速度修正指数 $h=0.70$；

$C_1=3.239$。

7.5 锥齿轮装置的啮合功率损耗 P_M

锥齿轮装置的啮合功率损耗 P_M 是根据轮齿几何形状、节线速度和接触应力确定的。参考附录 A 中的计算方法。

7.6 圆柱蜗杆装置的啮合功率损耗 P_M

圆柱蜗杆装置的啮合功率损耗 P_M 与蜗杆的切向载荷 P_t、滑动速度 v_s、摩擦因数 μ 有关；其中切向载荷是传递功率的函数；计算方法参考附录 B。

7.7 环面蜗杆装置的啮合功率损耗 P_M

参考附录 B 中的计算方法。

7.8 油封的功率损耗 P_S

有接触唇的油封损耗是轴的转速、轴的尺寸、油池温度、油的黏度、油封浸在油中的深度及油封设计的函数，油封功率损耗可用公式(22)计算；对于用在齿轮装置中的典型油封，可用图 2 估计油封的摩擦转矩，摩擦转矩是轴直径的函数[7]。

$$P_{Si} = \frac{T_S n}{9\ 549} \qquad (22)$$

式中：

P_{Si}——单个油封功率损耗，单位为千瓦(kW)；

T_S——油封的摩擦转矩，单位为牛米(N·m)；

n——轴的转速，单位为转每分(r/min)。

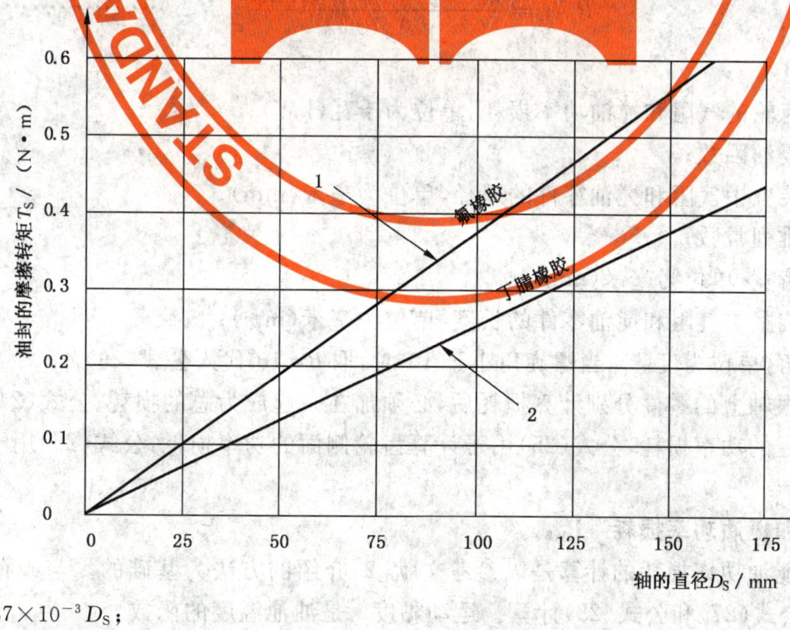

1. $T_S=3.737\times10^{-3} D_S$；

2. $T_S=2.429\times10^{-3} D_S$。

图 2 油封的摩擦转矩

7.9 齿轮风阻和搅油功率损耗 P_W

关于齿轮风阻和搅油功率损耗公式是按 Dudley[6] 的 12.5.2 节中的公式导出的，他们对以下参数做了修正：油的黏度 ν、齿轮浸油因数 f_g、齿轮排列常数 A_g，还对直径 D 的指数作了调整。

在计算齿轮风阻和摩擦损耗之前，必须确定浸油因数 f_g，这个因数与零件浸在油中的深度有关；对于典型的齿轮减速器，相对于其他的损耗，风阻的影响是可以忽略的。零件没有浸在油中时 $f_g=0$；当零件完全侵在油中时 $f_g=1$；当零件的一部分浸入油中，可在 $f_g=0$ 和 $f_g=1$ 之间进行线性插值确定 f_g 值，例如，对于油面在轴的中心线时的齿轮，$f_g=0.50$。

在公式(24)、公式(25)和公式(26)中用的齿轮排列常数 A_g 为 2.00。

齿面的功率损耗要求粗糙度因数 R_f，Dudley[6] 的表 12.5 按齿轮尺寸给出了一些数据，公式(23)给出了相当近似于 dudley 的数值。

$$R_f = 7.93 - \frac{4.648}{m_t} \qquad \cdots\cdots(23)$$

式中：

R_f——齿面的粗糙度因数；

m_t——端面模数。

齿轮风阻和搅油损耗包括三种型式：具有光滑外径的零件，例如轴的外径，用公式(24)计算损耗；圆盘具有光滑的侧面，例如齿轮的侧面，用公式(25)计算损耗，要说明的是公式(25)计算的值包括齿轮的两个侧面的损耗；表面有齿的零件，例如大、小齿轮的齿顶圆直径，用公式(26)计算损耗。

对于光滑的外径：

$$P_{GWi} = \frac{7.37 f_g \nu n^3 D^{4.7} L}{A_g 10^{26}} \qquad \cdots\cdots(24)$$

对于圆盘的光滑侧面：

$$P_{GWi} = \frac{1.474 f_g \nu n^3 D^{5.7}}{A_g 10^{26}} \qquad \cdots\cdots(25)$$

对于表面有齿：

$$P_{GWi} = \frac{7.37 f_g \nu n^3 D^{4.7} \dfrac{R_f}{\sqrt{\tan\beta}}}{A_g 10^{26}} \qquad \cdots\cdots(26)$$

式中：

P_{GWi}——单个齿轮的气阻和搅油功率损耗，单位为千瓦(kW)；

f_g——齿轮浸油因数；

D——齿轮装置中气阻和搅油零件的外径，单位为毫米(mm)；

A_g——齿轮排列常数；

F——总的齿宽，单位为毫米(mm)；

L——齿轮装置中气阻和搅油零件的长度，单位为毫米(mm)；

β——螺旋角，单位为度(°)，当螺旋角小于 10°时，取 $\beta=10°$代入公式(26)。

把减速器中每根轴上的零件分别计算损耗后，必须加在一起成为总的损耗；公式(24)用于计算齿轮与轴承之间轴的外径的功率损耗，公式(25)用于计算齿轮侧面的功率损耗，公式(26)用于计算齿面的功率损耗。

7.10 轴承的风阻和搅油功率损耗 P_{WB}

轴承的风阻和搅油功率损耗的计算是以参考文献[2]介绍的方法为基础的。与载荷无关的轴承的空载转矩 M_0 可用公式(27)和公式(28)计算。运动黏度 ν 是油池温度的函数。

如果 $\nu n<2\,000$，则

$$M_0 = 1.6 \times 10^{-8} f_0 d_m^3 \qquad \cdots\cdots(27)$$

如果 $\nu n \geqslant 2\ 000$，则

$$M_0 = 10^{-10} f_0 (\nu n)^{\frac{2}{3}} d_m^3 \qquad \cdots\cdots(28)$$

式中：

M_0——轴承的空载转矩，单位为牛米(N·m)；

f_0——轴承浸油因数。

因数 f_0 根据轴承浸在油中的深度修正转矩 M_0，f_0 从 $f_{0(min)}$ 变到 $f_{0(max)}$；如果滚动体没有浸在油中用 $f_{0(min)}$，如果滚动体完全浸没在油中用 $f_{0(max)}$；当滚动体部分浸在油中，在 $f_{0(min)}$ 与 $f_{0(max)}$ 之间进行线性插值确定 f_0 的值，见公式(29)和图 3，$f_{0(min)}$ 和 $f_{0(max)}$ 的值可从表 5 查得。可用 $f_{0(min)}$ 计算转矩 M_0，但必须也计算转矩 M_3。

表 5 轴承浸油因数 f_0

轴承型式	$f_{0(min)}$	$f_{0(max)}$
深沟球轴承：		
单列	2	4
双列	4	8
调心球轴承	2	4
角接触球轴承：		
单列	3.3	6.6
双列，成对单列	6.5	13
四点接触球轴承	6	12
圆柱滚子轴承，带保持架：		
系列 10,2,3,4	2	4
系列 22	3	6
系列 23	4	8
圆柱滚子轴承，完全布满：		
单列	5	10
双列	10	20
滚针轴承	12	24
调心滚子轴承：		
系列 213	3.5	7
系列 222	4	8
系列 223,230,239	4.5	9
系列 231	5.5	11
系列 232	6	12
系列 240	6.5	13
系列 241	7	14
圆锥滚子轴承：		
单列	4	8
成对单列	8	16

表 5（续）

轴承型式	$f_{0(\min)}$	$f_{0(\max)}$
推力深沟球轴承	1.5	3
推力圆柱滚子轴承	3.5	7
推力滚针轴	5	11
推力调心滚子轴承：		
系列 292E	2.5	5
系列 292	3.7	7.4
系列 293E	3	6
系列 293	4.5	9
系列 294E	3.3	6.6
系列 294	5	10

$$f_0 = f_{0(\min)} + [f_{0(\max)} - f_{0(\min)}]\frac{H}{D_{OR}} \qquad (29)$$

用橡胶密封的轴承，由密封产生的摩擦损耗会超过轴承自身的摩擦损耗。

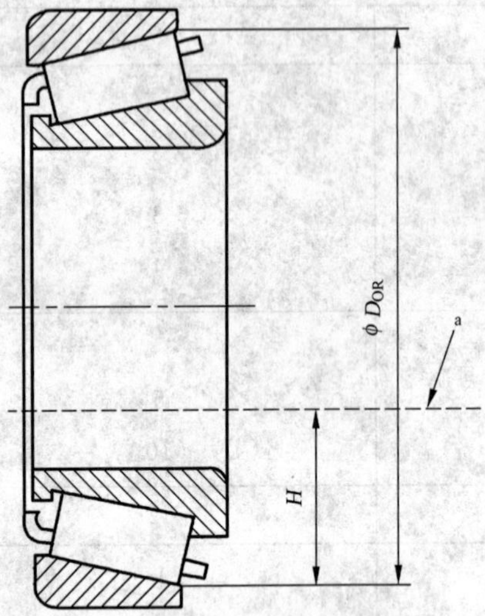

[a] 油面。

图 3　轴承浸油

轴承两侧密封好的密封摩擦转矩，可用下面的经验公式计算：

$$M_3 = \frac{\left(\frac{d_m}{f_3}\right)^2 + f_4}{1\ 000} \qquad (30)$$

式中：

M_3——密封的摩擦转矩，单位为牛米（N·m）；

f_3——轴承密封因数（见表 6）；

f_4——轴承密封因数（见表 6）。

表 6 系数 f_3 和 f_4

轴承设计	轴承密封因数 f_3	轴承密封因数 f_4
深沟球轴承(2RS1),调心球轴承(2RS2),角接触球轴承(2RS),Y-轴承[系列 17262(00)-2RS1 和 17263(00)-2RS1]	20	10
Y-轴承(所有其他系列),滚针轴承(2RS)	20[a]	25[a]
圆柱滚子轴承	10	50
[a] 不用于有特殊溅油圈的 Y-轴承。		

每个轴承的功率损耗可用公式(31)计算

$$P_{WBi} = \frac{(M_0 + M_3)n}{9\ 549} \qquad \cdots\cdots(31)$$

7.11 油泵功率损耗 P_P

大多数的润滑油泵所需的功率和容量直接随着转速变化,所以给定泵的转速时,要求的功率是油的流量和油压的函数。

$$P_P = P_{Ps} + P_{Pm} \qquad \cdots\cdots(32)$$

油泵由减速器带动时,减速器轴驱动油泵的损耗 P_{Ps} 可用公式(33)计算:

$$P_{Ps} = \frac{Qp}{60e_P} \qquad \cdots\cdots(33)$$

式中:

Q——油的流量,单位为升每分(L/min);

p——工作油压,单位为牛每平方毫米(N/mm²);

e_P——油泵效率。

由电动机驱动油泵时,马达驱动油泵的损耗 P_{Pm} 可用公式(34)计算,该公式考虑电功率的损耗和电动机、油泵的效率。

$$P_{Pm} = E_P\left(\frac{e_m}{e_P}\right) \qquad \cdots\cdots(34)$$

式中:

E_P——消耗的电功率,单位为千瓦(kW);

e_m——电动机效率。

7.12 散热量 P_Q

影响齿轮装置散热量的因素有:齿轮装置的表面积,空气流过齿轮装置表面的速度,油池与周围空气的温差 ΔT,从油到齿轮箱的传热系数和齿轮箱与周围空气间的传热系数。散热量 P_Q 可用公式(35)计算:

$$P_Q = A_C k \Delta T \qquad \cdots\cdots(35)$$

式中:

A_C——齿轮箱暴露在空气中的表面积,单位为平方米(m²);

k——传热系数,单位为千瓦每平方米摄氏度[kW/(m²·℃)];

ΔT——温差,单位为摄氏度(℃)。

注:A_C 是齿轮箱暴露在空气中的面积,不包括筋片、螺栓、凸台和安装的表面积。

传热系数 k 是指在整个齿轮箱外表面上的平均值,传热系数随以下因素变化:齿轮箱的材料,齿轮箱外表面清洁度,热油飞溅到的内表面范围,齿轮装置的结构和空气流过齿轮箱外表面的速度。包括在 GB/Z 22559 的本部分中的齿轮装置,典型的 k 值在 0.017 kW/(m²·℃)~0.020 kW/(m²·℃)范围内,这个范围适用于典型的齿轮装置安装在大的房间内,参考文献[8]。

轴上装风扇冷却的齿轮装置的传热系数是风扇设计、罩的设计和风扇转速的函数；它明显地随风扇的效率和流动空气所冷却外表面的部分而变化；空气速度按70%的齿轮箱暴露在空气中的表面积 A_C 上的平均速度确定。在齿轮装置上采用多重的风扇的效果能增加空气的平均速度，从而导致较高的传热系数。对于风冷齿轮装置的 k 值列于表7中。

表7　用风扇冷却的齿轮装置的传热系数 k

风速/(m/s)	热传导系数 k/[kW/(m²·℃)]
2.5	0.015
5.0	0.024
10.0	0.042
15.0	0.058

8　对非标准工作条件的修正

根据具体的应用，实际的工作条件不同于第3章中所规定的标准条件时，把通过第3章规定的条件计算的额定热功率，按实际情况修正如下：

$$P_{THm}=P_T B_{ref} B_V B_A B_T B_D \qquad (36)$$

式中：

P_{THm}——修正的额定热功率，单位为千瓦(kW)；

P_T——基本的额定热功率，单位为千瓦(kW)；

B_{ref}——环境温度修正因数；

B_V——周围空气速度修正因数；

B_A——海拔高度修正因数；

B_T——允许的油池温度修正因数；

B_D——工作时间修正因数。

B_{ref} 和 B_A 可应用于自然通风或轴上装风扇冷却，B_V 仅应用于自然冷却。

当工作条件超过表8～表12的值，或采用其他的冷却型式而不是自然通风或用装在轴上的风扇冷却时，齿轮装置制造商应当考虑给出修正因数。

当环境温度低于25 ℃，额定热功率计算时允许增加 B_{ref}；反之，当环境温度高于25 ℃，额定热功率要降低，见表8。

表8　环境温度修正因数 B_{ref}

环境温度/℃	B_{ref}
10	1.15
18	1.07
25	1.00
30	0.93
40	0.83
43	0.75
50	0.67

由于自然的或人工的风场，使空气具有超过1.4 m/s的稳定速度时，则增加了传热系数，允许的额定热功率增大，用 B_V 修正；反之，额定热功率降低，见表9。

表 9 周围空气速度修正因数 B_V

环境空气速度/(m/s)	B_V
≤0.5	0.75
>0.5～1.4	1.00
>1.4～3.6	1.40
≥3.7	1.90

随着海拔增高空气密度降低，使因数 B_A 降低，见表 10。

表 10 海拔高度修正因数 B_A

海拔高度/m	B_A
0	1.00
750	0.95
1 500	0.90
2 250	0.85
3 000	0.81
3 750	0.77
4 500	0.72
5 250	0.68

标准的允许最高油池温度是 95 ℃，较低的油池温度需要用 B_T 调整额定热功率(见表 11)。在某些应用场合，允许最高的油池温度超过 95 ℃，但应降低额定热功率，并要提供可接受的齿轮装置性能。无论如何，应认可当工作温度高于 95 ℃时，将引起润滑剂和接触密封的寿命降低、齿轮和轴承的表面磨损增大，从而增加维修的频率。当考虑允许的最高油池温度超过 95 ℃时，制造商应当考虑上面的因素。

表 11 允许的最高油池温度修正因数 B_T

最高的油池温度/℃	B_T
85	0.81
95	1.00
105	1.13

当齿轮装置不连续工作，产生“关闭-冷却”的时间，允许额定热功率增加，用系数 B_D 考虑，见表 12。

表 12 工作时间修正因数 B_D

最高的油池温度/℃	B_D
100	1.00
80	1.05
70	1.15
40	1.35
20	1.80

附 录 A
(资料性附录)
锥齿轮啮合功率损耗和风阻功率损耗

A.1 目的

这个附录的目的是提供锥齿轮装置的啮合功率损耗、大小齿轮的风阻和搅油功率损耗的计算方法，以便确定额定热功率。

附录中提出的方法，由于发表时有些数据没有得到有效的证明，实际的额定热功率会与用下面方法计算的值明显不一致。

A.2 啮合功率损耗 P_M

下式用于估算锥齿装置的啮合功率损耗 P_M(见图 A.1 和图 A.2)。

$$P_M = \frac{f_m T_1 n_1 \cos^2 \beta_m}{9\,549M} \qquad \text{(A.1)}$$

式中：

f_m——摩擦因数(见公式 20)；

T_1——小齿轮的转矩，单位为牛米(N·m)；

n_1——小齿轮的转速，单位为转每分(r/min)；

β_m——齿宽中点分度圆螺旋角，单位为度(°)；

M——啮合机械效率(见公式 16)。

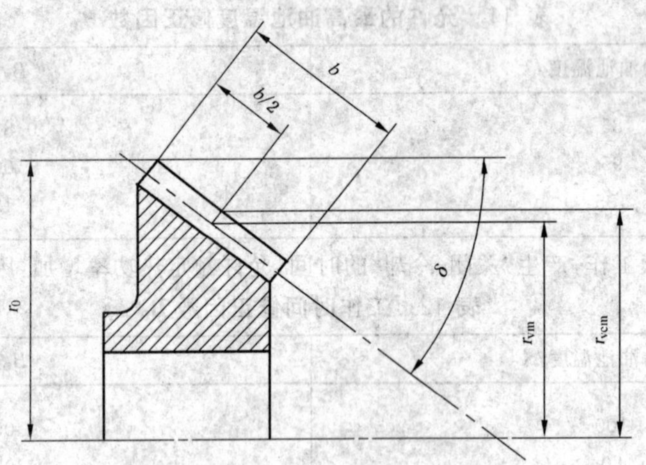

图 A.1 等高齿

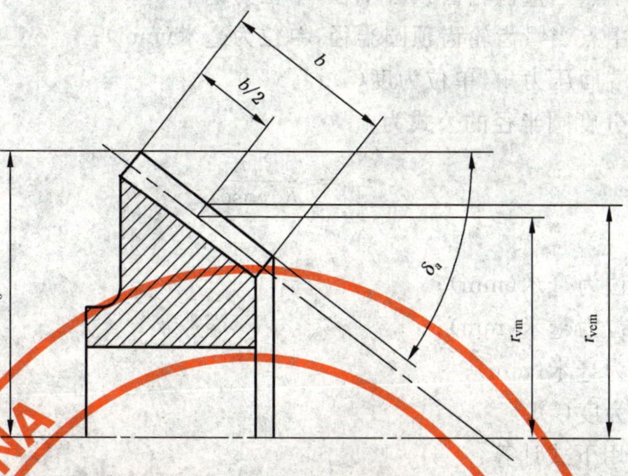

图 A.2 收缩齿

如果节线速度 v 是 $2\ \text{m/s}<v<25\ \text{m/s}$ 和载荷强度 K 是 $1.4\ \text{N/mm}^2<K<14\ \text{N/mm}^2$，则 f_m 可用公式(20)计算；超出这些界限，f_m 的值必须用试验确定。

对于锥齿轮，节线速度是按轮齿的大端计算的。

载荷强度 K 用下式计算：

$$K=\frac{1\,000T_1(z_1+z_2)}{2b_w r_{m1}^2 z_2} \qquad \cdots\cdots\cdots\cdots(\text{A.2})$$

式中：

z_1——小齿轮的齿数；

z_2——大齿轮的齿数；

b_w——相啮合轮齿的接触宽度，单位为毫米(mm)；

r_{m1}——齿宽中点分度圆半径，单位为毫米(mm)。

平均机械效率的计算公式为：

$$M=\frac{2\cos\alpha_{tm}(H_s+H_t)}{H_s^2+H_t^2} \qquad \cdots\cdots\cdots\cdots(\text{A.3})$$

式中：

α_{tm}——齿宽中点的端面压力角，单位为度(°)；

H_s——啮入处的滑动比；

H_t——啮出处的滑动比。

$$\alpha_{tm}=\arctan\left[\frac{\tan\alpha_n}{\cos\beta_m}\right] \qquad \cdots\cdots\cdots\cdots(\text{A.4})$$

式中：

α_n——节面上的法向压力角，单位为度(°)。

H_s 和 H_t 的值用以下公式计算：

$$H_s=(u_v+1)\left[\left(\frac{r_{vem2}^2}{r_{vm2}^2}-\cos^2\alpha_{tm}\right)^{0.5}-\sin\alpha_{tm}\right] \qquad \cdots\cdots\cdots\cdots(\text{A.5})$$

$$H_t=\frac{u_v+1}{u_v}\left[\left(\frac{r_{vem1}^2}{r_{vm1}^2}-\cos^2\alpha_{tm}\right)^{0.5}-\sin\alpha_{tm}\right] \qquad \cdots\cdots\cdots\cdots(\text{A.6})$$

式中：

u_v——当量齿轮的齿数比；

r_{vm1}——小齿轮齿宽中点当量齿轮分度圆半径，单位为毫米(mm)；

r_{vm2}——大齿轮齿宽中点当量齿轮分度圆半径，单位为毫米(mm)；

r_{vem1}——小齿轮齿宽中点当量齿轮齿顶圆半径，单位为毫米(mm)；
r_{vem2}——大齿轮齿宽中点当量齿轮齿顶圆半径，单位为毫米(mm)；
α_{tm}——齿宽中点的端面压力角，单位为度(°)。

齿宽中点当量齿轮分度圆半径的公式为：

$$r_{\text{vm}} = \frac{R_{\text{m}} r}{R_{\text{e}} \cos\delta} \qquad \cdots\cdots (\text{A}.7)$$

式中：

r——节圆半径，单位为毫米(mm)；
R_{m}——中点锥距，单位为毫米(mm)；
R_{e}——外锥距，单位为毫米(mm)；
δ——分锥角，单位为度(°)。

当量齿轮齿数比可用下式计算：

$$u_{\text{v}} = \frac{r_{\text{vm2}}}{r_{\text{vm1}}} \qquad \cdots\cdots (\text{A}.8)$$

齿宽中点当量齿轮齿顶圆半径可用下式计算：

$$r_{\text{vem}} = r_{\text{vm}} + h_{\text{am}} \qquad \cdots\cdots (\text{A}.9)$$

式中：

h_{am}——齿宽中点齿顶高，单位为毫米(mm)。

如果已知锥齿轮大端上的齿顶高和顶锥角，在齿宽中点的齿顶高可用下式计算：

$$h_{\text{am}} = h_{\text{ae}} - \frac{b_{\tan}(\delta_{\text{a}} - \delta)}{2} \qquad \cdots\cdots (\text{A}.10)$$

式中：

$b_{\tan}$——齿宽，单位为毫米(mm)；
h_{ae}——大端的齿顶高，单位为毫米(mm)；
δ_{a}——顶锥角，单位为度(°)；
δ——分锥角，单位为度(°)。

A.3 齿轮的风阻和搅油功率损耗 P_{WG}

7.9 和公式(23)～公式(26)可用于计算锥齿轮的风阻和搅油功率损耗，因用轮齿大端的几何尺寸计算，得到的值偏于保守。

附　录　B
（资料性附录）
蜗杆副啮合功率损耗

B.1　目的

这个附录的目的是提供一个计算蜗杆副啮合功率损耗的方法，用于确定额定热功率。

附录中提出的方法，由于发表时有些数据没有得到有效的证明，实际的额定热功率会与用以下的方法计算的值明显不一致。

蜗杆啮合功率损耗通常是蜗杆装置总损耗中唯一最大的组成部分，并且和工作的摩擦因数有关。AGMA 提供了一个通用的摩擦因数值，这个因数仅和节线速度有关。但是工作中的摩擦因数也会受以下因素影响，例如：载荷、材料、接触（装配组件之间）、表面粗糙度、表面精度、硬度、几何尺寸、润滑和温度等。采用具有不同速比的较小中心距（35 mm～75 mm）装置在不同速度下进行试验，结果指出工作中的摩擦因数显著的扩散。若利用参考文献[9]中表 5 和表 7 中的摩擦因数按下面的方法计算，结果和实际的啮合功率损耗、额定的热功率明显不同；但是，采用能较好地代表工作条件的摩擦因数，则计算出的啮合功率损耗与实际值十分吻合。

B.2　圆柱蜗杆副的啮合功率损耗　P_M

圆柱蜗杆副的啮合功率损耗 P_M 与以下因素有关：蜗杆的切向载荷 W_t，滑动速度 v_s 和摩擦因数 μ 等，其中切向载荷是传递功率 P_A 的函数。

由输入功率可计算切向载荷，见式(B.1)：

$$W_t = \frac{P_A - P_N}{\left(\dfrac{n_w D_m}{1.91 \times 10^7 u} + \dfrac{v_s \mu}{1\,000 \cos\lambda \cos\alpha_n}\right)} \quad \cdots\cdots (B.1)$$

$$v_s = \frac{n_w d_m}{19\,098 \cos\lambda} \quad \cdots\cdots (B.2)$$

式中：

W_t——蜗杆上的切向载荷，单位为牛(N)；

P_A——传递的功率，单位为千瓦(kW)；

P_N——空载的功率损耗，单位为千瓦(kW)；

n_w——蜗杆转速，单位为转每分(r/min)；

D_m——蜗轮分度圆直径，单位为毫米(mm)；

d_m——蜗杆分度圆直径，单位为毫米(mm)；

v_s——在蜗杆分度圆上的滑动速度，单位为米每秒(m/s)；

λ——蜗杆升角，单位为度(°)；

α_n——蜗杆分度圆上的法向压力角，单位为度(°)；

u——齿数比；

μ——摩擦因数。

注：当用合成的润滑剂时，根据 ANSI/AGMA 6034-B92，摩擦因数值可减少 30%用于确定啮合功率损耗。工作时的啮合功率损耗可用式(B.3)计算：

$$P_M = \frac{v_s \mu W_t}{1\,000 \cos\lambda \cos\alpha_n} \quad \cdots\cdots (B.3)$$

B.3 环面蜗杆副的啮合功率损耗 P_M

AGMA 标准(ANSI/AGMA 6017-E86[10])没有直接给出确定环面蜗杆副的啮合功率损耗的计算方法,但用试验建立了典型的效率曲线,根据这些数据,计算圆柱蜗杆副的方法能用于计算环面蜗杆副的啮合功率损耗,只要把 μ 减小 30%,这样就提供了一个合理的近似的计算环面蜗杆副啮合功率损耗的公式。

蜗杆的分度圆直径可用下式计算:

$$d_m = 2C - D_m \qquad \text{(B.4)}$$

式中:

C——中心距,单位为毫米(mm)。

参 考 文 献

[1] AGMA 96FTM9, The Development of a Practical Thermal Rating Method for Enclosed Gear Drives.

[2] SKF General Catalogue 4000, USA, 1991.

[3] Ball and Roller Bearings, Theory, Design and Application, Eschmann Hasbargen and Weigand, Second Edition revised by L. Hasbargen and J. Brandlein, John Wiley and Sons Ltd., 1985.

[4] Roller Bearing Analysis, Third Edition, Tedric A. Harris, John Wiley and Sons Inc., 1991.

[5] ANSI/AGMA 6023-A88(R2000):1988, Design Manual for Enclosed Epicyclic Gear Drives.

[6] Dudley's Gear Handbook, Second Edition, Dennis P. Townsend, McGraw-Hill, Inc., 1992.

[7] OS-15, 1986, Measuring Radial Lip Seal Torque and Power Consumption, Rubber Manufacturers Association.

[8] McADAMS, W., H., Heat Transmission, Third Edition, Chapter 9.

[9] ANSI/AGMA 6034-B92, Practice for Enclosed Cylindrical Wormgear Speed Reducers and Gearmotors.

[10] ANSI/AGMA 6017-E86(R1995), Rating and Application of Single and Multiple Reduction Double-Enveloping Worm and Helical Worm Speed Reducers.

ICS 21.200
J 17

中华人民共和国国家标准化指导性技术文件

GB/Z 22559.2—2008/ISO/TR 14179-2:2001

齿轮 热功率
第2部分:热承载能力计算

Gears—Thermal capacity—
Part 2:Thermal load-carrying capacity

(ISO/TR 14179-2:2001,IDT)

2008-12-04 发布 2009-06-01 实施

中华人民共和国国家质量监督检验检疫总局
中国国家标准化管理委员会 发布

前　言

GB/Z 22559《齿轮　热功率》包括下列两部分：

——第1部分：油池温度在95 ℃时齿轮装置的热平衡计算；

——第2部分：热承载能力计算。

本部分为GB/Z 22559的第2部分。

本部分等同采用ISO/TR 14179-2:2001《齿轮　热功率　第2部分：热承载能力计算》(英文版)。

本部分等同翻译ISO/TR 14179-2:2001。

为方便使用，本部分作了下列编辑性修改：

——按照汉语习惯对一些编排格式进行了修改；

——用小数点“.”代替作为小数点的“,”；

——删除了ISO/TR 14179-2:2001的前言和引言。

本部分由全国齿轮标准化技术委员会(SAC/TC 52)提出并归口。

本部分起草单位：郑州机械研究所。

本部分主要起草人：陈爱闽、张元国、王琦、王长明、王长路、牛长根。

本部分为首次发布。

齿轮　热功率
第2部分:热承载能力计算

1　范围

GB/Z 22559的本部分提出了一种确定齿轮热承载能力的方法,包括实际工况下的齿轮装置的测定。采取的方法有测量功率损耗、测量散热,或是两者都进行测量,或是在溅油润滑齿轮箱中确定油池的准稳定温度。

GB/Z 22559的本部分中叙述的功率损耗和散热量的所有各分量的计算方法被认为是一种可供选择的方法。

2　符号、单位和角标

GB/Z 22559的本部分中使用的符号、单位和角标在表1中列出。

表1　符号、单位和角标

符　号	意　义	单　位
a	中心距	mm
A_{bot}	齿轮装置底部面积	m^2
A_{ca}	壳体外表面总面积	m^2
A_{foot}	齿轮装置基座着地面积	m^2
A_{oil}	壳体内表面总面积	m^2
A_{pro}	壳体外伸散热片面积	m^2
A_q	横截面面积	m^2
A_{fin}	壳体外部散热片总面积	m^2
A_{air}	壳体通风面积	m^2
b	齿宽;轴承宽度	mm
b_{eH}	接触齿宽度	mm
b_0	齿宽参考值,$b_0=10$ mm	mm
C_{lub}	润滑系数	—
C_{sp}	溅油系数	—
C_0	滚动轴承的静负荷率	N
$C_{1,2}$	系数	—
d_a	顶圆直径	mm
d_{fl}	等效法兰盘直径	m
d_W	节圆直径	mm
d_m	轴承中径	mm
d_s	等效交错轴斜齿轮的节圆直径	mm
d_{sh}	轴径	m
e	自然对数的底,e=2.718	—
$f_{0,1,2}$	轴承损耗系数	—
ED	利用系数	—
F_a	轴承止推负荷	N
F_t	作用在节圆上的力	N
F_{bt}	轮齿端截面上的法向力	N
F_n	轮齿法截面上的法向力	N

表 1（续）

符　号	意　　义	单　位
F_r	径向轴承负荷	N
g	$g=9.81\ m/s^2$	m/s^2
Gr	格拉肖夫数(Grashoff number)	—
h_c	油浸齿轮最低点以上的啮合点高度	mm
h_{ca}	齿轮装置外壳的总高度	m
H_v	轮齿损耗系数	—
$h_{e1,e2}$	顶圆浸没在润滑油静态液面中的深度	mm
h_{e0}	浸没深度参考值，$h_{e0}=10$ mm	mm
$h_{e,max}$	顶圆浸没在润滑油静态液面中的最大深度	mm
ΔH_{oil}	润滑油的焓流	W
$h_{0,1}$	润滑间隙高度	mm
k	传热系数	$W/(m^2 \cdot K)$
l_{fl}	联接法兰的等效长度	m
l_h	液压系统长度$=4A_G/U_M$	mm
l_{fin}	单个散热片高度	m
l_x	液流长度(沿壳壁的流线行程)	m
l_{sh}	自由轴端的长度	m
m, m^*	板片系数	—
m	模数	mm
n	转速	r/min
Nu	努塞尔数(Nasselt number)	—
P_A	输入功率	W
P_{Aeq}	等效输入功率	W
Pr	普朗特数(Prandtl number)	—
P_V	功率损耗	W
P_{VD}	密封装置功率损耗	W
P_{VL}	轴承功率损耗	W
P_{VX}	辅助装置功率损耗	W
P_{VZ}	齿轮功率损耗	W
P_0	等效轴承静负荷	N
P_1	等效轴承负荷	N
Q	总热流	W
Q_{ca}	通过箱体表面的热流	W
Q_{fun}	通过基座的热流	W
Q_{rot}	通过轴和联轴器的热流	W
Re	雷诺数	—
$Ra_{1,2}$	小齿轮和大齿轮的算术平均粗糙度	μm
Rz	平均粗糙度深度	μm
Rz_0	蜗杆装置的参考粗糙度深度，$Rz_0=3\ \mu m$	μm
s	轴承的尺寸系数	—
t	持续时间	min
T_H	液压损耗转矩	N·m
T_{VL}	总的轴承损耗转矩	N·m
T_{VL0}	空载轴承损耗转矩	N·m
$T_{VLP1,2}$	负载轴承损耗转矩	N·m
T_{wall}	箱体壁温度	K
T_{air}	冷却空气温度	K

表 1（续）

符 号	意 义	单 位
T_{perm}	齿轮装置的最大允许温度	K
T_{∞}	环境温度	K
u	齿数比	—
U	基座的周长	m
v	平均圆周速度	m/s
v_t	切线速度	m/s
v_{t0}	参考切线速度	m/s
$\dot{V}_{oil}$	润滑油喷射速度	L/min
$\dot{V}_0$	参考润滑油喷射速度，$\dot{V}_0=2$ L/min	L/min
v_{gm}	平均滑动速度	m/s
v_{gs}	螺旋速度	m/s
$v_{gy1,2}$	齿顶总表面速度	m/s
v_s	润滑油喷射速度	m/s
v_t	节圆处的圆周速度	m/s
v_{t0}	参考速度，$v_{t0}=10$ m/s	m/s
v_{air}	冲击速度	m/s
$v_{\Sigma c}$	节点处总速度	m/s
$v_{\Sigma h}$	齿高方向的总速度	m/s
$v_{\Sigma m}$	平均合成总速度	m/s
$v_{\Sigma s}$	齿长方向的总速度	m/s
x	齿顶高修正系数	—
X_L	润滑油系数	—
X_R	粗糙度系数	—
Y	支承台的轴向系数，$F_a/F_r>e$	—
Y_W	材料系数	—
z	齿数	—
α_{fun}	齿轮装置基座的传热系数	W/(m^2·K)
α_{ca}	空气侧的传热系数	W/(m^2·K)
α_{con}	对流的传热系数	W/(m^2·K)
$\alpha_{K,free}$	自然对流的传热系数	W/(m^2·K)
$\alpha_{K,forced}$	强迫对流的传热系数	W/(m^2·K)
α_{oil}	润滑油侧的传热系数	W/(m^2·K)
α_{rad}	辐射的传热系数	W/(m^2·K)
α_{rot}	旋转轴上的传热系数	W/(m^2·K)
$\alpha^*_{sh,face}$	轴表面的传热系数	W/(m^2·K)
α_t	端面压力角	(°)
α_{wt}	工作压力角	(°)
β	螺旋角	(°)
β_b	基圆上的螺旋角	(°)
δ_{fin}	单个散热片的厚度	m
δ_{wall}	壳壁的平均厚度	m
ε	齿轮装置壳体的辐射率	—
ε_{α}	端面重合度	—
$\varepsilon_{1,2}$	小齿轮、大齿轮的重合度	—
λ_{fun}	基座的热导率	W/(m·K)
λ_{wall}	箱体的热导率	W/(m·K)
λ_{sh}	轴的热导率	W/(m·K)

表 1(续)

符号	意义	单位
μ	摩擦因数	—
μ_{mz}	齿轮啮合的平均摩擦因数	—
$\nu_{40,100}$	在 40 ℃、100 ℃下润滑油的运动黏度	mm^2/s
ν_{oil}	在工作温度下润滑油的运动黏度	mm^2/s
ν_{air}	空气的运动黏度	m^2/s
ρ_c	啮合节点处的等效曲率半径	mm
ρ_n	法截面的等效曲率半径	mm
ρ_{15}	15 ℃下的润滑油密度	kg/m^3
ρ_{oil}	工作温度下的润滑油密度	kg/m^3
ω	角速度	rad/s
η	效率	—
η_f	散热片效率	—
η_{oil}	润滑油工作温度下的动力黏度	mPa・s
θ_{oil}	润滑油温度	℃
θ_{∞}	环境温度	℃
η^*	温度因数	—
μ_z	蜗杆装置的摩擦因数	—
μ_{z0}	蜗杆装置的摩擦因数基本值	—
角标	**意义**	
0	与负载无关	
1	小齿轮	
2	大齿轮	
c	节点	
m	锥齿轮和准双曲面齿轮的中圆	
n	法向	
v	锥齿轮和准双曲面齿轮的等效直齿圆柱齿轮	
p	与负载有关	

3 原理

3.1 总则

当齿轮装置传递功率时，损耗产生于各个零部件而转换成热。这些损耗与传动功率一同确定了齿轮装置的效率。热的消散与以下情况有关:通过润滑油传至壳体再由壳体传到周围环境，或者通过润滑油冷却器传给冷却剂。在准稳定状态下，当齿轮装置温度变高时，会引起润滑油的快速老化，使接触表面的油膜厚度变小，并降低了轮齿系统和轴承的抗点蚀、抗磨损与抗胶合的承载能力，同时也缩短了密封件的使用寿命。

根据热平衡计算，对溅油润滑的齿轮装置可以确定预期的稳态温度;而对喷油润滑的齿轮装置来说则可通过润滑油流动和润滑油冷却器来散热。

3.2 用途和适用范围

用 GB/Z 22559 的本部分所提供的计算就可以确定:齿轮系统的功率损耗;外啮合圆柱齿轮、内啮合圆柱齿轮、锥齿轮、准双曲面齿轮和蜗杆系统的空载损耗以及负载损耗;滚动轴承和滑动轴承以及轴的径向密封件的空载损耗和负载损耗。该计算可应用于单速和多速齿轮箱的转矩分流齿轮机构和行星式齿轮装置上。散热的计算包括下列情况:自然对流或强迫对流或两者都存在的情况，来自壳体、轴和联轴器的辐射与强迫对流，热传导到基座，当使用喷油润滑时通过润滑油和外部冷却器进行散热的情况。

该计算对准稳态工况是有效的，而对考虑热功率的非稳态工况却是不适用的。对间歇式工作(利用系数小于100%)的齿轮装置和变负载或转速的情况,引进准稳态等效输入功率则能进行计算。

系统的范围使用者可作如此规定,即热输入的所有部分都以同样的方式表示(见图1)。尤其是对不管热流是在联轴节点外的齿轮装置上消散,还是从与齿轮装置相联的机器上消散,都应当将驱动机和从动机的联接点考虑在内。

1——齿轮装置;
2——环境;
3——输入功率,P_A;
4——输出功率;
5——对流,Q_{ca};
6——辐射;
7——传导;
8——系统边界;
9——润滑油入口;
10——润滑油出口。

图1 齿轮装置上的各热流

功率损耗和散热的计算需要润滑油温度。这就必须已知这个温度或者设定该点;另外,通过迭代法将散热考虑在内也能确定。

由试验台架确定的运行条件范围已分述在计算的各节中。如果超出了所述范围,则不确定性因素增加,但已经证明在很大的范围内具有足够的近似性。

4 等效传递功率

对连续工作使用不变名义负载的齿轮装置,根据额定功率 P_A 来确定为热计算所限定的平均等效传递功率 P_{Aeq}。因为短时的外部或内部超载对热平衡不起作用,两者都不把内部的热分布考虑在内,所以在每种情况下,所有的降低系数(例如对齿轮计算中的 K_A、K_V、$K_{H\beta}$、$K_{H\alpha}$)都应假定为1.0。当随着负载增加、转速降低时,摩擦因数增加。在具有等效传递功率的工况下,其最不利的情况是出现在低转速区。

在作为时间的函数的变负载工况或在齿轮装置具有少于100%的利用系数的情况下，其等效传递功率应基于准稳态下设定的确认周期内平均功率的最大值。

在溅油润滑齿轮装置的情况下，根据齿轮装置的设计，有关润滑油温度的准稳态的获得要在1 h~3 h之后，作为指南，可以设定达到基本准稳态温度的时间为1 h。

因此，作为一种近似，在该时间内最大可能的平均功率可以用热等效传递功率来代替，将采用下式：

$$P_{\mathrm{Aeq}}=\frac{P_1t_1+P_2t_2+\cdots+P_nt_n}{t_1+t_2+\cdots+t_n} \quad \cdots\cdots(1)$$

在齿轮装置采用的利用系数小于100%的情况下，热等效功率 P_{Aeq} 的确定根据：

$$P_{\mathrm{Aeq}}=\mathrm{ED}\cdot P_{\mathrm{A}} \quad \cdots\cdots(2)$$

用利用系数ED表示工作时间与总时间的关系。这里假定工作状态为稳态并且在整个工作期间内的工作次数是均布的。在规定电动机的利用系数时通常参考时间定为 $t=10$ min。

注：在滑动轴承的热等效功率计算中，为有助于确定方程(2)，假定在标准中该方程的利用系数是线性的。对电动机而言，是以利用系数平方根所取代。而对齿轮装置来说，在制造商的产品样本中则采用了利用系数的立方根。对这些情况的输入功率 P_{A} 在随后的章节中应以 P_{Aeq} 代替。

5 功率损耗

5.1 总则

发生在齿轮装置上的总功率损耗 P_{V} 由以下几部分组成：轮齿系统的负载损耗和空载损耗 P_{VZ}、轴承损耗 P_{VL}，以及密封件的负载损耗 P_{VD} 和其他齿轮装置零部件的损耗 P_{VX}：

$$P_{\mathrm{V}}=P_{\mathrm{VZ0}}+P_{\mathrm{VZP}}+P_{\mathrm{VL0}}+P_{\mathrm{VLP}}+P_{\mathrm{VD}}+P_{\mathrm{VX}} \quad \cdots\cdots(3)$$

效率 η 可用传递功率 P_{A} 由下式确定：

$$\eta=\frac{P_{\mathrm{A}}-P_{\mathrm{V}}}{P_{\mathrm{A}}} \quad \cdots\cdots(4)$$

5.2 齿轮损耗

5.2.1 概述

总齿轮损耗由与空载有关的分量 P_{VZ0} 和与负载有关的分量 P_{VZP} 组成。对圆柱齿轮、锥齿轮和准双曲面齿轮的这些损耗可分别按照Niemann和Winter[1,2]的方法来确定，对蜗杆传动也同样适用。锥齿轮的损耗按照等效圆柱齿轮系统计算，而准双曲面齿轮的损耗计算则按照等效交错轴斜齿轮系统[2]计算。

5.2.2 圆柱齿轮、锥齿轮和准双曲面的空载齿轮损耗

5.2.2.1 梗概

空载齿轮系统损耗按照Mauz[3]的方法来确定。在Mauz推导计算公式的过程中，溅油和喷油损耗两者之间是无区别的，因为按照他的研究，喷油分量是可忽略的。

5.2.2.2 溅油润滑

单级齿轮总的液压损耗转矩 T_{H} 用下式确定：

$$T_{\mathrm{H}}=C_{\mathrm{sp}}C_1e^{c_2\left(\frac{v_{\mathrm{t}}}{v_{\mathrm{t0}}}\right)} \quad \cdots\cdots(5)$$

溅油系数 C_{sp} 考虑了溅油润滑供给的影响，它取决于浸油的深度(图2和图3)。系数 C_1 和 C_2 说明齿宽和浸油深度的影响。在小的浸油深度下，可以测出黏度无影响。对于大的浸油深度，黏度的影响结果是矛盾的：在一些情况下，随着黏度的增加，功率损耗增加；而在另一些情况下，功率损耗却是减少的。因此，在计算公式中对黏度不予考虑。

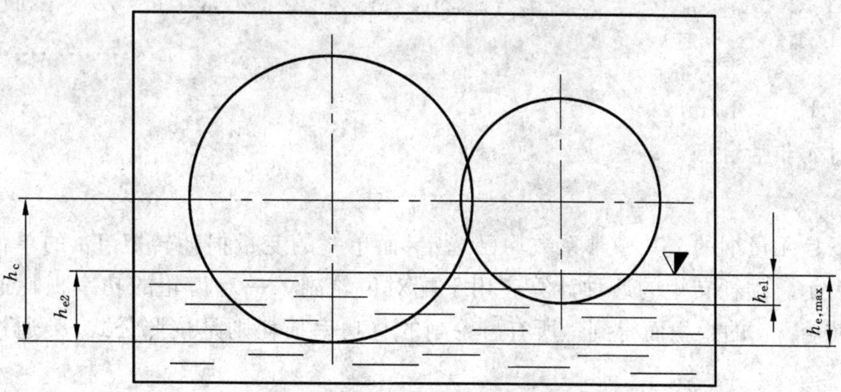

图 2 按照 Mauz 的溅油系数

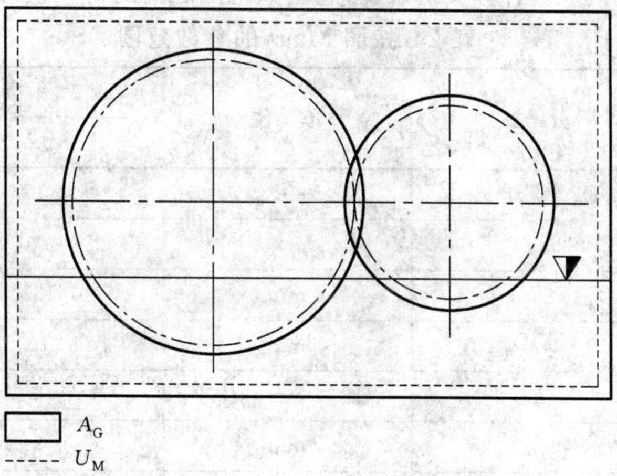

图 3 $l_h = 4A_G/U_M$

$$C_{sp} = \left(\frac{4h_{e,max}}{3h_c}\right)^{1.5} \cdot \frac{2h_c}{l_h} \qquad (6)$$

$$C_1 = 0.063\left(\frac{h_{e1}+h_{e2}}{h_{e0}}\right) + 0.0128\left(\frac{b}{b_0}\right)^3$$
$$C_2 = \frac{h_{e1}+h_{e2}}{80h_{e0}} + 0.2 \qquad (7)$$

上述式中 $h_{e0}=10$ mm，$b_0=10$ mm，$v_{t0}=10$ m/s。

空载功率损耗的计算可用该级齿轮的角速度与空载转矩的乘积取得。总的空载功率损耗是每级的空载功率损耗之总和。

$$P_{VZ0} = \sum_{i=1}^{级} T_{Hi}\frac{\pi n_i}{30} \qquad (8)$$

式中：

T_{Hi}——损耗转矩；

n_i——第 i 级齿轮的转速。

5.2.2.3 喷油润滑

根据 Mauz 试验结果的估算推导出以下公式，式中 T_H 是损耗转矩，而 d_W 则是该级齿轮的节圆直径。

——喷油射入啮合点：

$$T_{\mathrm{H}}=1.67\times10^{-6}\rho_{\mathrm{oil}}\dot{V}_{\mathrm{oil}}d_{\mathrm{W}}(v_{\mathrm{t}}-v_{\mathrm{s}})+32\times10^{-9}\rho_{\mathrm{oil}}d_{\mathrm{W}}^{1.5}\nu_{\mathrm{oil}}^{0.065}m_{\mathrm{n}}^{0.18}b^{0.5}v_{\mathrm{t}}^{1.5(\dot{V}_{\mathrm{oil}}/\dot{V}_{0})^{0.1}}+0.1 \quad (9)$$

参考喷油量 $\dot{V}_0=2\ \mathrm{L/min}$

——喷油射入非啮合点：

$$T_{\mathrm{H}}=8.33\times10^{-6}\rho_{\mathrm{oil}}\dot{V}_{\mathrm{oil}}d_{\mathrm{W}}(v_{\mathrm{t}}+v_{\mathrm{s}}) \quad (10)$$

所列公式不是无量纲的。其中常系数均已选定，而单一的变量损耗转矩 T_{H} 的单位在上两公式中则均以 N·m 表示。损耗转矩的这种计算应用于配对齿轮副。一对齿轮的功率损耗通过该级齿轮角速度 ω 与损耗转矩 T_{H} 的乘积而得到。所有齿轮副的总功率损耗则是按照公式(8)通过总和各级损耗量而得到。

两个公式的应用被 Mauz 限于表 2 所列出的运行和设计参数上。此外，齿轮与箱体壁之间的距离必须足够的大以避免“泵”效应。计算实例表明，超出该范围之外的情况，公式也能有效地适用。

表 2　按照 Mauz 的参数范围

影响变量	公　式	单　位	变化范围	
			从	到
雷诺数	$Re=v_{\mathrm{t}}d_{\mathrm{a}}/\nu_{\mathrm{oil}}$	—	4 125	531 428
相对浸油深度	$2h_{\mathrm{e}}/d_{\mathrm{a}}$	—	0.04	2
顶圆直径	d_{a}	mm	132	248
齿宽	b	mm	10	60
浸油深度	h_{e}	mm	5	135
模数	m	mm	3	6
圆周速度	v_{t}	m/s	20	60
运动黏度	ν_{oil}	$\mathrm{mm^2/s}$	15	240
15 ℃下润滑油的密度	ρ_{15}	$\mathrm{kg/m^3}$	855	881

5.2.3　与负载有关的齿轮损耗

一般来说，库伦定律可应用于局部功率损耗：

$$P_{\mathrm{VZP}}=F_n(x)\mu(x)v_{\mathrm{g}}(x) \quad (11)$$

注：P_{VZP} 指每个啮合处的功率损耗，不适用于行星齿轮装置。

式中 $F_n(x)$ 为轮齿法向力的局部值，$\mu(x)$ 为摩擦因数，$v_{\mathrm{g}}(x)$ 为啮合线每点 x 的滑动速度。

由于摩擦因数在啮合线上随着运行条件的变化只有轻微的变化，因此可假定一个平均的摩擦因数以达到近似的目的。对直齿轮、锥齿轮和准双曲面齿轮可按下式确定这个平均的摩擦因数：

$$\mu_{\mathrm{mz}}=0.048\left[\frac{F/b}{v_{\Sigma}\rho}\right]^{0.2}\eta_{\mathrm{oil}}^{-0.05}Ra^{0.25}X_{\mathrm{L}} \quad (12)$$

式中：

$Ra=0.5(Ra_1+Ra_2)$，及按照 Schlenk[14] 给定的润滑油系数 X_{L}：

$X_{\mathrm{L}}=1.0$，用于矿物油；

$X_{\mathrm{L}}=0.8$，用于聚丙烯(Polyalfaolefins)和酯；

$X_{\mathrm{L}}=0.75(6/v_{\Sigma})^{0.2}$，用于聚(乙)二醇；

$X_{\mathrm{L}}=1.3$，用于磷酯；

$X_{\mathrm{L}}=1.5$，用于牵引液。

在计算 μ_{mz} 时，应符合下列限制条件：

——v_{Σ}用于 $v_t \leqslant 50$ m/s。

对于 $v_t > 50$ m/s 的情况，在计算 v_{Σ} 时，取 $v_t = 50$ m/s。

——$F/b \geqslant 150$ N/mm。

对于 $F/b \leqslant 150$ N/mm 的情况，在计算 μ_{mz}时，取 $F/b = 150$ N/mm。

下列参数应代入公式(12)中：

	直齿轮、斜齿轮	锥齿轮(当量直齿轮)	准双曲面齿轮
F	$= F_{bt} = F_t/\cos\alpha_t$	$= F_{bmt} = F_{mt}/\cos\alpha_t$	$= F_n \cos\beta_{b2}$
b	$= b$	$= b_{eH} = 0.85b$	$= 0.85b_z$
v_{Σ}	$= 2v_t \sin\alpha_{wt}$	$= 2v_{mt} \sin\alpha_{vt}$	$= v_{\Sigma m}$
ρ	$= \rho_{cred}/\cos\beta_b$	$= \rho_{cn}/\cos\beta_{vb}$	$= \rho_n$

对于蜗杆装置，摩擦因数 μ_z 单独进行计算，见 5.2.6。

5.2.4 圆柱齿轮和锥齿轮与负载有关的齿轮损耗

按照 Mauz 的方法来计算与负载有关的齿轮功率损耗 P_{VZP}：

$$P_{VZP} = P_A \mu_{mz} H_v \qquad (13)$$

式中平均摩擦因数 μ_{mz} 按公式(12)确定，轮齿损耗系数 H_v 按下式确定：

$$H_v = \frac{\pi(u+1)}{z_1 u \cos\beta_b}(1 - \varepsilon_\alpha + \varepsilon_1^2 + \varepsilon_2^2) \qquad (14)$$

对于锥齿轮，公式(14)必须按照参考文献[2]($u \to u_v$；$z_1 \to z_{v1}$；$\beta_b \to \beta_{vb}$；$\varepsilon_\alpha \to \varepsilon_{v\alpha}$；$\varepsilon_1 \to \varepsilon_{v1}$；$\varepsilon_2 \to \varepsilon_{v2}$)用当量直齿轮来计算。

5.2.5 准双曲面齿轮与负载有关的齿轮损耗

对等效交错轴斜齿轮系统的准双曲面齿轮来说其与负载有关的齿轮功率损耗 P_{VZP} 可按下式[2]计算：

$$P_{VZP} = F_n v_{gm} \mu_{mz} \qquad (15)$$

式中的平均滑动速度 v_{gm} 按下式[2]计算：

$$v_{gm} = v_{gs} + \frac{(v_{g\gamma1} - v_{gs})^2 + (v_{g\gamma2} - v_{gs})^2}{2(v_{g\gamma1} + v_{g\gamma2} - 2v_{gs})} \qquad (16)$$

同时用平均总速度 $v_{\Sigma m}$ 来计算 μ_{mz}：

$$v_{\Sigma m} = \sqrt{v_{\Sigma s}^2 + v_{\Sigma h}^2} \qquad (17)$$

$$v_{\Sigma s} = v_{t1}\left(\sin\beta_{m1} + \sin\beta_{m2}\frac{\cos\beta_{m1}}{\cos\beta_{m2}}\right) \qquad (18)$$

$$v_{\Sigma h} = 2v_{t1}\cos\beta_{m1}\sin\alpha_n \qquad (19)$$

5.2.6 蜗杆装置的齿轮损耗

蜗杆装置的齿轮损耗按照参考文献[2]来计算：

$$P_{VZ} = P_{VZP} + P_{V0} - P_{VL0} \qquad (20)$$

式中总的空载损耗 P_{V0} 和轴承空载损耗 P_{VL0} 按 5.2.2 确定。而与负载有关的齿轮损耗 P_{VZP} 由下式确定：

$$P_{VZP} = F_n \mu_z v_{gm} \qquad (21)$$

式中摩擦因数 μ_z 为：

$$\mu_z = \mu_{z0} Y_W \left(\frac{v_{gm}}{v_\Sigma}\right)^{0.5} \left(\frac{Rz}{Rz_0}\right)^{0.25} \qquad (22)$$

摩擦因数的基值 μ_{z0} 能在任何材料和润滑剂组合及在双盘试验台上的标准条件 Rz_0(0～3 μm)、σ_H 及 $v_{\Sigma m}/v_\Sigma$ 下所确定。提供的指导值，见图 4。

材料系数 Y_W 考虑了其他的材料组合，提供的指导值见表 3。所给出的这些值对于表面渗碳淬火并磨削的蜗杆是有效的。而对于调质处理未磨削的蜗杆则应将这些值乘以 1.2。

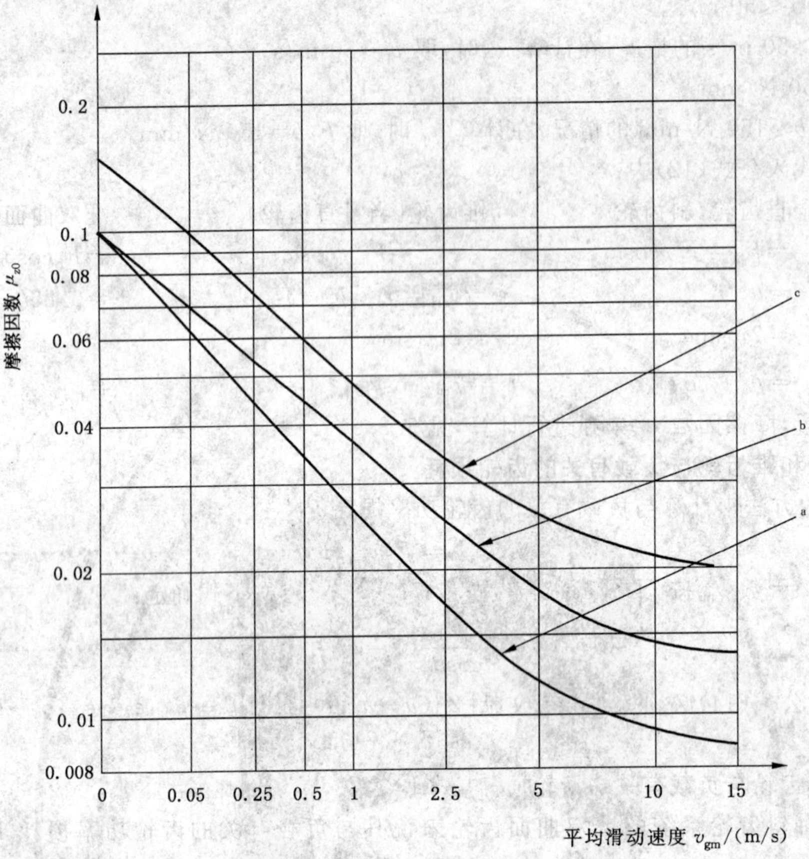

平均接触应力：$\sigma_H = 300$ N/mm²。

滑动-滚动比：$v_{gm}/v_{\Sigma} = 1$。

材料组合：

——蜗杆：淬火钢磨削($Rz = Rz_0 = 3\ \mu$m)；

——蜗轮：青铜离心浇铸 GZ-CuSn12。

喷油温度：$\theta_{oil} = 80$ ℃。

[a] 聚(乙)二醇　　$\nu_{40} = 150$ mm²/s。

[b] 矿物油　　$\nu_{40} = 180$ mm²/s。

[c] 英国标准矿物油。

图 4　在双盘试验台上[4]试验获得的摩擦因数

表 3　材料系数的指导值 Y_W

蜗杆材料	材料系数 Y_W
GZ-CuSn12Ni	0.95
GZ-CuSn12,GZ-CuSn10Zn,GZ-CuSn14	1.00
GZ-CuZn25A15,GZ-CuAl10Ni	1.10
G-CuSn12Ni	1.20
G-CuSn12,G-CuSn10Zn,GGG-70	1.30
G-CuZn25A15,G-CuAl11Ni,GG-25	1.40
注：表中的材料牌号为德国材料牌号。	

平均滑动速度 v_{gm} 与总速度 v_{Σ} 之比取自 EDP(工程设计建议)的项目,实例见参考文献[4]。对于 ZI、ZA、ZN 和 ZK 蜗杆,此处 $x \approx 0$,$v_{gm}/v_{\Sigma}=2.7$;而对于 ZH 蜗杆,此处 $x \approx +0.5$,$v_{gm}/v_{\Sigma}=2.2$。

如果不作测试是可行的话,那么下列公式就可用来计算带滚动轴承的蜗杆装置、底部安装式蜗杆和溅油润滑情况下的总的空载功率损耗 P_{V0}[2]:

$$P_{V0} = a\left(\frac{n_1}{60}\right)^{\frac{4}{3}}\left(\frac{v_{40}}{1.83}+90\right)\cdot 10^{-4} \quad \cdots\cdots(23)$$

5.2.7 行星齿轮装置

研究工作尚未完成。

5.2.8 总的与负载有关的齿轮损耗

为了确定总的与负载有关的齿轮损耗,必须将每部分损耗相加:

$$P_{VZP} = \sum_{i=1}^{级} P_{VZPi} \quad \cdots\cdots(24)$$

5.3 轴承损耗

5.3.1 滚动轴承

5.3.1.1 总则

以 N·m 表示的轴承损耗转矩 T_{VL} 是按照参考文献[5]给出的近似公式来计算的。这里,把损耗转矩分成空载 T_{VL0} 和与负载有关的 T_{VLP} 两部分。在承受轴向负载的滚子轴承和滚针轴承的情况下,产生一项附加损耗 T_{VLP2}。该项损耗与末端的轴向推力的大小有关。

这些分量是分别计算的,然后将它们累加在一起就得出了以下的总损耗转矩:

$$T_{VL} = T_{VL0} + T_{VLP1} + T_{VLP2} \quad \cdots\cdots(25)$$

5.3.1.2 空载轴承功率损耗

此损耗分量与轴承设计、润滑型式、润滑油黏度以及轴承的转速有关。

对于 $\nu_{oil}n < 2\ 000\ mm^2/(s \cdot min)$ 的范围,用下式确定 T_{VL0}:

$$T_{VL0} = 1.6 \times 10^{-8} f_0 d_m^3 \quad \cdots\cdots(26)$$

对于 $\nu_{oil}n \geqslant 2\ 000\ mm^2/(s \cdot min)$ 的范围,用下式确定 T_{VL0}:

$$T_{VL0} = 10^{-10} f_0 (\nu_{oil}n)^{\frac{2}{3}} d_m^3 \quad \cdots\cdots(27)$$

系数 f_0 与轴承型式和轴承的润滑有关(见表 4)。

5.3.1.3 与负载有关的轴承功率损耗

为了计算与负载有关的轴承损耗转矩 T_{VLP1} 和 T_{VLP2},按照参考文献[5]采用了下列关系式:

T_{VLP1}:

$$T_{VLP1} = f_1 P_1^a d_m^b \cdot 10^{-3} \quad \cdots\cdots(28)$$

式中:f_1 和 P_1 见表 5;a 和 b 见表 6。

T_{VLP2}:

——对于径向负载:

$T_{VLP2}=0$。

——对于带附加轴向推力的滚子轴承:

$$T_{VLP2} = f_2 F_a d_m \cdot 10^{-3} \quad \cdots\cdots(29)$$

式中:f_2 见表 7。

表 4　系数 f_0[a]

轴承设计	润滑型式			喷油，含立式轴油浴
	润滑脂	油雾	油浴	
深沟球轴承：				
单列	0.75～2[b]	1	2	4
双列	3	2	4	8
调心球轴承	1.5～2[b]	0.17～1[b]	1.5～2[b]	3～4[b]
角接触球轴承：				
单列	2	1.7	3.3	6.6
双列	4	3.4	6.5	13
四点接触轴承	6	2	6	9
圆柱滚子轴承(带保持架)：				
系列 10、2、3、4	0.6	1.5	2.2	2.2[c]
系列 22	0.8	2.1	3	3[c]
系列 23	1	2.8	4	4[c]
圆柱滚子轴承(完全布满)：				
单列	5[d]	—	5	—
双列	10[d]	—	10	—
滚针轴承	12	6	12	24
调心滚子轴承：				
系列 213	3.5	1.75	3.5	7
系列 222	4	2	4	8
系列 223、230、239	4.5	2.25	4.5	9
系列 231	5.5	2.75	5.5	11
系列 232	6	3	6	12
系列 240	6.5	3.25	6.5	13
系列 241	7	3.5	7	14
圆锥滚子轴承：				
单列	6	3	6	8～10[b,c]
双列	12	6	12	16～20[b,c]
推力深沟球轴承	5.5	0.8	1.5	3
推力圆柱滚子轴承	9	—	3.5	7
推力滚针轴承	14	—	5	11
推力调心滚子轴承：				
系列 292E	—	—	2.5	5
系列 292	—	—	3.7	7.4
系列 293E	—	—	3	6
系列 293	—	—	4.5	9
系列 294E	—	—	3.3	6.6
系列 294	—	—	5	10

[a] 表列值对于稳态工况是适用的。对于脂润滑轴承(2～4)，在计算中使用 f_0。

[b] 低值用于轻型轴承，高值用于孔系列的重型轴承。

[c] 适用于喷油润滑。对于油浴润滑与立式轴，列值要加倍。

[d] 适用于达到 20% 参考转速(见轴承参数表)的低转速。在高转速下计算时，f_0 的值要加倍。

表 5 系数 f_1 和等效轴承负荷 P_1

轴 承 设 计	f_1	P_1[a]
深沟球轴承	$(0.000\,6\sim0.000\,9)(P_0/C_0)^{0.56}$[b]	$3F_a-0.1F_r$
调心球轴承	$0.000\,3(P_0/C_0)^{0.4}$	$1.4Y_z F_a-0.1F_r$
角接触球轴承：		
单列	$0.001(P_0/C_0)^{0.33}$	$F_a-0.1F_r$
双列	$0.001(P_0/C_0)^{0.33}$	$1.4F_a-0.1F_r$
四点接触轴承	$0.001(P_0/C_0)^{0.33}$	$1.5F_a+3.6F_r$
圆柱滚子轴承(带保持架)：		
系列 10	0.000 2	F_r[c]
系列 2	0.000 3	F_r[c]
系列 3	0.000 35	F_r[c]
系列 4、22、23	0.000 4	F_r[c]
圆柱滚子轴承(完全布满)	0.000 55	F_r[c]
滚针轴承	0.002	F_r
调心滚子轴承：		若 $F_r/F_a<Y_z$，$1.35Y_zF_a$； $F_r[1+0.35(Y_z\cdot F_a/F_r)^3]$ 若 $F_r/F_a\geqslant Y_z$ (适用于所有系列)
系列 213	0.000 22	
系列 222	0.000 15	
系列 223	0.000 65	
系列 230、241	0.001	
系列 231	0.000 35	
系列 232	0.000 45	
系列 239	0.000 25	
系列 240	0.000 8	
圆锥滚子轴承：		
单列	0.000 4	$2YF_a$
单、双列	0.000 4	$1.2Y_zF_a$
推力深沟球轴承	$0.000\,8(F_a/C_0)^{0.33}$	F_a
推力圆柱滚子轴承、推力滚针轴承	0.001 5	F_a
推力调心滚子轴承：		$F_a(F_{r,max}\leqslant0.55F_a)$ (适用于所有系列)
系列 292E	0.000 23	
系列 292	0.000 3	
系列 293E	0.000 3	
系列 293	0.000 4	
系列 294E	0.000 33	
系列 294	0.000 5	

a 如果 $P_1<F_r$，应取 $P_1=F_r$。

b 低值适用于轻型轴承，高值则适用于同一孔径系列的重型轴承。

c 对于附加止推载荷的滚子轴承，必须引进 T_{VLP2}。

表 6 指数 a，b

轴承系列	a	b
213	1.35	0.2
222	1.35	0.3
223	1.35	0.1
230	1.5	−0.3
231、232、239	1.5	−0.1
240、241	1.5	−0.2
注：指数适用于调心滚子轴承。 对于其他轴承：$a=b=1.0$。		

表 7 圆柱滚子轴承的系数 f_2

轴承型式	润滑型式	
	润滑脂	润滑油
带保持架的轴承：		
EC 设计	0.003	0.002
所有其他型式	0.009	0.006
布满滚动体的轴承：		
单列	0.006	0.003
双列	0.015	0.009

5.3.1.4 总的轴承功率损耗

由于损耗转矩 T_{VL} 已计算出来，因此就可以对总的轴承功率损耗 P_{VL} 进行计算：

$$P_{VL}=\sum_{i=1}^{\text{轴承数}}(T_{VLi}\omega_i)=\sum_{i=1}^{\text{轴承数}}(T_{VLi}\frac{\pi n_i}{30}) \qquad (30)$$

5.3.2 滑动轴承

动力润滑的径向滑动轴承和止推滑动轴承的功率损耗按照有关 DIN 标准的叙述进行计算。

径向滑动轴承，全部或部分圆周对称的圆柱轴承按照 DIN 31652[6] 分段的表面计算，而剖分面和可倾瓦轴承按 DIN 31657[7] 计算。

滑动止推轴承，扇形止推轴承按 DIN 31653[8] 中的规定计算，而可倾瓦轴承按 DIN 31654[9] 中的规定计算。

5.4 轴封

对于非接触式密封件，可近似地认为对功率损耗没有影响。关于径向轴封的计算在参考文献[10]中有论述：

$$P_{VD}=7.69\times10^{-6}d_{sh}^2\cdot n \qquad (31)$$

在此不包括其他型式的密封，如机械式密封。

6 散热

6.1 总则

齿轮装置产生的功率损耗 P_V 由散热量 Q 在一个平衡温度值 θ_{oil} 上所平衡。散热量由以下几部分组成：通过箱体的散热量 Q_{ca}、通过基座的散热量 Q_{fun}、通过相连的轴和联轴器的散热量 Q_{rot} 以及在喷油润滑情况下经过冷却润滑油流的热传导的散热量 ΔH_{oil}：

$$Q=Q_{ca}+Q_{fun}+Q_{rot}+\Delta H_{oil} \qquad (32)$$

由于热量的产生和消散是平衡的，可用迭代法计算平均齿轮润滑油温度 θ_{oil}，在喷油润滑的情况下，可按给定的齿轮润滑油温度 Q_{oil} 计算出冷却油流的散热量，从而为所需要的润滑油流速度和冷却器的设计提供数据。

6.2 箱体的散热

通过对流,经箱体的散热量由下式计算:

$$Q_{ca} = kA_{ca}(\theta_{oil} - \theta_{\infty}) \quad \cdots\cdots (33)$$

箱体面积 A_{ca} 不包括底部的面积。

传热系数 k 包括油与箱体内部的热传导,通过箱体壁与周围环境的外部热传导:

$$\frac{1}{k} = \frac{1}{\alpha_{oil}} \cdot \frac{A_{ca}}{A_{oil}} + \frac{\delta_{wall}}{\lambda_{wall}} \cdot \frac{A_{ca}}{A_{oil}} + \frac{1}{\alpha_{ca}} \quad \cdots\cdots (34)$$

通常,经过箱体的散热是通过箱体表面具有较大值的空气侧热阻来决定的。于是上式中前两项可以忽略。对于空气速度较高及较好的外部热传导,可能还需要考虑润滑油侧的热传导。可取 $\alpha_{oil} = 200\ W/(m^2 \cdot K)$ 作为参考值。仅在特殊情况下才考虑经箱体的热传导,例如双壁箱体、隔声箱体与非金属箱体。适当的热导率 λ_{wall} 必须针对箱体的材料得出。

空气侧传热系数 α_{ca} 由对流部分的传热系数 α_{con} 和辐射部分的传热系数 α_{rad} 组成:

$$\alpha_{ca} = \alpha_{con} + \alpha_{rad} \quad \cdots\cdots (35)$$

辐射部分的传热系数 α_{rad} 由下式计算:

$$\alpha_{rad} = 0.23 \times 10^{-6} \varepsilon \left[\frac{T_{wall} + T_{\infty}}{2}\right]^3 \quad \cdots\cdots (36)$$

式中辐射率 ε 见表 8。

表 8　辐射率 ε

材　　料	状　　况	辐射率 ε
灰铸铁 GG	铸造表面	0.60～0.80
	车削或滚削	0.35～0.45
钢	轧制表面	0.80～0.90
	车削或滚削	≈0.15
	滚削和油覆盖	≈0.35
	喷砂	≈0.35
	喷砂和油覆盖	0.50～0.60
铝	氧化物表面	≈0.15
	车削或滚削	0.15～0.10
所有涂漆的材料	有和无油或粉尘覆盖	0.90～0.95

对流可以是自由对流和强迫对流。其 α_{con} 根据 Funck[11] 的研究,可用下式计算:

$$\alpha_{con} = \alpha_{K,free}\left[1 - \frac{A_{air}}{A_{ca}}\right] + \alpha_{K,forced}\frac{A_{air}}{A_{ca}}\eta^* \quad \cdots\cdots (37)$$

式中:

$$\eta^* = \frac{T_{wall} - T_{air}}{T_{wall} - T_{\infty}} \quad \cdots\cdots (38)$$

对于无散热片的箱体,可按下列式子计算:

自由对流($v_{air} < 1.5$ m/s):

$$\alpha_{K,free} = 18 h_{ca}^{-0.1}\left[\frac{T_{wall} - T_{\infty}}{T_{\infty}}\right]^{0.3} \quad \cdots\cdots (39)$$

强迫对流($v_{air} > 1.5$ m/s):

$$\alpha_{K,forced} = \frac{0.008\,6(Re')^{0.64}}{l_x} \quad \cdots\cdots (40)$$

式中：

$$Re' = \sqrt{Re^2 + \frac{Gr}{2.5}} \quad \cdots\cdots(41)$$

$$Re = \frac{\nu_{air} l_x}{\nu_{air}} \quad \cdots\cdots(42)$$

$$Gr = \frac{g h_{ca}^3 (T_{wall} - T_\infty)}{T_\infty \nu_{air}^2} \quad \cdots\cdots(43)$$

$\nu_{air} = 15.6 \times 10^{-6}\ mm^2/s$

对于具有可按图 5 所示带散热片的箱体，用下列公式计算：

自由对流（$A_{air}=0$）：

$$\alpha_{ca} = \frac{A_{fin}}{A_{ca}}\left(\alpha_{K,free} + \alpha_{rad}\frac{A_{pro}}{A_{fin}}\right)\eta_f + \left(1 - \frac{A_{fin}}{A_{ca}}\right)(\alpha_{K,free} + \alpha_{rad}) \quad \cdots\cdots(44)$$

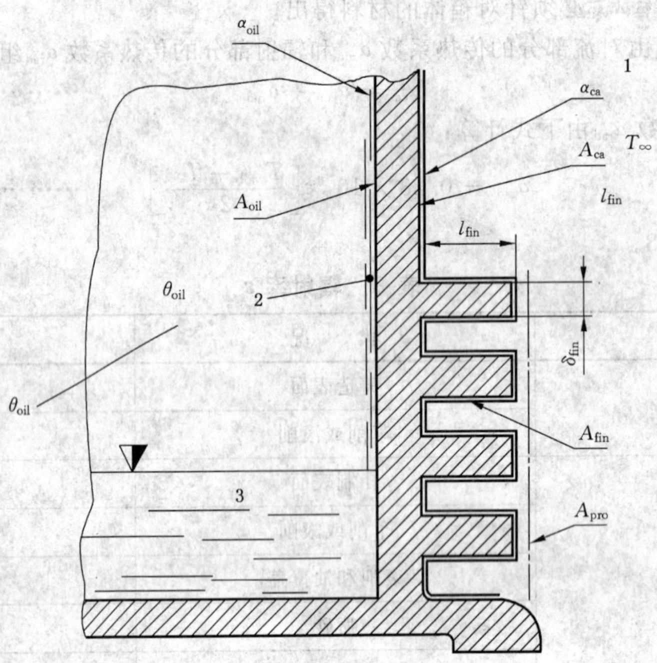

1——周围环境；

2——油膜；

3——油池。

图 5　具有散热片的箱体

散热片的效率 η_f：

$$\eta_f = \frac{\tanh(m l_{fin})}{(m l_{fin})} \quad \cdots\cdots(45)$$

式中：

$$m = \sqrt{2\frac{\alpha_{con} + \alpha_{rad}\dfrac{A_{pro}}{A_{fin}}}{\delta_{fin}\lambda_{fin}}} \quad \cdots\cdots(46)$$

自由对流和风冷的散热片表面（$A_{fin}=A_{air}$）：

$$\alpha_{ca} = \frac{A_{air}}{A_{ca}}\left(\alpha_{K,forced}\eta^* + \alpha_{rad}\frac{A_{pro}}{A_{fin}}\right)\eta_f + \left(1 - \frac{A_{air}}{A_{ca}}\right)(\alpha_{K,free} + \alpha_{rad}) \quad \cdots\cdots(47)$$

自由对流和强迫对流（$A_{air}>A_{fin}$）：

$$\alpha_{ca} = \left(1 - \frac{A_{air}}{A_{ca}}\right)(\alpha_{K,free} + \alpha_{rad}) + \frac{A_{air} - A_{fin}}{A_{ca}}(\alpha_{K,forced}\eta^* + \alpha_{rad}) + \frac{A_{fin}}{A_{ca}}\left(\alpha_{K,forced}\eta^* + \alpha_{rad}\frac{A_{pro}}{A_{fin}}\right)\eta_f$$

$$\cdots\cdots(48)$$

6.3 基座的散热

基座传导的热计算是建立在将齿轮箱基座分割成几个部分:每一部分被看作为一个单独的散热片,使用从热力学得出的已知散热片计算公式。沿各部分表面的热流 A_{qi} 相加得到整个基础的传热量(见图 6)。

1——散热片 1;
2——散热片 2;
3——散热片 3;
4——散热片 4;
5——齿轮箱;
6——基座。

图 6 基座的散热

$$Q_{fun}=f\lambda_{fun}\Delta T_{fun}\sum_{i=1}^{n}A_{qi}m_i\frac{\frac{\alpha_{fun}}{\lambda_{fun}m_i^*}\tanh(m_i^*L_1)}{1+\frac{\alpha_{fun}}{\lambda_{fun}m_i^*}\tanh(m_i^*L_1)} \quad \cdots\cdots(49)$$

$$f=1.46\left(\frac{A_{foot}}{A_{bot}}\right)^{0.16} \quad \cdots\cdots(50)$$

$$\Delta T_{fun}=0.62(T_{oil}-T_{\infty}) \quad \cdots\cdots(51)$$

$$m_i=\sqrt{\frac{\alpha_{fun}U_i}{\lambda_{fun}A_{qi}}} \quad \cdots\cdots(52)$$

λ_{fun}见表 9。

在基座仅仅是向上方散热(向下是绝热)的情况下,应该设定 $m_i^*=0.75m_i$;在基座同时向上方和向底下方都散热的情况下,应设定 $m_i^*=m_i$。

表 9 热导率 λ

材料	热导率 λ/(W/m·K)
铝	180
钢	50
灰铸铁	42
混凝土	1
空气	0.027

6.4 轴和联轴器的散热

轴和联轴器散热的计算也使用散热片公式。轴和联轴器表面有效的热导系数 $\alpha_{rot1,2}$ 按照参考文献[12]作为轴转速的函数进行迭代计算(见图 7)。

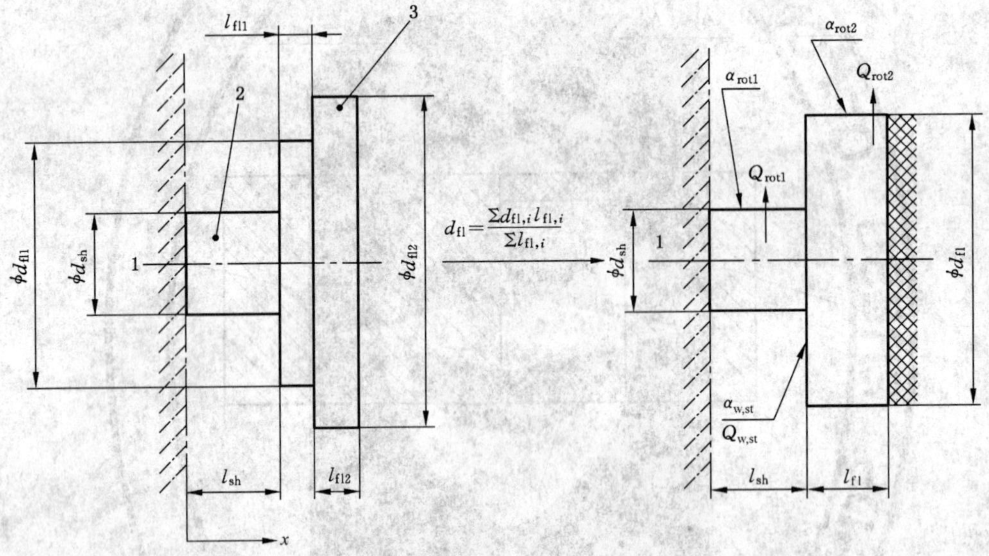

1——齿轮箱;

2——轴端;

3——联轴器的半边。

图 7 轴端和联轴器法兰的等效系统

按照图 7,将轴和联轴器系统分成两个等效的系统,用下列公式计算:

$$Q_{rot}=Q_{rot1}+Q_{rot2} \qquad (53)$$

式中:

$$Q_{rot1}=\lambda_{sh}m_{sh}A_{qsh}(T_{sh}-T_{\infty})\mid_{x=0}\frac{\dfrac{\alpha^{*}_{sh,face}}{\lambda_{sh}m_{sh}}+\tanh(m_{sh}l_{sh})}{1+\dfrac{\alpha^{*}_{sh,face}}{\lambda_{sh}m_{sh}}\tanh(m_{sh}l_{sh})} \qquad (54)$$

$$Q_{rot2}=\lambda_{fl}m_{fl}A_{qfl}(T_{fl}-T_{\infty})\mid_{x=l_{sh}}\tanh(m_{fl}l_{fl}) \qquad (55)$$

横截面积 A_{qsh} 和 A_{qfl} 根据当量直径 d_{sh} 和 d_{fl} 分别计算(见图 7)。相当于从轴到联轴器的热流的传热传系数 $\alpha^{*}_{sh,face}$,由以下关系式计算:

$$\alpha^{*}_{sh,face}=\frac{\lambda_{fl}m_{fl}A_{qfl}\tanh(m_{fl}l_{fl})}{A_{qsh}} \qquad (56)$$

变量 m_{sh} 和 m_{fl} 由下列式子计算:

$$m_{sh}=2\sqrt{\frac{\alpha_{rot1}}{\lambda_{sh}d_{sh}}} \qquad (57)$$

$$m_{\mathrm{fl}} = 2\sqrt{\frac{\alpha_{\mathrm{rot2}}}{\lambda_{\mathrm{fl}} d_{\mathrm{fl}}}} \quad (58)$$

$\lambda_{\mathrm{sh,fl}}$见表 9。

式中，与当量直径有关的轴和联轴器的传热系数可按照 Dropkin 参考文献[12]的方法来计算。

Dropkin 叙述了从三个不同的范围将转动轴的传热系数作为雷诺数函数来计算：

对于 $Re \leqslant 2\,500$：

$$Nu = 0.40\ Gr^{0.25} \quad (59)$$

对于 $2\,500 < Re \leqslant 15\,000$：

$$Nu = 0.095(0.5\ Re^2 + Gr)^{0.35} \quad (60)$$

对于 $Re > 15\,000$：

$$Nu = 0.073 Re^{0.7} \quad (61)$$

式中：

$$Re = \frac{n\pi d_{\mathrm{sh,fl}}^2}{60\nu_{\mathrm{air}}} \quad (62)$$

$$Nu = \frac{\alpha_{\mathrm{rot1,2}} d_{\mathrm{sh,fl}}}{\lambda_{\mathrm{air}}} \quad (63)$$

$$Gr = g(2.5 d_{\mathrm{sh,fl}})^3 \frac{T_{\mathrm{sh,fl}} - T_{\infty}}{T_{\infty} \nu_{\mathrm{air}}^2} \quad (64)$$

轴和联轴器的平均温度 T_{sh}和 T_{fl}是从沿着轴和联轴器长度 l_{sh}和 l_{fl}的温度变化的积分得到，对于温度变化的计算可以应用来自热力学关于有限长度杆的已知关系式来进行。

对于轴在 $x=0$ 点的过高温度，下式可以作为一种近似计算：

$$(T_{\mathrm{sh}} - T_{\infty})\big|_{x=0} = (T_{\mathrm{oil}} - T_{\infty}) \quad (65)$$

在实际的齿轮箱试验中，轴的始端过热温度大约在油过热温度的 20%以下。

联轴器当量圆柱体始端的过热温度须通过迭代法确定，假定：

$$(T_{\mathrm{fl}} - T_{\infty})\big|_{x=l_{\mathrm{sh}}} = (T_{\mathrm{sh}} - T_{\infty})\big|_{x=l_{\mathrm{sh}}} \quad (66)$$

则

$$(T_{\mathrm{sh}} - T_{\infty})\big|_{x=l_{\mathrm{sh}}} = \frac{T_{\mathrm{oil}} - T_{\infty}}{\cos\mathrm{h}(m_{\mathrm{sh}} l_{\mathrm{sh}}) + \frac{\alpha_{\mathrm{sh,face}}}{\lambda_{\mathrm{sh}} m_{\mathrm{sh}}} \sinh(m_{\mathrm{sh}} l_{\mathrm{sh}})} \quad (67)$$

如果不用迭代法，对由轴与联轴器的始端与终端过热温度的平均温度差（$T_{\mathrm{sh,fl}} - T_{\infty}$）取数学平均值，可使计算简化。因为经过轴与联轴器的散热量大致仅为全部散热量的 10%，这种简化一般在实际计算时是允许的，所以下式是适用的：

$$(T_{\mathrm{sh}} - T_{\infty}) = \frac{1}{2}(T_{\mathrm{oil}} - T_{\infty})\left[1 + \frac{1}{\cosh(m_{\mathrm{sh}} l_{\mathrm{sh}}) + \frac{\alpha_{\mathrm{sh,face}}}{\lambda_{\mathrm{sh}} m_{\mathrm{sh}}} \sinh(m_{\mathrm{sh}} l_{\mathrm{sh}})}\right] \quad (68)$$

$$(T_{\mathrm{fl}} - T_{\infty}) = \frac{1}{2}(T_{\mathrm{sh}} - T_{\infty})\big|_{x=l_{\mathrm{sh}}}\left[1 + \frac{1}{\cosh(m_{\mathrm{fl}} l_{\mathrm{fl}})}\right] \quad (69)$$

6.5 外部冷却器的散热

经过润滑剂到外部冷却器的热焓流 ΔH_{oil}按下式计算：

$$\Delta H_{\mathrm{oil}} = 1.67 \times 10^{-2} \dot{V}_{\mathrm{oil}} \rho_{\mathrm{oil}} c_{\mathrm{oil}} \Delta\theta_{\mathrm{oil}} \quad (70)$$

式中，$c_{\mathrm{oil}} = (1.7 \sim 2.1) \times 10^3$可作为与油的类型无关的油的热载荷能力的近似值。至于冷却器中温差的近似值 $\Delta\theta_{\mathrm{oil}}$，可作以下假定：

(a) 没有冷却器(仅在箱体外有管路和泵)：3 K～5 K；

(b) 较大齿轮箱带冷却器，通常在额定功率下连续运行：10 K～15 K；

(c) 较小齿轮箱带冷却器，通常在低于 70%额定功率下周期运行：15 K～20 K。

7 计算结果

7.1 溅油润滑

对于溅油润滑齿轮箱的油温可按所产生的功率损耗与散热量的热平衡，用迭代法计算：

$$P_V(\theta_{oil}) = Q(\theta_{oil}) \quad \cdots\cdots(71)$$

如果公式(68)不是真值，那么就要进一步迭代。必须用一个优化的工作温度来修改计算，这个温度可从下式得出：

$$\theta_{oil,new} = \frac{\left(\dfrac{P_V}{\alpha_{ca} A_{ca}} + \theta_{\infty}\right) + \theta_{\infty}}{2} \quad \cdots\cdots(72)$$

当规定最高许用油温时，应校核这些情况下产生的热量是否被耗散：

$$P_V(\theta_{oil\ max} \leqslant Q(\theta_{oil\ max}) \quad \cdots\cdots(73)$$

如果不是这种情况，为降低功率损耗所作的任何修改(例如油的黏度、油的类型)，或提高散热量(例如散热片、通风风扇等)的有效性可以估算出来。假如这种修改不合适，应提供外部冷却，转换为喷油润滑。

7.2 喷油润滑

对于具有规定的要求喷油温度的喷油润滑齿轮箱，经过油液与外部冷却器耗散的热焓流可以计算出来，对于冷却器中可能的温差，可计算出由各个摩擦点热耗散所需的喷油流量。

8 样品计算

8.1 总则

一个三级锥齿轮和直齿轮装置被选作样品计算。

8.2 结构和环境状况

8.2.1 概述

图8所示为一个齿轮装置的示意图。它由轴(Ⅰ)、(Ⅱ)、(Ⅲ)、(Ⅳ)、A级(锥齿轮)、B级、C级(直齿轮)和轴承1～8组成，该齿轮装置是用矿物油溅油润滑。

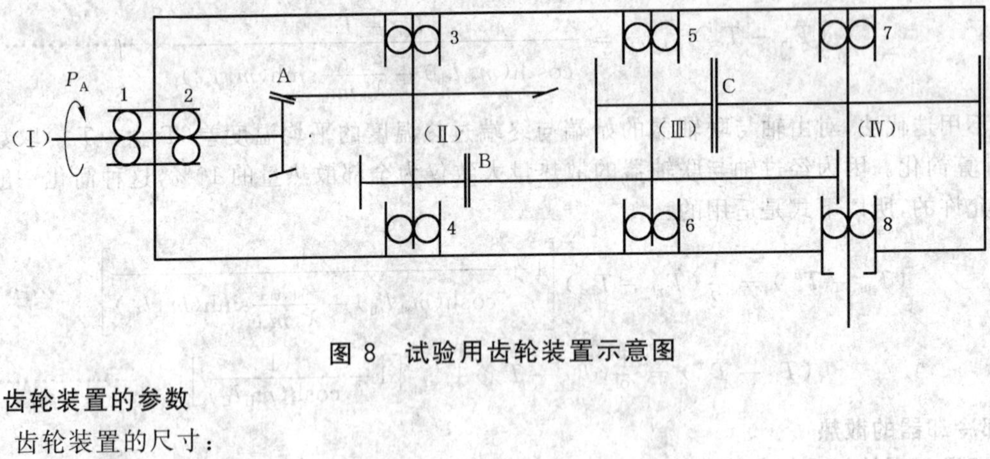

图8 试验用齿轮装置示意图

8.2.2 齿轮装置的参数

a) 齿轮装置的尺寸：

——高 662 mm；

——长 925 mm；

——宽 370 mm。

b) 润滑油液面高：轴线以下 75 mm。

c) 空气速度：$v_{air}=1$ m/s。

d) 环境温度：$\theta_{\infty}=25$ ℃。

e) 输入转速：$n_A=1\ 000$ r/min。

f) 输入转矩：$T_A=200\ N\cdot m$。

g) 输入功率：$P_A=20\ 944\ W$。

h) 滑油牌号：矿物油，ISO VG 320。

i) 润滑油润滑剂系数：$X_L=1.0$。

j) 润滑油在 40 ℃下的黏度：$\nu_{40}=320\ mm^2/s$。

k) 润滑油在 100 ℃下的黏度：$\nu_{100}=22\ mm^2/s$。

l) 壁厚：$\delta_{wall}=10\ mm$。

在开始计算时，必须首先设定润滑油温度，对于计算损耗和确定散热需要使用该温度下的润滑油工作黏度。计算开始要用一个估定的润滑油温度：

——估定的润滑油温度：$\theta_{oil}=60$ ℃；

——根据 Ubbleohde-Walter 参考文献[1]，工作黏度：$\nu_{oil}=1\ 036\ mm^2/s$。

8.2.3 齿轮参数

见表 10。

表 10 各级齿轮的参数

参 数	单 位	A 级		B 级		C 级	
		小齿轮	大齿轮	小齿轮	大齿轮	小齿轮	大齿轮
b	mm	34		80		120	
F_t	N	12 133		27 178		77 051	
h_e	mm	0	25	0	81	0	145
Ra	μm	0.4	0.4	0.4	0.4	0.4	0.4
u	—	4.45		4.05		4.05	
v_t	m/s	2.23		0.844		0.298	
v_Σ	m/s	1.79		0.684		0.244	
z		11	49	20	81	20	81
α_n	(°)	20		20		20	
β	(°)	34.1		13		13	
ε	—	0.810 (ε_{v1})	0.326 (ε_{v2})	0.831	0.570	0.914	0.430
ρ_c	mm	9.83		11.90		17.3	

8.2.4 轴承参数

见表 11。

8.3 功率损耗

8.3.1 齿轮损耗

表 11 轴承参数

轴承序号	轴承型式	轴号	n/(r/min)	d_m/mm	F_r/N	F_a/N	Y
1	圆锥滚子轴承	Ⅰ	1 000	87.5	3 470	1 577	1.1
2	圆锥滚子轴承	Ⅰ	1 000	87.5	13 110	8 710	1.1
3	圆锥滚子轴承	Ⅱ	224.5	95	12 530	18 310	1.1
4	圆锥滚子轴承	Ⅱ	224.5	95	21 870	9 940	1.1

表 11（续）

轴承序号	轴承型式	轴号	n/(r/min)	d_m/mm	F_t/N	F_a/N	Y
5	圆锥滚子轴承	Ⅲ	55.43	132.5	55 870	22 960	1.4
6	圆锥滚子轴承	Ⅲ	55.43	132.5	42 350	12 560	1.4
7	圆锥滚子轴承	Ⅳ	13.69	180	46 070	16 450	1.7

8.3.1.1 空载齿轮损耗

$l_h = 4A_G/U_M = 4\times(662\times925)/[2\times(662+925)] = 772$ mm　　由图 3

A 级：

$C_{sp,1} = [(4\times25)/3\times(75+25)]^{1.5}\times2\times(75+25)/772 = 0.049\ 9$　　由式(6)

$C_{1,1} = 0.063\times(25+0)/10+0.012\ 8\times(34/10)^3 = 0.661$　　由式(7)

$C_{2,1} = (25+0)/(80\times10)+0.2 = 0.231$　　由式(7)

$T_{H,1} = 0.049\ 9\times0.946e^{0.231\times2.23/10} = 0.034\ 7$ N·m　　由式(5)

$P_{H,1} = 0.034\ 7\pi\times224.5/30 = 0.815$ W　　由式(8)

B 级：　　C 级：

$C_{sp,2} = \cdots = 0.23$　　$C_{sp,3} = \cdots = 0.470$　　由式(6)

$C_{1,2} = \cdots = 7.06$　　$C_{1,3} = \cdots = 23.0$　　由式(7)

$C_{2,2} = \cdots = 0.301$　　$C_{2,3} = \cdots = 0.381$　　由式(7)

$T_{H,2} = \cdots = 1.69$ N·m　　$T_{H,3} = \cdots = 10.9$ N·m　　由式(5)

$P_{H,2} = \cdots = 9.79$ W　　$P_{H,3} = \cdots = 15.7$ W　　由式(8)

总的空载齿轮损耗：

$P_H = P_{H,1}+P_{H,2}+P_{H,3} = 0.81+9.79+15.7 = 26.3$ W　　由式(8)

8.3.1.2 与负载有关的齿轮损耗

A 级：

注：这是一个锥齿轮级，按照参考文献[2]将采用当量直齿轮来进行计算。

$\sin\beta_{vb} = \sin\beta_m\cos\alpha_n = \sin34.1\cos20 \geqslant \beta_{vb} = 31.79°$　　由参考文献[2]

$u_v = u^2 = 4.45^2 = 19.80$　　由参考文献[2]

$z_{v1} = z_1\cos[\arctan(1/u)] = 11\cos[\arctan(1/4.45)] = 11.27$　　由参考文献[2]

$u_{mz} = 0.048[(12\ 133/34.1)/(1.79\times9.83)]^{0.2}\times103.6^{-0.05}\times0.4^{0.25}\times1.0 = 0.055\ 2$　　由式(12)

$H_v = \pi(19.80+1)/[11.27\times19.80\cos(31.79)]\times$
$[1-(0.810+0.326)+0.810^2+0.326^2] = 0.216$　　由式(14)

$P_{VZP,1} = 20\ 944\times0.055\ 2\times0.215 = 250$ W　　由式(13)

B 级：　　C 级：

$u_{mz} = \cdots = 0.063\ 8$　　$u_{mz} = \cdots = 0.082\ 7$　　由式(12)

$H_v = \cdots = 0.124$　　$H_v = \cdots = 0.136$　　由式(14)

$P_{VZP,2} = \cdots = 165$ W　　$P_{VZP,3} = \cdots = 235$ W　　由式(13)

总的与负载有关的齿轮损耗：

$P_{VZP} = 250+165+235 = 650$ W　　由式(21)

8.3.2 轴承损耗

8.3.2.1 轴 1

$\nu_{oil}n = 103.6\times1\ 000 = 103\ 600 > 2\ 000$

8.3.2.2 轴承 1

圆锥滚子轴承

$f_0 = 6$ 由表 4

$f_1 = 0.000\,4$ 由表 5

$P_1 = 2YF_a = 2 \times 1.1 \times 1.577 = 3\,470$ 由表 5

$T_{VL0,1} = 10^{-10} \times 6 \times (103.6 \times 1\,000)^{23} \times 87.5^3 = 0.886\ N \cdot m$ 由式(27)

$T_{VLP1,1} = 0.000\,4 \times 3\,470 \times 87.5 \times 10^{-3} = 0.121\ N \cdot m$ 由式(28)

$T_{VLP2,1} = 0\ N \cdot m$

$T_{VL,1} = 0.886 + 0.121 + 0 = 1.007\ N \cdot m$ 由式(25)

$P_{VL,1} = 1.007 \times 1\,000\pi/30 = 105\ W$ 由式(30)

8.3.2.3 轴承 2

$P_1 = 2 \times 1.1 \times 8\,710 = 19\,160$ 由表 5

$T_{VL0,2} = \cdots = 0.886\ N \cdot m$ 由式(27)

$T_{VLP1,2} = \cdots = 0.668\ N \cdot m$ 由式(28)

$T_{VLP2,2} = 0\ N \cdot m$

$T_{VL,2} = \cdots = 1.554\ N \cdot m$ 由式(25)

$P_{VL,2} = \cdots = 163\ W$ 由式(30)

8.3.2.4 轴Ⅳ

$\nu_{oil} n = 103.6 \times 13.7 = 1\,420 < 2\,000$

8.3.2.5 轴承 7

$T_{VL0,7} = 1.6 \times 10^{-8} \times 6 \times 180^3 = 0.56\ N \cdot m$ 由式(26)

见表 12。

总的轴承损耗：

$P_{VL} = 105.6 + 163.1 + 45.8 + 29.4 + 22.4 + 13.4 + 6.6 + 12.3 = 398.6\ W$ 由式(30)

8.3.3 轴封损耗

非接触式轴封≥$P_{VD} = 0\ W$

8.3.4 总的齿轮箱损耗

$P_V = 26.3 + 650 + 399 = 1\,075\ W$ 由式(3)

注：实测总的功率损耗为 $P_V = 1\,165\ W$

表 12 与负载有关和空载下的轴承损耗之和

轴承	$\nu_{oil} \cdot n$	T_{VL0}	T_{VLP1}	T_{VL}	P_{VL}
1	103 600	0.89	0.12	1.01	105.6
2	103 600	0.89	0.67	1.56	163.1
3	23 260	0.42	1.53	1.95	45.84
4	23 260	0.42	0.83	1.25	29.39
5	5 740	0.45	3.41	3.85	22.38
6	5 740	0.45	1.86	2.31	13.42
7	1 420	0.56	4.03	4.59	6.58
8	1 420	0.56	8	8.56	12.28

8.4 散热

$\varepsilon = 0.9$(钢，轧制) 由表 8

$\alpha_{rad} = 0.23 \times 10^{-6} \times 0.9\{[(25 + 273) + (60 + 273)]/2\}^3 = 6.5\ W/(m^2 \cdot K)$ 由式(36)

$\alpha_{K,free} = 18 \times 0.662^{-0.1}\{[(60 + 273) - (25 + 273)]/(25 + 273)\}^{0.3} = 9.9\ W/(m^2 \cdot K)$ 由式(39)

$\alpha_{K,forced} = 0$ 由式(40)

$\alpha_{ca} = 6.5 + 9.9 + 0 = 16.4\ W/(m^2 \cdot K)$ 由式(35)、式(37)

$A_{ca} = A_{oil}$

$\lambda_{wall} = 50\ W/(m^2 \cdot K)$ 由表9

$\alpha_{wall} = 200\ W/(m^2 \cdot K)$ 由第6章

$1/k = 1/200 + 0.01/50 + 1/16.4 = 1/15.1\ m^2 \cdot K/W$ 由式(34)

$A_{ca} = 2 \times (0.662 \times 0.925 + 0.662 \times 0.370) + 0.925 \times 0.370 = 2.06\ m^2$(不包括底面)

$Q_{ca} = 15.1 \times 2.06 \times (60 - 25) = 1\ 085\ W$ 由式(33)

8.5 比较

$P_V(60°) < Q(60°)$ 由式(71)

其结果近似相等,因此设定的温度是正确的。

如果要求精确比较,那么就必须进行第二步迭代计算。必需用一个优化的润滑油温度同样的程序开始计算。

$\theta_{oil,new} = [1\ 075/(15.1 \times 2.06) + 25 + 60]/2 = 59.8\ ℃$ 由式(72)

进一步迭代计算,得出的平衡温度为59.7 ℃。

注:该齿轮装置实测得到的温度是 $\theta_{oil} = 70\ ℃$。

参 考 文 献

[1] NIEMANN, G., WINTER, H. Maschinenelemente, Band 2, Berlin: Springer 1983.

[2] NIEMANN, G., WINTER, H. Maschinenelemente, Band 3, Berlin: Springer 1983.

[3] MAUZ, W. Zahnradschmierung Leerlaufverluste. FVA-Forschungsheft Nr. 185 (1985).

[4] WILKESMANN, H. Berechnung von Schneckengetrieben mit unterschiedlichen Zahnprofilen. Diss. TU München 1974.

[5] ESCHMANN, P. u. a. Die Wälzlagerpraxis. Oldenbourg München-Wien, 1978.

[6] DIN 31652: Hydrodynamische Radial-Gleitlager im stationären Betrieb, Berechnung von Kreiszylinder-lagern.

[7] DIN 31657: Hydrodynamische Radial-Gleitlager im stationären Betrieb, Berechnung von Mehrflächen-und Kippsegmentlagern.

[8] DIN 31653: Hydrodynamische Axial-Gleitlager im stationären Betrieb, Berechnung von Axialseqmentlagern.

[9] DIN 31654: Hydrodynamische Axial-Gleitlager im stationären Betrieb, Berechnung von Axialkippsegmentlagern.

[10] Simrit: Radialwel endichtringe, Katalog Nr. 100 (1976).

[11] FUNCK, G. Wärmeabführung bei Getrieben unter quasistationären Betriebsbedingungen. Diss. Tu München 1985 und FVA-Forschungsheft Nr. 197.

[12] DROPKIN, D. Natural Convection Heat Transfer from a Horizontal Cylinder Rotation in Air. ASME (1957).

[13] SKF Katalog 4000/IV T (1994).

[14] SCHLENK, L. Untersuchungen zur Fre β tragfähigkeit von Gro β zahnrädern. Diss. TU München, 1995.

ICS 25.200
J 36

中华人民共和国国家标准

GB/T 22560—2008

钢铁件的气体氮碳共渗

Gas nitrocarburizing of iron and steel parts

2008-12-06 发布　　　　2009-06-01 实施

中华人民共和国国家质量监督检验检疫总局
中国国家标准化管理委员会　发布

前　言

本标准修改采用 JIS B 6915—1999《钢铁的渗氮及氮碳共渗》(日文版)，按照其中气体氮碳共渗的主要技术及相关材料控制内容重新起草。

本标准与 JIS B 6915—1999 相比，存在如下技术性差异：

——本标准的标准名称、规范性引用文件、工艺分类及代号和常用材料牌号与 JIS B 6915—1999 不同；

——本标准增加了气体氮碳共渗工艺内容；

——本标准增加了能源消耗、安全卫生与劳动保护要求。

本标准由全国热处理标准化技术委员会(SAC/TC 75)提出并归口。

本标准起草单位：上海市机械制造工艺研究所有限公司。

本标准主要起草人：陈德华、蔡红、任颂赞、叶俭、于晖。

钢铁件的气体氮碳共渗

1 范围

本标准规定了钢铁件在含氮、碳的气体介质中进行氮、碳共渗的常用材料、设备、工艺、检验、能源消耗、安全卫生等要求。

本标准适用于钢铁件的气体氮碳共渗处理。

2 规范性引用文件

下列文件中的条款通过本标准的引用而成为本标准的条款。凡是注日期的引用文件，其随后所有的修改单(不包括勘误的内容)或修订版均不适用于本标准，然而，鼓励根据本标准达成协议的各方研究是否可使用这些文件的最新版本。凡是不注日期的引用文件，其最新版本适用于本标准。

GB 536—1988 液体无水氨

GB/T 699 优质碳素结构钢

GB/T 700 碳素结构钢(GB/T 700—2006,ISO 630:1995,NEQ)

GB/T 1182 产品几何技术规范(GPS) 几何公差 形状、方向、位置和跳动公差标注(GB/T 1182—2008,ISO 1101:2004,IDT)

GB/T 1299 合金工具钢

GB/T 1348 球墨铸铁件

GB/T 3077 合金结构钢

GB 3095 环境空气质量标准

GB/T 7232 金属热处理工艺术语

GB/T 8121 热处理工艺材料术语

GB/T 9439 灰铸铁件

GB/T 9452 热处理炉有效加热区测定方法

GB/T 11354 钢铁零件 渗氮层深度测定和金相组织检验

GB/T 12603 金属热处理工艺分类及代号

GB/T 13324 热处理设备术语

GB 15735 金属热处理生产过程安全卫生要求

GB/T 17358 热处理生产电耗定额及其计算和测定方法

GB/T 19944 热处理生产燃烧消耗定额及其计算和测定方法

JB/T 6050 钢铁热处理零件硬度测试通则

JB/T 9209 化学热处理渗剂 技术条件

JB/T 9199 防渗涂料 技术要求

JB/T 9218 无损检测 渗透检测

JB/T 10175 热处理质量控制要求

3 术语和定义

GB/T 7232、GB/T 8121、GB/T 13324 中确立的及下列术语和定义适用于本标准。

3.1

待氮碳共渗件　parts for nitrocarburizing

机加工或再经适当的预备热处理后准备进行氮碳共渗的工件。

3.2

氮碳共渗件　nitrocarburized parts

完成气体氮碳共渗处理后的工件。

3.3

氮碳共渗层　nitrocarburzing layer

氮碳共渗处理形成的渗层,通常包含化合物层与扩散层。

4　工艺分类代号

气体氮碳共渗的工艺分类及代号应符合 GB/T 12603 的规定。工艺分类代号为:534-01。

5　待氮碳共渗件

5.1　常用钢铁材料

一般钢铁材料均可用氮碳共渗处理。常用钢铁材料见表 1。材料应符合相关标准要求。

表 1　常用钢铁材料

类别及标准号	钢及铸铁牌号
碳素结构钢(GB/T 700)	Q195、Q215、Q235
优质碳素结构钢(GB/T 699)	08、10、15、20、25、35、45、15Mn、20Mn、25Mn
合金结构钢(GB/T 3077)	
铬钢	15Cr、20Cr、40Cr
铬锰钢	15CrMn、20CrMn、40CrMn
铬锰硅钢	20CrMnSi、25CrMnSi、30CrMnSi
硅锰钢	35SiMn、42SiMn
铬锰钼钢	20CrMnMo、40CrMnMo
铬钼钢	15CrMo、20CrMo、35CrMo、42CrMo
铬锰钛钢	20CrMnTi、30CrMnTi
铬镍钢	40CrNi、12Cr2Ni4、12CrNi3、20CrNi3、20Cr2Ni4、30CrNi3
铬镍钨钢	18Cr2Ni4WA、25Cr2Ni4WA
铬钼铝钢	38CrMoAl
合金工具钢(GB/T 1299)	Cr12、Cr12MoV、3Cr2W8V、4Cr5MoSiV(H11)、4Cr5MoSiV1(H13)
灰铸铁件(GB/T 9439)	HT200、HT250
球墨铸铁件(GB/T 1348)	QT500-7、QT600-3、QT700-2

5.2　待氮碳共渗件原始状态记录

5.2.1　根据表 2 规定的项目记录待处理工件的原始状态并予以保存。

表 2　工件处理前的工艺状态记录

项　　目	要　　求
待处理工件的试验数据 工件种类 化学成分[a] 炼钢炉号[a] 力学性能试验数据[a] 硬度试验数据[a] 淬透性试验数据[a] 金相组织检验记录[a] 烧结密度测试数据[a]	 晶粒度、脱碳层、非金属夹杂物、微观及宏观组织
待处理工件的制造方法[a] 铸造 锻造 轧制 挤压 烧结 机械加工 冲压 冷拔 滚压成型 焊接	 包括冷锻、热锻，必要时注明锻造比 包括冷轧、热轧 包括冷挤压、热挤压 包括冷弯曲、热弯曲及扭转 包括冷拔、热拔 包括冷滚压、热滚压成型 焊接区及焊接方法
有无预先热处理 退火 正火 调质 固溶处理	
表明加工品质及矫正精度[a] 切削方法及其条件 磨削方法及其条件 有无矫正	
[a] 对氮碳共渗处理无妨碍时可省略。	

5.2.2　根据表 3 规定的项目记录待处理工件的外观、形状、尺寸及精度，并予以保存。

表 3　工件处理前外观等状态记录

项　　目	备　　注
工件的外观	裂纹、伤痕、锈斑和黑皮等表面状态
工件的质量	
工件的形状[a] 特殊形状 壁厚差异 孔的形状与位置	用简图表示

表 3（续）

项　　目	备　　注
工件的尺寸及精度[a]	用简图表示
尺寸	
处理部位的加工余量	
整体工件的加工余量	
处理部位的表面粗糙度	
尺寸公差	
形状公差[b]	直线度、平面度、圆柱度、线轮廓度及面轮廓度
方向公差[b]	平行度、垂直度及倾斜度
位置公差[b]	同轴度、对称度及位置度

[a] 对氮碳共渗处理无妨碍时可部分省略或全部省略。

[b] 形位公差的定义依据 GB/T 1182。

5.3 待氮碳共渗件的验收

合同双方应对表 2、表 3 规定的项目进行确认和验收，必要时可按有关标准验收，并保存验收记录。

6 气体氮碳共渗设备与工艺材料

6.1 气体氮碳共渗炉

6.1.1 炉子温度可调节，有效加热区的测定应符合 GB/T 9452 的规定，其温度偏差不应超过±10 ℃。

6.1.2 炉子的气密性好，炉内气氛应循环良好。

6.1.3 工件在连续式气体氮碳共渗炉中的运行速度应能调节，进料炉门应装火帘。前室及后室应装有防爆装置。

6.1.4 炉内气氛可调，排气应充分燃烧。

6.1.5 炉子应配备防止超温装置。

6.2 测温及控温装置

6.2.1 测温及控温装置应符合 JB/T 10175 的规定。

6.2.2 周期式炉的加热室、连续式炉的每个加热区应配备各自的温度自动控制和记录装置。

6.2.3 在预定的处理温度范围内，仪表所指示的温度总误差不应超过±3 ℃。

6.3 设备的维修

设备应按规定定期检修，保持设备的正常状态，并保留其检修记录。

6.4 常用渗剂

渗剂的技术指标应符合 JB/T 9209 的规定。

6.4.1 含有氮、碳原子的有机化合物，如三乙醇胺、甲酰胺等这类渗剂可单一使用，也可与其他有机化合物同时使用。

6.4.2 以氨气为主，再添加醇类裂解气、二氧化碳、吸热型气氛、放热型气氛等任何一种气体。氨气品质应符合 GB 536—1988 一级品的要求。

7 气体氮碳共渗处理

7.1 处理前的准备

7.1.1 确认待氮碳共渗件的技术要求，包括氮碳共渗的部位、渗层深度、表面硬度及金相组织等。

7.1.2 用适当的方法去除待氮碳共渗件表面的油污及锈斑等。

7.1.3 局部氮碳共渗的待氮碳共渗件，应进行防渗处理，其防渗剂应符合 JB/T 9199 的规定。

7.1.4 对细长、薄壁及精密的待氮碳共渗件进行去应力处理。处理温度一般高于共渗温度 20 ℃，保持足够的时间，并采取防氧化措施。

7.1.5 选用工艺装备，检查管路系统、加热设备及控制仪器等。

7.1.6 应随炉安放供检测的试样。试样的材料、前处理、加工条件应与待氮碳共渗件相同。

7.2 装炉

7.2.1 使用料筐(夹具)时，应预先检查其安全性能，并去除油污等。

7.2.2 工件应装在有效加热区内。要注意工件及试样的装炉方式、装入量、装入位置及相互间的间隙，防止工件的畸变，并保证炉内气氛良好循环。

7.3 气体氮碳共渗工艺

7.3.1 升温速度、共渗温度、气氛组成及氮碳共渗时间应根据工件的材料和技术要求设定和控制。

7.3.2 处理过程中要注意炉温的波动及渗剂的加入量；进炉后排气速度宜快，必要时可采取预热措施。

7.3.3 常用的氮碳共渗温度为 520 ℃～570 ℃。

7.3.4 常用的氮碳共渗时间为 2 h～4 h。

7.4 冷却

7.4.1 通常用油作为冷却剂，根据技术要求也可选用其他冷却剂。

7.4.2 对表面色泽有要求的，在氮碳共渗后的冷却过程中，应在渗氮气氛或其他保护气氛中进行。

7.5 后处理

7.5.1 应对氮碳共渗件进行必要的清洗。

7.5.2 对容易产生氢脆的材料，在氮碳共渗结束后应进行去氢处理。

7.6 操作记录

应记录处理过程中的必要数据和事项，并保存相关记录。

8 品质要求及品质检验

8.1 外观

氮碳共渗件的外观检验采用目测。按 JB/T 9218 规定不允许有裂纹、剥落及影响使用的伤痕等缺陷。

8.2 表面硬度

氮碳共渗件的表面硬度检验方法按 JB/T 6050 或其他技术上约定的硬度检验方法进行。表面硬度应符合表 4 的规定，表面硬度允许偏差值应符合表 5 的规定。

表 4 工件气体氮碳共渗后的表面硬度

序 号	材料类别	表面硬度/HV
1	碳素结构钢	≥480
2	优质碳素结构钢	≥550
3	合金结构钢(不含铝)	≥600
4	合金结构钢(含铝)	≥800
5	合金工具钢	≥700
6	灰铸铁	≥500
7	球墨铸铁	≥550

注：有特殊要求的工件，如抗蚀件、薄件(厚度小于 1 mm)、不锈钢或耐热件、粉末冶金及高速钢件等，可按其各自的技术要求，不受本表的限制。

表 5 表面硬度允许偏差值

表面硬度/HV	同一工件内/HV	同一炉内工件/HV
≤500	≤35	≤55
>500	≤70	≤120

注 1：测定位置应在工件形状和加工条件基本一致的范围内。
注 2：测定时载荷应按技术文件规定。
注 3：同一炉是指用同一批材料、同一原始状态及同一氮碳共渗处理的工件。当采用周期式设备时，是指同炉次处理的工件；当采用连续式设备时，是指同一处理条件下得到的一批工件。
注 4：同一工件内、同一炉内的工件表面硬度最低值应大于或等于表面硬度的要求。

8.3 氮碳共渗层深度

氮碳共渗层深度的检验方法应符合 GB/T 11354 的规定。渗层深度的规定见表 6，渗层深度允许偏差值的规定见表 7。

表 6 工件气体氮碳共渗层深度

序 号	材料类别	渗层深度/mm	
1	碳素结构钢 优质碳素结构钢	化合物层	0.008～0.025
		扩散层	≥0.20
2	合金结构钢(不含铝)	化合物层	0.008～0.025
		扩散层	≥0.15
3	合金结构钢(含铝)	化合物层	0.006～0.020
		扩散层	≥0.15
4	合金工具钢	化合物层	0.003～0.015
		扩散层	≥0.10
5	灰铸铁 球墨铸铁	化合物层	0.003～0.020
		扩散层	≥0.10

注：有特殊要求的工件，如抗蚀件、薄件(厚度小于 1 mm)、不锈钢或耐热件、粉末冶金及高速钢件等，可按其各自的技术要求，不受本表的限制。

表 7 渗层深度允许偏差

渗层深度/mm		允许偏差/mm	
		同一工件内	同一炉内工件
化合物层	≤0.005	0.002	0.003
	>0.005～0.01	0.004	0.005
	>0.01～0.02	0.006	0.007
	>0.02	0.008	0.010
总渗层	≤0.3	0.05	0.10
	>0.3～0.6	0.10	0.15
	>0.6	0.15	0.20

注 1：测定位置应在工件形状和加工条件基本一致的范围内。
注 2：同一炉是指用同一批材料、同一原始状态及同一氮碳共渗处理的工件。当采用周期式设备时，是指同炉次处理的工件；当采用连续式设备时，是指同一处理条件下得到的一批工件。
注 3：同一工件内、同一炉内工件的渗层深度应符合渗层深度的要求。

8.4 金相组织

金相组织的验收标准应当由合同双方协商确定。金相组织的检验应按 GB/T 11354 的规定进行。

8.5 畸变

工件的畸变应不影响后续加工及使用,允许规定的畸变量应合同双方协商确定。

9 试样检验和检验设备

9.1 应采用与工件相同材料、相同预处理的随炉试样检验。如要在工件上检验,具体要求应由合同双方协商确定。

9.2 所用的显微硬度计、金相显微镜等检验设备应有计量部门颁发的合格证,并在有效期内使用。

10 能源消耗要求

气体氮碳共渗的能源消耗定额应符合 GB/T 17358 及 GB/T 19944 的有关规定。

11 安全卫生与劳动保护要求

11.1 气体氮碳共渗炉的排气口旁、炉门(炉口)旁以及炉子周围与上方的 HCN 含量不得超过 0.2 mg/m^3。

11.2 气体氮碳共渗过程的安全卫生、劳动保护及环境品质要求应符合 GB 15735 及 GB 3095 的有关规定。

12 产品报告单

12.1 根据要求可按每批或每炉开具报告单。

12.2 产品报告单内容:

a) 批号或炉号;

b) 工艺类型或工艺代号;

c) 工件名称和图号;

d) 工件材料牌号;

e) 单件质量及数量;

f) 品质检验结果;

g) 操作者姓名或代号;

h) 检验员姓名或代号;

i) 加工单位名称;

j) 报告日期。

ICS 25.200
J 36

GB

中华人民共和国国家标准

GB/T 22561—2008

真空热处理

Vacuum heat treatment

2008-12-06 发布 2009-06-01 实施

中华人民共和国国家质量监督检验检疫总局
中国国家标准化管理委员会 发布

前言

本标准修改采用 SAE AMS 2769A:2004《零件的真空热处理》(英文版),本标准根据 SAE AMS 2769A:2004 重新起草。

本标准与 SAE AMS 2769A:2004 相比,存在如下技术性差异:

——本标准的标准名称、规范性引用文件、工艺分类及代号和常用材料牌号与 SAE AMS 2769A:2004 不同;

——本标准修改 SAE AMS 2769A:2004 中的非标准计量单位为标准计量单位;

——本标准删减了 SAE AMS 2769A:2004 中的第 8 章内容,用"术语和定义"替代部分内容;

——本标准增加了真空热处理工艺内容;

——本标准增加了安全卫生、环保及能源消耗要求。

本标准的附录 A、附录 B、附录 C、附录 D 均为资料性附录。

本标准由全国热处理标准化技术委员会(SAC/TC 75)提出并归口。

本标准起草单位:上海市机械制造工艺研究所有限公司、天津市热处理研究所有限公司。

本标准主要起草人:任颂赞、张宏康、叶俭、蔡红、屠恒悦、于晖、宋宝敬。

真空热处理

1 范围

本标准规定了金属材料在真空状态下热处理的设备、工艺材料、热处理工艺及技术要求、品质控制及检验、能源消耗、安全卫生及要求等。

本标准适用于结构钢、工具钢、模具钢、不锈钢、耐热钢、钛合金、高温合金、难熔金属合金、精密合金等金属材料的真空热处理，包括真空加热淬火、真空回火、真空退火、真空固溶处理、真空时效等工艺。本标准不适用于真空渗碳或真空渗氮等工艺。

2 规范性引用文件

下列文件中的条款通过本标准的引用而成为本标准的条款。凡是注日期的引用文件，其随后所有的修改单(不包括勘误的内容)或修订版均不适用于本标准，然而，鼓励根据本标准达成协议的各方研究是否可使用这些文件的最新版本。凡是不注日期的引用文件，其最新版本适用于本标准。

GB 3095 环境空气质量标准

GB/T 7232 金属热处理工艺术语

GB/T 9452 热处理炉有效加热区测定方法

GB/T 10066.1 电热设备的试验方法 第1部分：通用部分(GB/T 10066.1—2004，IEC 60398：1999，MOD)

GB/T 10067.1 电热装置基本技术条件 第1部分：通用部分

GB/T 10067.4 电热装置基本技术条件 第4部分：间接电阻炉

GB/T 12603 金属热处理工艺分类及代号

GB/T 13298 金属显微组织检验方法

GB/T 13324 热处理设备术语

GB 15735 金属热处理生产过程安全卫生要求

GB/T 17358 热处理生产电耗定额及其计算和测定方法

GB/T 19944 热处理生产燃烧消耗定额及其计算和测定方法

JB/T 6050 钢铁热处理零件硬度测试通则

JB/T 6955 热处理常用淬火介质技术要求

JB/T 7530 热处理用氩气、氮气、氢气一般技术条件

JB/T 8195.3 间接电阻炉 ZR系列真空热处理和钎焊炉

JB/T 8195.4 间接电阻炉 ZC系列真空淬火炉

JB/T 10175 热处理质量控制要求

YS/T 274 氧化铝

3 术语和定义

GB/T 7232、GB/T 13324 中确立的及下列术语和定义适用于本标准。

3.1

真空压强 vacuum pressure

真空状态下，用稀薄气体的压强来表示真空程度，单位为 Pa。

3.2

脱气 outgassing

在真空条件下，材料自然放排出气体或蒸汽。

3.3

加热滞后时间 lag time of heating

真空加热条件下，真空炉内热电偶到达温度时间与工件心部热电偶到达同一温度的时间差，一般由试验测定，由此可确定真空加热的保温时间，应根据经验公式估算。

3.4

真空腐蚀 vacuum corrosion

因真空条件下加热导致因合金表面部分元素挥发造成的表面粗糙或极亮且密布的小坑。

3.5

分压 partial pressure

真空气氛中任何单一气体组分的实际压强。在真空热处理中，通常是指向炉内回充惰性气体的气体压强。

4 工艺分类代号

真空热处理的工艺分类及代号应符合 GB/T 12603 的规定(见表 1)。

表 1 真空热处理分类及代号

工艺分类	代号
真空热处理	500-02
真空退火	511-02
真空加热淬火	513-02
真空淬火和回火	514-02
真空固溶处理	517-02
真空固溶处理＋时效	518-02

5 设备及工艺材料的要求

5.1 真空加热设备

5.1.1 真空加热炉应满足热处理工艺规范，技术参数应符合 GB/T 10067.1、GB/T 10067.4 及 JB/T 8195.3、JB/T 8195.4 有关规定。加热室内结构材料在热处理中不应与工件或介质气体发生不良反应。

5.1.2 真空炉的空炉损耗功率和冷却水耗量及气、油等辅料消耗量均应符合节能要求。

5.1.3 真空系统应带有充分的抽气能力以维持相关热处理工艺要求的真空水平，应有效控制惰性气体流量以保持特定分压。

5.1.4 在空炉并经干燥、除气的情况下，不同工作容积的真空炉，应在表 2 规定时间内抽到规定的真空工作压强。

表 2 空炉抽到规定真空工作压强时间

真空炉工作容积/m^3	抽到规定真空工作压强时间/min
＞0.5～1.0	≤20
＞1.0～5.0	≤40
＞5.0	≤60

5.1.5 真空炉应配备有真空压强指示、记录及自动控制装置。不同的真空压强应配置不同的真空检测仪。真空检测仪的校验按计量部门要求。

5.1.6 真空炉在冷态空炉充分干燥后的压升率应小于 0.67 Pa/h;工作态时,常用金属材料真空热处理允许的最大压升率参考附录 A。压升率的检验均可按 GB/T 10066.1 的规定执行。

5.1.7 真空炉的温度测量与控制系统要求应符合 JB/T 10175 的有关规定。

5.1.8 真空炉的有效加热区内的温度允许偏差见表 3。真空炉的炉温均匀度的检验方法应符合 GB/T 9452 的规定。

表 3 真空炉有效加热区内温度允许偏差

热处理种类	有效加热区温度允许偏差/℃	控温允许偏差/℃
淬火、回火	±5	±1.5
退火	±10	±5
固溶	±10	±5
时效	±5	±1.5

5.1.9 为正确控制工件的温度,可使用一个或多个热电偶。热电偶应确保与工件接触,热电偶若与工件材料发生不良反应,则应加护套。若热电偶插入工件的孔内,则插入深度应达热电偶直径 10 倍以上,或与孔底紧密接触。

5.1.10 真空炉的加热电极在通水冷却情况下,对地绝缘电阻应大于 1 kΩ。

5.1.11 真空炉冷却水进口水压应大于 0.25 MPa,流量应能调节,并配有断水报警保护装置。冷却水进水口水温为 5 ℃～35 ℃,出水口的温升不应超过 20 ℃(气淬时允许短时超过),快速冷却时冷却水压应大于 0.3 MPa。真空炉炉壳的表面温度不得超过室温 30 ℃。

5.1.12 真空气淬炉应配有足够体积的气体储槽,并带有快速充气装置、风扇搅拌和热交换装置。应有相应的减压阀和压力表,能准确地指示和调节冷却气体压强。

5.1.13 真空回火炉应带有气体循环和快冷装置。

5.2 冷却装置

5.2.1 真空炉应根据需要配置容积足够大的油槽、水槽、贮气槽,以保证连续淬火条件下有足够的冷却能力。

5.2.2 油槽、水槽均应配有加热、冷却、控温、超温报警及搅拌装置,温控仪表的允许偏差应≤±5 ℃。

5.3 冷却介质

5.3.1 冷却用气的纯度应能满足相应工艺要求。按 JB/T 7530 的规定,合金钢一般采用 99.996%纯度的氮气;高温合金一般采用 99.999%纯度的氩气;钛合金应采用 99.999%纯度的氩气。

5.3.2 淬火用油应满足工件真空淬火后的硬度及光亮度的要求,应符合 JB/T 6955 中相关规定。

6 工艺过程及工艺要求

6.1 热处理前的准备

6.1.1 设备

应对热处理设备进行规范性检查,保证处于正常工作状态。对需处理钛合金的真空炉,若先前经非钛合金处理,应采用高温加热等方法清洁炉膛。

6.1.2 工件及夹具

6.1.2.1 入炉工件及工装夹具应进行清洗,不应有锈斑,不应有对工件、炉膛产生有害影响的污物、低熔点涂层、镀层等。

6.1.2.2 夹具的选择应防止与工件在工艺过程中发生共晶反应或粘合,材料在真空下可以相互接触(不粘结)的最高允许温度见附录 B。若会发生反应,可采用 Al_2O_3 粉隔离。Al_2O_3 的技术要求应符合

YS/T 274 的规定。

6.1.2.3　工件和夹具在装炉前应进行清洁和烘干。

6.2　装炉

工件应置于炉膛的有效加热区内，并应使工件加热均匀。

6.3　加热

6.3.1　工件入炉后，加热室真空压强小于 6.67 Pa 时方可加热升温。升温过程中应注意工件脱气，若因脱气使真空压强高于临界值时，应停止加热，并相应调节升温速度。

6.3.2　根据工件的材料及工艺要求，确定并控制加热温度和加热时的真空压强，该真空压强的控制可回充氮气(或氩)分压调节而实施。部分参数见附录 C。

6.3.3　工件达到设定加热温度之前应进行分段预热，分段方法见表 4。

表 4　工件加热分段预热方法

设定加热温度/℃	形状	分段预热/℃
<1 000		500～600(一次)
1 000～1 100	简单	800～850(一次)
	复杂	600～650，800～850(各一次)
>1100～1300	简单	800～850(一次)
	复杂	500～650，800～850(各一次或多次)

6.3.4　真空回火时，当炉内达一定的真空压强(一般为≤0.133 Pa)时，向炉内通入高纯氮气到 6.6×10^4 Pa～2×10^5 Pa，并用风扇循环，保持此炉压直至结束。

6.3.5　工件真空退火时，应避免因真空压强过低而产生表面真空腐蚀，真空工作压强应满足不同金属材料真空压强要求。

6.4　真空加热的保温时间

6.4.1　确定工件的真空加热保温时间，应考虑工件真空加热时的滞后效应。加热滞后时间的测定方法见附录 D。

6.4.2　真空淬火加热保温时间应包括加热滞后时间及组织均匀化时间。

6.4.3　真空回火加热保温时间略长于空气炉的加热保温时间。对高合金钢可按工件截面厚度计算回火时间，一般为每 25 mm 有效厚度加热 1 h 计，最少应不少于 2 h。

6.4.4　真空退火加热保温时间一般为空气加热炉保温时间的二倍。

6.4.5　真空除氢退火加热保温时间应根据截面厚度或直径而定，见表 5。

表 5　除氢退火的保温时间

最大截面厚度或直径/mm	保温时间/h
≤20	1～2
>20～50	>2～3
>50	>3

6.5　冷却

6.5.1　油淬

真空淬火油在淬火前应充分脱气并排除水分，必要时适当加热，使油温控制在 20 ℃～100 ℃范围内。为控制油面压强，淬火时应充气(高纯氮气或氩气)，并控制在 5×10^4 Pa 左右。淬火时油槽内应进行搅拌。

6.5.2　气淬

根据工艺要求可采用正压气淬或负压气淬。正压气淬时根据材料的淬透性通入 2×10^5 Pa～

12×10^5 Pa的高纯氮气（或氩）；负压气淬时通入 7.9×10^4 Pa～9.3×10^4 Pa 的高纯氮气（或氩）进行淬火。高速钢和高合金模具钢工件宜采用正压气淬方法，钛合金应采用高纯氩气淬火。

6.5.3 气冷

工件回火处理时，回火加热结束后，应采用惰性气体强制快冷。

6.5.4 炉冷

按工艺规定应随炉冷却（如退火等）时，冷却过程应保持真空压强，当炉温降至一定温度后方可停止抽真空。

6.6 出炉及清理

工件应冷态（≤65 ℃）出炉。油淬工件出炉后应进行除油清理。

7 品质控制与检验

7.1 外观

7.1.1 真空热处理后工件用目视进行检查，工件表面应光亮、无损伤。

7.1.2 真空热处理后的工件表面一般不允许发生真空腐蚀。

7.2 畸变

7.2.1 真空热处理后工件的畸变量应在技术规定范围内。检测方法按计量规范的规定。

7.2.2 工件畸变量超过技术规定时，应在后续工序中采用正确方法矫正。

7.3 硬度

7.3.1 工件真空热处理后的硬度应符合该工件的技术要求。

7.3.2 硬度测定的部位按工艺规定，测试方法按 JB/T 6050 执行。

7.4 力学性能

工件真空热处理后有力学性能要求的，应符合相关技术要求，检测方法按相关的国家标准或行业标准执行。

7.5 显微组织

工件真空热处理后有显微组织要求的，应符合相关技术要求，检测方法按 GB/T 13298 执行。

8 安全卫生与环保要求

8.1 真空热处理过程中安全卫生要求应符合 GB 15735 的规定。

8.2 真空热处理过程中气体的排放应符合 GB 3095 的要求，必要时应对排出气体进行净化处理。

9 能源消耗要求

真空热处理工艺的能源消耗定额应符合 GB/T 17358、GB/T 19944 的有关规定。

10 记录及产品报告单

10.1 工件在真空热处理过程中的相关技术参数、检测数据等应有完整记录，记录的保存年限应符合相关的管理要求。

10.2 根据要求可按每批或每炉开据报告单。

10.3 产品报告单内容：

a) 批号或炉号；

b) 工艺类型及工艺代号；

c) 工件的名称和图号；

d) 工件用材料牌号；

e) 单件质量及数量；

f) 加工单位名称；

g) 品质检测结果；

h) 操作者姓名或代号；

i) 品质检验员姓名或代号；

j) 报告日期。

附 录 A
（资料性附录）
真空热处理时各种金属材料最大允许压升率

表 A.1 各种金属材料真空热处理时的最大允许压升率

材料	最大允许压升率/Pa/h(不大于)
合金结构钢	6.65
铁素体不锈钢(Cr 质量分数:12%～17%)	6.65
马氏体不锈钢	6.65
奥氏体不锈钢	6.65
沉淀硬化不锈钢	6.65
镍合金	2.66
钴合金	2.66
冷作模具钢	6.65
耐热模具钢	6.65
Mo 系列高速钢	6.65
W 系列高速钢	6.65
钨、钼	2.26
铌	0.665
钽	0.665
钛及钛合金	1.33
铜合金	6.65

附 录 B
（资料性附录）
材料在真空下可以相互接触（不粘结）的最高允许温度

表 B.1 材料在真空下可以相互接触（不粘结）的最高允许温度 单位为摄氏度（℃）

材料	W	Mo	Al_2O_3	BeO	MgO	SiO_2	ThO_2	ZrO_2	Ta	Ti	Ni[a]	Fe[a]	C
W	2 540	1 930	1 825	1 760	1 370	1 370	2 205	1 595			1 260	1 205	1 480
Mo		1 930	1 825	1 760	1 370	1 370	1 900	1 900	1 930	1 260	1 260	1 205	1 480
Al_2O_3			1 825						1 825				
MgO				1 760	1 370		1 760	1 760	1 595				1 760
MgO					1 370		1 370	1 370					1 370
SiO_2						1370							1 370
ThO_2							1 980	2 205	1 900				1 980
ZrO_2								2 040	1 595				1 595
Ta									2 340	1 260	1 260	1 205	1 930
Ti										1 260	930	1 040	1 260
Ni											1 260	1 205	1 260
Fe												1 205	1 095
C													2 205

[a] 同样适用于 Ni、Fe、Cr 合金。

附 录 C
（资料性附录）
金属材料真空热处理参考数据

表 C.1 金属材料真空热处理温度和推荐真空压强

金属材料	退火温度范围/℃	推荐真空压强/Pa
铜丝	250～500	$(2.6\sim6.6)\times10^{2}$
钼	1 000～1 100	$1.33\times(10^{-4}\sim10^{-1})$
钽	1 000～1 100	$1.33\times(10^{-4}\sim10^{-1})$
钛	700～750	$1.33\times(10^{-2}\sim1)$
锆	900～1 000	$1.33\times(10^{-2}\sim1)$
钨	≥1 400	$1.33\times(10^{-2}\sim10^{-1})$
铌和铌合金	1 300～1 400	$1.33\times(10^{-4}\sim10^{-3})$
不锈钢(非稳定型)	1 050～1 150	$1.33\times(10^{-1}\sim1)$
不锈钢(Ti 或 Nb 稳定型)	1 050～1 150	$1.33\times(10^{-3}\sim10^{-2})$

表 C.2 常用钢材的真空热处理温度、真空压强和冷却介质

钢 号	预 热			淬 火			回 火		
	一次预热温度/℃	二次预热温度/℃	真空压强/Pa	加热温度/℃	真空压强/Pa	冷却介质	加热温度/℃	气体压强/Pa	冷却介质
W6Mo5Cr4V2	600～650	850～900	$1\sim10^{-1}$	1 200～1 220	50～100 (N_2 分压)	惰性气体	540～580	$(1.2\sim2.0)\times10^{5}$	惰性气体
W6Mo5Cr4V2Al	600～650	850～900	$1\sim10^{-1}$	1 200～1 220			540～560		
W12Cr4V4Mo	600～650	850～900	$1\sim10^{-1}$	1 220～1 240			550～580		
W2Mo9Cr4V2Co8	600～650	850～900	$1\sim10^{-1}$	1 180～1 200			540～580		
Cr12MoV	500～550	800～850	$1\sim10^{-1}$	1 000～1 050	10～1	油或惰性气体	170～250	空气炉	空气
Cr12	500～550	800～850	$1\sim10^{-1}$	950～980			180～200		
3Cr2W8V	480～520	800～850	$1\sim10^{-1}$	1 050～1 100			560～580 600～640	$(1.2\sim2.0)\times10^{5}$	惰性气体
4Cr5MoSiV (H11)	600～650	800～850	$1\sim10^{-1}$	1 000～1 030	50～100 (N_2 分压)		530～560		
4Cr5MoSiV1 (H13)	600～650	800～850	$1\sim10^{-1}$	1 020～1 030			540～560		

表 C.2（续）

钢号	预热			淬火			回火		
	一次预热温度/℃	二次预热温度/℃	真空压强/Pa	加热温度/℃	真空压强/Pa	冷却介质	加热温度/℃	气体压强/Pa	冷却介质
GCr15	520～580	—	10^{-1}	830～850	$1\sim10^{-1}$	油	150～160	空气炉	油
GCr15SiMn	520～580	—	$1\sim10^{-1}$	820～840	10～1	油	150～160	空气炉	油
60Si2MnVA	500～550	—	$1\sim10^{-1}$	860～800	10～1	油	410～460	$(1.2\sim2.0)\times10^5$	惰性气体
60Si2CrVA	500～550	—	$1\sim10^{-1}$	850～870	1	油	430～480	$(1.2\sim2.0)\times10^5$	惰性气体
50CrVA	500～550	—	10^{-1}	850～870	$1\sim10^{-1}$	油	470～420	$(1.2\sim2.0)\times10^5$	惰性气体
4Cr13	800～850	—	$1\sim10^{-1}$	1 050～1 100	1	油或惰性气体	200～300	空气炉	空气
9Cr18	800～850	—	$1\sim10^{-1}$	1 010～1 050	$1\sim10^{-1}$	油或惰性气体	200～300	空气炉	空气
05Cr17Ni4Cu4Nb	800～850	—	$1\sim10^{-1}$	1 030～1 050	1	油或惰性气体	480～630	$(1.2\sim2.0)\times10^5$	惰性气体

注：高速钢和高合金模具钢用于冷作模具时淬火加热温度也可采用低于淬火加热的下限温度。

附　录　D
（资料性附录）
加热滞后时间的测定方法

D.1　试样材料和几何尺寸

选取典型尺寸的试样进行加热滞后时间的测定。试样的材料和表面状态应与实际工件相同。试样的形状、尺寸应符合图 D.1 的规定。

D.2　测试温度与真空工作压强

加热滞后时间的测定至少应在三个温度下进行：即最高加热温度和二次预热温度。升温方式与加热功率等应与实际生产条件相同。

加热滞后时间的测定应在加热室的真空工作压强 6.7×10^{-2} Pa 的条件下进行。

D.3　测试装炉量与装炉方式

根据生产需要测定常用装载量条件下的加热滞后时间。装炉方式应接近实际生产情况。

D.4　热电偶的布置与数量

将 2 件热电偶分别插入每个试样的表面和心部孔中，并与试件孔底紧密接触，并以此为依据确定各尺寸工件的加热滞后时间。

D.5　测试程序与记录

用温度-时间记录仪记录各热电偶的温度与测试时间。测试记录上应注明材料牌号、试样尺寸、装炉量与装炉方式、试样在炉中的位置、试样的表面状态、设定温度、升温方式、加热功率及炉子型号等内容。

D.6　测试结果的应用

测试结果用于确定工件在真空炉中加热的保温时间。如果已有测试结果不能代表生产工件的厚度、加热温度、装炉量与装炉方式，则选用与其相近的较厚厚度、较高加热温度、较大装炉量与装炉方式的测试结果。

单位为毫米

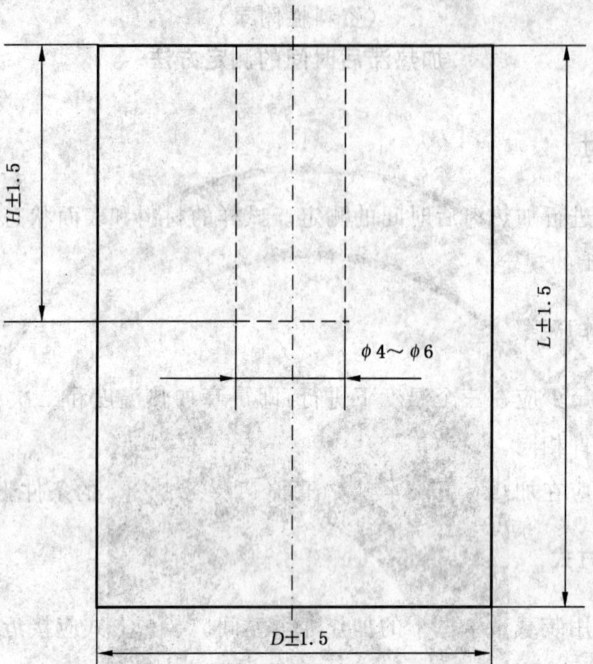

$L \geqslant 2D$；$H = D \sim 0.5L$；D——圆形或方(矩)形试样的直径或厚度。

(热电偶孔的直径应根据热电偶外径确定)

图 D.1　测定加热滞后时间的试样图

ICS 91.140.90
Q 78

中华人民共和国国家标准

GB/T 22562—2008/ISO 7465:2007

电梯T型导轨

Guide rails for lifts—T-type

(ISO 7465:2007, Passenger lifts and service lifts—Guide rails for lift cars and counterweights—T-type, IDT)

2008-12-06 发布

2009-06-01 实施

中华人民共和国国家质量监督检验检疫总局
中国国家标准化管理委员会 发布

前　言

本标准等同采用ISO 7465:2007《乘客电梯和杂物电梯　电梯轿厢和对重导轨　T型》(英文版)。

为了便于使用及适应我国国情,本标准做了以下编辑性修改:

ISO 7465:2007中使用Q275B作为机械加工导轨的原材料。考虑国内原材料供应情况,采用Q235作为机械加工导轨的原材料,其抗拉强度不低于Q275B。

本标准由全国电梯标准化技术委员会(SAC/TC 196)提出并归口。

本标准负责起草单位:上海三菱电梯有限公司。

本标准参加起草单位:北京首钢塞维拉电梯导轨有限公司、长江润发机械股份有限公司、河北蒙特费罗导轨有限公司、天津塞维拉电梯轨道系统有限公司。

本标准主要起草人:阮为民、茅顺、张翼明、黄光、李维平、王华。

电梯T型导轨

1 范围

本标准规定了标准导轨及其连接板的等级和质量、技术特性、尺寸和几何公差以及表面粗糙度。

本标准还定义了导轨的命名方法。

本标准适用于电梯中使用的供电梯轿厢和对重导向的导轨。

2 规范性引用文件

下列文件中的条款通过本标准的引用而成为本标准的条款。凡是注日期的引用文件，其随后所有的修改单(不包括勘误的内容)或修订版均不适用于本标准，然而，鼓励根据本标准达成协议的各方研究是否可使用这些文件的最新版本。凡是不注日期的引用文件，其最新版本适用于本标准。

GB/T 131 产品几何技术规范(GPS) 技术产品文件中表面结构的表示方法(GB/T 131—2006, ISO 1302:2002,IDT)

3 术语和定义

下列术语和定义适用于本标准。

3.1

导轨 guide rails

供轿厢和对重(平衡重)运行的导向部件。

3.2

连接板 fishplate

紧固在相邻两根导轨的端部底面，起连接导轨作用的金属板(件)。

4 符号和单位

见表1。

表1 本标准中所使用的符号及相应的测量单位

符号	名称	单位
b_1	导轨宽度	mm
b_2	连接板宽度	mm
b_3	(导轨及连接板宽度方向上)孔的间距	mm
c	导轨底部至导向面之间的连接部位的宽度	mm
d	孔的直径	mm
d_1	锪孔的直径	mm
e	导轨底面到导轨重心的距离	cm
f	导轨底部根部的厚度	mm
g	导轨横截面底部端部的厚度	mm
h	为安装连接板而设立的加工面到导轨顶面的高度	mm

表 1（续）

符 号	名 称	单 位
h_1	（冷拔导轨或非加工面的）导轨高度	mm
i_{x-x}	导轨横截面对 x—x 轴的惯性半径	cm
i_{y-y}	导轨横截面对 y—y 轴的惯性半径	cm
I_{x-x}	导轨横截面对 x—x 轴的惯性矩	cm^4
I_{y-y}	导轨横截面对 y—y 轴的惯性矩	cm^4
k	导轨导向面宽度	mm
l	为安装连接板而设立的加工面的长度	mm
l_m	为安装连接板而设立的加工面与非加工面之间接合处的最大越程	mm
l_g	导轨的长度	mm
l_1	连接板长度	mm
l_{2g}	导轨纵向上，距离导轨端部最远的孔的中心线与该端之间的距离	mm
l_{2f}	连接板纵向上，距离连接板横轴最远的孔的中心线与该轴之间的距离	mm
l_{3g}	导轨纵向上，距离导轨端部最近的孔的中心线与该端之间的距离	mm
l_{3f}	连接板纵向上，距离连接板横轴最近的孔的中心线与该轴之间的距离	mm
m_1	导轨榫槽的宽度	mm
m_2	导轨榫的宽度	mm
n	导向面的高度	mm
p	导轨底部厚度（如果底部是平的）	mm
q_1	已加工过的导轨单位长度重量	kg/m
r_s	导轨底部圆角半径	mm
Ra	表面粗糙度（见 GB/T 131—2006）	μm
S	导轨的横截面积	cm^2
t_n	几何尺寸的 t_1 至 t_n 公差	mm
u_1	导轨榫槽的深度	mm
u_2	导轨榫的高度	mm
v	连接板最小厚度（加工后）	mm
W_{x-x}	对 x—x 轴的截面模量	cm^3
W_{y-y}	对 y—y 轴的截面模量	cm^3

5 制造和材料

导轨可为冷拔型，也可为机械加工型。在本标准中，导轨的制造工艺用下列符号表示：/A 表示冷拔，/B 表示机械加工，/BE 表示高质量机械加工。

所使用的原材料钢的抗拉强度应至少为 370 N/mm^2 且不大于 520 N/mm^2。鉴于此，宜使用 Q235 作为原材料钢，机械加工导轨的原材料钢的抗拉强度宜不小于 410 N/mm^2。

6 导轨

6.1 命名

符合本标准要求的导轨命名如下：

第 1 要素：本标准的编号，并后加"-"：GB/T 22562-。

第 2 要素：导轨形状：T。

第 3 要素：导轨底部宽度的圆整值，必要时带有相同宽度底部但不同剖面的编号 45、50、70、75、78、82、89、90、114、125、127-1、127-2、140-1、140-2、140-3。

第 4 要素：制造工艺：

——冷拔：/A；

——机械加工：/B；

——高质量机械加工：/BE。

示例 1　电梯导轨　GB/T 22562-T82/A

示例 2　电梯导轨　GB/T 22562-T125/BE

示例 3　电梯导轨　GB/T 22562-T140-1/B

6.2 技术特性和尺寸公差

6.2.1 长度

导轨的长度以毫米表示，公差为±2 mm。批量供应的产品，长度宜为 5 000 mm。

6.2.2 尺寸

见表 2 至表 7。

宜使用下列两个系列的尺寸：

——首选尺寸：不带括弧的尺寸，例如：T82/A；

——非首选尺寸：带括弧的尺寸，例如：(T89/A)。

当导轨制造商和客户之间有特殊约定时，可提供其他尺寸的导轨。

6.2.2.1 底部两面平行和导向面平行的冷拔导轨

见图 1 以及表 2 和表 3。

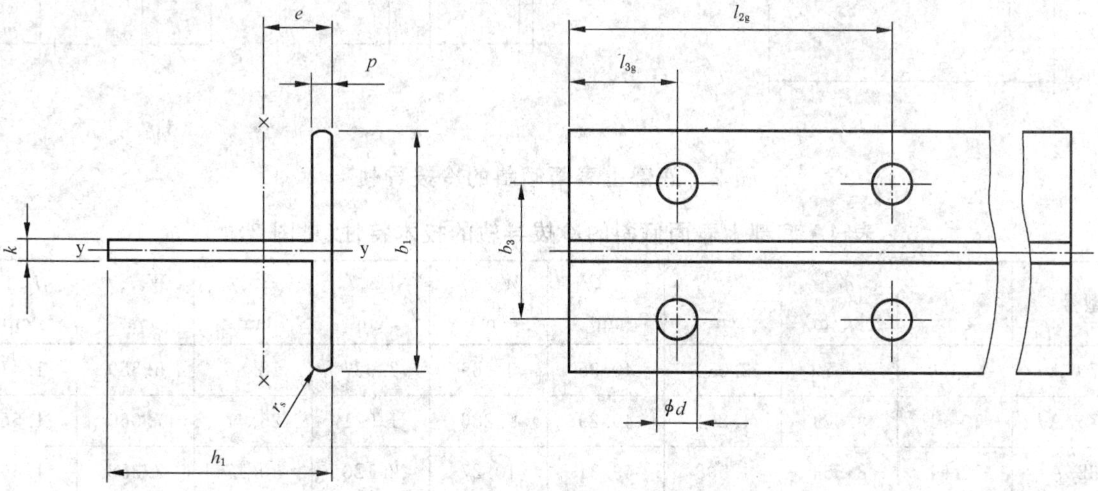

图 1　底部两面平行和导向面平行的冷拔导轨

表 2 底部两面平行和导向面平行的冷拔导轨的技术特性(见图 1)

型号	S/ cm^2	q_1/ (kg/m)	e/ cm	I_{x-x}/ cm^4	W_{x-x}/ cm^3	i_{x-x}/ cm	I_{y-y}/ cm^4	W_{y-y}/ cm^3	i_{y-y}/ cm
(T45/A)	4.25	3.34	1.31	8.08	2.53	1.38	3.84	1.71	0.95
T50/A	4.75	3.73	1.43	11.24	3.15	1.54	5.25	2.1	1.05

表 3 底部两面平行和导向面平行的冷拔导轨的尺寸和公差(见图 1) 单位为毫米

型号与公差	b_1	h_1	k	p	r_s	l_{2g}	l_{3g}	d	b_3
(T45/A)	45	45	5	5	1	65	15	9	25
T50/A	50	50	5	5	1	75	25	9	30
公差	±1	±0.2	±0.15	±0.5	—	±0.2	±0.2	—	±0.2
注：l_{2g}、l_{3g}、d 和 b_3 与连接板的 l_{2f}、l_{3f}、d 和 b_3 的尺寸及公差相同。									

6.2.2.2 底部上表面倾斜的冷拔导轨

见图 2 以及表 4 和表 5。

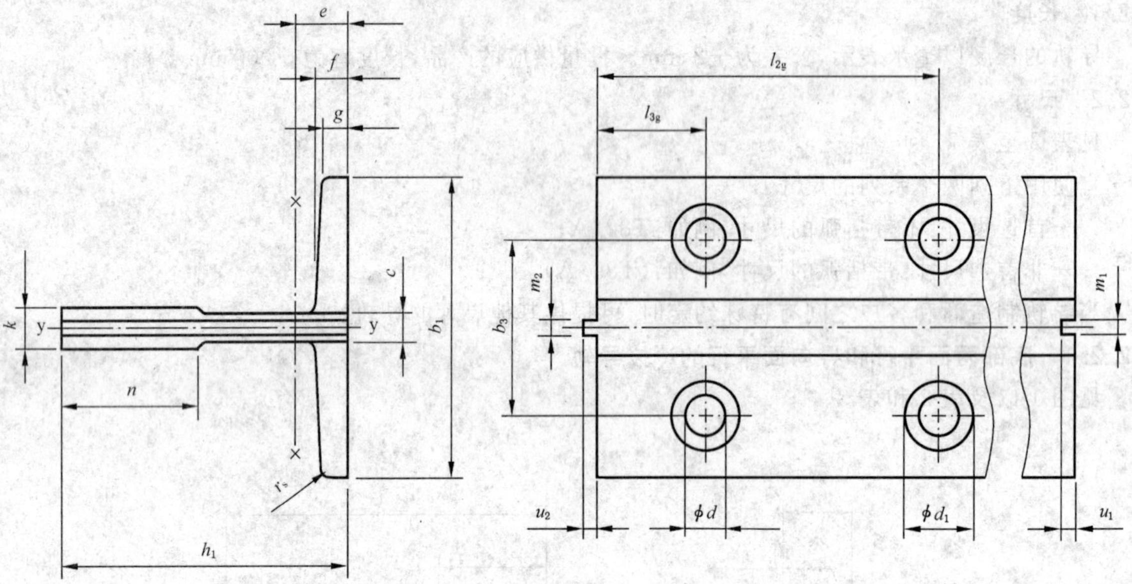

图 2 底部上表面倾斜的冷拔导轨

表 4 底部上表面倾斜的冷拔导轨的技术特性(见图 2)

型号	S/ cm^2	q_1/ (kg/m)	e/ cm	I_{x-x}/ cm^4	W_{x-x}/ cm^3	i_{x-x}/ cm	I_{y-y}/ cm^4	W_{y-y}/ cm^3	i_{y-y}/ cm
T70/A	9.400	7.379	2.034	40.95	9.169	2.087	18.86	5.389	1.417
(T75/A)	10.91	8.564	1.861	40.29	9.286	1.921	26.47	7.060	1.557
T82/A	10.91	8.564	1.998	49.31	10.27	2.126	30.17	7.358	1.663
(T89/A)	15.77	12.38	2.032	59.83	14.35	1.948	52.41	11.78	1.823
(T90/A)	17.25	13.54	2.612	102.00	20.86	2.431	52.48	11.66	1.744

表 5　底部上表面倾斜的冷拔导轨的尺寸和公差(见图 2)

单位为毫米

型号和公差	b_1	h_1	k	n	c	f	g	m_1	m_2	u_1	u_2	d	d_1	b_3	l_{2g}	l_{3g}	r_s
T70/A	70	65	9	34	6	8	6	3.00	2.97	3.5	3.00	13	26	42	105	25	1.5
(T75/A)	75	62	10	30	8	9	7	3.00	2.97	3.5	3.00	13	26	42	105	25	1.5
T82/A	82	68	9	34	7.5	8.25	6	3.00	2.97	3.5	3.00	13	26	50.8	81	27	3
(T89/A)	89	62	16	34	10	11.1	7.9	6.40	6.37	7.14	6.35	13	26	57.2	114.3	38.1	3
(T90/A)	90	75	16	42	10	10	8	6.40	6.37	7.14	6.35	13	26	57.2	114.3	38.1	4
公差	±1.5	±0.1	$^{+0.1}_{0}$	$^{+3}_{0}$	—	±0.75	±0.75	$^{+0.06}_{0}$	$^{0}_{-0.06}$	±0.10	±0.10	—	—	±0.2	±0.2	±0.2	—

注：l_{2g}、l_{3g}、d 和 b_3 与连接板的 l_{2f}、l_{3f}、d 和 b_3 的尺寸及公差相同。

6.2.2.3　机械加工导轨

见图 3 以及表 6 和表 7。

表 6　机械加工导轨的技术特性(见图 3)

型号	S/ cm^2	q_1/ (kg/m)	e/ cm	I_{x-x}/ cm^4	W_{x-x}/ cm^3	i_{x-x}/ cm	I_{y-y}/ cm^4	W_{y-y}/ cm^3	i_{y-y}/ cm
(T75/B)	10.91	8.564	1.861	40.29	9.286	1.921	26.47	7.060	1.557
(T78/B)	9.847	7.730	1.645	29.92	7.564	1.743	26.39	6.766	1.637
T89/B	15.77	12.38	2.032	59.83	14.35	1.948	52.41	11.78	1.823
(T90/B)	17.25	13.54	2.612	102.0	20.86	2.431	52.48	11.66	1.744
(T114/B)	20.89	16.40	2.865	179.3	29.70	2.930	108.6	19.05	2.280
T125/B 或/BE	22.82	17.91	2.430	151.0	26.16	2.572	159.1	25.46	2.641
(T127-1/B 或/BE)	22.74	17.85	2.770	187.9	30.65	3.065	149.9	23.61	2.361
T127-2/B 或/BE	28.72	22.55	2.478	201.7	31.17	2.640	229.9	36.20	2.829
T140-1/B 或/BE	35.15	27.59	3.236	403.3	53.32	3.387	309.7	44.24	2.968
T140-2/B 或/BE	43.21	33.92	3.484	456.7	68.01	3.251	358.2	51.18	2.879
T140-3/B 或/BE	57.52	45.15	4.418	947.5	114.4	4.059	466.7	66.67	2.848

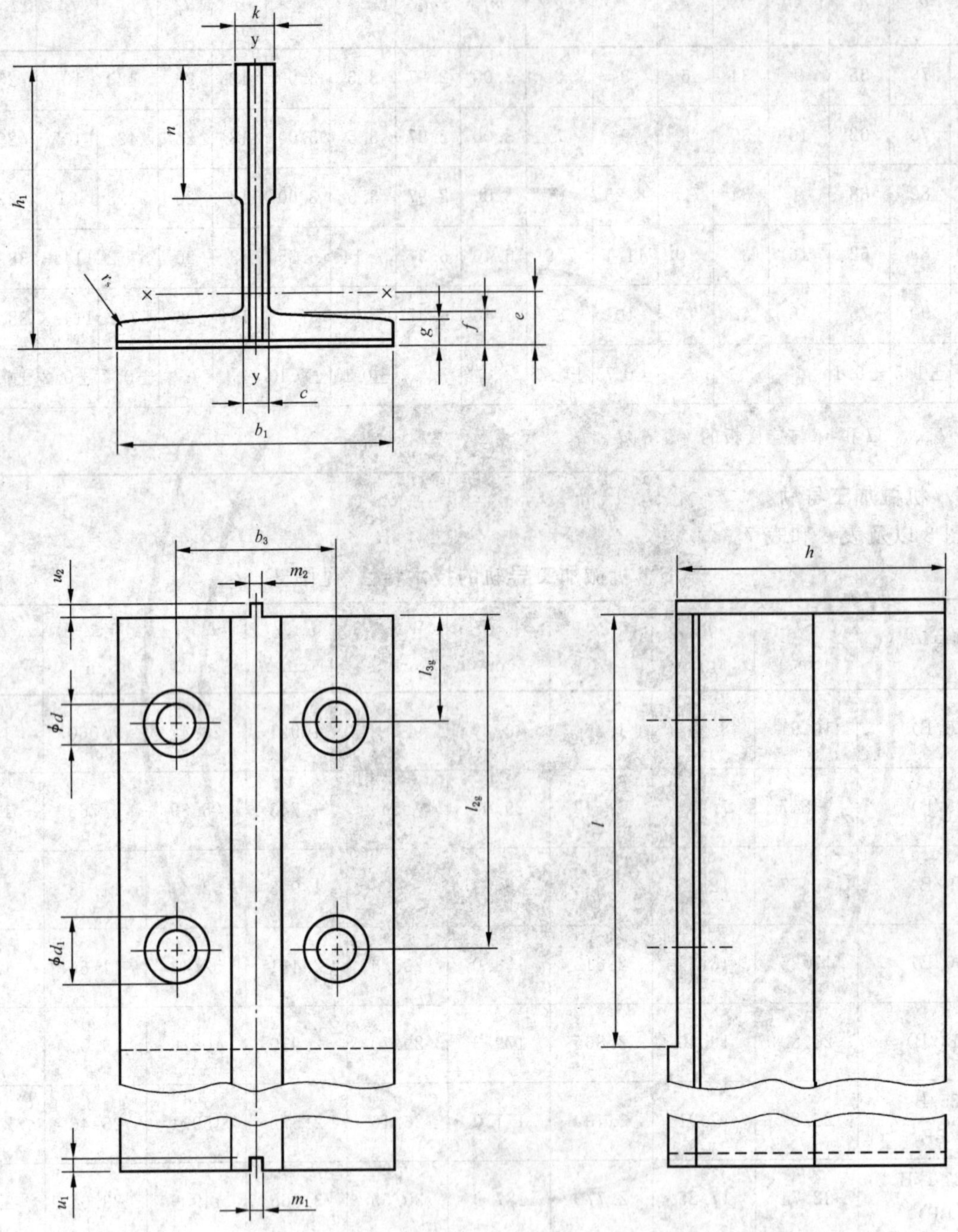

图 3　机械加工导轨

表 7　导轨的尺寸和公差(见图 3)

单位为毫米

型号和公差	b_1	h_1	k	n	c	f	g	r_s	m_1	m_2	u_1	u_2	d	d_1	b_3	l_{2g}	l_{3g}	l	h
(T75/B)	75	62	10	30	8	9	7	3	3.00	2.97	3.50	3.00	13	26	42	105	25	138	61
(T78/B)	78	56	10	26	7	8.5	6	2.5	3.00	2.97	3.50	3.00	13	26	42	105	25	138	55
T89/B	89	62	16	34	10	11.1	7.9	3	6.40	6.37	7.14	6.35	13	26	57.2	114.3	38.1	156	61
(T90/B)	90	75	16	42	10	10	8	4	6.40	6.37	7.14	6.35	13	26	57.2	114.3	38.1	156	74
(T114/B)	114	89	16	38	9.5	11	8	4	6.40	6.37	7.14	6.35	17	33	70	114.3	38.1	156	88
T125/B 或/BE	125	82	16	42	10	12	8	4	6.40	6.37	7.14	6.35	17	33	79.4	114.3	38.1	156	81
(T127-1/B 或/BE)	127	89	16	45	10	11	8	4	6.40	6.37	7.14	6.35	17	33	79.4	114.3	38.1	156	88
T127-2/B 或/BE	127	89	16	51	10	15.9	12.7	5	6.40	6.37	7.14	6.35	17	33	79.4	114.3	38.1	156	88
T140-1/B 或/BE	140	108	19	51	12.7	15.9	12.7	5	6.40	6.37	7.14	6.35	21	40	92.1	152.4	31.8	193	107
T140-2/B 或/BE	140	102	28.6	51	17.5	17.5	14.5	5	6.40	6.37	7.14	6.35	21	40	92.1	152.4	31.8	193	101
T140-3/B 或/BE	140	127	31.75	57	19	25.4	17.5	5	6.40	6.37	7.14	6.35	21	40	92.1	152.4	31.8	193	126
公差/B 类别	±1.5	±0.75	$^{+0.1}_{0}$	$^{+3}_{0}$	—	±0.75	±0.75	—	$^{+0.06}_{0}$	$^{0}_{-0.06}$	±0.10	±0.10	—	—	±0.2	±0.2	±0.2	$^{+3}_{0}$	±0.1
公差/BE 类别	±1.5	±0.75	$^{+0.05}_{0}$	$^{+3}_{0}$	—	±0.75	±0.75	—	$^{+0.03}_{0}$	$^{0}_{-0.03}$	±0.10	±0.10	—	—	±0.2	±0.2	±0.2	$^{+3}_{0}$	±0.05

注：l_{2g}、l_{3g}、d 和 b_3 与连接板的 l_{2f}、l_{3f}、d 和 b_3 的尺寸及公差相同。

6.2.3 安装连接板的加工面(对于机械加工导轨)

见图4。

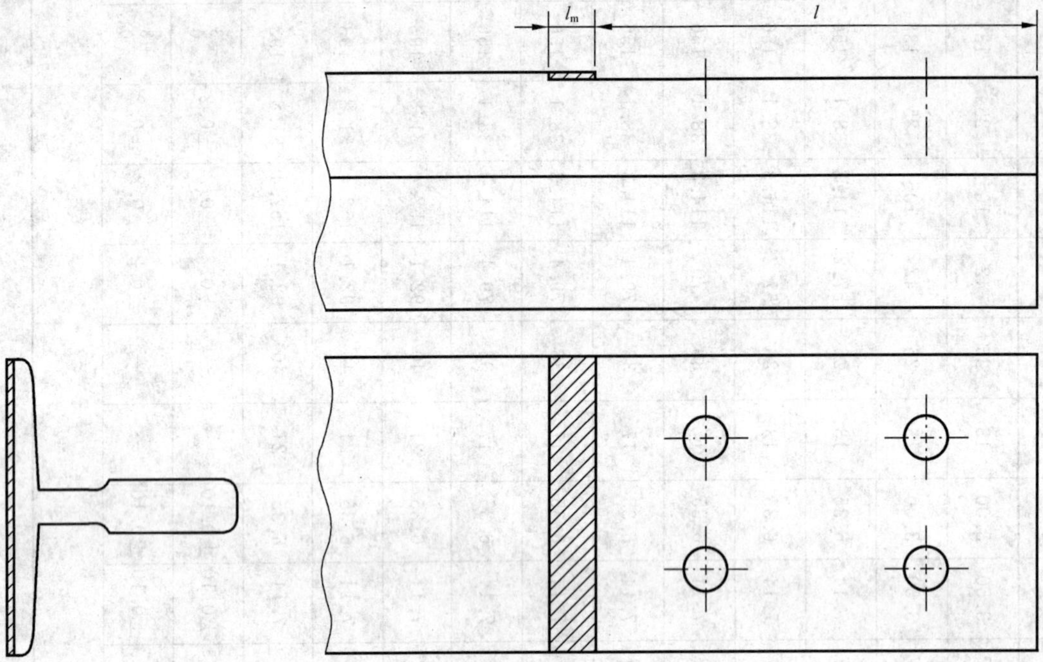

阴影部分是导轨底部安装连接板的加工面与非加工面之间的越程。

l 见表7。

l_m=40 mm。

图4 安装连接板的加工面

6.2.4 导轨的导向面形状

导轨的导向面与顶面间应倒角或倒圆,其数值应为:

——倒角边长度:不大于1 mm。

——圆角半径:不大于1 mm。

6.2.5 表面粗糙度

导轨表面粗糙度的表示应符合GB/T 131中的规定。

6.2.5.1 导轨导向面粗糙度

见表8。

表8 导轨导向面粗糙度

导轨类别	导向面粗糙度	
	方向	
	纵向	横向
/A	1.6 μm≤Ra≤6.3 μm	1.6 μm≤Ra≤6.3 μm
/B	Ra≤1.6 μm	0.8 μm≤Ra≤3.2 μm
/BE	Ra≤1.6 μm	0.8 μm≤Ra≤3.2 μm

6.2.5.2 机械加工导轨的底部加工面

用于安装连接板的加工面的粗糙度 Ra≤25 μm。

6.2.6 经机械加工的边缘

所有经机械加工的边缘都要去毛刺,以免出现锋利的边缘。

6.2.7 导轨上的孔

加工孔时应保证不会使导轨产生裂纹或变形。

6.2.8 几何公差

见表 9 和图 5。

主要原则：对导轨而言，基本的几何公差是与导向面相关的。对导向面的顶面来说，位置度 t_2 和平面度 $t_3/500$ 的几何公差，定义了相对于公共基准平面 $C—D$ 的公差带，导向面的顶面包含在此公差带内。

与此原则相似，导向面侧面的对称度 t_2 和平面度 $t_3/500$ 的几何公差定义了相对于公共基准中心平面 $A—B$ 的公差带。

对比 $t_3/500$，t_2 的最大值允许导轨有一个大弯曲变形，但 $t_3/500$ 的值限制了局部弯曲变形的幅值和长度。

表 9　5 000 mm 长导轨的几何公差 l_g

符号[a]	公差[b]					相关尺寸
	导轨类别				单位	
	/A		/B	/BE		
	两面平行	上表面倾斜				
t_1	0.2	0.2	0.1	0.05	mm	导轨两端导向面和安装连接板加工面的平面度
t_2	7	7	5	2	mm	导向面位置度和对称度
$t_3/500$	0.7	0.7	0.5	0.2	mm/mm	导向面平面度
t_4	—	0.2	0.1	0.05	mm	榫和榫槽的对称度
t_5	$^{+0.06}_{0}$	$^{+0.06}_{0}$	$^{+0.06}_{0}$	$^{+0.03}_{0}$	mm	榫槽宽：m_1
t_6	$^{0}_{-0.06}$	$^{0}_{-0.06}$	$^{0}_{-0.06}$	$^{0}_{-0.03}$	mm	榫宽：m_2
t_7	±0.15	$^{+0.1}_{0}$	$^{+0.1}_{0}$	$^{+0.05}_{0}$	mm	导向面宽度：k
t_8	0.4	0.4	0.2	0.1	mm	为安装连接板而设立的加工面的垂直度
t_9	±0.2	±0.1	±0.1	±0.05	mm	导轨高度： h_1 为/A 类，h 为/B 或/BE 类
t_{10}	—	0.2	0.1	0.05	mm	榫和榫槽垂直度
t_{11}	1	1	0.5	0.5	mm	孔中心线的对称度
t_{12}	±0.2	±0.2	±0.2	±0.2	mm	孔的中心线间距离：b_3
t_{13}	—	0.16c	0.16c	0.16c	mm	导轨底部至导向面之间的连接部位的宽度的对称度[c]
t_{14}	—	±0.1	±0.1	±0.1	mm	榫高度和榫槽深度：u_1，u_2
t_{15}	±0.2	±0.2	±0.2	±0.2	mm	孔到导轨末端之间的距离：l_{2g}，l_{3g}
t_{16}	±1	±1.5	±1.5	±1.5	mm	导轨宽度：b_1
t_{17}	2	3	3	3	mm	底部对称度：b_1
t_{18}	0.4	0.4	0.2	0.1	mm	导向面顶面和侧面的垂直度

[a] 见图 5。

[b] 这些公差用于 2.5 m 至 5 m 的导轨。

[c] c 值见表 5 和表 7。

本标准未说明测量场所、抽样计划和测量工具。

测量时，应消除重力引起的变形。可用一个平面支撑或足够的支撑点保证导轨的水平，或垂直悬挂导轨。

测量在导轨生产厂(以便获取参考数据，并在有需要时可以追踪这些数据)、电梯制造厂、实验室或最终安装现场(在安装前，自由状态下)进行，旨在为最终用户提供符合几何尺寸要求的导轨。通过适当的包装和运输管理，使导轨在运输前后的性能保持一致。

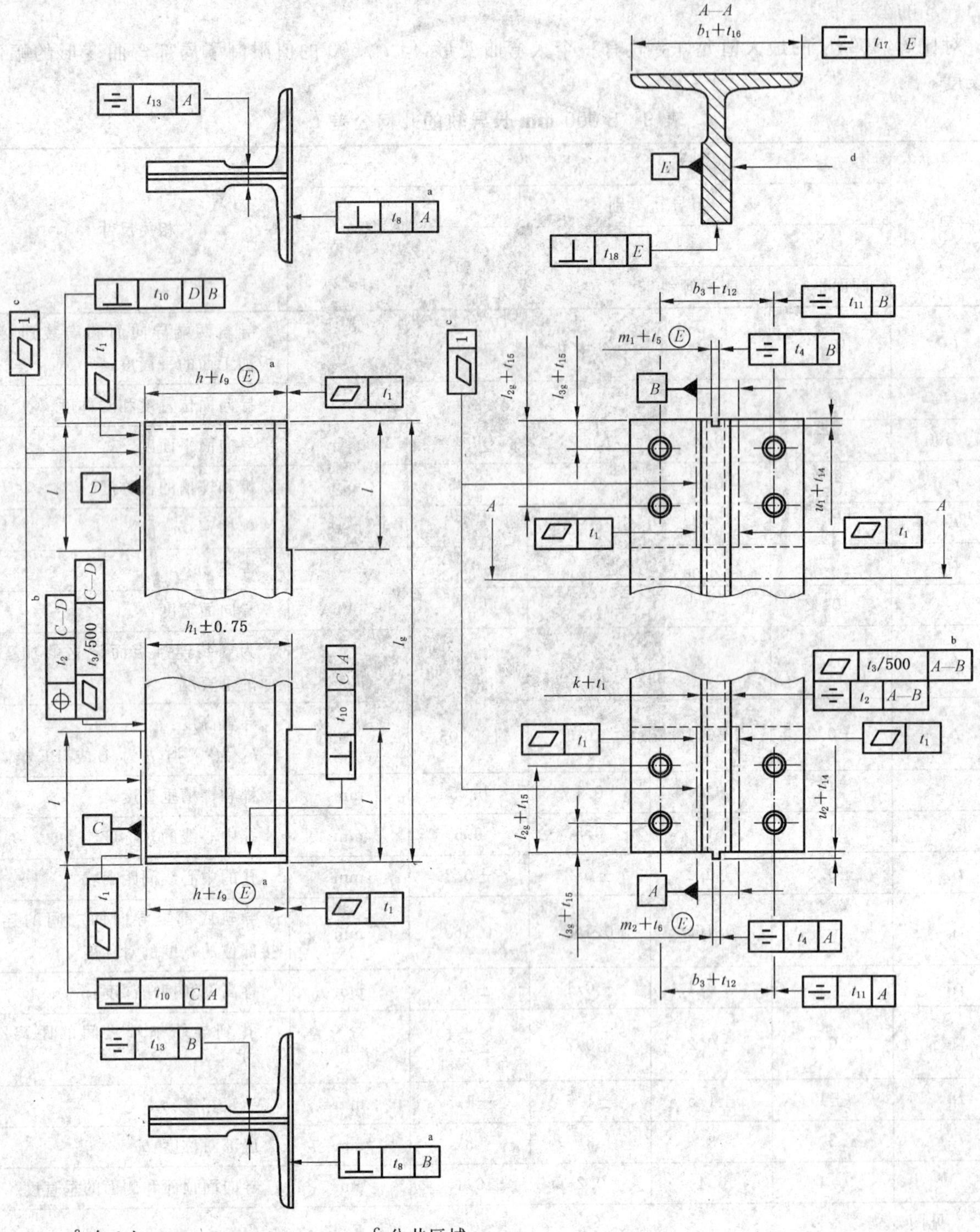

a 在 l 上；

b 在 l_g-2l 上；

c 公共区域；

d 所有截面。

图 5　5 000 mm 长导轨的几何公差 l_g

6.3 /BE 类的标记

为了避免将/A、/B 与/BE 类混淆，/BE 类导轨在每根导轨底的背面或正面上至少标记两次 BE 的字样，并在靠近末端标记，/A 和/B 类导轨不要求标记。

BE 字样最低高度为 10 mm。

7 连接板

7.1 连接板材料

与导轨材料的钢号相同(见第 5 章)。所使用的原材料钢的抗拉强度至少等于导轨所使用的原材料钢的抗拉强度。

7.2 连接板尺寸

见表 10 和图 6。

表 10 连接板尺寸和公差

单位为毫米

型号和公差	d	l_1	l_{2f}	l_{3f}	b_2	b_3	v
(T45/A)	9	160	65	15	50	25	8
T50/A	9	200	75	25	50	30	8
T70/A	13	250	105	25	70	42	10
(T75/A)	13	250	105	25	70	42	10
(T75B)	13	250	105	25	70	42	10
(T78/B)	13	250	105	25	70	42	10
T82/A	13	216	81	27	80	50.8	10
(T89/A)T89/B	13	305	114.3	38.1	90	57.2	13
(T90/A)(T90/B)	13	305	114.3	38.1	90	57.2	13
(T114/B)	17	305	114.3	38.1	120	70	18
T125/B	17	305	114.3	38.1	130	79.4	18
T125/BE	17	305	114.3	38.1	130	79.4	28
(T127-1/B)	17	305	114.3	38.1	130	79.4	18
(T127-1/BE)	17	305	114.3	38.1	130	79.4	28
T127-2/B	17	305	114.3	38.1	130	79.4	18
T127-2/BE	17	305	114.3	38.1	130	79.4	28
T140-1/B	21	380	152.4	31.8	140	92.1	28
T140-1/BE	21	380	152.4	31.8	140	92.1	38
T140-2/B	21	380	152.4	31.8	140	92.1	28
T140-2/BE	21	380	152.4	31.8	140	92.1	38
T140-3/B	21	380	152.4	31.8	140	92.1	38
T140-3/BE	21	380	152.4	31.8	140	92.1	48
公差	—	$^{+3}_{0}$	±0.2	±0.2	—	±0.2	$^{+3}_{0}$

当导轨连接需要更高要求时(例如：在有地震的地区)，可以使用具有更高惯性矩的连接板(加厚或其他形状)。

7.3 连接板形状公差

见图 6。

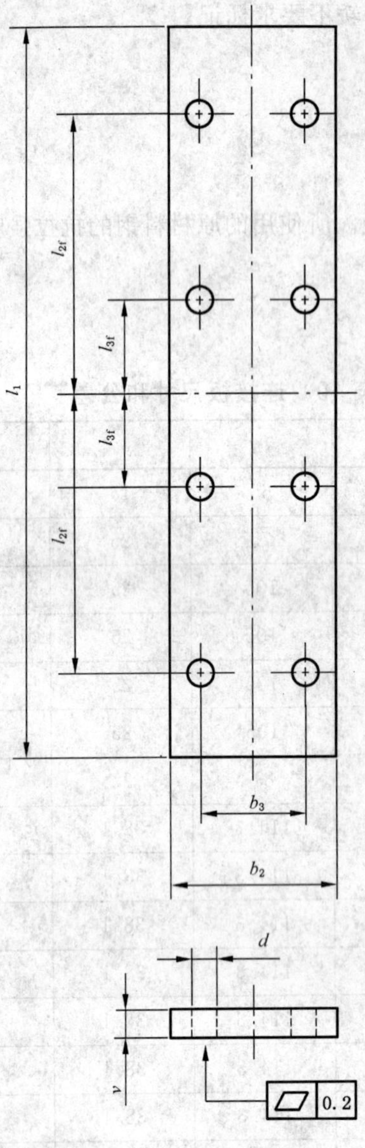

图 6 连接板

连接板一侧的平面度公差为 0.2 mm，且此面的表面粗糙度 $Ra \leqslant 25$ μm。

7.4 连接板孔

加工连接板孔的时候应保证不会导致连接板出现裂纹或变形。

参 考 文 献

[1] GB/T 1800.1 极限与配合 基础 第1部分:词汇(GB/T 1800.1—1997,neq ISO 286-1:1988).

[2] GB/T 1800.2 极限与配合 基础 第2部分:公差、偏差和配合的基本规定(GB/T 1800.2—1998,eqv ISO 286-1:1988).

[3] GB/T 1800.3 极限与配合 基础 第3部分:标准公差和基本偏差数值表(GB/T 1800.3—1998,eqv ISO 286-1:1988).

[4] GB/T 700—2006 碳素结构钢(neq ISO 630:1995).

[5] GB/T 1182 形状和位置公差通则、定义、符号和图样表示法(GB/T 1182—1996,eqv ISO 1101:1996).

[6] GB/T 13319 产品几何量技术规范(GPS)几何公差 位置度公差注法(GB/T 13319—2003,ISO 5458:1998,IDT).

[7] GB/T 17851 形状和位置公差 基准和基准体系(GB/T 17851—1999,eqv ISO 5459:1981).

[8] GB/T 4249 公差原则(GB/T 4249—1996,eqv ISO 8015:1985).

ICS 73.080
D 52

中华人民共和国国家标准

GB/T 22563—2008/ISO 8875:1992

萤石的水分测定

All grades of fluorspar—Determination of moisture content of a lot

(ISO 8875:1992,IDT)

2008-12-06 发布　　2009-10-01 实施

中华人民共和国国家质量监督检验检疫总局
中国国家标准化管理委员会　发布

前　言

本标准是等同采用ISO 8875:1992《萤石的水分测定》。

本标准由中国钢铁工业协会提出。

本标准由全国钢标准化技术委员会归口。

本标准起草单位:武汉钢铁(集团)公司、冶金工业信息标准研究院。

本标准起草人:李小杰、沈克、高建平、仇金辉、杨红、贾丽晖、白汉芳。

萤石的水分测定

1 范围

本标准规定了测定批量萤石水分平均值方法的范围、术语和定义、原理、设备、试样、测定步骤、结果计算和试验报告等内容。

本标准适用于萤石的所有的品级，即酸级、陶瓷级以及三个冶金级(精矿、球团矿和原矿)的水分测定。

2 规范性引用文件

下列文件中的条款通过本标准的引用而成为本标准的条款。凡是注日期的引用文件，其随后所有的修改单(不包括勘误的内容)或修订版均不适用于本标准，然而，鼓励根据本标准达成协议的各方研究是否可使用这些文件的最新版本。凡是不注日期的引用文件，其最新版本适用于本标准。

GB/T 22564—2008 萤石取样和试样制备(ISO 8875:1992,IDT)

3 术语和定义

GB/T 22564 中确定的术语和定义适用于本标准。

4 原理

将试料在 105 ℃±5 ℃的烘箱中，干燥至恒定质量。

5 设备

5.1 干燥盘

表面光滑，无污染，能将 1 kg 或更多的试料在盘内铺成一层不超过 10 mm 的厚度。

5.2 干燥箱

配置温度指示器，能将干燥箱内任意一点温度控制在 105 ℃±5 ℃，并保持该温度。为了保证有效进行干燥，干燥箱装有风机，使箱内空气循环，全部空气在 1 h 内至少更换 3 次，不产生试样的损耗。

5.3 称量装置

灵敏度为 1 g 或优于 1 g，精度能保证达到重复性的要求。应利用适宜的绝热材料，保护称量装置不受到热状态下的干燥盘的影响。

6 试样

试样的采取和制备应按 GB/T 22564—2008 中的第 6 章和 9.2 的规定进行。每批应制备 2 份或 2 份以上试样。各试样的总量应满足每个水分测定试料的需要。试料的质量应为 1 kg 或大于 1 kg，最大粒度应是－10 mm。

7 测试步骤

7.1 测定次数

每一份试料进行一次水分测定。

7.2 测定

称量干燥盘(5.1)精确到 1 g。

在干燥盘中将试料散布成厚度不超过 10 mm 的一层，立即称量，精确到 1 g。记录干燥盘的质量以及干燥盘和试料的总质量。

计算和记录试料的原始质量。

将盛有试料的干燥盘放入 105 ℃±5 ℃的干燥箱(5.2)内，在该温度下保温不少于 2 h，在干燥箱使用滤饼的条件下，保温 5 h。从干燥箱内取出盛有试料的干燥盘，在热状态下立即称量，使该试料对大气中水分的重新吸收减到最低限度。也可以把试料放入有密封盖的干燥器内冷却以后进行称量。采用哪一种方法，都应在报告中注明。把盛有试料的干燥盘重新放入干燥箱，再保温 1 h，重复称量。重复上述操作，直到相邻两次测定值之差等于或小于试料原始质量的 0.1%为止。

注：如果对同一种萤石进行一系列水分测定，可以事先进行校核试验，以测定试料所需要的加热时间。

8 结果的表示和计算

8.1 每一份试料的水分

用下面的公式(1)计算水分 w_i，用质量分数表示，报告到小数点后两位：

$$w_i = \frac{m_1 - m_2}{m_1} \times 100 \qquad \cdots\cdots(1)$$

式中：

w_i——第 i 份试料的水分(质量分数)，%；

m_1——试料的原始质量，单位为克(g)；

m_2——干燥后的试料质量，单位为克(g)。

8.2 一批萤石的水分

一批萤石的水分应采用下面三个公式中的一个进行计算，应报告到小数点最后一位。

8.2.1 当按质量间隔取样并用副样测定水分时，应是所有副样结果的加权平均值，考虑组成每个副样的份样数量，则一批萤石的水分用公式(2)计算：

$$w = \frac{\sum_{i=1}^{k} N_i w_i}{\sum_{i=1}^{k} N_i} \qquad \cdots\cdots(2)$$

式中：

w——一批萤石的水分(质量分数)，%；

k——副样的数量；

N_i——第 i 个副样所含的份样的数量；

w_i——第 i 个副样的水分测定结果(质量分数)，%。

如果把一批萤石作为一个整体进行取样不可行，或者如果从不均等质量的各个部分取样比较方便，在按时间间隔取样时，对每个部分的水分进行独立测定，根据这些单个测定结果，利用公式(3)计算该批萤石的水分加权平均值：

$$w = \frac{\sum_{i=1}^{k} m_i w_i}{\sum_{i=1}^{k} m_i} \qquad \cdots\cdots(3)$$

式中：

w——一批萤石的水分(质量分数)，%；

k——一批萤石分成的部分数；

m_i——第 i 部分的质量；

w_i——第 i 部分水分的测定值(质量分数)，%。

8.2.2 当用每个份样(试料)测定水分时,由8.1计算每一个份样的水分,以各份样的水分平均值作为该批的水分,按公式(4)计算:

$$w=\frac{\sum_{i=1}^{N}w_i}{N} \qquad \cdots\cdots\cdots\cdots(4)$$

式中:

w——一批萤石的水分(质量分数),%;

N——份样的数量,每个份样作为该批萤石等量比例的代表;

w_i——第 i 个试料的水分测定值(质量分数),%。

9 试验报告

试验报告应包括下列项目:

a) 试样标识的所有信息;

b) 采用的试验方法(本标准);

c) 试验结果及计算结果所用的公式;

d) 结果的参考数;

e) 试验过程中异常情况的记录;

f) 未包括在本标准中或未包括在引用标准内的任何操作,或另选的操作。

ICS 73.080
D 52

中华人民共和国国家标准

GB/T 22564—2008/ISO 8868:1989

萤石　取样和制样

Fluorspar—Sampling and sample preparation

(ISO 8868:1989,IDT)

2008-12-06 发布　　　　2009-10-01 实施

中华人民共和国国家质量监督检验检疫总局
中国国家标准化管理委员会　发布

前　言

本标准等同采用 ISO 8868:1989《萤石——取样和制样》(英文版)。

本标准的附录 A 为资料性附录。

本标准由中国钢铁工业协会提出。

本标准由全国钢标准化技术委员会归口。

本标准起草单位:首钢总公司、冶金工业信息标准研究院。

本标准主要起草人:张磊、吴朝晖、高建平、仇金辉、梁杰、朱启茂、薛树峰。

萤石 取样和制样

1 范围

本标准规定了萤石品质特性测定的取样、制样方法的基础理论、基本原则、取样的基本设备和操作。不同规格的二分器尺寸见附录A。

本标准适用于所有级别的萤石，即酸级、陶瓷级和三种冶金级（精矿、球团矿和原矿）皮带输送、货车和料箱、船和料堆在装卸过程中进行的取样。

取样用于测定下列品质特性：

a) 粒度分布；

b) 水分；

c) 化学成分。

2 术语和定义

下列术语和定义适用于本标准。

2.1

交货批 lot

为评定品质特性所构成一定数量的萤石。

2.2

份样 increment

一次从大量萤石中取得一定数量的萤石。份样有以下两种形式：

a) 取样设备从一交货批中一次取得一定数量的萤石。

b) 用份样缩分法一次取得一定数量的萤石。

2.3

副样 partial sample

在一个交货批中取得，由两个或两个以上的份样组成的一定数量萤石或两个或两个以上的份样经过破碎，按照本标准，在合适时进行合并成副样。

2.4

大样 gross sample

一交货批的全部份样组成一定量的萤石或全部的份样或副样分别经过破碎，按照本标准，在合适时进行合并成大样。

2.5

手工取样 manual sampling

用取样工具包括机械辅助工具，进行人工取样。

2.6

机械取样 mechanical sampling

使用机械方法进行取样。

2.7

试样 test sample

按照该类样品所规定的方法制备，用于测定化学成分、水分、粒度分布的样品。

注：如果整个试样都用于进行试验，此时试样也可叫做试料。

2.8

试料　test portion

从试样中取出，实际用于进行化学成分、水分、粒度分布测定的样品。

2.9

化学分析试样　sample for chemical analysis

用于测定交货批化学成分的样品。

2.10

水分样　moisture sample

用于测定交货批水分的样品。

2.11

粒度样品　particle size sample

用于测定交货批粒度分布的样品。

2.12

最大粒度　nominal top size, w_5

萤石筛余量约为5%(质量分数)时的筛孔尺寸。

注：交货批的最大粒度可根据以往经验或通过试验确定。如果没有资料，可采用目视估计。

2.13

分层取样　stratified sampling

对可以分成几个部分(称为层)的交货批，按照规定的比例从各层采取样品。这种方法适用于从货车和料箱以及从船或料堆进行取样。

2.14

系统取样　systematic sampling

按照一定的间隔从交货批中进行取样。有以下两种形式。

2.14.1

质量间隔的系统取样　systematic sampling on a mass basis

按照一定的质量间隔进行系统取样。

2.14.2

时间间隔的系统取样　systematic sampling on a time basis

按照一定的时间间隔进行系统取样。

2.15

二级取样　two-stage sampling

先从一个交货批中选取初级取样单元，然后从初级取样单元中选取取样单元。二级取样适用于从货车或料箱以及散料中取样。

2.16

变异系数　coefficient of variation, *CV*

标准偏差和算术平均值绝对值的比率。

注：比率可用百分数表示。

2.17

制样　sample preparation

将样品制成可进行品质特性测定的过程。制样包括样品的分用、破碎、混合，有时需进行预干燥和其他一些操作。

2.18

缩分　sample division

在制样过程中，按照一定的方法将样品的质量减少。

2.19

定比缩分　proportional-mass division

缩分的一种,是指缩分所得样品质量与被缩分样品或份样的质量成正比的缩分法(适用于二分器或缩分机)。

2.20

定量缩分　constant-mass division

缩分的一种,被缩分份样缩分后的变异系数等于或小于20%,而缩分前的变异系数大于20%。

2.21

样品的分用　split use of sample

样品分成两个或两个以上的部分,分别用于进行两个或两个以上的品质特性的测定。

2.22

样品的重用　multiple use of sample

用整个样品来进行一种品质特性的测定,而后同一样品的全部或一部分用于另一种品质特性的测定。

3　一般程序

3.1　取样的一般程序

取样应该在一个交货批转运的过程中进行。取样的一般程序如下:

a)　确定要取样的交货批;

b)　确定交货批的最大粒度;

c)　按照最大粒度确定份样的质量;

d)　确定交货批最小的份样数量;

e)　确定系统取样和分层取样采用何种取样间隔和在二级取样中用于货车、料箱或包装袋的间隔;

f)　确定取样地点和采取份样的方法;

g)　在整个交货批采取份样。

3.2　制样的一般程序

按照以下的一般程序,从份样中制得用于进行测定的试料。

a)　按照品质特性测定的需要,确定从份样或副样还是大样来制备试料;

b)　确定样品是分用还是重用;

c)　在制样过程中确定所选用的缩分方法;

d)　确定制样程序,包括样品的缩分、破碎、混匀和预干燥(如果需要);

e)　按照程序制备试料。

4　取样和制样的基本原则

4.1　总精密度

本标准所使用的方法应达到表1所规定的总精密度,它是在95%的置信度下,一个交货批测量的氟化钙含量、二氧化硅含量、水分含量和−5 mm粒度的平均值。总精密度应得到有关各方的认可。

总精密度是整个测量过程的精密度,包含了取样、制样和测定的精密度,并且与取样方法和测定的次数有关(见4.5)。

表 1 总精密度

品质特性	以下级别萤石的总精密度/%		
	酸级和陶瓷级	冶金级	
		精矿	原矿和球团矿
氟化钙(质量分数)	0.5	1	1
二氧化硅(质量分数)	0.05	0.8	0.8
水分(质量分数)	0.5	0.2	0.2
−5 mm 粒度,平均 10%	—	—	5

4.2 份样质量

4.2.1 最小份样质量按照一个交货批的最大粒度来确定份样的最小质量,见表 2。

表 2 最小份样质量

最大粒度 w_5/mm	份样的最小质量/kg
$160<w_5$	30
$100<w_5\leqslant160$	20
$50<w_5\leqslant100$	10
$20<w_5\leqslant50$	5
$10<w_5\leqslant20$	2
$w_5\leqslant10$	1

4.2.2 份样质量应基本保持一致,变异系数不超过 20%。当采用定时系统取样法时,份样质量应和萤石矿流速成正比。

4.3 份样数量和取样精密度

4.3.1 根据交货批质量的不同,满足取样精密度(σ_s)要求的最小份样数(N_{min})见表 3。

表 3 所有级别的萤石在 95% 的置信度下测定氟化钙含量最小份样数(N_{min})和取样精密度(标准偏差)σ_s

交货批量 m/t	原矿和球团矿		陶瓷级和酸级精矿	
	N_{min}	σ_s	N_{min}	σ_s
$13\ 000<m$	160	0.4	40	0.3
$6\ 400<m\leqslant13\ 000$	120	0.5	30	0.4
$3\ 200<m\leqslant6\ 400$	80	0.6	20	0.4
$1\ 600<m\leqslant3\ 200$	60	0.8	15	0.5
$750<m\leqslant1\ 600$	40	1	10	0.6
$350<m\leqslant750$	30	1.1	7	0.8
$150<m\leqslant350$	20	1.3	5	0.9
$m\leqslant150$	10	1.6	4	1

4.3.2 按照表 3 规定的最小份样数,测定氟化钙含量的取样精密度 σ_s 见表 3。

4.4 份样的采取方法

4.4.1 每个份样应是取样器动作一次得到的。如果这样取样有困难,可在随机选取(同等几率)的一点上动作几次取得。后一种方法在使用前应被证明从萤石中取样时不会产生偏差。

4.4.2 份样质量应按照4.2.2中的要求保持一致的质量。当份样质量不能保持一致时，每个份样应单独进行制备和单独进行品质特性的测定；或者对份样进行缩分，在制样时的适当阶段合并到副样或大样中。当采用定时系统取样法时，份样质量应和萤石矿流速成正比。

4.4.3 当估计样品的质量小于所需试料的质量时（如测定粒度分布等），应增加份样质量和（或）份样数量。

4.5 制样精密度和总精密度

4.5.1 制样应按照第7、8、9章进行。

4.5.2 总精密度用标准偏差表示，σ_{SPM}，可用大样、副样或份样进行缩分和测定，按如下方法计算出来。

4.5.2.1 当对一个交货批取大样进行 l 次测定（如化学分析），总精密度为：

$$\sigma_{SPM}^2 = \sigma_s^2 + \sigma_P^2 + \frac{\sigma_M^2}{l}$$

式中：

σ_S——标准偏差表示的取样精密度；

σ_P——标准偏差表示的制样精密度（包含从大样制备成试验样的过程）；

σ_M——标准偏差表示的测定精密度。

4.5.2.2 当有 k 个副样每个副样由相同数量的份样组成，每个副样进行 l 次测定，总精密度为：

$$\sigma_{SPM}^2 = \sigma_s^2 + \frac{\sigma_P^2 + \frac{\sigma_M^2}{l}}{k}$$

式中：

σ_P——标准偏差表示的制样精密度（包含了从副样制备到试验样的过程）。

此外，当有 k 个副样在适当的阶段组成大样（如−10 mm）进行 l 次测定，总精密度为：

$$\sigma_{SPM}^2 = \sigma_s^2 + \frac{\sigma_{P1}^2}{k} + \sigma_{P2}^2 + \frac{\sigma_M^2}{l}$$

式中：

σ_{P1}——标准偏差表示的制样精密度（包含了从副样制备到大样的过程）；

σ_{P2}——标准偏差表示的制样精密度（包含了从大样制备到试验样的过程）。

4.5.2.3 当每个份样进行 l 次测定，总精密度为：

$$\sigma_{SPM}^2 = \sigma_s^2 + \frac{\sigma_P^2 + \frac{\sigma_M^2}{l}}{N}$$

式中：

σ_P——标准偏差表示的制样精密度（包含了从份样制备到试验样的过程）；

N——份样数量。

此外，所有的份样在适当的阶段组成大样（如粒度−10 mm）进行 l 次测定，总精密度为：

$$\sigma_{SPM}^2 = \sigma_s^2 + \frac{\sigma_{P1}^2}{N} + \sigma_{P2}^2 + \frac{\sigma_M^2}{l}$$

式中：

σ_{P1}——标准偏差表示的制样精密度（包含了从份样制备到大样的过程）。

4.6 样品组成

当样品由份样组成，应考虑以下内容：

a) 要测定的品质特性；

b) 总精密度是否能接受；

c） 定量取样的份样质量变异系数。

4.7 缩分规则

为了保证获得可接受的样品制备精密度，以下样品缩分的内容应当考虑：

a） 样品缩分的最大粒度；

b） 样品缩分后的最小质量，并符合各种品质特性测定的需要；

c） 采用的缩分方法是否可接受。

4.8 缩分方法

以下缩分方法供考虑：

a） 手工份样缩分方法(见8.1)(网格法)；

b） 手工二分器法(见8.2)；

c） 锥堆四分法(见8.3)；

d） 机械缩分法(见8.4)。

4.9 样品的分用和重用

当从交货批中取得的样品需要分别测定品质特性时，样品需要分用或重用进行化学分析、水分、粒度分布测定。

4.10 破碎

需要适当的破碎和研磨设备来进行不同粒度和硬度的萤石破碎和研磨。破碎机和研磨机应用同种类萤石进行清洗，注意不能引起萤石化学成分、化合水等的变化。

4.11 混合

样品应充分地混合，否则会造成样品缩分错误。混合可以用机械和手工进行。应根据样品和样品的粒度选择合适的混合机。

4.12 预干燥

当样品很湿或很粘，无法制样时，样品应在空气中干燥或在105 ℃±5 ℃烘箱中干燥，以便顺利制样。

4.13 取样和制样要求

4.13.1 样品的取样和制样不应受到污染，引入样品的外来物料不应改变样品品质特性。

4.13.2 应经常进行取样和制样精密度的校核试验，以防止取样、制样程序发生错误。

5 设备

5.1 取样设备

取样装置应保证不引入取样偏差。如果用取样铲进行取样，取样铲的尺寸应符合图1和表4的要求。

其他的机械取样设备也可进行份样采取。这些取样设备的开口不应小于表4规定的最大粒度的3倍。

5.2 制样设备

以下的制样设备可供使用：

a） 破碎机和研磨机；

b） 烘箱，在烘箱内的温度偏差不超过±5 ℃；

c） 混合机(如果需要)；

d） 二分器，详细尺寸见附录A；

e） 取样铲，详细尺寸见图1和表4；

f) 如果需要，采用机械取制样设备。

6 取样方法

份样的采取方法应按照 6.1，6.2，6.3 或 6.4 的规定进行。

6.1 传送带取样

6.1.1 当从固定的皮带采取份样时，取样器的开口尺寸要适当，能够接取全宽、全厚的萤石流。取样器的开口尺寸要满足采取表 2 规定的最小份样质量，不小于最大粒度的 3 倍，并且不小于最小份样铲的尺寸(如 60 mm)。

6.1.2 当份样从运动的传送带上进行取样时，应使用机械取样装置采取全宽、全厚的萤石流。

6.1.3 当萤石的粒度没有很大波动和影响时，份样的取样点可以在传送带上任意点或在任意萤石流内。

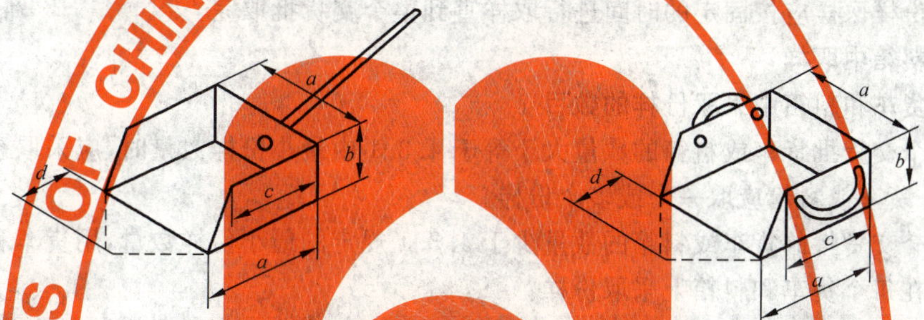

注：取样铲应有三角形的尖，以方便插入萤石流中。取样铲也可不要三角形的尖，详细尺寸可见表 4 和表 7。

图 1 取样铲

表 4 取样铲尺寸

铲 号	最大粒度/mm	取样铲尺寸/mm			
		a	*b*	*c*	*d*
150D	150	450	190	380	170
125D	125	380	160	320	150
100D	100	300	130	260	120
70D	71	200	100	170	80
50D	50	150	75	130	65
40D	40	120	65	100	50
30D	31.5	90	50	80	40
20D	22.4	80	45	70	35
15D	16	70	40	60	30
10D	10	60	35	50	25
5D	5	50	30	40	0
3D	2.8	40	25	35	0
1D	1	30	15	25	0
0.5D	0.5	20	10	20	0
0.25D	0.25	15	10	12	0

6.1.4 应采取定量间隔进行取样，并且在整个交货批内不应改变。

6.1.4.1 按下式计算定量取样间隔：

$$\Delta m = \frac{m}{N_{\min}}$$

式中：

Δm——两个份样间的定量取样间隔，单位为吨(t)；

m——交货批的质量，单位为吨(t)；

$N_{\min}$——4.3.1 规定的最小份样数。

6.1.4.2 实际的取样间隔应比按照 6.1.4.1 计算出的取样间隔要小，以便取样操作。

6.1.4.3 如果萤石流是有规律的，质量间隔可以改为时间间隔。

6.1.5 在系统取样中采用时间间隔比采用质量间隔的取样量小。

6.1.6 在第一个取样间隔内任意点采取第一个份样，以后按间隔取样。

6.1.7 随后的份样取样应按固定的时间进行取样直到整个交货批取完。

6.2 从货车和料箱中取样

6.2.1 选择从货车和料箱中采取份样的数目

6.2.1.1 当一个交货批货车或料箱的数量大于等于 4.3.1 中最小份样数量时，应采取系统取样或任意选取份样。每个货车或料箱应取一个或多个份样。

6.2.1.2 当一个交货批的货车或料箱的数量少于 4.3.1 规定的最小份样数量，用货车和料箱数除以最小份样数取整，在每个货车和料箱上采取份样。

6.2.2 从货车或料箱中采取份样的方法

6.2.2.1 应当从卸货过程中新露出的萤石表面进行取样。

6.2.2.2 当在货车或料箱的表面和底部、前面和后面、左边或右边取样会产生偏差时，尽可能在不同的位置或每层上进行取样。

6.2.2.3 要进行试验以检查用取样管或钻取萤石表面可能带来的取样偏差。

6.3 从船或料堆上取样

6.3.1 船上取样

6.3.1.1 何时何地采取份样

应当在萤石卸货过程中新露出的表面上进行取样。

6.3.1.2 份样采取方法

从船上采取份样的最小数目应符合 4.3.1 的规定。应按照比例从每个货舱采取份样。如果货舱小，份样可在整个交货批均匀采取。

6.3.1.3 在其他地方采取份样

当从新露出的萤石表面取样可能引入较大偏差时，可在传送皮带或其他地方进行取样。

6.3.2 料堆上取样

6.3.2.1 按照 6.1 的规定进行取样，要在料堆形成或转运时进行取样。

6.3.2.2 不应在固定的料堆上取样。如果这样做，精密度不符合本标准的规定，可能会引入较大偏差。

6.4 散料取样

6.4.1 选择包装袋和份样数量

6.4.1.1 当组成一个交货批的包装袋超过 4.3.1 规定的份样数量，应进行系统取样或任意选取，每个包装袋就是一个份样。

6.4.1.2 当组成一个交货批的包装袋少于 4.3.1 规定的份样数量，在每个包装袋上都采取份样。

6.4.2 从任意选取的包装袋上采取份样。

6.4.3 按照 6.1.2 的要求，在萤石装袋的过程中进行取样。

7 样品制备

份样组合的方法取决于取样采用时间间隔或质量间隔(分层取样和二级取样采用质量间隔)。

7.1 质量间隔取样的合并

7.1.1 组成副样或大样

7.1.1.1 当份样质量的变异系数不超过20%时,采取定比缩分或定量缩分均可在适当阶段混合成副样或大样。

7.1.1.2 当份样质量的变异系数超过20%时,不能组成副样或大样,但可以按以下步骤进行。

a) 当份样按照定比缩分进行到适当阶段可组成副样或大样。

b) 每个份样分别制成试验样进行品质特性的测定。

7.1.2 副样如何组成大样

副样不用缩分按照7.1.1组成大样。如果副样需要缩分组成大样按照以下步骤进行。

7.1.2.1 如果每个副样有相同的份样数,可用定比缩分或定量缩分法。

7.1.2.2 如果每个副样中的份样数不相同,只能用定比缩分法。

7.2 时间间隔份样的合并

7.2.1 组成副样或大样

7.2.1.1 份样组合成副样或大样不用考虑份样质量的变异系数。

7.2.1.2 当每个份样单独缩分组成副样或大样,只能采取定比缩分的方法。

7.2.2 由副样制备大样

副样可按照7.2.1不用缩分组成大样,不用考虑副样质量的偏差。当副样缩分组成大样时,副样的缩分方法采用定比缩分方法。

8 缩分方法

萤石最大粒度为−31.5 mm可采用手工份样缩分方法、手工二分器法、机械缩分方法。

萤石最大粒度为−10 mm可采用锥堆四分缩分方法。

8.1 手工缩分方法

用取样铲进行手工份样缩分方法按照8.1.1、8.1.2和8.1.3的规定进行。这种方法可提供较好的精密度和高的缩分比。

8.1.1 份样质量

最小份样[见2.2b)]质量见表5。

表5 样品的最大粒度和最小份样质量

最大粒度 w_5	最小份样质量/g
22.4 mm $< w_5 \leqslant$ 31.5 mm	760
16 mm $< w_5 \leqslant$ 22.4 mm	540
10 mm $< w_5 \leqslant$ 16 mm	360
5 mm $< w_5 \leqslant$ 10 mm	240
2.8 mm $< w_5 \leqslant$ 5 mm	140
1 mm $< w_5 \leqslant$ 2.8 mm	70
500 μm $< w_5 \leqslant$ 1 mm	32
250 μm $< w_5 \leqslant$ 500 μm	8
$w_5 \leqslant$ 250 μm	4

8.1.2 份样数量

手工份样缩分法的份样数量见表 6。

表 6 手工份样缩分法的份样数量

缩 分 样 品	最小份样数量
大样	20
副样	12
份样(初级)[a]	4

[a] 见 2.2a)。

8.1.3 程序

手工份样缩分方法按以下步骤进行。

8.1.3.1 将样品(最大粒度－31.5 mm)放在光滑的平板上(没有吸潮),样品堆积的厚度见表 7。

表 7 最大粒度,样品铺开厚度和份样铲缩分法

最大粒度 w_5	样品堆积厚度/mm	取样铲缩分	
		取 样 铲 号	体积(近似)/mL
22.4 mm＜w_5≤31.5 mm	40～50	30D	380
16 mm＜w_5≤22.4 mm	35～45	20D	270
10 mm＜w_5≤16 mm	30～40	15D	180
5 mm＜w_5≤10 mm	25～35	10D	120
2.8 mm＜w_5≤5 mm	20～30	5D	70
1 mm＜w_5≤2.8 mm	15～25	3D	38
500 μm＜w_5≤1 mm	10～20	1D	16
250 μm＜w_5≤500 μm	5～10	0.5D	4
w_5≤250 μm	5～10	0.25D	2

8.1.3.2 将样品按照表 6 规定的最小份样数量分成质量大致相等的部分。

8.1.3.3 按照样品的最大粒度选择合适近似的取样铲(见图 1),再从每一部分样品中采取一满铲份样,并将其合并在一起。取样铲应在每部分上任意选取位置,插入样品底部。推荐在取样铲前使用一个平板,当取样铲插入时与取样铲成 90°,使取样不产生偏差。

8.1.3.4 如果在以后的过程中发现样品量不足时,份样质量或数量应增加。

8.1.3.5 份样不应只从边缘采取。

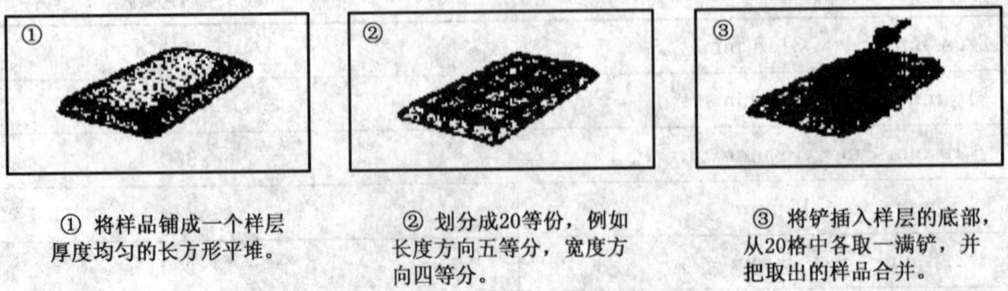

① 将样品铺成一个样层厚度均匀的长方形平堆。

② 划分成20等份,例如长度方向五等分,宽度方向四等分。

③ 将铲插入样层的底部,从20格中各取一满铲,并把取出的样品合并。

图 2 手工份样缩分法制备大样示意图

8.2 手工二分器法

二分器的型号见附录 A。按照 8.2.1 和 8.2.2 使用手工缩分器,二分器实际应用较多的是手工缩分器。

8.2.1 选择二分器

按照表8,根据样品的最大粒度,选择近似的二分器。

表8 样品最大粒度和二分器尺寸

最大粒度 w_5	二分器号	二分器开口宽度/mm
22.4 mm<w_5≤31.5 mm	60	60±1
16 mm<w_5≤22.4 mm	50	50±1
10 mm<w_5≤16 mm	30	30±1
5 mm<w_5≤10 mm	20	20±1
2.8 mm<w_5≤5 mm	10	10±0.5
w_5≤2.8 mm	6	6±0.5

8.2.2 程序

8.2.2.1 将混合好的样品进行缩分(最大粒度-31.5 mm)。轻轻摇动,使样品均匀进入给样器,使样品成直角进入二分器。缩分成两份,任选一份样品,以免引入偏差。

8.2.2.2 注意不要让残余的物料滞留在二分器开口处。

8.3 按下述方法将最大粒度(-10 mm)的样品用四分法进行缩分

8.3.1 在洁净平整的钢板上缩分样品(最大粒度-10 mm)。按照以下方法将样品堆高,进行缩分。从堆顶采取一铲倾倒在旁边堆顶,将样品从堆顶滑下,注意堆尖不要移动。重复上述过程直到样品混匀。

8.3.2 将样堆用铲或平板形成大小、厚度一致的平面,中心和原堆顶重合。将样堆分成近似的四份(不用混匀)。

8.3.3 在堆顶划两条垂直线,将对角线的一半试样弃去,保留另外一半。

8.4 机械缩分法

机械取样设备应满足以下要求。

8.4.1 机械取样设备应按照第9章的要求完成份样、副样、大样的取样。

8.4.2 如果要采取粒度测定样品,取样应避免震动,以防样品粒度发生变化。转运点的数量、样品的落差应保持最小。

8.4.3 取样和制样装置可以放置在一起也可以分开放置。如果制样装置放在一起,在给定的时间内处理每个份样实际上比连续取两次份样所需的时间要短。

8.4.4 样品制备装置应保证制备到合适的粒度而且不产生质量偏差。

8.4.5 研磨和缩分设备应密封以保证样品不被空气污染。为防止细粉和水分的损失,通过设备的空气循环也应减到最小。

8.4.6 如果样品研磨到-160 μm 困难时,研磨工作可分别进行。

8.4.7 当水分样取完以后,干燥后就可以用作化学分析样(如必要,化学分析样可在研磨前取样)。

9 试验样制备

9.1 制备粒度测定试验样

可用份样组成副样或大样制备粒度样。

9.2 制备水分试验样

9.2.1 每交货批应制备两个或两个以上副样。

9.2.2 副样或份样样品在制备到-10 mm时,样品的最小保留量按照9.3.3的规定。

9.2.3 试验样最小质量1 kg。按照4.8的规定从样品最大粒度-10 mm进行制备,不必考虑9.3.3规定的最小保留量。

9.2.4 每个交货批水分样应为两个或两个以上。

9.2.5 水分试验样也可以从－10 mm 化学分析样的副样或份样制备。

9.2.6 制完样应立即进行水分测定。当不能马上进行测定时，样品应包裹在防水容器中，并保持环境温度、湿度基本不变。

9.3 制备化学分析样

9.3.1 化学分析样不少于 200 g，粒度－160 μm(应由份样、副样、大样进行制备)。

9.3.2 按照 8.1 的规定进行手工份样缩分方法制备化学分析样。

表 9 为化学分析和水分测定手工份样缩分方法最小保留量

最大粒度 w_5	最小样品保留量	
	大样/kg	副样或份样/kg
22.4 mm<w_5≤31.5 mm	60	9
16 mm<w_5≤22.4 mm	35	7
10 mm<w_5≤16 mm	30	5
5 mm<w_5≤10 mm	17	4
2.8 mm<w_5≤5 mm	8	2.5
1 mm<w_5≤2.8 mm	5	1.5
500 μm<w_5≤1 mm	1.5	0.8
250 μm<w_5≤500 μm	0.7	0.5
w_5≤250 μm	0.3	0.3

9.3.3 如不采取人工缩分方法制备化学分析样品，则应按表 9 规定的最小样品保留量进行缩分。

9.3.4 化学分析试验样应按上述方法进行制备，并用适当的方法分成质量大约相等的四份。

9.4 化学分析试验样的留存

化学分析试验样应保存在合适密封的容器内，并按照第 10 章的要求进行标记。如果需要，试验样一份给供方，一份给需方，一份作为仲裁样，一份双方协商保留，试验样至少保留 6 个月。

9.5 进一步研磨试验样

为了适合进行化学分析测定(如氟)，试验样应进一步研磨到－63 μm。

9.6 样品制备实例

图 3 为样品制备实例。

10 化学分析样的包装、标记

化学分析试验样应在干燥器中保存。下列内容应示于标签和卡片上放入容器内：

a) 萤石级别和交货批号(如车船号等)；

b) 交货批质量；

c) 试样编号；

d) 取样时间、地点；

e) 交货批水分；

f) 样品制备时间、地点；

g) 其他信息(如果需要)。

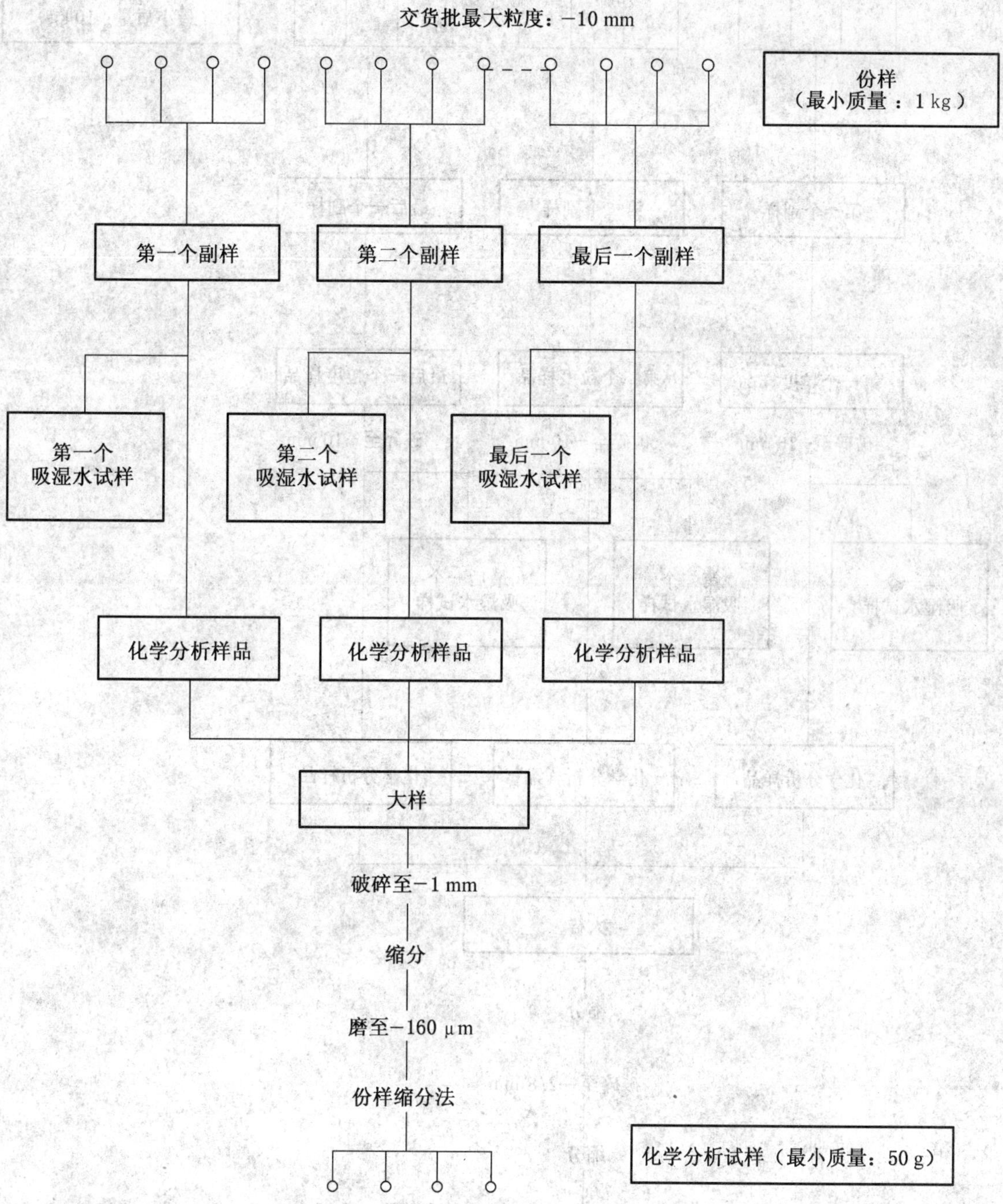

a）酸级萤石

图 3　样品制备的示意图

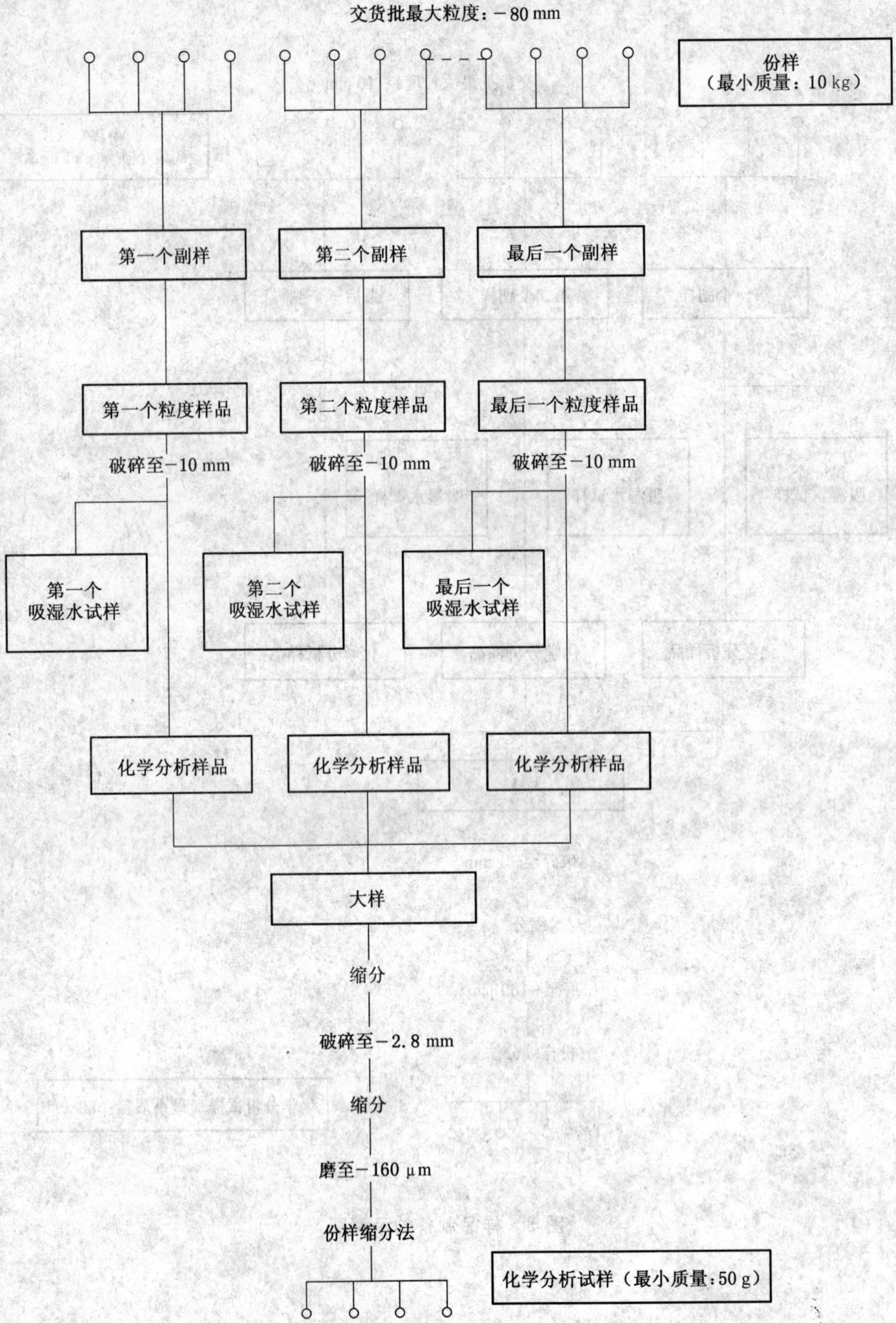
交货批最大粒度：－80 mm
份样
（最小质量：10 kg）
第一个副样
第二个副样
最后一个副样
第一个粒度样品
第二个粒度样品
最后一个粒度样品
破碎至－10 mm
破碎至－10 mm
破碎至－10 mm
第一个
吸湿水试样
第二个
吸湿水试样
最后一个
吸湿水试样
化学分析样品
化学分析样品
化学分析样品
大样
缩分
破碎至－2.8 mm
缩分
磨至－160 μm
份样缩分法
化学分析试样（最小质量:50 g）

b）冶金级萤石

图 3（续）

附　录　A
（资料性附录）
不同的二分器尺寸

表 A.1　二分器尺寸

二分器型号	二分器号	尺寸/mm																	
		主体										受样器				给样器			
		A[4]	B	C	D	E	F	G	H	J	K	M	N	P	Q	R	S	T	U	V
60	12	60±1	760	300	600	360	60	340	230	770	240	240	340	300	80	340	760	400	265	200
50	12	50±1	630	250	500	300	50	340	200	640	220	220	340	250	75	340	630	400	265	200
30	12	30±1	380	170	340	200	30	340	140	390	220	220	340	170	55	340	380	300	200	150
20	16	20±1	346	105	210	135	30	210	85	360	140	140	210	105	35	210	346	200	135	105
10	16	10±0.5	171	55	110	75	20	110	45	184	65	65	110	55	20	110	171	120	70	50
6	16	60±1	112	40	80	60	20	80	30	120	55	55	80	40	15	80	112	80	45	35

注 1：缩分器内部应光滑和防锈。

注 2：二分器的型号不少于本表所列的型号。

注 3：样品接收器的开口应同二分器紧密配合以防止细粉的损失。

注 4：A 是详细尺寸。其他的尺寸是近似值。

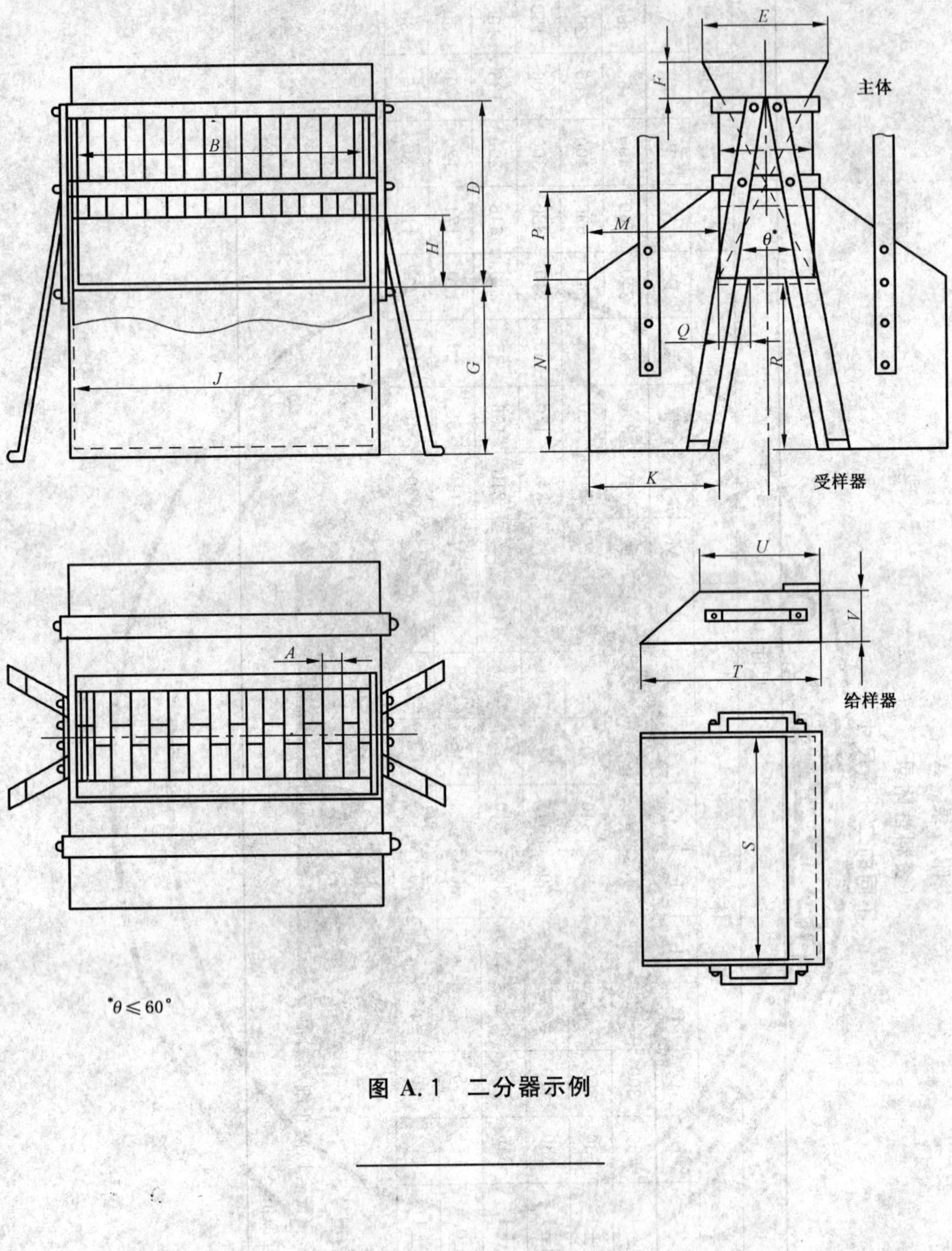

*θ≤60°

图 A.1　二分器示例

ICS 77.040.10
H 22

中华人民共和国国家标准

GB/T 22565—2008/ISO 24213:2008

金属材料　薄板和薄带 拉弯回弹评估方法

Metallic materials—Sheet and strip—Method for springback evaluation in stretch bending

(ISO 24213:2008,IDT)

2008-12-06 发布　　　　2009-10-01 实施

中华人民共和国国家质量监督检验检疫总局
中国国家标准化管理委员会　发布

前　言

本标准等同采用国际标准ISO 24213:2008《金属材料——薄板和薄带——拉弯回弹评估方法》(英文版)。

为了便于使用,本标准做了下列编辑性修改:

a) “本国际标准”一词改为“本标准”;

b) 用小数点‘.’代替作为小数点的逗号‘,’;

c) 删除了国际标准的前言;

d) 引用文件按对应的国家标准作了变更;

e) 表1中增加一行“注:1 MPa=1 N/mm²”;

f) 删除了国际标准的参考文献。

本标准的附录A、附录B和附录C为规范性附录。

本标准由中国钢铁工业协会提出。

本标准由全国钢标准化技术委员会归口。

本标准起草单位:武汉钢铁(集团)公司、冶金工业信息标准研究院。

本标准主要起草人:李荣锋、祝洪川、陈士华、严龙、邱保文、董莉。

金属材料　薄板和薄带拉弯回弹评估方法

1　范围

本标准规定了金属材料薄板和薄带在已知能够表现出显著回弹的平面应变拉弯变形方式作用下的回弹量评估方法。平面应变拉弯变形是一种存在于冲压成形后框架零件中的典型变形形式。应用本方法可以准确定量地评估金属材料薄板和薄带的回弹量。

2　规范性引用文件

下列文件中的条款通过本标准的引用而成为本标准的条款。凡是注日期的引用文件，其随后所有的修改单(不包括勘误的内容)或修订版均不适用于本标准，然而，鼓励根据本标准达成协议的各方研究是否可使用这些文件的最新版本。凡是不注日期的引用文件，其最新版本适用于本标准。

GB/T 8170　数值修约规则与极限数值的表示和判定

3　术语和定义

下列术语和定义适用于本标准。

3.1

曲率　curvature

κ

拉弯试样内表面中间沿纵向测定的曲率半径的倒数，见公式(1)。

$$\kappa=\frac{1}{r} \qquad (1)$$

3.2

回弹量　amount of spring back

η

试样加载和卸载后曲率的相对变化，见公式(2)，如图1所示。

$$\eta=\frac{|\kappa'-\kappa|}{\kappa}=\frac{r'-r}{r'} \qquad (2)$$

a) 加载　　b) 卸载后

图1　试样加载和卸载后的曲率半径

3.3

拉弯　stretch bending

在试样承受拉伸力时进行弯曲的方法。

3.4

单位面积压边力　blank holding pressure

p

作用于试样厚度方向上的力除以试样与模具的接触面积。

注：单位面积压边力的计算方法见附录A。

3.5

名义拉伸应力　norminal tensile stress

试样单位横截面上的拉伸力。

注：名义拉伸应力的计算方法见附录B。

4　符号及说明

本标准中使用的符号及其说明见表1。

表1　符号及说明

符　号	说　　明	单　位
a	试样厚度	mm
b	试样宽度	mm
F_h	板料压边力	N
h	冲头行程	mm
F_P	冲压力	N
p	单位面积压边力	MPa
R_P	冲头半径	mm
r	试样在加载时内表面的曲率半径	mm
r'	试样卸载后内表面的曲率半径	mm
r_d	凹模圆角半径	mm
S	试样与模具的总接触面积	mm^2
T	作用于试样的名义拉伸应力	MPa
W	凹模间距	mm
w	用于测量试样卸载后曲率的量规的支承座宽度，见附录C	mm
x	用于测量试样卸载后曲率的量规测量得到的数值(图C.1中 AD 的长度)	mm
κ	试样加载时内表面的曲率($=r^{-1}$)	mm^{-1}
κ'	试样卸载后内表面的曲率($=(r')^{-1}$)	mm^{-1}
η	回弹量	—
2θ	试样沿冲头的张开角度	rad
注：1 MPa=1 N/mm^2。		

5　原理

试验采用拉弯方法评估金属薄板的回弹。回弹量通过对试样加载和卸载后曲率的变化测定(见3.1和3.2)。作用于试样上的名义拉伸应力利用测量的冲头行程和冲压力确定(见附录B)。

6 试验设备

6.1 回弹评估拉弯试验装置

试验中用到的一个拉弯试验装置，如图2所示。半圆柱冲头半径应为(100±1)mm，其半径和尺寸公差也可由相关方协商确定。

6.2 测量试样曲率半径的装置

用量规测量曲率半径的原理如附录C所示，所使用的量规的分辨力应为0.001 mm。也建议采用光学测微计及其他非接触测量探头。

单位为毫米

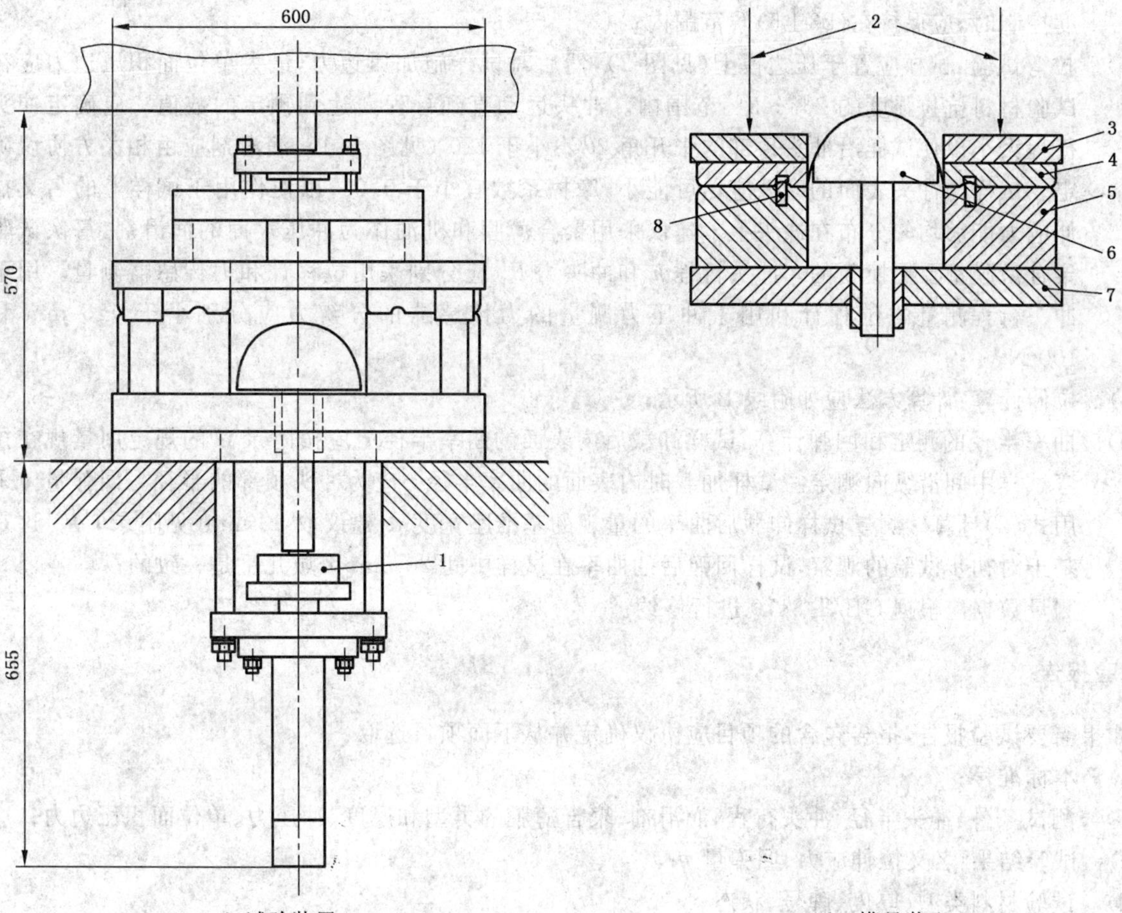

a) 试验装置　　b) 模具装配

1——力传感器；
2——板料压边力；
3——凹模顶板；
4——凹模；
5——板夹持部分；
6——冲头(R100)；
7——凹模底板；
8——拉延筋。

图2 回弹评估拉弯试验装置示例

7 试样

用于试验的试样应满足如下条件：

a) 试样应为矩形，长(500±10)mm，宽(50±1)mm；
b) 试样的厚度应为板料的原始厚度；
c) 试样应平行或垂直于轧制方向裁剪；
d) 试样边部应为剪切边。除非另有规定，应避免试样的不必要改变或受热；
e) 试样表面应没有可能影响试验结果的缺陷，如划痕。

8 试验程序

试验遵循如下步骤：

a) 试验温度：环境温度应在 10 ℃～35 ℃之间，如有必要，温度应记录下来。当特别需要进行温度控制时，应保持在(23±5)℃范围内；
b) 拉弯试验：试样应置于压边模上(见图 2)，然后对试样施加压边力，最大单位面积压边力应在试验材料抗拉强度的 2%～3%范围内。冲头运动直到行程 h 达到预定的数值。应确定冲头行程大小以便试样沿冲头顶部的张开角 2θ 不小于 120°(见图 B.1)，润滑剂应由相关方协议确定。试样与冲头表面的摩擦应尽可能小，摩擦系数宜小于 0.05，以便作用于试样上的名义拉伸应力能够均匀分布在冲头上。建议采用聚合薄膜和机油作为冲压表面的润滑剂，每次试验聚合薄膜都要更换新的。冲头行程 h 和冲头力 F_p 应分别采用位移计和力传感器测量。用于冲头行程测量的位移计和用于冲压力测量的力传感器的分辨力应分别小于 0.5 mm 和 100 N；
c) 拉伸计算：计算方法应如附录 B 所示；
d) 曲率半径的测定和回弹计算：试样卸载后内表面的曲率半径 r' 应按附录 C 的规定用量规在拉弯试样中间沿纵向测定。试样加载时内表面的曲率半径 r 应为冲头顶部的半径。回弹量 η 采用式(2)计算。测量试样卸载后曲率的量规的基准座宽度 w 建议取 20 mm(见附录 C)。这是基于对初步试验的观察，试样回弹后的曲率在试样中间 20 mm 区域几乎是一致的；
e) 测量数据应根据 GB/T 8170 进行修约。

9 试验报告

如果需要试验报告，报告包含的项目应协议确定并从下面项目选取：

a) 本标准号；
b) 测试条件：冲头半径、冲头行程、润滑剂、聚合薄膜的类型和厚度、冲压力、单位面积压边力；
c) 试验结果：名义拉伸应力、回弹量 η；
d) 试验材料类型、厚度、牌号、状态；
e) 测量不确定度(或者精密度和偏差)的估计。

附 录 A
（规范性附录）
单位面积压边力的计算方法

单位面积压边力应采用式(A.1)和式(A.2)计算(见图 A.1)。

$$p=\frac{F_h}{S} \qquad \text{(A.1)}$$

$$S=50\times\left(250-\frac{W}{2}\right)\times 2=50\times(500-W) \qquad \text{(A.2)}$$

单位为毫米

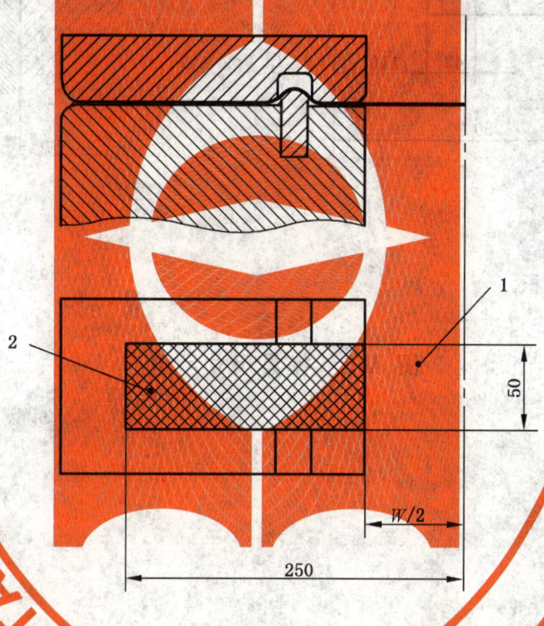

1——试样；
2——试样与模具的总接触面积。

图 A.1 试样与模具的接触面积

模具尺寸[图 2b)]示例如图 A.2 所示。

单位为毫米

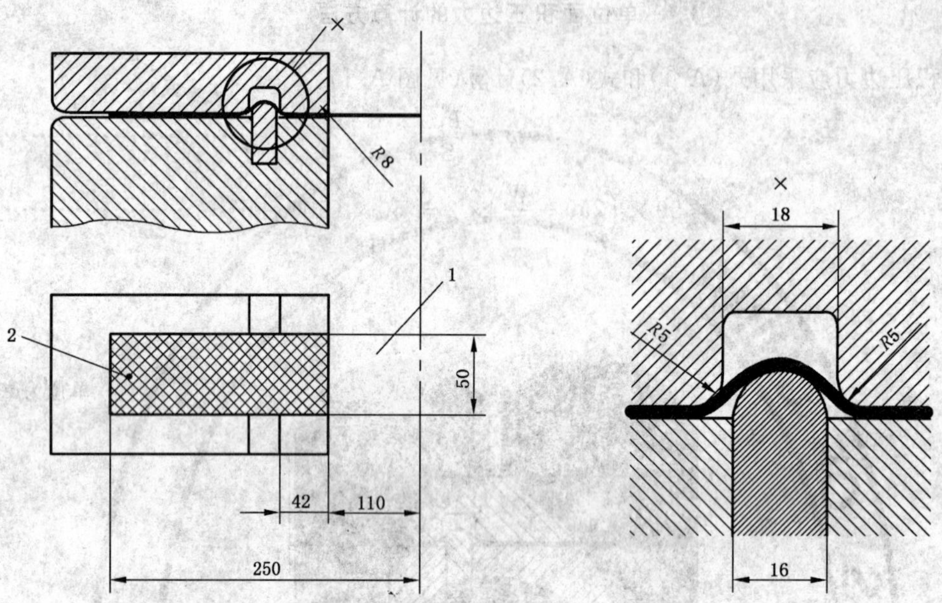

1——试样；

2——试样与模具的总接触面积。

图 A.2 模具尺寸示例

附　录　B
（规范性附录）
名义拉伸应力计算方法

作用于试样的名义拉伸应力采用式(B.1)和式(B.2)计算(见图 B.1)。

$$T = \frac{F_{\mathrm{P}}}{2ba\ \sin\theta} \qquad \cdots\cdots\cdots\cdots\cdots\cdots\cdots\cdots\cdots\cdots\cdots\cdots\cdots\cdots\cdots(\mathrm{B}.1)$$

其中

$$\theta = \sin^{-1}\frac{R_{\mathrm{P}} + r_{\mathrm{d}} + a}{\sqrt{\left(\frac{W}{2} + r_{\mathrm{d}}\right)^2 + (R_{\mathrm{P}} + r_{\mathrm{d}} + a - h)^2}} = -\tan^{-1}\frac{2(R_{\mathrm{P}} + r_{\mathrm{d}} + a - h)}{W + 2r_{\mathrm{d}}} \qquad \cdots\cdots(\mathrm{B}.2)$$

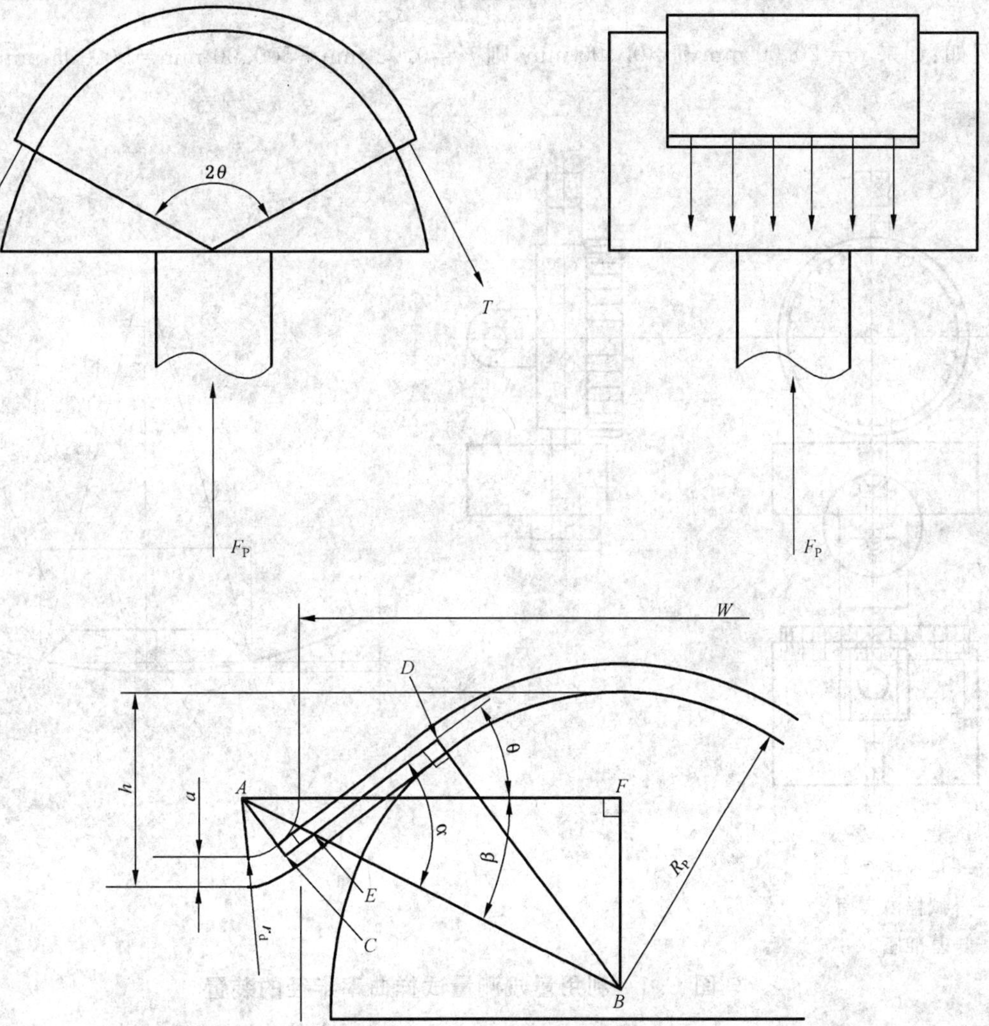

图 B.1　冲压力与名义拉伸应力的关系

附　录　C
（规范性附录）
测量曲率半径的装置

图 C.1 给出了利用量规测量试样曲率半径的一个装置的例子。图中试样与量规触头的接触点为 A，与基准座的接触点为 B 和 C，曲率半径的中心在 O 点，AO 与 BC 的交叉点是 D。基准座的宽度为 w，量规的测量值（AD 的长度）为 x。根据三角形 BOD 中 $\overline{BO}^2=\overline{BD}^2+\overline{DO}^2$，$r'$ 能够通过式(C.1)计算。

$$(r')^2=\left(\frac{w}{2}\right)^2+(r'-x)^2 \qquad \cdots\cdots(C.1)$$

式(C.1)简化为

$$r'=\frac{x}{2}+\frac{w^2}{8x} \qquad \cdots\cdots(C.2)$$

例如：如果 w=20.00 mm，x=0.100 mm，则 r'=0.05 mm+500.00 mm=500.05 mm。

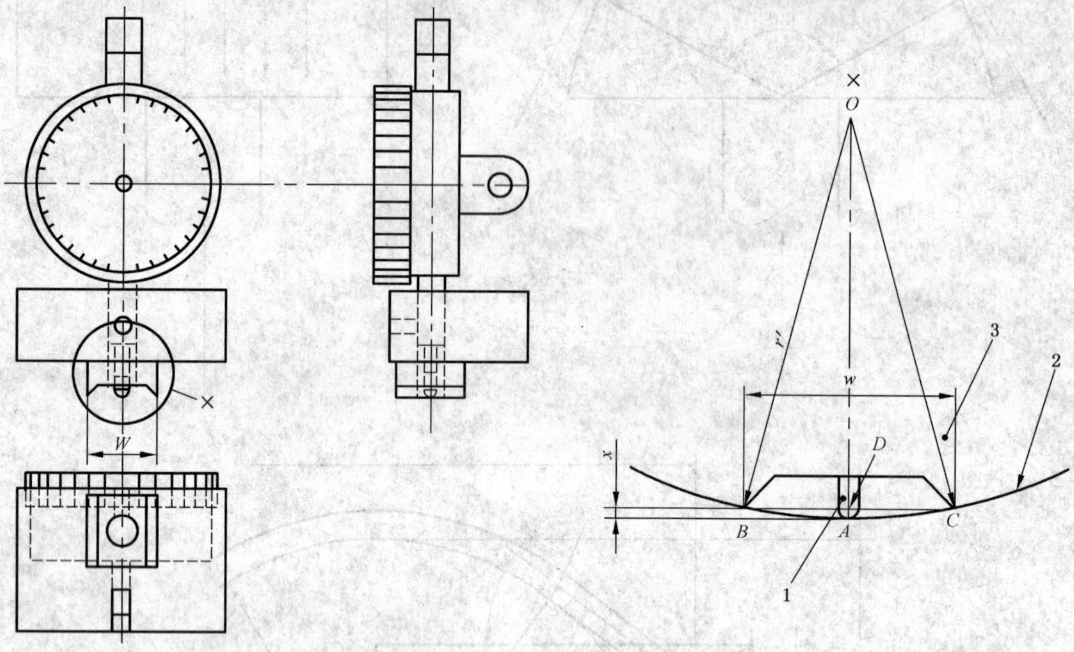

1——量规接触头；
2——试样内表面；
3——基准座。

图 C.1　利用量规测量试样曲率半径的装置

ICS 29.080.30
K 15

中华人民共和国国家标准

GB/T 22566.1—2008/IEC 62068-1:2003

电气绝缘系统　重复脉冲产生的电应力 第1部分：电老化评定的通用方法

Electrical insulation system—
Electrical stresses produced by repetitive impulses—
Part1:General method of evaluation of electrical endurance

(IEC 62068-1:2003,IDT)

2008-11-07 发布　　2009-11-01 实施

中华人民共和国国家质量监督检验检疫总局
中国国家标准化管理委员会　发布

前　言

《电气绝缘系统　重复脉冲产生的电应力》分为以下部分：

——第1部分:电老化评定的通用方法

——第2部分:当前技术发展水平

本部分是第1部分。

本部分等同采用IEC 62068-1:2003《电气绝缘系统　重复脉冲产生的电应力　第1部分:电老化评定的通用方法》(第1版,英文版)。

本部分在技术内容上与IEC 62068-1:2003无差异。为便于使用,本部分删除了国际标准的前言和引言。

本部分的附录A为资料性附录。

本部分由中国电器工业协会提出。

本部分由全国电气绝缘材料与绝缘系统评定标准化技术委员会(SAC/TC 301)归口。

本部分负责起草单位:上海电器科学研究所(集团)有限公司、北京毕捷电机股份有限公司、冠城大通股份有限公司、江门市江晟电机厂有限公司、浙江金龙电机股份有限公司、山东华力电机集团股份有限公司、苏州巨峰绝缘材料有限公司、佛山市威奇电工材料有限公司、山东蓬泰特种漆包线有限公司、山东齐鲁电机制造有限公司、上海申发检测仪器厂、杜邦中国研发中心、上海ABB电机有限公司、四川东材科技集团股份有限公司、浙江先登电工器材股份有限公司。

本部分参加起草单位:佳木斯电机股份有限公司、宁波金田电工材料有限公司、桂林电器科学研究所、上海电缆研究所。

本部分主要起草人:张生德、李锦梁、张妃、刘立明、林年福、刘权、叶锦武、王庆东、张犇、李学敏、王新营、王慧峰、王延民、巩运许、魏景生、徐保弟、柯清泉、许立、赵平、孟祥富、董千里。

本部分为首次制定。

电气绝缘系统　重复脉冲产生的电应力 第1部分:电老化评定的通用方法

1　范围

本部分为基础标准,适用于含有绝缘系统但不考虑电压高低的电气设备,该设备:

——与电子驱动电源连接,且

——在重复电压脉冲条件下须进行绝缘老化的评定。

本部分提出了一个通用试验规程,用于筛选电气绝缘系统(EIS),及对重复脉冲条件下的绝缘老化进行相关评定。

2　规范性引用文件

下列文件中的条款通过本部分的引用而成为本部分的条款。凡是注日期的引用文件,其随后所有的修改单(不包括勘误的内容)或修订版均不适用于本部分,然而,鼓励根据本部分达成协议的各方研究是否可使用这些文件的最新版本。凡是不注日期的引用文件,其最新版本适用于本部分。

IEC 60727-1　电气绝缘系统电老化评定　第1部分:基于正态分布的一般要求和评定规程

IEC 61649　拟合度试验　威布尔分布数据的置信区间及较低置信值

3　术语和定义

下述术语和定义适用于本部分。

3.1

电气绝缘材料　electrical insulating material

EIM

EIS中承受电应力的部位。

3.2

电气绝缘系统　electrical insulation system

EIS

用于电气设备的与导电部分结合在一起的含有一种或多种电气绝缘材料(EIM)的绝缘组合。

[GB/T 20112—2006,定义3.1.1]

3.3

待评EIS　candidate EIS

在重复电压脉冲下进行电老化评定的EIS。

3.4

基准EIS　reference EIS

在重复电压脉冲条件下,具有实际运行经验或已经过对比功能性评定的EIS。

3.5

局部放电　partial discharge

PD

导体间绝缘仅被部分桥接的电气放电。

3.6

局部放电起始电压　partial discharge inception voltage

PDIV

当施加于试品的电压从某一观察不到局部放电的较低值开始逐渐增加到初次观察到试品中产生局部放电时的电压。

3.7

局部放电熄灭电压　partial discharge extinction voltage

PDEV

当施加于试品的试验电压从某一观察到局部放电脉冲参量的较高值逐步减小直到试品停止出现局部放电时的电压。

3.8

单极脉冲　unipolar impulse

电压脉冲，其极性既可以是正极也可以是负极。

3.9

双极脉冲　bipolar impulse

电压脉冲，其极性从正极到负极或从负极到正极交替。

3.10

脉冲电压极性　impulse-voltage polarity

脉冲的对地极性。

3.11

脉冲电压频率　impulse-voltage repetition rate

不论单极还是双极脉冲的电压频率，在相同时间间隔下，两次完整脉冲之间时间的倒数。

3.12

脉冲上升时间　impulse rise time

在脉冲的上升锐边，从零到脉冲峰值电压的10%和90%之间时间间隔的1.25倍。

3.13

电压上升率　rate of voltage rise

0.8倍脉冲电压幅值除以零到峰值脉冲电压的10%～90%间时间间隔。

3.14

电压老化常数　voltage endurance coefficient

VEC

倒幂指数或指数模型，与系数 k 一起，描述寿命与电压间的相互关系。

3.15

寿命　life

脉冲至失效的时间或次数。

4　通用试验程序

4.1　概述

本节描述了评定 EIS 耐重复脉冲电压老化性能的通用规程。有两种方法，视预期的结果而定：

a)　一种是筛选试验，对几种待选的 EIM 或不同的物理结构进行单一电压试验，并与已评的 EIS 进行对比。以便找出具有更佳寿命的 EIM(或结构)。另外，单一 EIS 在单一试验电压下评定时也可改变试验条件,如不同的湿度,不同的脉冲频率等,以确定各种变数的作用。

b) 一种是老化试验,以确定每一待评 EIS 的脉冲电压与寿命间的关系,该 EIS 在几个电压水平下评定,且通常情况下其他条件不变。电压寿命与电压幅值间的关系可通过倒幂定律表示:

$$L = kU^{-n} \qquad (1)$$

式中:

L——试样的失效时间或失效次数(在给定的概率下);

U——所施加的脉冲电压;

n——电压老化系数(VEC);

k——常数。

也可以是另外的表达关系。如,指数模型:

$$L = A\mathrm{e}^{-hU} \qquad (2)$$

式中,A 和 h 为常数。

脉冲电老化或筛选试验的结果取决于除 EIS 固有特性外的许多因数。这些因数在任一脉冲寿命试验中将被详细说明并控制。附录 A 列出了这些因数。

以下描述了脉冲筛选和老化试验的通用试验规程。试验样品和脉冲电压特性的设计取决于制成模型的 EIS。因此,为特定 EIS 给出试样设计和脉冲特性的特定试验规程将在 GB/T 22566 的其后部分中描述。

4.2 试样

试样要包括被电气绝缘与接地导体分离的导体。某些 EIS 模型将在 GB/T 22566 的其后部分中描述。在每个电压下,一个样品至少包括 11 个试样,并按每个试验规程进行试验。如果从统计的角度需要检测小差异,则必须用更多的样品。

4.3 筛选试验方法

材料与 EIS 在设计成一个具体的产品之前需要经过评定。大多数情况下,脉冲的最终形式在这一阶段是不可知的。筛选试验对用于评定的所有材料设定了一系列特定的试验条件和脉冲电压特性。必须设定一系列通用参数以使不同的材料在相同的基础上被评定。

也有必要建立一套固定的参数,以使因参数改变而产生的评定结果被合理地比较。

4.3.1 试验程序

试样按 IEC 60727-1 的电老化规程规定的脉冲电压进行试验。使用脱扣电流装置可作为检测样品失效的合适方法。对特定类型的试样,也可用其他的检测方法。所选的试验条件可考虑附录 A 中所列的因数。脉冲电压特性应与第 5 章所述一致。如果 GB/T 22566 的其后部分描述另一相关的 EIS,其脉冲电压特性应与表 1 中所列一致。

所选试验电压应与模型的失效过程有关。

4.3.2 PDIV 和 PDEV 测量

PDIV 和 PDEV 应在脉冲电压而不是工频电压下测量。如果显示的 PDIV(PDEV)在脉冲电压与工频电压下是相似的,那么(对该试验的试品)仅在工频条件下测量即可。

注:GB/T 7354—2003 中描述的标准测量方法不适用于脉冲电压引起的局部放电(PD)

由于 PDIV 与 PDEV 值因所用测量仪器而各异,所以,应详细说明用于确定 PDIV 和 PDEV 的测量系统与判定依据。

4.3.3 数据处理

失效时间用双参数威布尔概率分布进行处理。应进行完整的或单一的检查试验(提供的失效样品数至少为$(n+1)/2$ [n 为奇数]或 $n/2$ [n 为偶数])。在评价比率参数和模型参数的基础上(以前对应的失效时间为63.2%的概率),失效时间和脉冲失效数的平均值和中值,以及失效百分率,是可确定的。最大可行性法可以用来判断比率参数和模型参数。参数和百分比的置信区间也可计算,推荐的概率为90%。

统计分析规程在IEC 61649中描述。

4.3.4 评定

对每一待评结构或改变单一参数的评定,都要进行筛选试验。通过比较在约定失效概率下的失效时间或失效脉冲数,即可得到相对评定结果:失效时间越长,失效脉冲数越多,则EIS性能越好。

4.4 老化试验方法

4.4.1 基准EIS

完整的试验至少选择3个不同的脉冲电压,施加电压应高于实际运行电压(为了加速试验的目的)。相邻电压间的差值至少为10%。依据等式(1),如果 n 大于15,那么相邻电压差值可少于10%。所选的电压值应使此试验电压范围内的失效机理保持一致。试验中的失效机理应与实际运行条件所产生的失效机理相同。不同的失效机理可被区分,如,可通过失效位置的精细检查及通过log电压对log脉冲失效数(或log失效时间)图的斜线率变化,引起例如试验电压水平部分超出或低于PDIV来区分。

对每个试样,在所选电压下完成老化试验,确定其脉冲失效数量或失效时间。使用双参数的威布尔函数处理脉冲失效数或失效时间值(完整试验或检查试验)。确定在每一试验电压下得到的比例参数,并在log-log或log线性(半log)坐标系上作图。

4.4.2 比较试验

得到基准EIS的寿命曲线后,另一待评EIS可使用相同的试验规程和试验电压进行评定。

通过对每个待评EIS与基准EIS的VEC的比较,可以看出因脉冲电压引起的性能相对下降。进一步讲,在最低试验电压下获得的脉冲失效时间或脉冲失效数量,可以在给定的概率下进行比较。待评结构与基准结构差别越大,则待评结构在实际运行条件下的预期老化性能越好,表明待评结构需承受更多的脉冲才会损坏。

在IEC 61649中给出的统计方法可用来评估显著性差异。比较试验中,应有足够试样,以便能检测出在10%显著水平下的差异,且如果差异[1]确实存在的话。

5 试验脉冲电压特性

当GB/T 22566其他部分尚待编制时,表1表示了一种脉冲电压特性范围,它可指导一种特定的EIS的试验特征。对任一特定的试验而言,其试验特征应与电器设备使用的环境条件相应。脉冲电压测量系统应具有至少10 MHz的频带宽度以精确记录40 ns脉冲上升时间。

表1 脉冲电压特性

特　性	范　围
上升时间	(0.04～1)μs
频率	(1～20)kHz
脉冲持续时间	(0.08～25)μs
波形	方波或三角波
极性	双极(优选)或单极

1) 对每个EIS来说,如果置信水平重叠的话,显著性差异可通过观察的方法检测出来。

附 录 A
（资料性附录）
脉冲寿命

A.1 总则

设备回路可能受到由于电击或开关脉冲产生的脉冲电压。电子技术和电子设备的大量使用使电气绝缘系统受到重复脉冲电压影响。通常这些脉冲的典型频率在0.5 kHz～20 kHz范围内，典型的脉冲上升时间在0.1 μs ～1 μs范围内峰值电压超过电源正常电压的两倍。

这些因短持续时间，高重复脉冲导致的绝缘系统的老化与常规交流工频电压下产生的机理完全不同。这种电老化是一个或多个物理过程的结果：

——局部放电；

——EIM内空间电荷的形成和释放；

——由施加在高电容EIS上的由于电压脉冲引起的电流脉冲产生的电机械损耗；

——施加电压中的高频元件引起的介质发热。

更多的信息见IEC62068-2。

老化可由电子动力系统产生的重复电压脉冲产生，如，在下列类型电气设备中：

——散绕电机定子绕组；

——中压，成型定子绕组；

——电源发生器和滤波电容器；

——变压器；

——动力电缆；

——动力模块驱动器；

——印刷电路板。

A.2 温度的影响

电老化可因温度提高而改变。如果EIM的介损增加则老化速率也随之增加，使高电应力部位的局部发热进一步升高。较高的绝缘温度也增加了EIM的介质常数，在相邻的空气间隙增加电应力，降低引起PD现象增加的局部放电起始电压。在受限的EIS内，温度的增加可减少EIS内空间尺寸，减少PD强度，从而加快老化速率。升高温度可增加封闭空间内的气压，气压的变化可能会影响PD现象。同样，电荷的聚集时间与释放时间在较高温度下可缩短。所以，在任一老化试验中应清楚标明试样温度。

A.3 机械应力的影响

机械应力，不论是静态的或动态的，通过GB/T 20112—2006描述的协同效应都能显著加速电老化。事实上，机械应力能产生和/或扩大绝缘内的缺陷，如，与重复脉冲相关联的电场更易产生PD，也造成了每次脉冲释放的能量导致的危害，为老化过程减少能障。

A.4 湿度和环境的影响

EIS周围环境湿度可改变空气的击穿强度，从而改变PD现象。同样，周围空气的湿度和/或EIS

的表面条件可影响电应力分布和/或绝缘表面的空间电荷的传导,从而改变老化速率。因此,老化试验期间湿度和环境必须确定和控制。

A.5 电压幅值和脉冲电压特性的影响

在某些设备中,脉冲和工频电压下的电压分布完全不同。由于脉冲电压现象,在电气绝缘系统中各组分间产生的电应力的幅值和持续时间取决于与施加电压的连接有关(相对相,相对地)的电应力物理位置,电路特性,串联和相对地电容,电阻和电感。因此,需要仔细设计 EIS 试样以恰当模拟脉冲电应力的影响。

脉冲电压上升时间对老化速率有几种影响,因此必须在试验中定义。像包含多匝绕组的特定 EIS 中,上升时间越短,通过相邻匝绕组的电压比率越高。如果局部放电是老化因素的话,那么较短的上升时间会产生较短的老化寿命。另外,老化的物理机理取决于上升时间。更进一步讲,电荷的聚集随时间而定,因而影响电场分布。

电压幅值对老化速率有较深的影响。通常,试验电压高则老化速率大。电老化与电压幅值呈倒数功率模型或指数幂关系。

在特定的 EIS,电压脉冲会产生一种以上的老化机理。如在某些 EIS 老化是由于空间电荷释放与局部放电过程同时作用。试验电压通过模拟实际老化机理来选择(通常,在实际运行中将产生)。例如,如果老化过程仅模拟空间电荷释放一个因素,那么试验电压应选在 PDEV 之下。

A.6 脉冲重复率的影响

脉冲电压重复率对需引起失效的脉冲数量有正面或负面的影响。如,在高脉冲重复率下,更高的电介质加热将产生,导致较低的脉冲失效数量。相反,一些 PD 和空间电荷决定的老化过程中,在高重复率下不产生电荷减少,因而影响导致失效的脉冲数量。因此,重复率在试验时必须确定。

A.7 脉冲极性的影响

最后,脉冲的振荡本性影响老化速率。在导体与地之间的单极脉冲通常比同样幅值的双极脉冲其每次脉冲产生的老化较少。同样,在试品上的电场可变,所加电压的极性会影响寿命。脉冲的特定波形(除上升时间外)对寿命的影响不大。如,对施加方波或三角波的试样(同样峰值,上升时间和重复率)的寿命基本相同。

A.8 参考文件

IEC 62068-2 电气绝缘系统 重复脉冲产生的电应力 第2部分:当前技术发展水平

参 考 文 献

GB/T 7354—2003 局部放电测量(IEC 60270:2000,IDT)

GB/T 20112—2006 电气绝缘结构的评定与鉴别(IEC 60505:1999,IDT)

ICS 29.035.99
K 15

中华人民共和国国家标准

GB/T 22567—2008/IEC 61006:2004

电气绝缘材料 测定玻璃化转变温度的试验方法

**Electrical insulating materials—
Methods of test for the determination of the glass transition temperature**

(IEC 61006:2004, IDT)

2008-11-07 发布

2009-11-01 实施

中华人民共和国国家质量监督检验检疫总局
中国国家标准化管理委员会 发布

前　言

本标准等同采用 IEC 61006:2004《电气绝缘材料　测定玻璃化转变温度的试验方法》。

为便于使用，本标准与 IEC 61006:2004 相比做了下列编辑性修改：

——删除了国际标准的“前言”和“引言”；

——对标准主要内容与 IEC 61006:2004 的差异的说明。

——在 IEC 61006:2004 的 5.4 条及 6.3 条中，对标准物质熔点的出处作了标注，并在标准的最后列出了参考文献，在本标准中删除了这部分内容。

——在 IEC 61006:2004 的 5.7 条中有一条文的注，内容为“根据 ISO/FDIS 11403-2[2]，推荐重新加热速率为 10 K/min”，在本标准中删掉该内容。

本标准的附录 A 为资料性附录。

本标准由中国电器工业协会提出。

本标准由全国电气绝缘材料与系统的评定标准化技术委员会归口(SAC/TC 301)。

本标准起草单位：桂林电器科学研究所。

本标准主要起草人：于龙英。

本标准为首次制定。

电气绝缘材料　测定玻璃化转变温度的试验方法

1　范围

本标准规定了测定固体绝缘材料的玻璃化转变温度的试验方法的程序。它适用于无定形材料或含有无定形域的部分结晶材料。在玻璃化转变区域内,这些材料应稳定且不会分解或升华。

2　术语和定义

下列术语和定义适用于本标准。

2.1

玻璃化转变　glass transition

在无定形材料内或部分结晶材料的无定形域内,材料由粘流态或橡胶态转变成坚硬状态(或反之)的一种物理变化。

注:玻璃化转变通常发生于一个相对狭的温度范围内,类似由液态凝固成玻璃态的过程,但这不是一种一级转变。在这个温度范围内,不仅硬度及脆度发生急剧变化,而且其他性能,诸如热膨胀系数及热容也发生急剧变化。这种现象也称为二级转变,橡胶态转变成类似橡胶转变。对于在材料中发生一种以上无定形转变的场合,通常,把其中与分子主链段运动变化有关的转变或把伴随有性能极大变化的转变看作是玻璃化转变。无定形材料的混合物可以有一种以上玻璃化转变,每一种转变都与混合物中的单个组分有关。

2.2

玻璃化转变温度　glass transition temperature

T_g

发生玻璃化转变的温度范围内的中点处的温度。

注:通过观察某些特定的电气、力学、热学或其他物理性能发生明显变化时的温度。可以很容易地测定玻璃化转变。另外,由于观察时所选取的性能及试验技术细节(例如加热速率、试验频率等),观察到的这个温度可能会有明显差异。因此,观察到的 T_g 应认为仅是一种近似值,且仅对某一具体技术及试验条件有效。

2.3

差示扫描量热法　differential scanning calorimetry

DSC

当被试材料与参比物处于程序控制温度时,测量输至被试材料及参比物的能量差与温度关系的技术。记录的数据即为差示扫描量热曲线,即 DSC 曲线。

注:本试验记录为差示扫描量热或 DSC 曲线。

2.4

差示热分析法　differential thermal analysis

DTA

当置于同一环境下的被试材料及参比物处于程序控制温度时,测量被试材料与参比物之间温差与温度关系的技术。记录的数据即为差热曲线,即 DTA 曲线。

注 1:本试验方法为差热分析或 DTA 曲线。

注 2:有四个与玻璃化转变有关的特征温度(见图 1)。

外推起始温度(T_f),℃——转变曲线上,斜率最大的那个点的切线与外推转变前基线的相交点。

外推终止温度(T_e),℃——转变曲线上,斜率最大的那个点的切线与外推转变后基线的相交点。

中点温度(T_m),℃——热曲线上,对应于外推起始点与外推终止点之间热流差一半的那个点。

拐点温度(T_i),℃——热曲线上,对应于原始热曲线一阶导数(对时间求异)曲线的峰的那个点。这点相当于原始曲线上的拐点。

有时,还要鉴别另外两个转变点,其定义如下:

第一偏离温度(T_o),℃——第一个可测得的偏离外推转变前基线的那个点。

返回基线温度(T_r),℃——最后偏离外推转变后基线的那个点。

对本标准而言,取 T_m 为玻璃化转变温度 T_g。通常情况下,T_m 更接近于由膨胀法或其他方法测得的转变。

注:对于方法 C(第 7 章)而言,伴随着玻璃化转变的机械损耗因数曲线的峰值温度认为是玻璃化转变温度。

2.5

热膨胀法　thermodilatometry

在程序控制温度下,测量承受微小负荷的试样其尺寸与温度关系的技术。

2.6

热机械分析　thermomechanical analysis

TMA

在程序控制温度下,测量承受非振动负荷的试样其变形与温度关系的技术。

2.7

动态机械分析　dynamic mechanical analysis

DMA

是一种测量在振动负荷或变形下,材料的储能模量和/或损失模量与温度、频率或时间或其组合的关系。

2.8

复数储能模量　complex storage modulus

是一个复数,它等于正弦状态下力学应力与力学应变之比。

2.9

储能模量　elastic(storage) modulus

复数储能模量的数学实数部分。

2.10

损耗模量　toss modulus

复数储能模量的数学虚数部分。

2.11

力学损耗因数　mechanical dissipation factor

损耗模量与储能模量之比。

注:例如,如果一种材料承受恒振幅的线性应变 ε 的强制正弦振动,那么,其力学应力 σ 按下式确定:

$$\sigma = \underline{E}\varepsilon = (E' + \mathrm{j}E'')\varepsilon$$

式中:

E——复数储能模量;

E'——储能模量(在这种情况下为弹性模量);

E''——损耗模量;

j——−1 的平方根。

力学损耗因数 $= E''/E'$。

3　本试验方法的意义

玻璃化转变温度与被试材料结构的热历史有极大关系。

对无定形材料及半结晶材料，测定玻璃化转变温度可提供有关材料热历史、工艺条件、稳定性、化学反应过程及力学和电气性能方面的重要信息。

例如，玻璃化转变温度可用来指明热固性材料的固化程度。热固性材料的玻璃化转变温度，通常随着固化深入而提高。这种测定对质量保证、规范贯彻及研究是有用的。

4 试验方法

本标准叙述了三种测定玻璃化转变温度的方法。这些方法是根据市场上所能购到的仪器而制定的。仪器的典型工作温度范围为－100 ℃～＋500 ℃。

在描述转变方面，根据具体材料的组分、结构及物理状态，用其中的一种方法可能较另两种方法更有效。

因此，应根据实际要求选用这些方法。

注：玻璃化转变是发生在一定的温度范围内，而且已知玻璃化转变会受到与时间相关的因素的影响，例如加热(冷却)速率。由于这些原因，只有在相同的加热速率下所测得的数据才能比较。

在比较用一种方法测得的玻璃化转变温度与用其他方法测得的玻璃化转变的温度时，应特别注意到这点。

5 方法 A：差示扫描量热法(DSC)或差示热分析法(DTA)

5.1 概述

a) 差示扫描量热法或差示热分析法提供了一种测定材料热容变化的快速方法。

b) 玻璃化转变是通过材料热容变化而引起的差示热流的吸热漂移来指示。

5.2 影响

增大或减小规定的加热速率，可能会改变测量结果。添加物和/或杂质的存在，会影响转变，尤其是若一种杂质有助于形成固溶体或可混溶于后转变相中的情况下影响更大。若颗粒尺寸对测得的转变温度有影响，那么用于比较的样品的颗粒尺寸应近似相同。测量过程中挥发分的损失(例如，水)可能会影响测量结果。

某些情况下，在温度循环过程中，试样材料可能会与空气反应而导致转变测定错误。

凡存在有这种影响的场合，应采取在真空或在惰性气体保护下进行试验。由于某些材料的降解接近于转变区，因此，应注意区分降解与转变之间差别。

由于材料使用量为毫克量级，这就必须保证试验材料是均质且具有代表性以及质量和形状相似。

5.3 设备

差示扫描热计(DSC)或差示热分析仪(DTA)，其加热(或冷却)速率至少达到(20±1)K/min，能自动记录受试材料与参比物之间的热流差或温度差，并达到要求的灵敏度和精密度。

注：DSC 为主要使用的一种方法。

铝或其他金属制成的高热导器皿作为试样容器。

为方便操作起见，可用一种其热容量近似等于试样热容量的惰性参比物(例如，氧化铝)。

保护试样用的纯度为 99.9% 氮气或其他惰性气体源。如果确知试样不会发生氧化反应，则也可用空气。所采用气体的压力应是可以调节的。

所选用气体的露点应低于最低操作温度。

5.4 校正

按仪器制造厂提供的程序，用下述的一种或一种以上的标准参比物对仪器的温度坐标轴进行校正。参比物的纯度至少为 99.9%，根据试验温度范围加以选择参比物。在用这些材料进行校正时，所采用的加热速率、净化气体及净化气体流速应与试验试样时一致。

下述参比物的熔点可适用于许多试验测量：

参比物	熔点，℃
水银	－38.9
镓	＋29.8
铟	＋156.6
锡	＋232.0
铅	＋327.5
锌	＋419.6

注：按照上述报导，对于把温度传感器置于试样内的场合，在差示扫描量热法中应把外推起点(见2.4)作为熔点温度，在差示热分析中，应把熔融吸热峰作为熔点温度。

5.5 预防措施

本标准可能涉及到危险的材料、操作及仪器的使用，无论谁使用本标准，使用前都有责任建立相应的安全措施和确定规章条例界限的适用性。

5.6 试样

粉状或粒状试样：如果不能按5.7所述实行预热循环，则要避免研磨。用研磨或类似工艺减小试样尺寸，由于摩擦，取向或两者兼有，通常会引起热效应从而改变试样的热史。

模塑或压制试样：用切片机、剃刀片、皮下注射器大钢针、纸板打孔器或木塞打孔器(#2号或#3号)把试样切成合适的尺寸：使试样的厚度、直径或长度正好适合试样容器，而试样的重量则接近于以后的试验程序所要求的重量。

薄膜或片状材料：对厚度大于0.04 mm的薄膜，对更薄的薄膜如果使用圆形试样皿，把薄片切成能满足试样容器碎片或冲成圆片。

液体试样：催化过的液态热固性能可直接在试样皿中固化。

注：应报告任何经过机械或热预处理的情况。

5.7 程序

a) 从被试材料中取出适当质量的试样。多数情况下，10 mg～20 mg即能满足要求。可应用其热容量与试样热容量非常接近的合适材料作为参比物。

b) 开通符合5.3要求的净化气流。开始试验并记录起始热循环直至某一足够高的温度以消除试样先前的热史。试验是在(20±1)K/min速率下进行。

c) 以至少(20±1)K/min速率急剧降温，使温度降到大大低于所欲得到的转变温度，通常在50 K以下。

e) 保持此温度直至趋于稳定状态(通常为5 min～10 min)。

f) 以速率(20±1)K/min重新加热并记录曲线直至所有预期转变完成为止。应报告加热速率。

g) 测量中点温度 T_m(℃)并记其为 T_g。

h) 应至少测试三个试样，以测得值的平均值作为 T_g。

5.8 报告

报告应包括下列内容：

a) 被试材料完整的标识和描述，包括来源、制造厂的编码；

b) 测试所用仪器的描述；

c) 试样形状，制备方法及任何预处理；

d) 试样容器的尺寸、几何形状及材质，以及加热、冷却速率；

e) 温度校正方法的叙述；

f) 试样的测量气氛、气体压力及流动速率、纯度、组分的说明。如果适用的话，还应包括温度；

g) 测得的 T_g；

h) 还应报告任何其他附加反应(例如:交联、热降解、氧化)。如果可能,确定该反应的属性。

6 方法 B:热机械分析法(TMA)

6.1 概述

本方法应用下述技术测定材料的玻璃化转变温度:

——方法 B1:热膨胀法(膨胀法)

本方法适用于在试验温度范围内具有足够刚性的材料,在传感探头作用下,试样不会出现明显压坑或压缩。

——方法 B2:热机法(针入度法)

本方法适用于在试验温度范围内硬度会发生明显变化的材料,在传感探头作用下,试样会出现明显压坑。它不适用于含填料多的体系。

这两种技术均使用一种热机分析仪或类似装置,当材料处在恒定加热速率时,测定置于试样上方的探头的位移。

记录探头移动与温度的函数关系。

热膨胀法(方法 B1)是一种快速测定在程序控制温度下承受微小负荷的试样其尺寸变化与温度关系的方法。

热膨胀系数曲线上的突变点与玻璃化转变有关。

针入度法(方法 B2)则是监测在程序控制温度下承受负荷的试样其硬度变化与温度关系的方法。

探头位移与温度关系曲线上的突变点与玻璃化转变有关。

6.2 设备

设备包含一个试样容器,试样可放置在里面,通过探头移动,检测试样长度或压缩模量的变化。

探头的形状与尺寸应使得在试验温度范围内,对方法 B1 而言,通过探头施加到试样上的负荷对试样既不产生明显压坑也不产生明显压缩,对于方法 B2 而言,对试样产生压坑。

对方法 B1,应用直径 2 mm~5 mm 的平的圆形探头。

对方法 B2,则要求应用类似直径或较之更小的半球形探头。

采用下列方法:

——能检测出因试样的长度或模量变化而引起的探头位移,并能把这些位移转换成适合于输入至记录仪或数据处理系统的信号。这种检测传感元件应能产生至少为 1 mV/μm 探头位移的输出,预计更小的传感范围,必要时要求±50 mm 的宽度。

——一种能记录试样长度(±50 mm)或探头位置变化与温度(±0.1 K)关系的装置。具有记录纸上每偏移 1 cm 相当于探头位移 1 μm 或更佳灵敏度的 X-Y 记录仪或条带记录仪即可符合要求。数字和数据处理仪器,要求有相应的绘图仪或打印绘图仪。

——一种在试验温度范围内以预定速率对试样进行均匀加热的装置。对需要在接近环境温度或低于环境温度下进行测量的场合,应该有对炉子和试样预冷的措施。要求加热和冷却速率至少达到 10 K/min。

——测量试样温度的装置。

——一种用于燥惰性气体,例如氮气或氦气(以后者为佳,由于其具有较高的热导率),净化试样环境的装置,所选择的气体的露点应低于最低操作温度。

6.3 校正

以相同于试验试样用的加热速率、净化气体及净化气体流速,应用一种或一种以上纯度等于或大于 99.9%的标准参比物,在试验温度范围内对仪器的温度坐标进行校正。

应用一个加载 50 mN(5 g)的晶体试样探头,加载于参比材料上,以相同于测试试样时的速率加热。当加热通过其熔点时,观察针入外推起熔点进行温度校正,校正至±1.0 K。

可以应用下述参比物：

参比物	熔点,℃
水银	−38.9
镓	+29.8
铟	+156.6
锡	+232.0
铅	+327.5
锌	+419.6

按照仪器制造厂推荐的方法,用已知厚度的标准试样,对探头位移测量系统及记录系统进行校正。作为本标准用,推荐标准厚度为 300 μm～600 μm。

6.4 预防措施

本标准可能涉及到危险的材料、操作和设备的使用,无论谁使用本标准,使用前都有责任建立相应的安全措施和确定规章条例界限的适用性。

6.5 试样

试样可以按收货或经预处理的状态进行分析。若试验前已经对试样进行过某种条件处理,那么应把这种处理记入报告。

试样厚度最好用 1 mm～3 mm。也可用超过这范围的试样,但应予以报告。厚度小于 6 μm 的试样不宜采用。要求试样表面光滑且平行。

6.6 程序

将厚度为 1 mm～3 mm 的试样装入探头下的试样容器内。试样温度传感器的放置应使之与试样接触或尽可能接近试样(视仪器制造厂的推荐而定)。按 6.2 选择探头。

对软材料,当温度超过玻璃化转变温度 T_g 时,会引起压坑,在这种情况下,如果用膨胀法(方法 B1)进行试验,可能要在探头与试样的上表面之间垫上一块薄的金属圆片(如铝片),实际上相当于增大探头直径,从而避免探头往下压陷。

把试样容器装入加热炉内。冷却或加热试样前,开通干燥的惰性纯净气体。如果试验是在接近环境温度或低于环境温度下进行,则至少应使试样及炉子冷却到比试验的最低温度低 30 K。供冷却用的冷却剂不应直接与试样接触。

方法 B1:施加 5 mN～10 mN 力于传感探头上,以保证探头与试样接触。也可施加其他量的负荷,但应在报告中注明。

方法 B2:施加 50 mN～1 000 mN 于传感探头上。

开动记录仪,选取相应的灵敏度。

注:为了获得这方面信息,可能需要用一个类似的试样进行预分析。

在所要求的温度范围内,以(10±1)K/min 的恒定加热速率对试样加热。也可用其他加热速率,但要在报告中注明。

位移曲线上斜率的急剧变化,表明材料从一种状态转变成另一种状态。把曲线上两线性部分外推所得交点的对应的温度定为玻璃化转变温度(见图 2 或图 3)。

如果有明显的残余应力存在(在玻璃化转变附近的一种突然的不可逆的畸变),那么到较该温度约高 20K 时就停止加热。然后降温返回到起始状态并重新加热试验。报告由第二次试验测得的玻璃化转变以及进行热处理的情况(见图 4)。

应至少试验 3 个试样。以测得值的平均值报告 T_g。不应把某些试样重复试验得到的结果当作新试样单独试验的结果。

6.7 计算

按下述步骤确定玻璃化转变温度：

a) 沿膨胀曲线或针入曲线的低于转变温度部分作切线。

b) 沿膨胀曲线或针入曲线的高于转变温度部分作切线。

c) 把两切线交点对应的温度报告为玻璃化转变温度 T_g。

6.8 报告

报告应包括下列内容：

——对试验材料的说明，包括制造厂名称、批号及化学成分(已知时)。

——试验方法、试样制备，包括任何机械、热或环境处理。

——若试验时的材料是一种复合材料，则应说明试样相对于原始部分的方位或相对于定向纤维填料方向的方位。

——试样尺寸。

——玻璃化转变温度 T_g。

——所用的热机分析仪的说明。

——纯净气体、流速及冷却媒质(如果使用)。

——所用探头形状及负荷的细节。

——测得的探头位移曲线。

——加热速率。

7 方法 C：动态机械分析法(DMA)

7.1 概述

本方法是应用动态力学分析仪测定固体绝缘材料玻璃化转变温度。

将已知几何形状的试样置于机械振动中，振动频率既可以是固定频率也可以是固有共振频率。测量试样的力学损耗因数与温度关系(可以是等温的也可以是变温)。力学损耗因数曲线是表征试样的粘弹特性。通常把在某一特殊温度下粘弹性急剧变化称之为转变区。

注：测量力学损耗因数的具体方法，取决于所用仪器的运行原理。

这些方法专供测试那些具体弹性模量从 0.5 MPa～100 MPa 的材料。也可能会超过这个弹性模量范围，这要视所用仪器而定。

7.2 影响

增大或减小规定的加热速率会改变测量结果。

由于转变温度与试验频率有关，因此，振动频率应予以规定(转变温度随频率增加而增大)。可利用预先确定频率变换因子使之折算到参照频率下的转变温度。作为本试验用，应该在 1Hz 下测量(或报告)玻璃化转变温度。

由于试验过程不发生热膨胀，因此，要注意使试样夹紧。

7.3 方法与设备

7.3.1 设备

设备应具有能安装一个截面均匀的试样，使得在力学振动系统中充当弹性单元和耗散单元的作用。

这种类型的仪器通常称为动态力学分析仪。

7.3.2 方法

● 共振系统：

——自由衰减扭转振动

——强制恒振幅振动

——弯曲振动

● 非共振系统，固定频率：

——强制恒振幅扭转振动

——强制恒振幅拉伸振动

——强制恒振幅压缩振动

——强制恒振幅弯曲振动

注：对共振系统，振动频率是试样性能的函数并与温度有关。

7.3.3 设备的组成

所有设备应由下列部分组成：

——夹持装置：夹具结构应能夹紧试样而不滑动。

——振动变形(应变)：一种对试样施加振动变形(应变)的装置。对自由振动装置，施加上这种变形后可以再释放；而对强制振动装置，则是连续施加这种变形(应变)。

——检测器：是一种或一些测定相关的和独立的试验参数的装置。例如，力(应力)，变形(应变)、振动频率及温度。温度测量应准确至 0.5 K，频率测量应准确至±1%，力的测量应准确至±1%。

——温度控制仪及炉子：是一种控制试样温度的装置。它可以通过加热(分段或直线上升)、冷却(分段或直线下降)或保持恒温环境来加以控制。

——净化用的干燥氮气或其他惰性气体源。

——卡尺或其他测量长度用的装置，其测量准确度应达到试样尺寸的±1%。

7.4 校正

——冰水　　0.0 ℃

——铟　　156.6 ℃

7.4.1 温度

以相同于试验试样时采用的加热速率(线性温度程序或恒温)，按仪器制造厂推荐方法，用上述物质中的任何一种或两种，对仪器温度轴进行校正。

7.4.2 其他参数

对于在测定模量和损耗因数时需要用的其他参数，应按照制造厂推荐的方法进行校正。

7.5 预防措施

当加热试样至接近其分解点时，可能会释放出有毒或腐蚀性或两者兼有的排出物，这些排出物对人体及仪器可能有害。

7.6 试样

试样尺寸或形状应按仪器制造厂推荐。

当使用少量试样时，应使试样能代表该种材料。

由于动态力学试验仪的类型繁多，因此本方法中对试样尺寸不作规定。在多数情况下，业已发现，尺寸为 0.75 mm×10 mm×50 mm 的试样较为适用且方便。

注 1：重要的是试样尺寸的选择要与受试材料的模量及测量设备能力相一致。例如，厚的试样适用于低模量材料的测量，而薄的试样则适用于高模量材料。

7.7 程序

测量试样的长度、宽度及厚度，准确至±1%。

最大的应变振幅应在材料的线性粘弹范围内。

注：推荐应变小于 1%。

选取试验频率使其尽可能接近 1 Hz 是具有实际意义的。试验频率可以是固定的，也可以是变化的，这要取决于试验设备。

注 2：作为本试验用，应报告在 1 Hz 下的分析结果。

从欲试的最低温度至最高温度，变化试样温度，同时测量试样的弹性及阻尼性能。

注 3：最好以分段递增或以足够慢速率在整个温度范围内进行试验，使得温度沿整个试样保持均衡状态。达到均衡的时间取决于具体试样的质量和夹具排列。业已发现，以 1 K/min～2 K/min 或以每段递增 2 K～5 K 并保持 3 min～5 min 的温度程序速率是合适的。从 2 个或 2 个以上的速率对试样进行试验并比较所测得的结果，可以观察到加热速率对测试结果的影响。

注 4：所要求的玻璃化转变温度测量准确度将取决于力学损耗因数随被试的试样温度的变化速率。

经验表明，在转变区内，试样温度应读到±0.5 K。

除非其他规定，一般测试 3 个试样。

7.8 计算

按仪器制造厂操作说明书提供的公式，计算力学损耗因数曲线。绘制力学损耗因数与试样温度关系图。

应用测得的试样长度、宽度及厚度的平均值。

取力学损耗因数曲线最大处的温度作为玻璃化转变温度 T_g(见图 5)。

注 1：玻璃化转变是发生在一个温度范围内并已知受到与时间相关的因素的影响。例如加热速率及振动频率。由于这些原因，只有在相同的温度程序、振动频率下得到的数据才能比较作为本试验用，取 1 Hz 作为参照频率。

注 2：利用预先确定的频率变换因子 k，可将 T_0 值与其他频率下测得的值进行比较：

$$\theta_r = \theta_0 - k(\lg f_0 - \lg f_1) = \theta_0 - k\lg(f_0/f_1)$$

式中：

θ_r——在 f_1 下的玻璃化转变温度；

θ_0——在观察频率下测得的玻璃化转变温度；

k——频率变换因子；

f_0——观察到的振动频率(Hz)；

f_1——参照频率(Hz)。

举例说明：若频率变换因子为频率每改变 10 倍为 8 K(即 k=8 K)，当观察频率 f_0=15 Hz 时，观察的温度 θ_0=100 ℃，则 f_r=1 Hz 时：

θ_r=[100－8lg(15/1)]℃

=(100－8×1.18)℃

=90.6 ℃

计算 1 Hz 时的 θ_r 并报告其为 T_g。

7.9 报告

报告应包括下述内容：

——被试材料的完整标识与描述。包括来源及制造厂商编码。

——试验方法的说明。例如，自由衰减扭转共振(见 7.4.2)。

——试样尺寸。

——校正方法的说明。

——试样的环境气氛说明：气体成分、纯度及使用速率。

——试验前试样状态调节的细节。若对试样进行某一种热处理以得到最佳分析，则应在报告中记录这种处理。

——温度程序，包括起始及最终温度以及线性温度变化速率或阶段升温的时间间隔和升温度数。

——原始试验数据。

——被试试样的数量。

——用作计算力学损耗因数曲线的公式。

——力学损耗因数与试样温度的关系图。

——把力学损耗因数画在纵坐标上，按阻尼增加方向，曲线朝上挠曲。纵坐标应清晰标明名称及测量单位。

——把温度画在横坐标上，从左至右递增。横坐标应清晰标明名称及测量单位。

——1 Hz 下的 T_g 平均值。

对于在 1 Hz 以外的其他频率下测量，应报告原始观察到的温度(θ_0)、振动频率(f_0)及所用频率的变换因子(k)。

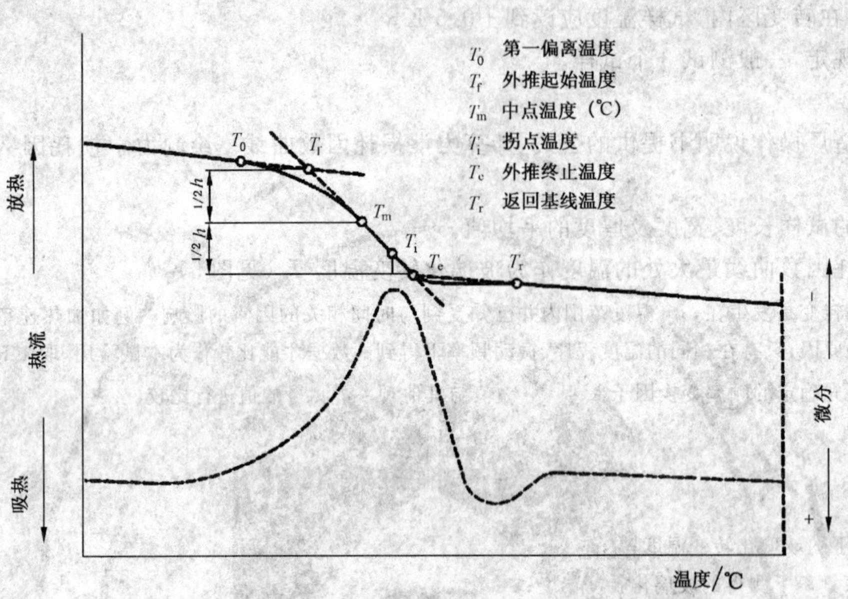

图 1　差示扫描量热法(DSC)：与玻璃化转变有关的特征转变点

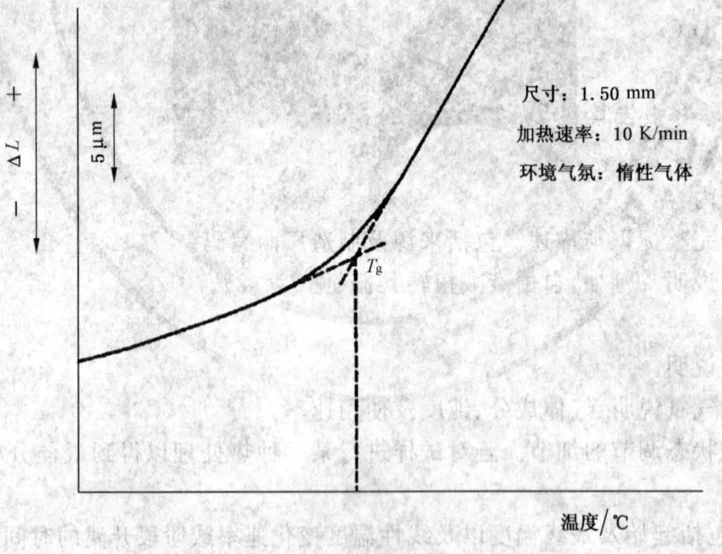

图 2　热机械分析(TMA)(膨胀法)：玻璃化转变温度 T_g 的测定

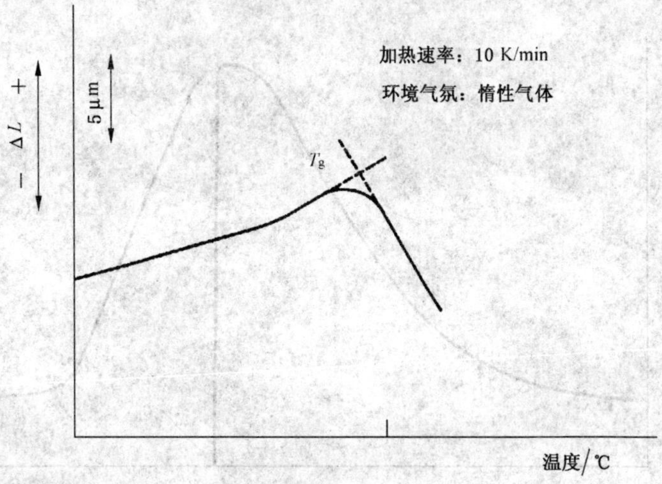

图 3　热机械分析(TMA)(针入度法):玻璃化转变温度 T_g 的测定

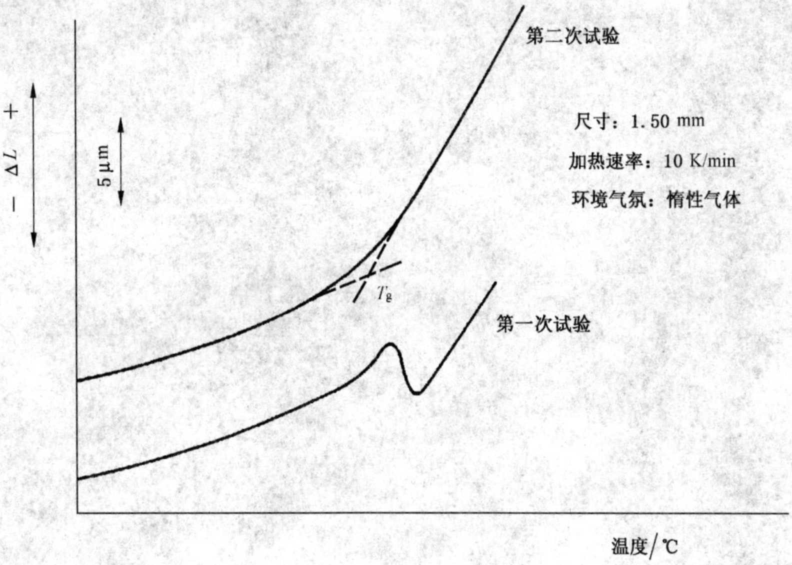

图 4　热机械分析(TMA)(膨胀法):玻璃化转变温度 T_g 的测定(第二次试验)

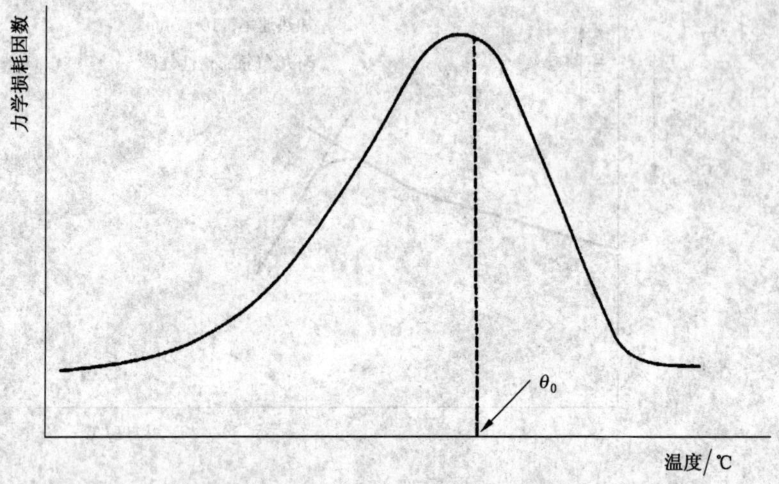

图 5　典型的力学损耗因数曲线

附 录 A
（资料性附录）
图解计算法

图 A.1 是储能模量与温度关系图，曲线的拐点（T_g 对应区域）表示玻璃化转变区域。可以观察到储能模量的减小（这些情况表示材料储存能量）。储能模量的下降显示试样刚性硬性下降，下降的发生是由于试样在玻璃化状态软化。在更高的温度下，储能模量到达一个最小值，T_g 可由图解计算而得，即曲线上两切线的交点的横坐标值。

该方法可适用于热固性、热塑性塑料及复合材料等范围很广的材料。

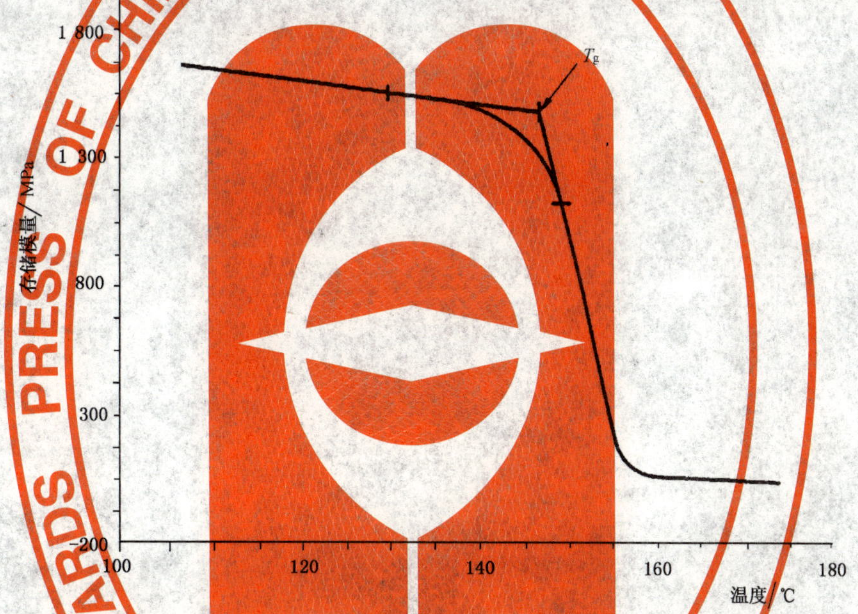

图 A.1 动态机械分析（DMA）：玻璃化转变温度 T_g 的测定

ICS 91.120.25
P 15

中华人民共和国国家标准

GB/T 22568—2008

公共地震信息发布

Public earthquake-related information release

2008-11-13 发布 2009-03-01 实施

中华人民共和国国家质量监督检验检疫总局
中国国家标准化管理委员会 发布

前言

本标准由中国地震局提出。

本标准由全国地震标准化技术委员会(SAC/TC 225)归口。

本标准起草单位:中国地震局地震预测研究所、中国地震台网中心。

本标准主要起草人:蔡晋安、陈会忠、周克昌、唐毅、黎益仕、刘瑞丰、赵仲和、黄伟、林碧苍。

公共地震信息发布

1 范围

本标准规范公共地震信息发布中信息发布的内容、方式和应遵循的要求。

本标准适用于国内各级机构和单位从事面向公众的地震信息发布、转载和引用的所有活动。

2 规范性引用文件

下列文件中的条款通过本标准的引用而成为本标准的条款。凡是注日期的引用文件，其随后所有的修改单(不包括勘误的内容)或修订版均不适用于本标准，然而，鼓励根据本标准达成协议的各方研究是否可使用这些文件的最新版本。凡是不注日期的引用文件，其最新版本适用于本标准。

GB 3102.1 空间和时间的量和单位

GB 3102.2 周期及其有关现象的量和单位

GB 17740—1999 地震震级的规定

GB/T 17742 中国地震烈度表

3 术语和定义

下列术语和定义适用于本标准。

3.1

公共地震信息 public earthquake-related information

面向社会公众的与地震有关的信息。

3.2

地震事件信息 earthquake event information

表述地震事件参数的信息，包括地震发生时间、地点、震级、震源深度以及震源过程等。

3.3

地震灾害信息 earthquake disaster information

与地震造成的灾害有关的信息，包括地震烈度、人员伤亡、经济损失、房屋及各类工程破坏情况、次生灾害、环境资源破坏、震灾调查与评估结果等信息。

3.4

地震监测信息 earthquake monitoring information

对地震发生及与地震发生有关的现象进行监视与观测的有关信息，包括地震监测台网布局、监测能力、监测设施、观测环境状况，台网规划、建设、管理等信息。

3.5

震灾防御信息 earthquake disaster-prevention information

与避免和减轻地震灾害的防御性工作有关的信息，包括防震减灾规划、政策法规、地震区划、抗震设防要求、抗震设计、防震减灾知识宣传等信息。

3.6

震灾救助信息 earthquake disaster-relief information

与震前应急防御和震后抢险救助有关的各种信息，涉及地震应急预案、震灾救援、避震和自救知识、避难设施等信息。

3.7

信息发布　information release

通过报刊、广播、电视、电话和互联网络等各种新闻媒体和通信工具对社会公众宣布有关方面信息的服务活动。

3.8

地震震级　earthquake magnitude

对地震大小的相对量度。

[GB 17740—1999 中的 2.1]

3.9

地震烈度　seismic intensity

地震引起的地面震动及其影响的强弱程度。

[GB/T 17742—2008 中的 2.1]

4　发布内容与要求

4.1　发布内容

公共地震信息包括地震事件信息、地震灾害信息、地震监测信息、震灾防御信息和震灾救助信息中服务于社会公众的信息。

4.2　发布要求

4.2.1　地震事件信息发布要求

4.2.1.1　对于首都圈地区 3 级以上地震、新疆、青海、内蒙古和西藏地区 5 级以上地震、国内其他地区含东部沿岸近海的 4 级以上地震、对社会造成影响的有感地震事件、境外 300 km 以内地区 6 级以上地震和国外其他地区 7 级以上地震，应在 1 h 之内向社会公众发布地震事件信息。

4.2.1.2　发布地震时间信息时，应使用中华人民共和国北京时间，国外地震可以加注当地时间和协调世界时(UTC)时间。表述格式应当完整，包括年、月、日、时、分。

4.2.1.3　发布地震地点信息时，应提供地震震中的地理经纬度和参考地名。地理经纬度表述格式为东(西)经×××.×度和北(南)纬××.×度。参考地名为行政区划地名或地理地名。对于行政地名，国内地震应提供地震震中位置所在的省(自治区、直辖市)、市和县(市)级名，发生在我国近海的地震应提供海域名，名称应使用国务院颁布的中华人民共和国行政区划地名；国外地震原则上应提供地震所在国家和地区或下一级行政区划名，以及距重要大城市的距离。

4.2.1.4　发布 4.2.1.1 规定的地震事件信息时，其震级应使用 GB 17740—1999 中规定的地震震级 M。国外地震可以使用所在国测定的地震震级，但是应同时说明我国地震台网测定的震级。

4.2.1.5　发布地震震源深度信息时，可采用×××km 格式表述。

4.2.2　地震灾害信息发布要求

4.2.2.1　发布地震烈度信息时，应使用 GB/T 17742 中规定的烈度。并可说明地震造成最大烈度的地区及相应的烈度值和受地震影响的地区及相应烈度值。国外地震可使用所在国或地区测定的烈度值，但可附带说明该国或地区采用的烈度标准。

4.2.2.2　发布地震灾害损失信息时，可提供地震宏观震中地点、受灾地区范围、人员伤亡、经济损失、交通、通信、供电、供水、供气等生命线工程和建(构)筑物破坏情况，以及次生灾害情况。还可提供由地震工作主管部门做出的地震灾害评估结果。

4.2.2.3　经济损失评估应采用人民币单位。国外地震可使用所在国货币单位，但应同时折合成美元值。

4.2.3　地震监测信息发布要求

4.2.3.1　发布当地地震监测台网能力时，应给出所使用的地震监测台网的建成时间。

4.2.3.2 发布地震监测台网布局信息时,涉及地域名字应使用国务院颁布的中华人民共和国行政区划地名。

4.2.4 震灾防御信息发布要求

4.2.4.1 发布防震减灾规划信息时,应公布规划内容、规划制定部门、批准部门和时间。

4.2.4.2 发布地震动参数区划信息时,参数单位应采用国家标准GB 3102.1和GB 3102.2的规定。

4.2.5 震灾救助信息发布要求

4.2.5.1 发布地震应急预案信息时,除公布应急预案内容外,应提供地震应急预案制定部门、实施部门、联系方式、预案制定时间和版本。

4.2.5.2 发布地震应急救援队伍信息时,应提供地震应急救援队伍人数、装备、所在位置和联系方式。

4.2.5.3 地震避难设施和疏散路线应在官方网站上或其他媒体上向社会公众,并应告知地震避难设施附近设置的指示标志含意。

4.2.5.4 地震避难设施信息应包含设施名称、地点、周边道路、交通方式、联系方式等,并提供平面示意图。地震疏散路线应注明疏散路线名称和方向。

4.2.6 信息发布其他要求

4.2.6.1 发布公共地震信息时,所使用的地图应采用经国家测绘行政主管部门审核和正式出版发行的地图。

4.2.6.2 转载或引用地震信息时,应确保信息来源的可靠性,避免造成地震误传、谣传。

4.2.6.3 从事发布公共地震信息的各项活动,应遵守国家有关法律、法规的规定,不得涉及国家秘密和危害国家安全。

4.2.6.4 发布公共地震信息,特别是地震灾害或救助信息时,应尊重不同国家或地区的民族风俗和宗教信仰。

5 发布方式

5.1 网络发布

可通过互联网络发布各类公共地震信息。

5.2 广播电视发布

可通过中央广播电台、中央电视台和各地广播电台、电视台播放各类公共地震信息。

5.3 报刊杂志发布

可在各类报刊杂志上发布各类公共地震信息。

5.4 手机短信平台发布

可通过手机短信平台用短信形式发布各类公共地震信息等。

5.5 地震信息服务咨询热线

可通过拨打地震信息服务专用固定电话咨询。

5.6 地震专题定制服务

可通过使用磁盘、光盘、纸介质等形式提供各类公共地震信息等。

6 发布质量管理

6.1 向社会公众发布的国内公共地震信息应来源于地震及相关工作主管部门公布的地震信息。对于国外7级以上的地震,转载外国新闻媒体的地震事件信息时应同时提供地震工作主管部门公布的地震事件信息。

6.2 地震工作主管部门应建立健全公共地震信息发布质量检查和监督机制,开展信息发布监督检查,受理对信息发布质量的投诉,并采取有效措施改进服务质量。

6.3 公共地震信息发布机构应制定公共地震信息发布方案,规范工作流程,及时发布公共地震信息,做好公共地震信息服务。

6.4 参加公共地震信息发布的人员应熟练掌握本岗位业务知识和操作技能。用于提供公共地震信息发布的各类设备,应检定合格,并具有安全保护措施。

参 考 文 献

[1] GB/T 18207.1—2008《防震减灾术语　第1部分:基本术语》
[2] GB/T 18207.2—2005《防震减灾术语　第2部分:专业术语》
[3] GB/T 15624.1—2003《服务标准化指南　第1部分:总则》

ICS 67.120.10
B 45

中华人民共和国国家标准

GB/T 22569—2008

生猪人道屠宰技术规范

Technical criterion of pig humane slaughter

2008-12-15 发布　　　　2009-02-01 实施

中华人民共和国国家质量监督检验检疫总局
中国国家标准化管理委员会　发布

前言

本标准的附录A为资料性附录。

本标准由中华人民共和国商务部提出并归口。

本标准由商务部畜禽屠宰管理办公室、北京安华动物产品安全研究所、江苏雨润食品产业集团有限公司、双汇集团负责起草。

本标准主要起草人：房爱卿、徐息和、邢文凯、贾自力、冯梁、张萍萍、闵成军、王永林。

生猪人道屠宰技术规范

1 范围

本标准规定了实施生猪人道屠宰的管理和技术要求。

本标准适用于生猪屠宰企业。

2 术语和定义

下列术语和定义适用于本标准。

2.1

人道屠宰 humane slaughter

减少或降低生猪压力、恐惧和痛苦的宰前处置和屠宰方式。

2.2

致昏 stunning

通过机械、电击、气体等方式使动物失去知觉，但保持心跳和呼吸。

2.3

赶猪板 driving board

用于驱赶生猪的工具，一般用橡胶或塑料制作。

3 管理

3.1 屠宰企业应建立人道屠宰管理体系，对设备设施、操作方法和人员要求作出规定，以保证实现相应的技术要求。该体系应采用体系文件形式予以明确，并记录其实施过程。

3.2 体系文件应包括标准操作程序、设备操作方法、维护清理方式、紧急情况应急预案和不同员工的职责。

3.3 体系文件应明确影响肉品质量的人道屠宰要求如何反馈到养殖、运输环节。

3.4 应制定处理突发事件的应急预案，应包括对生猪逃跑、设备事故、停电、火灾和气体泄露等紧急情况发生时的应对方案。方案中应明确紧急情况发生时的负责人。

3.5 参与宰前处置和宰杀生猪的员工应掌握该体系文件中相应的要求。

4 人员

4.1 屠宰企业应有专人对卸车、待宰、驱赶、致昏和刺杀过程中的操作进行监督。在处置和宰杀生猪过程中，监督员应全程跟踪屠宰过程，及时纠正不当行为。重大问题应及时报告管理层。

4.2 卸车、待宰、驱赶、致昏和刺杀等环节应至少有一名接受过人道屠宰知识培训的技术人员，负责操作或指导其他人员操作。从事专门设备操作、检测或维护的人员应具有相应的工作能力。

4.3 兽医卫生检验人员应具备相应的人道屠宰知识。

5 设施

5.1 屠宰厂应设置卸猪台，卸猪台应防滑，坡度小于 20 度。坡道的周边应有围挡，引导生猪进入圈舍。

5.2 围栏、圈舍、出入口、通道应随时可以对生猪进行检查，并能及时将患病或受伤的生猪转移到合适的圈舍中。

5.3 通道应有助于猪自由向前移动，应尽量减少拐角，不应有直角转弯。

5.4 通道应保持一定的亮度，越接近致昏点，通道光线应越亮。但应避免出现阴影或强烈明暗对比，禁止光线直接照射生猪的眼睛。

5.5 通往致昏点的通道应有紧急出口，供紧急情况或致昏延迟时使用。

5.6 通道中不应有任何可导致生猪停止、放缓或掉头的设施。

5.7 通道地面应平整，没有明显的凸起或凹槽，排水系统不应位于通道下方，如果通道需经过排水系统上方，排水系统的盖板应经过加固，并与周围地板融为一体，不应影响生猪的行动。

5.8 圈舍应有一定弧度的不透明围墙和饮水系统。

5.9 在天气过热或过冷的情况下，圈舍应具备适当的通风和保温设施。

5.10 伤残生猪圈舍应尽可能靠近卸猪坡道，圈舍应易于识别，易于进入。

6 伤残生猪处置

6.1 对有病或受伤的生猪应立即宰杀。不具备立即宰杀条件时，应采取减少痛苦的方法转移至伤残生猪圈舍中。

6.2 应采用致昏后放血的屠宰方式宰杀伤残生猪。

6.3 执行紧急宰杀任务的员工应能正确识别有效的致昏迹象。

6.4 应全天为伤残生猪圈舍中的生猪提供清洁饮水。

7 卸车与待宰

7.1 卸猪时应保持安静，动作平缓，让生猪自己行走，任何情况下都不应强迫猪跳下运输车辆。

7.2 生猪在待宰圈中的密度要求为应能使所有生猪同时站起、躺下和自由转身。

7.3 因性别、来源或年龄不同而可能具有攻击性的生猪在圈舍中应单独隔离。

7.4 待宰圈应有淋浴系统，淋浴时间不应超过 2 h。当环境温度低于 5 ℃时，禁止使用淋浴系统。

8 驱赶生猪

8.1 驱赶生猪应保持安静并有耐心，不应粗暴的驱赶生猪。只有在保持前方通道畅通才可驱赶生猪。在使用赶猪板时，应降低通道和圈舍中的声音。

8.2 一般情况下不应使用电棒赶猪。只有在待宰圈前方通道通畅，生猪拒绝向前移动时方可使用电棒，禁止在从待宰圈舍通往致昏点的通道以外的其他地点使用电棒赶猪。使用电棒赶猪时，只能接触成年生猪身体后部，不应接触生猪的眼睛、嘴、耳、肛门、生殖器和腹部等敏感部位。电击时间不能应超过 2 s。

8.3 参与卸猪、赶猪和待宰圈管理的员工应穿深色衣服。

9 电击致昏

9.1 电击致昏设备应能确保生猪立即失去知觉，并持续足够时间，保证生猪在被宰杀前不恢复意识。

9.2 生猪被有效电击致昏是一个可逆过程，包括僵直期、抽搐期和复苏期。僵直期、抽搐期和复苏期的特征参见附录 A。

9.3 二点式电击致昏

9.3.1 电极与皮肤接触位置为头部两侧、眼与耳之间或两耳后部，确保电流能穿过大脑。

9.3.2 电流不应低于 1.3 A，通电时间 1 s～3 s。

9.3.3 操作人员应检查电击后生猪症状，确保生猪被有效致昏。如果没有致昏，应立即对生猪进行二次致昏。

9.4 三点式电击致昏

9.4.1 电流不应低于 1.3 A，通电时间 1 s～2 s。

9.4.2 使用三点式电击致昏设备，应配备二点式手持电击致昏设备作为备用设备。

9.4.3 电击后应确保生猪被有效致昏。如果没有致昏，应立即对生猪进行二次致昏。

9.5 设备维护要求

9.5.1 工作前应检查所有致昏设备(包括备用设备)，确保设备可以正常工作。

9.5.2 工作前致昏设备的输出电压和电流应使用能够模仿猪头部电阻(200 Ω～400 Ω)的设备进行测试。

9.5.3 电压表和电流表应安装在操作人员易于看到的位置。

9.5.4 电致昏设备在使用结束后应进行清理，确保电极清洁。

9.5.5 备用电致昏设备应存放在专用地点，供紧急情况或在致昏设备发生故障时使用。

10 刺杀

10.1 未经致昏的生猪不应刺杀。

10.2 致昏后应立即刺杀，致昏至刺杀时间应小于 15 s。

附　录　A
（资料性附录）
生猪电击致昏僵直期、抽搐期和复苏期的特征

A.1　生猪被有效电致昏是一个可逆过程，包括僵直期、抽搐期和复苏期。一般情况下，生猪离开电击致昏设备0 s～20 s为僵直期；15 s～45 s为抽搐期；60 s后为复苏期。

A.1.1　僵直期的特征：

a）生猪瘫倒逐渐僵直；

b）呼吸失去节律；

c）瞳孔放大，失去眼角膜反射；

d）大（小）便失禁；

e）前肢伸直，后肢弯向身体。

A.1.2　抽搐期的特征：

a）肌肉逐渐松弛；

b）四肢无规律抽搐。

A.1.3　复苏期的特征：

a）出现正位反射；

b）呼吸恢复节律；

c）瞳孔恢复正常。

ICS 67.040
C 53

GB

中华人民共和国国家标准

GB/T 22570—2008

辅食营养补充品通用标准

General standard for complementary food supplements

2008-12-15 发布

2009-03-01 实施

中华人民共和国卫生部
中国国家标准化管理委员会 发布

前 言

根据《中华人民共和国食品卫生法》制定本标准。

本标准的附录B为规范性附录，附录A为资料性附录。

本标准由中华人民共和国卫生部提出并归口。

本标准由中华人民共和国卫生部负责解释。

本标准起草单位：中国疾病预防控制中心营养与食品安全所、国际生命科学学会中国办事处、中国疾病预防控制中心食物强化办公室。

本标准主要起草人：霍军生、黄建、孙静、常素英、朱海蒂。

辅食营养补充品通用标准

1 范围

本标准规定了辅食营养补充品的术语和定义、基本原则、技术要求、包装、标识、贮存和运输要求及检验方法。

本标准适用于在6月龄至36月龄婴幼儿辅食中添加的辅食营养补充品。

2 规范性引用文件

下列文件中的条款通过本标准的引用而成为本标准的条款。凡是注日期的引用文件，其随后所有的修改单(不包括勘误的内容)或修订版均不适用于本标准，然而，鼓励根据本标准达成协议的各方研究是否可使用这些文件的最新版本。凡是不注日期的引用文件，其最新版本适用于本标准。

GB/T 601　化学试剂　标准滴定溶液的制备

GB 2760　食品添加剂使用卫生标准

GB/T 4789.2　食品卫生微生物学检验　菌落总数测定

GB/T 4789.3　食品卫生微生物学检验　大肠菌群测定

GB/T 4789.4　食品卫生微生物学检验　沙门氏菌检验

GB/T 5009.5　食品中蛋白质的测定

GB/T 5009.11　食品中总砷及无机砷的测定

GB/T 5009.12　食品中铅的测定

GB/T 5009.24　食品中黄曲霉毒素 M_1 与 B_1 的测定

GB/T 5009.93　食品中硒的测定

GB/T 5413.9　婴幼儿配方食品和乳粉　维生素A、D、E的测定

GB/T 5413.10　婴幼儿配方食品和乳粉　维生素 K_1 的测定

GB/T 5413.11　婴幼儿配方食品和乳粉　维生素 B_1 的测定

GB/T 5413.12　婴幼儿配方食品和乳粉　维生素 B_2 的测定

GB/T 5413.13　婴幼儿配方食品和乳粉　维生素 B_6 的测定

GB/T 5413.14　婴幼儿配方食品和乳粉　维生素 B_{12} 的测定

GB/T 5413.15　婴幼儿配方食品和乳粉　烟酸和烟酰胺的测定

GB/T 5413.16　婴幼儿配方食品和乳粉　叶酸(叶酸盐活性)的测定

GB/T 5413.17　婴幼儿配方食品和乳粉　泛酸的测定

GB/T 5413.18　婴幼儿配方食品和乳粉　维生素C的测定

GB/T 5413.19　婴幼儿配方食品和乳粉　游离生物素的测定

GB/T 5413.20　婴幼儿配方食品和乳粉　胆碱的测定

GB/T 5413.21　婴幼儿配方食品和乳粉　钙、铁、锌、钠、钾、镁、铜和锰的测定

GB/T 6682　分析实验室用水规格和试验方法(GB/T 6682—2008,ISO 3696:1987,MOD)

GB 7718　预包装食品标签通则

GB 13432　预包装特殊膳食用食品标签通则

GB 14881　食品企业通用卫生规范

JJF 1070　定量包装商品净含量计量检验规则

3 术语和定义

下列术语和定义适用于本标准。

3.1

辅食 complementary food

即辅助食品，指婴儿在6月龄后继续母乳喂养的同时，为了满足营养需要而添加的食品，包括家庭配制的和工厂生产的。

3.2

辅食营养补充品 complementary food supplement

用于在6月～36月龄婴幼儿辅食中添加的含高密度多种微量营养素(维生素和矿物质)的补充品，其中含或不含食物基质和其他辅料。目前常用的形式有：辅食营养素补充食品、辅食营养素补充片、辅食营养素撒剂。

3.2.1

辅食营养素补充食品 nutrient-dense food supplement for complementary feeding

在食物基质中添加多种微量营养素制成的粉状或颗粒状或半固态等的辅食营养补充品，含高密度的多种维生素和矿物质，并通过食物基质提供部分所需要的优质蛋白质和少量能量。

3.2.2

辅食营养素补充片 foodlets for complementary food supplement

以乳粉(或豆粉)为食物基质并添加多种微量营养素的片剂型辅食营养素补充品，含高密度的多种维生素和矿物质，易碎或易分散，可以磨碎或分散添加于辅食中使用。

3.2.3

辅食营养素撒剂 sprinkles for complementary food supplement

由多种微量营养素混合成的粉状或颗粒状小袋装辅食营养素补充品，含高密度的多种维生素和矿物质，不含食物基质。

4 基本原则

4.1 辅食营养补充品的适宜人群

为6月～36月龄的婴儿和幼儿。

4.2 辅食营养补充品营养素的添加原则

4.2.1 辅食营养补充品中维生素和矿物质的每日份(每日份即为每日推荐产品食用的总量)含量按0.5岁～1岁和1岁～3岁婴幼儿推荐摄入量(RNIs)或适宜摄入量(AIs)以及可耐受最高摄入量(ULs)分别制定，见表1。RNIs、AIs和ULs值参考《中国居民膳食营养素参考摄入量》。

表1 辅食营养补充品的微量营养素每日份量制定的基本原则

微量营养素	营养素名称	最小值	最大值
脂溶性维生素	维生素A、维生素D、维生素E、维生素K	30% RNIs(或AIs)	90% RNIs(或AIs)
水溶性维生素	维生素B_1、维生素B_2、维生素B_6、维生素B_{12}、泛酸、胆碱、生物素、维生素C	40% RNIs(或AIs)	50% ULs
	叶酸和烟酸	40% RNIs(或AIs)	100% RNIs(1岁～3岁)
常量矿物质	钙、镁	30% RNIs(或AIs)	60% RNIs(或AIs)
微量元素	铁、锌	30% RNIs(或AIs)	90% RNIs(或AIs)
	硒、铜	30% RNIs(或AIs)	60% RNIs(或AIs)

4.2.2 辅食营养补充品中应添加的微量营养素:维生素 A、维生素 D、维生素 B_1、维生素 B_2、铁、锌,其他为自行选择。对于辅食营养素补充食品,蛋白质和钙含量指标也为必需指标,其中蛋白质主要来源于乳类、大豆类等。

4.3 辅食营养补充品每日份推荐量

辅食营养素补充食品 10 g~20 g;辅食营养素补充片 1.5 g~3 g;辅食营养素撒剂 0.8 g~2 g。

4.4 辅食营养补充品的生产规范

应符合 GB 14881 的规定,生产车间的净化要求至少应满足 30 万级的洁净度。

4.5 辅食营养补充品的使用方式

直接加入辅食中使用。

5 技术要求

5.1 配料要求

5.1.1 矿物质和维生素

原料名单参见附录 A 的规定。其质量规格应符合现行食品添加剂国家标准或《中华人民共和国药典》,若未有现行国家标准,可符合现行的行业标准。

5.1.2 食物基质

为可以直接供婴幼儿食用的牛乳或羊乳、大豆类及其加工制品等以提供优质蛋白和少量能量为目的的食物原料,其质量应符合相应国家标准或行业标准的要求。大豆类及其加工制品应经过高温等工艺处理以消除抗营养因子,如胰蛋白酶抑制物等。

5.1.3 辅料

适合于婴幼儿食用并因加工工艺要求而添加的非食品添加剂食品配料,具填充、粘合等作用,其质量应符合相应国家标准或行业标准的要求。

5.1.4 食品添加剂

应符合 GB 2760 的规定。其质量应符合相应国家标准或行业标准的要求。

5.2 感官要求

应符合表 2 的规定。

表 2 感官要求

名 称	感官要求
辅食营养素补充食品	具产品特有的气味、滋味和色泽,呈粉状、颗粒状或半固态等;不得有肉眼可见的异物,无异味
辅食营养素补充片	具片剂的外观形状,易磨碎,或能在水或牛乳中快速分散;不得有肉眼可见的异物,无异味
辅食营养素撒剂	粉状或颗粒状;不得有肉眼可见的异物,无异味

5.3 理化要求

5.3.1 净含量

应符合 JJF 1070 的规定。

5.3.2 营养素的含量

辅食营养补充品中营养素的含量折成每日份计,其含量应符合表 3 的规定。

表 3 每日份产品中营养素含量要求

营养素名称		每日份中含量	
		6 月～12 月龄食用	13 月～36 月龄食用
蛋白质/g	≥	2.5	2.5
钙/mg		120～240	180～360
镁/mg		21～42	30～60
铁/mg		3～9	3.6～10.8
锌/mg		2.4～7.2	2.7～8.1
硒/μg		6～12	6～12
铜/mg		0.18～0.36	0.24～0.48
维生素 A/μg		120～360	150～450
维生素 D/μg		3～9	3～9
维生素 E/mg		0.9～2.7	1.2～3.6
维生素 K/μg		3～9	4.5～13.5
维生素 B_1/mg	≥	0.12	0.24
维生素 B_2/mg	≥	0.2	0.24
烟酸/mg		1.2～10	2.4～10
维生素 B_6/mg	≥	0.12	0.2
叶酸/μg		32～150	60～300
维生素 B_{12}/μg	≥	0.2	0.36
泛酸/mg	≥	0.72	0.8
胆碱/mg	≥	60	80
生物素/μg	≥	2.4	3.2
维生素 C/mg	≥	20	24

5.4 卫生指标

各类产品的卫生指标应符合表 4 的规定。

表 4 卫生指标

项目		指标
铅/(mg/kg)	≤	0.5
砷/(mg/kg)	≤	0.5
黄曲霉毒素 M_1 或黄曲霉毒素 B_1[a]/(μg/kg)	≤	0.5
尿素酶活性[b]/(U/g)	<	0.02
菌落总数/(CFU/g)	≤	10 000
大肠菌群/(CFU/g)	≤	10
沙门氏菌/(CFU/25 g)		0

a 黄曲霉毒素 M_1 只限于含乳类的产品；黄曲霉毒素 B_1 只限于含谷类、坚果和豆类的产品。

b 尿素酶活性只限于含大豆成分的产品。

6 包装

产品定型包装的包装容器和材料应符合相应的国家卫生标准。

7 标识

7.1 按 GB 7718 和 GB 13432 的要求进行标签标识。

7.2 产品名称的正下方处标注“辅食营养补充品”。

7.3 配料表列出所有配料及其配料成分。

7.4 应标识营养成分表，表中按每日份标注“能量、蛋白质、脂肪、碳水化合物和微量营养素”值以及微量营养素所占适宜人群 0.5 岁～1 岁或 1 岁～3 岁的 RNIs（或 AIs）的百分含量，适宜人群为“6 月～36 月龄婴幼儿”的，应标注这两个人群的所占 RNIs（或 AIs）的百分含量。

7.5 标识食用方法和食用量。

7.6 应标明注意事项并标明“本品不能代替母乳及婴幼儿辅助食品。本品不宜与婴幼儿配方食品或营养素补充剂同时食用。”

8 贮存和运输

8.1 产品应贮存在阴凉干燥、通风良好的场所。不得与有毒、有害、有异味、易挥发、易腐蚀的物品同处贮存。

8.2 运输产品时应避免日晒、雨淋。不得与有毒、有害、有异味或影响产品质量的物品混装运输。

9 检验方法

9.1 感官检验

按相应产品的感官要求进行检验。

9.2 净含量

按 JJF1070 计量。

9.3 营养素含量

9.3.1 蛋白质：按 GB/T 5009.5 检验。

9.3.2 钙、镁、铁、锌、铜：按 GB/T 5413.21 检验。

9.3.3 硒：按 GB/T 5009.93 检验。

9.3.4 维生素 A、D、E：按 GB/T 5413.9 检验。

9.3.5 维生素 K_1：按 GB/T 5413.10 检验。

9.3.6 维生素 B_1：按 GB/T 5413.11 检验。

9.3.7 维生素 B_2：按 GB/T 5413.12 检验。

9.3.8 烟酸：按 GB/T 5413.15 检验。

9.3.9 维生素 B_6：按 GB/T 5413.13 检验。

9.3.10 叶酸：按 GB/T 5413.16 检验。

9.3.11 维生素 B_{12}：按 GB/T 5413.14 检验。

9.3.12 泛酸：按 GB/T 5413.17 检验。

9.3.13 胆碱：按 GB/T 5413.20 检验。

9.3.14 生物素：按 GB/T 5413.19 检验。

9.3.15 维生素 C：按 GB/T 5413.18 检验。

9.4 卫生指标

9.4.1 铅：按 GB/T 5009.12 检验。

9.4.2 砷:按 GB/T 5009.11 检验。

9.4.3 黄曲霉毒素 M_1 或黄曲霉毒素 B_1:按 GB/T 5009.24 检验。

9.4.4 尿素酶活性:按附录 B 规定的方法检验。

9.4.5 菌落总数:按 GB/T 4789.2 检验。

9.4.6 大肠菌群:按 GB/T 4789.3 检验。

9.4.7 沙门氏菌:按 GB/T 4789.4 检验。

附　录　A
（资料性附录）
矿物质和维生素原料名单

矿物质和维生素原料名单见表 A.1。

表 A.1　矿物质和维生素原料名单

营养素	原料中文名称	原料英文名称
钙	醋酸钙	Calcium acetate
	碳酸钙	Calcium carbonate
	氯化钙	Calcium chloride
	柠檬酸钙	Calcium citrate
	葡萄糖酸钙	Calcium gluconate
	乳酸钙	Calcium lactate
	磷酸氢钙	Calcium phosphate, dibasic
	磷酸钙(正磷酸钙)	Calcium phosphates
	硫酸钙	Calcium sulfate
	甘油磷酸钙	Calcium glycerol phosphate
镁	碳酸镁	Magnesium carbonate
	氯化镁	Magnesium chloride
	氧化镁	Magnesium citrate
	磷酸氢镁	Magnesium phosphate, dibasic
	硫酸镁	Magnesium sulphate
铁	柠檬酸铁铵	Ferric ammonium citrate
	柠檬酸铁	Ferric citrate
	焦磷酸铁(正磷酸铁)	Ferric pyrophosphate
	碳酸亚铁	Ferrous carbonate
	柠檬酸亚铁	Ferrous citrate
	富马酸亚铁	Ferrous fumarate
	葡萄糖酸亚铁	Ferrous gluconate
	乳酸亚铁	Ferrous lactate
	琥珀酸亚铁	Ferrous succinate
	硫酸亚铁	Ferrous sulfate
	还原铁粉	Hydrogen reduced iron
	电解质铁粉	Electrolytic iron
	乙二胺四乙酸铁钠[a]	Sodium iron EDTA
锌	醋酸锌	Zinc acetate
	氯化锌	Zinc chloride
	乳酸锌	Zinc lactate
	氧化锌	Zinc oxide
	硫酸锌	Zinc sulfate

表 A.1(续)

营养素	原料中文名称	原料英文名称
硒	硒酸钠	Sodium selenate
	亚硒酸钠	Sodium selenite
铜	碳酸铜	Copper carbonate
	柠檬酸铜	Copper citrate
	葡萄糖酸铜	Copper gluconate
	硫酸铜	Copper sulfate
维生素 A	维生素 A 醋酸酯	Vitamin A acetate
	维生素 A 棕榈酸酯	Retinyl palmitate
维生素 D	维生素 D_2(麦角钙化醇)	Vitamin D_2
	维生素 D_3(胆钙化醇)	Vitamin D_3
维生素 E	D-α-生育酚	D-alpha-tocopherol
	DL-α-生育酚	DL-alpha-tocopherol
	D-α-生育酚醋酸酯	D-alpha-tocopheryl acetate
	DL-α-生育酚醋酸酯	DL-alpha-tocopheryl acetate
维生素 K_1	植物甲萘醌(维生素 K_1)	Vitamin K_1
维生素 B_1	盐酸硫胺素	Thiamin hydrochloride
	硝酸硫胺素	Thiamin mononitrate
维生素 B_2	核黄素	Riboflavin
烟酸	烟酰胺	Nicotinamide
维生素 B_6	盐酸吡哆醇	Pyridoxine hydrochloride
	5′-磷酸吡哆醇	Pyridoxine 5′-phosphate
叶酸	蝶酰谷氨酸(叶酸)	Pteroylmonoglutamic acid (Folic acid)
维生素 B_{12}	氰钴胺素	Cyanocobalamin (Vitamin B_{12})
	盐酸氰钴胺	Hydroxocobalamin
泛酸	泛酸钙	Calcium pantothenate
	泛醇	Panthenol
胆碱	氯化胆碱	Choline chloride
	酒石酸氢胆碱	Choline bitartrate
生物素	D-生物素	D-biotin
维生素 C	抗坏血酸	Ascorbic acid
	抗坏血酸-6-棕榈酸盐	Ascorbyl palmitate
	抗坏血酸钙	Calcium-L-ascorbate
	抗坏血酸钾	Potassium-L-ascorbate
	抗坏血酸钠	Sodium-L-ascorbate

[a] 乙二胺四乙酸铁钠的添加量以铁计不得超过 2.8 mg/d。

附 录 B
（规范性附录）
辅食营养补充品中尿素酶活性的测定

B.1 原理

将粉碎的样品与中性尿素缓冲溶液混合，在 30 ℃±0.5 ℃下精确保温 30 min，尿素酶催化尿素水解产生氨的反应。用过量盐酸中和所产生的氨，再用氢氧化钠标准溶液回滴。

B.2 仪器和设备

B.2.1 粉碎机：粉碎时应不产生强热。
B.2.2 样品筛：孔径 200 μm。
B.2.3 分析天平：感量 0.1 mg。
B.2.4 恒温水浴：可控温 30 ℃±0.5 ℃。
B.2.5 计时器。
B.2.6 酸度计：精度 0.02，附有磁力搅拌器和滴定装置。
B.2.7 实验室常用玻璃仪器。

B.3 试剂

试剂为分析纯，水应符合 GB/T 6682 的规定。
B.3.1 尿素缓冲溶液(pH7.0±0.1)：称取 8.95 g 磷酸氢二钠($Na_2HPO_4 \cdot 12H_2O$)、3.40 g 磷酸二氢钾(KH_2PO_4)溶于水并稀释至 1 000 mL，再将 30 g 尿素溶在此缓冲液中，有效期 1 个月。
B.3.2 盐酸溶液[c(HCl)=0.1 mol/L]：移取 8.3 mL 盐酸，用水稀释至 1 000 mL。
B.3.3 氢氧化钠溶液[c(NaOH)=0.1 mol/L]：称取 4 g 氢氧化钠溶于水并稀释至 1 000 mL，按 GB/T 601 规定的方法配制和标定。
B.3.4 甲基红、溴甲酚绿混合乙醇溶液：称取 0.1 g 甲基红，溶于 95%乙醇并稀释至 100 mL，再称取 0.5 g 溴甲酚绿，溶于 95%乙醇并稀释至 100 mL，两种溶液等体积混合，储存于棕色瓶中。

B.4 试样的制备

用粉碎机(B.2.1)将具有代表性的样品粉碎，使之全部通过样品筛(B.2.2)。对特殊样品(水分或挥发物含量较高而无法粉碎的样品)应先在实验室温度下进行预干燥，再进行粉碎，当计算结果时应将干燥失重计算在内。

B.5 测定步骤

称取 0.2 g 制备好的试样(第 B.4 章)精确至 0.1 mg，于玻璃试管中(如活性很高可称 0.05 g 试样)，加入 10 mL 尿素缓冲液(B.3.1)，立即盖好试管盖剧烈振摇后，将试管马上置于 30 ℃±0.5 ℃恒温水浴(B.2.4)中，计时保持 30 min±10 s。要求每个试样加入尿素缓冲液的时间间隔保持一致。停止反应时再以相同的时间间隔加入 10 mL 盐酸溶液(B.3.2)，振摇后迅速冷却至 20 ℃。将试管内容物全部转入小烧杯中，用 20 mL 水冲洗试管数次，以氢氧化钠标准溶液(B.3.3)用酸度计(B.2.6)滴定至 pH4.70。如果选择用指示剂，则将试管内容物全部转入 250 mL 锥形瓶中加入 8 滴～10 滴甲基红、溴甲酚绿混合乙醇溶液(B.3.4)，以氢氧化钠标准溶液(B.3.3)滴定至溶液呈蓝绿色。

另取试管作空白试验。称取 0.2 g 制备好的试样(第 B.4 章)精确至 0.1 mg，于玻璃试管中(如活性很高可称 0.05 g 试样)，加入 10 mL 盐酸溶液(B.3.2)，振摇后再加入 10 mL 尿素缓冲液(B.3.1)，立即盖好试管盖剧烈振摇，将试管马上置于 30 ℃±0.5 ℃恒温水浴(B.2.4)中，计时保持 30 min±10 s。停止反应时将试管迅速冷却至 20 ℃。将试管内容物全部转入小烧杯中，用 20 mL 水冲洗试管数次，以氢氧化钠标准溶液(B.3.3)用酸度计(B.2.6)滴定至 pH4.70。如果选择用指示剂，则将试管内容物全部转入 250 mL 锥形瓶中加入 8 滴～10 滴甲基红、溴甲酚绿混合乙醇溶液(B.3.4)，以氢氧化钠标准溶液(B.3.3)滴定至溶液呈蓝绿色。

B.6 结果计算

B.6.1 尿素酶活性 X 指在 30 ℃±0.5 ℃和 pH7 的情况下，每克试样每分钟分解尿素所释放的氨基氮的质量，以尿素酶活性单位每克(U/g)表示，按式(B.1)计算。若试样经粉碎前的预干燥处理后，则按式(B.2)计算：

$$X=\frac{14\times c(V_0-V)}{30\times m} \qquad \cdots\cdots(B.1)$$

$$X=\frac{14\times c(V_0-V)}{30\times m}\times(1-S) \qquad \cdots\cdots(B.2)$$

式中：

X——试样的尿素酶活性，单位为活性单位每克(U/g)；

14——氮的摩尔质量，$M(N_2)=14$ g/mol；

c——氢氧化钠标准滴定溶液浓度，单位为摩尔每升(mol/L)；

V_0——空白消耗氢氧化钠标准滴定溶液体积，单位为毫升(mL)；

V——试样消耗氢氧化钠标准滴定溶液体积，单位为毫升(mL)；

30——反应时间，单位为分钟(min)；

m——试样质量，单位为克(g)；

S——预干燥时试样失重的质量分数，%。

计算结果表示到小数点后两位。

B.6.2 重复性：同一分析人员用相同分析方法，同时或连续两次测定活性≤0.2 时结果之差不超过平均值的 20%，活性>0.2 时结果之差不超过平均值的 10%，结果以算术平均值表示。

参 考 文 献

[1] GB 14880—1994 食品营养强化剂使用卫生标准

[2] 中国营养学会.中国居民膳食营养素参考摄入量.北京:中国轻工出版社,2000.

ICS 71.040.40
G 04

中华人民共和国国家标准

GB/T 22571—2008/ISO 15472:2001

表面化学分析　X射线光电子能谱仪 能量标尺的校准

Surface chemical analysis—X-ray photoelectron spectrometers—Calibration of energy scales

(ISO 15472:2001, IDT)

2008-12-11 发布　　　　2009-10-01 实施

中华人民共和国国家质量监督检验检疫总局
中国国家标准化管理委员会　发布

前　言

本标准等同采用 ISO 15472：2001《表面化学分析——X 射线光电子能谱仪——能量标尺的校准》。

为便于使用，本标准对 ISO 15472：2001 做了下列编辑性修改：

——删除了原国际标准的前言部分；

——将本国际标准改为本标准。

附录 A 为规范性附录，附录 B、附录 C 和附录 D 为资料性附录。

本标准由全国微束分析标准化技术委员会提出并归口。

本标准起草单位：复旦大学应用表面物理国家重点实验室。

本标准主要起草人：丁训民、吴扬、虞玲。

引　言

X射线光电子能谱(XPS)被广泛用于材料的表面分析。样品中的元素(除氢和氦外)可以通过测量光电子谱确定的芯能级结合能比对表中给出的这些能量所对应的元素而辨识出来。有关这些元素化学状态的信息可由光电子和俄歇电子的特征峰相对于参考态的化学位移推出。辨识化学态要求对化学位移的测量准确度达到0.1 eV;因此应逐一进行测量,并需有足够准确的参考源。从而要求对XPS谱仪的结合能标尺进行校准,不确定度需达到0.2 eV或更小。

本方法用纯的铜(Cu)、银(Ag)和金(Au)金属样品校准谱仪结合能标尺,适用于配置非单色化铝(Al)或镁(Mg)X射线或单色化Al X射线的X射线光电子能谱仪。其有效结合能范围为0 eV～1 040 eV。

为提供符合GB/T 27025(ISO 17025)[1]要求的分析以及为其他目的进行校准的XPS谱仪可能需要一份估计校准的不确定度的声明。这些仪器限于在一定的公差极限±δ以内得到对其结合能测量的校准。δ值在本标准中不作规定,因它视XPS谱仪的应用和设计而定。δ值由本标准的使用者根据其使用标准的经验、仪器校准的稳定性、仪器在预期应用中进行结合能测量所需的不确定度以及进行校准所需的工作量自行选择。本标准提供可用以选择合适的δ值的资料。通常,δ大于或等于0.1 eV且大于重复性标准偏差σ_R的4倍。在校准好的状态下,计入仪器随时间的漂移后,对参考结合能值的离散加上95%置信度扩展的校准不确定度不得超过所选的公差极限。在谱仪可能失校之前,应重新校准以维持在校好状态。一台谱仪被重新校准,意指对其进行了校准测量并采取措施减小了测量值和参考值之差。这一差值并不一定要减小到零,但通常要减小到该类分析工作所要求的公差极限的若干分之一。

本标准不考虑仪器自身可能存在的所有缺陷,因为所要求的测试会非常耗时,且需兼备专业知识和设备。而本标准仅定位于讨论XPS谱仪结合能标尺校准中的基本的共性问题。

表面化学分析 X射线光电子能谱仪 能量标尺的校准

1 范围

本标准规定了一种用于一般分析目的时校准X射线光电子能谱仪结合能标尺的方法，该谱仪使用非单色化Al或Mg X射线或单色化Al X射线。它仅适于带有溅射清洁用的离子枪的仪器。本标准还进一步规定了一种方法，用以建立校准程序、在中间某一能量值测试结合能标尺线性度、在高低结合能区各取一点确认标尺校准的不确定度、对标尺的小漂移作修正以及规定在95%置信度时该结合能标尺校准的扩展不确定度。这个不确定度包括来自实验室际研究中观察到的现象的贡献，但不涵盖所有可能发生的缺陷。本标准不适用有下述情况的仪器：结合能标尺的误差随能量明显非线性变化、工作在固定减速比模式且减速比小于10、谱仪的分辨率差于1.5 eV或者要求公差极限为±0.03 eV或更小。本标准不提供全标尺校准检验，该检验要对每一个在能量标尺上能找到的点加以验证，必须按仪器制造商的推荐程序进行。

2 规范性引用文件

下列文件中的条款通过本标准的引用而成为本标准的条款。凡是注日期的引用文件，其随后所有的修改单(不包括勘误的内容)或修订版均不适用于本标准，然而，鼓励根据本标准达成协议的各方研究是否可使用这些文件的最新版本。凡是不注日期的引用文件，其最新版本适用于本标准。

GB/T 22461 表面化学分析 词汇(GB/T 22461—2008,ISO 18115:2001,IDT)

3 符号和缩略语

a 测得的能量比例误差。

b 测得的零点偏移误差，以eV为单位。

E_{corr} 对某一给定的E_{meas}修正后的结合能结果，以eV为单位。

E_{elem} 某一频繁被测元素的结合能，其值在指出的结合能标尺上已设定，经校准后能准确读出，以eV为单位。

E_{meas} 测得的结合能，以eV为单位。

$E_{meas\,n}$ 表2中对第n个峰测得的结合能平均值，以eV为单位。

$E_{meas\,ni}$ 表2中第n个峰一组结合能测量数据中的一个，以eV为单位。

$E_{ref\,n}$ 表2中第n个峰在结合能标尺上位置的参考值，以eV为单位。

FWHM 本底以上最大峰强一半处的全宽，以eV为单位。

j 某一新测峰的重复测量次数。

k Au $4f_{7/2}$、Cu $2p_{3/2}$和Ag $3d_{5/2}$(或Cu L_3VV)峰在确定重复性标准偏差和线性度时的重复测量次数。

m 在定期校准中Au $4f_{7/2}$和Cu $2p_{3/2}$的重复测量次数。

n 表2中标识峰的标号。

t_x 置信度95%时两边分布的x个自由度上的“学生”t值。

U_{95} 置信度95%时已校准能量标尺的总不确定度，以eV为单位。

$U^{c}_{95}(E)$ 用Au $4f_{7/2}$和Cu $2p_{3/2}$峰校准产生的在结合能E处置信度95%时的不确定度，假设标尺完全线性，以eV为单位。

U_{95}^{l}	从式(7)得到的 ε_2 和 ε_3 在置信度 95%时的不确定度，以 eV 为单位。
U_{95}^{cl}	由式(12)和式(13)得到的在没有线性误差的情况下，置信度 95%时的校准不确定度。
XPS	X 射线光电子能谱
Δ_n	偏移能量，对于表 2 中 $n=1,2,3,4$ 的峰，在给定的 X 射线源下，由测量校准峰结合能的平均值减去参考能量值给出，以 eV 为单位。
ΔE_{corr}	E_{meas} 的修正值，校准后加上以得到正确的结合能值。
$\Delta\phi$	从式(16)得到的 Δ_1 和 Δ_4 的平均值。
δ	置信度 95%时的能量校准公差极限值(由分析者设定)，以 eV 为单位。
ε_2	从式(4)得到的、在 Ag $3d_{5/2}$ 峰处测量的标尺线性度误差，以 eV 为单位。
ε_3	从式(5)或式(6)得到的、在 Cu L_3VV 峰处测量的标尺线性度误差，以 eV 为单位。
σ_R	σ_{R1}、σ_{R2}(或 σ_{R3})和 σ_{R4} 的最大者
σ_{Rn}	对表 2 中第 n 个峰的结合能 7 次测量得到的重复性的标准偏差，以 eV 为单位。
σ_{Rnew}	新测峰的重复性的标准偏差，以 eV 为单位。

在附录 A 和附录 D 中用到的另外一些符号，将在这两个附录中列出。

4 方法概述

在此对本方法作一概述，以便能更好理解第 5 款给出的详细步骤。为用本标准来校准一台 X 射线光电子能谱仪，必须获得并制备参考物铜箔和金箔，以便在合适的仪器设定下测 Cu $2p_{3/2}$ 和 Au $4f_{7/2}$ 光电子峰的结合能。这两个峰因其峰位接近实际分析中使用的结合能的高低限而被选中。对于使用单色化 Al Kα X 射线的谱仪的结合能标尺线性度测试，还需要一个银参考样品，测试中取其 Ag $3d_{5/2}$ 峰。对用非单色化 X 射线的谱仪进行同样测试，也可取这个峰，或为更方便些，用 Cu L_3VV 俄歇电子峰。使用这些峰进行校准已很成熟，其相对于样品法线的发射角从 0°到 56°的相关参考数据都有。这些起始步骤将在 5.1 到 5.5 中叙述，并在图 1 的流程图中用相关子款的标题加以解释。

作第一次校准时，假定对谱仪特性未作过任何表征。因而，在 5.7，依次对 Cu $2p_{3/2}$、Ag $3d_{5/2}$(或 Cu L_3VV)和 Au $4f_{7/2}$ 峰的结合能重复测量 7 次。这些数据给出用到的这三个峰的重复性标准偏差 σ_{R1}、σ_{R2}(或 σ_{R3})和 σ_{R4}。造成这些标准偏差的因素有：谱仪电子设备的稳定性，测得的峰能量相对于样品位置的敏感性以及在峰位处的统计噪音。在这个过程中，应限定条件以确保统计噪音相对较小。另两个因素的影响可能随测得的结合能而变化，所以 σ_R 规定为所用的这三个峰中的最大值。σ_R 的值还可能随样品定位步骤改变。在 5.7.1，需要采用一致的样品定位步骤，最终的校准仅在使用该定位步骤对样品进行定位的情况下方有效。

对谱仪的研究表明，一般说来，峰能量的测量误差随峰的结合能近似线性改变。在本标准中给出的公式仅在这种最常见的情况下有效，并建立在以下原则之上：测得的结合能和参考结合能之间的差别很小，且线性或近似线性地依赖于结合能。这种线性在仪器有缺陷的情况下可能被破坏，所以在 5.7 和 5.9 中提供一种检测方法确认在中间某一能量下对线性的接近程度。为方便起见，该项测试测的是 Al 和 Mg 非单色化 X 射线源激发的铜俄歇电子峰。然而，对于单色化的 Al X 射线，不同仪器的有效 X 射线能量可能有大到 0.2 eV 的变化(视单色器的精确设置值而定)，因此光电子和俄歇电子峰的相对能量也可能有大到 0.2 eV 的变化[2]。所以对单色化 Al X 射线而言，线性度测试要用光电子峰，为此选 Ag $3d_{5/2}$ 峰[3]。在依据本标准进行该项测量时，如用单色化 Al X 射线替换非单色化 X 射线，仅需增加 Ag 样品并将测 Cu L_3VV 峰改为测 Ag $3d_{5/2}$ 峰。

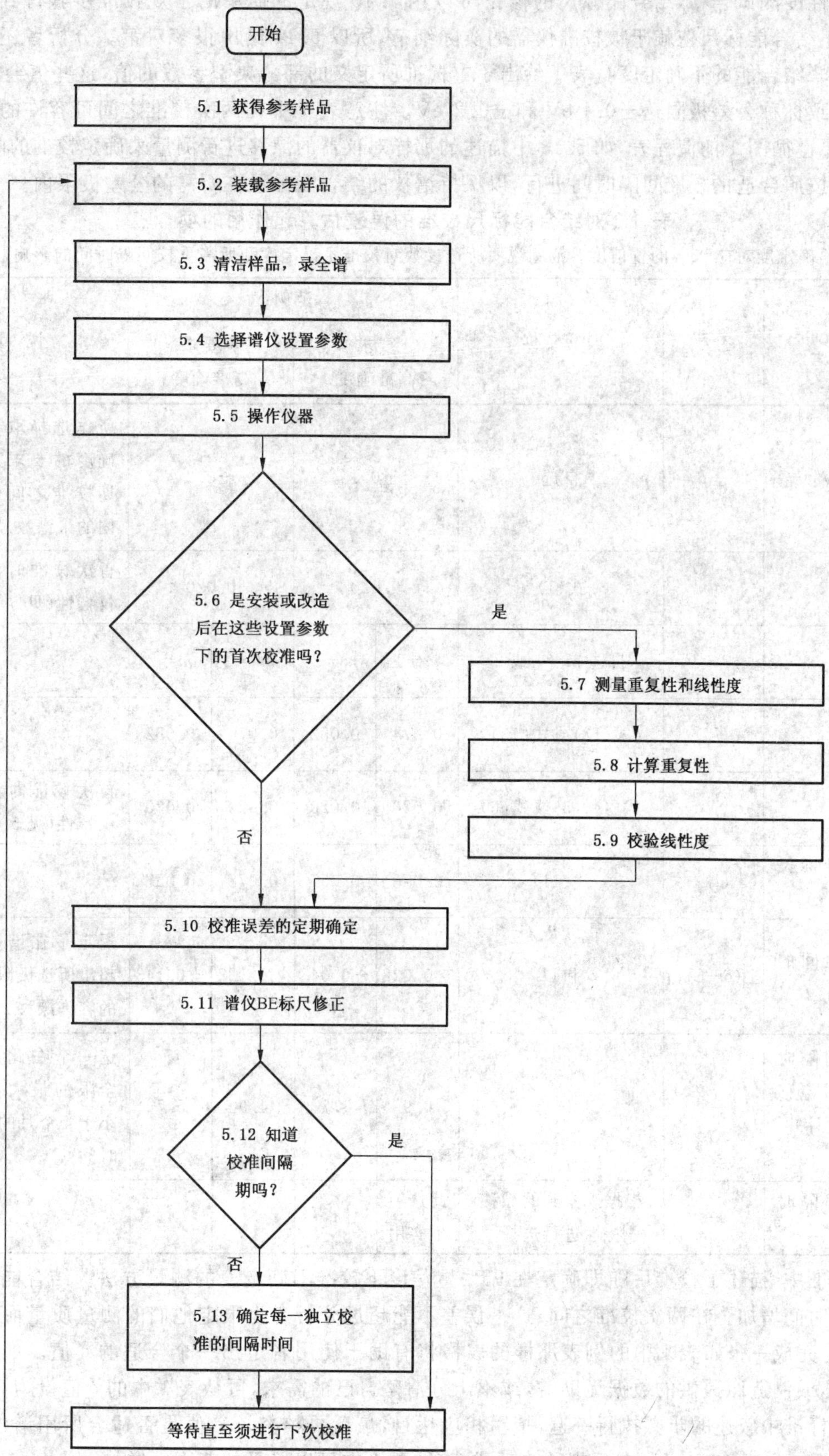

图 1　本方法操作顺序流程图

（图中给出了每一栏目的子款序号以便与正文对照）

如果线性度测试合格，结合能标尺的修正可以用5.10规定的简单的常规校准步骤得到。确切地说，如何修正结合能标尺依赖于被校准仪器的实际细节，所以5.11给出很多对策。分析者还需要考虑所需测量的峰结合能的不确定度。表1给出了本标准所定义的部分典型参数的值，这些值会在95%的置信度下导致标称公差极限达±0.1 eV和±0.2 eV。注意表1中在两次校准之间可容许的漂移的重要性，因而要遵循图1的流程表，如5.13中描述的那样对仪器的漂移进行测量来确定校准的间隔时间。定期校准将按照合适的校准间隔时间进行，以保持谱仪的结合能标尺在所需的公差极限内。

表1　对结合能标尺校准的误差估算起作用的项

（不确定度对应95%的置信度。范例说明所选参数对校准不确定度和所需重校间隔时间的影响）

项别	符号	计算依据	范例				说　明
			要求高准确度		不要求高准确度		
公差极限/eV	$\pm\delta$	自选	±0.1		±0.2		所作选择取决于对准确度的要求以及在定期校准之间的时间段内的采谱数
重复性标准偏差/eV	σ_R	式(1)	0.020		0.020		首次校准时测得的谱仪特性(见5.7)
每一组谱的测量次数	m	自选 $m=1$ 或 2	$m=1$	$m=2$	$m=1$	$m=2$	
校准测量的不确定度/eV	U_{95}^{cl}	式(12)或式(13)	0.074	0.052	0.074	0.052	
标尺的非线性度/eV	ε_2 或 ε_3	式(4),(5)或式(6)	0.020	0.020	0.020	0.020	首次校准时测得的谱仪特性(见5.7)
校准后能量标尺的不确定度/eV	U_{95}	式(11)	0.078	0.057	0.078	0.057	
两次校准之间的最大容许漂移/eV	$\pm(\delta-U_{95})$	δ 和 U_{95}	±0.022	±0.043	±0.122	±0.143	规定了在谱仪有可能超出所选极限 $\pm\delta$eV前的容许漂移
最大校准间隔时间(按稳定月漂移率0.025 eV计)/月	—	5.13条	0.9	1.7	4.9	5.7	选一个在此出差错安全限的最大值以下且小于4个月的方便间隔时间
可选校准间隔时间/月	—	根据观察到的漂移特性进行选择	此选项不实用	1	3	4	

在本标准中，描述了校准后随即确定在95%置信度下校准不确定度的测量方法。结合能标尺的误差通常会随时间增加。在两次校准之间，这一误差不能超过分析者为限定他们的测量质量而选择的公差极限$\pm\delta$。完成一张如表1中的例表那样的表格将有助于使用者定出一个合适的δ值。如果不清楚仪器的性能，或制造商提供的数据无助益，或不十分清楚自己的需求，可从表1中的δ值设为0.1 eV开始。按照本标准中叙述的步骤执行一遍，填写相应栏目，最后再核查该δ值是否适合所用谱仪。否则，重审操作步骤，要么减少对U_{95}有贡献的一项或多项，要么在可以接受的范围内增加δ值。

必须注意，δ是仪器结合能标尺校准准确度的公差极限。考虑到峰展宽、差的计数统计、峰合成或荷电效应等，后续的结合能测量的不确定度可能超过δ。有关报告后续测量的不确定度的指导意见在附录C中给出。此外,需注意单色化Al X射线的有效X射线能量可能会因仪器而异,因此在附录D中给出一种测量这一能量的方法。

5 校准能量标尺的步骤

5.1 获得参考样品

校准非单色化Al或Mg X射线源的光电子谱仪使用Cu和Au样品。而对于单色化Al X射线源的谱仪,加用Ag样品。这些样品应是纯度至少为99.8%的多晶金属。为方便起见,它们通常制成面积10 mm×10 mm、厚0.1 mm~0.2 mm的箔状。

注:如果样品看起来需要清洁,可将Cu和Ag在1%的硝酸中浸蘸一下,然后用蒸馏水淋洗。如果Cu样品已在空气中暴露数天,在硝酸中的浸蘸会使其后进行5.3.1中所要求的样品清洁处理容易得多。

5.2 装载样品

用固定螺丝或其他金属件将Cu和Au样品(需要的话还有Ag样品)装载在样品台上(必要时也可分装在几个独立的样品台上)以保证电接触。禁用双面胶带!

5.3 清洁样品

5.3.1 (将系统)抽到超高真空,用离子溅射的方法清洁样品以减少其上的污染物,直至氧和碳的1 s信号高度均低于全谱中最强金属峰高度的2%。为每个样品采集一个全谱(宽扫描谱),确保显著的峰均对应于所需的纯元素。这里对真空质量的要求是:在完成5.10操作或该工作日结束时(以先到为准),氧和碳1s峰高度不超过最强金属峰高度的3%。

注1:已知的适用于清洁处理的惰性气体离子溅射条件是:5 keV/30 μA的氩离子在1 cm^2样品覆盖面积上溅射1 min。

注2:在参考文献[4-8]中可找到XPS的样谱。

5.3.2 力争在一个工作日内完成本标准的全部相关测试。如需1 d以上,则必须在每天工作开始时确认样品的清洁程度。

5.4 选择需进行能量标尺校准的谱仪设置参数

选择需进行能量校准的谱仪工作参数。对于每一个需校准的X射线源和通能、减速比、狭缝、透镜参数等谱仪参数组合,重复从5.4到5.13的校准步骤。在谱仪校准日志上记录下这些参数。

注:谱仪的设计和线路各不相同,在某一透镜参数、狭缝和通能组合下进行的谱仪校准不一定对其他透镜参数、狭缝和通能组合也有效。多数谱仪工作者在一组优化的条件下进行精确测量,因而只有这组分析器的参数组合需要校准。任何校准只在所用参数组合下才有效。

5.5 操作仪器

按照制造商的使用说明操作仪器。烘烤后的仪器必须完全冷却。操作仪器时,确保X射线功率、计数率、谱仪扫描速率及其他由制造商规定的参数在制造商推荐的参数范围内。查验检测倍增器设置已正确调整。对于多检测器系统,确保在进行本校准前已完成制造商所述的所有必需的优化调整或检查。

注1:很多制造商推荐,对于任何要求精确能量定位的工作,应至少提前4 h开启控制和高压电子单元。还可能需要在进行精确测量前先将X射线阳极开启一段时间,如1 h。

注2:单色器往往需要预热一段时间,传输的X射线能量可能会依赖于环境温度或周围的温度。记录下这些温度常有助于诊断任何观察到的峰能量漂移问题。

注3:高计数率[9]或不正确的检测器电压[9,10]会引起峰畸变,导致峰能量的认定有误。

5.6 初始或后续校准测量选项

为了保持谱仪的结合能标尺不失准,结合能的重复性标准偏差、标尺的线性度误差以及校准间隔时间都需要确定。如其中有尚未确定的,按如下步骤进行确定。如对相关的谱仪设置已在以前用本标准确定了这些参数并且其后仪器没有进行过改装、大修或移动,则如图1的流程图所示的那样,直接进至5.10。

5.7 峰结合能重复性标准偏差及标尺线性度的测量

5.7.1 峰结合能重复性标准偏差σ_R按5.7.4至5.7.7所述步骤,用Au $4f_{7/2}$、Ag $3d_{5/2}$(或Cu L_3VV)

和 Cu $2p_{3/2}$ 峰测量，通常只需在对给定的设置参数组合进行首次能量校准时进行。σ_R 的值只对选定的那组条件有效，并会受进行分析时采用的样品定位步骤的影响。为保持一致起见，这一样品定位步骤应遵循考虑制造商推荐方法后制定出来的操作方案。这部分测量对于按照 5.4 要求选定的每一个需进行能量校准的谱仪操作设置都要做。在仪器发生任何大的变动后也常需要重复这样的测量。

注：样品定位步骤取决于谱仪设计、样品类别、样品形状以及对分析的要求。在很多情况下，正确的样品位置由谱强度最大化决定。在最优化涉及设置两个或更多互相关联参数的情况下，必须采用前后一致的优化对策。在最优化涉及单色器的情况下，样品位置的变化将导致记录峰能量的偏移，因此在使强度最大化时，可能要测一下在标称的峰结合能±0.5 eV 能量范围内的强度。对于这些系统，可能会发现强度最优化在低结合能端比高结合能端对样品位置更敏感；在少数情况下，也可能正好相反。最优化通常在峰强度对样品位置最敏感的结合能处最有效。可进行数次 5.7 操作以优化样品定位步骤并获得低的重复性标准偏差值。

5.7.2 结合能标尺线性度用 5.7.6 所述方法确定，对非单色化的 Al 和 Mg X 射线采用 Cu L_3VV 俄歇电子峰，对单色化 Al X 射线采用 Ag $3d_{5/2}$ 光电子峰。它要与重复性测量同时进行以减少工作量和不确定度。

5.7.3 数据采集顺序在 5.7.4 到 5.7.7 中作了规定，对于非单色化的 Al 或 Mg X 射线，为 Au $4f_{7/2}$，Cu $2p_{3/2}$，Cu L_3VV，并按此顺序再重复 6 次；

对于单色化 Al X 射线，为 Au $4f_{7/2}$，Cu $2p_{3/2}$，Ag $3d_{5/2}$，并按此顺序再重复 6 次。

注：Au $4f_{7/2}$ 峰通常最弱，尽管有的谱仪有时 Cu L_3VV 峰可能更弱，但从 Au $4f_{7/2}$ 峰着手更易于定出适用于所有峰的一组通用条件。

5.7.4 将金样品置于分析位置，使被测电子的出射角保持在与样品法向成 0°～56°的范围内。按规定步骤调节样品位置，然后采用在 5.4 选定的那组条件以合适的 X 射线功率和通道停留时间记录 Au $4f_{7/2}$ 峰，使结合能峰值处超过 40 000 计数/通道。扫描时通道能量间隔大致设在 0.05 eV 或 0.1 eV。这取决于使用者想以何种方式确定峰结合能，如稍后将在 5.8.1 中所述。扫描至少始于峰值之下 1 eV，终于峰值之上 1 eV。确保正确的峰已在宽能量范围（全谱）扫描中识别出。Au $4f_{7/2}$ 峰（峰 1）的参考结合能在表 2 中给出。

很多谱仪控制单元可在大范围内改变能量标尺扫描速率。高扫描速率可能引起峰结合能测量值的漂移。要确保所用扫描速率不引起明显峰移。

注：校准峰的参考结合能值随出射角 θ 的改变而改变。本标准内的参考值仅对 $0° \leqslant \theta \leqslant 56°$ 有效，所以这个方法限于在该角度范围内用[2]。对于 $\theta > 56°$，峰的更大位移会造成校准过程中的明显偏差。

表 2　峰位在结合能标尺上的参考值[11,12] $E_{ref\ n}$

峰序号/n	指认	$E_{ref\ n}$/eV		
		Al Kα	Mg Kα	单色化 Al Kα
1	Au $4f_{7/2}$	83.95	83.95	83.96
2	Ag $3d_{5/2}$	(368.22)	(368.22)	368.21
3	Cu L_3VV	567.93	334.90	—
4	Cu $2p_{3/2}$	932.63	932.62	932.62

注 1：表 2 系以前表格[13,14]的精缩。

注 2：括号内的 Ag 数据校准时一般不用。

5.7.5 从分析位置移去金样品，用样品定位步骤在相同出射角下代之以铜样品。保持谱仪设置参数不变，记录 Cu $2p_{3/2}$ 峰，录谱时间要长到能保证在峰值处超过 40 000 个计数/通道。从至少比峰值低 1 eV 处扫描到比峰值高 1 eV 处。确保正确的峰已在宽能量（全谱）扫描时被辨识。

5.7.6 在选定的通能、减速比、狭缝、透镜设置等谱仪设置参数组合下，接着记录 Cu L_3VV 峰（如所用的是非单色化 Al 或 Mg X 射线）或在同一出射角下用银样品替换铜样品，按定位步骤放好，记录 Ag $3d_{5/2}$ 峰（如所用的是单色化 Al X 射线）。

5.7.7 按 5.7.4、5.7.5 和 5.7.6 的顺序再重复测量 6 次，使这 3 个峰中的每一个都有 7 个独立的记录。为了节省时间，这些谱的扫描宽度可以缩小到峰值±0.5 eV 的范围，除非所选用的确定峰结合能的软件要求更宽，见 5.8.1.3。

5.8 计算峰结合能重复性标准偏差

5.8.1 用 5.8.1.1、5.8.1.2 和 5.8.1.3 中描述的三种方法中的一种确定测得峰的结合能。

注：第一种方法供其谱仪只配备图形输出的分析者使用。第二种和第三种方法推荐给具有数字化数据的使用者。

5.8.1.1 第一种方法：在从零计数算起强度为峰高 84%处作一条该峰的水平弦，并在峰强为 84%～100%的范围内再作三条或三条以上大致等间隔的弦，定出所有弦的中点，如图 2 所示。然后用作图或计算的方法将这四个或四个以上中点以最佳连线投影到峰上，给出峰的能量，如图 2 所示。

注：如果先用 Savitzky-Golay 三次/二次常规方法[15]对数据进行平滑处理，则本方法的精度还有可能提高。处理时的数据宽度应等于或小于本底以上最大峰强一半处的全宽(FWHM)的一半，如图 2e)和图 2f)所示的 9 点平滑。对于 FWHM 为 1.0 eV、步长为 0.1 eV 的峰，要作 5 点平滑。

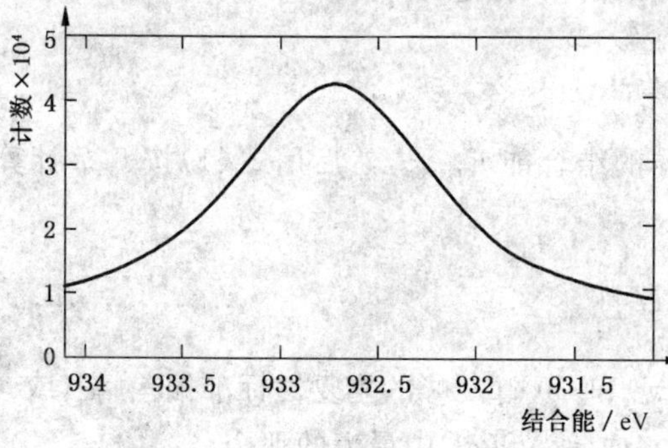

a) Cu $2p_{3/2}$

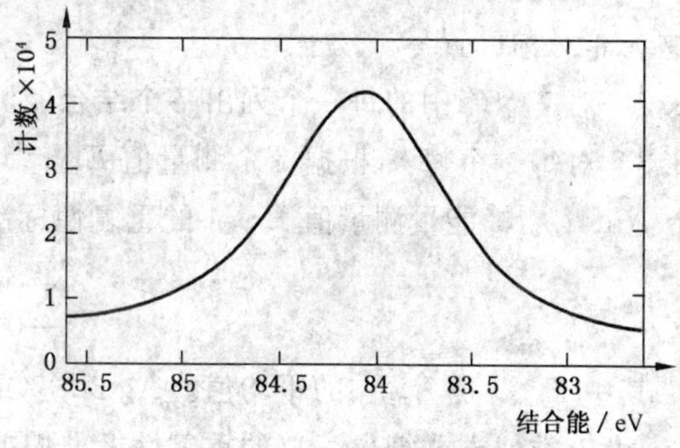

b) Au $4f_{7/2}$

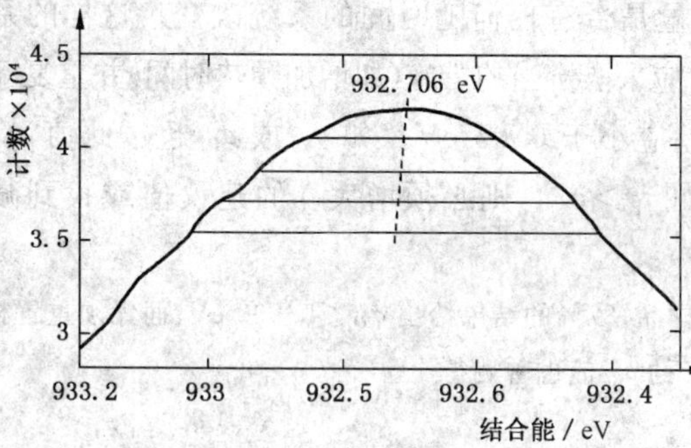

c) Cu $2p_{3/2}$ 未作平滑处理的细图

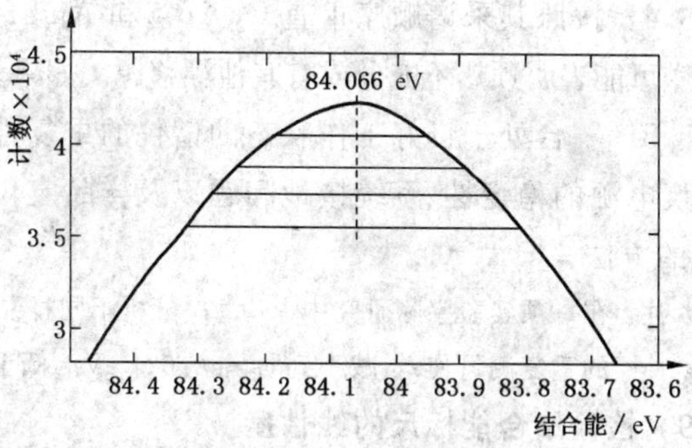

d) Au $4f_{7/2}$ 未作平滑处理的细图

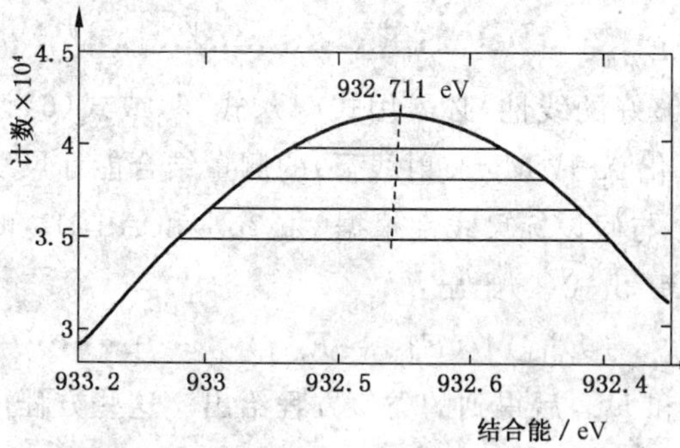

e) Cu $2p_{3/2}$ 作了平滑处理的细图

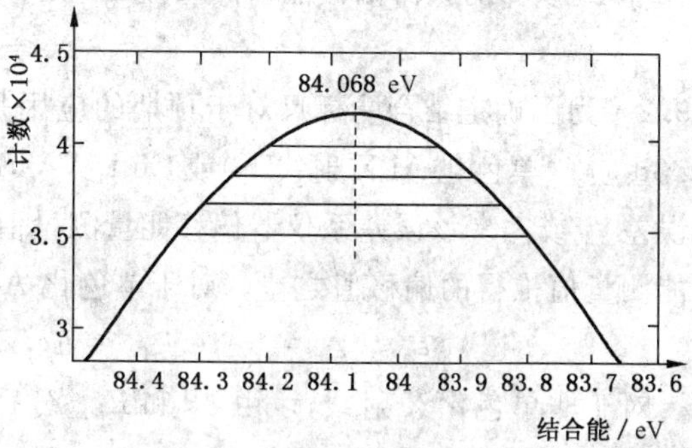

f) Au $4f_{7/2}$ 作了平滑处理的细图

图 2 用 Mg Kα X 射线、50 eV 通能和 0.05 eV 步长围绕 a) Cu $2p_{3/2}$ 和 b) Au $4f_{7/2}$ 峰的 5 eV 扫描图。c)和 d)为未作平滑处理的细图，e)和 f)为用 9 点 Savitzky-Golay 函数作了平滑处理的细图。［图 2c)～图 2f)显示寻找峰结合能的平分弦方法］

5.8.1.2 第二种方法是用最小二乘法以抛物线拟合峰顶周围的数据。所选择的数据点应做到在最大峰强前后的数目大致相等,且应始于和终于其强度在该值从零强度算起87%到95%的范围内。如所用软件中不含最小二乘法拟合,则可用列在附录A中的简单最小二乘法计算程序。

注:用附录A中的程序时的能量间隔在A.2给出。

5.8.1.3 第三种方法也是用最小二乘法拟合5.8.1.2中规定的强度间隔中的数据点,但要使用在一些数据系统中用于峰拟合的软件来确定结合能。这种方法只在峰拟合能用且仅限于用方法2规定的数据点的条件下适用。可以扣除或添加一个常数本底来辅助拟合,但是不能扣除或利用诸如斜线或Shirley和Tougaard这样的非对称的本底作为拟合程序的一部分。拟合时要用高斯、洛仑兹或Voigt等对称函数的单峰,或这些函数的和或积。有些软件系统并不完全满足这些要求,因此第一次使用此方法时,每个峰应有一组数据用5.8.1.1或5.8.1.2给出的方法得到确认。

有些软件系统产生非对称形式的线形,它们并非单纯的高斯、洛仑兹或Voigt,在进行拟合时须确定这些非对称已置零。

5.8.2 对三个峰中的每一个列出7个结合能测量值。

5.8.3 对每一个峰 n,根据7个测量值 $E_{\text{meas }ni}$ 计算出平均的结合能 $E_{\text{meas }n}$,然后用式(1)按5.7计算出7个Au $4f_{7/2}$ 峰能量测量值 $E_{\text{meas }1i}$ 的重复性标准偏差 σ_{R1}:

$$\sigma_{R1}^2 = \sum_{i=1}^{7} \frac{1}{6}(E_{\text{meas }1i} - E_{\text{meas }1})^2 \qquad \cdots\cdots(1)$$

其中 $E_{\text{meas }1}$ 是 $E_{\text{meas }1i}$ 的平均值。Ag $3d_{5/2}$(或Cu L_3VV)和Cu $2p_{3/2}$ 峰的重复性标准偏差 σ_{R2}(或 σ_{R3})和 σ_{R4} 可以类似方式算得。总的重复性标准偏差取 σ_{R1}、σ_{R2}(或 σ_{R3})和 σ_{R4} 中最大的那个。

注:在表1中记录 σ_R 的值是有用的。

5.8.4 按照其采谱顺序重查Cu $2p_{3/2}$ 和Au $4f_{7/2}$ 峰的能量是否有任何随时间的系统改变。这样的系统改变可能表明预热不充分或有其他漂移源。如果真是这样,应采取恰当的措施(如增加预热时间)并重复5.7。

5.8.5 一台处于良好工作状态的谱仪的重复性标准偏差应小于0.05 eV。如 σ_{R4} 或 σ_{R1} 超过此值,检查谱仪电源的稳定性、系统接地问题以及样品定位步骤。如 $\sigma_R > \delta/4$,则必须增大 δ 的建议值或找到减小 σ_R 的方法。

注:在一项实验室际研究中[16],每次分析不同样品后重置铜样品,87%的结果给出 $\sigma_{R4} \leq 0.030$ eV;而无须重置样品的重复测量使 σ_{R4} 减小到 $\sigma_{R4} \leq 0.021$ eV。低至0.001 eV的 σ_{R4} 值也曾测得[3]。

5.9 检验结合能标尺的线性度

5.9.1 对每个峰 n,用在5.8.3中确定的结合能平均测量值 $E_{\text{meas }n}$ 减去表2给出的相应的参考能量值 $E_{\text{ref }n}$,得到该峰的仪器偏移能量测量值 Δ_n,则:

$$\Delta_n = E_{\text{meas }n} - E_{\text{ref }n} \qquad \cdots\cdots(2)$$

5.9.2 为了确定结合能标尺对于预期的应用是否有足够好的线性,必需用式(4)、式(5)或式(6)计算Ag $3d_{5/2}$ 峰(单色化Al X射线下)或Cu L_3VV 峰(非单色化Al或Mg X射线下)的测量结合能标尺线性度误差 ε_2 或 ε_3。该误差系仪器偏移能量测量值 Δ_2 或 Δ_3 与假设标尺线性根据Cu $2p_{3/2}$ 和Au $4f_{7/2}$ 峰结合能测量值推得的偏移值之差。对于单色化Al X射线,ε_2 由式(3)给出:

$$\varepsilon_2 = \Delta_2 - [\Delta_1(E_{\text{ref }4} - E_{\text{ref }2}) + \Delta_4(E_{\text{ref }2} - E_{\text{ref }1})]/(E_{\text{ref }4} - E_{\text{ref }1}) \qquad \cdots\cdots(3)$$

对于非单色化X射线,ε_3 由 Δ_2 和 $E_{\text{ref }2}$ 分别换成 Δ_3 和 $E_{\text{ref }3}$ 后得到的类似方程给出。这些方程可以数值形式简写为:

$$\varepsilon_2 = \Delta_2 - 0.665\Delta_1 - 0.335\Delta_4 \quad \text{(对应单色化Al X射线)} \qquad \cdots\cdots(4)$$

$$\varepsilon_3 = \Delta_3 - 0.430\Delta_1 - 0.570\Delta_4 \quad \text{(对应非单色化Al X射线)} \qquad \cdots\cdots(5)$$

$$\varepsilon_3 = \Delta_3 - 0.704\Delta_1 - 0.296\Delta_4 \quad \text{(对应非单色化Mg X射线)} \qquad \cdots\cdots(6)$$

根据式(4)、式(5)或式(6)计算相关 X 射线源的 ε_2 或 ε_3 的值。

注：在表 1 中记录 ε_2 和 ε_3 的值是有用的。

5.9.3 在 95%的置信度下，以 eV 为单位的 ε_2 和 ε_3 的不确定度小于 U_{95}^{l}，其值由式(7)给出：

$$U_{95}^{l} = [(1.2\sigma_R)^2 + (0.026)^2]^{1/2} \quad \cdots\cdots (7)$$

计算 U_{95}^{l}。就实用目的而言，如 $|\varepsilon_2|$ 或 $|\varepsilon_3|$ 小于 U_{95}^{l}，可以认为结合能标尺是线性的。如 $|\varepsilon_2|$ 或 $|\varepsilon_3|$ 大于 U_{95}^{l}，则标尺是非线性的。然而，如 $|\varepsilon_2|$ 或 $|\varepsilon_3|$ 小于 $\delta/4$，这一非线性也许可以接受；即与选定的公差极限 δ 相比，线性度误差可视为足够小。

例：如 σ_R 为 0.020 eV(表 1 所示值)，则不确定度 U_{95}^{l} 为 0.035 eV。

注 1：式(7)的推导在附录 B 的 B.1 中给出。

注 2：在一项实验室际研究中[17]，12 台谱仪中的 10 台展示的 $|\varepsilon_3|$ 值小于 0.05 eV，这些谱仪在 $\delta=0.2$ eV 下可认为是线性的。12 台中的 7 台 $|\varepsilon_3|$ 值小于 0.025 eV，这些谱仪在 $\delta=0.1$ eV 下可认为是线性的。

5.9.4 如 $|\varepsilon_2|$ 或 $|\varepsilon_3|$ 大于 $\delta/4$，推荐采取修正措施。这可能需要修订操作步骤并继之以重复做一次 5.7，与仪器供应商联系，或上调 δ 值。

注：以上并非完整的线性度测试。一次完整的线性度测试会需要多样测试设备，超出了本标准的范围。

5.10 对校准误差进行定期确定的步骤

5.10.1 对于每一需要进行能量校准的谱仪工作参数组合，当 σ_R 和 ε_2(或 ε_3)在这些参数下的值被确定之后，应定期进行校准误差确定。校准误差的每一次确定应早于前一次校准时确立的校准失效期，如 5.13 中所述。

5.10.2 定期校准只需用 Au $4f_{7/2}$ 和 Cu $2p_{3/2}$ 峰。测量的顺序应是 Au $4f_{7/2}$、Cu $2p_{3/2}$，并按此顺序再重复一次；除非先前使用这一步骤的校准已显示 $\sigma_R<\delta/8$，可不进行这项重复测量。定期校准的重复测量次数 m 因而是 1 或 2。每次测量时，样品应放在同样的出射角，其范围为相对于表面法线 0°～56°。应使用样品定位步骤。如 5.8.1 中所述的那样确定峰结合能，并由式(2)计算测得的仪器偏移能量 Δ_1 和 Δ_4。

注：对于用单色化 Al X 射线作修改型俄歇参数测量，应在测 Cu $2p_{3/2}$ 峰之后加测 Cu L_3VV 峰。详见附录 D。

5.10.3 假设修正后的结合能值 E_{corr} 与测得的结合能 E_{meas} 线性相关，为：

$$E_{corr} = (1+a)E_{meas} + b \quad \cdots\cdots (8)$$

能量比例误差 a 由式(9)给出：

$$a = (\Delta_1 - \Delta_4)/(E_{ref\,4} - E_{ref\,1}) \quad \cdots\cdots (9)$$

零点偏移误差 b 由式(10)给出：

$$b = (\Delta_4 E_{ref\,1} - \Delta_1 E_{ref\,4})/(E_{ref\,4} - E_{ref\,1}) \quad \cdots\cdots (10)$$

其中 $E_{ref\,1}$ 和 $E_{ref\,4}$ 如表 2 给出。

注：a 和 b 是 $-\Delta$ 相对于 E 的斜率和截距，不是 Δ 相对于 E 的斜率和截距。

5.10.4 该校准在 95%置信度下的不确定度 U_{95} 由式(11)给出：

$$(U_{95})^2 = (U_{95}^{cl})^2 + (1.2\,|\,\varepsilon_2 \text{ 或 } \varepsilon_3\,|)^2 \quad \cdots\cdots (11)$$

式中，对于 0 eV～1 040 eV 的结合能范围，U_{95}^{cl} 由式(12)或式(13)给出：

$$U_{95}^{cl} = 2.6\sigma_R \qquad (\text{二次测量}, m=2) \quad \cdots\cdots (12)$$

或

$$U_{95}^{cl} = 3.7\sigma_R \qquad (\text{一次测量}, m=1) \quad \cdots\cdots (13)$$

注 1：在表 1 中记录选定的 m 值下的 U_{95}^{cl} 和 U_{95} 的值是有用的。

注 2：式(11)至式(13)的推导在附录 B 中给出。

5.11 修正仪器结合能标尺的步骤

5.11.1 谱仪校准的实现取决于所要用的仪器、它的软件、仪器偏移能量 Δ_n 的大小、重复性标准偏差

σ_R 以及公差极限$\pm\delta$。

如峰1和峰4的($|\Delta_n|+U_{95}$)值均小于$\delta/4$,就不一定在对校准检验后重新校准。当然,能在每次校准检验后进行重校更好,但是是否这样做必须根据工作量和所需的不确定度来判断。制造商提供给分析者的校准说明现应在进行校准时遵循。对于许多系统,这些说明只允许分析者改变谱仪逸出功ϕ。分析者的对策将取决于其仪器上有哪些装置可用,不过下面还是提供三个建议。

在这些建议中,结合能的修正值E_{corr}由式(14)给出:

$$E_{corr}=E_{meas}+\Delta E_{corr} \quad\cdots\cdots(14)$$

其中ΔE_{corr}是一个与选项有关的修正值。

5.11.1.1 选项1是保持仪器不变,在测得的结合能上加一采集后修正项ΔE_{corr}。由式(8)得

$$\Delta E_{corr}=aE_{meas}+b \quad\cdots\cdots(15)$$

其中的a和b由式(9)、式(10)给出。

5.11.1.2 选项2使要加的采集后修正项在0 eV～1 040 eV的结合能范围内最小化。这里,在仪器所用的谱仪逸出功值上加一个增量$\Delta\phi$:

$$\Delta\phi=\frac{1}{2}(\Delta_1+\Delta_4) \quad\cdots\cdots(16)$$

其后测得的结合能的采集后修正由式(17)给出:

$$\Delta E_{corr}=a\left[E_{meas}-\frac{1}{2}(E_{ref\,1}+E_{ref\,4})\right] \quad\cdots\cdots(17)$$

这一选项使ΔE_{corr}在508.3 eV结合能处为零,以致在0 eV～1 040 eV结合能范围内对测得结合能的采集后修正被最小化。

5.11.1.3 选项3将分析者选定的特定结合能(对应于一经常测量元素的结合能)采集后修正减小到零。这里,在谱仪逸出功上加一个增量$\Delta\phi$,为:

$$\Delta\phi=aE_{elem}+b \quad\cdots\cdots(18)$$

式中的E_{elem}是常测元素的结合能。现在,接着测得的结合能的采集后修正由式(19)给出:

$$\Delta E_{corr}=a(E_{meas}-E_{elem}) \quad\cdots\cdots(19)$$

而ΔE_{corr}在E_{elem}的结合能处为零。

5.11.2 如在全部或一段选定的需分析的结合能范围内,按5.11.1做后$|\Delta E_{corr}|+|U_{95}|$之和在校准间隔期内始终比$\delta$低,则在分析XPS数据时可以忽略在5.11.1.1、5.11.1.2或5.11.1.3中定义的采集后修正项ΔE_{corr}。但校准现仅对所选结合能范围有效。

5.11.3 所选修正步骤应与Δ_1、Δ_4、a、b、有效动能范围以及$\Delta\phi$(如用到的话)的值一起记下。第一次使用修正步骤时应通过重复校准值来确保所有的操作都正确无误。

5.11.4 如果这是第一次校准,准备一个如图3的控制图表。每次校准时,在控制图表中加入作为校准日期函数的Δ_1和Δ_4的测量值(如不用对结合能标尺的采集后修正);但如果要用到采集后修正,则应加入$\Delta_1+\Delta E_{corr}$(在$E_{ref\,1}$的估值)和$\Delta_4+\Delta E_{corr}$(在$E_{ref\,4}$的估值)。在此图表上,还要加入这些测量相应的不确定度U_{95}和公差极限$\pm\delta$。应显示$\pm0.7\delta$的警戒限以标明何时必需重新校准。

5.12 下次校准

5.12.1 下次校准在校准不确定度U_{95}与仪器漂移之和导致95%置信度时的总不确定度超过$\pm\delta$之前进行。因此校准在到5.13中规定的校准间隔期时或之前进行。如间隔期未知,先进到5.13,确定间隔期后再在到该间隔期时继续5.12.2。

5.12.2 在到5.13中规定的间隔期时重复5.2到5.6以及5.10到5.11的步骤,除非仪器已被改动或经历了重大变化。每次都要注意自校准开始以来对校准所作的任何改变和累积的变化。确保累积的变化不超过制造商给出的允许值。在所有情况下,记录下校准时的仪器设置参数,包括所用通能或减速比、狭缝或孔径设定、透镜设定以及X射线源。

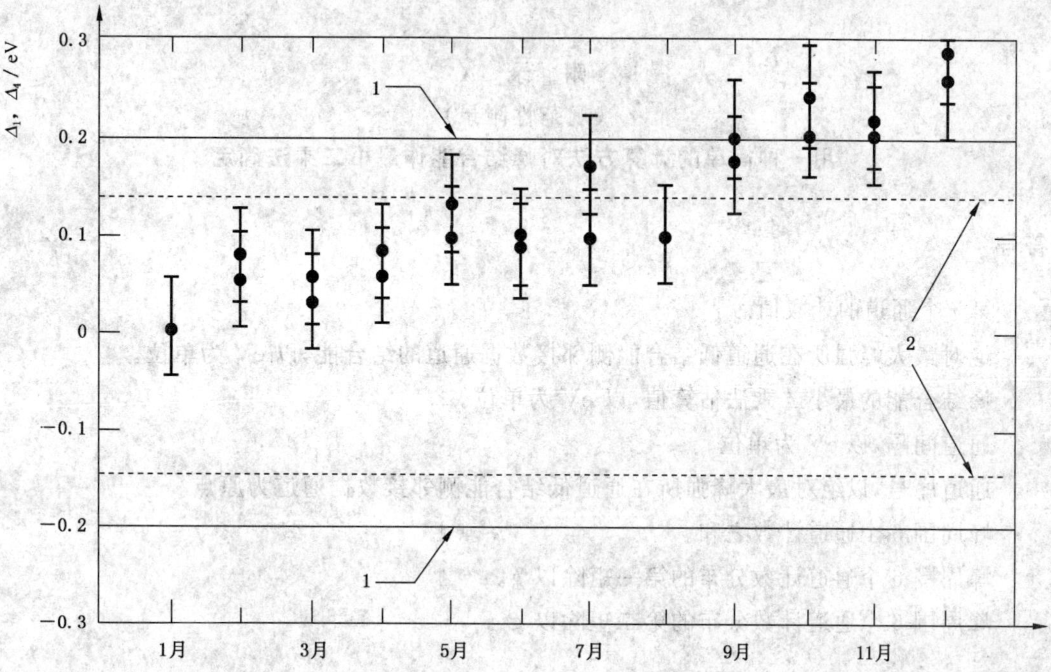

1——公差极限；

2——警戒限。

注：标绘点代表 Δ_1 和 Δ_4 的值。这里的这些点用来说明仪器自 1 月份起未经重校，并且在此期间未对结合能标尺进行采集后修正。由于在 5 月份既突破了上警戒限又到达了 4 个月时间极限本该重校而未进行，致使在 7 月份首次失准。对每个点所示的不确定度(U_{95})对应 95%置信度，且计入标尺线性度误差及其不确定度。此图说明表 1 中 $m=2$ 和 $\delta=0.2$ eV 的那个例子。

图 3 监控仪器校准状态的控制图表[18, 19]

5.13 建立校准间隔时间

5.13.1 仪器全天运行，以一小时为间隔测量 Cu $2p_{3/2}$ 和 Au $4f_{7/2}$ 的结合能。任何漂移都说明可能需要让一些电子学单元运行一段规定的最短时间(也许要让这些单元连续运行)以达到足够的稳定度。注意每次测量时的环境温度并检查二者之间是否有关联。校准时使用的任何与预热时间等有关的步骤也应该在进行任何要求与本标准保持一致的分析时使用。

注 1：对于用单色化 Al X 射线进行修改型俄歇参数的测量，在测 Cu $2p_{3/2}$ 峰之后应加测 Cu L_3VV 峰。详见附录 D。

注 2：漂移最有可能源于谱仪色散元件电源或 X 射线单色器系统的温度变化。这些漂移的产生与工作时间有某种关联，因此有可能每天以类似方式重复。这样，每次开机时进行的测试发现不了其后发生的任何漂移。已观察到 Cu $2p_{3/2}$ 峰能量的漂移值既有大于也有小于 Au $4f_{7/2}$ 的。

5.13.2 如果第一天的稳定性可以的话，则可逐步增大间隔时间，测量 Cu $2p_{3/2}$ 和 Au $4f_{7/2}$ 的结合能，但不能让加到两次校准之间的 Δ_1 和 Δ_4 中变化较大的那个的 U_{95} 大于 $\pm 0.7\delta$。最后的那个间隔时间就成为最长的有用校准间隔时间，直到漂移率数据表明更短或更长的间隔时间是合适的。这一间隔时间不应超过 4 个月。

注：对于很多仪器，一个月或两个月的校准间隔是合适的。判断什么是合适的间隔和公差极限取决于对分析的要求和仪器的性能。

附 录 A
（规范性附录）
用一种简单的计算方法对峰结合能作最小二乘法确定

A.1 符号

c_i 第 i 个通道的计数值。

E_0 绝对最大峰强所在通道低结合能侧邻接数据通道的结合能，以 eV 为单位。

E_p 峰结合能的最小二乘法估算值，以 eV 为单位。

g 通道间隔，以 eV 为单位。

i 通道序号，以绝对最大峰强所在通道低结合能侧邻接数据通道为原点。

p 峰周围 6 个通道计数之和。

q 峰周围 6 个通道计数分布的第一矩除以 g。

r 峰周围 6 个通道计数分布的第二矩除以 g^2。

A.2 最小二乘法

峰能量的最小二乘法估算值可以方便地在估算峰结合能的两侧各选三个数据点来确定。对于非单色化 Al 或 Mg X 射线源，这些数据点的通道间隔取 0.1 eV 或 0.09 eV～0.11 eV。对于单色化 Al X 射线源，峰强的半高全宽（FWHM）小于 1.0 eV，通道间隔取 0.05 eV 或 0.045 eV～0.055 eV；但如果 FWHM 等于或大于 1.0 eV，则应采用非单色化源的条件。

峰结合能 E_p 的最小二乘法估算值由式（A.1）给出[20]：

$$E_p = E_0 + \frac{g}{2}\left(r - \frac{47}{15}q - \frac{8}{5}p\right)\Big/\left(r - q - \frac{8}{3}p\right) \quad \cdots\cdots\cdots\cdots (A.1)$$

式中：

E_0——最大计数通道低结合能侧邻接数据通道的结合能，以 eV 为单位；

g——通道间隔，以 eV 为单位。

参数 p、q 和 r 定义为：

$$p = \sum_{i=-2}^{3} c_i \quad \cdots\cdots\cdots\cdots (A.2)$$

$$q = \sum_{i=-2}^{3} i c_i \quad \cdots\cdots\cdots\cdots (A.3)$$

$$r = \sum_{i=-2}^{3} i^2 c_i \quad \cdots\cdots\cdots\cdots (A.4)$$

式中：

i——通道序号，以最大计数通道低结合能侧邻接数据通道为零号；

c_i——该通道的计数值。

表 A.1 可能有助于计算。表 A.2 展示将该表用于 Au $4f_{7/2}$ 峰的一个完整版本。

在参考文献[20]中给出了方程来说明 E_p 值的不确定度来自与峰的泊松计数统计关联的不确定度。在规定条件下，标准的不确定度约为 5 meV。

表 A.1 计算 E_p 的输入值表

i	能量,E	计数,c_i	ic_i	i^2c_i
−2				
−1				
0			0	0
1				
2				
3				
		和	和	和

E_0	p	q	r

$$E_p = E_0 + \frac{g}{2}\left(r - \frac{47}{15}q - \frac{8}{5}p\right)\Big/\left(r - q - \frac{8}{3}p\right)$$

表 A.2 表 A.1 的一个范例:对 Au $4f_{7/2}$ 峰 E_p 的估算

i	能量,E	计数,c_i	ic_i	i^2c_i
−2	83.76	43 804	−87 608	175 216
−1	83.86	49 259	−49 259	49 259
0	83.96	52 958	0	0
1	84.06	53 889	53 889	53 889
2	84.16	51 903	103 806	207 612
3	84.26	47 812	143 436	430 308
		和	和	和

E_0	p	q	r
83.96	299 625	164 264	916 284

$$\begin{aligned} E_p &= E_0 + \frac{g}{2}\left(r - \frac{47}{15}q - \frac{8}{5}p\right)\Big/\left(r - q - \frac{8}{3}p\right) \\ &= 83.96\ \text{eV} + (0.1 \times 0.83)\text{eV} \\ &= 84.043\ \text{eV} \end{aligned}$$

附 录 B
(资料性附录)
不确定度的推导

B.1 能量标尺线性误差的不确定度的计算

为定义 Au $4f_{7/2}$ 和 Cu $2p_{3/2}$ 峰的重复性标准偏差 σ_{R1} 和 σ_{R4}，要进行 k 次测量。在本标准中，k 选为 7。$E_{ref\,1}$ 和 $E_{ref\,4}$ 处的仪器偏移能量 Δ_1 和 Δ_4 然后可以确定，给出在 95% 置信度时的不确定度 $\pm U_{95}^{c}(E_{ref\,1})$ 和 $\pm U_{95}^{c}(E_{ref\,4})$ 为：

$$U_{95}^{c}(E_{ref\,1}) = t_{k-1}\sigma_{R1}/k^{1/2} \quad \cdots\cdots(B.1)$$

$$U_{95}^{c}(E_{ref\,4}) = t_{k-1}\sigma_{R4}/k^{1/2} \quad \cdots\cdots(B.2)$$

其中 t_{k-1} 是 $k-1$ 个自由度两边分布的"学生"t 因子。在本附录中，所有不确定度的置信度都是 95%。

用穿过 $E_{ref\,1}$ 和 $E_{ref\,4}$ 处偏移能量 Δ_1 和 Δ_4 的直线预告在测量能量 E_{meas} 处的偏移能量，其不确定度为[2]：

$$U_{95}^{c}(E_{meas}) = t_{k-1}\{[(E_{meas}-E_{ref\,1})/(E_{ref\,4}-E_{ref\,1})]^2 \cdot \sigma_{R4}^2/k + [(E_{ref\,4}-E_{meas})/(E_{ref\,4}-E_{ref\,1})]^2 \cdot \sigma_{R1}^2/k\}^{1/2} \quad \cdots\cdots(B.3)$$

如果在该点 σ_R 等于 σ_{R4} 和 σ_{R1} 中的较大者，则在线性度测试能量 $E_{ref\,2}$ 或 $E_{ref\,3}$ 处校准不确定度等于或小于 $U_{95}^{c}(E_{ref\,2})$，这里

$$U_{95}^{c}(E_{ref\,2}) = t_{k-1}\sigma_R/k^{1/2}\{[(E_{ref\,2}-E_{ref\,1})/(E_{ref\,4}-E_{ref\,1})]^2 + [(E_{ref\,4}-E_{ref\,2})/(E_{ref\,4}-E_{ref\,1})]^2\}^{1/2} \quad \cdots\cdots(B.4)$$

$$= 0.76\ t_{k-1}\sigma_R/k^{1/2} \quad \cdots\cdots(B.5)$$

系数 0.76 根据非单色化 Mg X 射线算得。对于非单色化和单色化 Al X 射线，该系数更低些，分别为 0.71 和 0.74。这样式(B.5)对三种 X 射线都有效。线性度测试峰能量的测量不确定度由 $t_{k-1}\sigma_{R2}/k^{1/2}$ 或 $t_{k-1}\sigma_{R3}/k^{1/2}$ 给出。实测结合能标尺线性度误差 ε_2 或 ε_3 的不确定度为两项之一和另两项的平方和。第一个这样的项是从式(B.5)得到的 $U_{95}^{c}(E_{ref\,2})$，第二项是线性度测试峰的结合能相对于 Au $4f_{7/2}$ 和 Cu $2p_{3/2}$ 峰结合能的不确定度。后者的值为 0.026 eV[2]。那么，如果 σ_R 现在等于 σ_{R1}、σ_{R2}(或 σ_{R3})和 σ_{R4} 中最大的那个，则：

$$(U_{95}^{l})^2 = (1.26\ t_{k-1}\sigma_R/k^{1/2})^2 + (0.026)^2\ \text{eV} \quad \cdots\cdots(B.6)$$

取 k 为 7，$t_{k-1}=2.447$，从式(B.6)得：

$$U_{95}^{l} \leqslant [(1.2\sigma_R)^2 + (0.026)^2]^{1/2}\ \text{eV} \quad \cdots\cdots(B.7)$$

如 5.9.3 中式(7)所示。

B.2 定期校准不确定度的计算

大多数仪器结合能标尺的误差随结合能 E 近似线性变化。即使 ε_2 或 ε_3 小于 U_{95}^{l} 可视标尺为线性，这也仅对能量 $E_{ref\,2}$ 或 $E_{ref\,3}$ 在不确定度 U_{95}^{l} 下成立。对 σ_R 等于 σ_{R1}、σ_{R2}(或 σ_{R3})和 σ_{R4} 中最大者的这种情况进行分析，给出在 0 eV～1 040 eV 范围的总不确定度 U_{95}^{cl} 为[2]：

$$U_{95}^{cl} \leqslant 1.5t_6\sigma_R/m^{1/2} \quad \cdots\cdots(B.8)$$

式中 m 是常规校准中的重复次数。

这给出：

$$U_{95}^{cl} \leqslant 2.6\sigma_R \qquad 对于\ m=2 \quad \cdots\cdots(B.9)$$

$$\leqslant 3.7\sigma_R \qquad 对于\ m=1 \qquad \cdots\cdots\cdots\cdots\cdots\cdots\cdots\cdots\cdots\cdots (B.10)$$

如5.10.4中式(12)和式(13)所示。如果$|\varepsilon_2|$或$|\varepsilon_3|$大于U_{95}^{l}但小于$\delta/4$,校准仍有效。ε_2或ε_3的值现在一定要包括在校准不确定度内。如假设能量标尺误差对E有二阶依赖性,则在0 eV～1 100 eV的结合能范围内,非线性误差最大达$1.15\varepsilon_2$或$1.15\varepsilon_3$,最小达$-1.15\varepsilon_2$或$-1.15\varepsilon_3$。进而,三阶的能量标尺误差不超过$\pm 1.2\varepsilon_2$或$\pm 1.2\varepsilon_3$。总的能量标尺不确定度U_{95}因而可由式(B.11)给出:

$$U_{95}=[(U_{95}^{cl})^2+(1.2\ |\ \varepsilon_2\ 或\ \varepsilon_3\ |)^2]^{1/2} \qquad \cdots\cdots\cdots\cdots\cdots\cdots\cdots\cdots (B.11)$$

如5.10.4中的式(11)所示。

附 录 C
（资料性附录）
对测得的结合能不确定度的引用

C.1 总论

本标准规定了一种确定 X 射线光电子谱仪结合能标尺校准不确定度的方法。用户可能会要引用该不确定度，用它定出其他峰（如新的峰）的能量。就本标准的用途而言，这称为分析的不确定度。有三种常见情况要考虑，概述如下。所有三种情况都涉及到新峰的重复性标准偏差 σ_{Rnew}.

C.2 同一谱中测得的两个化学态的光电子峰之间的能量差，谱中表面势对整个被分析样品为常数

在这种情况下，因为谱仪的标尺误差很少超过 0.1% 且化学态的能量差小于 10 eV，所以本校准的很多不确定度可以忽略。对 5.7 中的可重复性测量，样品位置有很大影响。但因这影响对相关的两个峰是共同的，故可忽略。如果峰的轮廓不重叠且峰值处计数超过 40 000，则峰间隔的不确定度可达 0.02 eV。对于比这弱的峰，该不确定度会变差[20]。如果峰互相重叠，谱强度的极大值将不出现在与各分峰能量相同处。通常使用峰合成软件来定出每一个分峰的结合能。在这种情况下，分析的不确定度由峰拟合的统计数据确定[21,22]，而不是在本校准中讨论过的各项中的任何一项，其值可能超过 0.1 eV。

C.3 对两个相继分析样品中同一化学态测得的光电子峰之间的能量差

如在 C.2 中那样，大多数校准的不确定度可以忽略，分析的不确定度取决于两个峰的重复性标准偏差。如果在测新峰的重复性标准偏差 σ_{Rnew} 等于校准时确定的 σ_{R} 值，则对导体来说，95% 置信度时该能量差的分析的不确定度由下式给出：

$$\text{分析的不确定度} = t_{k-1} 2^{1/2} \sigma_{\mathrm{R}} \qquad \cdots\cdots\cdots(\mathrm{C.1})$$

如 $k=7$，则：

$$\text{分析的不确定度} = 3.5\sigma_{\mathrm{R}} \qquad \cdots\cdots\cdots(\mathrm{C.2})$$

对于绝缘体，需计入荷电参考的不确定度。该不确定度可能超过其他项。在采用外来污染碳参考且碳的重复性标准偏差也是 σ_{R} 的情况下，分析的不确定度不会小于式(C.1)和式(C.2)中给出值的 $2^{1/2}$ 倍。

应该注意，对于很多感兴趣的峰，σ_{Rnew} 会大于 σ_{R}。这是因为这些峰通常比相关的金属峰宽和弱，可能要用峰拟合分析来确定[21]。这些情况下 σ_{Rnew} 的推算可在参考文献[22]中找到。

C.4 校准后不久测得的单个峰的能量

如果峰能量测量在校准后足够快进行以致仪器的漂移可以忽略(见 5.13)，不确定度将如式(B.11)给出的那样，但多了一个新峰的项。这样，对于 0 eV～1 100 eV 的结合能范围：

$$\text{分析的不确定度} = \{[U_{95}^{\mathrm{cl}}(E)]^2 + (1.2\,|\,\varepsilon_2 \text{ 或 } \varepsilon_3\,|)^2 + (t_{j-1}\sigma_{\mathrm{Rnew}})^2\}^{1/2} \qquad \cdots\cdots(\mathrm{C.3})$$

这里假设 σ_{Rnew} 是对新峰的发散作 j 次测量后得到的。当然，实际上一般不会对 σ_{Rnew} 进行测量。如果 σ_{Rnew}、σ_{R1} 和 σ_{R4} 全都等于或小于 σ_{R}，式(C.3)可以估值。对于 Cu $2p_{3/2}$ 和 Au $4f_{7/2}$ 峰定期校准的两次重复和一次重复，及对于新峰谱的一次测量，有：

$$\text{分析的不确定度} \leqslant [(3.6\sigma_{\mathrm{R}})^2 + (1.2\,|\,\varepsilon_2 \text{ 或 } \varepsilon_3\,|)^2]^{1/2} \qquad (m=2) \qquad \cdots\cdots(\mathrm{C.4})$$

和

$$\text{分析的不确定度} \leqslant [(4.4\sigma_{\mathrm{R}})^2 + (1.2\,|\,\varepsilon_2 \text{ 或 } \varepsilon_3\,|)^2]^{1/2} \qquad (m=1) \qquad \cdots\cdots(\mathrm{C.5})$$

如在 C.3 中说明的那样，对于很多新峰，σ_{Rnew} 可能大于 σ_{R}，要用式(C.3)。

C.5 两次校准之间的单个峰的能量

对于在两次校准之间测得的新峰：

$$分析的不确定度 \leqslant \delta + t_{j-1}\sigma_{Rnew} \qquad \cdots\cdots(C.6)$$

式中，如在(C.4)中那样，新峰的重复性标准偏差 σ_{Rnew} 由 j 次测量确定。与前面一样，如重复性标准偏差 σ_{Rnew} 小于或等于由前一次记录新峰七次而确定的 σ_R 值，那么对于新峰谱的一次测量：

$$分析的不确定度 \leqslant \delta + 2.5\sigma_R \qquad \cdots\cdots(C.7)$$

如在C.3中说明的那样，对于很多新峰，σ_{Rnew} 可能大于 σ_R。

附 录 D
（资料性附录）
用配置单色化 Al X 射线源的 XPS 谱仪测量修改型俄歇参数的方法

D.1 符号

$E_{corr\ 3}$	对照表 2 中的峰 3 对结合能的修正结果，以 eV 为单位。
α	俄歇参数，等于最强光电子峰的结合能减去同一元素中某一尖锐俄歇电子峰的结合能值，以 eV 为单位。
α'	修改型俄歇参数，等于 α 与所用 X 射线的有效能量之和。
$h\nu_{Al}$	非单色化 Al X 射线的有效能量。
$h\nu_{Mg}$	非单色化 Mg X 射线的有效能量。
$\Delta(h\nu)$	单色化 Al X 射线的有效能量减去 $h\nu_{Al}$。

D.2 总论

在配置单色化 Al X 射线源的谱仪中，入射到样品上的平均 X 射线能量通常在 1 486.5 eV 到 1 486.8 eV 的范围内，最佳能量为 1 486.69 eV 左右[23]。一台特定谱仪的平均 X 射线能量取决于单色器的精确设定，并可能因仪器重要部件的温度变化而随操作时间漂移。对于一个已稳定的系统，本标准描述的步骤提供了一种对结合能标尺的校准方法。然而，俄歇电子峰在该标尺上的位置会不同于用非单色化源所测得的，相差可达 0.3 eV 之多[3]。这使得用单色化和非单色化 Al X 射线源测得的光电子峰与俄歇电子峰之间的能量间隔不同。本附录叙述在要求不确定度小于 0.3 eV 的情况下，如何确定由此差值引入的修改型俄歇参数的值。

俄歇参数 α 可定义为一个谱中最强光电子峰的结合能减去该谱中同一元素的某一尖锐俄歇电子峰的结合能位置[24]。这个参数往往是负的，因此通常使用另外一个参数：修改型俄歇参数 α'[25]。修改型俄歇参数定义为俄歇参数与所用 X 射线的有效能量之和。修改型俄歇参数大体上与 X 射线源能量及分析样品的荷电无关。修改型俄歇参数常在仅靠结合能值不足以识别化学态的情况下起辅助作用。修改型俄歇参数的数据可以在手册中找到[6, 8, 26]。注意这些数据大多用非单色化源确定。这些源发出使结合能大于 1 486 eV 的芯能级电离所必需的韧致辐射；常要用这样的韧致辐射 X 射线来产生必需的俄歇电子峰。单色化 Al X 射线没有足够的能量来产生测量修改型俄歇参数所需的俄歇电子，这些参数在分析 Al 到 Cl、Br 到 Mo 及 Yb 到 Bi 这三个系列中的所有元素时常要用到。

D.3 X 射线能量的参考值

Mg 和 Al 的 $K\alpha_1$ 和 $K\alpha_2$ X 射线能量的参考值最近已报道[23]。Klauber 对 Al 和 Mg 发出的 X 射线的线形及强度作了估算[27]。用这些数据计算 Cu、Ag 和 Au 峰在动能标尺上的漂移[2]显示，非单色化 X 射线源的有效能量 $h\nu_{Al}$ 和 $h\nu_{Mg}$ 由下面二式给出。对于非单色化 Al X 射线有：

$$h\nu_{Al} = 1\ 486.61\ \text{eV} \quad \cdots\cdots\cdots\cdots (D.1)$$

对于非单色化 Mg X 射线有：

$$h\nu_{Mg} = 1\ 253.60\ \text{eV} \quad \cdots\cdots\cdots\cdots (D.2)$$

一个 X 射线源的有效能量是谱中任一峰的结合能值与以费米能级为参考点的动能值之和。非单色化源的有效 X 射线能量只是近似不变。这是因为谱仪分辨率和不同线形所产生的影响会导致小的相对峰位移动，这种相对移动在为本标准设定的谱仪分辨率范围内会随之变化。因而有效 X 射线能量在谱仪分辨率为 0.2 eV～0.4 eV 时可能变化±0.02 eV；如分辨率变差到 1.5 eV，则该能量对 Al 会增加到$^{+0.02}_{-0.06}$ eV，对 Mg 会增加到$^{+0.02}_{-0.03}$ eV。此外，还有一个进而关联的标准的不确定度，为 0.01 eV，如 Schweppe 等所报道[23]。

注1：当线形对称时，单色化 X 射线源的有效能量由该线形的质心给出。对于非单色化 Al 或 Mg X 射线，有效能量值介于质心值和 $K\alpha_1$ 能量值之间，落在一个被选作设定结合能标尺上在表 2 中给出的那些能量处峰位参考值的能量上。

注2：非单色化 Al 和 Mg X 射线的有效能量从对 Cu、Ag 和 Au 光电子峰的动能位置在使用非单色化 Al 和 Mg X 射线与使用由 Schweppe 等[23]确定的单色化 Al X 射线 $K\alpha_1$ 能量时算得的位移[2]推出。这些用表 2 的结合能参考值得到的位移给出有效 X 射线的能量分别为 1 486.60 eV 和 1 253.61 eV。用非单色化 Al 和 Mg X 射线采得的 XPS 数据表明这两种能量之差比用这些数值得到的高 0.04 eV[2,28]。式(D.1)和式(D.2)给出的值取这两种数据推导值的平均。

D.4 确定从单色化 Al X 射线源入射到样品上的 X 射线的有效能量的步骤

D.4.1 在进行 5.10.2 的定期校准时，除两个校准峰外，还要在测 Cu $2p_{3/2}$ 峰后加测 Cu L_3VV 峰。如对校准峰进行重复测量，则要适时重复这一测量。

D.4.2 如 5.8.1 所述确定 Cu L_3VV 峰结合能值。如已做两次测量，计算平均值 $E_{\text{meas }3}$。

D.4.3 用校准时在 5.10.3 算得的参数 a 和 b 的值以及式(D.3)计算修正后的 Cu L_3VV 峰结合能值 $E_{\text{corr }3}$：

$$E_{\text{corr }3} = (1+a)E_{\text{meas }3} + b \qquad \text{(D.3)}$$

$E_{\text{corr }3}$的值将接近表 2 中给出的 567.93 eV。

D.4.4 用式(D.4)计算单色化 X 射线的能量与式(D.1)给出值之差 $\Delta(h\nu)$：

$$\Delta(h\nu) = E_{\text{corr }3} - 567.93\ \text{eV} \qquad \text{(D.4)}$$

注1：在一次使用不同于本标准的峰定位方法进行的实验室际研究中[3]，$\Delta(h\nu)$值的范围约为 0.0 eV～0.3 eV。

注2：如 $\Delta(h\nu)$落在 0.0 eV～0.2 eV 的范围之外，可咨询仪器制造商。可能需要调整晶体或源的设定。在有些成像 XPS 谱仪中，在像的某些区域 Δ 值会超出这个范围。

D.4.5 使用单色化 Al X 射线源的修改型俄歇参数 α'现可从测得的俄歇参数 α 及下式算得：

$$\alpha' = \alpha + h\nu_{\text{Al}} + \Delta(h\nu) \qquad \text{(D.5)}$$

D.4.6 单色化 X 射线的有效能量值为 $h\nu_{\text{Al}}$与 $\Delta(h\nu)$之和。

D.4.7 在确定 $\Delta(h\nu)$时 $\Delta(h\nu)$的不确定度由式(C.4)或式(C.5)给出，其中的新峰是表 2 中的 Cu L_3VV 峰，即峰 3。这样 σ_{Rnew}由式(C.3)中的 σ_{R3}所取代。这里假设 σ_{R3} 等于或小于 σ_{R}，尽管为放心起见可能应如 5.7.3 和 5.8 所述分开确定 σ_{R3}。通常没有理由认为 σ_{R3}会大于 σ_{R}。

注：对于表 1 中给出的例子，测量 Cu L_3VV 峰能量时在 95%置信度下 $\Delta(h\nu)$的不确定度是 0.09 eV($m=2$，即两次重复)或 0.10 eV($m=1$，即一次重复)。修改型俄歇参数的数据，诸如在参考文献[8]中给出的以及适合用单色化 Al X 射线源工作的，不同研究者对同种材料得到的数据间的平均偏离超过 0.5 eV。

D.4.8 在两次校准之间的时段内，$\Delta(h\nu)$的不确定度有可能保持在 D.4.7 对理想仪器的计算值，也有可能因谱仪中的部件(特别是单色器)的温度变化而发生漂移。为了掌握漂移特性，在 5.13 的步骤中加入 Cu L_3VV，即峰 3。准备一张 $\Delta(h\nu)$的控制表。确定 D.4.7 的不确定度与在 5.13.2 选定的校准间隔期内 $\Delta(h\nu)$相对初值的最大偏移之和。在两次校准之间 $\Delta(h\nu)$的不确定度可取此和。

参 考 文 献

[1] ISO/IEC 17025:1999, General requirements for the competence of testing and calibration laboratories.

[2] SEAH, M. P., GILMORE, I. S., and SPENCER, S. J.: XPS—Binding-energy calibration of electron spectrometers—4: Assessment of effects for different X-ray sources, analyser resolutions, angles of emission and of the overall uncertainties, Surface and Interface Analysis, Aug. 1998, Vol. 26, No. 9:617-641.

[3] POWELL, C. J.: Energy calibration of X-ray photoelectron spectrometers—Results of an interlaboratory comparison to evaluate a calibration procedure, Surface and Interface Analysis, Mar. 1995, Vol. 23, No. 3:121-132.

[4] SEAH, M. P., JONES, M. E., and ANTHONY, M. T.: Quantitative XPS—The calibration of spectrometer intensity/energy response functions—2: Results of interlaboratory measurements for commercial instruments, Surface and Interface Analysis, Oct. 1984, Vol. 6, No. 5:242-254.

[5] BRIGGS, D., and SEAH, M. P.: Practical Surface Analysis—Vol. 1: Auger and X-ray Photoelectron Spectroscopy, Wiley, Chichester, 1990.

[6] WAGNER, C. D., RIGGS, W. M., DAVIS, L. E., MOULDER, J. F., and MUILENBERG, G. E.: Handbook of X-ray Photoelectron Spectroscopy, Perkin Elmer Corp, Eden Prairie, MN, 1979.

[7] IKEO, N., IIJIMA, Y., NIIMURA, N., SIGEMATSU, M., TAZAWA, T., MATSUMOTO, S., KOJIMA, K., and NAGASAWA, Y.: Handbook of X-ray Photoelectron Spectroscopy, JEOL, Tokyo, 1991.

[8] MOULDER, J. F., STICKLE, W. F., SOBOL, P. E., and BOMBEN, K. D.: Handbook of X-ray Photoelectron spectroscopy, Perkin Elmer Corp, Eden Prairie, MN, 1992.

[9] SEAH, M. P., and TOSA, M.: Linearity in electron counting and detection systems, Surface and Interface Analysis, Mar. 1992, Vol. 18, No. 3:240-246.

[10] SEAH, M. P., LIM, C. S., and TONG, K. L.: Channel electron multiplier efficiencies—the effect of the pulse height distribution on spectrum shape in Auger electron spectroscopy, Journal of Electron Spectroscopy, Mar. 1989, Vol. 48, No. 3:209-218.

[11] SEAH, M. P., GILMORE, I. S., and BEAMSON, G.: XPS—Binding-energy calibration of electron spectrometers—5: Re-evaluation of the reference energies, Surface and Interface Analysis, Aug. 1998, Vol. 26, No. 9:642-649.

[12] SEAH, M. P., and GILMORE, I. S.: AES—Energy calibration of electron spectrometers—Ⅲ: General calibration rules, Journal of Electron Spectroscopy, Feb. 1997, Vol. 83, nos. 2,3: 197-208.

[13] SEAH, M. P.: Post-1989 calibration energies for X-ray photoelectron spectrometers and the 1990 Josephson constant, Surface and Interface Analysis, Aug. 1989, Vol. 14, No. 8:488.

[14] SEAH, M. P., and SMITH, G. C.: Spectrometer energy scale calibration, Appendix 1, in Practical Surface Analysis—Vol. 1: Auger and X-ray Photoelectron Spectroscopy, Wiley, Chichester, 1990:531-540.

[15] SAVITZKY, A, and GOLAY, M. J. E.: Smoothing and differentiation of data by simplified least-squares procedures, Analytical Chemistry, July 1964, Vol. 36, No. 8:1627-1639.

[16] ANTHONY, M. T., and SEAR, M. P.: XPS—Energy calibration of electron spectrometers—2: Results of an interlaboratory comparison, Surface and Interface Analysis, Jun. 1984, Vol. 6, No. 3:107-115.

[17] SEAR, M. P.: Measurement—AES and XPS, Journal of Vacuum Science and Technology A, May/June 1985, Vol. 3, No. 3:1330-1337.

[18] ISO 7870:1993, Control charts—General guide and introduction.

[19] ISO 7873:1993, Control charts for arithmetic average with warning limits.

[20] CUMPSON, P. J., SEAH, M. P., and SPENCER, S. J.: Simple procedure for precise peak maximum estimation for energy calibration in AES and XPS, Surface and Interface Analysis, Sept. 1996, Vol. 24, No. 10:687-694.

[21] SEAH, M. P., and BROWN, M. T.: Validation and accuracy of software for peak synthesis in XPS, Journal of Electron Spectroscopy, Aug. 1998, Vol. 95, No. 1:71-93.

[22] CUMPSON, P. J., and SEAH, M. P.: Random uncertainties in AES and XPS—1: Uncertainties in peak energies, intensities and areas derived from peak synthesis, Surface and Interface Analysis, May 1992, Vol. 18, No. 5:345-360.

[23] SCHWEPPE, J., DESLATTES, R. D., MOONEY, T., and POWELL, C. J.: Accurate measurement of Mg and Al Kα1,2 X-ray energy profiles, Journal of Electron Spectroscopy, June 1994, Vol. 67, No. 3:463-478.

[24] WAGNER, C. D.: Auger parameter in electron spectroscopy for the identification of chemical species, Analytical Chemistry, June 1975, Vol. 47, No. 7:1201-1203.

[25] WAGNER, C. D., GALE, L. H., and RAYMOND, R. H.: Two-dimensional chemical state plots—A standardized data set for use in identifying chemical states by X-ray photoelectron spectroscopy, Analytical Chemistry, April 1979, Vol. 51, No. 4:466-482.

[26] WAGNER, C. D.: Photoelectron and Auger energies and the Auger parameter—A data set—Appendix 5, in Practical Surface Analysis—Vol. 1: Auger and X-ray Photoelectron Spectroscopy, Wiley, Chichester, 1990:595-634.

[27] KLAUBER, C.: Refinement of Magnesium and Aluminium Kα X-ray Source Functions, Surface and Interface Analysis, July 1993, Vol. 20, No. 8:703-715.

[28] SEAH, M. P.: AES energy calibration of electron spectrometers—IV: A re-evaluation of the reference energies, Journal of Electron Spectroscopy, Dec. 1998, Vol. 97, No. 3:235-241.

ICS 71.040.40
G 04

中华人民共和国国家标准

GB/T 22572—2008/ISO 20341:2003

表面化学分析 二次离子质谱 用多δ层参考物质评估深度分辨参数的方法

Surface chemical analysis—Secondary-ion mass spectrometry—Method for estimating depth resolution parameters with multiple delta-layer reference materials

(ISO 20341:2003,IDT)

2008-12-11 发布 2009-10-01 实施

中华人民共和国国家质量监督检验检疫总局
中国国家标准化管理委员会 发布

前　言

本标准等同采用 ISO 20341:2003《表面化学分析——二次离子质谱——用多δ层参考物质评估深度分辨参数的方法》。

为便于使用，本标准对 ISO 20341:2003 做了下列编辑性修改：

——删除了原国际标准的前言部分；

——将本国际标准改为本标准。

本标准的附录 A 为规范性附录。

本标准由全国微束分析标准化技术委员会提出并归口。

本标准负责起草单位：信息产业部专用材料质量监督检验中心。

本标准主要起草人：马农农、何友琴、何秀坤。

引　言

深度分辨是二次离子质谱(SIMS)深度剖析的一个重要参数。然而,在SIMS分析中,影响溅射深度剖析结果的因素很多,包括离子束诱导的混合和偏析、电荷驱动的扩散、基体效应、弧坑形状和表面微形貌等。只有了解并尽量降低以上因素的影响,才能得到最佳的深度分辨。

获取最佳的深度分辨通常要求特定的分析条件,包括超低的一次离子束能量、掠入射、旋转样品、低温冷却样品等,所有这些条件在常规的SIMS分析中都很难满足。此外,对每一种样品所要求的最佳分析参数可能很不相同。进而,各种仪器因素,如弧坑的形状、离子束的同一性、弧坑边沿效应的消除、质量干扰、记忆效应、残气效应等,也会影响深度分辨的各个方面。

因此,在常规的SIMS分析条件下,难以直接评估深度分辨。本标准阐述了前沿衰变长度、后沿衰变长度和高斯展宽的概念,提出了每个参数的测量步骤。多δ层参考物质就可用于评估在常规SIMS分析条件下的深度分辨参数。

表面化学分析 二次离子质谱
用多δ层参考物质
评估深度分辨参数的方法

1 范围

本标准详细说明了在SIMS深度剖析中，用多δ层参考物质评估前沿衰变长度、后沿衰变长度和高斯展宽三个深度分辨参数的步骤。

由于样品表面的物理和化学态受一次入射离子影响而不稳定，本标准不适用于近表面区域的δ层。

2 规范性引用文件

下列文件中的条款通过本标准的引用而成为本标准的条款。凡是注日期的引用文件，其随后所有的修改单(不包括勘误的内容)或修订版均不适用于本标准，然而，鼓励根据本标准达成协议的各方研究是否可使用这些文件的最新版本。凡是不注日期的引用文件，其最新版本适用于本标准。

GB/T 22461 表面化学分析 词汇(GB/T 22461—2008,ISO 18115:2001,IDT)

3 符号

A_L,A_T	比例因子。
B,C	比例系数。
$I(z)$	随深度的二次离子强度。
z	深度。
z_0	表观峰的深度。
λ_L	前沿衰变长度。
λ_T	后沿衰变长度。
σ	高斯展宽。

4 多δ层参考物质的要求

4.1 根据GB/T 22461中δ层的定义，理想的δ层为单原子层。但是，并非总能够制作出δ层或验证单原子层厚度。如果没有理想的δ层可用，符合下面规定的非理想δ层也可作为参考物质。

4.2 在SIMS深度剖析中溅射面层的基体不应改变，这样基体效应或剥蚀速率就不会有明显变化。穿过δ层时，基体元素二次离子强度的恒定表明基体没有变化。

4.3 表面和δ层应该平整且相互平行，以避免SIMS深度剖析的任何失真。

4.4 掺杂δ层的厚度应远小于一次离子的投影射程，这样厚度的微小变化不会影响剖析曲线的形状。

4.5 相邻δ层的间距应足够大，使层与层间二次离子强度的谷值小于峰值的1%。

4.6 δ层厚度、位置以及界面的粗糙度应该用高分辨透射电子显微镜、掠入射X射线反射、中能离子散射谱或者其他合适的方法确定。

5 步骤

5.1 为了调节和优化二次离子质谱仪的设置，分析条件(例如离子能量、离子种类、离子流、二次离子极性、一次束扫描区域、分析区域、一次束流稳定性、样品导入、要检测的二次离子等)应该按照厂商的说明书或当地有证文件的步骤来设定。

如果多δ掺杂层参考物质中每一个δ层SIMS剖析曲线的形状不一致，应该检查仪器的性能，例如一次束流漂移、扫描均匀性等。

为使评估的SIMS深度分辨参数有良好的重现性，就必须调整SIMS分析条件，使在SIMS深度剖析曲线中峰强度值80%以上区域的数据点多于10个，并且SIMS剖析必须记录到强度低于最大值的1%。

5.2 为使用本标准，一个δ层的SIMS剖析曲线，应该用一个指数上升沿、一个类高斯圆形顶和一个指数下降沿来描述。可认为δ层的SIMS剖析曲线是由两个指数函数和一个高斯函数的卷积：指数上升沿函数 $f_L(z)$ 由式(1)定义，指数下降沿函数 $f_T(z)$ 由式(2)定义，高斯分布函数 $g(z)$ 由式(3)定义，所需三个参数为：前沿衰变长度 λ_L，后沿衰变长度 λ_T，高斯展宽 σ，单位常用纳米。

$$f_L(z) = A_L \exp\left[\frac{z - z_0}{\lambda_L}\right] \quad z < z_0 \qquad \cdots\cdots(1)$$

$$f_T(z) = A_T \exp\left[\frac{-(z - z_0)}{\lambda_T}\right] \quad z > z_0 \qquad \cdots\cdots(2)$$

$$g(z) = \frac{B}{\sqrt{2\pi}\sigma}\exp\left[\frac{-(z - z_0)^2}{2\sigma^2}\right] \qquad \cdots\cdots(3)$$

5.3 在估算SIMS深度分辨参数前，如果本底高于峰值强度的1%，则必须在拟合之前扣除每个峰之间的稳定本底。用任意两个δ峰之间溅射时间间隔的平均值和其间的厚度，将溅射时间转换成深度，单位为纳米。

5.4 为估算衰变长度和高斯展宽，可使用带有用户自定义功能的非线性曲线拟合软件：

$$I(z)=\frac{C}{\lambda_L+\lambda_T}\left\{(1+\mathrm{erf}\xi_1)\exp\left[\frac{z-z_0}{\lambda_L}+0.5\left(\frac{\sigma}{\lambda_L}\right)^2\right]+(1+\mathrm{erf}\xi_2)\exp\left[-\frac{z-z_0}{\lambda_T}+0.5\left(\frac{\sigma}{\lambda_T}\right)^2\right]\right\} \cdots(4)$$

式中：

$$\xi_1 = \frac{1}{\sqrt{2}}\left(-\frac{z - z_0}{\sigma} - \frac{\sigma}{\lambda_L}\right) \qquad \cdots\cdots(5)$$

$$\xi_2 = \frac{1}{\sqrt{2}}\left(\frac{z - z_0}{\sigma} - \frac{\sigma}{\lambda_T}\right) \qquad \cdots\cdots(6)$$

$$\mathrm{erf}\xi = \frac{2}{\sqrt{\pi}}\int_0^{\xi} e^{-y^2}\,dy \qquad \cdots\cdots(7)$$

如果没有非线性曲线拟合软件，可以用附录A中描述的简单方法来估算一个或两个SIMS深度分辨参数。

注：式(4)的推导见参考文献[1]，公式数据拟合的例子见参考文献[1]和[2]。

6 测试报告

测试报告应包含以下信息：

a) 所有表明样品、仪器、实验室及分析日期的必要信息；

b) 使用的多δ层参考物质；

c) 采用的分析条件；

d) 用于估算深度分辨参数的方法，即式(4)或附录A；

e) SIMS深度分辨参数，如：每一个被测δ层的前沿衰变长度 λ_L，后沿衰变长度 λ_T，高斯展宽 σ 和该被测δ层的深度；

f) 分析过程中记录的异常情况；

g) 本标准中未规定的任何会影响结果的操作以及选项操作。

附 录 A
（规范性附录）
估算 SIMS 深度分辨参数的简单方法

A.1 概要

可以采用简单的方法来估算一个或两个 SIMS 深度分辨参数。用后沿衰变长度作单参数估算，用后沿衰变长度和前沿衰变长度作双参数估算。

A.2 步骤

采用本简单方法时，在二次离子强度的自然对数随深度变化图中，用其线性部分的斜率来确定前沿衰变长度和/或后沿衰变长度，常以纳米为单位，在此深度区间内的二次离子强度变化了 e 倍。线性范围内的二次离子强度至少应变化 10 倍。用 5.1 和 5.3 中描述的方法，调节并优化二次离子质谱仪设置和扣除本底。为使估算的 SIMS 深度分辨参数有良好的重现性，应调整 SIMS 分析条件，使得在上述半对数图中线性区域内超过 10 个数据点，且 SIMS 剖析必须要记录到强度最大值的 1%以下。

参 考 文 献

［1］ DOWSETT. M. G, ROWLAND, ALLEN. P. N and BARLOW R. D: *Surf, Interface Anal.*, 21, p. 310(1994)

［2］ Moon D. W., WON J. Y. KIM K. J, KIM H. J., Kang H. J, PETRAVIC., M, *Surf, Interface Anal.*, 29, p. 362(2000)

ICS 13.060
Z 51

中华人民共和国国家标准

GB 22573—2008

灌溉水中氯苯、1,2-二氯苯、1,4-二氯苯、硝基苯限量

Maximum limits of chlorobenzene, 1,2-dichlorobenzene, 1,4-dichlorobenzene, nitrobenzene for irrigation water quality

2008-12-15 发布　　2009-06-01 实施

中华人民共和国国家质量监督检验检疫总局
中国国家标准化管理委员会　发布

前言

本标准的全部技术内容为强制性。

本标准由中华人民共和国农业部提出并归口。

本标准起草单位:农业部环境保护科研监测所。

本标准主要起草人:徐应明、孙扬、秦旭、刘凤枝、林大松、戴晓华。

灌溉水中氯苯、1,2-二氯苯、1,4-二氯苯、硝基苯限量

1 范围

本标准规定了灌溉水中氯苯、1,2-二氯苯、1,4-二氯苯、硝基苯限量。

本标准适用于以地面水、地下水和处理后的城市污水作水源的农田灌溉用水,不适用于以医药、生物制品、化学试剂、农药、石油炼制、焦化和有机化工等处理后的工业废水作水源的农田灌溉用水。

2 规范性引用文件

下列文件中的条款通过本标准的引用而成为本标准的条款。凡是注日期的引用文件,其随后所有的修改单(不包括勘误的内容)或修订版均不适用于本标准,然而,鼓励根据本标准达成协议的各方研究是否可使用这些文件的最新版本。凡是不注日期的引用文件,其最新版本适用于本标准。

GB/T 13194 水质 硝基苯、硝基甲苯、硝基氯苯、二硝基甲苯的测定 气相色谱法

GB/T 17131 水质 1,2-二氯苯、1,4-二氯苯、1,2,4-三氯苯的测定 气相色谱法

HJ/T 74 水质 氯苯的测定 气相色谱法

NY/T 396 农用水源环境质量监测技术规范

3 要求

灌溉水中氯苯、1,2-二氯苯、1,4-二氯苯、硝基苯限量应符合表1的要求。

表1 灌溉水中氯苯、1,2-二氯苯、1,4-二氯苯、硝基苯限量 单位为毫克每升

项 目		限 量 值
氯苯	≤	0.3
1,2-二氯苯	≤	1.0
1,4-二氯苯	≤	0.4
硝基苯	≤	2.0

4 采样方法

按 NY/T 396 规定执行。

5 试验方法

5.1 硝基苯的测定

按 GB/T 13194 规定执行。

5.2 1,2-二氯苯的测定

按 GB/T 17131 规定执行。

5.3 1,4-二氯苯的测定

按 GB/T 17131 规定执行。

5.4 氯苯的测定

按 HJ/T 74 规定执行。

ICS 13.060
Z 51

GB

中华人民共和国国家标准

GB 22574—2008

灌溉水中甲苯、二甲苯、异丙苯、苯酚和苯胺限量

Maximum limits of toluene, xylene, cumene, phenol and aniline for irrigation water quality

2008-12-15 发布　　　　2009-06-01 实施

中华人民共和国国家质量监督检验检疫总局
中国国家标准化管理委员会　发布

前言

本标准的全部技术内容为强制性。

本标准由中华人民共和国农业部提出并归口。

本标准起草单位:农业部环境保护科研监测所。

本标准主要起草人:徐应明、孙扬、秦旭、刘凤枝、林大松、戴晓华。

灌溉水中甲苯、二甲苯、异丙苯、苯酚和苯胺限量

1 范围

本标准规定了灌溉水中甲苯、二甲苯、异丙苯、苯酚和苯胺限量。

本标准适用于以地面水、地下水和处理后的城市污水作水源的农田灌溉用水，不适用于以医药、生物制品、化学试剂、农药、石油炼制、焦化和有机化工等处理后的工业废水作水源的农田灌溉用水。

2 规范性引用文件

下列文件中的条款通过本标准的引用而成为本标准的条款。凡是注日期的引用文件，其随后所有的修改单(不包括勘误的内容)或修订版均不适用于本标准，然而，鼓励根据本标准达成协议的各方研究是否可使用这些文件的最新版本。凡是不注日期的引用文件，其最新版本适用于本标准。

GB/T 7490　水质　挥发酚的测定　蒸馏后4-氨基安替比林分光光度法

GB/T 11889　水质　苯胺类化合物的测定　N-(1-萘基)乙二胺偶氮分光光度法

GB/T 11890　水质　苯系物的测定　气相色谱法

NY/T 396　农用水源环境质量监测技术规范

3 要求

灌溉水中甲苯、二甲苯、异丙苯、苯酚和苯胺限量应符合表1的要求。

表1　灌溉水中甲苯、二甲苯、异丙苯、苯酚和苯胺限量　　单位为毫克每升

项目		限量值
甲苯	≤	0.7
二甲苯	≤	0.5
异丙苯	≤	0.25
苯酚	≤	0.5
苯胺	≤	0.5

4 采样方法

按 NY/T 396 规定执行。

5 试验方法

5.1 甲苯的测定

按 GB/T 11890 规定执行。

5.2 二甲苯的测定

按 GB/T 11890 规定执行。

5.3 异丙苯的测定

按 GB/T 11890 规定执行。

5.4 苯酚的测定

按 GB/T 7490 规定执行。

5.5 苯胺的测定

按 GB/T 11889 规定执行。

ICS 67.260
X 01

中华人民共和国国家标准

GB/T 22575—2008

猪电致昏设备

Electrical stunning equipment

2008-12-15 发布 2009-02-01 实施

中华人民共和国国家质量监督检验检疫总局
中国国家标准化管理委员会 发布

前言

本标准由中华人民共和国商务部提出并归口。

本标准由商务部市场运行调节司、商务部屠宰技术鉴定中心、青岛建华食品机械制造有限公司负责起草。

本标准主要起草人：朱小良、赵箭、邢文凯、杨华建、郗文来、李刚、张新玲、胡新颖。

猪电致昏设备

1 范围

本标准规定了猪电致昏设备的型式和基本参数、技术要求、试验方法、检验规则和标志、包装、运输的要求。

本标准适用于屠宰企业采用电击方式对猪体致昏的专用设备。

2 规范性引用文件

下列文件中的条款通过本标准的引用而成为本标准的条款。凡是注日期的引用文件，其随后所有的修改单(不包括勘误的内容)或修订版均不适用于本标准，然而，鼓励根据本标准达成协议的各方研究是否可使用这些文件的最新版本。凡是不注日期的引用文件，其最新版本适用于本标准。

GB/T 191 包装储运图示标志

GB/T 3768 声学 声压法测定噪声源声功率级 反射面上方采用包络测量表面的简易法

GB 5226.1 机械安全 机械电气设备 第1部分:通用技术条件

GB/T 13306 标牌

GB 16798 食品机械安全卫生

SB/T 228 食品机械通用技术条件 表面涂漆

JB/T 2759 机电产品包装通用技术条件

3 术语和定义

下列术语和定义适用于本标准。

3.1

电致昏 electrical stunning

对猪体确定部位通电致昏，猪体5 min内仍可复苏的电击方法。

3.2

逃逸 escape

猪未被致昏而逃出的行为。

注：逃逸率=(逃逸数/总数)×100%

4 型式和基本参数

4.1 型式

按操作方式及结构，分为手持猪电致昏器、二点式猪电致昏机和三点式猪电致昏机。

4.2 基本参数

应分别符合表1、表2和表3的规定。

表1 手持猪电致昏器

项目	单位	数值	项目	单位	数值
适用生产能力	头/h	<70	致昏时间	s/头	1～3
盐水浓度	%	≤20	致昏电压	V	90～130
			电源频率	Hz	50或60
电击电流	A	0.5～1.0	开关		双极

表 2 二点式猪电致昏机

项　　目	单　　位	数　　值	项　　目	单　　位	数　　值
适用生产能力	头/h	70～150	致昏时间	s/头	1～3
适用猪重	kg	100±30	致昏电压	V	125～375
逃逸率	%	≤0.2	电源频率	Hz	50 或 60
电击电流	A	≥1.3			

表 3 三点式猪电致昏机

项　　目	单　　位	数　　值	项　　目	单　　位	数　　值
适用生产能力	头/h	150～600	致昏时间	s/头	1～2
适用猪重	kg	100±30	逃逸率	%	≤0.02
致昏电压	V	150～300	工作频率	Hz	≥800
电击电流	A	≥1.3			

5 技术要求

5.1 原材料、外购件、外协件

应有供货单位的检验合格证或质量保证书。

5.2 外观

5.2.1 设备外表面涂层应色泽均匀，附着牢固，无流挂现象，应符合 SB/T 228 的规定。

5.2.2 设备内表层涂层应附着牢固、均匀、无露底现象。

5.2.3 外观应光滑平整，不应有图样规定外的明显凹凸现象。

5.3 电气安全

设备的绝缘电阻应不小于 1 MΩ，接地电阻应不大于 0.1 Ω，有明显接地标识，符合 GB 5226.1 的规定。

5.4 设备安全卫生

应符合 GB 16798 的规定。经电致昏的猪不应出现电死、断尾骨和淤血等现象。

5.5 传动

5.5.1 设备各传动部件应运转灵活，无卡滞现象。

5.5.2 设备单机空运转时，其噪声声压级应不超过 60 dB(A)。

5.5.3 连续运转时间 1 h 以上，轴承部位温升应不高于 40 ℃。

5.6 焊接

设备各焊接部位应焊接牢固、平整、美观，无夹渣、无裂纹、无虚焊等现象，允许修磨抛光处理。

5.7 动作

设备各动作部位动作准确，不应有时间延误和误动作现象。

5.8 气路系统

各气压管路接头不应泄漏，气管耐压应不低于 1 MPa。

6 试验方法

6.1 外观

采用手触和目测进行检验。

6.2 焊接

用专用锤敲打各部位。

6.3 轴承温升

整机运转中用精度不低于±2 ℃的点温计检测。

6.4 噪声

整机空载运转中，用精度不低于±1 dB 的声级计，按 GB/T 3768 的规定进行噪声检测。

6.5 动作

整机空载运转 30 min，查看各部位动作。

6.6 电气安全

在带电部件与机器外壳之间，用精度为 1.0 级的 500 V 兆欧表测量绝缘电阻；在接地端子与机器外壳之间，用精度为 0.001 Ω 的数字微欧计测量接地电阻。

6.7 气路系统

用肥皂水检查气体是否从连接处泄露。

7 检验规则

7.1 产品检验分为出厂检验和型式检验。

7.2 出厂检验

7.2.1 每台电致昏设备出厂前按 5.2～5.8 进行检验和试验。

7.2.2 产品应按出厂检验项目逐台检验，合格后发合格证和使用说明书方可出厂。

7.3 型式试验

7.3.1 有下列情况之一者，应进行型式试验：

a） 新设备或老设备转厂生产的试制定型鉴定；

b） 正式生产后，如结构、材料、工艺有较大改变，可能影响设备性能时；

c） 正式批量生产时，每年抽检一次；

d） 设备停产一年以上，重新恢复生产时；

e） 出厂检验结果与上次型式检验有较大差异时；

f） 国家质量监督机构提出进行型式检验的要求时。

7.3.2 型式检验为本标准中 4.2 和第 5 章的全部项目。

7.3.3 型式检验的样本从出厂检验合格的产品中抽取，每次应不少于一台。

7.3.4 型式检验中若有不合格项目，则加倍抽取该产品，对不合格项目进行检验，若仍有不合格，则判本批次型式检验不合格。

8 标志、包装、运输

8.1 标志

应在适当的明显位置固定标牌，标牌尺寸及技术要求应符合 GB/T 13306 的规定，其内容包括：

a） 名称、规格型号；

b） 制造商名称、地址、电话；

c） 商标；

d） 出厂编号、生产日期；

e） 执行标准编号；

f） 主要技术参数。

8.2 包装、运输

8.2.1 包装应适合陆路和水路运输及装载要求，运输装卸应小心轻放，严禁倒置和堆垛。

8.2.2 包装标志应符合 GB/T 191 的规定。

8.2.3 随机文件、附件和专用工具应置于防水的容器内，并固定于适当的位置。

8.2.4 仪器、仪表和电气设备应用防水包装或单独装箱，应符合 JB/T 2759 的规定。

ICS 03.120.10
C 30

中华人民共和国国家标准

GB/T 22576—2008/ISO 15189:2007

医学实验室 质量和能力的专用要求

**Medical laboratories—
Particular requirements for quality and competence**

(ISO 15189:2007,IDT)

2008-12-15 发布 2010-02-01 实施

中华人民共和国国家质量监督检验检疫总局
中国国家标准化管理委员会 发布

前　言

本标准等同采用 ISO 15189:2007《医学实验室　质量和能力的专用要求》。

为便于使用，本标准做了下列编辑性修改：

本"国际标准"一词改为："本标准"；

删除国际标准前言。

本标准与 GB/T 27025—2008/ISO/IEC 17025:2005 的关系为"专用标准"和"通用标准"的关系，是将 GB/T 27025—2008《检测和校准实验室能力的通用要求》在医学实验室领域的具体化和细化。

本标准的附录 A、附录 B、附录 C 为资料性附录。

应注意，本标准中的某些条款可能涉及专利权的问题，起草单位并不负责对任何专利权的鉴别。

本标准由国家食品药品监督管理局提出。

本标准由全国医用临床检验实验室和体外诊断系统标准化技术委员会归口。

本标准起草单位：北京市医疗器械检验所、中国合格评定国家认可委员会。

本标准主要起草人：丛玉隆、陈文祥、章兆园、吕京、邓新立、郭健、翟培军、廖睿、胡冬梅、贺学英。

引　言

本标准以 GB/T 27025/ISO/IEC 17025 和 GB/T 19001/ISO 9001 为基础，提出了针对医学实验室[1)]能力与质量的专用要求。众所周知，在该领域，不同国家对部分或所有专业人士及其行为与职责有其专门的法规和要求。

医学实验室的服务是对患者医疗保健的基础，因而应满足所有患者及负责患者医疗保健的临床人员之需求。这些服务包括受理申请，患者准备，患者识别，样品采集、运送、保存，临床样品的处理和检验及结果的确认、解释、报告以及提出建议。此外，还应考虑医学实验室工作的安全性和伦理学问题。

在国家法规许可的前提下，期望医学实验室的服务除进行诊断和患者管理之外，还包括会诊病例中患者的检验和积极参与疾病预防。所有医学实验室应当为其专业人员提供教育和科研机会。

本标准适用于医学实验室服务领域内现有的所有学科；在其他服务领域和学科内的同类工作也可适用。此外，对医学实验室能力进行承认的机构可将本标准作为其工作的基础。寻求认可的实验室，应首先选择依据相应国际标准运作并考虑了医学实验室专用要求的认可机构。

实验室质量管理体系符合本标准，也不意味其运作符合 GB/T 19001/ISO 9001 的所有要求。本标准并不意图用作实验室认证的基础。

此 2007 版 ISO 15189 在条款及分条款上与 GB/T 19001/ISO 9001:2000 和 GB/T 27025—2008/ISO/IEC 17025:2005 的详细对照列于本标准的附录 A 中。

---

1)　在其他语言中，使用的可能是与英语“clinical laboratories”相对应的等效术语。

医学实验室
质量和能力的专用要求

1 范围

1.1 本标准规定了医学实验室质量和能力的专用要求。

1.2 本标准可被医学实验室用于建立其质量管理体系和评估自己的能力，以及可被认可组织用于确认或承认医学实验室的能力。

2 规范性引用文件

下列文件中的条款通过本标准的引用而成为本标准的条款。凡是注日期的引用文件，其随后所有的修改单(不包括勘误的内容)或修订版均不适用于本标准，然而，鼓励根据本标准达成协议的各方研究是否可使用这些文件的最新版本。凡是不注日期的引用文件，其最新版本适用于本标准。

GB 3102(所有部分) 量和单位(GB 3102—1993,eqv ISO 31:1992)

GB/T 19000—2008 质量管理体系 基础和术语(ISO 9000:2005,IDT)

GB/T 19001—2000 质量管理体系 要求(idt ISO 9001:2000)

GB/T 15483.1—1999 利用实验室间比对的能力验证 第1部分:能力验证计划的建立和运作(idt ISO/IEC 导则 43-1:1997)

GB/T 27025—2008 检测和校准实验室能力的通用要求(ISO/IEC 17025:2005,IDT)

3 术语和定义

下述的术语和定义适用于本标准。

3.1

认可 accreditation

权威机构正式承认一个机构或者个人从事某特定任务能力的程序。

3.2

测量准确度 accuracy of measurement

测量结果与被测量值真值之间的一致性程度。

[VIM:1993,定义 3.5]

3.3

生物参考区间 biological reference interval

参考区间 reference interval

参考值分布的95%中心区间。

注1:该名词取代不正确的用词，如“正常范围”。

注2:将参考区间定义为95%中心区间是约定俗成的。某些特定情况下，对参考区间另外取值或不对称取值可能更为适当。见参考文献[13]。

3.4

检验 examination

旨在确定某一属性的值或特性的一组操作。

注:在某些学科(如微生物学)中，一项检验是多个试验、观察或测量的总体活动。

3.5

实验室能力　laboratory capability

进行相应检验所需的物质、环境和信息资源，以及人员、技术和专业知识。

注：对实验室能力的评审可包括先前参加的实验室间比对、外部质量评价计划或运行试验性验证计划的结果，或上述全部结果，以证实测量不确定度、检出限等。

3.6

实验室负责人　laboratory director

有能力对实验室负责并有权管理实验室的一人或多人。

注1：在本标准中所指的一人或多人统称为实验室负责人。

注2：相关的资格和培训要求，国家、区域和地方的法规可适用。

3.7

实验室管理层　laboratory management

在实验室负责人领导下管理实验室活动的人员。

3.8

测量　measurement

以确定量值为目的的一组操作。

[VIM:1993，定义2.1]

3.9

医学实验室　medical laboratory

临床实验室　clinical laboratory

以为诊断、预防、治疗人体疾病或评估人体健康提供信息为目的，对来自人体的材料进行生物学、微生物学、免疫学、化学、血液免疫学、血液学、生物物理学、细胞学、病理学或其他检验的实验室。实验室可以提供其检查范围内的咨询服务，包括解释结果和为进一步的适当检查提供建议。

注：检验亦包括用于确定、测量或描述各种物质或微生物存在与否的操作。仅采集或准备样品的机构，或仅作为邮寄或分发中心的机构，即使是大型实验室网络或系统的一部分，也不能视为医学或临床实验室。

3.10

检验后程序　post-examination procedures

分析后期　postanalytical phase

检验后过程包括系统性评审，规范格式和解释，授权发布、报告和传送结果，以及保存检验样品。

3.11

检验前程序　pre-examination procedures

分析前期　preanalytical phase

按时间顺序，始于临床医师提出检验申请，止于分析检验程序启动，其步骤包括检验申请，患者准备，原始样品采集、运送到实验室并在实验室内传递。

3.12

原始样品　primary sample

标本　specimen

从一个系统中最初取出的一部分或多部分。

注：在某些国家，以"specimen"一词代替"primary sample"（或其子样），是指准备送检或实验室收到并准备进行检验的样品。

3.13

量　quantity

现象、物体或物质可定性区别和定量确定的属性。

[VIM:1993，定义1.1]

3.14

质量管理体系 quality management system

在质量方面指挥和控制组织的管理体系

[GB/T 19000—2008,定义 3.2.3]

注:为了适用本标准,此定义中的“质量”,包括管理和技术能力两方面的内容。

3.15

委托实验室 referral laboratory

对送交样品进行补充检验或确认检验程序和报告的外部实验室。

3.16

样品 sample

取自一个系统的一部分或多部分,旨在提供该系统信息,通常作为判断该系统及其产物的基础。

示例:从较大量的血清中取出的部分血清。

3.17

溯源性 traceability

通过一条具有规定不确定度的不间断的比较链,使测量结果或测量标准的值能够与规定的参考标准,通常是与国家标准或国际标准联系起来的特性。

[VIM:1993,定义 6.10]

3.18

测量正确度 trueness of measurement

由一系列大量的测量结果得到的平均值与真值之间的一致程度。

注:[ISO 3534-1:1993,定义 3.12]

3.19

测量不确定度 uncertainty of measurement

表征合理地赋予被测量之值的分散性,与测量结果相联系的参数。

[VIM:1993,定义 3.9]

4 管理要求

4.1 组织和管理

4.1.1 医学实验室或其所在组织应有明确的法律地位。

4.1.2 医学实验室服务,包括适当的解释和咨询服务,应能满足患者及所有负责患者医护的临床人员的需要。

4.1.3 医学实验室(以下简称实验室)在其固定机构内,或在其固定机构之外由其负责的场所开展工作时,均应遵守本标准的相关要求。

4.1.4 为识别利益冲突,应明确实验室中参与或影响原始样品检验人员的责任,不宜因经济或政治因素(例如诱惑)影响检验。

4.1.5 实验室管理层应负责质量管理体系的设计、实施、维持及改进,包括:

a) 管理层为实验室所有人员提供履行其职责所需的适当权力和资源;

b) 有措施保证管理层和员工不受任何可能对其工作质量不利的、不正当的来自内外部的、商业的、财务的或其他方面的压力和影响;

c) 有政策和程序,确保机密信息受到保护(见附录 C);

d) 有政策和程序,以避免卷入任何可能降低其在能力、公正性、判断力或运作诚实性方面可信度的活动;

e) 明确实验室的组织和管理结构,以及实验室与其他相关机构的关系;

f) 规定所有人员的职责、权力和相互关系；

g) 由熟悉相关检验目的、程序和结果评价的有能力人员，依据实验室所有人员的经验和职责对其进行适当培训和相应监督；

h) 技术管理层全面负责技术运作，并提供资源以确保满足实验室程序规定的质量要求；

i) 指定一名质量主管(或其他称谓)，赋予其职责和权力以监督所有活动遵守质量管理体系的要求。质量主管应直接向对实验室政策和资源决策的实验室管理层报告；

j) 指定所有关键职能的代理人，但需认识到，在小型实验室一人可能会同时承担多项职责，对每项职责指定一代理人不切实际。

4.1.6 实验室管理层应确保实验室建立适宜的沟通机制，并就管理体系有效性进行沟通。

4.2 质量管理体系

4.2.1 政策、过程、计划、程序和指导书应文件化并传达至所有相关人员。实验室管理层应保证这些文件易于理解并付予实施。

4.2.2 质量管理体系应包括(但不限于)内部质量控制以及参加有组织的实验室间比对活动，如外部质量评价计划。

4.2.3 质量管理体系的方针和目标，应在实验室负责人的授权下，在质量方针声明中予以明确，文件化并写入质量手册。该方针应随时可供有关人员利用，简明扼要，包括以下内容：

a) 实验室拟提供的服务范围；

b) 实验室管理层对实验室服务标准的声明；

c) 质量管理体系的目标；

d) 要求所有与检验活动有关的人员熟悉质量文件，并始终贯彻执行这些政策和程序；

e) 实验室对良好职业行为、检验工作质量和遵守质量管理体系的承诺；

f) 实验室管理层对遵守本标准的承诺。

4.2.4 质量手册应对质量管理体系及其所用文件的架构进行描述。质量手册应包括或指明含技术程序在内的支持性程序；应概述质量管理体系文件的架构。质量手册中还应规定技术管理层及质量主管的角色和责任，包括确保遵循本标准的责任。

应指导所有人员使用和应用质量手册和所有涉及的文件，及其实施要求。由实验室管理层指定的负责质量管理者应在其权力和职责[见 4.1.5i)]内维持质量手册的现行有效。

医学实验室质量手册的目录可包括：

a) 引言；

b) 医学实验室简介，其法律地位、资源以及主要任务；

c) 质量方针；

d) 人员的教育与培训；

e) 质量保证；

f) 文件控制；

g) 记录、维护与档案；

h) 设施与环境；

i) 仪器、试剂和/或相关消耗品的管理；

j) 检验程序的确认；

k) 安全；

l) 环境方面[如运输、消耗品、废弃物处置，它们是 h)和 i)的补充，但不尽相同]；

m) 研究与发展(如适用)；

n) 检验程序清单；

o) 申请单，原始样品，实验室样品的采集和处理；

p） 结果确认；

q） 质量控制（包括实验室间比对）；

r） 实验室信息系统（见附录B）；

s） 结果报告；

t） 补救措施与投诉处理；

u） 与患者、卫生专业人员、委托实验室和供应商的交流及互动；

v） 内部审核；

w） 伦理学（见附录C）。

4.2.5 实验室管理层应建立并实施计划，以定期监控和证实仪器、试剂及分析系统经过了适当校准并处于正常功能状态；还应有书面和有案可查的预防性维护及校准（见5.3.2）计划，其内容至少应遵循制造商的建议。

4.3 文件控制

4.3.1 实验室应制定、文件化并维护程序，以对构成质量文件的所有文件和信息（来自内部或外部的）进行控制。应将每一受控文件的复件存档以备日后参考，并由实验室负责人规定其保存期限。受控文件可以任何适当的媒介保存，不限定为纸张。国家、区域和地方有关文件保留的法规适用。

注：本文中，"文件"是指所有信息或指令，包括政策声明、教科书、程序、说明、校准表、生物参考区间及其来源、图表、海报、公告、备忘录、软件、图片、计划书和外源性文件如法规、标准或检验程序等。

4.3.2 应采取相应程序以保证：

a） 向实验室人员发布的组成质量管理体系的所有文件，在发布前经授权人员审核并批准；

b） 维持一份清单或称文件控制记录，以识别文件版本的现行有效性及其发放情况；

c） 只应有经授权的现行文件版本在相关场所可供相应的活动使用；

d） 定期评审文件，需要时修订，经授权人员批准；

e） 无效或已废止的文件应立即自所有使用地点撤掉或确保不被误用；

f） 存留或归档的已废止文件，应适当标注以防误用；

g） 如果实验室的文件控制制度允许在文件再版前对其手写修改，则应确定修改程序和权限。修改之处应有清晰的标注、签署并注明日期。修订的文件应尽快正式重新发布；

h） 应制定程序描述如何更改和控制保存在计算机系统中的文件。

4.3.3 所有与质量管理体系有关的文件均应能唯一识别，包括：

a） 标题；

b） 版本或当前版本的修订日期或修订号，或以上全部内容；

c） 页数（如适用）；

d） 授权发行；

e） 来源识别。

4.4 合同的评审

4.4.1 如果实验室以合同方式提供医学实验室服务，应建立和维持合同评审程序。可导致检验或合同安排发生改变的评审政策和程序应确保：

a） 充分明确包括所用方法在内的各项要求，形成文件，并易于理解（见5.5）；

b） 实验室能力及资源可满足要求；

c） 所选的适当检验程序满足合同要求和临床需要（见5.5）。

针对b），对能力的评审应可确定实验室具备满足所从事检验要求的必要物力、人力和信息资源，且实验室人员应具有操作相关检验所必备的技能与专业知识。该评审也可包括以前参加外部质量保证计划的结果，如检验定值样品以确定测量不确定度、检出限、置信限等。

4.4.2 应保存评审记录，包括任何重大的改动和相关讨论（见4.13.3）。

4.4.3 应评审实验室所有委托出去的工作(见4.5)。

4.4.4 对合同的任何偏离均应通知客户(例如,临床医师、卫生保健机构、健康保险公司、制药公司)。

4.4.5 工作开始后如需修改合同,应再次进行同样的合同评审过程,并将所有修改内容通知所有受影响方。

4.5 委托实验室的检验

4.5.1 实验室应有有效的文件化程序,以评估与选择委托实验室和对组织病理学、细胞学及相关学科提供二次意见的会诊者。在征求实验室服务用户的意见后(只要适用),实验室管理层应负责选择、监控委托实验室及会诊者的质量,并确保委托实验室或委托会诊者有能力进行所要求的检验。

4.5.2 应定期评审与委托实验室的协议,以确保:

a) 充分明确包括检验前及检验后程序在内的各项要求,形成文件并易于理解;

b) 委托实验室能符合各项要求且没有利益冲突;

c) 选择的检验程序适用于其预期用途;

d) 明确规定各自对解释检验结果的责任。

评审记录的保存应符合国家、区域或地方要求。

4.5.3 实验室应登记所有其委托的实验室及所有委托给其他实验室的样品。应将对检验结果负责的实验室名称和地址提供给实验室服务用户。在病历和实验室永久文档中应保留实验室报告的复件。

4.5.4 应由本实验室,而非受委托实验室,负责确保将委托实验室的检验结果和发现提供给申请者。若由本实验室出具报告,则报告中应包括委托实验室所报告结果的所有必需要素,不得做任何可能影响临床解释的改动。

国家、区域和地方法规可适用。

然而,并不要求实验室按委托实验室的报告原字原样报告,除非国家、地方法律法规有规定。如必要,实验室负责人可根据患者具体情况及地方的医学环境,选择性地对委托实验室的检验结果做附加解释性评语,宜明确标识添加评语者。

4.6 外部服务和供应

4.6.1 实验室管理层应建立并文件化其政策和程序,以选择和使用所购买的可能影响其服务质量的外部服务、设备以及消耗品。所购买的各项物品应始终符合实验室的质量要求。国家、区域或地方法规可要求保存采购物品的记录。应有对消耗品进行检查、接受、拒收和保存的程序及标准。

4.6.2 当采购的设备和消耗品可能会影响服务质量时,在验证这些物品达到规格标准或有关程序中规定的要求之前不应使用。此可通过检验质控样品并验证结果的可接受性而实现,还可利用供应商对与其质量管理体系的符合性声明验证。

4.6.3 对供应品应有库存控制系统。应按质量管理体系的规定,对外部服务、供应物品及所购买的产品建立适当的质量记录并保持一定时间。库存控制系统应当包括所有相关试剂、质控物质和校准品的批号记录,实验室接收日期及这些材料投入使用日期记录。所有这些质量记录应可供实验室管理层评审时利用。

4.6.4 实验室应对影响检验质量的关键试剂、供应品及服务的供应商进行评价;保存评价记录并列出核准使用的名录。

4.7 咨询服务

实验室中适当的专业人员应对选择何种检验和服务提供建议,包括重复检验的频率及所需样品类型。只要适用,应提供对检验结果的解释。

专业人员宜按计划与临床医师就利用实验室服务和咨询科学问题进行定期交流。专业人员宜参与临床病例分析以便能对通案和个案提供有效的建议。

4.8 投诉的解决

实验室应有政策和程序以解决来自临床医师、患者或其他方的投诉或其他反馈意见。应按要求[见

4.13.3i)]保存投诉、调查以及实验室所采取纠正措施的记录。

注：鼓励实验室从其服务用户获取正面和负面的反馈信息，最好采用系统化的方式，如调查。

4.9 不符合的识别和控制

4.9.1 当发现检验过程任何之处有不符合其程序或所制定质量管理体系的要求，或不符合临床医师的要求时，实验室管理层应有政策并实施程序以确保：

a) 解决问题之责任落实到个人；

b) 明确规定应采取的措施；

c) 考虑不符合检验的临床意义，只要适用，通知申请检验的临床医师；

d) 如必要，终止检验，停发报告；

e) 立即采取纠正措施；

f) 必要时收回或适当标识已发出的不符合检验结果；

g) 明确规定授权恢复检验的责任；

h) 记录每一不符合项并形成文件，实验室管理层应按规定的周期对其评审，以发现趋势并采取预防措施。

注：不符合检验或活动可出现在不同方面，可用不同方式识别，包括医师的投诉、质量控制指标、设备校准、消耗品检查、员工的意见、报告和证书的检查、实验室管理层的评审以及内部和外部审核。

4.9.2 如果确定不符合检验可能会再次出现，或对实验室与其政策或质量手册中程序的符合性有疑问时，应立即实施相关程序以识别、文件化和消除根本原因(见4.10)。

4.9.3 实验室应制定并实施存在不符合项时发布结果的程序，包括对结果的评审。应记录这些事件。

4.10 纠正措施

4.10.1 纠正措施程序应包括调查过程以确定问题产生的根本原因。只要适用，应制定预防措施。纠正措施应与问题的严重性及所遇风险的程度相适应。

4.10.2 实验室管理层应将因纠正措施所致操作程序的任何改变文件化并执行。

4.10.3 实验室管理层应负责监控所采取纠正措施的结果，以确保这些措施对解决已识别出的问题有效。

4.10.4 当不符合项的识别或纠正措施的调查过程对政策、程序或质量管理体系的符合性提出质疑时，实验室管理层应确保按4.14的要求在适当的活动范围内审核。纠正措施的结果应提交实验室管理层评审。

4.11 预防措施

4.11.1 应识别无论是技术还是质量管理体系方面的不符合项来源和所需改进。如需采取预防措施，应制定行动计划并执行和监控，以减少类似不符合项发生的可能性并借机改进。

4.11.2 预防措施程序应包括措施的启动和控制的应用，以确保其有效性。

注1：除对操作程序进行评审之外，预防措施还可能涉及数据分析，包括趋势和风险分析以及外部质量保证。

注2：预防措施是事先主动识别改进可能性的过程，而不是对已发现的问题或投诉的反应。

4.12 持续改进

4.12.1 实验室管理层应根据质量管理体系的规定对所有的操作程序定期系统地评审，以识别所有潜在的不符合项来源、对质量管理体系或技术操作的改进机会。适用时，应制定改进措施的方案，文件化并实施。

4.12.2 依据评审结果而采取措施后，实验室管理层应通过重点评审或审核相关范围的方式评价所采取措施的成效。

4.12.3 应将按照评审意见采取措施所得的结果提交实验室管理层评审，并落实对质量管理体系所有必要的改变。

4.12.4 实验室管理层应施行质量指标以系统地监测、评价实验室对患者医护的贡献。如该计划识别出改进机会,则无论为何处,实验室管理层均应着手解决。实验室管理层应确保医学实验室参加与患者医护范围和结果有关的质量改进活动。

4.12.5 实验室管理层应为实验室所有员工和实验室服务的相关用户提供适当的教育和培训机会。

4.13 质量和技术记录

4.13.1 实验室应建立并实施对质量及技术记录进行识别、收集、索引、访问、存放、维护及安全处置的程序。

4.13.2 所有记录应易于阅读,便于检索。记录可存储于任何适当的媒介,但应符合国家、区域或地方法规的要求(见4.3.1注)。应提供适宜的存放环境,以防损坏、变质、丢失或未经授权之访问。

4.13.3 实验室应制定政策,规定与质量管理体系和检验结果相关的各种记录的保留时间。保存期限应根据检验的性质或每个记录的特点而定。

国家、区域和地方法规可适用。

记录包括但不限于:

a) 检验申请表(包括用作检验申请表的患者表格或病历);
b) 检验结果和报告;
c) 仪器打印结果;
d) 检验程序;
e) 实验室工作记录簿/记录表;
f) 接收记录;
g) 校准函数和换算因子;
h) 质量控制记录;
i) 投诉及所采取措施;
j) 内部及外部审核记录;
k) 外部质量评价/实验室间比对记录;
l) 质量改进记录;
m) 仪器维护记录,包括内部及外部校准记录;
n) 供应品的批次文件、证书、包装插页;
o) 偶发事件/意外事故记录及所采取措施;
p) 人员培训及能力记录。

4.14 内部审核

4.14.1 应根据质量管理体系的规定对体系的所有管理及技术要素定期进行内部审核,以证实体系运作持续符合质量管理体系的要求。内部审核应渐进式审核体系的所有要素和重点审核对医疗护理有关键意义的领域。

4.14.2 应由质量主管或指定的有资格人员负责正式策划、组织并实施审核。员工不应审核自己的工作。应明确内部审核程序并文件化,其中包括审核类型、频次、方法及所需的文件。如果发现不足或改进机会,实验室应采取适当的纠正或预防措施并文件化,在约定的时间内完成。

正常情况下,宜每12个月应对质量管理体系的主要要素进行一次内部审核。

4.14.3 内部审核的结果应提交实验室管理层进行评审。

4.15 管理评审

4.15.1 为确保为患者的医护提供持续适合及有效的支持并进行必要的变动或改进,实验室管理层应对实验室质量管理体系及其全部的医学服务进行评审,包括检验及咨询工作。评审结果应列入含目标、目的和措施的计划中。管理评审的典型周期为每12个月一次。

4.15.2 管理评审应包括但不限于以下内容:

a) 以前管理评审的后续措施;

b) 所采取纠正措施的状态和所需的预防措施；

c) 管理或监督人员的报告；

d) 近期内部审核的结果；

e) 外部机构的评价；

f) 外部质量评价和其他形式实验室间比对的结果；

g) 承担的工作量及类型的任何变化；

h) 反馈信息，包括来自临床医师、患者及其他方的投诉和相关信息；

i) 用于监测实验室对患者医护贡献的质量指标；

j) 不符合项；

k) 周转时间监控；

l) 持续改进过程的结果；

m) 对供应商的评价。

在质量体系正在建立期间，评审间隔宜可缩短。此可保证当识别出质量管理体系或其他活动有需要修正之处时，能够及早采取应对措施。

4.15.3 应尽可能以客观方式监测与评价实验室对患者医护所提供服务的质量和适用性。

注：可利用之资料依实验室类型和位置不同(例如医院实验室、诊所实验室或委托实验室)而不同。

4.15.4 应记录管理评审的发现及提出的措施，应将评审发现和作为评审输出的决定告知实验室人员。实验室管理层应确保所提出的措施在适当的约定时间内完成。

5 技术要求

5.1 人员

5.1.1 实验室管理层应有组织规划、人事政策和规定了所有人员资格及职责的职务说明。

5.1.2 实验室管理层应维持全部人员相关的教育背景、专业资格、培训、经验及能力记录，相关人员应随时可利用有关信息，包括：

a) 证书或执照(需要时)；

b) 以前的工作资料；

c) 职务说明；

d) 继续教育及业绩记录；

e) 能力评估；

f) 对不良事件或事故报告的特别规定。

其他与被授权者个人健康有关的记录可包括职业危害暴露记录和免疫状态记录。

5.1.3 实验室应由负管理责任且有能力对实验室所提供服务负责的一人或多人领导。

注：此处的能力应理解为有基础教育，研究生教育，继续教育，以及若干年的医学实验室培训或工作经验的背景。

5.1.4 实验室负责人或指定人员的职责应包括专业、学术、顾问或咨询、组织、管理及教育事务。这些事务应与该实验室所提供的服务相关。

实验室负责人或某项工作的指定负责人宜有适当的培训及背景，以能履行以下责任：

a) 对问询者提供选择试验，应用实验室服务及解释实验数据的咨询；

b) 适用且适当时，应为所服务机构的现职医务人员；

c) 与下述各方有效联系并开展工作(包括在需要时建立协议)：

1) 相应的认可和管理部门；

2) 相关的行政管理人员；

3) 卫生保健团体；

4) 接受服务的患者人群；

d) 制定、实施并监控医学实验室服务表现和质量改进标准；

e) 实施质量管理体系(如可行，实验室负责人和实验室的专业人员宜参加本机构的各种质量改进委员会)；

f) 监控实验室内进行的全部工作以确定所得数据是可靠的；

g) 确保有足够的、有充分培训记录和经验记录的、及有资格的人员，以满足实验室的需求；

h) 制定计划，设定目标，并根据医学环境的需求开发和配置资源；

i) 对实验室的医学服务实行有效果和高效率的管理，依据所在机构赋予的职能范围，负责财务管理中的预算安排及控制；

j) 为医务人员及实验室员工提供教育计划，并参与所在机构的教育计划；

k) 规划并指导适合本机构的研究与发展；

l) 选择委托实验室并对所有委托实验室的服务质量进行监控；

m) 建立符合良好行为规范和相关法规之安全的实验室环境；

n) 处理实验室服务用户的投诉、要求或意见；

o) 确保员工保持良好的职业道德。

实验室负责人无需亲自行使上述全部职能，但是，实验室负责人对实验室的全面运行及管理负责，对确保为患者提供服务的质量负责。

5.1.5 应有足够的人力资源以满足工作的需求及履行质量管理体系相关的职责。

5.1.6 工作人员应接受与其提供服务相关的质量保证和质量管理方面的专门培训。

5.1.7 实验室管理层应授权专人从事特定工作，如采样、检验、操作特定类型的仪器设备和使用实验室信息系统的计算机(见附录B)。

5.1.8 应制定政策，对使用计算机系统、访问患者资料、经授权输入或更改患者的结果、更改账单或修改计算机程序者的权限作出规定(见附录B和附录C)。

5.1.9 应有针对所有级别员工的继续教育计划。

5.1.10 应训练员工防止事故发生及控制事故后果恶化。

5.1.11 应在培训后评审每个员工执行指定工作的能力，之后定期评审。如需要，应再次培训并重新评审。

5.1.12 负责对检验结果做专业判断者应具备适当的理论及实践背景，并有近期工作经验。专业判断的形式可为意见、解释、预测、模拟、模型及数值，应符合国家、区域和地方法规的要求。

员工应参加常规的职业发展活动或其他的学术交流。

5.1.13 所有人员应对患者相关的资料保密。

5.2 设施和环境条件

5.2.1 实验室应有保证开展工作的空间，且不影响工作质量、质量控制程序、人员安全和对患者的医护服务，应由实验室负责人确定工作空间是否充分。资源应足以支持实验室工作的需要，应维持实验室资源有效及可靠。对实验室固定设施之外进行原始样品采集和检验的地点应制定类似规定。

5.2.2 实验室应按有效运行的宗旨设计，尽量使使用者舒适和将发生伤害及职业性疾病的风险降至最低。应保护患者、员工和来访者，免受已知危险的伤害。

5.2.3 如果提供了原始样品采集设施，应在尽量优化样品采集条件的同时，考虑患者的行动能力、舒适度及隐私。

5.2.4 实验室的设计与环境应适合所从事的工作。采集和/或检验原始样品的环境不应使结果失效或对任何测量的质量有不利影响。

实验室设施宜提供保障以正确进行检验操作。设施包括但不限于能源、光照、通风、供水、废弃物处置及环境条件。实验室宜制定相应程序，用于检查其环境对样品采集、设备运行有无不利影响。

5.2.5 当有相关规定要求或环境因素可能影响结果的质量时，实验室应监测、控制并记录环境条件。

应注意无菌、灰尘、电磁干扰、辐射、湿度、电力供应、温度、声音和振动水平，以适应相关的技术活动。

5.2.6 相邻实验室部门之间如有不相容的业务活动，应有效分隔。宜采取措施防止交叉污染。

示例：检验过程存在危险物质，如分枝杆菌、放射性核素；未隔离将会影响工作，如扩增核酸；需要安静且不受干扰的工作环境，如细胞病理学筛检过程；需要控制工作环境条件，如大型计算机系统。

5.2.7 应控制人员进入或使用会影响检验质量的区域。应采取适当的措施保护样品及资源，防止未授权者访问。

5.2.8 实验室内的通信系统应与机构的规模、复杂性及信息的有效传输相适应。

5.2.9 应提供相应的存储空间和条件以确保样品、切片、组织块、保存的微生物、文件、档案、手册、设备、试剂、实验室供应品、记录与结果的持续完整性。

5.2.10 工作区应保持清洁。危险物品的存放及处置应遵守相关法规。应采取措施确保实验室良好内务管理。为此，有必要制定专门的程序并对人员培训。

5.3 实验室设备

注：适用时，在本标准中实验室设备指仪器设备、参考物质、消耗品、试剂和分析系统。

5.3.1 实验室应配置服务(包括原始样品采集、制备、处理、检验和存放)所需的全部设备。若实验室需要使用非永久控制的设备，实验室管理层也应确保符合本标准的要求。

选择设备时宜考虑能源和将来的处置(保护环境)。

5.3.2 设备(在安装时及常规使用中)应显示出能够达到规定的性能标准，并且符合相关检验所要求的规格。

实验室管理层应制定计划，用于定期监测并证实设备、试剂及分析系统已适当校准并处于正常功能状态。同时还应有文件化的预防性维护计划并记录(见4.2.5)，该计划至少应遵循制造商的建议。

如果制造商的使用说明、操作手册或其他文件可供使用，适用时，可用其建立符合相关标准或定期校准的具体要求，以部分或全部满足本条要求。

5.3.3 每件设备均应有唯一性标签、标记或其他识别方式。

5.3.4 应保持影响检验性能的每件设备的记录，至少应包括：

a) 设备标识；

b) 设备的制造商名称、型号、序列号或其他唯一性识别；

c) 制造商的联系人和电话，适用时；

d) 到货日期和投入运行日期；

e) 当前的位置，适用时；

f) 接收时的状态(例如新品，使用过，修复过)；

g) 制造商的说明书(如果有)，或其存放处；

h) 证实设备可以使用的设备性能记录；

i) 已执行及计划进行的维护；

j) 设备的损坏、故障、改动或修理；

k) 预计更换日期，可能时。

h)中提到的性能记录应包括所有校准和/或验证报告/证明的复件，内容包括日期、时间、结果、调整、可接受标准以及下次校准和/或验证的日期，在两次维护/校准之间的核查频次。如适用，部分或全部满足本要求。可根据制造商的说明确定可接受标准，维护、验证和/或校准的程序和频次，如适用，部分或全部满足本要求。

应保持这些记录，并保证在设备的寿命期内或在国家、地区和当地的法规要求的任何时间内随时可用。

5.3.5 只有经授权者可操作设备。实验室人员应随时可得到关于设备使用和维护的最新指导书(包括设备制造商提供的所有相关的使用手册和指导书)。

5.3.6 应维持设备的安全工作状态,包括检查电气安全,紧急停止装置,以及由授权人员安全操作及处置化学、放射性和生物材料。只要适用,应使用制造商提供的规格说明和/或使用说明。

5.3.7 无论何时,只要发现设备故障,应停止使用。清楚标记后妥善存放至其被修复,应经校准、验证或检测表明其达到规定的可接受标准后方可使用。实验室应检查上述故障对之前检验的影响,并实施本标准4.9列出的程序。实验室应采取合理措施在设备投入使用、修理或退役之前对其去污染。

5.3.8 应将所采取降低污染措施的清单提供给该设备工作人员。实验室应留出合适的空间以供设备修理和放置适当的个人防护装备。

5.3.9 只要可行,实验室控制的需校准或验证的设备,应贴标签或以其他编码标明设备的校准或验证状态,并标明下次校准或验证的日期。

5.3.10 如果设备脱离实验室直接控制,或已被修理、维护过,该设备在实验室重新使用之前,实验室应对其检查,并确保其性能满足要求。

5.3.11 如果使用计算机或自动化检验设备进行收集、处理、记录、报告、存储或检索检验数据,实验室应确保:

a) 计算机软件,包括仪器设备内置的软件,应文件化并经确认适用于该设备;
b) 制定并执行相应程序以随时保护资料的完整性;
c) 应维护计算机和自动化设备,以确保其正常运转,并应提供相应的环境和操作条件,以保证资料的完整性;
d) 应充分保护计算机程序和代码,以防止无意的或未经授权者访问、修改或破坏。

另见附录B。

5.3.12 实验室应制定安全处理、运输、存放和使用设备的程序,以防止污染或损坏。

5.3.13 若校准给出一组修正因子,实验室应有程序确保之前的修正因子及所有备份得到正确更新。

5.3.14 包括硬件、软件、参考物质、消耗品、试剂和分析系统在内的设备均应设防,以避免因调整或篡改而使检验结果无效。

5.4 检验前程序

5.4.1 检验申请表应包括足够信息以识别患者和经授权的申请者,同时应提供患者的临床资料。国家、区域或地方的要求适用。

检验申请表或电子申请表宜留有空间以填入下述(但不限于)内容:

a) 患者的唯一标识;
b) 医师或其他依法授权的可要求检验或可使用医学资料者的姓名或其他唯一标识,及报告的目的地。申请检验医师的地址宜作为申请表的一部分内容;
c) 原始样品的类型和原始解剖部位,适用时;
d) 申请的检验项目;
e) 患者的相关临床资料,至少应包括性别和出生日期,以备解释检验结果之用;
f) 原始样品采集日期和时间;
g) 实验室收到样品的日期和时间。

申请表的格式(电子或书面的)及申请表送达实验室的方式宜与实验室服务用户讨论后决定。

5.4.2 实验室管理层应对正确采集和处理原始样品的过程文件化,制定作业指导书并要求实施(见4.2.4)。这些指导书可供负责采集原始样品者使用,并包括在原始样品采集手册中。

5.4.3 原始样品采集手册应包括以下内容:

a) 以下资料的复件或出处:
   1) 实验室可提供检验项目之目录;
   2) 知情同意书,适用时;
   3) 在原始样品采集前提供给患者的有关自我准备的信息和指导;

4) 为实验室服务用户提供的医学指征和选择适当的可利用程序的信息。

b) 以下程序：

1) 患者准备(例如为护理人员或负责静脉穿刺医师提供的指导书)；

2) 原始样品识别；

3) 采集原始样品(如静脉穿刺,皮肤穿刺,血,尿和其他体液)并描述原始样品采集所用容器及必需添加物。

c) 以下说明：

1) 申请表或电子申请表的填写；

2) 原始样品采集的类型和量；

3) 特殊采集时机,如要求；

4) 从样品采集到实验室接收样品期间所需的任何特殊处理(如运输要求、冷藏、保温、立即送检等)；

5) 原始样品标记；

6) 临床资料(如用药史)；

7) 提供原始样品患者的明确且详细的标识；

8) 原始样品采集者身份标识的记录；

9) 采集样品所用材料的安全处置。

d) 以下说明：

1) 已检样品的存放；

2) 申请附加检验项目的时间限制；

3) 附加检验项目；

4) 因分析失败而需再检验或对同一原始样品做进一步检验。

5.4.4 原始样品采集手册应作为文件控制系统的一部分(见 4.3.1)。

5.4.5 原始样品应可追溯到具体的个体(通常由检验申请表)。实验室不应接受或处理缺乏正确标识的原始样品。

若原始样品识别方式不确定或原始样品中的被分析物不稳定(如脑脊液、活检标本等),及原始样品不可替代或很关键,实验室可选择先处理样品,待申请医师或采集原始样品者承担识别和接受样品的责任和/或提供适当的信息后再发布结果。这种情况下,负责识别原始样品者宜在申请表上签字或可被追溯至申请表。无论何种原因,若在无法满足上述要求的情况下进行了检验,宜在报告上明确责任人。留待进一步检验(如病毒抗体,与临床症状有关的代谢产物)的样品也宜同样标识。

5.4.6 实验室应监控样品运送到实验室的过程,样品运送应符合如下要求：

a) 根据申请检验项目的性质和实验室相关规定在一定时间内运达；

b) 在原始样品采集手册规定的温度范围内运送并使用指定的保存剂以保证样品的完整性；

c) 应以确保对运送者、公众及接收实验室安全的方式运送,并应遵守国家、区域和地方法规的要求。

5.4.7 应在接收记录簿、工作记录单、计算机或其他类似系统中对收到的所有原始样品进行记录。应记录收到样品的日期和时间,同时应记录样品接收者的标识。

5.4.8 应制定有关接受或拒收原始样品的标准并文件化。如果接受了不合格原始样品,应在最终报告中说明问题的性质,如果适用,在解释结果时也应说明。

5.4.9 实验室应定期评审静脉穿刺取血(及取其他样品如脑脊液)所需的样品量,以保证采样量既不会不足也不会过多。

5.4.10 被授权者应对申请和样品系统地评审,并决定所做检验项目及所用检验方法。

5.4.11 如适用,实验室应对接收、标记、处理和报告其所收到的有特殊紧急标记的原始样品的程序文件化。程序应包括对申请表和原始样品上所有特殊标记的详细说明、原始样品送达实验室检验区的机制、应用的所有快速处理模式和所有应遵循的特殊报告标准。

5.4.12 取自原始样品的部分样品应可追溯至最初的原始样品。

5.4.13 实验室应有针对口头申请检验的书面政策。

5.4.14 样品应于规定的一定时间内在保证其性状稳定的条件下保存，以能在出具结果报告后复检或做附加检验。

5.5 检验程序

注：部分下述条款可能不适用于实验室医学范畴内的所有学科。

5.5.1 实验室应使用检验程序，包括选择/分取样品，程序应符合实验室服务用户的需求并适用于检验。优先使用在公认/权威教科书，经同行评议的书刊或杂志，或国际、国家或区域的指南中发表的程序。如果使用内部程序，则应适当确认其符合预期之用途并完全文件化。

5.5.2 实验室应只用确认过的程序证实所用检验程序适合其预期用途，证实应尽量充分以满足给定用途或满足某领域应用的需求。实验室应记录证实所得的结果及使用的程序。

应评估所选用方法和程序，在用于医学检验之前应证实其可给出满意结果。实验室负责人或指定的人员应在开始即对程序评审并定期评审。评审通常每年一次。评审应文件化。

5.5.3 所有程序应文件化并使相关人员可在工作站得到。已文件化的程序及必要的指导书应使用实验室工作人员通常可理解的语言。在有完整手册可供参考的前提下，可以利用总结有关键信息的卡片文件或类似系统供工作人员在工作台上快速查阅。卡片文件或类似系统应与完整手册的内容相对应。任何类似节略性程序均应是文件控制系统的一部分。

只要制造商提供的使用说明书(如包装插页)符合5.5.1和5.5.2的要求，其描述符合实验室的操作程序，所用语言通常可被实验室工作人员理解，则检验程序应基于此说明书制定。任何偏离均应评审并文件化。进行检验可能需要的附加信息也应文件化。每个新版检验试剂盒在试剂或程序方面发生重要变化时，应检查其性能和对预期用途的适用性。与其他程序一样，任何程序性变化都应注明日期并经授权。

除文件控制标识，文件还应包括以下，适用时：

a) 检验目的；

b) 检验程序的原理；

c) 性能参数(如线性、精密度、以测量不确定度表示的准确性、检出限、测量区间、测量真实性、分析灵敏度和分析特异性)；

d) 原始样品系统(如血浆、血清和尿液)；

e) 容器和添加物类型；

f) 要求的设备和试剂；

g) 校准程序(计量学溯源性)；

h) 程序步骤；

i) 质量控制程序；

j) 干扰(如乳糜血、溶血、胆红素血)和交叉反应；

k) 结果计算程序的原理，包括测量不确定度；

l) 生物参考区间；

m) 检验结果的可报告区间；

n) 警告/危急值(只要适用)；

o) 实验室解释；

p) 安全防护措施；

q) 变异的潜在来源。

只要具备上述规定信息,可以使用电子手册。文件控制要求同样适用于电子手册。实验室负责人应负责确保检验程序内容完整、现行有效并经过全面评审。

5.5.4 用于检验的每个程序的性能参数应与其预期用途相关。

5.5.5 应定期评审生物参考区间。如果实验室有理由相信某一特定参考区间不再适用于参考人群,则应调查,如必要,应采取纠正措施。当实验室更改检验程序或检验前程序时,如适用,也应评审生物参考区间。

5.5.6 在实验室服务用户提出申请时,实验室应将现行的检验程序包括对原始样品的要求、相关的性能参数和要求列成清单,以供其使用。

5.5.7 若实验室拟更改检验程序并可能导致结果及解释出现明显差异,应在更改被采用之前以书面方式向实验室服务用户解释其含义。

注:根据当地情况,可通过不同方式实现本要求,包括直接邮寄、实验室通讯或作为检验报告本身的一部分。

5.6 检验程序的质量保证

5.6.1 实验室应设计内部质量控制体系以验证检验结果达到预期的质量标准。重要的是,该控制体系为工作人员提供的作为技术和医学决定基础的信息应明确易懂。宜特别注意消除在样品处理、申请、检验和报告等过程中的错误。

5.6.2 适用且可能时,实验室应确定检验结果的不确定度。应考虑所有重要的不确定度分量。不确定度来源可包括采样、样品制备、样品部分的选择、校准品、参考物质、输入量、所用设备、环境条件、样品状态和操作人员的变更。

5.6.3 应设计并实施测量系统校准和正确度验证计划,以确保结果可溯源至SI单位,或可参比至自然常数或其他规定的参考值。如果上述无法实现或不适用,应用其他方式提供对结果的可信度,包括但不限于以下方法:

a) 参加适当的实验室间比对计划;

b) 使用有证书说明其材料特性的适当参考物质;

c) 用其他程序进行检验或校准;

d) 比率或倒易型测量;

e) 使用已明确建立的、经规定的、性能已确定的、被各方承认的协议标准或方法;

f) 若由供应商或制造商提供溯源性,应有关于试剂、程序或检验系统溯源性的声明文件。

5.6.4 实验室应参加如外部质量评价计划组织的实验室间比对活动。实验室管理层应监控外部质量评价结果,当未达到控制标准时,还应参与实施纠正措施。实验室间比对计划应充分符合GB/T 15483.1。

外部质量评价计划宜尽可能提供与临床相关的测试,以能模拟患者样品并有检查整个检验过程包括检验前和检验后程序的作用。

5.6.5 当确实无正式的实验室间比对计划可供利用时,实验室应建立机制,用于决定未经其他方式评估程序的可接受性。只要有可能,比对机制应利用外部测试材料,如与其他实验室交换样品。实验室管理层应监控实验室间比对机制的结果并参与实施和记录纠正措施。

5.6.6 当同样的检验应用不同程序或设备,或在不同地点进行,或以上各项均不同时,应有确切机制以验证在整个临床适用区间内检验结果的可比性。应按适合于程序和设备特性的规定周期验证。

5.6.7 实验室应文件化并记录比对活动,只要适用,针对其结果迅速采取措施。对识别出的问题或不足应采取措施并保留记录。

5.7 检验后程序

5.7.1 被授权者应系统地评审检验结果,评价其与可利用的患者有关临床信息的符合性,并授权发布结果。

5.7.2 原始样品及其他实验室样品的保存应符合经批准的政策。

5.7.3 不再用于检验样品的安全处置应符合当地关于废弃物处置的法规或有关废弃物管理的建议。

5.8 结果报告

5.8.1 实验室管理层应负责规范报告的格式。报告格式(即电子或书面的)及其传达方式宜与实验室服务用户讨论后决定。

5.8.2 实验室管理层与检验申请者应共同负责确保检验报告在约定时间内送达适当的人员。

5.8.3 检验结果应清晰易懂,填写无误,应报告给授权接收和使用医学信息者。报告中应包括但不限于以下内容:

a) 清晰明确的检验标识,适用时,包括测量程序;

b) 发布报告实验室的标识;

c) 患者的唯一性标识和地点,如可能,报告的送达地;

d) 检验申请者姓名或其他唯一性标识和申请者地址;

e) 原始样品采集的日期和时间(可获得并与患者医护有关时),和实验室接收原始样品的时间;

f) 报告发布日期和时间,若未在报告中注明,也应保证在需要时随时可供利用;

g) 原始样品来源和系统(或原始样品的类型);

h) 以SI单位或可溯源至SI单位报告的检验结果(见GB 3102),适用时;

i) 生物参考区间,适用时;

j) 结果解释,适用时;

k) 其他评注(例如,可能影响检验结果的原始样品的品质或量;委托实验室的结果/解释;研发中程序的使用);报告中宜标识正在研发计划中的检验部分,不对其测量性能做特别要求;适用时,宜按要求提供检出限和测量不确定度信息;

l) 授权发布报告者的标识;

m) 若有关,原始结果和修正结果;

n) 只要可能,审查或报告发布者的签名或授权。

注1:关于i),在某些情况下,将生物参考区间清单或表于取报告之处发给所有实验室服务用户可能更为合适。

注2:国家、区域和地方法规可要求检验(或委托)实验室的名称和地点显示在最终报告中。

5.8.4 适用时,宜使用以下组织建议的词汇和句法描述所做的检验及其结果:

国际血液学标准委员会,International Council for Standardization in Haematology(ICSH);

国际血液学学会,International Society of Haematology(ISH);

国际临床化学和实验医学联盟,International Federation of Clinical Chemistry and Laboratory Medicine (IFCC);

国际理论化学和应用化学联合会,International Union of Pure and Applied Chemistry (UPAC);

国际血栓与止血学会,International Society of Thrombosis and Haemostasis(ISTH);

欧洲标准化委员会,European Committee for Standardisation(CEN)。

只要适用时,应使用下述组织建议的命名法描述检验结果:

国际生物化学与分子生物学联合会,International Union of Biochemistry and Molecular Biology (IUBMB);

国际微生物学会联合会,International Union of Microbiological Societies(IUMS);

国际免疫学会联合会,International Union of Immunological Societies(IUIS);

国际医学规范术语全集(美国病理学家学会),SNOMED International (College of American Pathologists);

世界卫生组织,World Health Organization(WHO)。

5.8.5 如果所收到的原始样品质量不适于检验或可能影响检验结果,应在报告中说明。

5.8.6 实验室应保存所报告结果的文档或复件,并可快速检索。所报告数据保留时间的长短可不同,但无论如何，可检索期限应满足医学相关事务的需要，或符合国家、区域或地方法规的要求。

5.8.7 当关键指标的检验结果处于规定的“警告”或“危急”区间内时，实验室应有立即通知有关医师（或其他负责患者医护的临床人员）的程序。送至委托实验室检验样品的结果包括在内。

5.8.8 为服务于地方临床需求，实验室应与使用本实验室的临床医师协商一致后确定关键指标及其“警告/危急”区间。此适用于所有检验，包括定名性和定序性检验。

5.8.9 若检验结果以临时报告形式传送，还应向检验申请者送交最终报告。

5.8.10 应保持检验结果出现危急值时所采取措施的记录。记录应包括日期、时间、实验室责任人、通知的人员及检验结果。在执行本要求中遇到的任何困难均应记录，并在审核时评审。

5.8.11 实验室管理层在咨询检验申请者后，应为每项检验确定检验周期。检验周期应满足临床需要。应制定在检验延迟时通知申请者的政策。实验室管理层应对检验周期及临床医师对该周期的反馈意见监控、记录并评审。必要时应对所识别出的问题采取纠正措施。

并非所有检验延迟都需通知临床医师，而是只有当检验延迟可能影响患者医护的情况下才通知。宜通过临床医师与实验室人员的合作建立该程序。

5.8.12 当实验室需要对来自委托实验室的检验结果进行转录时，应有程序验证所有转录内容正确无误。

5.8.13 实验室应有明确的发布检验结果的文件化程序，包括结果由谁发布及发给何人的详细规定，还包括用于将检验结果直接发给患者的指南。

5.8.14 实验室应制定政策及规范，以确保经电话或其他电子方式发布的检验结果只能送达被授权接收者。口头报告检验结果后应随后提供适当的有记录的报告。

5.8.15 实验室应有关于更改报告的书面政策和程序。

只要报告被更改，记录必须显示出更改的时间、日期及负责更改者的姓名。

经更改后，原内容还应清晰可辨。

应保留原始的电子记录并利用适当的编辑程序将改动加入该记录，以清楚地标明对报告所做的更改。

5.8.16 已用于临床决策的检验结果应与对其的修改一同保留在随后的累积报告中，并可清楚地识别出其已被修改。如果报告系统不能发现修改、变更或更正，应使用审核日志。

附 录 A
（资料性附录）
与 GB/T 19001—2000 和 GB/T 27025—2008 的对照

GB/T 19001—2000 质量体系系列标准是质量管理体系标准的母体文件。表 1 所示是 GB/T 19001—2000与本标准在名词概念方面的关系。许多质量管理体系的概念，包括管理责任、关注客户、文件控制以及管理评审等，已被结合进本标准的当前版本。与质量管理体系母体文件之间的更多联系，将在本标准的下一版中得到进一步强化。

本标准的格式更类似于 GB/T 27025—2008《检测和校准实验室能力的通用要求》，并应用该文件作为结构基础，针对医学（临床）实验室进行了特别的调整。表 2 中给出这两个标准的对照。

表 A.1 GB/T 19001—2000 与本标准的对照

GB/T 19001—2000	本 标 准
1 范围	1 范围
1.1 总则	
1.2 应用	
2 引用标准	2 规范性引用文件
3 术语和定义	3 术语和定义
4 质量管理体系	
4.1 总要求	4.1.5；4.2 质量管理体系
4.2 文件要求	4.3 文件控制；5.1.2 和 5.4 检验前程序
4.2.1 总则	4.2.3
4.2.2 质量手册	4.2.4
4.2.3 文件控制	4.3 文件控制；4.13 质量和技术记录；5.3 实验室设备
4.2.4 记录控制	4.13 质量和技术记录和 5.8 结果报告
5 管理职责	
5.1 管理承诺	4.1.2；4.1.5a）和 h）；4.2.1 和 4.2.3；
5.2 以顾客为关注焦点	4.1.2；5.2.3 和 5.4.2
5.3 质量方针	4.1.5 和 4.2.3
5.4 策划	
5.4.1 质量目标	4.2.3
5.4.2 质量管理体系策划	4.1.5
5.5 职责、权限与沟通	
5.5.1 职责和权限	4.1.5f）；5.1.3 和 5.1.4
5.5.2 管理者代表	4.1.5i）
5.5.3 内部沟通	4.2.1；4.2.4 和 5.2.8
5.6 管理评审	
5.6.1 总则	4.15 管理评审

表 A.1(续)

GB/T 19001—2000	本 标 准
5.6.2 评审输入	4.15.2
5.6.3 评审输出	4.15.3;4.15.4 和 5.7.1
6 资源管理	
6.1 资源提供	4.1.5a)
6.2 人力资源	
6.2.1 总则	4.1.5g)和 5.1 人员
6.2.2 能力、意识和培训	5.1.2;5.1.6;5.1.10 和 5.1.12
6.3 基础设施	4.6 外部服务和供应,5.2 设施和环境条件;5.3 实验室设备
6.4 工作环境	5.2 设施和环境条件;5.3 实验室设备
7 产品实现	
7.1 产品实现的策划	4.10.1;5.2 设施和环境条件;5.3 实验室设备;5.8 结果报告
7.2 与顾客有关的过程	
7.2.1 与产品有关的要求的确定	4.4 合同的评审
7.2.2 与产品有关要求的评审	4.4 合同的评审
7.2.3 顾客沟通	4.7 咨询服务;4.8 投诉的解决;5.5.6;5.5.7;5.8 结果报告
7.3 设计和开发	
7.3.1 设计和开发策划	5.2 设施和环境条件;5.3 实验室设备
7.3.2 设计和开发输入	
7.3.3 设计和开发输出	
7.3.4 设计和开发评审	
7.3.5 设计和开发验证	
7.3.6 设计和开发确认	
7.3.7 设计和开发更改的控制	
7.4 采购	
7.4.1 采购过程	4.5.1;4.6 外部服务和供应
7.4.2 采购信息	
7.4.3 采购产品的验证	4.6.2 和 5.5.3
7.5 生产和服务提供	
7.5.1 生产和服务提供的控制	4.2.5;5.2 设施和环境条件;5.3 实验室设备;5.4 检验前程序;5.5 检验程序;5.7 检验后程序
7.5.2 生产和服务提供过程的确认	5.3 实验室设备;5.5.1 和 5.5.2
7.5.3 标识和可追溯性	5.4.5;5.6 检验程序的质量保证
7.5.4 顾客财产	
7.5.5 产品防护	5.5 检验程序

表 A.1(续)

GB/T 19001—2000	本 标 准
7.6 监视和测量装置的控制	4.2.5;5.3 实验室设备;5.6 检验程序的质量保证
8 测量、分析和改进	
8.1 总则	4.9 不符合的识别和控制
8.2 监视和测量	5.6 检验程序的质量保证
8.2.1 顾客满意	4.8 投诉的解决
8.2.2 内部审核	4.14 内部审核
8.2.3 过程的监视和测量	4.2.5
8.2.4 产品的监视和测量	5.5 检验程序;5.6 检验程序的质量保证;5.7 检验后程序
8.3 不合格品控制	4.9.1,4.9.2,4.10 纠正措施
8.4 数据分析	4.9.1;4.12.1 和 4.12.2
8.5 改进	
8.5.1 持续改进	4.12 持续改进
8.5.2 纠正措施	4.12.2;4.12.3 和 4.10 纠正措施
8.5.3 预防措施	4.11 预防措施

表 A.2 GB/T 27025—2008 与本标准的对照

GB/T 27025—2008	本 标 准
1 范围	1 范围
2 规范性引用文件	2 规范性引用文件
3 术语和定义	3 术语和定义
4 管理要求	4 管理要求
4.1 组织	4.1 组织和管理
4.2 管理体系	4.2 质量管理体系
4.3 文件控制	4.3 文件控制
4.4 要求、标书和合同的评审	4.4 合同的评审
4.5 检测和校准的分包	4.5 委托实验室的检验
4.6 服务和供应品的采购	4.6 外部服务和供应
4.7 服务客户	4.7 咨询服务
4.8 投诉	4.8 投诉的解决
4.9 不符合检测和(或)校准工作的控制	4.9 不符合的识别和控制
4.10 改进	4.12 持续改进
4.11 纠正措施	4.10 纠正措施
4.12 预防措施	4.11 预防措施
4.13 记录的控制	4.13 质量和技术记录
4.14 内部审核	4.14 内部审核
4.15 管理评审	4.15 管理评审

表 A.2（续）

GB/T 27025—2008	本　标　准
5 技术要求	5 技术要求
5.1 总则	
5.2 人员	5.1 人员
5.3 设施和环境条件	5.2 设施和环境条件
5.4 检测和校准方法及方法的确认	5.5 检验程序
5.5 设备	5.3 实验室设备
5.6 测量溯源性	5.6 检验程序的质量保证
5.7 抽样	5.4 检验前程序
5.8 检测和校准物品的处置	
5.9 检测和校准结果质量的保证	5.6 检验程序的质量保证
5.10 结果报告	5.8 结果报告

附　录　B
（资料性附录）
实验室信息系统（LIS）保护的建议

B.1　总则

B.1.1　结果和信息是医学实验室的产品。计算机系统可被各种方式损坏或破坏，因而，制定政策以防患者因数据丢失或改变而受伤害是非常重要的。

本附录给出的建议应该可以保证实验室信息系统（LIS）数据/信息的高度完整性。

注：本建议不适用于：

台式计算器；

小型可编程的技术计算机；

购买的服务和外购品；

单纯用于文字处理、表格制作或类似的单一用户功能计算机；

检验设备上的专用微处理器。

B.2　环境

B.2.1　计算机设施及设备应保持清洁和妥善维护，放置地点和环境符合厂商的规定。

B.2.2　计算机部件及存放区应能使适当的灭火设备随时通行。

B.2.3　应对通行区内的电线和计算机缆线设保护。

B.2.4　应具备不间断电源供应（UPS）。

B.2.5　应防止未授权者访问信息设施。

B.3　程序手册

B.3.1　完全的计算机程序手册（可以是电子手册）应可供所有授权的计算机用户随时使用。

B.3.2　实验室负责人或指定负责此项工作者应对实验室计算机程序手册按规定间期评审和批准。

B.3.3　应有在发生火灾或硬件/软件故障时为保护数据和/或计算机设备所采取必需措施的书面程序。

B.4　系统安全性

B.4.1　应对计算机程序充分保护，以防止无意的或非授权用户对其的改动或破坏。

B.4.2　应对计算机系统的授权使用制定严格政策。该政策应明确授权可以访问患者数据、可以输入和更改患者结果、更改帐单或改动计算机程序者。

B.4.3　如果通过 LIS 可以访问其他计算机系统的数据（如药房记录或病历），应有适当的计算机安全措施，防止未授权者通过 LIS 访问此类数据。LIS 不应危害其他系统内数据的安全。

B.5　数据输入和报告

B.5.1　应定期将报告中及视频显示的患者数据与原始输入数据相比较，通过查找数据转录、存储及处理过程中的错误，确保数据传输的完整性。

B.5.2　如果系统内维持的表格有多份复件（如存放于实验室信息系统及医院信息系统内的生物参考区间表），应定期对其比较以确保所用复件的一致性。应有适当的复制或比较程序。

B.5.3　应定期评审计算机运算的患者数据，并有文件证明。

B.5.4 LIS输出到病历的内容是直接用于患者医护的数据。因此，实验室负责人应批准和评审此类实验室报告的内容及格式，以确保其有效传达实验室结果并符合临床人员的需要。

B.5.5 应评审人工和自动方式输入计算机的数据，以在最终接受并由计算机报告之前验证其正确性。

B.5.6 在最终接受并由计算机报告之前，应根据对某项检验预先定义的数值范围检查所有输入结果，以发现不合理或不可能的结果。

B.5.7 报告系统应提供对可能影响检验结果准确性的样品质量的评注（如乳糜血、溶血样品）和对结果解释的评注。

B.5.8 应有审核机制，可使实验室识别出输入或修改患者数据、受控文件或计算机程序的任何人。

B.6 数据检索与存储

B.6.1 存储的患者结果数据和档案信息应在符合患者医护所需的一定时期内易于并可随时检索。

B.6.2 计算机应可完全复现已存档的检验结果，包括为某项检验最初给定的生物参考区间和结果所附的任何警示、脚注或解释性评注，及实施测量时的测量不确定度。

B.6.3 根据各机构的需求，在规定的时限内，患者和实验室数据应可检索（如：在线）。

B.6.4 应正确标识、妥善保存、防止损坏和防止未授权者使用数据存储媒介，如磁带、磁盘。

B.6.5 应有效备份以防硬件或软件发生故障时丢失患者结果数据。

B.6.6 应定期监控和测试计算机报警系统（通常为监控硬件和软件运行的主计算机控制台）以确保其功能正常。

B.7 硬件与软件

B.7.1 用于预防性维护所有计算机硬件的所有书面程序和完整记录应随时可用。

B.7.2 应在每次备份或恢复数据文件后检查系统，以确保未发生意外更改。

B.7.3 应对系统备份时检查到的错误及所采取的纠正措施文件化，并报告实验室相关负责人员。

B.7.4 对系统硬件及软件的任何更改均应验证、确认并全部文件化，以确定所做的更改可接受并且适当。

B.7.5 实验室负责人或指定负责此项工作者应负责准确有效地向申请医师传递检验结果，并批准所有可能影响患者医护的计算机系统的改变。

B.7.6 初次安装、改变或修改程序后，均应检查其是否运行正常。

B.7.7 应清楚说明程序的目的、运行方式和与其他程序的相互关系，详细程度应满足计算机操作者（适用时）检查故障、修改系统或编程。

B.7.8 应教授计算机系统使用者如何使用新系统和对旧系统的修改部分。

B.7.9 实验室应指定负责人，当计算机出现明显故障时应立即向其报告。

B.8 系统维护

B.8.1 应确定停机维护时间表，以尽量减少中断对患者的医护服务。

B.8.2 应有处理系统全部或部分停机或重新启动的文件化程序，以确保数据完整和不中断实验室服务，及重新启动后系统运行正常。

B.8.3 应有处理其他系统如医院信息系统停机的书面程序，以确保患者数据完整。用于验证其他系统恢复、数据文件替换或更新的程序应可供使用。

B.8.4 应对计算机的所有非程序性停机、系统周期（响应时间）降级、计算机的其他问题以及故障的原因和所采取的纠正措施文件化。

B.8.5 应制定书面的突发事件处理方案，以解决当计算机系统发生故障时的服务问题，保证及时有效地报告患者的结果。

B.8.6 应保持记录，以证明例行的维护和使操作者可追溯在计算机系统进行的任何工作。

附 录 C
（资料性附录）
实验室医学伦理学

C.1 总则

医学实验室的专业人员要受到与其各自职业相关的伦理规范的约束。应注意到，不同国家可对其部分或全部专业人员有特殊的标准或要求。举例请见参考文献[19]。

与其他卫生专业人员一样，负责管理医学实验室者应接受，其有责任做到其行为高于法律的最低要求。

“可接受行为”在各国有所不同。实验室需确定适合于自身情况的行为规范并详细写入质量手册。

实验室不应从事法律禁止的活动并应维护其职业声誉。

C.2 通用原则

C.2.1 医护伦理学的通用原则是患者的福利高于一切。然而，实验室与患者的关系可能因检验申请者与实验室之间的契约关系而复杂化。尽管通常更看重关系（通常是商业性的），但实验室的义务应是确保首先和优先考虑患者的福利和利益。

C.2.2 实验室应公平、毫无歧视地对待所有患者。

C.3 信息收集

C.3.1 为正确识别患者，使所申请的检验项目和其他实验室程序得以实施，实验室应收集足够的信息，但不宜收集非必需的个人信息。

患者应知道被收集的信息及其用途。

C.3.2 若可能是传染性疾病，考虑工作人员和其他患者的安全是合法的，可能出于此目的收集相关信息。帐目核算、财务审核、资源管理和利用评审是合法的管理行为，可能为此收集信息。

C.4 原始样品采集

C.4.1 对患者采取的任何处理均应告知并得到患者的同意。对于大多数常规实验室处理程序，若患者自己带着检验申请表到实验室并自愿接受常规采样操作，例如静脉采血，即可视为同意。通常，应给予医院病床上患者拒绝的机会。

需对特殊处理程序包括具有损害性的处理给予更为详细的解释。某些情况下，需签署知情同意书，在处理后有出现并发症可能性时是需要的。

紧急情况下，可能无法得到同意，此时，为了患者最佳利益而采取的必要处理是可接受的。

C.4.2 对某些检验（如某些遗传学或血清学检验）可能需要特别忠告，通常由临床人员或提出检验申请的医师做此工作。但实验室应尽量注意，在没有充分忠告机会时，不可将有重要隐含意义的结果直接传达给患者。

C.4.3 在接待和采样时，应可使患者充分保护隐私，并适合于采集的原始样本类型和所要求的信息。

C.4.4 如果送达实验室的原始样本状态不适于所要求的检验，通常应放弃并通知委托检验的医师。

C.5 检验行为

所有实验室检验均应依据适当的标准及在预期的专业技术和能力水平下进行。

任何编造结果的行为都是完全不能接受的。

在某些情况下，病理医师或实验室可以决定涉及某些检验所需的工作量（例如从组织标本上切取组织块的数目),但对于每一具体情况,其选择应是合理的。

C.6 结果报告

C.6.1 针对每一特定患者的实验室检验结果应保密,未经授权不得公开。通常,应将结果报告给提出申请的医师,当患者同意或法律有要求时,可报告给其他方。与患者所有识别信息分离后的实验室检验结果可用于诸如流行病学、人口统计学或其他统计学分析之目的。

C.6.2 考虑地方习惯,应谨慎做出表示同意向其他方(如患者已被委托给其的咨询执业者)报告结果的决定。实验室应有书面程序,详细说明如何处理各种申请并在患者提出申请时可使其利用。

C.6.3 除了准确报告实验室结果,实验室还有责任尽可能确保正确解释和为了患者最佳利益而应用检验。实验室服务包括为选择和解释检验提供专家意见。

C.7 病历的存放和保留

C.7.1 实验室应确保其资料存放得到合理的保护,可防止丢失、未授权访问、篡改或其他形式的不当使用。

C.7.2 病历的保留应按国家相关的法律法规而定,并应考虑相关专业团体发布的指南。还需考虑地方习惯,特别是临床医师将实验室记录作为自己记录之对照的依赖性。

C.7.3 考虑某些类型处理(例如组织学检查)的法律责任,有些记录或材料可能比其他记录或样品需要更长的保留时间。

C.7.4 实验室应建立自己的记录保存方案,规定各种检验结果的保留时限。需要时,经授权人员应可随时访问该系统。

C.8 医学实验室记录的访问

C.8.1 对医学实验室记录的访问在世界不同地区因习惯有异而不尽相同。患者通常可通过申请检验的医师访问。在多数国家,以下人员通常可访问医学实验室记录:

a) 检验申请者;

b) 实验室工作人员,如果是履行其职责所需;

c) 其他经授权者。

儿童及精神不健全者的权利也因国家不同而异。当访问可能会不正当泄露他人事务时,出于维护法律或个人安全之目的,有时可能会限制通常有授权者得到健康信息。

C.8.2 实验室应建立依据地方法规和习惯处理各种申请的方案。

C.9 出于检验申请之外的目的使用样品

未经事先同意,出于检验申请之外的目的使用样品仅限于使用以匿名方式提供的剩余样品或混合样品。在考虑法律意义的前提下,实验室/研究机构应有处理从患者身份可识别之样品得到的非检验申请信息(例如,为阐明以前结果而进行的后续检验)的文件化政策。应遵守国家、区域和地方相关管理机构及伦理委员会的要求。见参考文献[19]。

C.10 财务安排

C.10.1 当财务安排对检验委托或患者委托有诱惑作用,或可能干扰医师对患者最佳利益独立作出评估时,医学实验室不宜介入委托执业者或基金组织的财务安排。

C.10.2 只要可能,用于原始样品采集的房间应完全独立并与委托执业者的房间分开;不可能时,财务安排应遵守通常的商业规范。

C.10.3 实验室应设法避免引发利益冲突。如不可避免,应申报所得利益,并采取措施将影响降至最低。

参 考 文 献

［1］ *International vocabulary of basic and general terms in metrology*（VIM），BIPM，IEC，IFCC，ISO，IUPAC，IUPAP，OIML

［2］ ISO/IEC Guide 43-2，*Proficiency testing by interlaboratory comparisons—Part 2：Selection and use of proficiency testing schemes by laboratory accreditation bodies*

［3］ ISO/IEC Guide 58，*Calibration and testing laboratory accreditation systems—General requirements for operation and recognition*

［4］ ISO 1087-1，*Terminology work—Vocabulary—Part 1：Theory and application*

［5］ ISO 3534-1，*Statistics—Vocabulary and symbols—Part 1：General statistical terms and terms used in probability*

［6］ ISO 5725-1，*Accuracy (trueness and precision) of measurement methods and results—Part 1：General principles and definitions*

［7］ ISO 15190，*Medical laboratories—Requirements for safety*

［8］ ISO 15194，*In vitro diagnostic medical devices—Measurement of quantities in samples of biological origin—Description of reference materials*

［9］ ISO/IEC 17011，*Conformity assessment—General requirements for accreditation bodies accrediting conformity assessment bodies*

［10］ EN 1614，*Health informatics—Representation of dedicated kinds of property in laboratory medicine*

［11］ EN 12435，*Health informatics—Expression of the results of measurements in health sciences*

［12］ BURNETT，D.，*A Practical Guide to Accreditation in Laboratory Medicine*. ACB Venture Publications：London，2002

［13］ BURTIS，C. A.，ASHWOOD，E. R. (eds)，*Tietz Textbook of Clinical Chemistry*. Third edition，W. B. Saunders Co. Philadelphia，PA，1999

［14］ CASTILLO DE SANCHEZ，M. L. and FONSECA YERENA，M. E.，*Mejoria Continua De La Calidad/Continuous Quality Improvements*，Medica Panamen：Mexico City，1995

［15］ Clinical Laboratory Improvement Act of 1988，U. S. Code of Federal Regulations，Title 42，Part 493，Laboratory Requirements，Revised October 1，1996，U. S. Government Printing Office，Washington，1996

［16］ College of American Pathologists，*Laboratory General Checklist* 1 (*Laboratory General*)，CAP，Northfield，IL，1997

［17］ College of American Pathologists，*Reporting on Cancer Specimens：Protocols and Case Summaries*，CAP，Northfield，IL，1999

［18］ College of American Pathologists，*Standards for Laboratory Accreditation*，CAP，Northfield，IL，1996

［19］ Convention for the Protection of Human Rights and Dignity of the Human Being with Regard to the Application of Biology and Medicine，*Convention on Human Rights and Biomedicine*，1997-04-04.

［20］ COTE，R. A.，ROTHWELL，D. J.，PALOTAY，J. L.，BECKET，R. S. and BROCHU，L. (eds)，*The Systemized Nomenclature of Medicine：SNOMED International*，College of American Pathologists, Northfield, IL, 1993

[21] DYBKÆR, R., *Vocabulary for Use in Measurement Procedures and Description of Reference Materials in Laboratory Medicine*, Eur. J. Clin. Chem. Clin. Biochem., 35(2), pp141-173, 1997

[22] DYBKÆR, R., JORDAL, R., JØRGENSEN, P. J., HANSSON, P., HJELM, M., KAIHOLA, H. L., KALLNER, A., RUSTAD, P., ULDALL, A. and DE VERDIER, C. H., *A quality manual for the clinical laboratory including the elements of a quality system. Proposed guidelines*, Scand. J. Clin. Lab. Invest. 53 suppl. 212, pp60-82, 1993

[23] ECCLS Document, 1990, No. 5, *Guidelines for the identification and distribution of patient samples in the medical laboratory*

[24] ECCLS, Standard for specimen collection, *Part 2: Blood Specimen by venipuncture*, ECCLS Document, 1987, vol. 4, No. 1

[25] DYBKÆR, R., MARTIN, D. V. and ROWAN, R. M., (eds.), *Good practice in decentralised analytical clinical measurement*, ECCLS, IFCC, WHO, Scand. J. Clin. Lab. Invest. 1992; 52 suppl., 209, pp1-116, 1992

[26] EL-NAGEH, M., HEUCK, C., APPEL, W., VANDEPITTE, J., ENGBAEK, K. and GIBBS, W. N., *Basics of Quality Assurance for Intermediate and Peripheral Laboratories*, WHO Regional Publications. Eastern Mediterranean Series 2. WHO EMRO, Alexandria, 1992

[27] EL-NAGEH, M., HEUCK, C., KALLNER, A. and MAYNARD, J., *Quality Systems for Medical Laboratories: Guidelines for Implementation and Monitoring*. WHO Regional Publications. Eastern Mediterranean Series 14, WHO-EMRO, Alexandria, 1995

[28] EL-NAGEH, M., LINEHAN, B., *CORDNER, S., WELLS, D. and MCKELVIE, H., Ethical* Practice in Laboratory Medicine and Forensic Pathology. WHO Regional Publications. Eastern Mediterranean Series 20, WHO-EMRO, Alexandria, 1999

[29] EL-NAGEH, M., MAYNARD, J. and CORDNER, S., *Quality Systems for Anatomical and Forensic Laboratories*. WHO Regional Publications. Eastern Mediterranean Series 18, WHO-EMRO, Alexandria, 1998

[30] GALEN, R. S., GAMBINO, S. R., *Beyond Normality. The Predictive Value and Efficiency of Medical Diagnoses*. John Wiley, New York, 1975

[31] *Guide to the expression of uncertainty in measurement* (GUM). BIPM, IEC, IFCC, ISO, IUPAC, IUPAP, OIML, 1st edition, 1993 (corrected and reprinted in 1995)

[32] International Council for Standardization in Haematology, International Society on Thrombosis and Haemostasis, International Union of Pure and Applied Chemistry, International Federation of Clinical Chemistry, *Nomenclature of quantities and units in thrombosis and haemostasis* (Recommendation 1993). Thromb. Haemost., 71, pp375-394, 1994

[33] International Union of Biochemistry and Molecular Biology. *Biochemical nomenclature and related documents*. Portland Press: London, 1992

[34] International Union of Biochemistry and Molecular Biology. *Enzyme nomenclature*, Recommendations1992. Academic Press, San Diego, 1992

[35] International Union of Immunological Societies, *Allergen nomenclature*, Bulletin WHO, 64, pp767-770, 1984

[36] International Union of Microbiological Societies, *Approved list of bacterial names*, American Society for Microbiology, Washington, D. C., 1989

[37] International Union of Microbiological Societies, *Classification and Nomenclature of*

Viruses, Fifth Report of the International Committee on Taxonomy of Viruses, Karger, Basle, 1991

[38] International Union of Pure and Applied Chemistry, International Federation of Clinical Chemistry. *Compendium of terminology and nomenclature of properties in clinical laboratory sciences*. The Silver Book, Blackwell, Oxford, 1995

[39] LOEBER, J. G. and SLAGTER, S. (eds), *Code of practice for implementation of a quality system in laboratories in the health care sector*, CCKL, Bilthoven, NL, 1991

[40] International Union of Pure and Applied Chemistry. *Nomenclature for sampling in analytical chemistry*. Recommendations 1990. Pure Appl Chem, 62, pp1193-1208, 1990

[41] International Union of Pure and Applied Chemistry, International Federation of Clinical Chemistry. *Properties and units in the clinical laboratory sciences-I. Syntax and semantic rules* (Recommendations 1995), Pure Appl Chem, 67, pp1563-74, 1995

[42] JANSEN, R. T. P., BLATON. V., BURNETT, D., HUISMAN, W., QUERALTO, J. M., ZÉRAH, S. and ALLMAN, B., European Communities Confederation of Clinical Chemistry, *Essential criteria for quality systems of medical laboratories*, European Journal of Clinical Chemistry and Clinical Biochemistry, 35, 121-132, 1997

[43] JANSEN, R. T. P., BLATON, V., BURNETT, D., HUISMAN, W., QUERALTO, J. M., ZÉRAH, S. and ALLMAN, B., European Communities Confederation of Clinical Chemistry, *Additional essential criteria for quality systems of medical laboratories*, Clinical Chemistry and Laboratory Medicine, 36, pp249-252, 1998

[44] National Association of Examination Authorities/Royal College of Pathologists of Australia (NATA/RCPA), *Medical examination requirements*, NATA, Rhodes, Australia, 1996

[45] NCCLS C3-A3: *Preparation and Examination of Reagent Water in the Clinical Laboratory—Third Edition*, *Approved Guideline*, NCCLS, Wayne, PA, 1997

[46] NCCLS GP2-A4: *Clinical Laboratory Technical Procedure Manuals—Fourth Edition*, *Approved Guideline*, NCCLS, Wayne, PA, 2002

[47] NCCLS GP5-A2: *Clinical Laboratory Waste Management—Second Edition*, *Approved Guideline*, NCCLS, Wayne, PA, 2002

[48] NCCLS GP9-A: *Selecting and Evaluating a Referral Laboratory*, *Approved Guideline*, NCCLS, Wayne, PA, 1998

[49] NCCLS GP16-A2: *Routine Urinalysis and Collection*, *Transportation and Preservation of Urine Specimens—Second Edition*; *Approved Guideline*, NCCLS, Wayne, PA, 2001

[50] NCCLS GP17-A: *Clinical Laboratory Safety*, *Approved Guideline*, NCCLS, Wayne, PA, 1996

[51] NCCLS H3-A4: *Procedure for the Collection of Diagnostic Blood Specimens by Venipuncture*, *Approved Standard—Fourth Edition*, NCCLS, Wayne, PA., 1998

[52] NCCLS, H51-A, *A Quality System Model for Health Care*, *Approved Guideline*, NCCLS, Wayne, PA, 1998

[53] NCCLS M29-A2: *Protection of Laboratory Workers from Occupationally acquired Infections—Second Edition*; *Approved Guideline* NCCLS Wayne, PA, 2002

[54] Arrêté du 26 novembre 1999 relatif *à* la bonne exécution des analyses de biologie médicale—Journal Officiel de la République Française du 11 décembre 1999, pp18441-18452, Paris

[55] SOLBERG, H. E. *Establishment and use of reference values*, In: BURTIS, C. A., ASHWOOD, E. R. (eds), *Tietz Textbook of Clinical Chemistry*, 3rd edition. W. B. Saunders Co.,

Philadelphia, PA, 1999

[56] World Health Organization, *International Nonproprietary Names (INN) for Pharmaceutical Substances*. WHO, Geneva, 1996

[57] World Health Organization, *Quality Assurance for Developing Countries*. WHO, Regional Office of South East Asia. In the series Technology and Organization of Laboratory Services, WHO SEARO, Singapore, 1995

[58] WHO/EURO/ECCLS, *On good practice in clinical laboratories*, In: Clinical Chemistry, Guidelines, WHO EURO, Copenhagen, 1991